电子与嵌入式系统
设计译丛

Linux Driver Development for Embedded Processors
Second Edition

嵌入式Linux设备驱动
程序开发指南

（原书第2版）

[西] 阿尔贝托·利贝拉尔·德·洛斯里奥斯（Alberto Liberal de los Ríos）著
文洋 李唯杰 谢宝友 武彦 李宁 陈乾新 陆灿江 译

机械工业出版社
CHINA MACHINE PRESS

图书在版编目（CIP）数据

嵌入式 Linux 设备驱动程序开发指南：原书第 2 版 /（西）阿尔贝托·利贝拉尔·德·洛斯里奥斯著；文洋等译 . -- 北京：机械工业出版社，2021.6（2023.6 重印）

（电子与嵌入式系统设计译丛）

书名原文：Linux Driver Development for Embedded Processors, Second Edition

ISBN 978-7-111-68455-8

I. ① 嵌…　II. ① 阿…　② 文…　III. ① Linux 操作系统　IV. ① TP316

中国版本图书馆 CIP 数据核字（2021）第 104582 号

北京市版权局著作权合同登记　图字：01-2020-5645 号。

嵌入式 Linux 设备驱动程序开发指南（原书第 2 版）

出版发行：机械工业出版社（北京市西城区百万庄大街 22 号　邮政编码：100037）

责任编辑：王春华　冯秀泳　　　　　　　　责任校对：殷　虹

印　　刷：北京建宏印刷有限公司　　　　　版　　次：2023 年 6 月第 1 版第 2 次印刷

开　　本：186mm×240mm　1/16　　　　　印　　张：34.5

书　　号：ISBN 978-7-111-68455-8　　　　定　　价：159.00 元

客服电话：（010）88361066　68326294

译 者 序

在 Linux 设备驱动领域，已经有不少相关书籍面市。但是，还没有一本专门针对嵌入式 Linux 驱动的书籍。本书作者在嵌入式 Linux 领域工作多年，实践经验丰富。本书正是专门针对嵌入式 Linux 领域中常用的各种设备驱动程序而编写的，可以作为 Linux 设备驱动领域的有益补充。

本书秉承"实践出真知"的理念，为三种示例硬件平台（NXP i.MX7D、Microchip SAMA5D2 和 Broadcom BCM2837）提供了详细的"边做边学"的方法，由浅入深地讲解了如何为使用设备树的嵌入式 Linux 系统开发设备驱动程序：从最简单的不与任何外部硬件交互的驱动程序，到管理不同类型设备（如加速度计、DAC、ADC、RGB LED、多显 LED 控制器、I/O 扩展器等）的驱动程序。为了简化这些驱动程序的开发，本书还描述了多种类型的驱动框架：杂项框架、LED 框架、UIO 框架、输入框架和 IIO 工业框架。读者按照书中的实验一步一步做下来，就相当于参加了一轮完整的培训。开发驱动程序的最好方法不是从头开始写，而是参考现有的案例。为此，本书提供了丰富的、有代表性的真实案例，编写了近 30 个驱动程序，并将它们移植到三个不同的处理器上——这些可以为工程师提供有益的参考。

感谢谢宝友老师，让大家有机会参与到本书的翻译中来。也感谢翻译本书的所有业界同人，其中有开宗立派的大神，有解决一线问题的资深工程师，有心怀梦想与焦虑的高龄程序员，有挥斥方遒的研发 Leader，还有初出茅庐的新兵。我们本是一群分布在天南海北、素未谋面的网友，正是这本书把我们紧密地联系起来，无论职位高低，无论年龄长幼，无论距离远近，无论水平高下，我们有力的出力，有建议的出建议，有专长的出专长，共襄盛举！这也是一种开源精神。具体来说，本书的翻译分工如下：

- 李宁完成了第 1 章的翻译。
- 陆灿江完成了第 2~4 章的翻译。
- 谢宝友完成了第 5 章的翻译。
- 陈乾新完成了第 6 章的翻译。
- 文洋完成了第 7 章的翻译。
- 李唯杰完成了第 8~9 章的翻译。
- 李宁、文洋、李唯杰、谢宝友共同完成了第 10 章的翻译。

- 武彦完成了第 11 章的翻译。
- 李唯杰完成了第 12 章的翻译。
- 文洋、李唯杰、谢宝友共同完成了第 13 章的翻译。
- 文洋完成了附录和术语表的翻译。
- 谢宝友对全书进行了统稿。

回首 2020 年，关键词是疫情、抗疫……在每天忙碌的工作之后，小伙伴们还利用点点滴滴的空闲时间来字斟句酌，经常为如何恰当地翻译一个佶屈聱牙的长句、一个生僻的术语而费尽心思，"吟安一个字，捻断数茎须"。这本书是所有的小伙伴在疫情的洗礼下，用汗水浇灌出来的花朵。

最后，真诚地希望这本书可以为国内从事嵌入式 Linux 开发的同人提供些许帮助。然而由于水平所限，译文难免有谬误之处，这里仅仅是"抛砖引玉"，还请业界同人多多批评指正，大家共同促进嵌入式 Linux 的发展。

阿里集团基础系统稳定性团队　文洋

阿里集团阿里云高性能网络团队　李唯杰

阿里集团基础系统稳定性团队　谢宝友

全志科技 Linux BSP 技术经理　武彦

湖北芯擎科技有限公司高级软件工程师　李宁

欧姆电子技术嵌入式开发主管　陈乾新

OPPO 游戏性能团队高级系统工程师　陆灿江

前　言

　　嵌入式系统已经成为我们日常生活中不可或缺的一部分。它们被部署在移动设备、网络基础设施、家庭和消费设备、数字标牌、医学成像、汽车信息娱乐以及许多其他工业应用中。嵌入式系统的使用正呈指数级增长。今天的处理器是由硅制成的，硅本身是由地球上最丰富的材料之一———沙子制成的。处理器技术已经从 2000 年的 90 nm 制造技术发展到今天的 14 nm，预计到 2021 年将缩小至 7 nm 或 5 nm。

　　今天的嵌入式处理器包括多核 64 位 CPU，这些 CPU 采用先进的 14 nm 工艺制造，具有广泛的异构计算能力。这些异构计算能力包括功能强大的 GPU 和 DSP，它们被设计为运行经过训练的神经网络，并使下一代虚拟现实应用程序能够应用于单核或双核嵌入式处理器上，可以运行为不断增长的物联网和工业市场而设计的高能效、低成本的应用程序。现在，在一个价值几美元的处理器上运行嵌入式 Linux 系统是可能的，并且新的处理器还在不断问世，成本也在不断下降。

　　嵌入式 Linux 的灵活性，为嵌入式计算而设计的高效、节能的处理器的可用性，以及新处理器的低成本，使许多工业公司在嵌入式处理器的基础上开发新的产品成为可能。现在的工程师手中有强大的工具来开发以前无法想象的应用程序，但是他们需要了解当前 Linux 提供的丰富特性。

　　嵌入式 Linux 固件开发人员需要了解底层硬件功能控制，以便能够为多个外设编写接口，如 GPIO、串行总线、定时器、DMA、CAN、USB 和 LCD。

　　下面是一个底层硬件控制的真实例子：假设嵌入式 Linux 的固件开发人员正在设计一个需要与三个不同的 UART 通信的 Linux 应用程序。一台 Linux SBC（单板计算机）有三个可用的 UART，但是在测试应用程序时，看起来只有两个可用的 UART。原因是处理器的引脚可以被多路复用到不同的功能中，同一个引脚可以是 UART 引脚、I2C 引脚、SPI 引脚、GPIO 等。要激活第三个 UART，固件开发人员首先必须在内核代码中查找描述该 SBC 硬件的设备树（DT）源文件，其次必须检查系统，看看在这些 DT 文件中是否创建并激活了这些缺失的 UART 设备。如果没有包含该 UART 设备节点，则可以使用其他已创建的 UART 节点作为参考来创建它。之后，新的 UART 焊点必须多路复用为 UART 功能，确保它们不会与 DT 中使用相同焊点的其他设备发生冲突。

　　在使用设备树的 Linux 系统中，当在设备树中声明某个设备时，会由内核加载该设备的驱动程序。驱动程序从设备树节点中检索配置数据（例如，分配给该设备的物理地址，该设备触发的中断，以及设备特定的信息）。在本书中，将对设备树进行详细解释，你将看到设备树在开发 Linux 设备驱动程序中的重要作用。

本书将告诉你如何为设备树嵌入式 Linux 系统开发设备驱动程序。你将学会如何编写不同类型的 Linux 驱动程序，以及如何使用适当的 API（应用程序接口）实现与内核和用户态的交互。本书内容以实用为主，但也提供重要的理论基础知识。

本书编写了近 30 个驱动程序，并将其移植到三种不同的处理器上。你可以选择 NXP i.MX7D、Microchip SAMA5D2 和 Broadcom BCM2837 三种处理器来开发和测试这些驱动程序，本书的实验部分详细介绍了这些驱动程序的实现。在你开始阅读之前，建议你使用一个开发板，这个开发板需要有一些 GPIO，以及至少一个 SPI 和 I2C 控制器。本书详细介绍了用于开发驱动程序的不同评估板的硬件配置，其中用于实现驱动程序的单板包括著名的 Raspberry Pi 3 Model B。我鼓励你在开始阅读之前，先找到一块这样的单板，因为本书的内容注重实践，用单板做实验将有助于你应用贯穿全书的理论知识。

你将学习如何开发驱动程序，从最简单的不与任何外部硬件交互的驱动程序，到管理不同类型设备（如加速度计、DAC、ADC、RGB LED、多显 LED 控制器、I/O 扩展器和按钮）的驱动程序。你还将开发 DMA 驱动程序、管理中断的驱动程序，以及通过写入 / 读取处理器内部寄存器来控制外部设备的驱动程序。为了简化这些驱动程序的开发，你将使用不同类型的框架：杂项框架、LED 框架、UIO 框架、输入框架和 IIO 工业框架。

本书是一个学习工具，可以帮助读者在没有任何领域知识的情况下开始开发驱动程序。本书的写作目的是介绍如何开发没有高度复杂性的驱动程序，这既有助于强化主要的驱动程序开发概念，也有助于读者开始开发自己的驱动程序。记住，开发驱动程序的最好方法不是从头开始写。你可以重用与 Linux 内核主线驱动程序类似的免费代码。本书中所写的所有驱动程序都遵循 GPL 许可，因此你可以在相同许可证下修改和重新发布它们。

本书的目标读者

对于想知道如何从头开始开发驱动程序的嵌入式 Linux 应用开发者来说，本书是理想之作。本书也适合为非设备树内核开发过驱动程序，并想学习如何创建新的基于设备树的驱动程序的嵌入式软件开发者。本书还适合那些想学习如何使用 Linux 处理嵌入式平台底层硬件的学生和爱好者。读者如果能事先具备 C 语言、嵌入式 Linux 和 Yocto 工程工具的基本知识，对阅读本书将有所帮助，但这不是必需的。

本书结构

第 1 章首先描述嵌入式 Linux 系统的主要部分，以及构建它的不同方法，解释为什么选择 Yocto 工程和 Debian 作为构建选项。接下来，详细介绍如何使用 Yocto 和 Debian 构建一个嵌入式 Linux 映像，以及如何在 Yocto 之外编译 Linux 内核。生成的 Linux 映像将用于本书中驱动程序和应用程序的开发。最后，该章描述如何配置免费的 Eclipse IDE 来开发驱动程序。

第 2 章解释"总线"驱动程序、"总线控制器"驱动程序和"设备"驱动程序之间的关系。该章还介绍设备树。

第 3 章涵盖几个没有通过"系统调用"与用户应用程序交互的简单驱动程序。你将使用 Eclipse IDE 在目标单板中创建、编译和部署驱动程序。该章将让你检查驱动程序开发系统是否可以正常工作。

第 4 章描述字符设备驱动的体系结构。该章解释如何使用系统调用从用户态调用驱动程序，以及如何在内核和用户态之间交换数据；还解释如何识别和创建 Linux 设备。该章编写了几个驱动程序，这些驱动程序使用不同的方法创建设备节点，与用户态交换信息。开发的第一个驱动程序使用传统的静态设备创建方法，用到了"mknod"命令；第二个驱动程序演示如何使用"devtmpfs"创建设备文件；最后一个驱动程序使用"杂项框架"来创建设备文件。该章还解释如何在 sysfs 下创建设备类和设备驱动程序项。

第 5 章描述什么是平台驱动程序，如何在设备树中静态地描述平台设备，以及将设备与设备驱动程序关联（称为"绑定"）的过程。在该章中，你将开发你的第一个与硬件交互的驱动程序。在开发该驱动程序之前，该章将详细解释目标处理器的焊点可以多路复用到不同设备的方式，以及如何在设备树中选择所需的复用选项。该章还描述 Pinctrl 子系统和新的 GPIO 描述符使用者接口。你将开发用于控制外部设备的驱动程序，这些设备将外设地址从物理地址映射到虚拟地址，并在内核态中对这些虚拟地址进行读写。你还将学习如何使用 Linux LED 子系统来编写控制 LED 的驱动程序。最后，该章解释如何使用 UIO 框架开发一个用户态驱动程序。

第 6 章描述基于 Linux 设备模型的 I2C 子系统。在该章中，你将学习如何声明 I2C 设备的设备树，并开发若干个 I2C 从端驱动程序。你还将看到如何向平台驱动程序添加"sysfs"支持，以通过 sysfs 条目控制硬件。

第 7 章介绍在运行 Linux 的嵌入式处理器中处理中断的硬件和软件操作，并解释中断控制器和支持中断的外围节点是如何链接在设备树中的。你将开发管理外部硬件中断的驱动程序，也将了解内核中延迟工作的机制（该机制允许你在稍后的时间调度运行代码）。这个延后执行的代码可以使用"工作队列"或"线程化中断"在进程上下文中运行，也可以通过使用"软中断""tasklet"和"定时器"在中断上下文中运行。最后，该章将展示如何使用"等待队列"将用户应用程序置于睡眠状态，并在稍后通过中断将其唤醒。

第 8 章解释 MMU（内存管理单元），以及在 Linux 中使用的不同类型的地址。最后，该章介绍不同的内核内存分配器。

第 9 章描述 Linux DMA 引擎子系统，以及不同类型的 DMA 映射。该章还开发一些驱动程序，它们使用 DMA 分散 / 聚集映射和使用 mmap( ) 系统调用从用户态 DMA 来管理内存到内存的事务，而不需要 CPU 干预。

第 10 章介绍如何使用框架为每种类型的设备提供一致的用户态接口，而不管驱动程序是什么。该章解释使用内核框架的驱动程序的物理部分和逻辑部分之间的关系；主要关注输入子系统框架（该框架负责处理来自用户的输入事件）；还介绍基于 Linux 设备模型的 SPI 子系统。你将学习如何声明设备树的 SPI 设备，并将使用输入框架开发 SPI 从端驱动程序。最后，该章解释如何使用 "i2c-tools" 应用程序从用户态与 I2C 总线交互。

第 11 章描述 IIO（Linux 工业 I/O 子系统）。IIO 子系统为 ADC、DAC、陀螺仪、加速度计、磁力计、压力和接近传感器等提供支持。该章详细解释 IIO 触发式缓冲区和工业 I/O 事件的设置；开发了若干 IIO 子系统驱动程序（它们通过硬件触发中断来管理 I2C DAC 和 SPI ADC）；还解释如何使用 "spidev" 驱动程序从用户态与 SPI 总线交互。

第 12 章提供 regmap API 的概述，并解释它会如何调用 SPI 或 I2C 子系统的相关调用来替换这些总线特定的核心 API。你将把第 10 章中的 SPI 输入子系统驱动程序（它使用特定的 SPI 核心 API）转换为一个 IIO SPI 子系统驱动程序（它使用 regmap API），并且在两个驱动程序之间保持功能不变。最后，你还将深入了解 "IIO tools" 应用程序，以测试 SPI IIO 驱动程序。

第 13 章描述基于 Linux 设备模型的 Linux USB 子系统。你将学习如何基于 Microchip PIC32MX 微控制器来创建自定义的 USB HID 设备，该微控制器将向 / 从基于 Microchip SAMA5D27 处理器的 Linux USB 主机设备发送 / 接收数据。在该章中，你将了解主要的 Linux USB 数据结构和功能，并开发多个 Linux USB 设备驱动程序。

附录描述 ATSAMA5D27-SOM1-EK1 单板的硬件设置，它是测试本书开发的实验所必需的。要在该单板上运行实验，可以从本书的 GitHub 仓库下载基于内核 4.14 的 SAMA5D27-SOM1 驱动程序和 SAMA5D27-SOM1 设备树设置。

术语表达

本书中出现的新术语和重要单词以**黑体**显示。当我们希望提醒你注意代码块的某个特定部分时，相关的行或项将以**黑体**显示。

下载内核模块的实验

本书开发的内核模块可以通过 GitHub 仓库访问（https://github.com/ALIBERA/linux_book_2nd_edition）。

开发驱动程序的配套工具

本书中的驱动程序已经在 Ubuntu Desktop 14.04 LTS 64 位系统上进行了测试。你可以在 https://www.ubuntu.com/download 下载。本书采用适合 C/C++ 开发人员的 Eclipse Neon IDE 编写、编译和部署驱动程序。你可以从 https://www.eclipse.org/downloads/packages/eclipse-ide-cc-developers/neonr 下载。转到"Neon Packages Release",并下载面向 C/C++ 开发人员的 Eclipse IDE（Linux 32 位或 64 位,取决于你的 Linux 主机系统）。

这些驱动程序和应用程序已移植到三种不同的处理器——NXP i.MX7D、Microchip SAMA5D2 和 Broadcom BCM2837,开发它们所用的硬件平台如下:

- ATSAMA5D2B-XULT:SAMA5D2 Xplained Ultra 是用于 SAMA5D2 系列微处理器（MPU）的快速原型开发和评估平台（http://ww1.microchip.com/downloads/en/DeviceDoc/Atmel-44083-32-bit-Cortex-A5-Microprocessor-SAMA5D2-Rev.B-Xplained-Ultra_User-Guide.pdf）。
- MCIMX7SABRE:用于智能设备且基于 i.MX 7Dual 应用处理器的 SABRE 单板（https://www.nxp.com/support/developer-resources/hardware-development-tools/sabr-developmentsystem/sabre-board-for-smart-devices-based-on-the-i.mx-7dual-applications-processors:MCIMX7SABRE）。
- Raspberry Pi 3 Model B:具有无线局域网和蓝牙连接功能的 Broadcom BCM2837 单板计算机（https://www.raspberrypi.org/products/raspberry-pi-3-model-b/）。

联系作者

如果你对本书的任何方面有任何疑问,请通过电子邮箱 aliberal@arroweurope.com 联系我,我会尽力解决你的问题。

致谢

感谢 RBZ EMBEDDED LOGICS 公司的 Daniel Amor 对于某些章节的构思、建议和出色的审稿工作。

感谢父母一直以来对我的支持。

最后,特别感谢我的妻子鼓励我完成本书,感谢她一直以来的爱、耐心和幽默。

作者简介

阿尔贝托·利贝拉尔·德·洛斯里奥斯（Alberto Liberal de los Ríos）是 Arrow Electronics 的现场应用工程师，在嵌入式系统方面有超过15年的经验。在过去的几年里，他一直在 Arrow 公司支持高端处理器和 FPGA。Alberto 也是一个 Linux 爱好者，在过去的几年里，他举办了多场关于嵌入式 Linux 与 Linux 设备驱动程序的技术研讨会和实践讲习班。Alberto 涉足的其他专业领域包括多媒体 SoC 和实时操作系统（RTOS）。他目前居住在西班牙马德里，他最大的爱好是和女儿一起在马德里市中心散步。他还喜欢阅读电影杂志和观看科幻电影。

目 录

第 1 章

构 建 系 统

到目前为止，Linux 内核是最大的，也是最成功的开源项目之一。极高的更新速度和大量的个人贡献者表明：它有一个充满活力的、活跃的社区，持续不断地推动内核的发展。随着众多开发者和公司不断参与其中，内核的更新速度将持续增长。其开发过程已经表明：内核可在不出问题的情况下快速扩大规模。Linux 内核、GNU 软件与许多其他的开源组件一起提供了一个完整的免费操作系统：GNU/Linux。嵌入式 Linux 是 Linux 内核和多个开源组件在嵌入式系统中的运用实例。

嵌入式 Linux 被使用在消费电子产品（如机顶盒、智能电视、个人录像机、车载娱乐系统、网络设备（路由器、交换机、无线 AP 或无线路由器）、机器控制、工业自动化、导航设备、航天飞行器软件和广泛的医疗设备）这样的嵌入式系统中。

在嵌入式系统中使用 Linux 有很多优点，以下列出了其中一部分：

1. Linux 的主要优势是组件的可重用性。Linux 的模块化和可配置化也使它具有可扩展性。

2. 开源。不需要版税或者授权费。

3. 已经移植到大量的硬件体系结构、平台和设备上。

4. 对应用和通信协议的广泛支持，例如：TCP/IP 协议栈、USB 协议栈、图形工具库。

5. 来自活跃的开发者社区的大量支持。

下面列出的这些是嵌入式 Linux 的主要组件：**引导加载器**、**内核**、**系统调用接口**、**C 运行时库**、**系统共享库**和**根文件系统**。下面的章节将对这几个组件做详细介绍。图 1-1 说明了嵌入式 Linux 的体系结构。

1.1 引导加载程序

在 Linux 启动前，需要一小段代码来初始化系统。这段代码与所用机器设备有很大的相关性。尽管目前的几种主流引导加载器都提供了广泛的扩展功能，但是 Linux 只要求引导加载器执行少量的工作。最低要求如下：

- 配置系统内存。

- 在正确的内存地址加载内核映像和设备树。
- （可选地）在正确的内存地址加载内存磁盘设备。
- 设置内核的命令行和其他参数（例如设备树、机器类型）。

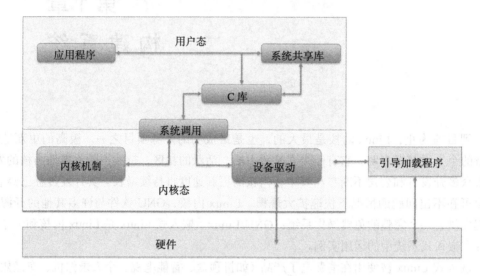

图 1-1　嵌入式 Linux 体系结构

　　通常情况下，引导加载器的另一个基本功能是：在启动内核之前初始化一个串口控制台。

　　目前流行的有各种各样的引导加载器。U-Boot 是 ARM Linux 的标准引导加载器。它的主线代码位于 http://git.denx.de/u-boot.git，并且在 wiki 上有专门的页面：http://www.denx.de/wiki/U-Boot/SourceCode。

　　下面列出了 U-Boot 的主要特性：

　　1. **尺寸小**：U-Boot 是一个引导加载器，也就是说，它在系统里的主要作用是加载操作系统。这就意味着它要实现一些基本功能，但是又不能占用太多的系统资源。典型的例子就是 U-Boot 存储在相对更小的、更昂贵的 NOR 闪存中，而操作系统和应用程序存储在更大的、更廉价的 NAND 闪存中。U-Boot 的可用配置（也是有用的）包括基本的交互式命令解释器、支持通过以太网下载文件以及支持对闪存进行编程，它的体积不应超过 128 KB。

　　2. **启动快**：最终用户对运行 U-Boot 并不感兴趣。在大多数的嵌入式系统里，他们甚至感觉不到 U-Boot 的存在。通常用户关心的是运行应用程序，期望应用程序在开机后能尽快运行起来。所以在 U-Boot 中只对需要用到的设备执行初始化，也就是说，除非 U-Boot 需要通过以太网执行下载文件操作，否则就不要初始化以太网接口，除非 U-Boot 试图从磁盘或者 USB 设备中加载文件，否则不要初始化任何磁盘或 USB 设备。

　　3. **可移植**：U-Boot 不仅是一个引导程序，也是一个工具，可以用于单板启动、生产测试，以及与硬件开发密切相关的活动。到目前为止，它已被移植到大约 30 个不同处理器系列的数百个不同单板上。

4. **可配置**：U-Boot 是一个有非常多实用功能的强大工具。每一个维护者或者使用者必须谨慎决定哪些功能是重要的，哪些功能必须包含在特定的板级配置文件里以满足当前的需求和限制。

5. **可调试**：U-Boot 本身不仅仅是一个工具，它也经常被用于硬件初始化启动。所以 U-Boot 调试通常意味着你不知道是在跟踪 U-Boot 软件的问题，还是在跟踪运行所用的硬件的问题。简洁易懂的编码和调试功能对每一个人都更加重要。U-Boot 的一个重要功能是：在启动阶段能把调试信息及时输出到控制台（通常是串口），即使在调试一些内存相关的功能时也是如此。所有的初始化步骤应该在开始前打印一些类似"开始运行"这样的信息，并在结束时打印"已完成"信息。例如：在开始内存初始化和探测内存大小之前可以打印一条"RAM:"的信息，并且在结束的时候打印"256 MB、n"的字样。这样做的目的是：当问题发生时，你可以实时观察到程序运行到了哪一步。这些功能不仅在软件开发的时候重要，而且在技术支持人员调试硬件问题时同样重要。U-Boot 应该支持 JTAG 调试和 BDM 调试。它应该使用简单的单进程模式。

1.2 Linux 内核

Linux 是一个类 UNIX 操作系统，它是由 Linus Torvalds 主笔从零开始写成的。它同时获得了资深开发团队的协助，其团队成员之间通过网络互相沟通协调，形成了这个松散的团队。它的主要目的是实现 POSIX 接口并唯一遵循 UNIX 规范。

目前，它具有一个成熟 UNIX 系统所拥有的所有特性，包括真正的多任务特性、虚拟内存、共享库、按需加载、可执行程序的共享写时拷贝、合适的内存管理机制和多个网络协议栈的实现（包括 IPv4 和 IPv6）。最原始的程序开发是在 32 位 x86 体系结构的个人计算机上进行的（386 或者更高级的计算机），而今天的 Linux 可以运行在多种处理器体系结构上，包括 32 位和 64 位的体系结构。

Linux 内核是 Linux 系统的底层软件。它负责管理硬件，运行用户态软件，并且负责系统的整体安全性和完整性。在 Linus Torvalds 于 1991 年发行了 Linux 的初始版本后，Linux 作为一个整体系统启动了开发工作。虽然内核只是 Linux 软件系统中相对较小的部分（许多其他大型组件来自 GNU 项目、GNOME 和 KDE 桌面项目、X.org 项目以及许多其他项目），但是内核是决定系统工作好坏的核心，是 Linux 真正独特的部分。

作为 Linux 系统的核心，内核是有史以来最大的合作性软件项目。通常 2～3 个月就会向用户发布一个稳定的升级版本。每次发布的新版本都包含一些有重大意义的新特性，添加对设备的支持和性能提升。内核的更新频率很快，并且在快速扩大其代码规模。在最近发行的内核版本中，每次都有超过 10 000 个补丁进入内核。这些版本都包含了代表 200 多家公司的 1600 多名开发人员的工作。

当内核从**主线**版本转入**稳定**版本的时候，有两件事会发生：

1. 在修复了一些错误后，它们可能**结束其生命周期**，这意味着内核维护人员将不再为该内核版本进行任何错误修复。

2. 或者，这个版本可以划归到**长期**维护类别里，这就意味着在相当长时间里，维护者都会对这个内核版本提供错误修复的支持。

如果你使用的内核版本被标记为 EOL（生命周期结束），你应该考虑将内核升级到下一个主版本，因为内核维护人员将不再为它提供错误修复。

Linux 内核以 GNU GPL version 2 协议发布，因此它是自由软件基金会定义的自由软件。你可以在包含于 Linux 内核发行版的版权文件中，看到完整的版权协议内容。

下面列出组成 Linux 内核的一些子系统：

- /arch/<arch>：处理器体系结构特有的代码。
- /arch/<arch>/<mach>：机器 / 单板特有的代码。
- /Documentation：内核文档。不要错过了（很重要）！
- /ipc：进程间通信。
- /mm：内存管理。
- /fs：文件系统。
- /include：内核头文件。
- /include/asm-<arch>：处理器体系结构和机器依赖的头文件。
- /include/linux：Linux 内核核心头文件。
- /init：Linux 初始化程序（包括 main.c）。
- /block：块设备驱动代码。
- /net：网络协议代码。
- /lib：通用的内核库文件。
- /kernel：通用的内核代码。
- /arch：处理器体系结构特有的代码。
- /crypto：加密算法相关代码。
- /security：安全机制相关代码。
- /drivers：内建的驱动的代码（不包括可选的动态加载驱动模块）。
- Makefile：顶层的编译说明文件（设置处理器体系结构和版本）。
- /scripts：供内部和外部使用的脚本文件。

Linux 内核的官方网址是 www.kernel.org。你可以通过 kernel.org 这个网址直接下载内核源代码文件（其压缩格式是 tar.xz），或者使用 git 方式下载内核源文件。

下面列出了内核发行版的几个类型：

1. Prepatch（**预发行**）：Prepatch 或者 "RC" 内核是主线内核预发行版本，它主要面向内核开发者或者 Linux 发烧友。这些代码通常会经过完全编译，并包含一些新特性。这些新特性必须通过测试后才能被放到内核稳定版本中。Prepatch 内核由 Linus Torvalds 本人维护和发行。

2. Mainline（主线）：主线代码树由 Linus Torvalds 维护。所有的新特性和令人激动的开发进展都会进入这个主线树中。每 2 ~ 3 个月发行一个新的主线内核版本。

3. Stable（稳定分支）：在每一个主线版本发布后，这个稳定版本被认为是稳定的。任何对稳定版本的错误修复都会从主线树进行反向移植，并且由指定的稳定版本内核维护者合入。一般在两个主线发行版本之间会有错误修复内核版本，除非稳定版本内核被指定为长期维护版本，否则这些稳定升级版本的发布时间通常会是 2 ~ 3 个月。

4. Longterm（长期维护）：通常会提供几个长期维护的内核版本，用来把新的错误修复加入旧版本的内核代码中。只有很重要的错误修复才能加入这种版本中，并且这种版本很少见，尤其是旧的代码树中。长期维护的内核版本见表 1-1。

表 1-1　长期维护的内核版本

版本号	维护者	发布日期	预计停产日期
4.14	Greg Kroah-Hartman	2017-11-12	2020-01
4.9	Greg Kroah-Hartman	2016-12-11	2019-01
4.4	Greg Kroah-Hartman	2016-01-10	2022-02
4.1	Sasha Levin	2015-06-21	2018-05
3.16	Ben Hutchings	2014-08-03	2020-04
3.2	Ben Hutchings	2012-01-04	2018-05

图 1-2 是从 www.kernel.org 网页上获取的，可以看到最新的稳定内核版本、开发中的内核版本（主线分支和测试分支）、若干个稳定版本和长期维护版本。

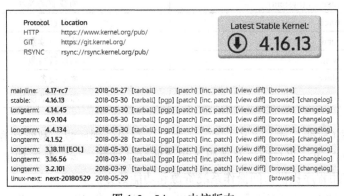

图 1-2　Linux 内核版本

另外，除了这些官方内核版本以外，还有许多第三方（芯片厂家、技术社区分部）提供和维护的内核版本，这些版本的内核源代码都来源于官方内核源码树。这样做的目的是单独开发和支持一些特殊的硬件或者子系统，这部分代码将在以后的某个时间点合并到官方版本中。这个处理方式叫作主线模式，并且描述了将新特性或者硬件支持集成到上游（官方）内核的工作。这些被称为**发行版内核**。

　　如果你运行的是一个发行版内核，很容易判断它的版本。除非你运行的是从 kernel.org 下载、编译并安装的内核版本，否则你运行的都是某个发行版本的内核。要确定你的内核版本，请（在命令行）运行 uname -r：

```
root@imx7dsabresd:~# uname -r
4.9.11
```

　　在本书中，你将使用长期支持版本 kernel 4.9.y 来开发本书中的所有驱动程序。

1.3　系统调用接口和 C 运行时库

　　系统调用是应用程序和 Linux 内核之间的基本接口，也是用户态应用程序与内核交互的唯一途径。换句话说，它是用户态和内核态之间的桥梁。严格意义来说，用户态和内核态的根本区别是，用户态应用程序不能随意访问内核态资源，从而确保了系统的安全稳定。系统调用提升了用户进程的权限。

　　系统调用接口通常不被应用程序直接调用（即使可以这样做），它一般是通过 C 运行时库中的封装函数调用的。在这些封装函数中，有一些函数只是比系统调用函数稍微增加了些代码（仅仅进行参数检查和参数设置），而另一些函数则添加了额外的一些功能。表 1-2 展示了一些系统调用函数和对它们的描述。

表 1-2　部分常见系统调用

系统调用	描　　述
insmod (system)	加载驱动模块
open	打开设备
read	从设备读数据
write	向设备写数据
close	关闭设备
rmmod (system)	卸载驱动模块

　　C 运行时库（标准 C 库）定义了宏、类型、字符串处理函数、数学运算函数、输入 / 输出处理、内存分配和一些与操作系统服务相关的其他功能。运行时库抽象封装了操作系统调用接口，为应用程序提供访问操作系统资源和功能的方法。

　　目前有好几种 C 运行时库：glibc、uClibc、eglibc、dietlibc、newlib。必须在交叉编译生成工具链时选择使用哪个 C 库，因为 GCC 编译器在编译时要依据特定的 C 库。

　　glibc 是 GNU C 库，也是我们在 Yocto 工程的示例中使用的默认库。GUN C 库设计的主要目的是实现一个可移植的和高性能的 C 库。它遵循了所有的相关标准，包括 ISO C11

和 POSIX.1-2008。它同时也是面向全球开放的，拥有已知最完整的国际化接口。读者可以在如下网址找到 glibc 的手册：https://www.gnu.org/software/libc/manual/。

1.4　系统共享库

系统共享库是程序启动时预加载的库。当一个共享库被正确加载之后，被启动的所有程序将自动使用这个共享库。用户态应用程序一般会链接系统共享库，并使用系统共享库访问特定的系统功能。这个系统功能可能是包含在库中的，比如压缩或者加密算法，或者需要访问内核底层资源和硬件。对后一种情况，库提供了一些简单的 API，这些 API 抽象并封装了内核以及直接驱动访问的复杂性。

或者说，系统共享库封装了系统功能，因此在构建与系统交互的应用程序时成为一个基本的构建块。每一个共享库有一个特定名称"soname"。soname 包含前缀"lib"、库的名字、".so"，后面跟一个句点和一个版本号。当接口发生改变时，版本号将递增（作为一个例外，底层的 C 库不会以"lib"开头）。一个完整的 soname 以它所在的目录名为前缀；在实际工作中的系统中，一个完整的 soname 是指向共享库"真实名称"的符号链接。

每一个共享库也有一个"真实名称"，即包含库代码的文件名。真实名称是 soname 后面添加一个句点、一个次版本号、另一个句点和发行版本号。最后一个句点以及发行版本号是可选的。你可以通过次版本号和发行版本号知道库的安装版本，并控制库的配置。注意，这个版本号与库文档中描述的版本号有可能不一致。

另外，在使用编译器的时候也要依赖一些库（称为"链接名"），它只是 soname，不带版本号。

下面列出的这些共享库是 LSB（Linux 标准库）规范所必需的，因此在符合 LSB 的系统中必须包含这些库：

- libc：标准 C 库（C 运行时库）。基础语言支持与操作系统服务支持。直接访问操作系统的系统调用接口。
- libm：数学库。由 System V、ANSI C、POSIX 等规定的通用数学基础功能和浮点运算环境库。
- libpthread：POSIX 线程库。libc 的一个工具集，主要提供向后兼容的功能。
- libdl：动态链接库。libc 的一个工具集，主要提供向后兼容的功能。
- libcrypt：加密库。提供一些加密和解密的相关功能。
- libpam：PAM（可插入式身份验证模块）库。处理一些 PAM 工作。
- libz：压缩 / 解压库。提供通用数据压缩和解压功能。
- libncurses：CRT 屏幕处理和优化包。它包括：对整个显示界面和窗口的管理、显示界面的操作；窗口和显示界面的输出；读取终端的输入；终端和光标的输入输出选项；环境查询例程；颜色管理；软标签键的使用。

- libutil：系统实用程序库。各种系统守护进程依赖的应用库。抽象功能主要涉及伪终端仿真和登录管理。

这些库被放在标准根文件系统的指定路径下：

- /lib：系统启动需要的库。
- /usr/lib：大部分系统库。
- /usr/local/lib：非系统库。

注意：针对 SAMA5D2（helloworld_sam.c）和 BCM2837（helloworld_rpi.c）的驱动程序源代码可以从本书的 GitHub 仓库下载。

1.5 根文件系统

根文件系统是所有文件（包括设备节点）存储的地方，这些文件以一定的文件层次结构组织在一起。通常根文件系统挂载到“/”。根文件系统包含所有的二进制文件、应用程序和数据。

根文件系统中文件夹的结构由 FHS（文件系统结构标准）定义。FHS 定义了很多文件类型和文件夹的名字、路径和权限。这样可以确保不同 Linux 发行版本的兼容性，同时允许应用程序做出预设：到哪里可以找到特定的系统文件和配置。

嵌入式 Linux 的根文件系统通常包含下面这些内容：

- /bin：系统启动时所需的命令，普通用户也可能会用到（有可能在启动之后使用）。
- /sbin：与 /bin 目录一样，但是这些命令不适合普通用户使用（然在必要的情况下并且有授权时也可以由普通用户使用）；/sbin 通常不在普通用户的默认路径中，而是在超级用户的默认路径中。
- /etc：针对当前机器的配置文件。
- /home：相当于 Windows 系统里的“我的文档”。
- /root：系统中超级用户的主文件夹。系统中的其他用户通常不能访问这个目录。
- /lib：包含必要的共享库文件和内核模块文件。
- /dev：设备文件。这些是特殊的虚拟文件，有助于用户与系统的各种设备进行交互。
- /tmp：临时文件。顾名思义，运行的程序经常在这里存放临时文件。
- /boot：存放引导加载程序使用的文件。内核映像通常会保存在这里而不是根目录中。如果有许多内核映像，目录很容易变得太大，最好将其保存在单独的文件系统中。
- /mnt：临时挂载文件系统的挂载点。
- /opt：附加的应用程序软件包。
- /usr：用户目录。

- /var：存放数据值内容。
- /sys：把内核模块的设备信息和驱动信息导出到用户态，同时也可以通过用户态对设备进行配置。
- /proc：表示内核的当前状态信息。

1.6　Linux 启动过程

下面这些是嵌入式 Linux 启动的主要步骤：

1. 启动过程开始于 POR（上电复位），此时硬件复位逻辑强制 ARM 核心从片上启动 ROM 执行初始指令。启动 ROM 可以支持好几种设备（例如 NOR 闪存、NAND 闪存、SD/eMMC）。在 i.MAX7D 处理器上，片上启动 ROM 还会配置并启动 DDR 内存控制器。DDR 技术是不同设备板之间潜在的关键差异。如果在 DDR 技术方面有差异，应该移植 DDR 初始化程序。i.MAX7D 的初始化程序被编码在 U-Boot 映像的引导起始区的 DCD 表里。DCD（设备配置数据）允许启动 ROM 代码从驻留在引导设备上的外部引导加载器获取 SoC 配置数据。举个例子，DCD 可用于对 DDR 控制器进行配置，以获得最佳设置，并提高启动性能。在设定了 DDR 控制器后，启动 ROM 把 U-Boot 映像数据加载到片外 DDR 里，并运行它。

Microchip SAMA5D2 处理器同样嵌入了启动 ROM 代码。在设备重启时判断 BMS（启动模式选择）引脚的状态来决定是否使能它。ROM 代码扫码不同的媒介设备的内容，例如串行闪存、NAND 闪存、SD/MMC 卡和串行 EEPROM。ROM 代码从 NAND 闪存获取 AT91Bootstrap，并将其放在片内 SRAM 上。AT91Bootstrap 是用于 SAMA5D2 SoC 芯片的二级引导加载程序，它提供了一组算法来管理硬件初始化，如时钟速度配置、PIO 设置和 DRAM 初始化。AT91Bootstrap 将从 NAND 闪存中获取 U-Boot 并将其放到 DDR RAM 上。

在其他处理器上，第二级引导加载程序叫作 SPL。

2. U-Boot 将内核映像和已编译好的设备树二进制文件加载到 RAM 中，并将设备树二进制文件的内存地址作为启动参数的一部分传递到内核中。

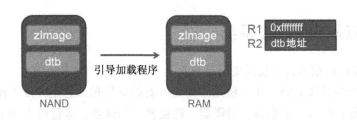

图 1-3　加载内核映像和设备树

3. U-Boot 跳转到内核代码。

4. 内核执行底层初始化，启用 MMU、创建页面的初始表并设置缓存。这是在 arch/arm/kernel/head.s 中完成的。head.s 文件包含那些 CPU 体系结构特定的与平台无关的初始化代码。然后，系统切换到与体系结构无关的内核启动函数 start_kernel() 中。

5. 内核运行位于 init/main.c 中的 start_kernel() 函数：

- 初始化内核（例如内存、调度、中断等）。
- 初始化静态编译的驱动程序。
- 根据从 U-Boot 传递到内核的启动参数挂载根文件系统。
- 执行第一个用户进程 init。默认的情况下，在 initramfs 中是 /init，在常规文件系统中是 /sbin/init。在嵌入式 Linux 设备中通常可以找到的三个 init 程序，分别是 BusyBox 初始程序、System V 初始程序和 systemd。如果使用 System V，则进程 init 会读取其配置文件 /etc/inittab，并执行配置脚本，实现系统的最终初始化。

在图 1-4 中，你可以看到嵌入式 Linux 的启动过程：

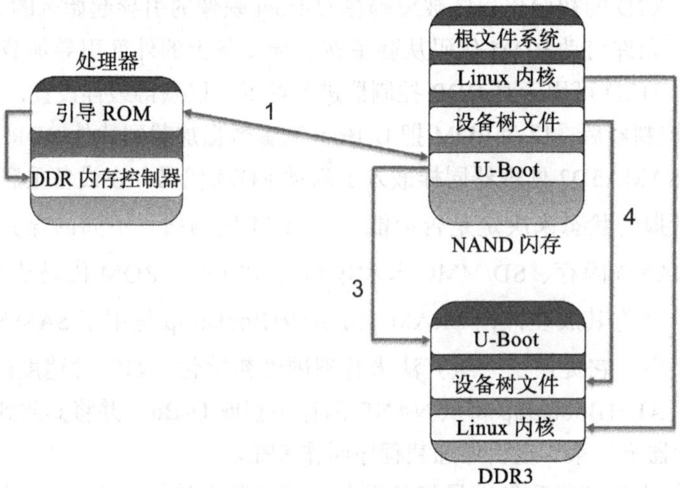

图 1-4　嵌入式 Linux 启动过程

1.7　构建嵌入式 Linux 系统

构建一个 Linux 嵌入式系统需要满足下面几个条件：

1. 选择一个**交叉工具链**。工具链用于构建所有的软件包，它是开发工作的起点。工具链由以下几个部分组成：汇编器、编译器、链接器、调试器、运行时库和工具程序集。交叉编译器编译生成可执行程序，这些可执行程序能够运行在其他平台上而不是编译机上。

2. 选择将运行在目标平台上的软件包（引导加载器、内核和根文件系统）。

3. 配置并构建这些软件包。

4. 把它们部署到目标设备上。

构建一个嵌入式 Linux 系统有下面几种方法：

1. 手动方式（创建自己的构建脚本）：此方法可以完全控制构建过程，但是它也比较乏味和辛苦，并且很难在其他计算机上复制构建的过程。它要求你非常了解软件组件的安装过程。例如，自己动手从无到有创建一个根文件系统，需要做以下这些事情：

- 下载所有软件组件的源代码（库、工具集或者应用程序）。
- 解决软件的依赖问题和版本冲突问题并给软件打补丁。
- 配置每个软件组件。
- 交叉编译每一个软件组件。
- 安装每一个软件组件。

2. 使用**完全发行版**（例如 Ubuntu/Debian）：很容易获得和使用，但是不容易定制。每一个 Linux 发行版已经预先定好了内核版本和根文件系统，根文件系统中包含预先指定的库文件、工具集和应用程序集。

3. 使用**构建框架**（例如 Buildroot、Yocto）：这种方式让你很容易地定制化，也可以方便地在其他计算机上重复构建过程。在嵌入式 Linux 领域，这种方式变得越来越流行。一个典型的构建框架由脚本和控制构建过程的配置元数据组成。构建框架一般包含了系统需要的所有软件组件的下载、配置、编译和安装，并且解决了软件组件的版本冲突和依赖问题。它允许创建一个定制的根文件系统。构建框架输出一个完整的映像文件，包括工具链、引导加载器、内核和根文件系统。

你将选择 " Yocto 工程" 构建框架为 Microchip SAMA5D2 和 NXP i.MX7D 处理器构建映像，也将选择 Debian 发行版为 Broadcom BCM2837 处理器构建映像。

1.8　设置以太网通信

使用 TFTP 协议从主机向目标机器传输文件：

1. 在主机桌面上单击 Network Manager tasklet，选择 Edit Connections，选择 " Wired connection 1" 并单击 "Edit"。

2. 选择 " IPv4 Settings" 标签，选择 "Manual" Method 来设置静态 IP 地址。单击 "ADD"，并设置 IP address 为 10.0.0.1，设置 Netmask 为 255.255.255.0，设置 Gateway 为 0.0.0.0，最后单击 "Save" 按钮。

3. 点击 "Wired connection 1" 激活这个网络接口。

1.9　为 NXP i.MX7D 处理器构建嵌入式 Linux 系统

i.MX7D 处理器系列配备了 Arm Cortex-A7 内核和 Cortex-M4 内核，最高运行频率可达 1.2 GHz。i.MX7D 处理器支持多种类型的存储器，包括 16/32 位 DDR3L/LPDDR2/LPDDR3-1066、四路 SPI 存储器、NAND、eMMC 和 NOR。通过 AVB、PCIe 和 USB 支持包括千兆以太网在内的若干种高速连接。提供并行和串行的显示器和摄像头接口，以及直接连接电泳显示器（EPD）的方式。

可以在下面链接中查到关于这个系列处理器的相关信息：https://www.nxp.com/products/processors-andmicrocontrollers/applications-processors/i.mx-applications-processors/i.mx-7-processors/i.mx-7dualprocessors-heterogeneous-processing-with-dual-arm-cortex-a7-cores-and-cortex-m4-core:i.MX7D。

基于 MCIMX7SABRE 的开发试验：本试验将使用基于 i.MX7D 应用处理器的 SABRE 智能设备开发板。开发板的相关文档可在下面的链接查看：https://www.nxp.com/support/developer-resources/hardware-development-tools/sabre-development-system/sabre-board-for-smart-devices-based-on-the-i.mx-7dual-applicationsprocessors:MCIMX7SABRE。

本书中使用开发板 MCIMX7SABRE 开发 i.MX7D 处理器的驱动程序，这些驱动程序也可以很容易地移植到开发板 ARROW IMX7 96 单板上。这块开发板的相关资料，可在下面的链接查询：https://www.96boards.org/product/imx7-96/。

1.9.1 简介

为了在 Linux 主机上得到 Yocto 工程，必须安装下面列出的软件包和工具。一个重要的考虑因素是主机上的硬盘空间要足够大。例如：在运行 Ubuntu 系统的机器上构建时，最少要为 X11 后台程序预留 50 GB 的空间。推荐的空间大小是至少 120 GB，这足够存放所有要编译的后台程序了。

下面执行的指令都是在 Ubuntu 14.04 64 位系统上测试过的。

1.9.2 主机软件包

构建 Yocto 工程需要安装一些必要的软件包，这些包也记录在 Yocto 工程的文档中。比较关键的一些主机软件包是：

```
$ sudo apt-get install gawk wget git-core diffstat unzip texinfo gcc-multilib \
build-essential chrpath socat libsdl1.2-dev
```

Ubuntu 14.04 主机需要安装的软件包是：

```
$ sudo apt-get install libsdl1.2-dev xterm sed cvs subversion coreutils \
texi2html docbook-utils python-pysqlite2 help2man make gcc g++ \
desktop-file-utils libgl1-mesa-dev libglu1-mesa-dev mercurial autoconf \
automake groff curl lzop asciidoc u-boot-tools
```

1.9.3 设置 repo 工具

repo 工具被开发出来，主要是用来方便对多个 Git 仓库的管理。相较于从每个仓库逐个下载，repo 工具可以用一条命令下载所有的仓库。使用下面的命令来安装这个工具：

1. 建一个目录。下面的命令在你的主目录下创建了一个目录，并命名为 bin

```
$ mkdir ~/bin
```

2. 下载工具：

```
$ curl http://commondatastorage.googleapis.com/git-repo-downloads/repo > ~/bin/
repo
```

3. 设置工具的可执行权限：

```
$ chmod a+x ~/bin/repo
```

4. 把文件夹路径添加到环境变量 PATH 中，下面这条命令可以添加到你的 .bashrc 文件中，这样在以后启动的每个 shell 或者终端中，PATH 环境变量都会自动生效。

```
$ export PATH=~/bin:$PATH
```

1.9.4 Yocto 工程的安装和映像构建

NXP Yocto 工程的 BSP 版本目录包含一个"sources"目录，这个目录里包含构建工程的方法文件、一个或者多个构建目录，还有一组设置环境的脚本。

构建工程的方法来自于社区和 NXP。把 Yocto 工程文件下载到"sources"目录。用相应构建方法来建立这个工程。

下面的例子演示了如何从 NXP 的 Yocto 工程社区下载 BSP 配置文件。在这个例子中，这个工程会创建一个名为"fsl-release-bsp"的目录。

```
~$ mkdir fsl-release-bsp
~$ cd fsl-release-bsp/
~/fsl-release-bsp$ git config --global user.name "Your Name"
~/fsl-release-bsp$ git config --global user.email "Your Email"
~/fsl-release-bsp$ git config --list
~/fsl-release-bsp$ repo init -u git://git.freescale.com/imx/fsl-arm-yocto-bsp.git \
-b imx-morty -m imx-4.9.11-1.0.0_ga.xml
~/fsl-release-bsp$ repo sync -j4
```

当处理完成的时候，源代码被存放到目录 fsl-release-bsp/sources 下。你可以反复使用 repo sync 命令来同步最新代码。在 repo 初始化的过程里，如果发生错误，请删除 .repo 目录然后再运行 repo 初始化命令。

脚本 fsl-setup-release.sh 简化了 i.MX 机器的环境设置过程。在使用这个脚本的时候，需要指定要构建机器的名称和要使用的图形后端。脚本会为指定机器和图形后端建立一个目录和配置文件。

对于 meta-fsl-bsp-release，i.MX 会提供全新的或者更新的机器配置文件以替换 meta-fsl-arm 机器配置文件。这些文件把脚本 fsl-setup-release.sh 拷贝到 meta-fsl-arm/conf/machine 目录里。

在开始构建之前必须先初始化。在这个步骤里，会建立构建目录和本地配置文件。在构建之前的初始化过程中，必须选择一种**发布方式**。在设置目标机器 imx7dsabresd 时，要选择构建目录 build_imx7d 和 fsl-imx-x11 发布方式：

```
~/fsl-release-bsp$ DISTRO=fsl-imx-x11 MACHINE=imx7dsabresd source fsl-setup-release.
sh -b build_imx7d
```

在做完这些设置后，执行环境将被重定向输出到 build_imx7d 文件：

```
~/fsl-release-bsp/build_imx7d$
```

如果你要打开一个新的终端，在构建之前，你必须重新加载 fsl-setup-release.sh 脚本：

```
~/fsl-release-bsp$ source fsl-setup-release.sh -b build_imx7d/
```

构建 Yocto 工程会消耗大量的资源，包括时间和磁盘存储空间，特别是构建多个目录的时候。有些方法可以优化这些问题，例如使用共享的状态缓存（缓存构建时的状态）和共享的下载目录（保存下载包）。可以在 local.conf 文件里设置路径，这个文件在 fsl-release-bsp/build-x11/conf 目录下，使用以下命令来添加状态信息：

```
DL_DIR="opt/freescale/yocto/imx/download"
SSTATE_DIR="opt/freescale/yocto/imx/sstate-cache"
```

同时要注意在机器中创建这些目录：

```
~$ sudo mkdir -p /opt/freescale/yocto/imx/download
~$ sudo mkdir -p /opt/freescale/yocto/imx/sstate-cache
```

这些目录需要设置适当的权限。当构建多个目录的时候，共享状态信息缓存会有帮助作用，每一个目录都使用共享缓存信息来最小化构建时间。共享的下载目录能把下载文件时间最小化。如果没有这些设置，Yocto 工程默认会创建共享状态缓存目录和下载目录。当你想要进行一次完整的构建时，你需要移除状态缓存目录和临时目录。

```
~$ sudo chmod -R a+xrw /opt/freescale/yocto/imx/download/
~$ sudo chmod -R a+xrw /opt/freescale/yocto/imx/sstate-cache/
```

构建新的 Linux 映像：

```
~/fsl-release-bsp/build_imx7d$ bitbake fsl-image-validation-imx
```

当构建完成的时候，映像文件将生成在指定的目录里。如果你正在使用另一个构建目录和机器配置则此目录是不一样的。

```
~$ ls fsl-release-bsp/build_imx7d/tmp/deploy/images/imx7dsabresd/
```

最后你要把这些映像文件写到 SD 卡里。下面是使用笔记本电脑自带的 SD 读卡器时所使用的命令：

```
~/fsl-release-bsp/build_im7d/tmp/deploy/images/imx7dsabresd$ dmesg | tail
~/fsl-release-bsp/build_imx7d/tmp/deploy/images/imx7dsabresd$ sudo umount /dev/
mmcblk0p1
~/fsl-release-bsp/build_imx7d/tmp/deploy/images/imx7dsabresd$ sudo dd if=fsl-image-
validation-imx-imx7dsabresd.sdcard of=/dev/mmcblk0 bs=1M && sync
```

如果你使用的是扩展的 USB SD 读卡器，请使用下面的命令：

```
~/fsl-release-bsp/build_im7d/tmp/deploy/images/imx7dsabresd$ dmesg | tail
~/fsl-release-bsp/build_imx7d/tmp/deploy/images/imx7dsabresd$ sudo umount /dev/sdX
~/fsl-release-bsp/build_imx7d/tmp/deploy/images/imx7dsabresd$ sudo dd if=fsl-image-
validation-imx-imx7dsabresd.sdcard of=/dev/sdX bs=1M && sync
```

在这里，/dev/sdX 对应的是主机系统分配给 SD 卡的设备节点。

1.9.5　Yocto 之外的工作

你可能觉得在不使用 Yocto 的情况下开发内核驱动程序和应用程序更方便。Yocto 项目 SDK 试图帮助你完成这些工作。Yocto 项目 SDK 包括以下几个方面：

1. 一个交叉编译工具链。

2. 两个 sysroot：

- 一个属于目标设备：包含适用于目标设备的头文件和库文件。确保生成的映像文件符合目标设备。
- 一个属于主机设备：包含适用于主机的工具。这些工具可确保在构建目标 sysroot 时，一切保持一致并按预期工作。

3. 一个环境脚本，设置必要的变量以使它们协同工作。

使用 Yocto 工程构建一个 SDK 有以下几种方法：

- 使用 bitbake meta-toolchain。这个方法仍旧需要单独提取并安装目标设备 sysroot。
- 使用 bitbake image -c populate_sdk。这个方法比上一个方法有了重大改进，因为它会生成一个工具链安装程序，这个程序包含与目标设备匹配的 sysroot。

谨记，在新的终端里使用任何 bitbake 命令之前，必须先运行安装脚本建立运行环境：

```
~/fsl-release-bsp$ source fsl-setup-release.sh -b build_imx7d/
~/fsl-release-bsp/build_imx7d$ bitbake -c populate_sdk fsl-image-validation-imx
```

当 bitbake 命令运行完毕后，工具链安装程序将被放在 tmp/deploy/sdk 的 build 目录下。工具链安装程序包含匹配目标根文件系统的 sysroot。可以用下面的命令来生成：

```
~/fsl-release-bsp/build_imx7d/tmp/deploy/sdk$ ./fsl-imx-x11-glibc-x86_64-fsl-image-
validation-imx-cortexa7hf-neon-toolchain-4.9.11-1.0.0.sh
```

在主机上开发应用程序时，为了适合不同的目标体系结构，你需要使用交叉编译工具。这次将使用 Yocto SDK，SDK 已经提前安装到目录 /opt/fsl-imx-x11/4.9.11-1.0.0。在终端上运行如下命令，可以看到 SDK 目录的具体内容：

```
~$ tree -L 3 /opt/fsl-imx-x11/
└── 4.9.11-1.0.0
    ├── environment-setup-cortexa7hf-neon-poky-linux-gnueabi
    ├── site-config-cortexa7hf-neon-poky-linux-gnueabi
    ├── sysroots
    │   ├── cortexa7hf-neon-poky-linux-gnueabi
    │   └── x86_64-pokysdk-linux
    └── version-cortexa7hf-neon-poky-linux-gnueabi
```

4.9.11-1.0.0 文件夹包含导出 SDK 环境变量的脚本。sysroots 文件夹包含 SDK 工具、库文件、头文件和两个子文件夹，一个是给主机（x86_64）使用的，另一个是给目标设备（cortexa7hf）使用的。你可以通过文件后缀名获得一些关于 SDK 的信息：

- cortexa7hf：适配于 Crotex-A7 带有硬件浮点计算功能的 SDK（带有浮点运算单元）。
- neon：支持 neno 处理器。
- linux：支持 Linux 操作系统。
- gnueabi：gnu 嵌入式应用接口。

在安装 SDK 之前，你需要先运行环境变量脚本：

```
$ source /opt/fsl-imx-x11/4.9.11-1.0.0/environment-setup-cortexa7hf-neon-poky-linux-
gnueabi
```

这些脚本将导出下面的几个环境变量：

- CC：带有目标编译选项的 C 编译器。
- CFLAGS：附加的 C 编译参数，用于 C 编译器。
- CXX：C++ 编译器。
- CXXFLAGS：附加的 C++ 编译参数，用于 CPP 编译器。
- LD：链接器。
- LDFLAGS：链接参数，用于链接器。
- GDB：调试器。
- PATH：SDK 二进制文件路径。

可以使用如下的命令看到所有的环境变量：

```
~$ export | more
```

编译器现在在当前路径中了：

```
~$ arm-poky-linux-gnueabi-gcc –version
arm-poky-linux-gnueabi-gcc (GCC) 6.2.0
Copyright (C) 2016 Free Software Foundation, Inc.
This is free software; see the source for copying conditions. There is NO
warranty; not even for MERCHANTABILITY or FITNESS FOR A PARTICULAR PURPOSE.
```

$CC 提供了目标设备 gcc 选项：

```
~$ echo $CC
arm-poky-linux-gnueabi-gcc -march=armv7ve -mfpu=neon -mfloat-abi=hard -mcpu=cortex-a7
--sysroot=/opt/fsl-imx-x11/4.9.11-1.0.0/sysroots/cortexa7hf-neon-poky-linux-gnueabi
```

- arch 选项 armv7ve：适用于 armv7ve 体系结构的编译。
- float-abi 选项 hard：二进制应用的硬件浮点单元的支持（fpu）。
- fpu 选项 neno：支持 ARM NEO 协处理器。
- sysroot：存放库文件和头文件的地方。

下面写一个简单的例子来验证工具链是否安装正确。打开文本编辑工具 gedit，写一个小程序：

```
~$ mkdir my_first_app
~$ cd my_first_app/
~/my_first_app$ gedit app.c
```

添加如下的代码：

```
#include <stdio.h>
int main(void)
{
    printf("Hello World\n");
}
```

如果用下面的命令编译它，会显示有错误发生：

```
~/my_first_app$ arm-poky-linux-gnueabi-gcc app.c -o app
app.c:1:19: fatal error: stdio.h: No such file or directory
 #include <stdio.h>
                   ^
compilation terminated.
```

发生错误的原因是设置的编译器支持的 ARM 处理器不明确，在调用编译器时要设置正确的 C 编译参数。可以使用 C 编译器（$CC）直接编译 app.c 文件：

```
~/my_first_app$ $CC app.c -o app
```

使用 UNIX 命令 "file"，你可以确定文件类型（参见：man file），并检查文件适用的体系结构和链接方法：

```
~/my_first_app$ file app
app: ELF 32-bit LSB executable, ARM, EABI5 version 1 (SYSV), dynamically
linked, interpreter /lib/ld-linux-armhf.so.3, for GNU/Linux 3.2.0,
BuildID[sha1]=7e2e3cf7c3647dce592ab5de92dac39cf4fb4f92, not stripped
```

1.9.6 构建 Linux 内核

内核的配置和构建是独立于 Yocto 构建系统的。把内核源文件从 Yocto 的 tmp 目录（使用 bitbak 创建映像文件时产生的目录）拷贝到你自己的内核目录：

```
~$ mkdir my-linux-imx
~$ cp -rpa ~/fsl-release-bsp/build_imx7d/tmp/work/imx7dsabresd-poky-linux-gnueabi/
linux-imx/4.9.11-r0/git/* ~/my-linux-imx/
~$ cd ~/my-linux-imx/
```

你也可以从 NXP 的内核仓库下载内核源代码：

```
~$ git clone http://git.freescale.com/git/cgit.cgi/imx/linux-imx.git \
-b imx_4.9.11_1.0.0_ga
```

在编译内核之前，最好确保内核源码是干净的并且没有遗留之前构建产生的文件：

- clean：移除构建产生的大部分文件，但是保留 config 文件和支持构建外部模块的文件。
- mrproer：移除所有构建产生的文件、config 文件和各种备份文件。
- distclean：在 mrproper 的基础上再移除编辑器备份文件和补丁文件。

```
~/my-linux-imx$ make mrproper
```

通常最容易的办法是从使用默认配置开始，这样可以根据你的需要来定制内核。imx_v7_defconfig 位于 arch/arm/configs 目录下，以它为例：

```
~/my-linux-imx$ make ARCH=arm imx_v7_defconfig
```

当你想定制内核配置的时候，最简单的办法就是使用内核内建的配置系统。最常用的一种配置系统就是 menuconfig 工具。使用一个没有配置 environment-setup-cortexa7hf-neon-poky-linux-gnueabi 的终端，使用命令"cd /"在 menuconfig 中搜索：

```
~/my-linux-imx$ make ARCH=arm menuconfig
```

配置驱动程序开发过程中需要的以下内核设置：

```
Device drivers >
   [*] SPI support  --->
          <*>   User mode SPI device driver support

Device drivers >
   [*] LED Support  --->
          <*>   LED Class Support
          -*-   LED Trigger support --->
                   <*>   LED Timer Trigger
                   <*>   LED Heartbeat Trigger

Device drivers >
   <*> Industrial I/O support  --->
          -*-   Enable buffer support within IIO
```

```
        -*-    Industrial I/O buffering based on kfifo
        <*>    Enable IIO configuration via configfs
        -*-    Enable triggered sampling support
        <*>    Enable software IIO device support
        <*>    Enable software triggers support
                 Triggers - standalone  --->
                         <*> High resolution timer trigger
                         <*> SYSFS trigger

Device drivers >
    <*> Userspace I/O drivers  --->
        <*>    Userspace I/O platform driver with generic IRQ handling
        <*>    Userspace platform driver with generic irq and dynamic memory

Device drivers >
    Input device support  --->
            -*- Generic input layer (needed for keyboard, mouse, ...)
            <*>    Polled input device skeleton
            <*>    Event interface
```

保存配置并从 menuconfig 退出。

一旦内核配置完毕，就可以编译生成可引导内核映像以及所选择的动态内核模块。默认情况下 U-Boot 系统使用的内核映像类型是 zImage。在编译内核前，请确保在终端里已经使用 environment-setup-cortexa7hf-neon-poky-linux-gnueabi 脚本建立了编译环境：

```
~/my-linux-imx$ source /opt/fsl-imx-x11/4.9.11-1.0.0/environment-setup-cortexa7hf-
neon-poky-linux-gnueabi
~/my-linux-imx$ make -j4 zImage
```

从 Linux 内核 3.8 版开始，每一个 ARM 单板的内核要求对应唯一的设备树二进制文件。因此需要为目标设备构建和安装正确的 dtb 文件。所有的设备树文件都存放在 arch/arm/boot/dts/ 目录下。为了构建单个设备树文件，找到所使用单板对应的 dts 文件的名称，将 .dts 扩展名替换为 .dtb。编译后的设备树文件放置在 arch/arm/boot/dts/ 目录下。运行下面的命令编译并构建设备树文件：

```
~/my-linux-imx$ make -j4 imx7d-sdb.dtb
```

构建所有的设备树文件：

```
~/my-linux-imx$ make -j4 dtbs
```

默认情况下，大多数的驱动文件没有被集成到 Linux 内核映像中（例如 zImage）。这些驱动被构建为动态模块，存放于内核树中，文件后缀为 .ko（内核对象）。这些 .ko 文件就是内核的动态模块。一旦内核文件被改动，通常推荐的做法是重构内核模块并安装它们。否则内核模块将不能被加载和运行。构建内核模块的命令如下：

```
~/my-linux-imx$ make -j4 modules
```

使用下面的命令，单步编译内核映像、模块和所有的设备树文件。

```
~/my-linux-imx$ make -j4
```

内核映像、内核模块和设备树文件被编译后，就可以安装了。对于内核映像，可以通过把 zImage 文件复制到系统读取内核映像的位置来安装。将设备树二进制文件复制到内核映像被复制到的文件夹下。你将从 TFTP 服务器读取内核映像和设备树文件：

```
~/my-linux-imx$ cp /arch/arm/boot/zImage /var/lib/tftpboot/
~/my-linux-imx$ cp /arch/arm/boot/dts/imx7d-sdb.dtb /var/lib/tftpboot/
```

在为处理器 i.MX7D 和 SAMA5D2 开发驱动程序的过程中，你将在主机上使用 TFTP 和 NFS 服务器，SD 卡中只需要存储 U-Boot 引导加载器。引导加载器将从 TFTP 服务器上获取 Linux 内核映像文件，内核将从 NFS 服务器上挂载根文件系统。无论是更改内核还是根文件系统，都无须烧写 SD 卡。

1.9.7 安装 TFTP 服务器

如果你还没有运行过 TFTP 服务器，请按照下面的步骤在 Ubuntu 14.04 主机上安装和配置 TFTP 服务器：

```
~$ sudo apt-get install tftpd-hpa
```

tftpd-hpa 配置文件安装在 /etc/default/tftpd-hpa 目录下。它默认使用 /var/lib/tftpboot 作为 TFTP 的根目录。为了让所有的用户都能访问这个目录，使用下面的命令修改目录的权限：

```
~$ sudo chmod 1777 /var/lib/tftpboot/
```

使用 netstat -a | grep tftp 检查 TFTP 服务器的状态。如果没有结果，很可能是服务器没有启动。为了安全起见，可以使用如下命令停止服务后再重新启动服务：sudo service tftpd-hpa stop 和 sudo service tftpd-hpa start。

1.9.8 安装 NFS 服务器

如果你还没有运行过 NFS 服务器，请使用下面的步骤在 Ubuntu 14.04 主机上安装和配置 NFS 服务器：

```
~$ sudo apt-get install nfs-kernel-server
```

/nfsroot 将被作为 NFS 服务器的根目录，因此目标根文件系统将从 Yocto 构建目录里解压出来：

```
~$ sudo mkdir -m 777 /nfsroot
~$ cd /nfsroot/
~/nfsroot$ sudo tar xvf ~/fsl-release-bsp/build_imx7d/tmp/deploy/images/
imx7dsabresd/fsl-image-validation-imx-imx7dsabresd.tar.bz2
```

接下来将 NFS 服务器配置到 /nfsroot 文件夹。编辑 /etc/exports 文件并加入下面这句代码：

```
/nfsroot/ *(rw,no_root_squash,async,no_subtree_check)
```

然后重启 NFS 服务器使最新的配置生效：

```
~$ sudo service nfs-kernel-server restart
```

为了安装内核模块，可以使用与 make 命令类似的命令，但是需要添加一些参数来说明模块安装的路径。这个命令将在此安装路径下创建一系列的文件和文件夹，例如 lib/modules/<kernel version>，这个目录下包含适用于当前内核的驱动模块。这个路径应该是目标文件系统的根目录。

```
~/my-linux-imx$ source /opt/fsl-imx-x11/4.9.11-1.0.0/environment-setup-cortexa7hf-
neon-poky-linux-gnueabi
~/my-linux-imx$ sudo make ARCH=arm INSTALL_MOD_PATH=/nfsroot/ modules_install
```

1.9.9　设置 U-Boot 环境变量

给 MCIMX7SABRE 单板上电。在你的主机系统中运行并配置 minicom 来观察系统启动过程。配置如下：波特率 115200,8 位数据，1 位停止位，无奇偶校验位。确保硬件和软件流控制被禁用。按任意键停止 U-Boot 启动过程。

要执行网络引导，请在 U-Boot 提示符下设置如下环境变量：

```
U-Boot > setenv serverip 10.0.0.1
U-Boot > setenv ipaddr 10.0.0.10
U-Boot > setenv image zImage
U-Boot > setenv fdt_file imx7d-sdb.dtb
U-Boot > setenv nfsroot /nfsroot
U-Boot > setenv ip_dyn no
U-Boot > setenv netargs 'setenv bootargs \
console=${console},${baudrate} ${smp} root=/dev/nfs rootwait \
rw ip=10.0.0.10:10.0.0.1:10.0.0.0:255.255.255.0:off:eth0:off \
nfsroot=${serverip}:${nfsroot},v3,tcp'
U-Boot > setenv bootcmd run netboot
U-Boot> saveenv
```

重启你的单板；它现在就可以从网络启动了。

1.10　为 Microchip SAMA5D2 处理器构建嵌入式 Linux 系统

SAMA5D2 系列是基于 MPU 的高性能、低功耗的 ARM Cortex-A5 处理器。Cortex A5 处理器最高运行频率达 500MHz，支持 ARM NEON SIMD 引擎、128kB L2 缓存和浮点运算单元。它支持多种存储器，包括最新一代的存储器技术，如 DDR3、LPDDR3 和 QSPI 闪存。它也集成了功能强大的外部设备（EMAC、USB、双 CAN、多达 10 个 UART 等）和用户应用接口（TFT LCD 控制器、PCAP 和电阻触摸控制器、D 类功放、音频锁相环、CMOS 摄像头接口等）。这些设备提供高级的安全功能以保护客户的代码和外部数据的安全传输。其中包括 ARM TrustZone、篡改检测、安全数据存储、硬件加密引擎、存储在外部 DDR 或 QSPI 内存中的代码的动态解密以及安全引导加载程序。

以上信息可以在下面链接查询到：http://www.microchip.com/design-centers/32-bit-mpus/microprocessors/sama5/sama5d2-series。

针对 SAMA5D2B-XULT 的实验开发，将使用 SAMA5D2（Rev. B）开发评估板。单板的使用手册可在下面的链接找到：http://ww1.microchip.com/downloads/en/DeviceDoc/Atmel-44083-32-bit-Cortex-A5-Microprocessor-SAMA5D2-Rev.B-Xplained-Ultra_User-Guide.pdf。

1.10.1　简介

为了在 Linux 主机上获得 Yocto 工程，必须先安装下面列出的软件包和工具。一个重要的考虑因素是主机的磁盘空间。例如：在 Ubuntu 主机上构建的时候，X11 后端程序需要的最小空间是 50 GB。推荐至少要有 120 GB 的磁盘空间可用，这样才有足够的空间编译所有的后端软件。

所有的命令，已经在 Ubuntu 14.04 64 位主机上测试过了。

1.10.2　主机软件包

Yocto 工程的构建需要安装一些软件包，这些软件包在 Yocto 工程里有相关文档说明。工程涉及的一些主要包有：

```
$ sudo apt-get install gawk wget git-core diffstat unzip texinfo gcc-multilib \
build-essential chrpath socat libsdl1.2-dev
```

Ubuntu 14.04 主机需要安装的软件包有：

```
$ sudo apt-get install libsdl1.2-dev xterm sed cvs subversion coreutils \
texi2html docbook-utils python-pysqlite2 help2man make gcc g++ \
desktop-file-utils libgl1-mesa-dev libglu1-mesa-dev mercurial autoconf \
automake groff curl lzop asciidoc u-boot-tools
```

1.10.3　Yocto 工程的安装和映像构建

Yocto 工程有功能强大的构建环境。它由几个组件构建而成，包括著名的用于嵌入式 Linux 的 OpenEmbedded 框架。poky 是构建整个嵌入式系统发行版的参考系统。

对 SAMA5 系列处理器的支持代码包含在 Yocto 的一个特定层中：meta-atmel。相关源托管在 Linux4SAM GitHub 账户上：https://github.com/linux4sam/meta-atmel。

参考下面的构建步骤：

创建一个目录：

```
~$ mkdir sama5d2_morty
~$ cd sama5d2_morty/
```

克隆 yocto/poky 的 git 仓库里合适的稳定分支：

```
~/sama5d2_morty$ git clone git://git.yoctoproject.org/poky -b morty
```

克隆 meta-openembedded 的 git 仓库里合适的稳定分支：

```
~/sama5d2_morty$ git clone git://git.openembedded.org/meta-openembedded -b morty
```

克隆 meta-qt5 的 git 仓库里合适的稳定分支：

```
~/sama5d2_morty$ git clone git://code.qt.io/yocto/meta-qt5.git
~/sama5d2_morty$ cd meta-qt5/
~/sama5d2_morty/meta-qt5$ git checkout v5.9.1
~/sama5d2_morty/meta-qt5$ cd ..
~/sama5d2_morty$
```

克隆 meta-atmel 层的 git 仓库里合适的稳定分支：

```
~/sama5d2_morty$ git clone git://github.com/linux4sam/meta-atmel.git -b morty
```

进入 poky 目录，配置构建系统和启动构建过程：

```
~/sama5d2_morty$ cd poky/
~/sama5d2_morty/poky$
```

初始化构建用的目录：

```
~/sama5d2_morty/poky$ source oe-init-build-env
```

在 bblayer 配置文件中添加 meta-atmel 层。

```
~/sama5d2_morty/poky/build$ gedit conf/bblayers.conf
# POKY_BBLAYERS_CONF_VERSION is increased each time build/conf/bblayers.conf
# changes incompatibly
POKY_BBLAYERS_CONF_VERSION = "2"

BBPATH = "${TOPDIR}"
BBFILES ?= ""

BSPDIR := "${@os.path.abspath(os.path.dirname(d.getVar('FILE', True)) +
'/../../../..')}"

BBLAYERS ?= " \
  ${BSPDIR}/poky/meta \
  ${BSPDIR}/poky/meta-poky \
  ${BSPDIR}/poky/meta-yocto-bsp \
  ${BSPDIR}/meta-atmel \
  ${BSPDIR}/meta-openembedded/meta-oe \
  ${BSPDIR}/meta-openembedded/meta-networking \
  ${BSPDIR}/meta-openembedded/meta-python \
  ${BSPDIR}/meta-openembedded/meta-ruby \
```

```
${BSPDIR}/meta-openembedded/meta-multimedia \
${BSPDIR}/meta-qt5 \
"

BBLAYERS_NON_REMOVABLE ?= " \
  ${BSPDIR}/poky/meta \
  ${BSPDIR}/poky/meta-poky \
  "
```

编辑 local.conf 文件，指定计算机、源文件的存放路径、包的类型（rpm、deb 或者 ipk）。设置 MACHINE 的名字为"sama5d2-xplained"。

```
~/sama5d2_morty/poky/build$ gedit conf/local.conf

[...]
MACHINE ??= "sama5d2-xplained"
[...]
DL_DIR ?= "your_download_directory_path"
[...]
PACKAGE_CLASSES ?= "package_ipk"
[...]
USER_CLASSES ?= "buildstats image-mklibs"
```

为了获得较好的性能，添加下面一行参数，来使用"poky-atmel"发行版：

```
DISTRO = "poky-atmel"
```

构建演示映像文件。QT 演示映像文件需要额外修改 local.conf，你可以在文件末尾添加下面这两行代码：

```
~/sama5d2_morty/poky/build$ gedit conf/local.conf

[...]
LICENSE_FLAGS_WHITELIST += "commercial"
SYSVINIT_ENABLED_GETTYS = ""
```

```
~/sama5d2_morty/poky/build$ bitbake atmel-qt5-demo-image
```

在官方的 4.9 版本的内核标签上增加了一些增强功能，已经支持大多数的 Microchip SOC 特性了。同时请注意，基于这个长期支持的内核发布的每一个稳定版本，都集成了 Microchip 的特性。这也就意味着，每一个 4.9.x 版本都合并到了 Microchip 的分支里。你将使用 Linux4sam_5.7 版本集成稳定的内核版本，这会将内核升级到 4.9.52 版本。你可以在这个地址检阅更多信息：https://www.at91.com/linux4sam/bin/view/Linux4SAM/LinuxKernel。

你将创建一个 SD 演示映像文件，由 linux4sam_5.7 版本代码进行编译。请在 https://www.at91.com/linux4sam/bin/view/Linux4SAM/DemoArchive5_7 下载 Yocto 的演示文件 linux4sam-poky-sama5d2_xplained-5.7.img.bz2。

为了把这个压缩文件写进 SD 卡里，需要下载安装 Etcher 工具。这是一个开源的软件，它的好处是可以读取一个压缩后的映像文件。在 Etcher 的网站上可以看到更多的信息和更多额外的帮助：https://etcher.io/。根据网址 https://www.at91.com/linux4sam/bin/ view/ Linux4SAM/Sama5d2XplainedMainPage 上的 "Create a SD card with the demo" 节的步骤，用映像文件创建一个 SD 卡。

1.10.4 Yocto 之外的工作

本节将讲述为 SAMA5D2 处理器构建 Yocto SDK 的一些指令。这些指令的具体意思，请参考之前讲过的 1.9.5 节。

```
~/sama5d2_morty/poky/build$ bitbake -c populate_sdk atmel-qt5-demo-image
~/sama5d2_morty/poky/build$ cd tmp/deploy/sdk/
~/sama5d2_morty/poky/build/tmp/deploy/sdk$ ls
~/sama5d2_morty/poky/build/tmp/deploy/sdk$ ./poky-atmel-glibc-x86_64-atmel-qt5-demo-
image-cortexa5hf-neon-toolchain-2.2.3.sh
Poky (Yocto Project Reference Distro) SDK installer version 2.2.3
==================================================================
Enter target directory for SDK (default: /opt/poky-atmel/2.2.3):
You are about to install the SDK to "/opt/poky-atmel/2.2.3". Proceed[Y/n]? y

Extracting    SDK.........................................................................
..........................................................................................
..........................................done
Setting it up...done
SDK has been successfully set up and is ready to be used.
```

1.10.5 构建 Linux 内核

这一节将讲述为 SAMA5D2 处理器构建 Linux 内核的一些命令。关于这些命令的更多信息，请参考之前的 1.9.6 节。

从 Yocto 工程中拷贝内核源代码到一个新的文件夹：

```
~$ mkdir my-linux-sam
~$ cp -rpa ~/sama5d2_morty/poky/build/tmp/work/sama5d2_xplained-poky-linux-gnueabi/
linux-at91/4.9+gitAUTOINC+973820d8c6-r0/git/* ~/my-linux-sam/
```

从 Microchip 的 git 仓库下载内核源代码。

```
~$ git clone git://github.com/linux4sam/linux-at91.git
~$ cd linux-at91/
~/linux-at91$ git branch -r
~/linux-at91$ git checkout origin/linux-4.9-at91 -b linux-4.9-at91
~/linux-at91$ git checkout linux4sam_5.7
```

编译内核镜像、内核模块和所有的设备树文件：

```
~/linux-at91$ make mrproper
~/linux-at91$ make ARCH=arm sama5_defconfig
~/linux-at91$ make ARCH=arm menuconfig
```

配置内核设置项，这些设置项在开发驱动的时候会用到。

```
Device drivers >
  [*] SPI support  --->
          <*>    User mode SPI device driver support

Device drivers >
  [*] LED Support  --->
          <*>     LED Class Support
          -*-     LED Trigger support  --->
                          <*>     LED Timer Trigger
                          <*>     LED Heartbeat Trigger

Device drivers >
  <*> Industrial I/O support  --->
          -*-     Enable buffer support within IIO
          -*-     Industrial I/O buffering based on kfifo
          <*>     Enable IIO configuration via configfs
          -*-     Enable triggered sampling support
          <*>     Enable software IIO device support
          <*>     Enable software triggers support
                    Triggers - standalone  --->
                            <*> High resolution timer trigger
                            <*> SYSFS trigger

Device drivers >
  <*> Userspace I/O drivers  --->
          <*>     Userspace I/O platform driver with generic IRQ handling
          <*>     Userspace platform driver with generic irq and dynamic memory

Device drivers >
  Input device support  --->
          -*- Generic input layer (needed for keyboard, mouse, ...)
          <*>     Polled input device skeleton
          <*>     Event interface
```

配置完成后保存配置并从 menuconfig 退出。

使用下面的步骤，调用工具链脚本，并编译内核，设备树文件和内核模块：

```
~/my-linux-sam$ source /opt/poky-atmel/2.2.3/environment-setup-cortexa5hf-neon-poky-
linux-gnueabi
~/my-linux-sam$ make -j4
```

一旦 Linux 内核、设备树文件和内核模块被编译完，就可以开始安装了。在这个例子中，对于内核映像，可以通过把 zImage 文件复制到工具读取内核映像的地方来安装。设备树二进制文件应该也被复制到内核映像文件被复制到的位置。可以从 TFTP 服务器上读取内核映像和设备树文件。

```
~/my-linux-sam$ cp /arch/arm/boot/zImage /var/lib/tftpboot/
~/my-linux-sam$ cp /arch/arm/boot/dts/at91-sama5d2_xplained.dtb /var/lib/tftpboot/
```

在驱动开发的过程中，你可以在主机上使用 TFTP 服务器和 NFS 服务器，并且只需要把引导加载器存放在 SD 卡里就可以了。引导加载器从 TFTP 服务器上读取 Linux 内核，从 NFS 服务器上挂载根文件系统。这样，不需要重新烧写 SD 卡，就可以修改内核映像和根文件系统。

1.10.6 安装 TFTP 服务器

使用下面的步骤在 Ubuntu 14.04 主机上安装和配置 TFTP 服务器：

```
~$ sudo apt-get install tftpd-hpa
```

使用下面的命令修改文件夹的权限，让所有的用户都可以访问它：

```
~$ sudo chmod 1777 /var/lib/tftpboot/
```

使用命令 netstat -a | grep tftp 检查 TFTP 服务器的状态。如果没有看到相关结果的话，有可能是服务器没有启动。在确保安全的情况下，使用如下命令先停止服务，然后再启动服务：sudo service tftpd-hpa stop 和 sudo service tftpd-hpa start。

1.10.7 安装 NFS 服务器

使用下面的命令在 Ubuntu 14.04 主机上安装和配置 NFS 服务器：

```
~$ sudo apt-get install nfs-kernel-server
```

/nfssama5d2 文件夹将被用作 NFS 服务器的根目录，因此根文件系统将从 Yocto 构建目录重定位到这个目录下：

```
~$ sudo mkdir -m 777 /nfssama5d2
~$ cd /nfssama5d2/
~/nfssama5d2$ sudo tar xfvp ~/sama5d2_morty/poky/build/tmp/deploy/images/sama5d2-
xplained/atmel-qt5-demo-image-sama5d2-xplained.tar.gz
```

接下来，配置 NFS 服务器，把 /nfssama5d2 文件夹引出。编辑文件 /etc/exports 并添加下面的代码：

```
/nfsama5d2/ *(rw,no_root_squash,async,no_subtree_check)
```

重启 NFS 服务器，让修改的配置生效：

```
~$ sudo service nfs-kernel-server restart
```

使用另一个类似的 make 命令安装内核模块文件，但是会带有一个参数来指明模块文件的安装位置。这个命令将在指定的位置创建一个目录树，例如 lib/modules/<kernel version>。这里面会存放对应内核版本的动态模块文件。最基本的位置应该是目标设备将要使用的文件系统的根目录。

```
~/my-linux-sam$ source /opt/poky-atmel/2.2.3/environment-setup-cortexa5hf-neon-poky-
linux-gnueabi
~/my-linux-sam$ sudo make ARCH=arm INSTALL_MOD_PATH=/nfssama5d2/ modules_install
```

1.10.8 设置 U-Boot 环境变量

将 SAMA5D2B-XULT 开发板上电，启动并配置主机上的应用 minicom，查看系统启动的过程。给 minicom 设置如下配置：115200 波特率，8 位数据位，1 位停止位，无校验。确保关闭硬件流控和软件流控。按任意键停止 U-Boot 的启动。

要执行网络引导，请在 U-Boot 提示符下设置如下环境变量：

```
U-Boot > setenv serverip 10.0.0.1
U-Boot > setenv ipaddr 10.0.0.10
U-Boot > setenv nfsroot /nfssama5d2
U-Boot > setenv ip_dyn no
U-Boot > setenv bootargs console=ttyS0,115200 root=/dev/nfs rootwait \
rw ip=10.0.0.10:10.0.0.1:10.0.0.0:255.255.255.0:off:eth0:off \
nfsroot=${serverip}:${nfsroot},v3,tcp
U-Boot > setenv bootcmd 'tftp 0x21000000 zImage; tftp 0x22000000 at91-sama5d2_
xplained.dtb; bootz 0x21000000 - 0x22000000'
U-Boot > saveenv
```

重启开发板就可以从网络启动了。

1.11 为 Broadcom BCM2837 处理器构建 Linux 嵌入式系统

Broadcom 处理器 BCM2837 被使用在 Raspberry Pi 2 上以及后来的 Raspberry Pi 3 上。BCM2837 的底层体系结构与 BCM2836 相同。唯一的显著区别是用四核 ARM Cortex A53（ARMv8）替换了四核 ARMv7。

ARM 内核运行速为 1.2GHz，比 Raspberry Pi 2 快 50%。VideoCore IV 的处理速度为 400MHz。可以在下面链接查看 BCM2836 的相关文档：https://www.raspberrypi.org/documentation/hardware/raspberrypi/bcm2836/README.md。

以及在如下链接查看 BCM2835 的相关文档：https://www.raspberrypi.org/documentation/hardware/raspberrypi/bcm2835/README.md。

使用 Raspberry Pi 3 Model B 型号做开发试验，这是一款带有无线局域网和蓝牙的单板计算机。可以在如下链接查看更多的信息：https://www.raspberrypi.org/products/raspberry-pi-3-model-b/。

1.11.1 Raspbian

Raspbian 是推荐用于 Raspberry Pi 上的典型操作系统。Raspbian 是一款免费的操作系统，它基于 Debian 系统开发，并针对 Raspberry Pi 硬件做了优化。Raspbian 附带了 35 000 多个软件包：这些软件包以很好的格式预编译为附带软件，以便可以轻松地安装到 Raspberry Pi 上。Raspbian 是一个社区项目，目前正在积极的开发中，其重点是尽可能提高 Debian 软件包的稳定性和性能。

你将在 SD 卡中安装基于内核 4.9.y 的 Raspbina_lite 映像。打开链接 http://downloads.

raspberrypi.org/raspbian_lite/images/，下载 raspbian_lite-2017-09-08/ 目录下的 2017-09-07-raspbian-stretch-lite.zip 映像文件。

要将映像文件写入 SD 卡中，你需要下载和安装软件 Etcher。该工具是一款开源软件，非常有用，因为它允许将压缩后的映像文件作为输入参数。更多的信息和额外的帮助见 Ether 的网站：https://etcher.io/。

请依照下面网站的" Writing an image to the SD card"节的步骤把映像文件写入 SD 卡中：https://www.raspberrypi.org/documentation/installation/installing-images/README.md。

1.11.2　构建 Linux 内核

有两种方法构建内核。你可以在 Raspberry Pi 上本地构建，但是这种方法需要很长的时间。或者使用交叉编译的方法，这样更快，但是这需要更多的设置。你将选择第二种方法。

首先安装 Git 和构建依赖：

```
~$ sudo apt-get install git bc
```

接下来获取资源：

```
~$ git clone --depth=1 -b rpi-4.9.y https://github.com/raspberrypi/linux
~$ cd linux/
```

将工具链下载到主文件夹：

```
~$ git clone https://github.com/raspberrypi/tools ~/tools
~$ export PATH=~/tools/arm-bcm2708/gcc-linaro-arm-linux-gnueabihf-raspbian-x64/bin:$PATH
~$ export TOOLCHAIN=~/tools/arm-bcm2708/gcc-linaro-arm-linux-gnueabihf-raspbian-x64/
~$ export CROSS_COMPILE=arm-linux-gnueabihf-
~$ export ARCH=arm
```

编译内核、模块和设备树文件：

```
~$ cd linux/
~/linux$ make mrproper
~/linux$ KERNEL=kernel7
~/linux$ make ARCH=arm bcm2709_defconfig
~/linux$ make ARCH=arm menuconfig
```

做如下的内核配置，用于接下来的开发试验：

```
Device drivers >
    [*] SPI support  --->
            <*>    BCM2835 SPI controller
            <*>    User mode SPI device driver support

Device drivers >
    I2C support --->
            I2C Hardware Bus support  --->
```

```
                    <*> Broadcom BCM2835 I2C controller
    Device drivers >
       [*] SPI support --->
             <*>   User mode SPI device driver support

    Device drivers >
       [*] LED Support --->
                 <*>    LED Class Support
                 -*-    LED Trigger support --->
                              <*>    LED Timer Trigger
                              <*>    LED Heartbeat Trigger

    Device drivers >
       <*> Industrial I/O support --->
                 -*-   Enable buffer support within IIO
                 -*-   Industrial I/O buffering based on kfifo
                 <*>   Enable IIO configuration via configfs
                 -*-   Enable triggered sampling support
                 <*>   Enable software IIO device support
                 <*>   Enable software triggers support
                       Triggers - standalone  --->
                                  <*> High resolution timer trigger
                                  <*> SYSFS trigger

    Device drivers >
       <*> Userspace I/O drivers  --->
                 <*>   Userspace I/O platform driver with generic IRQ handling
                 <*>   Userspace platform driver with generic irq and dynamic memory

    Device drivers >
       Input device support  --->
                 -*- Generic input layer (needed for keyboard, mouse, ...)
                 <*>   Polled input device skeleton
                 <*>   Event interface
```

保存设置并退出菜单。

一次性编译内核、设备树文件和模块：

```
~/linux$ make -j4 ARCH=arm CROSS_COMPILE=arm-linux-gnueabihf- zImage modules dtbs
```

构建完内核后，你需要把内核文件拷贝到 Raspberry Pi 上并安装模块。把 uSD 插入 SD 读卡器。

```
~$ lsblk
~$ mkdir ~/mnt
~$ mkdir ~/mnt/fat32
~$ mkdir ~/mnt/ext4
~$ sudo mount /dev/mmcblk0p1 ~/mnt/fat32
~$ sudo mount /dev/mmcblk0p2 ~/mnt/ext4
~$ ls -l ~/mnt/fat32/ /* see the files in the fat32 partition, check that config.txt
is included */
```

更新 config.txt 文件，添加以下值：

```
~$ cd mnt/fat32/
~/mnt/fat32$ sudo gedit config.txt
```

```
dtparam=i2c_arm=on
dtparam=spi=on
dtoverlay=spi0-cs
# Enable UART
enable_uart=1
kernel=kernel-rpi.img
device_tree=bcm2710-rpi-3-b.dtb
```

更新内核、设备树文件和模块:

```
~/linux$ sudo cp arch/arm/boot/zImage ~/mnt/fat32/kernel-rpi.img
~/linux$ sudo cp arch/arm/boot/dts/*.dtb ~/mnt/fat32/
~/linux$ sudo cp arch/arm/boot/dts/overlays/*.dtb* ~/mnt/fat32/overlays/
~/linux$ sudo cp arch/arm/boot/dts/overlays/README ~/mnt/fat32/overlays/
~/linux$ sudo make ARCH=arm INSTALL_MOD_PATH=~/mnt/ext4 modules_install
~$ sudo umount ~/mnt/fat32
~$ sudo umount ~/mnt/ext4
```

从读卡器中拔下 uSD 卡, 并插入 Raspberry Pi 3 Model B 单板中。给单板上电。启动并配置主机上的 minicom 应用, 观察系统启动过程。给 minicom 做如下配置: 115200 波特率, 8 位数据位, 1 位停止位, 无奇偶校验。确保硬件和软件流控功能关闭。

1.11.3 将文件复制到 Raspberry Pi

可以使用 SSH 从同一网络里的另一台计算机或者设备上远程登录到 Raspberry Pi 的命令行模式中。请确保正确设置并连接了 Raspberry Pi:

```
pi@raspberrypi:~$ sudo ifconfig eth0 10.0.0.10 netmask 255.255.255.0
```

Raspbian 默认情况下是关闭 SSH 服务器的, 你需要手动启动它:

```
pi@raspberrypi:~# sudo /etc/init.d/ssh restart
```

默认情况下 root 账号是禁止的, 但是可以是用下面的命令来启用它, 同时给它设置密码:

```
pi@raspberrypi:~$ sudo passwd root /* set for instance password to "pi" */
```

现在你可以使用 root 账号登录你的 Raspberry Pi 了。打开 sshd_config 文件, 将 Permit-RootLogin 改为 yes (同时把原来的行注释掉)。按 <Ctrl+O> 键保存文件, 然后按 <Ctrl+x> 键, 输入 "yes" 并回车退出。

```
pi@raspberrypi:~$ sudo nano /etc/ssh/sshd_config
```

创建一个简单的应用来验证工具链是否正确安装。可以使用 gedit 文本编辑器来编写应用文件:

```
~$ mkdir my_first_app
~$ cd my_first_app/
~/my_first_app$ gedit app.c
```

添加如下代码：

```
#include <stdio.h>
int main(void)
{
    printf("Hello World\n");
}
```

将工具链添加到 $PATH 环境变量里：

```
~$ export PATH=~/tools/arm-bcm2708/gcc-linaro-arm-linux-gnueabihf-raspbian-x64/
bin:$PATH
~$ export TOOLCHAIN=~/tools/arm-bcm2708/gcc-linaro-arm-linux-gnueabihf-raspbian-x64/
~$ export CROSS_COMPILE=arm-linux-gnueabihf-
~$ export ARCH=arm
```

可以直接使用 C 编译器编译 app.c 文件。

```
~/my_first_app$ arm-linux-gnueabihf-gcc app.c -o app
```

scp 是通过 SSH 传输文件的命令。这意味着你可以在计算机之间复制文件，例如从 Raspberry Pi 复制到台式机或者笔记本，反之亦然。现在你可以使用下面的命令将应用程序文件 app 从你的计算机复制到 IP 地址为 10.0.0.10 的 Raspberry Pi 用户目录下：

```
~$ scp app pi@10.0.0.10: /* enter "raspberry" password in the host */
pi@raspberrypi:~$ ls /* see the app application in you raspberry */
pi@raspberrypi:~$ ./app /* execute the application in your raspberry */
```

或

```
~$ scp app root@10.0.0.10: /* enter "pi" password that was set when you enabled your
root account */
```

你必须先以 root 用户身份登录 Raspberry Pi 设备，才能在主机中使用 scp app root@ 10.0.0.10 命令：

```
pi@raspberrypi:~$ su
Password:pi
root@raspberrypi:/home/pi# cd /root/
root@raspberrypi:~$ ls /* see the app application */
root@raspberrypi:~$ ./app /* execute the application */
```

如果随后修改了内核或设备树文件，你可以使用 SHH 将它们远程复制到 Raspberry Pi：

```
~/linux$ scp arch/arm/boot/zImage root@10.0.0.10:/boot/kernel-rpi.img
~/linux$ scp arch/arm/boot/dts/bcm2710-rpi-3-b.dtb root@10.0.0.10:/boot/
```

在 Raspberry Pi 板（目录）上将 eth0 网络接口的 IP 地址配置为 10.0.0.10，需要编辑 /etc/network/interfaces 文件。使用 nano 编辑器打开这个文件：

```
pi@raspberrypi:~$ sudo nano /etc/network/interfaces
```

添加如下的内容：

```
auto eth0
iface eth0 inet static
    address 10.0.0.10
    netmask 255.255.255.0
```

按 \<Ctrl+O\> 键保存文件，然后按 \<Ctrl+x\>，输入"yes"并按回车键退出。重启 SSH
服务。这样，每次启动 Pi 的时候，就不必再次通过 `ifconfig` 来设置网络地址了。

1.12　使用 Eclipse

Eclipse 几乎为每种语言和体系结构都提供了 IDE 和平台环境。它们以 Java、C/C++、
JavaScript 和 PHP IDE 而闻名，这些 IDE 构建在可扩展的平台上，用于创建桌面、Web 和
云 IDE。这些平台为开发人员提供了最广泛的扩展组件工具集合。Eclipse 可以用来浏览内
核源码，以替代 Linux 终端的形式。

你将使用 Neon 版本来开发驱动。你可以从下面的地址下载 Eclipse 环境：https://www.
eclipse.org/downloads/packages/eclipse-ide-cc-developers/neonr。转到 `Neon Packages` 版本并
下载 `Eclipse IDE C/C++ developers`（根据你的主机系统决定采用 32 位还是 64 位版本）。

安装 Eclipse 很简单，只需要下载正确的版本并解压它。系统必须安装正确版本的 Java
SDK。Ubuntu 允许安装多个版本的 Java 虚拟机。Neon 需要 Java SDK8。

```
~$ sudo apt-get install openjdk-8-jdk
```

解压下载的 64 位的 Neon Eclipse：

```
~/eclipse_neon$ tar –xf eclipse-cpp-neon-3-linux-gtk-x86_64.tar.gz
```

请确保运行的 Eclipse 为 Yocto SDK 做好了配置。这样配置工具链（路径）就很方便
了。下面将使用 SAMA5D2 的内核源码和 Yocto SDK 的交叉编译工具链来演示如何配置
Eclipse 以开发驱动程序。

```
~/eclipse_neon$ source /opt/poky-atmel/2.2.3/environment-setup-cortexa5hf-neon-poky-
linux-gnueabi

~/eclipse_neon$ cd eclipse/
~$ ./eclipse & /* launch eclipse */
```

选择工作区路径，例如：

```
/home/<user>/workspace_neon
```

1.12.1　用于内核源码的 Eclipse 配置

在配置 Eclipse 之前，须确保内核已经被配置和编译过（在之前的章节已经配置和编译

过内核了），定义 CONFIG_* 并生成 autoconf.h。当配置和构建指定的体系结构时，会生成一些便于索引的必要文件。

1. 启动 Eclipse 并建立一个 C 工程（如图 1-5 所示）：

- 打开 File -> New -> C Project。
- 给工程起个名字（仅用于 Eclipse），例如起名为 my_kernel。
- 不要使用默认的路径（工作区）。将路径指向内核源码的文件夹：/home/
- 因为使用 make 构建内核，所以选择工程类型为 Makefile 工程。
- 使用交叉工具链 Cross GCC。
- 打开 Next -> Finish。

图 1-5　创建 Eclipse C 工程

2. 工程建立后要修改相关配置。打开 Project->Properties 并选择左侧的 C/C++ General 选项。单击 Preprocessor Include Path，Macros etc.. 项，选择 Entries 标签并选择语言栏里的 GUN C 项。在 Setting Entries 列表里选择 CDT User Settings Entries。添加 include/linux/kconfig.h 文件作为预处理的宏文件，如图 1-6 所示。

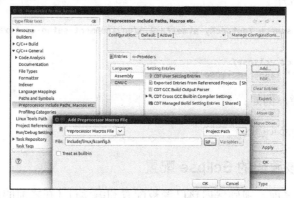

图 1-6　Eclipse C 工程配置

　　3. 添加包含 printk() 宏定义的文件。如果不进行这一步，索引器将找不到它（因为它被用在很多地方），如图 1-7 所示。

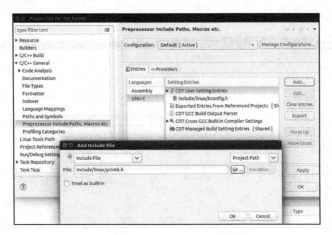

图 1-7　添加包含 printk() 定义的文件

　　4. 单击 Providers 标签，去掉交叉编译器的默认搜索路径。索引器应使用内核内头文件来代替工具链根路径下的文件，如图 1-8 所示。

图 1-8　配置搜索路径一

　　5. 必须包含内核里的 include 路径。内核不使用任何外部库。在 C/C++ General 选项单击 Paths and Symbols，单击 Includes 标签并在语言栏选择 GUN C 选项。最后单击 Add 按钮，添加要包含的路径（如图 1-9 所示）：

- /my_kernel/include：常规路径
- /my_kernel/arch/arm/include：与体系结构相关路径

　　6. 添加 __KERNEL__（注意：KERNEL 前后各有两个下划线符）和 __LINUX_ARM_ARCH__（其值为 7）符号。符号 __KERNEL__ 在很多地方被用到，在一些文件中它用来区分内核 API（已经定义了的）与用户态 API（没有定义的）。在构建的时候，这些符号在 Makefile 中被设置。在 Paths and Symbols 选项中，选择 Symbols 标签，单击 Add 按钮添加这些符号，如图 1-10 所示。

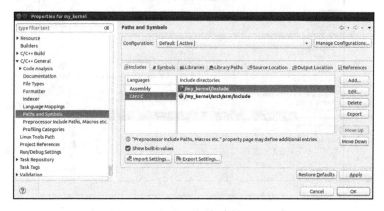

图 1-9　配置搜索路径二

图 1-10　配置符号

7. arch 目录包含处理器体系结构特定文件。必须定义过滤器，以排除与当前配置的体系结构文件无关的文件和文件夹。在 Paths and Symbols 选项，单击 Source Location 标签，然后选择 Edit Filter 标签并在新弹出的窗口单击 Add Multiple 标签，并选择 arch/arm 之外的 arch/ 的所有子目录。同时过滤掉 tools 目录，该目录包含冲突的 include 文件，如图 1-11 所示。

8. 禁止未包含在构建中的索引文件。这可以减少要索引的文件数，如图 1-12 所示。

9. 设置与构建内核相关的构建参数，如图 1-13 所示。

10. 在子页面 Environment 中设置合适的环境路径。这样的话不用每次打开 Eclipse 时都要获取环境。单击 PATH 变量（检查以确保突出显示）。如图 1-14 所示。

图 1-11 定义过滤器

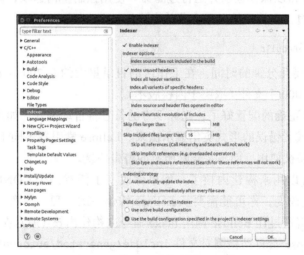

图 1-12 禁止不必要的索引文件

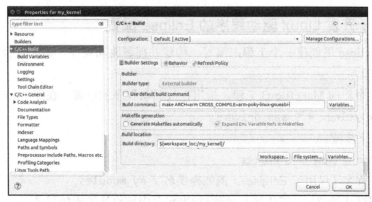

图 1-13 设置内核构建参数

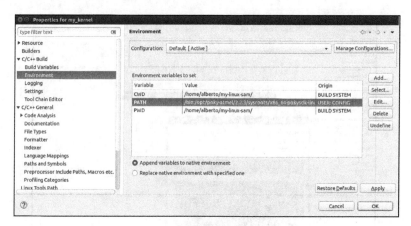

图 1-14　设置环境变量参数

11. 单击 OK 按钮以保存选项并运行过滤器。使用强制重构选项，确保每一个文件被正确索引。这可以通过工程管理的上下文菜单完成：

```
Project->Index->Rebuild
```

建立索引将需要几分钟的时间。在工作区的目录里大约有 700 ~ 800 MB 的数据被创建。大约将分析 20 000 个文件（取决于内核版本）。

如果 Eclipse 被正确的配置好了，光标下方的符号将自动展开。如果配置不好，一些宏和符号将作为警告或者错误的形式突出显示出来。Eclipse 索引器不同于 GCC，其目标是使得内核源代码更容易被使用，而不是删除所有的警告信息。

现在 Eclipse 可以用来构建内核了。如果你改变了任意一个 CONFIG_* 设置项，为了让 Eclipse 识别这些改变，你可能需要从 Eclipse 构建一次工程。注意，这样并不意味着要重构索引，这意味着通过让 Eclipse 调用 make 命令来构建内核（通常在 Eclipse 的快捷键为 <Ctrl+B> 键）。Eclipse 会自动检测对文件 include/generated/autoconf.h 的改变，重新读取编译文件中的宏定义代码，然后重新构建索引。

1.12.2　用于开发 Linux 驱动程序的 Eclipse 配置

你将在 Eclipse 里创建一个工程来编写、构建并部署驱动程序。该配置看起来与内核源码的情况相同。

1. 创建一个新的 Makefile C 工程。指定存放驱动程序的位置。在图 1-15 中将看到路径是 home/<user>/Linux_4.9_sam_drivers。

请遵循以下步骤：

- 打开 File -> New -> C Project。
- 设置工程名（仅用于 Eclipse），例如提供名字 my_modules。
- 不使用默认的位置（工作区）。同时指出包含内核模块源码的目录。

- 内核用 make 命令构建，所以选择 Makefile 工程。
- 使用交叉工具链。
- 打开 Next -> Finish。

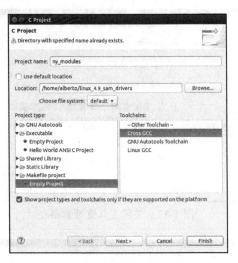

图 1-15 Linux 驱动程序的 Eclipse 配置

2. 创建工程后，修改设置。转到 Project -> Properties，然后打开左侧的 C/C++ General 选项。单击 Preprocessor include Paths, Macros etc..，然后单击 Entries 标签并在语言列表选择 GNU C。在 Setting Entries 列表选择 CDT User Setting Entries。必须通知索引器有关内核配置。必须包含内核工程里的 **kconfig.h** 和 **printk.h** 两个文件。单击 Add 标签两次，然后在显示的窗口选择 Workspace Path 并添加下面的路径（如图 1-16 所示）：

```
/my_kernel/include/linux/kconfig.h
/my_kernel/include/linux/printk.h
```

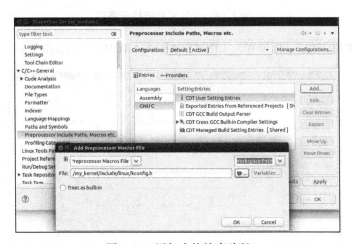

图 1-16 添加内核搜索路径

3. 关闭工具链中内置的包含路径的搜索，并设置适当的包含路径。这些包含路径与内核工程的路径相同（`my_kernel/include` 和 `my_kernel/arch/arm/include`）。如图 1-17 和图 1-18 所示。

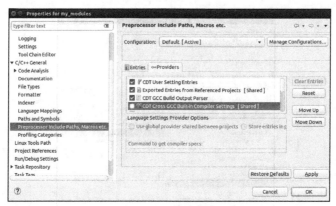

图 1-17　关闭工具链搜索路径

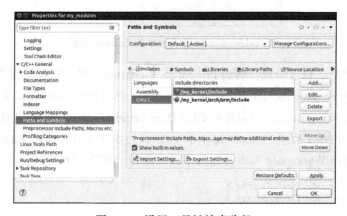

图 1-18　设置工具链搜索路径

4. 定义 __KERNEL__ 符号和 __LINUX_ARM_ARCH__（其值为 7）：

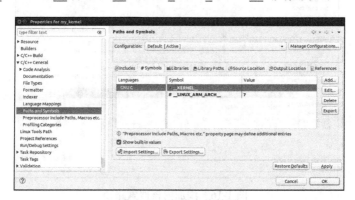

图 1-19　定义内核符号

5. 如图 1-20 所示，使用子页面 Environment 设置合适的环境路径。这样的话不用每次打开 Eclipse 时都要获取环境。单击 PATH 变量。在打开 Eclipse 之前务必获取环境路径。

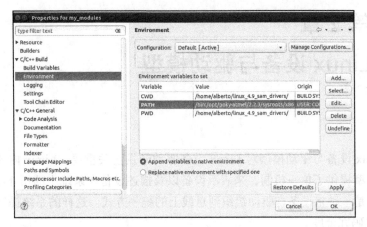

图 1-20　设置环境变量参数

选择 OK 按钮保存设置。

创建新的 helloworld.c 和 Makefile 文件，并把它们保存在内核模块的源码目录。在 my_modules 工程里，单击右键选择 New -> Source File 创建这些文件。在开发软件的时候先把代码写到文件里。此时可以将它们保持为空文件。

如图 1-21 所示在 Build Targets 标签里，在 my_modules 上单击右键，选择 New 并给目标起个名字 all。

重复编写 deploy 和 clean 目标的名称。

```
my_modules->new->all
my_modules->new->deploy
my_modules->new->clean
```

图 1-21　设置部署和清理目录名称

现在可以单击编译按钮来构建、清理并部署自己编写的 Linux 内核模块！

第 2 章
Linux 设备与驱动模型

理解 Linux 设备与驱动模型对 Linux 设备驱动开发至关重要。Linux 内核 2.6 版本引入的统一设备模型提供了单一机制，来表示设备以及描述设备在系统中的拓扑结构。Linux 设备和驱动模型是一种将设备与驱动组织到总线上的统一方式。这样的系统提供了如下优点：

- 减少代码冗余度。
- 通过将设备驱动与控制器驱动分离、将硬件描述从驱动中剥离等方式，使代码组织更整洁。
- 提供了查看系统中所有设备及其状态和功耗的能力。能够查看设备连接到哪个总线并决定为其使用哪个驱动。
- 能够为系统中的所有设备构造一个完整有效的树状结构，包括所有的总线与连接。
- 提供了将设备和驱动互相关联的能力。
- 将设备从具体的拓扑结构中抽象出来，根据类型或者说类（比如输入设备）来划分。

设备模型涉及设备、驱动、总线等术语：

- **设备**：连接到总线上的物理或者虚拟对象。
- **驱动**：负责探测并关联设备的代码实体，也可以执行部分管理功能。
- **总线**：为其他设备提供接入点的设备。

设备模型围绕 3 个主要的数据结构组织：

1. bus_type 数据结构表示某种类型的总线（比如 USB、PCI、I2C）。
2. device_driver 数据结构表示一个能够处理特定总线上特定设备的驱动程序。
3. device 数据结构表示一个连接到总线上的设备。

2.1 总线核心驱动

每个内核支持的总线都有一个对应的通用总线核心驱动。总线是处理器与设备之间的通道。为了统一设备模型，所有的设备都通过总线连接，哪怕它是一个内部的、抽象的"平台"总线。

总线核心驱动会分配一个 bus_type 数据结构，并将这个数据结构注册到内核的总线类型链表中。bus_type 数据结构定义在 include/linux/device.h 中，用来表示一类总线（USB、PCI、I2C 等）。把总线注册到系统中是通过调用 bus_register() 函数来完成的。bus_type 数据结构定义如下：

```
struct bus_type {
    const char *name;
    const char *dev_name;
    struct device *dev_root;
    struct device_attribute *dev_attrs;
    const struct attribute_group **bus_groups;
    const struct attribute_group **dev_groups;
    const struct attribute_group **drv_groups;

    int (*match)(struct device *dev, struct device_driver *drv);
    int (*uevent)(struct device *dev, struct kobj_uevent_env *env);
    int (*probe)(struct device *dev);
    int (*remove)(struct device *dev);
    void (*shutdown)(struct device *dev);

    int (*online)(struct device *dev);
    int (*offline)(struct device *dev);

    int (*suspend)(struct device *dev, pm_message_t state);
    int (*resume)(struct device *dev);

    const struct dev_pm_ops *pm;

    struct iommu_ops *iommu_ops;

    struct subsys_private *p;
    struct lock_class_key lock_key;
};
```

下面的代码展示了一个初始化 bus_type 数据结构并注册总线的例子，该例子截取自平台核心驱动（drivers/base/platform.c）：

```
struct bus_type platform_bus_type = {
    .name        = "platform",
    .dev_groups  = platform_dev_groups,
    .match       = platform_match,
    .uevent      = platform_uevent,
    .pm          = &platform_dev_pm_ops,
};
EXPORT_SYMBOL_GPL(platform_bus_type);

int __init platform_bus_init(void)
{
    int error;

    early_platform_cleanup();

    error = device_register(&platform_bus);
    if (error)
            return error;
    error = bus_register(&platform_bus_type);
    if (error)
```

```
            device_unregister(&platform_bus);
    return error;
}
```

bus_type 数据结构有一个成员变量是一个指向 subsys_private 数据结构的指针，subsys_private 数据结构定义在 drivers/base/base.h 中：

```
struct subsys_private {
    struct kset subsys;
    struct kset *devices_kset;
    struct list_head interfaces;
    struct mutex mutex;

    struct kset *drivers_kset;
    struct klist klist_devices;
    struct klist klist_drivers;
    struct blocking_notifier_head bus_notifier;
    unsigned int drivers_autoprobe:1;
    struct bus_type *bus;

    struct kset glue_dirs;
    struct class *class;
};
```

subsys_private 数据结构中的 klist_devices 成员以列表的方式维护系统中的所有设备，这些设备关联到这一类型的总线上。总线控制器驱动扫描总线上的设备时（在系统初始化或者设备热插入的时候触发）会调用 device_register() 函数来更新该列表。

subsys_private 数据结构中的 klist_drivers 成员则以列表的方式维护所有能够处理该总线上设备的驱动。当驱动初始化自己的时候通过调用 driver_register() 函数来更新该列表。

当新设备插入系统时，总线控制器驱动会侦测到该设备并调用 device_register() 函数。当总线控制器驱动注册一个设备时，device 数据结构的 parent 成员变量被设置为总线控制器设备并以此来构造物理设备列表。总线上关联的驱动会被依次遍历，以查找是否有合适的驱动来支持该设备。bus_type 数据结构提供的 match 函数被用于检查一个特定的驱动是否能够支持一个给定的设备。当一个能够支持该设备的驱动被找到时，device 数据结构的 driver 成员变量就会被设置为相应的驱动。

当一个内核模块被插入内核并且相应的驱动调用了 driver_register() 时，与总线关联的设备的列表会被依次遍历，通过调用 match 函数来确定是否有设备能够被该驱动所支持。如果查找到这样一个匹配设备，该设备就会与该驱动关联，驱动的 probe() 函数也会被调用，这就是我们俗称的**绑定**。

驱动什么时候会尝试绑定一个设备呢？

1. 驱动被注册的时候（如果设备已经存在）。

2. 设备被创建的时候（如果驱动已经被注册）。

总的来说，总线驱动负责在系统中注册一个总线，并且：

1. 允许总线控制器驱动的注册，该驱动的主要职责包括发现设备和配置资源。
2. 允许设备驱动的注册。
3. 负责设备与设备驱动的匹配。

2.2　总线控制器驱动

对于一个特定的总线类型，系统中可能存在不同供应商提供的多个控制器。这些不同的控制器需要各自对应的总线控制器驱动。总线控制器驱动在维护设备模型中扮演的角色和其他驱动一样，通过 driver_register() 函数将自己注册到对应的总线上。大多数情况下，这些总线控制器设备都是系统中的固有设备，在内核初始化阶段通过调用 of_platform_populate() 函数被发现——of_platform_populate() 函数在系统运行时通过遍历设备树来发现这些平台控制器设备并将它们注册到平台总线上。

2.3　设备驱动

设备驱动通过调用 driver_register() 把自己注册到总线核心驱动中。然后设备模型核心会尝试将新注册的驱动与设备绑定。当一个能够被特定驱动处理的设备被发现后，驱动的 probe() 函数会被调用，设备的配置信息则通过设备树获取。

设备驱动负责实例化和注册一个 device_driver 数据结构（定义在 include/linux/device.h）实例到设备模型核心。device_driver 数据结构的定义如下：

```
struct device_driver {
    const char *name;
    struct bus_type *bus;

    struct module *owner;
    const char *mod_name;

    bool suppress_bind_attrs;

    const struct of_device_id *of_match_table;
    const struct acpi_device_id *acpi_match_table;

    int (*probe) (struct device *dev);
    int (*remove) (struct device *dev);
    void (*shutdown) (struct device *dev);
    int (*suspend) (struct device *dev, pm_message_t state);
    int (*resume) (struct device *dev);
    const struct attribute_group **groups;

    const struct dev_pm_ops *pm;

    struct driver_private *p;
};
```

- bus 成员是一个指向 bus_type 数据结构的指针,用来标识驱动注册到哪个总线上。
- probe 成员是一个回调函数,每当驱动支持的设备被发现时会调用该函数。驱动为各设备初始化自身,并且初始化具体的设备。
- remove 成员也是一个回调函数,调用该函数来将设备和驱动解绑。这种情况一般发生在设备移除、驱动卸载或者系统关闭的时候。

Linux 设备模型如图 2-1 所示。

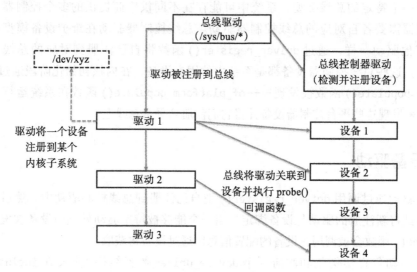

图 2-1　Linux 设备模型

2.4　设备树简介

设备树规范(DTSpec)源自 IEEE 1275 标准——该标准主要用于解决通用计算机上某个单一版本的操作系统如何运行在隶属于同一计算家族的不同计算机上。设备树规范主要针对嵌入式系统,因此 IEEE 1275 标准的很多重要部分被删除,但是引导程序和客户程序的接口定义则被保留了下来。该接口定义允许引导程序描述并传递系统硬件信息给客户程序,客户程序因此可以避免对系统硬件描述做硬编码。

设备树规范定义了一个被称作**设备树**(DT)的结构来描述系统硬件。引导程序将设备树加载到客户程序的内存中并将指向该设备树的指针传递给客户程序。以下内容摘自设备树规范对设备树的定义:

设备树是一个由节点构成的树状数据结构,节点用于描述系统中的设备。每个节点通过属性 / 值对来描述其所表示的设备的特性。除了根节点没有父节点外,其他所有节点有且仅有一个父节点。

你可以从 https://github.com/devicetree-org/devicetree-specification/releases 下载完整的

设备树规范，通过该规范你可以找到关于设备树结构与规范的详细描述。

从概念上来说，一组通用的使用规范（称为设备树绑定），定义了描述一个新设备的典型硬件特性时数据该如何在设备树中展示。对于设备必备属性的全面描述应该通过创建设备树绑定来实现。为了给 Linux 设备驱动提供关于设备的必要属性，设备树绑定中的属性描述必须充分。在嵌入式系统中，这些属性包括数据总线、中断线、GPIO 连接、外设等。应该尽可能通过已有的设备树绑定来描述硬件，以最大化利用现有的支持代码。由于属性和节点名字都是纯文本，可以很容易地通过定义新的节点和属性来新建或者扩展已有的绑定。对于一般的绑定来说，这些绑定由设备树规范来描述，这些规范位于 Linux 软件组件文档中，例如 Linux 内核（https://www.kernel.org/doc/Documentation/devicetree/bindings/）以及 U-Boot 文档（https://github.com/ARMsoftware/u-boot/tree/master/doc/device-tree-bindings）。

在内核设备驱动开发过程中，设备树的 compatible 属性是最为重要的。该属性包含一个或者多个字符串，每个字符串定义了设备兼容的特定编程模型。compatible 属性由一组以 null 结尾的字符串连接而成，按照"最精确"到"最通用"的规则排序。

设备树在内核代码中通过一组文本文件描述。在 arch/arm/boot/dts/ 中可以找到两种文件类型：

- *.dtsi 文件是设备树的头文件。用来描述多个平台共用的硬件结构并被包含在这些平台的 *.dts 文件中。
- *.dts 文件是设备树源文件。它们描述了某种具体的硬件平台。

在 Linux 中使用设备树主要有 3 个目的：

1. **平台区分**：内核会通过设备树中的信息来识别机器类型。理想情况下，特定的平台不应该影响内核，因为所有的平台细节都会完美地被设备树以一致且可靠的方式描述。但是硬件并不完美，因此内核必须在启动早期识别出具体的机型，这样就有机会执行机型特有的硬件修复代码。大多数时候，机型并不重要，内核根据机型的 CPU 或者 SoC 来选择执行相应的启动代码。以 ARM 为例，arch/arm/kernel/setup.c 中的 setup_arch() 函数会调用位于 arch/arm/kernel/devtree.c 中的 setup_machine_fdt() 函数。该函数会查找 machine_desc 表并选择与设备树最为匹配的 machine_desc。通过比较设备树根节点的 compatible 属性和定义在 arch/arm/include/asm/mach/arch.h 中的 machine_desc 数据结构的 dt_compat 列表来选择最佳匹配。

compatible 属性包含了以确切机器名开始的一组有序字符串。比如，arch/arm/boot/dts 目录下的 sama5d2.dtsi 文件包含了如下的 compatible 属性：

```
compatible = "atmel,sama5d2";
```

仍然以 ARM 为例，对于每一个 machine_desc，内核会检查其 dt_compat 列表中的条目是否出现在 compatible 属性中。如果有的话，对应的 machine_desc 就会作为驱动机器的一个候选。以 arch/arm/mach-at91/sama5.c 文件中声明的 sama5_alt_dt_board_compat[] 和 DT_MACHINE_START 为例。它们用来填充一个 machine_desc 结构。

```
static const char *const sama5_alt_dt_board_compat[] __initconst = {
    "atmel,sama5d2",
    "atmel,sama5d4",
    NULL
};

DT_MACHINE_START(sama5_alt_dt, "Atmel SAMA5")
    /* Maintainer: Atmel */
    .init_machine  = sama5_dt_device_init,
    .dt_compat     = sama5_alt_dt_board_compat,
    .l2c_aux_mask  = ~0UL,
MACHINE_END
```

当 machine_descs 表被全部检索后，setup_machine_fdt() 函数返回一个最佳匹配的 machine_desc——依据 machine_desc 与 compatible 属性的哪一个条目相匹配来确定。如果没有匹配的 machine_desc，那么该函数返回 NULL。在选择了 machine_desc 之后，setup_machine_fdt() 还负责早期的设备树扫描。

2. **运行时配置**：大多数情况下，设备树将作为 u-boot 与内核传递数据的唯一方法。所以内核参数、initrd 镜像的位置等运行时配置项也可以通过设备树传递。这些数据一般存放在 /chosen 节点，启动 Linux 内核时的代码看上去像这样：

```
chosen {
    bootargs = "console=ttyS0,115200 loglevel=8";
    initrd-start = <0xc8000000>;
    initrd-end = <0xc8200000>;
};
```

bootargs 属性包含了内核参数，initrd- 开头的属性则定义了 initrd 数据块的起始地址和大小。在启动阶段的早期，分页机制还没有开启，setup_machine_fdt() 借助不同的辅助函数调用 of_scan_flat_dt() 对设备树的数据进行扫描。of_scan_flat_dt() 扫描整个设备树，利用传入的辅助函数来提取启动阶段早期所需要的信息。辅助函数 early_init_dt_scan_chosen() 主要用来解析包含内核启动参数的 chosen 节点，early_init_dt_scan_root() 则负责初始化设备树的地址空间模型，early_init_dt_scan_memory() 的调用决定了可用内存的位置和大小。

3. **设备填充**：在机型识别完成并且解析完早期的配置信息之后，内核的初始化就可以按常规方式继续了。在这个过程中的某个时间点，unflatten_device_tree() 函数负责将设备树的数据转化为更为有效的运行时描述方式。在 ARM 平台上，这里也是机型特有的启用钩子（比如 .init_early()、.init_irq() 和 .init_machine()）被调用的地方。这些函数的目的可以从名字看出来，.init_early() 负责特定机型在启动早期需要执行的设置，.init_irq() 则负责中断处理相关的设置。

在设备树上下文中最有趣的钩子函数当属 .init_machine()，主要负责根据平台相关的信息填充 Linux 设备模型。设备列表可以通过解析设备树获取，然后动态地为这些设备分配 device 数据结构。对于 SAMA5D2 处理器，.init_machine() 会调用 sama5_dt_device_init()，后者又会接着调用 of_platform_populate() 函数。在 arch/arm/mach-at91/sama5.c 中可以查看 sama5_dt_device_init() 函数：

```
static void __init sama5_dt_device_init(void)
{
      struct soc_device *soc;
      struct device *soc_dev = NULL;

      soc = at91_soc_init(sama5_socs);
      if (soc != NULL)
              soc_dev = soc_device_to_device(soc);

      of_platform_default_populate(NULL, NULL, soc_dev);
      sama5_pm_init();
}

int of_platform_default_populate(struct device_node *root,
                                 const struct of_dev_auxdata *lookup,
                                 struct device *parent)
{
      return of_platform_populate(root, of_default_bus_match_table,
                              lookup, parent);
}
EXPORT_SYMBOL_GPL(of_platform_default_populate);
```

位于 drivers/of/platform.c 的 of_platform_populate() 函数遍历设备树的节点并创建相应的平台设备。of_platform_populate() 函数的第二个参数是一个 of_device_id 类型的表，任何一个节点只要和该表中的某一个条目匹配的话，该节点的子节点也会被注册。

第 3 章
最简驱动程序

嵌入式 Linux 系统设计的一个关键概念就是用户应用与底层硬件的隔离。用户态应用程序不允许直接访问外设寄存器、存储媒介甚至内存。取而代之的是通过内核驱动来访问硬件，通过**内存管理单元**（MMU）来管理内存，应用程序则运行在**虚拟地址空间**。

这样的隔离提供了健壮性。假设 Linux 内核的运行是正确的，那么只允许内核操作底层硬件可以防止应用程序恶意或者无意地对硬件设备进行错误的配置，并进一步导致硬件设备处于未知状态。

这样的隔离也提供了可移植性。如果只有内核驱动管理硬件相关代码，将系统从一个硬件平台移植到另一个平台时只需要修改这些驱动就可以了。在不同的硬件平台中，应用程序调用的驱动 API 是一致的，这就允许应用程序在从一个平台迁移到另一个的时候，几乎可以不必对源代码做修改。

设备驱动可以表现为内核模块，也可以静态构建到内核镜像中。内核默认会将大部分驱动静态构建进去，因此它们会被自动加载。一个内核模块并不一定是设备驱动，这些内核模块仅仅是对内核的一个扩展。内核模块被加载到内核的虚拟地址空间。将设备驱动构建成模块使得开发更加容易，因为加载、测试以及卸载模块都可以在不重启内核的情况下进行。内核模块一般存放在根文件系统的 **/lib/modules/<kernel_version>/** 目录。

每个内核模块都有一个 init() 函数和一个 exit() 函数。init() 函数在驱动加载的时候执行，exit() 函数则在驱动移除的时候被调用。init() 函数让操作系统知道驱动具备什么样的能力，以及具体事件（比如，将驱动注册到总线、注册一个字符设备等）发生时应该调用驱动的哪个函数。exit() 函数必须释放所有 init() 函数请求的资源。

module_init() 宏和 module_exit() 宏负责将 init() 和 exit() 函数的符号导出，这样内核代码在加载你的模块时就能够识别这些函数入口。

还有一些宏被用来指定模块的各种属性。这些属性会被打包进模块并可以通过各种工具来访问。描述模块的最重要的宏是 MODULE_LICENSE。如果这个宏没有被设置为某种 GPL 许可证标记，那么当你加载模块时内核就会被污染。内核被污染也就意味着内核处于一种不会被社区支持的状态。大多数内核开发者会忽略涉及被污染内核的故障报告。社区成员在着手分析内核相关的问题之前，可能会要求你先处理被污染的内核。另外，当内核被污染时，某些调试功能和 API 调用可能会被禁止。

3.1　许可证

　　Linux 内核使用 GNU GPLv2 许可证。这个许可证授权你自由地使用、学习、修改或分享软件。但是，当软件被再分发的时候，不管软件是修改过的，还是未修改过的，GPL 许可证都要求你以同样的许可证再分发该软件及源代码。如果对 Linux 内核做了修改（比如：针对你的硬件做了调整），这就是一个内核的衍生品，因此必须以 GPLv2 许可证发行。但是，你仅需要在设备被分发到使用者手中的时候才需要这样做，而不必在任何时间都遵循这个规则。

　　本书中提供的内核模块都以 GPL 许可证发行。关于开源软件许可证的更多信息可以参考 http://opensource.org/licenses。

3.2　实验 3-1：" helloworld " 模块

　　在你的第一个内核模块中，每次加载或者卸载模块时你将向控制台简单地发送一些信息。hello_init() 和 hello_exit() 函数包含了一个 pr_info() 函数。pr_info() 函数的语法很像你在用户态应用程序中使用的 printf，唯一的区别就在于：pr_info() 是用来在内核态打印日志消息。如果查看实际的内核代码，你经常会看到这样的代码：

```
printk(KERN_ERR "something went wrong, return code: %d\n",ret);
```

　　KERN_ERR 是定义在 include/linux/kern_levels.h 文件中的八个不同日志级别之一，用于指定错误消息的严重性。位于 include/linux/printk.h 中的以 pr_ 开头的宏是相应的 printk 调用的快捷定义。在新开发的驱动中，应该使用这些宏。

　　在 1.12.2 节中，你使用 Eclipse 集成开发环境创建了 my_modules 工程。这个工程将被用于开发本书中的所有驱动。如果你不想使用 Eclipse，也可以使用你喜欢的文本编辑器来编写驱动。创建并保存在模块实验目录下的 helloworld.c 和 Makefile 文件还没有任何代码。是时候往里面写入代码了。

　　在后续的实验中，你会重复同样的步骤来创建驱动对应的源代码文件 <module name>.c。通过简单地把 <module name>.o 加到 Makefile 变量 obj-m 中，所有的实验将复用同一个 Makefile。

　　在 Build Targets 标签中，增加了 all、deploy、clean 三个按钮来编译、清理和部署所有实验开发的模块。

　　在接下来的代码清单 3-1 中查看针对 i.MX7D 处理器的 " helloworld " 驱动程序源代码（helloworld_imx.c）。

注意： 针对 SAMA5D2（helloworld_sam.c）和 BCM2837（helloworld_rpi.c）的驱动程序源代码可以从本书的 GitHub 仓库下载。

3.3　代码清单 3-1：helloworld_imx.c

```
#include <linux/module.h>

static int __init hello_init(void)
{
    pr_info("Hello world init\n");
    return 0;
}
static void __exit hello_exit(void)
{
    pr_info("Hello world exit\n");
}

module_init(hello_init);
module_exit(hello_exit);

MODULE_LICENSE("GPL");
MODULE_AUTHOR("Alberto Liberal <aliberal@arroweurope.com>");
MODULE_DESCRIPTION("This is a print out Hello World module");
```

在接下来的代码清单 3-2 中查看用于编译第一个模块的 Makefile。新开发的内核模块的名字将被加到这个 Makefile 文件中。

安全拷贝（SCP）命令将被添加到 Makefile 中用于把编译好的模块传送到目标文件系统，如下所示：

```
scp *.ko root@10.0.0.10:
```

3.4　代码清单 3-2：Makefile

```
obj-m += helloworld.o

KERNEL_DIR ?= $(HOME)/my-linux-imx

all:
    make -C $(KERNEL_DIR) \
            ARCH=arm CROSS_COMPILE=arm-poky-linux-gnueabi- \
            SUBDIRS=$(PWD) modules

clean:
    make -C $(KERNEL_DIR) \
            ARCH=arm CROSS_COMPILE=arm-poky-linux-gnueabi- \
            SUBDIRS=$(PWD) clean

deploy:
    scp *.ko root@10.0.0.10:
```

3.5 helloworld_imx.ko 演示

```
root@imx7dsabresd:~# insmod helloworld_imx.ko /* load module */
root@imx7dsabresd:~# modinfo helloworld_imx.ko /* see MODULE macros defined in your
module */
root@imx7dsabresd:~# cat /proc/sys/kernel/tainted /* should be 4096 = GPL, oot */
root@imx7dsabresd:~# cat /sys/module/helloworld_imx/taint /* should be "O" =
untainted */
root@imx7dsabresd:~# rmmod helloworld_imx.ko /* remove module */

/* Now comment out the MODULE_LICENSE macro in helloworld.c. Build, deploy and load
the module again. Boot!. Work with your tainted module */

root@imx7dsabresd:~# insmod helloworld_imx.ko /* load module */
root@imx7dsabresd:~# cat /proc/sys/kernel/tainted /* should be 4097 = proprietary,
oot */
root@imx7dsabresd:~# cat /proc/modules /* helloworld_imx module should be (PO) */
root@imx7dsabresd:~# find /sys -name "*helloworld*" /* find your module in sysfs */
root@imx7dsabresd:~# ls /sys/module/helloworld_imx /* see what the directory
contains */
root@imx7dsabresd:~# cat /sys/module/helloworld_imx/taint /* should be "PO" =
proprietary, oot */
root@imx7dsabresd:~# rmmod helloworld_imx.ko /* remove module */
root@imx7dsabresd:~# cat /proc/sys/kernel/tainted /* still tainted */
```

3.6 实验 3-2："带参数的 helloworld" 模块

许多 Linux 可加载内核模块（LKM）都可以在加载时、系统启动时或者系统运行时设置其参数。在这个内核模块中，你将通过命令行提供模块加载时需要设置的参数。你也可以通过 sysfs 文件系统读取这些参数。

sysfs 是 Linux 内核提供的一个虚拟文件系统。内核通过虚拟文件将内核设备模型中的各种内核子系统、硬件设备以及关联的设备驱动信息导出到用户态。除了提供关于各种设备以及内核子系统的信息，这些导出的虚拟文件也被用于对它们进行配置。

模块参数的定义通过 module_param() 宏实现。

```
/*
 * the perm argument specifies the permissions
 * of the corresponding file in sysfs.
 */
module_param(name, type, perm);
```

该驱动的主要代码段描述如下：

1. 在 #include 语句之后，声明一个新的整型变量 num 并在 module_param() 宏中使用：

```
static int num = 5;
/* S_IRUG0: everyone can read the sysfs entry */
module_param(num, int, S_IRUG0);
```

2. 修改 hello_init() 函数中的 pr_info 语句如下：

```
pr_info("parameter num = %d.\n", num);
```

3. 在 my_modules 工程中创建一个新文件 helloword_with_parameters.c。在 Makefile 中将 helloworld_with_parameters.o 添加到 obj-m 变量。然后使用 Eclipse 构建并部署模块。

```
obj-m +=helloworld_imx.o  helloworld_imx_with_parameters.o
```

4. 在接下来的代码清单 3-3 中查看针对 i.MX7D 处理器的"带参数的 helloworld"驱动源代码（helloworld_imx_with_parameters.c）。

注意：针对 SAMA5D2（helloworld_sam_with_parameters.c）和 BCM2837（helloworld_rpi_with_parameters.c）的驱动源代码可以从本书的 GitHub 仓库下载。

3.7　代码清单 3-3：helloworld_imx_with_parameters.c

```c
#include <linux/module.h>

static int num = 5;

module_param(num, int, S_IRUGO);

static int __init hello_init(void)
{
    pr_info("parameter num = %d\n", num);
    return 0;
}

static void __exit hello_exit(void)
{
    pr_info("Hello world with parameter exit\n");
}

module_init(hello_init);
module_exit(hello_exit);

MODULE_LICENSE("GPL");
MODULE_AUTHOR("Alberto Liberal <aliberal@arroweurope.com>");
MODULE_DESCRIPTION("This is a module that accepts parameters");
```

3.8　helloworld_imx_with_parameters.ko 演示

```
root@imx7dsabresd:~# insmod helloworld_imx_with_parameters.ko /* insert module */
root@imx7dsabresd:~# rmmod helloworld_imx_with_parameters.ko /* remove module */
root@imx7dsabresd:~# insmod helloworld_imx_with_parameters.ko num=10 /* insert the
module again with a parameter value */

/* read parameter value using sysfs filesystem */
root@imx7dsabresd:~# cat /sys/module/helloworld_imx_with_parameters/parameters/num
root@imx7dsabresd:~# rmmod helloworld_imx_with_parameters.ko /* remove module */
```

3.9　实验 3-3："helloworld 计时"模块

这个新的内核模块会在卸载时显示从驱动被加载以来经过的时间（以秒为单位）。

你将使用位于 kernel/time/keeping.c 文件中的 do_gettimeofday() 函数来实现该任务。该函数在被调用时会在 timeval 数据结构中填充秒和微秒信息。timeval 数据结构定义如下：

```
struct timeval {
    __kernel_time_t        tv_sec;  /* seconds */
    __kernel_suseconds_t  tv_usec; /* microseconds */
};
```

该驱动的主要代码段描述如下：

1. 包含定义了 do_gettimeofday() 函数原型的头文件：

```
#include <linux/time.h>
```

2. 在 #include 语句之后，声明一个 timeval 数据结构用于保存模块加载和卸载的时间。

```
static struct timeval start_time;
```

3. 当模块被卸载时，计算时间差。

```
pr_info("Unloading module after %ld seconds\n",
        end_time.tv_sec - start_time.tv_sec);
```

在接下来的代码清单 3-4 中查看针对 i.MX7D 处理器的"helloworld 计时"驱动源代码（helloworld_imx_with_timing.c）。

注意：针对 SAMA5D2（helloworld_sam_with_timing.c）和 BCM2837（helloworld_rpi_with_timing.c）的驱动源代码可以从本书的 GitHub 仓库下载。

3.10　代码清单 3-4：helloworld_imx_with_timing.c

```
#include <linux/module.h>
#include <linux/time.h>

static int num = 10;
static struct timeval start_time;

module_param(num, int, S_IRUGO);

static void say_hello(void)
{
```

```
    int i;
    for (i = 1; i <= num; i++)
            pr_info("[%d/%d] Hello!\n",i,num);
}

static int __init first_init(void)
{
    do_gettimeofday(&start_time);
    pr_info("Loading first!\n");
    say_hello();
    return 0;
}

static void __exit first_exit(void)
{
    struct timeval end_time;
    do_gettimeofday(&end_time);
    pr_info("Unloading module after %ld seconds\n",
            end_time.tv_sec - start_time.tv_sec);
    say_hello();
}

module_init(first_init);
module_exit(first_exit);

MODULE_LICENSE("GPL");
MODULE_AUTHOR("Alberto Liberal <aliberal@arroweurope.com>");
MODULE_DESCRIPTION("This is a module that will print the time \
                    since it was loaded");
```

3.11 helloworld_imx_with_timing.ko 演示

```
root@imx7dsabresd:~# insmod helloworld_imx_with_timing.ko /* insert module */
root@imx7dsabresd:~# rmmod helloworld_imx_with_timing.ko /* remove module */
root@imx7dsabresd:~# insmod helloworld_imx_with_timing.ko num=20 /* insert the
module again with a parameter value */

/* read the parameter value using sysfs filesystem */
root@imx7dsabresd:~# cat /sys/module/helloworld_imx_with_timing/parameters/num
root@imx7dsabresd:~# rmmod helloworld_imx_with_timing.ko /* remove module */
```

第 4 章
字符设备驱动

一般来说，操作系统被设计为对设备使用者或者用户应用隐藏底层硬件细节。但是，应用程序需要访问硬件外设捕获的数据的能力，以及通过向设备输出数据以驱动外设的能力。外设的寄存器只能由 Linux 内核访问，因此只有内核能够收集外设捕获的数据流。

Linux 需要一种能够将数据从内核态传给用户态的机制。这种数据的传输通过**设备节点**来处理，这些设备节点也称作**虚拟文件**。设备节点存在于根文件系统中，尽管它们并不是真正的文件。当用户读取设备节点时，内核将底层驱动捕获的数据流拷贝到应用程序的内存空间。当用户写设备节点时，内核将应用程序提供的数据流拷贝到驱动程序的数据缓冲区，这些数据最终向底层硬件输出。这些虚拟文件可以被用户应用程序通过标准的**系统调用**方式打开、读取或者写入。

用户应用程序的请求最终被送往驱动核心，每个设备都有专门的驱动来处理这些请求。Linux 支持三种类型的设备：**字符设备**、**块设备**以及**网络设备**。尽管在概念上一致，每种设备在驱动上的差异主要体现在文件的打开、读取和写入行为上。字符设备是最常见的设备，这种设备的读写直接进行而无须经由缓冲区，比如键盘、显示器、打印机、串口等。块设备的读写以块大小为单位，一次读写整数倍的块大小，块大小一般为 512 或者 1024 字节。它们可以被随机读取，任何块都可以被读取，不管它们在设备的什么位置。一个典型的块设备的例子就是硬盘驱动器。网络设备则通过 BSD 套接字接口和网络子系统来访问。

在列出文件信息的第一列，字符设备通过字符 c 标识，块设备则用字符 b 表示。设备的访问权限、所有者以及组信息则针对每个设备分别列出。

从应用程序的角度看，一个字符设备本质上就是一个文件。进程只知道一个 /dev 文件路径。进程通过 open() 系统调用打开文件，通过 read() 和 write() 来执行标准的文件操作。

为了实现上述目标，字符设备驱动必实现 file_operations 数据结构中描述的各种操作并注册它们。file_operations 数据结构定义在 include/linux/fs.h 中。下面的 file_operations 数据结构定义中，只列出了针对字符设备驱动最常见的一些操作：

```
struct file_operations {
    struct module *owner;
```

```
loff_t (*llseek) (struct file *, loff_t, int);
ssize_t (*read) (struct file *, char __user *, size_t, loff_t *);
ssize_t (*write) (struct file *, const char __user *, size_t, loff_t *);
long (*unlocked_ioctl) (struct file *, unsigned int,  unsigned long);
int (*mmap) (struct file *, struct vm_area_struct *);
int (*open) (struct inode *, struct file *);
int (*release) (struct inode *, struct file *);
};
```

Linux 文件系统层负责确保调用驱动相关的操作，这些操作在用户态应用程序执行相应的系统调用时被触发（在内核部分，驱动负责实现并注册这些回调操作）。

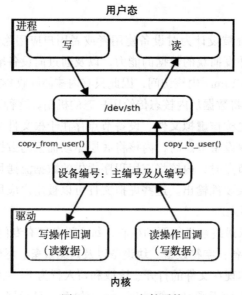

图 4-1　Linux 文件系统

内核驱动通过 copy_from_user() 和 copy_to_user() 这两个特定的函数与用户态应用程序交换数据，如图 4-1 所示。

如果发生错误，read() 和 write() 方法都会返回负值。反之，返回值大于等于 0 则告诉调用者有多少个字节被成功传输。如果部分数据被正确传输，然后发生了错误，返回值则必须是已经成功传输的字节数。错误的上报则要等到下一次函数调用。当然，实现这样的规范要求你的驱动程序记住发生的错误，这样函数可以在将来返回错误状态。

read() 的返回值则由调用该函数的应用程序负责解释：

1. 如果该值等于传递给 read 系统调用的字节个数参数，则请求传输的字节已经完成。这是最佳情况。

2. 如果该值是正数但是小于字节个数参数，那么仅有部分数据传输完成。发生这种情况有多种原因，取决于具体的设备。最常见的情况是由应用程序重试读取。如果你使用 fread() 函数读取，这个库函数会重新发送系统调用，直到请求的数据传输完成。如果返回值是 0，则表示已经到达文件末尾（没有数据被读取）。

3. 负值则表示有错误发生。根据 <linux/errno.h>，该值表示具体发生了何种错误。错误时返回的典型值包括 -EINTR（系统调用被中断打断）和 -EFAULT（非法地址）。

在 Linux 中，设备通过两个设备号来标识：一个**主设备号**和一个从设备号。这些设备号可以通过调用 ls -l/dev 查看。设备驱动将自己的主设备号注册到内核并负责管理从设备号。当访问一个设备文件时，主设备号决定了执行输入 / 输出操作时调用哪个设备驱动。访问设备时，内核使用主设备号来识别正确的设备驱动。从设备号的使用则取决于具体设备，由驱动负责。比如，i.MX7D 有多个物理 UART 端口。同样的驱动被用于控制所有的 UART 设备。但是每个物理 UART 需要自己的设备节点，因此这些 UART 设备节点具有相同的主设备号，但从设备号各不相同。

4.1　实验 4-1："helloworld 字符设备"模块

传统上，Linux 系统一般使用静态设备创建方式。不管对应的物理设备是否存在，/dev 目录下创建了大量的设备节点 (有时多达上千个)。通常这项工作由 MAKEDEV 脚本完成。对于可能存在的每一个设备，该脚本根据对应的主从设备号调用 mknod 程序来创建设备节点。

如今，这并不是创建设备节点的正确方式。因为你必须手动创建块设备文件或字符设备文件，并将这些文件与设备关联，如下面 i.MX7D 开发板的终端命令行所示：

```
root@imx7dsabresd:~# mknod /dev/mydev c 202 108
```

尽管如此，出于教学目的，你开发的下一个驱动将简单使用这种静态方式。在随后的几个驱动中你将看到创建设备节点的更佳方式：使用**设备文件系统**和**杂项框架**。

在本章的内核模块实验中，你将通过 ioctl_test 这个应用程序来和用户态打交道。你的应用程序将使用 open() 和 ioctl() 这两个系统调用。在内核部分你需要开发相应驱动的回调操作。这样的设计为用户态和内核态提供了交互能力。

在第一个实验中，你将看到一个原始的 helloworld 驱动。这个驱动仅在安装和移除时打印一些文本信息。在下一个实验中，你将对这个驱动进行扩展，使用一个主设备号和一个从设备号创建一个设备。你还会创建一个应用程序来和驱动进行交互。最后，你将在驱动中处理文件操作以满足来自用户态的请求。

在内核中，cdev 数据结构用来表示一个字符类型的设备，该数据结构用于将设备注册到系统中。

字符设备的注册与注销

字符设备的注册 / 注销是通过指定主从设备号来实现的。dev_t 类型用于保存设备的标

识信息（主设备号和从设备号），该信息可以通过 MKDEV 宏获取。

register_chrdev_region() 和 unregister_chrdev_region() 分别负责一组设备标识的静态分配和释放。第一个设备标识则通过 MKDEV 宏获取。

```
int register_chrdev_region(dev_t first, unsigned int count, char *name);
void unregister_chrdev_region(dev_t first, unsigned int count);
```

推荐使用 alloc_chrdev_region() 函数动态地分配设备标识。该函数分配一组字符设备编号。主设备号是动态选择的并通过 dev 参数返回（同时包含第一个从设备号）。这个函数返回 0 或者负的错误码。

```
int alloc_chrdev_region(dev_t* dev, unsigned baseminor,
                        unsigned count, const char* name);
```

下面是函数参数的具体描述：

- dev：输出参数，存放分配的第一个设备编号。
- baseminor：起始从设备编号。
- count：请求从设备编号的数量。
- name：关联的设备或驱动的名称。

在下面的这行代码中，第二个参数 my_minor_count 标明了要分配的设备个数。起始设备的主设备编号是 my_major，从设备编号是 my_first_minor。register_chrdev_region() 函数的第一个参数是起始设备标识。后续的设备标识可以通过 MKDEV 宏获取。

```
register_chrdev_region(MKDEV(my_major, my_first_minor), my_minor_count,
                       "my_device_driver");
```

分配完设备标识之后，通过 cdev_init() 函数初始化字符设备并由 cdev_add() 函数注册到内核。分配的设备标识的数量决定了这两个函数被调用的次数。

下面的一系列代码注册并初始化 MY_MAX_MINORS 个设备：

```
#include <linux/fs.h>
#include <linux/cdev.h>

#define MY_MAJOR        42
#define MY_MAX_MINORS   5

struct my_device_data {
    struct cdev cdev;
    /* my data starts here */
    [...]
};

struct my_device_data devs[MY_MAX_MINORS];

const struct file_operations my_fops = {
    .owner = THIS_MODULE,
    .open = my_open,
```

```
        .read = my_read,
        .write = my_write,
        .release = my_release,
        .unlocked_ioctl = my_ioctl
};
int init_module(void)
{
    int i, err;

    register_chrdev_region(MKDEV(MY_MAJOR, 0), MY_MAX_MINORS, "my_device_driver");

    for(i = 0; i < MY_MAX_MINORS; i++) {
        /* initialize devs[i] fields and register character devices */
        cdev_init(&devs[i].cdev, &my_fops);
        cdev_add(&devs[i].cdev, MKDEV(MY_MAJOR, i), 1);
    }

    return 0;
}
```

接下来的这些代码删除并注销这些字符设备：

```
void cleanup_module(void)
{
    int i;

    for(i = 0; i < MY_MAX_MINORS; i++) {
        /* release devs[i] fields */
        cdev_del(&devs[i].cdev);
    }
    unregister_chrdev_region(MKDEV(MY_MAJOR, 0), MY_MAX_MINORS);
}
```

新驱动的主要代码段描述如下：

1. 包含支持字符设备的头文件：

```
#include <linux/cdev.h>
#include <linux/fs.h>
```

2. 定义主设备号：

```
#define MY_MAJOR_NUM 202
```

3. 设置字符设备时，驱动首先要做的就是获取一个或者多个设备标识。完成这项任务需要的必备函数就是 register_chrdev_region()，该函数定义在 include/linux/fs.h。把下面的这几行代码添加到 hello_init() 函数中，当模块加载的时候这些代码负责分配设备编号。MKDEV 使用一个主设备编号和一个从设备编号组合出一个 dev_t 数据类型，该数据类型用于存放第一个设备标识。

```
dev_t dev = MKDEV(MY_MAJOR_NUM, 0); /* get first device identifier */
/*
 * Allocates all the character device identifiers,
 * only one in this case, the one obtained with the MKDEV macro
 */
register_chrdev_region(dev, 1, "my_char_device");
```

4. 把下面的这行代码添加到 hello_exit() 函数，当模块移除时设备编号也会被回收。

```
unregister_chrdev_region(MKDEV(MY_MAJOR_NUM, 0), 1);
```

5. 创建一个名为 my_dev_fops 的 file_operations 数据结构。这个数据结构定义了打开、读取、写入设备等操作的函数指针。

```
static const struct file_operations my_dev_fops = {
    .owner = THIS_MODULE,
    .open = my_dev_open,
    .release = my_dev_close,
    .unlocked_ioctl = my_dev_ioctl,
};
```

6. 实现定义在 file_operations 数据结构中的各回调函数：

```
static int my_dev_open(struct inode *inode, struct file *file)
{
    pr_info("my_dev_open() is called.\n");
    return 0;
}

static int my_dev_close(struct inode *inode, struct file *file)
{
    pr_info("my_dev_close() is called.\n");
    return 0;
}

static long my_dev_ioctl(struct file *file, unsigned int cmd,
                         unsigned long arg)
{
    pr_info("my_dev_ioctl() is called. cmd = %d, arg = %ld\n", cmd, arg);
    return 0;
}
```

7. 把这些文件操作功能添加到你的字符设备中。内核内部使用一个叫作 cdev 的数据结构来描述字符设备。因此，你创建一个名为 my_dev 的 cdev 数据结构变量并使用 cdev_init() 函数将其初始化。cdev_init() 函数使用 my_dev 变量和名为 my_dev_fops 的 file_operations 数据结构作为参数。一旦 cdev 数据结构设置完成，调用 cdev_add() 函数通知内核。分配的字符设备标识数量决定了你调用这两个函数的次数（这个驱动里面只调用了一次）。

```
static struct cdev my_dev;
cdev_init(&my_dev, &my_dev_fops);
ret= cdev_add(&my_dev, dev, 1);
```

8. 添加下面这行代码到 hello_exit() 函数以删除 cdev 数据结构。

```
cdev_del(&my_dev);
```

9. 一旦内核模块被动态加载，用户需要创建一个设备节点来引用对应的驱动。Linux 提供了 mknod 工具来完成该任务。mknod 命令有 4 个参数。第一个参数是将被创建的设备节点名称。第二个参数用来区分与设备节点交互的驱动是块设备驱动还是字符设备驱动。mknod 的最后两个参数就是主从设备号。/proc/devices 文件中列出了所有分配的主设备编号，通过 cat 命令可以查看这些设备编号。创建的设备节点会被放在 /dev 目录下。

```
root@imx7dsabresd:~# insmod helloworld_imx_char_driver.ko
root@imx7dsabresd:~# cat /proc/devices /* registered 202 "my_char_device" */
root@imx7dsabresd:~# mknod /dev/mydev c 202 0
```

在接下来的代码清单 4-1 中，展示了针对 i.MX7D 处理器的"helloworld 字符设备"驱动源代码（helloworld_imx_char_driver.c）。

注意：针对 SAMA5D2（helloworld_sam_char_driver.c）和 BCM2837（helloworld_rpi_char_driver.c）的驱动源代码可以从本书的 GitHub 仓库下载。

4.2　代码清单 4-1：helloworld_imx_char_driver.c

```c
#include <linux/module.h>

/* add header files to support character devices */
#include <linux/cdev.h>
#include <linux/fs.h>

/* define mayor number */
#define MY_MAJOR_NUM 202

static struct cdev my_dev;

static int my_dev_open(struct inode *inode, struct file *file)
{
    pr_info("my_dev_open() is called.\n");
    return 0;
}

static int my_dev_close(struct inode *inode, struct file *file)
{
    pr_info("my_dev_close() is called.\n");
    return 0;
}

static long my_dev_ioctl(struct file *file, unsigned int cmd, unsigned long arg)
{
    pr_info("my_dev_ioctl() is called. cmd = %d, arg = %ld\n", cmd, arg);
    return 0;
}

/* declare a file_operations structure */
static const struct file_operations my_dev_fops = {
    .owner = THIS_MODULE,
    .open = my_dev_open,
```

```
     .release = my_dev_close,
     .unlocked_ioctl = my_dev_ioctl,
};

static int __init hello_init(void)
{
     int ret;

     /* Get first device identifier */
     dev_t dev = MKDEV(MY_MAJOR_NUM, 0);
     pr_info("Hello world init\n");

     /* Allocate device numbers */
     ret = register_chrdev_region(dev, 1, "my_char_device");
     if (ret < 0) {
             pr_info("Unable to allocate mayor number %d\n", MY_MAJOR_NUM);
             return ret;
     }

     /* Initialize the cdev structure and add it to kernel space */
     cdev_init(&my_dev, &my_dev_fops);
     ret= cdev_add(&my_dev, dev, 1);
     if (ret < 0) {
             unregister_chrdev_region(dev, 1);
             pr_info("Unable to add cdev\n");
             return ret;
     }
     return 0;
}

static void __exit hello_exit(void)
{
     pr_info("Hello world exit\n");
     cdev_del(&my_dev);
     unregister_chrdev_region(MKDEV(MY_MAJOR_NUM, 0), 1);
}

module_init(hello_init);
module_exit(hello_exit);

MODULE_LICENSE("GPL");
MODULE_AUTHOR("Alberto Liberal <aliberal@arroweurope.com>");
MODULE_DESCRIPTION("This is a module that interacts with the ioctl system call");
```

现在使用 Eclipse 集成开发环境来开发你的应用程序：

1. 你需要做的第一件事情就是在你的模块代码目录下创建一个 apps 子目录：

~$ mkdir /home/<user_name>/linux_4.9_<cpu>_drivers/apps

2. 使用 Eclipse 创建一个工程名为 my_apps 的新 Makefile 工程（如图 4-2 所示）。

3. 在 my_apps 工程的 Build Targets 标签中添加 all、deploy 和 clean 按钮：

```
my_apps->new->all
my_apps->new->deploy
my_apps->new->clean
```

图 4-2 创建新的 Makefile 工程

4. 在 **my_apps** 工程中创建一些新文件并将这些文件保存到位于 **/home/<user_name>/Linux_4.9_<cpu>_drivers/apps/** 的 **apps** 目录中:

```
New->File->ioctl_test.c
New->File-> Makefile
```

本书中开发的所有应用程序都将使用同一个 Makefile。对于每一个你想要构建和部署到目标处理器的新应用,你只需要在 Makefile 中修改应用程序的名字。

4.3 代码清单 4-2: Makefile

```
all: ioctl_test

app : ioctl_test.c
    $(CC) -o $@ $^
clean :
    rm ioctl_test
deploy : ioctl_test
    scp $^ root@10.0.0.10:
```

4.4 代码清单 4-3: ioctl_test.c

```
#include <stdio.h>
#include <sys/ioctl.h>
#include <fcntl.h>
#include <unistd.h>

int main(void)
{
```

```
/* First you need run "mknod /dev/mydev c 202 0" to create /dev/mydev */

int my_dev = open("/dev/mydev", 0);

if (my_dev < 0) {
        perror("Fail to open device file: /dev/mydev.");
} else {
        ioctl(my_dev, 100, 110); /* cmd = 100, arg = 110. */
        close(my_dev);
}

return 0;
}
```

4.5　helloworld_imx_char_driver.ko 演示

```
root@imx7dsabresd:~# insmod helloworld_imx_char_driver.ko /* load module */
root@imx7dsabresd:~# cat /proc/devices /* see allocated 202 "my_char_device" */
root@imx7dsabresd:~# ls -l /dev /* mydev is not created under /dev yet */
root@imx7dsabresd:~# mknod /dev/mydev c 202 0 /* create mydev under /dev */
root@imx7dsabresd:~# ls -l /dev /* verify mydev is now created under /dev */
root@imx7dsabresd:~# ./ioctl_test /* run ioctl_test application */
root@imx7dsabresd:~# rmmod helloworld_imx_char_driver.ko /* remove module */
```

4.6　将模块添加到内核构建

到目前为止，你的驱动都被构建为**可加载的内核模块**。这种模块在运行时加载。现在，将驱动作为内核代码树的一部分构建进内核的二进制镜像。在这种方式下，当新内核启动时驱动就已经被加载了。

在内核根目录中，你会发现所有的字符设备驱动都存放在 drivers/char/ 目录下。首先，将你的字符设备驱动拷贝到该目录：

```
~$ cp ~/linux_4.9_imx7_drivers/helloworld_imx_char_driver.c ~/my-linux-imx/drivers/
char/
```

使用文本编辑器打开位于 ~/my-linux-imx/drivers/char/ 目录下的 Kconfig 文件：

```
~$ gedit ~/my-linux-imx/drivers/char/Kconfig
```

把下面这些代码添加到文件的后面，位于 endmenu 之前：

```
config HELLOWORLD
    tristate "My simple helloworld driver"
    default n
    help
      The simplest driver.
```

打开 Makefile 文件：

```
~$ sudo gedit ~/my-linux-imx/drivers/char/Makefile
```

把下面的代码添加到 Makefile 末尾：

```
obj-$(CONFIG_HELLOWORLD) += helloworld_imx_char_driver.o
```

修改了 Kconfig 和 Makefile 之后，hello_imx_char_driver 将成为内核的一部分而不是一个可加载模块。接下来构建新的内核镜像。

打开 menuconfig 窗口，依次选择 main menu -> Device Drivers -> Character devices-> My simple helloworld driver。按下空格键就可以看到一个 * 号出现在新的配置选项上。选择 Exit 直到你退出 menuconfig 的 GUI。记得保存新的配置。

```
~/my-linux-imx$ make menuconfig ARCH=arm
```

打开内核根目录的 .config 文件后将看到 CONFIG_HELLOWORLD 符号已经被添加进去了。

编译新的镜像并拷贝到 tftp 目录：

```
~/my-linux-imx$ source /opt/fsl-imx-x11/4.9.11-1.0.0/environment-setup-cortexa7hf
-neon-poky-linux-gnueabi
~/my-linux-imx$ make zImage
~/my-linux-imx$ cp /arch/arm/boot/zImage /var/lib/tftpboot/
```

启动你的 i.MX7D 目标处理器：

```
root@imx7dsabresd:~# cat /proc/devices /* registered 202 "my_char_device" */
root@imx7dsabresd:~# mknod /dev/mydev c 202 0 /* assign minor number */
root@imx7dsabresd:~# ./ioctl_test /* run ioctl_test application */
```

4.7 使用设备文件系统创建设备文件

在 Linux 2.6.32 版本之前，在基本的 Linux 系统中必须调用 mknod 命令手动创建设备文件。设备文件与内核设备之间的一致性则交由系统开发者负责。伴随着 2.6 系列的稳定版内核发布，一个名为 sysfs 的新虚拟文件系统诞生了。sysfs 的任务就是方便用户态进程查看系统的硬件配置。

当内核检测到设备时，编译进内核的 Linux 驱动通过 sysfs 将设备进行注册。对于那些编译为模块的驱动来说，这个注册过程发生在模块加载的时候。sysfs 是通过 Linux 内核配置 CONFIG_SYSFS 来打开并准备好使用的，该配置应当默认设置为 yes。

内核通过设备文件系统创建设备文件。任何希望注册设备节点的驱动将通过设备文件系统（通过核心驱动）来创建设备文件。当设备文件系统实例被挂载到 /dev 目录时，设备节点将以固定的名称、权限和所有者被首次创建。所有的设备节点都归 root 用户所有并且默认权限为 0600。

这之后，内核很快就会给 udevd 发送一个 uevent。根据 /etc/udev/rules.d/、/lib/

udev/rules.d/ 和 /run/udev/rules.d/ 目录下的规则文件，udevd 将额外创建指向设备
节点的符号链接。udevd 也会修改设备节点的权限、所有者、用户组，或者修改该对象在
udevd 内部的数据库条目（名称）。这三个目录下的规则是有编号的，并且会被合并。设备
创建时，如果 udevd 无法找到一条适用的规则，那么相应的权限和所有者信息会维持设备
文件系统初始化时的状态。

CONFIG_DEVTMPFS_MOUNT 内核选项会让内核启动时自动挂载设备文件系统，除
非启动时指定了 initramfs。

在没有导入 environment-setup-cortexa7hf-neon-poky-linux-gnueabi 脚本的终端中
打开 menuconfig 窗口。依次选择 main menu -> Device Drivers ->Generic Driver Options ->
Maintain a devtmpfs filesystem to mount at /dev。按下空格键就可以看到一个 * 号出现在新
的配置选项上。选择 Exit 直到退出 menuconfig GUI。记得保存新的配置。

编译新的镜像并拷贝到 tftp 目录：

```
~/my-linux-imx$ source /opt/fsl-imx-x11/4.9.11-1.0.0/environment-setup-cortexa7hf
-neon-poky-linux-gnueabi
~/my-linux-imx$ make zImage
~/my-linux-imx$ cp /arch/arm/boot/zImage /var/lib/tftpboot/
```

现在重启你的 i.MX7D 目标处理器。

4.8　实验 4-2："class 字符设备"模块

在这个内核模块实验中，你将使用之前开发的 helloworld_imx_char_driver。但是这
次设备节点的创建将由设备文件系统负责而不是手动创建。

在当前驱动代码中添加一个条目到 /sys/class/ 目录。/sys/class/ 目录将设备驱动按
类别分组。

当支持特定主设备编号的驱动通过 register_chrdev_region() 函数注册到内核时，
并没有指定任何关于驱动类型的信息。因此也不会在 /sys/class/ 目录下创建新的条目。
/sys/class 目录下的条目对于在 /dev 目录下创建设备节点的设备文件系统来说是必需的。
在 /sys 目录下，驱动有一个类别名，而每一个设备都有一个设备名。

驱动使用下面的内核 API 创建 / 销毁类别：

```
class_create()  /* creates a class for your devices visible in /sys/class/ */
class_destroy() /* removes the class */
```

驱动使用下面的内核 API 创建设备节点：

```
device_create()  /* creates a device node in the /dev directory */
device_destroy() /* removes a device node in the /dev directory */
```

当前驱动和之前开发的 helloworld_imx_char_driver 驱动的主要区别描述如下：

1. 包含下面的头文件以创建类别和设备文件：

```
#include <linux/device.h> /* class_create(), device_create() */
```

2. 你的驱动将包含一个类别名和一个设备名；hello_class 用作类别名，mydev 作为设备名。这将导致设备文件出现在文件系统的 /sys/class/hello_class/mydev 位置。为设备和类别名添加如下定义：

```
#define   DEVICE_NAME "mydev"
#define   CLASS_NAME  "hello_class"
```

3. hello_init() 函数比 helloworld_imx_char_driver 驱动中的实现要更长一些。因为现在我们使用 alloc_chrdev_region() 函数自动地给设备分配一个主设备号。同时我们需要注册设备类别并创建设备节点。

```
static int __init hello_init(void)
{
    dev_t dev_no;
    int Major;
    struct device* helloDevice;

    /* Allocate dynamically device numbers, only one in this driver */
    ret = alloc_chrdev_region(&dev_no, 0, 1, DEVICE_NAME);

    /*
     * Get the device identifiers using MKDEV. We are doing it for
     * for teaching purposes as we only use one identifier in this
     * driver and dev_no could be used as parameter for cdev_add()
     * and device_create() without needing to use the MKDEV macro
     */

    /* Get the mayor number from the first device identifier */
    Major = MAJOR(dev_no);

    /* Get the first device identifier, that matches with dev_no */
    dev = MKDEV(Major,0);

    /* Initialize the cdev structure and add it to kernel space */
    cdev_init(&my_dev, &my_dev_fops);
    ret = cdev_add(&my_dev, dev, 1);

    /* Register the device class */
    helloClass = class_create(THIS_MODULE, CLASS_NAME);

    /* Create a device node named DEVICE_NAME associated a dev */
    helloDevice = device_create(helloClass, NULL, dev, NULL, DEVICE_NAME);

    return 0;
}
```

在接下来的代码清单 4-4 中查看针对 i.MX7D 处理器的 "class 字符设备" 驱动源代码（helloworld_imx_class_driver.c）。

注意：针对 SAMA5D2（helloworld_sam_class_driver.c）和 BCM2837（helloworld_rpi_class_driver.c）的驱动源代码可以从本书的 GitHub 仓库下载。

4.9　代码清单 4-4：helloworld_imx_class_driver.c

```c
#include <linux/module.h>
#include <linux/fs.h>
#include <linux/device.h>
#include <linux/cdev.h>

#define DEVICE_NAME "mydev"
#define CLASS_NAME "hello_class"

static struct class* helloClass;
static struct cdev my_dev;
dev_t dev;

static int my_dev_open(struct inode *inode, struct file *file)
{
    pr_info("my_dev_open() is called.\n");
    return 0;
}

static int my_dev_close(struct inode *inode, struct file *file)
{
    pr_info("my_dev_close() is called.\n");
    return 0;
}

static long my_dev_ioctl(struct file *file, unsigned int cmd, unsigned long arg)
{
    pr_info("my_dev_ioctl() is called. cmd = %d, arg = %ld\n", cmd, arg);
    return 0;
}

/* declare a file_operations structure */
static const struct file_operations my_dev_fops = {
    .owner          = THIS_MODULE,
    .open           = my_dev_open,
    .release        = my_dev_close,
    .unlocked_ioctl = my_dev_ioctl,
};

static int __init hello_init(void)
{
    int ret;
    dev_t dev_no;
    int Major;
    struct device* helloDevice;
    pr_info("Hello world init\n");

    /* Allocate dynamically device numbers */
    ret = alloc_chrdev_region(&dev_no, 0, 1, DEVICE_NAME);
    if (ret < 0) {
            pr_info("Unable to allocate Mayor number \n");
            return ret;
```

```c
}

    /* Get the device identifiers */
    Major = MAJOR(dev_no);
    dev = MKDEV(Major,0);

    pr_info("Allocated correctly with major number %d\n", Major);

    /* Initialize the cdev structure and add it to kernel space */
    cdev_init(&my_dev, &my_dev_fops);
    ret = cdev_add(&my_dev, dev, 1);
    if (ret < 0) {
            unregister_chrdev_region(dev, 1);
            pr_info("Unable to add cdev\n");
            return ret;
    }

    /* Register the device class */
    helloClass = class_create(THIS_MODULE, CLASS_NAME);
    if (IS_ERR(helloClass)) {
            unregister_chrdev_region(dev, 1);
            cdev_del(&my_dev);
            pr_info("Failed to register device class\n");
            return PTR_ERR(helloClass);
    }
    pr_info("device class registered correctly\n");

    /* Create a device node named DEVICE_NAME associated to dev */
    helloDevice = device_create(helloClass, NULL, dev, NULL, DEVICE_NAME);
    if (IS_ERR(helloDevice)) {
            class_destroy(helloClass);
            cdev_del(&my_dev);
            unregister_chrdev_region(dev, 1);
            pr_info("Failed to create the device\n");
            return PTR_ERR(helloDevice);
    }
    pr_info("The device is created correctly\n");

    return 0;
}
static void __exit hello_exit(void)
{
    device_destroy(helloClass, dev);  /* remove the device */
    class_destroy(helloClass);        /* remove the device class */
    cdev_del(&my_dev);
    unregister_chrdev_region(dev, 1); /* unregister the device numbers */
    pr_info("Hello world with parameter exit\n");
}

module_init(hello_init);
module_exit(hello_exit);

MODULE_LICENSE("GPL");
MODULE_AUTHOR("Alberto Liberal <aliberal@arroweurope.com>");
MODULE_DESCRIPTION("This is a module that interacts with the ioctl system call");
```

4.10　helloworld_imx_class_driver.ko 演示

```
root@imx7dsabresd:~# insmod helloworld_imx_class_driver.ko /* load module */
root@imx7dsabresd:~# ls /sys/class /* check that hello_class is created */
root@imx7dsabresd:~# ls /sys/class/hello_class /* check that mydev is created */
root@imx7dsabresd:~# ls /sys/class/hello_class/mydev /* check entries under mydev */
root@imx7dsabresd:~# cat /sys/class/hello_class/mydev/dev /* see the assigned mayor
and minor numbers */
root@imx7dsabresd:~# ls -l /dev /* verify that mydev is created under /dev */
root@imx7dsabresd:~# ./ioctl_test /* run ioctl_test application */
root@imx7dsabresd:~# rmmod helloworld_imx_class_driver.ko /* remove module */
```

4.11　杂项字符设备驱动

杂项框架是 Linux 内核提供的一个接口。该框架允许模块注册其各自的从设备编号。

通过杂项框架实现的字符设备驱动使用 Linux 内核为**杂项设备**分配主设备编号。这样可以避免为驱动定义一个专门的主设备编号。这一点很重要，因为主设备编号冲突的可能性与日俱增。使用杂项设备类别是一个避免该冲突的有效策略。对于每一个被侦测到的设备，系统动态地分配一个从设备编号。这个设备也会以一个目录的形式出现在 sysfs 虚拟文件系统的 /sys/class/misc/ 目录下。

官方分配给杂项驱动的主设备编号是 10。对于只需要一个文件系统目录的小型设备，模块可以通过杂项驱动注册独有的从设备编号并管理。

注册一个从设备编号

杂项设备是通过包含在 include/linux/miscdevice.h 中的 miscdevice 数据结构定义的：

```
struct miscdevice {
    int minor;
    const char *name;
    const struct file_operations *fops;
    struct list_head list;
    struct device *parent;
    struct device *this_device;
    const char *nodename;
    umode_t mode;
};
```

其中：

- minor 是请求的从设备编号。
- name 是设备名称，通过 /proc/misc 文件查看。
- fops 是一个指向 file_operations 数据结构的指针。
- parent 是一个指向 device 数据结构的指针，用于表示由该驱动暴露的硬件设备。

杂项驱动导出两个函数，misc_register() 和 misc_deregister()，用于注册 / 注销

对应的从设备编号。这些函数在 include/linux/miscdevice.h 文件中定义其函数原型，drivers/char/misc.c 文件中则定义了具体实现：

```
int misc_register(struct miscdevice *misc);
int misc_deregister(struct miscdevice *misc);
```

misc_register() 函数向内核注册一个杂项设备。如果从设备编号被设置为 MISC_DYNAMIC_MINOR，那么系统会动态分配一个从设备编号并存放在 miscdevice 数据结构中的 minor 字段。对于其他情况则使用请求的从设备编号。

传递进来的数据结构会被内核持续引用，直到设备注销时该数据结构才会被销毁。默认情况下，针对设备执行 open() 系统调用时，会将 file->private_data 指向该数据结构。驱动不需要在 fops 的 open 接口中做相应的赋值操作。成功返回 0，失败则返回一个负的错误码。

动态分配从设备编号的典型代码顺序如下：

```
static struct miscdevice my_dev;

int init_module(void)
{
    my_dev.minor = MISC_DYNAMIC_MINOR;
    my_dev.name = "my_device";
    my_dev.fops = &my_fops;
    misc_register(&my_dev);
    pr_info("my: got minor %i\n", my_dev.minor);
    return 0;
}
```

4.12 实验 4-3："杂项字符设备"模块

在这个实验中，你将使用开始时编写的 helloworld_imx_char_driver 驱动。你将通过杂项框架实现同样的效果，但是代码将少得多！！

驱动的主要代码段描述如下：

1. 添加定义了 miscdevice 数据结构的头文件：

```
#include <linux/miscdevice.h>
```

2. 初始化 miscdevice 数据结构：

```
static struct miscdevice helloworld_miscdevice = {
    .minor = MISC_DYNAMIC_MINOR,
    .name = "mydev",
    .fops = &my_dev_fops,
}
```

3. 向内核注册并注销该设备：

```
misc_register(&helloworld_miscdevice);
misc_deregister(&helloworld_miscdevice);
```

在接下来的代码清单 4-5 中查看针对 i.MX7D 处理器的 "miscellaneous character" 驱动源代码。

注意：针对 SAMA5D2（misc_sam_driver.c）和 BCM2837（misc_rpi_driver.c）的驱动源代码可以从本书的 GitHub 仓库下载。

4.13　代码清单 4-5：misc_imx_driver.c

```c
#include <linux/module.h>
#include <linux/fs.h>
#include <linux/miscdevice.h>

static int my_dev_open(struct inode *inode, struct file *file)
{
    pr_info("my_dev_open() is called.\n");
    return 0;
}

static int my_dev_close(struct inode *inode, struct file *file)
{
    pr_info("my_dev_close() is called.\n");
    return 0;
}

static long my_dev_ioctl(struct file *file, unsigned int cmd, unsigned long arg)
{
    pr_info("my_dev_ioctl() is called. cmd = %d, arg = %ld\n", cmd, arg);
    return 0;
}

static const struct file_operations my_dev_fops = {
    .owner = THIS_MODULE,
    .open = my_dev_open,
    .release = my_dev_close,
    .unlocked_ioctl = my_dev_ioctl,
};

/* declare & initialize struct miscdevice */
static struct miscdevice helloworld_miscdevice = {
    .minor = MISC_DYNAMIC_MINOR,
    .name = "mydev",
    .fops = &my_dev_fops,
};

static int __init hello_init(void)
{
    int ret_val;
    pr_info("Hello world init\n");

    /* Register the device with the kernel */
```

```
    ret_val = misc_register(&helloworld_miscdevice);

    if (ret_val != 0) {
            pr_err("could not register the misc device mydev");
            return ret_val;
    }

    pr_info("mydev: got minor %i\n",helloworld_miscdevice.minor);
    return 0;
}

static void __exit hello_exit(void)
{
    pr_info("Hello world exit\n");

    /* unregister the device with the Kernel */
    misc_deregister(&helloworld_miscdevice);
}

module_init(hello_init);
module_exit(hello_exit);

MODULE_LICENSE("GPL");
MODULE_AUTHOR("Alberto Liberal <aliberal@arroweurope.com>");
MODULE_DESCRIPTION("This is the helloworld_char_driver using misc framework");
```

4.14　misc_imx_driver.ko 演示

```
root@imx7dsabresd:~# insmod misc_imx_driver.ko /* load the module */
root@imx7dsabresd:~# ls /sys/class/misc /* check that mydev is created under the
misc class folder */
root@imx7dsabresd:~# ls /sys/class/misc/mydev /* check entries under mydev */
root@imx7dsabresd:~# cat /sys/class/misc/mydev/dev /* see the assigned mayor and
minor numbers.The mayor number 10 is assigned by the misc framework */
root@imx7dsabresd:~# ls -l /dev /* verify that mydev is created under /dev */
root@imx7dsabresd:~# ./ioctl_test /* run ioctl_test application */
root@imx7dsabresd:~# rmmod misc_imx_driver.ko /* remove the module */
```

第5章
平台设备驱动

到目前为止，你已经将设备驱动作为可加载的驱动模块进行了构建，该模块在系统运行期间被加载。字符设备驱动已经实现，并通过用户态应用程序进行了彻底的测试。在下一个任务中，会将字符设备驱动转换为**平台设备驱动**。在嵌入式系统中，设备通常并不通过总线进行连接。通过总线进行连接允许对这些设备进行枚举或者热插拔。

但是，你仍然希望所有这些设备成为设备模型的一部分。对于这些设备来说，必须对其进行静态描述，而不是对其进行动态检测：

1. 就像在一些旧的、不基于设备树的 ARM 平台所做的那样，通过将 platform_device 数据结构直接**实例化**来实现。其定义在单板或 SoC 特定代码中完成。

2. 在某些体系结构中使用的在**设备树**中的硬件描述文件。硬件设备驱动与 .dts 文件中描述的物理设备进行匹配。当匹配过程完成后，驱动程序的 probe() 函数被调用。驱动程序代码中，必须包含 .of_match_table 以允许该匹配过程顺利进行。

在不可探测设备中，大量设备均直接属于片上系统，如 UART 控制器、以太网控制器、SPI 控制器、图形或音频设备等。在 Linux 内核中，有一种名为**平台总线**的特殊总线被构建，以处理这样的设备。它支持处理平台设备的平台设备驱动。它像任何其他总线（USB、PCI）那样工作，但是设备是被静态枚举而不是被动态发现。

每个平台驱动程序负责在设备模型核心中实例化并注册 platform_driver 数据结构实例。平台驱动程序遵循标准的驱动程序模型规范，其中发现/枚举过程在驱动程序之外处理，并且驱动程序提供 probe() 和 remove() 方法。它们支持使用标准规范的电源管理和关机通知。platform_driver 数据结构的最重要成员如下所示：

```
struct platform_driver {
    int (*probe)(struct platform_device *);
    int (*remove)(struct platform_device *);
    void (*shutdown)(struct platform_device *);
    int (*suspend)(struct platform_device *, pm_message_t state);
    int (*suspend_late)(struct platform_device *, pm_message_t state);
    int (*resume_early)(struct platform_device *);
    int (*resume)(struct platform_device *);
    struct device_driver driver;
};
```

在 platform_driver 数据结构中，你可以看到一个函数指针变量，该变量指向名为 probe() 的函数。当总线驱动程序对设备和设备驱动程序进行匹配时，将调用 probe() 函数。probe() 函数负责初始化设备，并将其注册到合适的内核框架中：

1. probe() 函数使用一个指向设备数据结构的指针作为函数参数（例如，struct pci_dev *, struct usb_dev *, struct platform_device *, struct i2c_client *）。

2. 它也初始化设备，映射 I/O 内存，分配缓冲区，注册中断处理程序、定时器等。

3. 它也将设备注册到特定的框架（例如网络框架、杂项框架、串口框架、输入框架、工业设备框架）中。

suspend()/resume() 函数被设备所使用，这两个函数支持低功耗管理功能。

负责平台设备的平台驱动程序应当使用 platform_driver_register(struct platform_driver * drv) 函数将驱动程序注册到平台核心。在模块 init() 函数中注册平台驱动程序，并在模块 exit() 函数中注销平台驱动程序，如下所示：

```
static int hello_init(void)
{
    pr_info("demo_init enter\n");
    platform_driver_register(&my_platform_driver);
    pr_info("hello_init exit\n");
    return 0;
}

static void hello_exit(void)
{
    pr_info("demo_exit enter\n");
    platform_driver_unregister(&my_platform_driver);
    pr_info("demo_exit exit\n");
}

module_init(hello_init);
module_exit(hello_exit);
```

也可以使用 module_platform_driver(my_platform_driver) 宏。对于那些在模块 init()/exit() 函数中不用执行任何特殊事情的驱动来说，这是一个可用的辅助宏。这消除了很多重复代码。每个模块只能使用该宏一次，调用该宏也会替换 module_init() 和 module_exit()。

```
/*
 * module_platform_driver() - Helper macro for drivers that don't do
 * anything special in module init/exit.  This eliminates a lot of
 * boilerplate.  Each module may only use this macro once, and
 * calling it replaces module_init() and module_exit()
 */
#define module_platform_driver(__platform_driver) \
    module_driver(__platform_driver, platform_driver_register, \
                  platform_driver_unregister)
```

5.1 实验 5-1："平台设备"模块

此平台驱动程序的功能与杂项字符驱动程序相同，但是这次将在 probe() 函数而不是 init() 函数中注册字符设备。当内核模块被加载时，**平台设备驱动**使用 platform_driver_register() 函数将自己注册到**平台总线驱动**中。当平台设备驱动将该驱动的某个 compatible 字符串（包含在它的 of_device_id 数据结构之中）的值与 DT 设备节点的 compatible 属性值匹配成功时，将调用驱动的 probe() 函数。将设备与设备驱动关联的过程称为**绑定**。

of_device_id 数据结构定义在 include/linux/mod_devicetable.h 中：

```
/*
 * Struct used for matching a device
 */
struct of_device_id {
    char    name[32];
    char    type[32];
    char    compatible[128];
    const void *data;
};
```

接下来将描述驱动程序的主要代码段：

1. 包含平台设备头文件，该文件包含平台设备 / 驱动程序所需的数据结构和函数定义：

```
#include <linux/platform_device.h>
```

2. 定义驱动程序支持的设备列表。创建一个 **of_device_id** 数据结构数组，在这个数组中，你使用字符串初始化 compatible 字段，这些字符串被内核用来将驱动程序绑定到设备，这些被绑定的设备在设备树中呈现出相同的 compatible 属性。如果设备树中包含 compatible 设备项，这将自动触发驱动程序的 probe() 函数。

```
static const struct of_device_id my_of_ids[] = {
    { .compatible = "arrow,hellokeys"},
    {},
}
MODULE_DEVICE_TABLE(of, my_of_ids);
```

3. 添加一个 platform_driver 数据结构，该数据结构将会被注册到平台总线中：

```
static struct platform_driver my_platform_driver = {
    .probe = my_probe,
    .remove = my_remove,
    .driver = {
            .name = "hellokeys",
            .of_match_table = my_of_ids,
            .owner = THIS_MODULE,
    }
};
```

4. 加载内核模块后，当某个设备与驱动支持的设备 ID 匹配时，将调用 my_probe() 函数。当卸载驱动时，将调用 my_remove() 函数。因此，my_probe() 函数行使 hello_init() 函数的职责，而 my_remove 函数 () 行驶 hello_exit() 函数的职责。因此，用 my_probe() 函数替换 hello_init() 函数，以及用 my_remove() 函数替换 hello_exit() 函数是有意义的：

```
static int __init my_probe(struct platform_device *pdev)
{
    int ret_val;
    pr_info("my_probe() function is called.\n");
    ret_val = misc_register(&helloworld_miscdevice);
    if (ret_val != 0) {
            pr_err("could not register the misc device mydev");
            return ret_val;
    }
    pr_info("mydev: got minor %i\n",helloworld_miscdevice.minor);
    return 0;
}

static int __exit my_remove(struct platform_device *pdev)
{
    pr_info("my_remove() function is called.\n");
    misc_deregister(&helloworld_miscdevice);
    return 0;
}
```

5. 将平台设备驱动注册到平台总线核心中：

```
module_platform_driver(my_platform_driver);
```

6. 修改设备树文件（在 arch/arm/boot/dts/ 目录中）以包括 DT 驱动的设备节点。必须存在一个 DT 设备节点的 compatible 属性，该属性与保存在某个 of_device_id 数据结构中的 compatible 字符串相同。

对于 MCIMX7D-SABRE 单板，打开 DT 文件 imx7d-sdb.dts，并在 memory 节点后面添加 hellokeys 节点：

```
[...]
/ {
    model = "Freescale i.MX7 SabreSD Board";
    compatible = "fsl,imx7d-sdb", "fsl,imx7d";

    memory {
            reg = <0x80000000 0x80000000>;
    };

    hellokeys {
            compatible = "arrow,hellokeys";
    };
    [...]
```

对于 SAMA5D2B-XULT 单板，打开 DT 文件 at91-sama5d2_xplained_common.dtsi，

并在 gpio_keys 节点后面添加 hellokeys 节点：

```
[...]
gpio_keys {
    compatible = "gpio-keys";
    pinctrl-names = "default";
    pinctrl-0 = <&pinctrl_key_gpio_default>;

    bp1 {
        label = "PB_USER";
        gpios = <&pioA 41 GPIO_ACTIVE_LOW>;
        linux,code = <0x104>;
    };
};

hellokeys {
    compatible = "arrow,hellokeys";
};
[...]
```

对于 Raspberry Pi 3 Model B 单板，打开 DT 文件 bcm2710-rpi-3-b.dts，并在 soc 节点后面添加 hellokeys 节点：

```
[...]
&soc {
    virtgpio: virtgpio {
        compatible = "brcm,bcm2835-virtgpio";
        gpio-controller;
        #gpio-cells = <2>;
        firmware = <&firmware>;
        status = "okay";
    };
    expgpio: expgpio {
        compatible = "brcm,bcm2835-expgpio";
        gpio-controller;
        #gpio-cells = <2>;
        firmware = <&firmware>;
        status = "okay";
    };
    hellokeys {
        compatible = "arrow,hellokeys";
    };
    [...]
```

7. 构建修改后的设备树，并将其加载到目标处理器中。

对于 i.MX7D 处理器，请参见随后的代码清单 5-1 中"平台设备"驱动源代码（hellokeys_imx.c）。

注意：针对 SAMA5D2 单板（hellokeys_sam.c）和 BCM2837 单板（hellokeys_rpi.c）的驱动程序，可以从本书 GitHub 仓库下载。

5.2　代码清单 5-1：`hellokeys_imx.c`

```c
#include <linux/module.h>
#include <linux/fs.h>
#include <linux/platform_device.h>
#include <linux/miscdevice.h>

static int my_dev_open(struct inode *inode, struct file *file)
{
    pr_info("my_dev_open() is called.\n");
    return 0;
}
static int my_dev_close(struct inode *inode, struct file *file)
{
    pr_info("my_dev_close() is called.\n");
    return 0;
}

static long my_dev_ioctl(struct file *file, unsigned int cmd, unsigned long arg)
{
    pr_info("my_dev_ioctl() is called. cmd = %d, arg = %ld\n", cmd, arg);
    return 0;
}

static const struct file_operations my_dev_fops = {
    .owner = THIS_MODULE,
    .open = my_dev_open,
    .release = my_dev_close,
    .unlocked_ioctl = my_dev_ioctl,
};

static struct miscdevice helloworld_miscdevice = {
    .minor = MISC_DYNAMIC_MINOR,
    .name = "mydev",
    .fops = &my_dev_fops,
};

/* Add probe() function */
static int __init my_probe(struct platform_device *pdev)
{
    int ret_val;
    pr_info("my_probe() function is called.\n");
    ret_val = misc_register(&helloworld_miscdevice);

    if (ret_val != 0) {
        pr_err("could not register the misc device mydev");
        return ret_val;
    }

    pr_info("mydev: got minor %i\n",helloworld_miscdevice.minor);
    return 0;
}

/* Add remove() function */
static int __exit my_remove(struct platform_device *pdev)
{
    pr_info("my_remove() function is called.\n");
    misc_deregister(&helloworld_miscdevice);
    return 0;
}
```

```
/* Declare a list of devices supported by the driver */
static const struct of_device_id my_of_ids[] = {
    { .compatible = "arrow,hellokeys"},
    {},
};
MODULE_DEVICE_TABLE(of, my_of_ids);

/* Define platform driver structure */
static struct platform_driver my_platform_driver = {
    .probe = my_probe,
    .remove = my_remove,
    .driver = {
            .name = "hellokeys",
            .of_match_table = my_of_ids,
            .owner = THIS_MODULE,
    }
};

/* Register your platform driver */
module_platform_driver(my_platform_driver);

MODULE_LICENSE("GPL");
MODULE_AUTHOR("Alberto Liberal <aliberal@arroweurope.com>");
MODULE_DESCRIPTION("This is the simplest platform driver");
```

5.3　hellokeys_imx.ko 演示

```
root@imx7dsabresd:~# insmod hellokeys_imx.ko /* load the module, probe() function should
be called */
root@imx7dsabresd:~# find /sys -name "*hellokeys*" /* find all "hellokeys" sysfs entries */
root@imx7dsabresd:~# ls /sys/devices/soc0 /* See devices entries under soc0. Find
hellokeys device entry */
root@imx7dsabresd:~# ls -l /sys/bus/platform/drivers/hellokeys/hellokeys /* this links to
the hellokeys device entry */
root@imx7dsabresd:~# ls -l /sys/bus/platform/devices /* See the devices at platform bus.
Find hellokeys entry */
root@imx7dsabresd:~# ls /sys/bus/platform/drivers/hellokeys /* this is the hellokeys
platform driver entry */
root@imx7dsabresd:~# ls -l /sys/module/hellokeys_imx/drivers /* this is a link to the
hellokeys driver entry */
root@imx7dsabresd:~# ls /sys/class/misc /* check that mydev is created under the misc
class folder */
root@imx7dsabresd:~# ls /sys/class/misc/mydev /* check entries under mydev */
root@imx7dsabresd:~# cat /sys/class/misc/mydev/dev /* see the assigned mayor and minor
numbers. The mayor number 10 is assigned by the misc framework */
root@imx7dsabresd:~# ls -l /dev /* verify that mydev is created under /dev */
root@imx7dsabresd:~# ./ioctl_test /* run ioctl_test application */
root@imx7dsabresd:~# rmmod hellokeys_imx.ko /* remove the module */
```

5.4　操作硬件的文档

　　在开发下一个驱动程序的过程中，你需要操作不同的设备（LED、按钮和 I2C 设备）。还需要操作某些处理器的外设寄存器，因此有必要下载实验中用到的不同处理器的技术参考手册，以及这些处理器开发板的原理图。

- 进入 NXP 半导体公司网站 www.nxp.com，并下载 i.MX7Dual Applications Processor Reference Manual。在撰写本书时，其最新修订版是 Rev.0.1,08 / 2016。你还需要下载 MCIMX7D-SABRE 原理图。本书中使用的原理图文档编号为 SOURCE:SCH-28590:SPF-28590，其修订版本是 Rev D。
- 访问 Microchip Technology 公司网站 www.microchip.com，并下载 SAMA5D2 Series Datasheet。在撰写本书时，这些资料的编号为 DS60001476B。你还需要下载 SAMA5D2 (Rev. B) Xplained Ultra User Guide 和 SAMA5D2B-XULT 原理图。
- 访问 RASPBERRY PI 网站 www.raspberrypi.org，并下载 BCM2835 ARM Peripherals guide 和 Raspberry-Pi-3B-V1.2-Schematics。

为简单起见，可以从本书的 GitHub 仓库下载所需的所有文档。建议使用仓库中的文档，以简单的方式查找本书中引用的资料。

5.5　硬件命名约定

引脚表示电信号的物理输入 / 输出接线。每个输入 / 输出信号都通过一个物理引脚从外围组件输入，或者输出到外围组件。**焊点**是印制电路板或集成电路裸片的特定表面。某些处理器具有很多功能，但引脚（或焊点）数量有限。虽然单个引脚在特定时间只能完成单一功能，但是可以在内部对其进行配置以完成不同的功能。这称为**引脚复用**。

MPU 中的每个**引脚 / 焊点**都有制造商提供的**名称**，例如 i.MX7D 处理器中的 D12 焊点。

每个焊点都有一个**逻辑 / 规范名称**。该名称显示在原理图符号表中，靠近引脚和引脚编号。该焊点名称通常对应于焊点的首要功能。例如，在 i.MX7D 处理器中，D12 焊点名称是 SAI1_RXC 这样的逻辑 / 规范名称。

原理图为连接到焊点的功能线分配了**网络标号**。这试图描述功能线的实际用途。网络标号通常与焊点的多路复用名称相同或相似。SAI1_RXC 焊点可能复用到以下功能：

```
SAI1_RX_BCLK
NAND_CE3_B
SAI2_RX_BCLK
I2C4_SDA
FLEXTIMER2_PHA
GPIO6_IO17
MQS_LEFT
SRC_CA7_RESET1_B
```

查阅 MCIMX7D-SABRE 的原理图，然后查找 D12 焊点名称。分配给该焊点的网络标号是 I2C4_SDA，它描述了上面所示的焊点功能之一。

下一节将详细说明如何在 i.MX7D 系列处理器中对这些焊点进行多路复用。i.MX7D 使用 IOMUX 控制器（IOMUXC）完成此任务。

5.6　引脚控制器

在本节中，将以 NXP IOMUXC 引脚控制器作为示例，展示引脚控制器的使用。IOMUX 控制器（IOMUXC）与 IOMUX 共同配合，使 IC 可以将一个焊点共享给多个功能块。这样的共享是通过多路复用焊点的输入和输出信号来完成的，如图 5-1 所示。

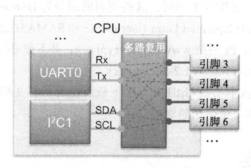

图 5-1　IOMUXC 引脚控制器

每个模块也需要特定的焊点设置（例如拉升或者保持），并且每个焊点最多具有 8 个复用选项（称为 ALT 模式）。焊点设置参数由 IOMUXC 控制。IOMUX 仅由几个基本 IOMUX 单元的组合逻辑组成。每个基本 IOMUX 单元仅处理一个焊点信号的复用。图 5-2 说明了系统中的 IOMUX/IOMUXC 通路。

IOMUXC 的主要功能是：

1. 32 位宽度的软件多路复用器控制寄存器（IOMUXC_SW_MUX_CTL_PAD_<PAD NAME> 或 IOMUXC_SW_MUX_CTL_GRP_<GROUP NAME>）用于为每一个焊点或者预置的焊点组配置 8 个可选（ALT）MUX_MODE 字段之一，并启用焊点强制作为输入路径特性（SION 位）。

2. 32 位宽度的软件焊点控制寄存器（IOMUXC_SW_PAD_CTL_PAD_<PAD_NAME> 或 IOMUXC_SW_PAD_CTL_GRP_<GROUP NAME>）可设置每个焊点或者预置的焊点组。

3. 32 位宽度的通用目的寄存器——14 个（GPR0 ~ GPR13）32 位宽度的寄存器，根据 SoC 的需求可用于任何目的。

4. 32 位宽度的输入选择控制寄存器，用于在多个焊点向模块输入时控制模块的输入路径。

每个 SW MUX/PAD CTL IOMUXC 寄存器仅处理一个焊点或一个焊点组。硬件仅实现软件所需的最少数量的寄存器。例如，如果在焊点 x 上仅使用 ALT0 和 ALT1 模式，那么只会生成一位寄存器，将其作为焊点 x 的软件多路复用器控制寄存器中的 MUX_MODE 控制字段。

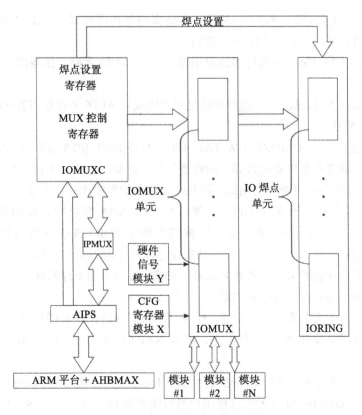

图 5-2　IOMUX/IOMUXC 通路

　　不管所驱动的方向是输入还是输出，软件多路复用器控制寄存器都可以使焊点强制变为输入方向（假设输入路径被启用）。对于回环或者 GPIO 数据抓取来说，这将是很有用的。

　　每个 NXP i.MX7D 处理器的焊点都有多达 8 个潜在的"IO 复用"模式。IO 复用模式的选择由一个寄存器控制，该寄存器的名称由其主要的焊点名称确定。例如，主要被 I2C1_SDA 所用的焊点，具有一个名为 IOMUXC_SW_MUX_CTL_PAD_I2C1_SDA（参见 IMX7DRM 的第 1704 页）的多路复用器寄存器名称。它负责在几种不同模式之间配置焊点，如下所示：

- ALT0_I2C1_SDA——选择多路复用器模式 -> ALT0 多路复用器端口 -> SDA 实例 -> I2C1
- ALT1_UART4_RTS_B——选择多路复用器模式 -> ALT1 多路复用器端口 -> RTS_B 实例 -> UART4
- ALT2_FLEXCAN1_TX——选择多路复用器模式 -> ALT2 多路复用器端口 -> TX 实例 -> FLEXCAN1
- ALT3_ECSPI3_MOSI——选择多路复用器模式 -> ALT3 多路复用器端口 -> MOSI 实例 -> ECSPI3

- ALT4_CCM_ENET1_REF_CLK——选择多路复用器模式 -> ALT4 多路复用器端口 -> ENET1_REF_CLK 实例 -> ENET1
- ALT5_GPIO4_IO9——选择多路复用器模式 -> ALT5 多路复用器端口 -> IO9 实例 -> GPIO4
- ALT6_SD3_VSELECT——选择多路复用器模式 -> ALT6 多路复用器端口 -> VSELECT 实例 -> SD3

每个焊点也有一个 IOMUXC_SW_PAD_CTL_PAD_I2C1_SDA 寄存器（参见 IMX7DRM 的第 1899 页），该寄存器负责配置焊点的物理特性（例如，磁滞、上拉 / 下拉、速度、驱动强度）。同样，这些特性可能与刚刚提到的几个多路复用器模式一一对应。

几乎每个焊点都具有某个 GPIO 功能，在 I2C1_SDA 焊点中，相应的 GPIO 功能是 GPIO4_IO9，并且其具有的 GPIO 功能根据隐含约定的**组 / 位**规则进行映射。共有 7 组 GPIO，每组最多 32 位。在 i.MX7D 中，功能编号是从 1 而不是 0 开始的，但是寄存器地址都是从 0 开始的，这就要求你从名称中减去 1 来确定其对应的寄存器地址。

以下是 Linux 用户态空间命名约定：

1. 几乎每个焊点都具有 GPIO 功能，作为其多达 8 种潜在的 IO 复用模式之一。

2. Linux 使用整型来枚举所有焊点，因此 NXP 的 GPIO 组 / 位表示法必须进行映射转换。

3. Linux 用户态空间的组 / 位转换公式为：Linux GPIO 编号 =（GPIO 组 – 1）* 32 + GPIO 位。因此，GPIO4_IO19 的编号在用户态被映射为 (4 – 1) * 32 + 19 = 115。

请按照以下步骤分析与 I2C1_SDA 相关的寄存器：

1. 在 IMX7DRM 中查找与 I2C1_SDA 关联的焊点多路复用器寄存器（可以在第 1704 页中找到它）。IOMUXC_SW_MUX_CTL_PAD_I2C1_SDA 寄存器的地址在 IOMUCX 外设基址 0x30330000 上的偏移量为 0x14C。该基地址是 IOMUXC 控制器的第一个寄存器地址。ALT5 MUX_MODE 将此焊点配置为 GPIO 信号。

2. 在 IMX7DRM 中查找与 I2C1_SDA 相关的焊点控制寄存器（可以在第 1899 页中找到它）。IOMUXC_SW_PAD_CTL_PAD_I2C1_SDA 寄存器的地址在基地址 0x30330000 上的偏移量为 0x3BC。

5.7　引脚控制子系统

在旧的 Linux 引脚复用代码中，每个体系结构都有其自己的引脚复用代码，这些代码都有其特定的 API。许多类似的功能以不同的方式实现。引脚复用功能必须在 SoC 级别实现，并且不能被设备驱动程序所调用。

新的 Pinctrl 子系统主要由来自 Linaro/ST-Ericsson 的 Linus Walleij 开发维护。其目的就在于解决这些问题。其实现位于 drivers/pinctrl/ 中，该子系统提供：

- 用于注册 pinctrl 驱动程序的 API，例如，列出引脚列表、引脚功能以及如何配置引脚的 API。这些 API 由 SoC 特定的驱动程序（例如 pinctrl-imx7d.c）使用，以提供引脚复用的能力。
- 被设备驱动程序用来请求对某些引脚进行复用的 API。
- 与 SoC GPIO 驱动程序交互。

在图 5-3 中，你可以看到 i.MX7D pinctrl 驱动程序和 i.MX7D gpio 控制器驱动程序与 Pinctrl 子系统之间的交互：

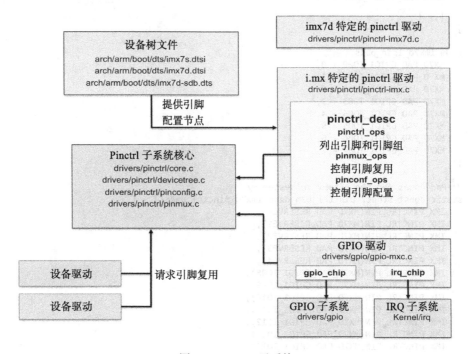

图 5-3　Pinctrl 子系统

Linux 中的 Pinctrl 子系统处理如下工作：

- 对可控制的引脚进行枚举并命名。
- 引脚复用。
- 引脚配置，例如针对特定引脚的由软件控制的偏差及驱动模式，如上拉 / 下拉、开漏、负载电容等。
- i.MX7D 焊点为 Pinctrl 子系统实现的代码都在 drivers/pinctrl/ 目录的 pinctrl-imx7d.c 文件中。

```
#include <linux/pinctrl/pinctrl.h>
#include "pinctrl-imx.h"

enum imx7d_pads {
    MX7D_PAD_RESERVE0 = 0,
```

```
    MX7D_PAD_RESERVE1 = 1,
    MX7D_PAD_RESERVE2 = 2,
    MX7D_PAD_RESERVE3 = 3,
    MX7D_PAD_RESERVE4 = 4,
    MX7D_PAD_GPIO1_IO08 = 5,
    MX7D_PAD_GPIO1_IO09 = 6,
    MX7D_PAD_GPIO1_IO10 = 7,
    MX7D_PAD_GPIO1_IO11 = 8,
    MX7D_PAD_GPIO1_IO12 = 9,
    MX7D_PAD_GPIO1_IO13 = 10,
    MX7D_PAD_GPIO1_IO14 = 11,
    MX7D_PAD_GPIO1_IO15 = 12,

    [...]
}

enum imx7d_lpsr_pads {
    MX7D_PAD_GPIO1_IO00 = 0,
    MX7D_PAD_GPIO1_IO01 = 1,
    MX7D_PAD_GPIO1_IO02 = 2,
    MX7D_PAD_GPIO1_IO03 = 3,
    MX7D_PAD_GPIO1_IO04 = 4,
    MX7D_PAD_GPIO1_IO05 = 5,
    MX7D_PAD_GPIO1_IO06 = 6,
    MX7D_PAD_GPIO1_IO07 = 7,
};

/* Pad names for the pinmux subsystem */
static const struct pinctrl_pin_desc imx7d_pinctrl_pads[] = {
    IMX_PINCTRL_PIN(MX7D_PAD_RESERVE0),
    IMX_PINCTRL_PIN(MX7D_PAD_RESERVE1),
    IMX_PINCTRL_PIN(MX7D_PAD_RESERVE2),
    IMX_PINCTRL_PIN(MX7D_PAD_RESERVE3),
    IMX_PINCTRL_PIN(MX7D_PAD_RESERVE4),
    IMX_PINCTRL_PIN(MX7D_PAD_GPIO1_IO08),
    IMX_PINCTRL_PIN(MX7D_PAD_GPIO1_IO09),
    IMX_PINCTRL_PIN(MX7D_PAD_GPIO1_IO10),
    IMX_PINCTRL_PIN(MX7D_PAD_GPIO1_IO11),
    IMX_PINCTRL_PIN(MX7D_PAD_GPIO1_IO12),
    IMX_PINCTRL_PIN(MX7D_PAD_GPIO1_IO13),
    IMX_PINCTRL_PIN(MX7D_PAD_GPIO1_IO14),
    IMX_PINCTRL_PIN(MX7D_PAD_GPIO1_IO15),

    [...]
}


/* Pad names for the pinmux subsystem */
static const struct pinctrl_pin_desc imx7d_lpsr_pinctrl_pads[] = {
    IMX_PINCTRL_PIN(MX7D_PAD_GPIO1_IO00),
    IMX_PINCTRL_PIN(MX7D_PAD_GPIO1_IO01),
    IMX_PINCTRL_PIN(MX7D_PAD_GPIO1_IO02),
    IMX_PINCTRL_PIN(MX7D_PAD_GPIO1_IO03),
    IMX_PINCTRL_PIN(MX7D_PAD_GPIO1_IO04),
    IMX_PINCTRL_PIN(MX7D_PAD_GPIO1_IO05),
    IMX_PINCTRL_PIN(MX7D_PAD_GPIO1_IO06),
    IMX_PINCTRL_PIN(MX7D_PAD_GPIO1_IO07),
};

static struct imx_pinctrl_soc_info imx7d_pinctrl_info = {
    .pins = imx7d_pinctrl_pads,
    .npins = ARRAY_SIZE(imx7d_pinctrl_pads),
```

```
        .gpr_compatible = "fsl,imx7d-iomuxc-gpr",
};

static struct imx_pinctrl_soc_info imx7d_lpsr_pinctrl_info = {
        .pins = imx7d_lpsr_pinctrl_pads,
        .npins = ARRAY_SIZE(imx7d_lpsr_pinctrl_pads),
        .flags = ZERO_OFFSET_VALID,
};

static struct of_device_id imx7d_pinctrl_of_match[] = {
        { .compatible = "fsl,imx7d-iomuxc", .data = &imx7d_pinctrl_info, },
        { .compatible = "fsl,imx7d-iomuxc-lpsr", .data = &imx7d_lpsr_pinctrl_info },
        { /* sentinel */ }
};
```

imx7d_pinctrl_probe() 函数会调用位于 drivers/pinctrl/freescale/pinctrl-imx.c 中的 imx_pinctrl_probe() 函数。此函数使用引脚控制器相关的所有信息配置 pinctrl_desc 数据结构，并调用 imx_pinctrl_probe_dt() 函数解析设备树，在 iomuxc 节点中找到引脚节点数量，以及每个引脚节点中的引脚配置节点数，分配引脚组。最后，通过位于 drivers/pinctrl/core.c 中的 devm_pinctrl_register() 函数将 pinctrl_desc 数据结构注册到 Pinctrl 子系统中。

理解 imx_pinctrl_probe_dt() 函数的内部实现非常重要。分配完所有引脚组后，此函数将为 iomuxc 设备树中的每个引脚节点调用一次 imx_pinctrl_parse_functions() 函数，并为每个引脚分配相关的"复用"及"配置"寄存器。

```
    int imx_pinctrl_probe(struct platform_device *pdev,
                          struct imx_pinctrl_soc_info *info)
    {
    [...]
    struct pinctrl_desc *imx_pinctrl_desc;
    [...]
    info->pin_regs = devm_kmalloc(&pdev->dev, sizeof(*info->pin_regs) *
                                  info->npins, GFP_KERNEL);
    [...]
    imx_pinctrl_desc = devm_kzalloc(&pdev->dev, sizeof(*imx_pinctrl_desc),
                                    GFP_KERNEL);

    imx_pinctrl_desc->name = dev_name(&pdev->dev);
    imx_pinctrl_desc->pins = info->pins;
    imx_pinctrl_desc->npins = info->npins;
    imx_pinctrl_desc->pctlops = &imx_pctrl_ops;
    imx_pinctrl_desc->pmxops = &imx_pmx_ops;
    imx_pinctrl_desc->confops = &imx_pinconf_ops;
    imx_pinctrl_desc->owner = THIS_MODULE;

    ret = imx_pinctrl_probe_dt(pdev, info);
    [...]
    ipctl->info = info;
    ipctl->dev = info->dev;
    platform_set_drvdata(pdev, ipctl);
```

```
ipctl->pctl = devm_pinctrl_register(&pdev->dev,
                                    imx_pinctrl_desc, ipctl);
[...]
dev_info(&pdev->dev, "initialized IMX pinctrl driver\n");

return 0;
}
```

devm_pinctrl_register() 函数会调用 pinctrl_register() 函数，该函数注册所有引脚并调用 pinctrl_get()、pinctrl_lookup_state() 和 pinctrl_select_state() 函数。

- 在进程上下文中调用 pinctrl_get() 函数，以获得特定客户端设备的所有 pinctrl 信息句柄。它将从内核内存中分配一个数据结构以保存引脚复用状态。所有映射表解析或其他的慢速工作都在此 API 中进行。
- 在进程上下文中调用 pinctrl_lookup_state() 函数，以获得客户端设备特定状态的句柄。此工作也可能非常慢。
- pinctrl_select_state() 函数根据映射表给出的状态定义对引脚控制器硬件进行编程。

在 i.MX7D 引脚控制器驱动程序中，位于 drivers/pinctrl/core.c 中的 pinctrl_select_state() 函数将传递 PINCTRL_STATE_DEFAULT 参数（在 include/linux/pinctrl/pinctrl-state.h 中定义为 "default"），并按照如下顺序运行：

1. pinmux_enable_setting() -> imx_pmx_set():

位于 drivers/pinctrl/freescale/pinctrl-imx.c 中的 imx_pmx_set() 函数将为组中的每个引脚的特定功能配置其复用模式。参见下面的 pinmux_ops 数据结构：引脚复用操作表，该数据结构由 i.MX7D 引脚控制器定义，其中 set_mux 字段指向 imx_pmx_set 函数。

```
static const struct pinmux_ops imx_pmx_ops = {
    .get_functions_count = imx_pmx_get_funcs_count,
    .get_function_name = imx_pmx_get_func_name,
    .get_function_groups = imx_pmx_get_groups,
    .set_mux = imx_pmx_set,
    .gpio_request_enable = imx_pmx_gpio_request_enable,
    .gpio_disable_free = imx_pmx_gpio_disable_free,
    .gpio_set_direction = imx_pmx_gpio_set_direction,
};
```

请参阅下面位于 drivers/pinctrl/pinmux.c 中的 pinmux_enable_setting() 函数中的部分代码，其中调用了 imx_pmx_set() 函数：

```
/* Now that we have acquired the pins, encode the mux setting */
for (i = 0; i < num_pins; i++) {
    desc = pin_desc_get(pctldev, pins[i]);
    if (desc == NULL) {
        dev_warn(pctldev->dev,
                 "could not get pin desc for pin %d\n",
                 pins[i]);
```

```
                continue;
            }
            desc->mux_setting = &(setting->data.mux);
    }

    ret = ops->set_mux(pctldev, setting->data.mux.func,
            setting->data.mux.group);
```

2. pinconf_apply_setting() -> imx_pinconf_set():

位于 drivers/pinctrl/freescale/pinctrl-imx.c 中的 imx_pinconf_set() 函数将为组中每个引脚的特定功能配置焊点参数。参见下面的 pinconf_ops 数据结构：引脚配置操作表，由 i.MX7D 引脚控制器定义，其中 pin_config_set 字段指向 imx_pinconfig_set 函数：

```
static const struct pinconf_ops imx_pinconf_ops = {
    .pin_config_get = imx_pinconf_get,
    .pin_config_set = imx_pinconf_set,
    .pin_config_dbg_show = imx_pinconf_dbg_show,
    .pin_config_group_dbg_show = imx_pinconf_group_dbg_show,
};
```

请参阅如下位于 drivers/pinctrl/pinconfig.c 文件中的 pinconf_apply_setting() 函数的部分代码，其中调用了 imx_pinconfig_set() 函数：

```
switch (setting->type) {
case PIN_MAP_TYPE_CONFIGS_PIN:
    if (!ops->pin_config_set) {
            dev_err(pctldev->dev, "missing pin_config_set op\n");
            return -EINVAL;
    }
    ret = ops->pin_config_set(pctldev,
                            setting->data.configs.group_or_pin,
                            setting->data.configs.configs,
                            setting->data.configs.num_configs);
    if (ret < 0) {
            dev_err(pctldev->dev,
                    "pin_config_set op failed for pin %d\n",
                     setting->data.configs.group_or_pin);
            return ret;
    }
    break;
```

当设备驱动程序执行探测过程时，设备核心模块将试图默认地在这些设备上调用 pinctrl_get_select_default()。但是，当要进行细粒度的状态选择控制，因而不使用 "default" 状态时，就必须对 pinctrl 句柄和状态进行一些设备驱动程序特殊处理。例如，NXP Vybrid vf610 SoC 的 i2c0 控制器 DT 节点声明。在该声明中定义了两种不同的状态："default" 和 "gpio"：

```
i2c0: i2c@40066000 { /* i2c0 on vf610 */
        compatible = "fsl,vf610-i2c";
        reg = <0x40066000 0x1000>;
        interrupts = <0 71 0x04>;
        dmas = <&edma0 0 50>,
```

```
                    <&edma0 0 51>;
            dma-names = "rx","tx";
            pinctrl-names = "default", "gpio";
            pinctrl-0 = <&pinctrl_i2c1>;
            pinctrl-1 = <&pinctrl_i2c1_gpio>;
            scl-gpios = <&gpio5 26 GPIO_ACTIVE_HIGH>;
            sda-gpios = <&gpio5 27 GPIO_ACTIVE_HIGH>;
        };
```

可以检查位于 drivers/i2c/busses/i2c-imx.c 中的 NXP I2C 控制器驱动程序，以了解
如何在驱动程序中同时实现这两种状态。参见下面选择状态的函数。这两个函数在驱动程
序的 probe() 函数中被调用：

```
static const struct of_device_id i2c_imx_dt_ids[] = {
    { .compatible = "fsl,imx1-i2c", .data = &imx1_i2c_hwdata, },
    { .compatible = "fsl,imx21-i2c", .data = &imx21_i2c_hwdata, },
    { .compatible = "fsl,vf610-i2c", .data = &vf610_i2c_hwdata, },
    { /* sentinel */ }
};
MODULE_DEVICE_TABLE(of, i2c_imx_dt_ids);

static void i2c_imx_prepare_recovery(struct i2c_adapter *adap)
{
    struct imx_i2c_struct *i2c_imx;
    i2c_imx = container_of(adap, struct imx_i2c_struct, adapter);
    pinctrl_select_state(i2c_imx->pinctrl, i2c_imx->pinctrl_pins_gpio);
}

static void i2c_imx_unprepare_recovery(struct i2c_adapter *adap)
{
    struct imx_i2c_struct *i2c_imx;
    i2c_imx = container_of(adap, struct imx_i2c_struct, adapter);
    pinctrl_select_state(i2c_imx->pinctrl, i2c_imx->pinctrl_pins_default);
}
```

在该驱动程序中，使用上述两个函数的目的是从严重故障状态中恢复 I2C 总线，这需
要某些总线信号处理，而这些信号不允许被 I2C 硬件设备处理。

5.8　设备树引脚控制器绑定

正如在前面的 5.6 节中所见，引脚控制器允许处理器与多个功能块共享一个焊点。这
样的共享是通过多路复用焊点输入/输出信号来完成的。在 i.MX7D 单板中，对于每个焊点
可能有多达八个复用选项（称为 ALT 模式）。由于不同的模块需要不同的焊点设置（例如上
拉、保持），因此引脚控制器也对焊点设置参数进行控制。就像任何其他硬件模块一样，每
个引脚控制器都必须在设备树中表示为一个节点。

其信号受引脚配置影响的硬件模块被称为"客户端设备"。同样，每个客户端设备必须
像其他任何硬件模块一样，在设备树中表示为一个节点。为了使客户端设备正常运行，某
些引脚控制器必须设置特定的引脚配置。一些客户端设备需要单个静态引脚配置，例如，

在初始化期间进行设置。其他一些则需要在运行时重新配置引脚，例如，当设备未激活时将其重新配置为三态引脚。因此，每个客户端设备可以定义一组命名**状态**。这些状态的编号和名称由客户端设备在设备树绑定节点中定义。

对于每个客户端设备，分别为每个引脚状态分配一个整数 ID。这些数字从 0 开始，并且是连续的。对于每个状态 ID，都存在一个唯一的属性来定义引脚配置。每个状态也为其分配一个名称。使用状态名称时，存在另一个属性以将这些名称映射到整数 ID。

每个客户端设备的设备树绑定配置确定其状态集合，这些绑定配置必须在其设备树节点中定义，设备树绑定配置也确定是否定义必要的状态 ID，或者是否定义必要的状态名集合。如下列表是必须定义的属性：

- pinctrl-0：phandle 列表，每个 phandle 指向一个**引脚配置节点**。这些被引用的引脚配置节点必须是所配置的引脚控制器的子节点。此列表中可能存在多个条目，因此可以配置多个引脚控制器，或者说引脚状态可以从单个节点控制器的多个设备树节点来构建，其中每个设备树节点都是整个配置的一部分。

如下列表是可选属性：

- pinctrl-1: phandle 列表，每个 phandle 指向引脚控制器内的引脚配置节点。
- [...]
- pinctrl-n：phandle 列表，每个 phandle 指向引脚控制器内的引脚配置节点。
- pinctrl-names：分配给引脚状态的名称列表。列表条目 0 定义整型状态 ID 0 的名称，列表条目 1 定义整型状态 ID 1 的名称，以此类推。例如：

```
/* For a client device requiring named states */
    device {
            pinctrl-names = "active", "idle";
            pinctrl-0 = <&state_0_node_a>;
            pinctrl-1 = <&state_1_node_a &state_1_node_b>;
    };
```

引脚控制器设备应包含客户端设备引用的引脚配置节点。例如：

```
pincontroller {
    ... /* Standard DT properties for the device itself elided */

    state_0_node_a {
            ...
    };
    state_1_node_a {
            ...
    };
    state_1_node_b {
            ...
    };
}
```

每个引脚配置子节点的内容完全由单个引脚控制器设备的绑定配置所定义。这些配置内容并不存在通用标准。pinctrl 框架仅提供引脚控制器驱动程序可以使用的通用辅助程序。接下来，你将看到如何为 NXP i.MX7D 引脚控制器（IOMUXC）定义这些绑定配置。

打开 arch/arm/boot/dts/ 文件夹下的 imx7s.dtsi 文件，然后找到 iomuxc_lpsr 和 iomuxc 节点：

```
iomuxc_lpsr: iomuxc-lpsr@302c0000 {
    compatible = "fsl,imx7d-iomuxc-lpsr";
    reg = <0x302c0000 0x10000>;
    fsl,input-sel = <&iomuxc>;
};

iomuxc: iomuxc@30330000 {
    compatible = "fsl,imx7d-iomuxc";
    reg = <0x30330000 0x10000>;
};
```

i.MX7D 处理器支持两个 iomuxc 控制器——fsl,imx7d-iomuxc 控制器，它们类似于上一代 iMX SoC，而 fsl,imx7d-iomuxc-lpsr 提供在 gpio 中低电源状态保持能力，该控制器是 iomuxc-lpsr（GPIO1_IO7..GPIO1_IO0）的一部分。尽管 iomuxc-lpsr 提供了自己的用于复用和焊点控制设置的寄存器集，但它共享了输入选择寄存器，输入选择寄存器来自主 iomuxc 控制器。而 fsl,input-sel 属性扩展了 fsl,imx-pinctrl 驱动程序以支持 iomuxc-lpsr 控制器。

reg 属性中的 0x302c0000 和 0x30330000 值是每个 IOMUXC 引脚控制器寄存器的基地址。

compatible 属性 fsl,imx7d-iomuxc 与 i.MX7D 引脚控制器驱动程序的结构 of_device_id 兼容条目匹配。打开位于 drivers/pinctrl/freescale/ 目录下的 pinctrl-imx7d.c 文件，并找到与 iomuxc 和 iomuxc_lpsr DT 节点匹配的 compatible 属性：

```
static const struct of_device_id imx7d_pinctrl_of_match[] = {
    { .compatible = "fsl,imx7d-iomuxc", .data = &imx7d_pinctrl_info, },
    { .compatible = "fsl,imx7d-iomuxc-lpsr", .data = &imx7d_lpsr_pinctrl_info },
    { /* sentinel */ }
};
```

DT 引脚配置节点是一个**引脚组**节点，该节点可用于特定设备或功能，它表示引脚组中引脚的**复用**和**配置**。"多路复用"选择此引脚可以工作的功能模式（也称为多路复用模式），"配置"表示配置各种焊点设置，例如上拉、开漏、驱动强度等。每个客户端设备节点可以具有一个 pinctrl-0 属性，该属性包含 phandle 列表，每个 phandle 都指向一个引脚配置节点。引脚配置节点在 iomuxc 控制器节点下定义，以表示此 SoC 支持的 pinmux 功能。

fsl,pins 是每个引脚配置节点内的必选属性：每个条目由六个整数组成，表示一个引脚的复用信息及其配置。前五个整数 <mux_reg conf_reg input_reg mux_val input_val> 是使用 PIN_FUNC_ID 宏指定的，该宏可以在 Linux 内核 DT 文件夹下的"imx *-pinfunc.h"中找到（对于 i.MX7D 来说，对应的文件名为 imx7d-pinfunc.h）。最后一个整数 CONFIG 是此引脚上的焊点配置值，例如上拉。

iomuxc-lpsr 则由专用外设使用，以获得 LPSR 功耗模式的优势，但是处理器的外围设备也可能通过 IO 复用控制器来使用焊点。例如，I2C1 控制器可以使用 iomuxc-lpsr 控制器中的 SCL 焊点和 iomuxc 控制器中的 SDA 焊点，如下所示：

```
i2c1: i2c@30a20000 {
    pinctrl-names = "default";
    pinctrl-0 = <&pinctrl_i2c1_1 &pinctrl_i2c1_2>;
};

iomuxc-lpsr@302c0000 {
    compatible = "fsl,imx7d-iomuxc-lpsr";
    reg = <0x302c0000 0x10000>;
    fsl,input-sel = <&iomuxc>;

    pinctrl_i2c1_1: i2c1grp-1 { /* pin configuration node */
            fsl,pins = <
                    MX7D_PAD_GPIO1_IO04__I2C1_SCL 0x4000007f
            >;
    };
};

iomuxc@30330000 {
    compatible = "fsl,imx7d-iomuxc";
    reg = <0x30330000 0x10000>;

    pinctrl_i2c1_2: i2c1grp-2 {
            fsl,pins = <
                    MX7D_PAD_I2C1_SDA__I2C1_SDA 0x4000007f
            >;
    };
};
```

在上一节中，已经接触过与焊点 I2C1_SDA 相关的寄存器，同时也知道了 IOMUXC_SW_MUX_CTL_PAD_I2C1_SDA 寄存器的地址，它在 IOMUCX 外设基址 0x30330000 上的偏移量为 0x14C。另外，另一个 IOMUXC_SW_PAD_CTL_PAD_I2C1_SDA 寄存器的地址在基址 0x30330000 上的偏移量为 0x3BC。在 Linux 内核 DT 文件夹 arch/arm/boot/dts/ 下的 imx7d-pinfunc-h 文件中，可以找到 PIN_FUNC_ID 宏 MX7D_PAD_I2C1_SDA__GPIO4_IO9 的定义。

```
#define MX7D_PAD_I2C1_SDA__GPIO4_IO9     0x014C 0x03BC 0x0000 0x5 0x0
```

接下来将分析 PIN_FUNC_ID 宏值与多路复用器设置寄存器的关系，这些寄存器用于"GPIO" I2C1_SDA 焊点：

- 0x014C 是 IOMUXC_SW_MUX_CTL_PAD_I2C1_SDA 焊点多路复用器寄存器的偏移量。
- 0x03BC 是 IOMUXC_SW_PAD_CTL_PAD_I2C1_SDA 焊点控制器寄存器的偏移量。
- 0x5 是 IOMUXC_SW_MUX_CTL_PAD_I2C1_SDA 焊点多路复用器寄存器的 ALT5 模式。

有关 i.MX7D 引脚控制器 DT 绑定配置的更多信息，请参见以下文档：
- linux/Documentation/devicetree/bindings/pinctrl/fsl,imx7d-pinctrl.txt
- linux/Documentation/devicetree/bindings/pinctrl/fsl,imx-pinctrl.txt

有关 SAMA5D2 和 BCM283x 引脚控制器 DT 绑定配置的信息，请参见以下文档：
- linux/Documentation/devicetree/bindings/pinctrl/atmel,at91-pio4-pinctrl.txt
- linux/Documentation/devicetree/bindings/pinctrl/brcm,bcm2835-gpio.txt

5.9　GPIO 控制器驱动

在 Linux 内核中，每个 GPIO 控制器驱动都需要包含头文件 `linux/gpio/driver.h`，该头文件定义了可用于开发 GPIO 驱动的不同数据结构。

在 GPIO 控制器驱动内部，不同的 GPIO 由它们的硬件编号进行标识，这些硬件编号是介于 0 和 n 之间的唯一数字编号，n 是由 GPIO 芯片管理的 GPIO 数量。该编号仅在驱动程序内部使用。在这些内部编号之外，每个 GPIO 还将具有一个全局编号，可以与旧版 GPIO 接口一起使用。每个 GPIO 芯片都有一个"基础"编号，通过在这个"基础"编号上面增加硬件编号的方法来计算全局 GPIO 编号。尽管整数表示方法已被弃用，但仍有许多用户在使用它，因此需要维护。

GPIO 控制器驱动的主要数据结构是 `gpio_chip`（该数据结构的完整定义，请参见 `include/linux/gpio/driver.h`），其中包括所有 GPIO 控制器共有的成员：
- 建立 GPIO 线方向的方法
- 用于访问 GPIO 线当前值的方法
- 为特定 GPIO 线设置电气属性值的方法
- 返回与给定 GPIO 线相关的 IRQ 编号的方法
- 表示对其方法的调用是否可以阻塞的标记
- 可选的 GPIO 线名称数组
- 可选的 debugfs 转储方法（显示额外的状态，如上拉配置）
- 可选的 GPIO 线基础编号（如果省略，将自动分配）
- 用于诊断和 GPIO 芯片映射的可选标签

通过使用驱动模型，实现 `gpio_chip` 数据结构的代码可以支持控制器的多个实例。该代码将配置每个 `gpio_chip` 数据结构，并调用 `devm_gpiochip_add_data()` 函数。

GPIO 控制器还可以提供中断，这通常是从父中断控制器级联而来的。GPIO 模块的 IRQ 部分通过中断芯片使用头文件 `<linux/irq.h>` 实现。因此，GPIO 控制器可以同时使用两个子系统：gpio 和 irq。

GPIO 中断芯片通常属于以下三类之一（引自 https://www.kernel.org/doc/html/v4.17/driver-api/gpio/driver.html）：

1. 链式 GPIO 中断芯片：通常是嵌入 SoC 中的类型。这意味着有一个用于 GPIO 的快速 IRQ 流处理程序，是从父 IRQ 处理程序（通常是系统中断控制器）中调用的。这意味着将立即从父中断芯片处理程序中调用 GPIO 中断芯片处理程序。GPIO 中断芯片随后将在其中断处理程序中最终调用类似于如下代码序列的内容：

```
static irqreturn_t foo_gpio_irq(int irq, void *data)
      chained_irq_enter(...);
      generic_handle_irq(...);
      chained_irq_exit(...);
```

请参阅以下 i.MX7D GPIO 控制器驱动程序的代码序列（`drivers/gpio/gpio-mxc.c`）：

```
/* handle 32 interrupts in one status register */
static void mxc_gpio_irq_handler(struct mxc_gpio_port *port, u32 irq_stat)
{
      while (irq_stat != 0) {
              int irqoffset = fls(irq_stat) - 1;

              if (port->both_edges & (1 << irqoffset))
                    mxc_flip_edge(port, irqoffset);

              generic_handle_irq(irq_find_mapping(port->domain, irqoffset));

              irq_stat &= ~(1 << irqoffset);
      }
}

/* MX1 and MX3 has one interrupt *per* gpio port */
static void mx3_gpio_irq_handler(struct irq_desc *desc)
{
      u32 irq_stat;
      struct mxc_gpio_port *port = irq_desc_get_handler_data(desc);
      struct irq_chip *chip = irq_desc_get_chip(desc);
      chained_irq_enter(chip, desc);

      irq_stat = readl(port->base + GPIO_ISR) & readl(port->base + GPIO_IMR);

      mxc_gpio_irq_handler(port, irq_stat);

      chained_irq_exit(chip, desc);
}
```

2. 通用链式 GPIO 中断芯片：与 "链式 GPIO 中断芯片" 相同，但是不使用链式 IRQ 处理程序。相反，GPIO IRQ 分发过程由通用 IRQ 处理程序执行，该处理程序使用 `request_irq()` 进行配置。GPIO 中断芯片随后将在其中断处理程序中最终调用类似于如下代码序列的内容：

```
static irqreturn_t gpio_rcar_irq_handler(int irq, void *dev_id)
      for each detected GPIO IRQ
              generic_handle_irq(...);
```

3. 嵌套的线程化 GPIO 中断芯片：这些是片外 GPIO 扩展，并且任何其他 GPIO 中断芯片位于总线另一侧。当然，此类驱程序需要以较慢的速度访问总线，例如读取 IRQ 或者其他类似操作。大量的访问总线可能导致其他中断产生，在中断被禁止的情况使得快速中断无法被处理。与前两种中断芯片相反，此时需要创建一个线程，然后在驱动程序处理中断前屏蔽父 IRQ 中断线。该驱动程序的特点是在其中断处理程序中调用类似以下内容的代码：

```
static irqreturn_t foo_gpio_irq(int irq, void *data)
    ...
        handle_nested_irq(irq);
```

5.10   GPIO 描述符使用者接口

本节描述新的基于描述符的 GPIO 接口。有关已废弃的基于整数的 GPIO 接口的说明，请参阅 Documentation/gpio/ 文件夹下的 gpio-legacy.txt 文件。

与基于描述符的 GPIO 接口相关的所有函数均带有 gpiod_ 前缀。gpio_ 前缀用于旧版接口。没有其他内核函数会使用这些前缀。强烈建议不要使用旧版函数，新代码应仅仅使用 <linux/gpio/consumer.h> 头文件和描述符。

5.10.1   获取和释放 GPIO

新的 GPIO 描述符接口通过使用 devm_gpiod_get() 函数返回的 gpio_desc 数据结构标识每个 GPIO。该函数将 GPIO 设备（dev）、GPIO 功能（con_id）和不同的可选 GPIO 初始化标志（flags）作为参数：

```
struct gpio_desc *devm_gpiod_get(struct device *dev, const char *con_id,
                                 enum gpiod_flags flags)
```

devm_gpiod_get() 函数的变体 devm_gpiod_get_index() 函数允许访问在特定 GPIO 功能内部定义的多个 GPIO。devm_gpiod_get_index() 函数返回 GPIO 描述符，该函数使用 of_find_gpio() 函数在设备树中查找 GPIO 功能（con_id）及其索引（idx）：

```
struct gpio_desc *devm_gpiod_get_index(struct device *dev,
                                       const char *con_id,
                                       unsigned int idx,
                                       enum gpiod_flags flags)
```

flags 参数可以指定 GPIO 的传输方向和初始值。如下是其中一些最重要的标志值：
- GPIOD_ASIS 或 0：根本不初始化 GPIO。后续必须使用某个专用函数设置方向。
- GPIOD_IN：将 GPIO 初始化为输入端。
- GPIOD_OUT_LOW：将 GPIO 初始化为输出端，并将其值置为 0。
- GPIOD_OUT_HIGH：将 GPIO 初始化为输出端，并将其值置为 1。

可以使用 devm_gpiod_put() 函数来释放 GPIO 描述符。

5.10.2　使用 GPIO

每当编写需要控制 GPIO 的 Linux 驱动程序时，都必须指定 GPIO 方向。可以使用带 flags 参数的 devm_gpiod_get*() 函数，或者说，如果你已经将 flags 参数设置为 GPIOD_ ASIS，就可以在随后调用 gpiod_direction _*() 函数来完成此操作：

```
int gpiod_direction_input(struct gpio_desc *desc)
int gpiod_direction_output(struct gpio_desc *desc, int value)
```

函数执行成功时，其返回值为零，否则为负数错误码。对于输出 GPIO，提供的值将作为初始输出值。这有助于避免系统启动期间的信号毛刺。

对于大多数 GPIO 控制器来说，可以使用内存读 / 写指令来进行访问。这些访问不会阻塞，可以在硬件（非线程化）IRQ 处理程序中安全地运行。

你可以使用以下函数在原子上下文内访问 GPIO：

```
int gpiod_get_value(const struct gpio_desc *desc)
void gpiod_set_value(struct gpio_desc *desc, int value)
```

由于驱动程序不用关注物理线路，因此所有 gpiod_set_value_xxx() 函数均使用逻辑值进行操作。这样，就可以让这些函数处理**低电平有效**这样的属性。这意味着这些函数会检查 GPIO 是否配置为低电平有效，如果是这样，就在操作物理线路电平之前处理所传递的值。

这样，所有 gpiod_set_value_xxx() 函数都会将参数" value"解释为"有效"（"1"）或"无效"（"0"）。相应地，会适当地设置物理线路。

例如，如果设置了特定 GPIO 的低电平有效属性，并且 gpiod_set_value_xxx() 传递"有效"（"1"）参数，则物理线路电平将被设置为低电平。

如下是相关函数汇总：

函数名（示例）	低电平有效属性	物理线路
gpiod_set_value(desc, 0);	默认（高电平有效）	低
gpiod_set_value(desc, 1);	默认（高电平有效）	高
gpiod_set_value(desc, 0);	低电平有效	高
gpiod_set_value(desc, 1);	低电平有效	低

5.10.3　GPIO 映射到中断

中断请求可以通过 GPIO 触发。你可以使用以下函数获取与给定 GPIO 对应的 Linux IRQ 号：

```
int gpiod_to_irq(const struct gpio_desc *desc)
```

你可以传递 GPIO 描述符参数，该描述符在之前使用 devm_gpiod_get*() 函数获得。

然后 gpiod_to_irq() 函数将返回与该 GPIO 对应的 Linux IRQ 号，如果无法完成映射，则返回负数错误码。gpiod_to_irq() 函数不会阻塞。

从 gpiod_to_irq() 返回的正确值可以传递到 request_irq() 或 free_irq() 函数，这两个函数将获取或释放中断。你将在第 7 章中了解这两个函数。

5.10.4　GPIO 设备树

在设备树中，GPIO 被映射到设备及其功能。具体实现方法取决于提供 GPIO 的控制器（请参阅你的控制器设备树绑定）。

GPIO 映射定义在设备节点中，这是通过名为 <function>-gpios 的属性定义的，其中 <function> 被 Linux 驱动程序通过 gpiod_get() 函数所请求。例如：

```
foo_device {
    compatible = "acme,foo";
    ...
    led-gpios = <&gpioa 15 GPIO_ACTIVE_HIGH>, /* red */
                <&gpioa 16 GPIO_ACTIVE_HIGH>, /* green */
                <&gpioa 17 GPIO_ACTIVE_HIGH>; /* blue */

    power-gpios = <&gpiob 1 GPIO_ACTIVE_LOW>;
};
```

其中 &gpioa 和 &gpiob 是特定 gpio 控制器节点的 phandle，数字 15、16、17 和 1 是每个 gpio 控制器的线编号，而 GPIO_ACTIVE_HIGH 是用于 GPIO 的标志之一。

属性 led-gpios 将使 gpioa 控制器的 GPIO 15、16 和 17 能够用于 Linux 驱动程序，而 power-gpios 将使 gpiob 控制器的 GPIO 1 可用于该驱动程序：

```
struct gpio_desc *red, *green, *blue, *power;
red = gpiod_get_index(dev, "led", 0, GPIOD_OUT_HIGH);
green = gpiod_get_index(dev, "led", 1, GPIOD_OUT_HIGH);
blue = gpiod_get_index(dev, "led", 2, GPIOD_OUT_HIGH);
power = gpiod_get(dev, "power", GPIOD_OUT_HIGH);
```

gpiod_get*() 函数的第二个字符串参数 con_id 必须与设备树中使用的 gpios 后缀的功能名称前缀相同。在上一个设备树示例中，将使用如下两个 con_id 参数："led"和"power"来获取 foo_device 的 GPIO 描述符。对于 led 设备树函数，除了 con_id 参数"led"之外，还需要在 gpiod_get_index() 函数中将索引（idx）设置为值 0、1 或 2。

5.11　在内核和用户态之间交换数据

Linux 操作系统可以防止某个用户进程访问其他进程，也可以防止进程直接访问或操纵内核数据结构和服务。这种保证措施是通过将整个内存分为两个逻辑部分（用户态和内核态）来实现的。系统调用是应用程序和 Linux 内核之间的基本接口。系统调用在内核态中实现，并且其相应的处理程序通过用户态中的 API 进行调用。当进程执行系统调用时，内核将在调用者的进程上下文中执行。当内核响应中断时，内核中断处理程序将异步运行在中断上下文。

设备驱动程序是应用程序和硬件之间的接口。为此，你通常需要访问特定的用户态设备驱动程序接口。无法直接从内核访问进程地址空间（通过引用用户态指针）。直接访问用户态指针可能会导致错误的结果（依赖于特定体系结构，用户态指针可能无效或未映射到内核态）、内核地址访问异常或安全异常。要正确访问用户态数据，可以通过调用以下宏 / 函数来完成：

1. 单变量访问：

```
get_user(type val, type *address);
```

内核变量 val 获取用户态指针 address 所指向的值。

```
put_user(type val, type *address);
```

将用户态指针 address 指向的值设置为内核变量 val 的内容。

2. 数组访问：

```
unsigned long copy_to_user(void __user *to,
                           const void *from,
                           unsigned long n);
```

copy_to_user() 将内核态中 from 所引用的地址复制 n 个字节到 to 所引用的用户态地址。

```
unsigned long copy_from_user(void *to,
                             const void __user *from,
                             unsigned long n)
```

copy_from_user() 将用户态中 from 所引用的地址复制 n 个字节到 to 所引用的内核态地址。

5.12　MMIO（内存映射 I/O）设备访问

对外围设备的控制是通过写入及读取其寄存器来实现的。通常情况下，设备具有多个寄存器，通过内存地址空间（MMIO）或 I/O 地址空间（PIO）的连续地址来访问这些寄存器。端口 I/O 和内存映射 I/O 的主要区别，请参见如下说明：

1. MMIO：

- 主存和 I/O 设备使用相同的总线地址。
- 使用常规指令访问 I/O 设备。
- Linux 支持的在不同体系结构中使用最广泛的 I/O 方法。

2. PIO：

● 主存和 I/O 设备使用不同的地址空间。

● 使用特殊类型的 CPU 指令来访问 I/O 设备。

● x86 上的示例：IN 和 OUT 指令。

本书中描述的三个处理器使用 MMIO 访问模式，因此在本节中将更详细地介绍此模式。

Linux 驱动程序无法直接访问物理 I/O 地址——需要 MMU 映射。要访问 I/O 内存，驱动程序需要处理器可以操作的虚拟地址。不过，默认情况下 I/O 内存并未映射到虚拟内存中。

你可以通过两个不同的函数获得 I/O 虚拟地址：

1. 使用 ioremap()/iounmap() 函数进行映射和解除映射。ioremap() 函数接受物理地址和要映射的区域大小作为参数。它返回一个指向虚拟内存的指针，该指针可以被引用（如果无法映射，则返回 NULL）。

```
void __iomem *ioremap(phys_addr_t offset, unsigned long size)
void iounmap(void *address);
```

2. 通过使用 devm_ioremap()/devm_iounmap() 函数（在 include/linux/io.h 中定义为函数原型，在 lib/devres.c 中实现）在驱动程序与设备之间进行映射和解除映射。这些函数简化了驱动程序代码和错误处理。目前已经不建议在设备驱动程序中使用 ioremap()。相反，你应该改用下面的 "管理" 函数，这些函数可以简化驱动程序编码和错误处理：

```
void __iomem *devm_ioremap(struct device *dev, resource_size_t offset,
                           unsigned long size);
void devm_iounmap(struct device *dev, void __iomem *addr);
```

每个 device 数据结构（基本的设备相关数据结构）都维护了一个资源链表，这是通过其内嵌的 devres_head 链表数据结构来实现的。调用资源分配器的操作会将资源添加到该列表中。当 probe() 函数以错误状态退出或者在 remove() 函数返回时，资源将以相反的顺序被释放。在 probe() 函数的错误处理代码路径中，使用资源管理函数释放资源。这可以避免对 goto 语句的调用。可删除错误处理所需的资源版本，仅用返回值替换 goto 和其他资源版本。也会在 remove() 函数中释放资源。

直接引用 devm_ioremap() 返回的指针是危险的。那样可能会出现缓存和同步问题。内核提供了读取和写入虚拟地址的函数。对于 PCI 风格、小端访问，其规范做法是使用如下函数：

```
unsigned read[bwl](void *addr);
void write[bwl](unsigned val, void *addr);
```

有一些 "通用" 接口可以进行新式的内存映射或 PIO 内存访问。体系结构可以实现针对体系结构优化的版本，它们只是对老式 IO 寄存器访问函数 read [bwl]/write [bwl]/in [bwl]/out [bwl] 的封装：

```
unsigned int ioread8(void __iomem *addr);
unsigned int ioread16(void __iomem *addr);
unsigned int ioread32(void __iomem *addr);
void iowrite8(u8 value, void __iomem *addr);
void iowrite16(u16 value, void __iomem *addr);
void iowrite32(u32 value, void __iomem *addr);
```

图 5-4 展示了 SAMA5D2 PIO_SODR1 寄存器的物理地址映射。在下一个驱动程序代码中，你可以看到如何通过调用 devm_ioremap() 函数来将此寄存器映射到虚拟地址。

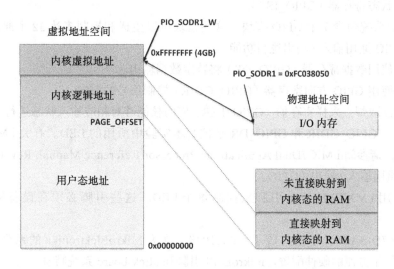

PIO_SODR1_W = devm_ioremap(&pdev->dev, PIO_SODR1, sizeof(u32));

图 5-4　SAMA5D2 PIO_SODR1 寄存器的物理地址映射

5.13　实验 5-2："RGB LED 平台设备"模块

在本实验中，你将应用到目前为止本章描述的大多数概念。你将控制几个 LED，这些 LED 将多个 SoC 外设寄存器地址从物理地址映射到系统虚拟地址。你将使用杂项框架为每个 LED 创建一个字符设备，并通过使用 write() 和 read() 调用来控制 LED 在内核态和用户态之间交换数据。也将使用 copy_to_user() 和 copy_from_user() 函数在内核态和用户态之间交换字符数组。

5.13.1　i.MX7D 处理器的硬件描述

i.MX7D GPIO 通用输入 / 输出外设提供专用的引脚，这些引脚既可以配置为输入，也可以配置为输出。当配置为输出时，可以写入内部寄存器以控制输出引脚上的状态。当配置为输入时，可以通过读取内部寄存器来检测引脚输入状态。

GPIO 功能通过寄存器提供，包括边沿检测电路和中断生成逻辑。这些寄存器是：

- 数据寄存器（GPIO_DR）
- GPIO 方向寄存器（GPIO_GDIR）
- 焊点采样寄存器（GPIO_PSR）
- 中断控制寄存器（GPIO_ICR1、GPIO_ICR2）
- 边缘选择寄存器（GPIO_EDGE_SEL）
- 中断屏蔽寄存器（GPIO_IMR）
- 中断状态寄存器（GPIO_ISR）

GPIO 子系统包含 7 个 GPIO 模块，这些模块可以生成和控制多达 32 个通用信号。如下列表是 GPIO 通用输入 / 输出逻辑功能：

- 通过使用数据寄存器（GPIO_DR）将特定数据输出。
- 通过使用 GPIO 方向寄存器（GPIO_GDIR）控制信号的方向。
- 通过读取焊点采样寄存器（GPIO_PSR）使内核能够对相应输入状态进行采样。

你将写入 GPIO_GDIR 和 GPIO_DR 来控制本实验中所用的 LED。有关 i.MX7D GPIO 的更多信息，请参阅 i.MX 7Dual Applications Processor Reference Manual, Rev. 0.1, 08/2016 的 8.3 节：通用输入 / 输出（GPIO）。

你将使用 i.MX7D 的三个引脚来控制每个 LED。这些引脚必须在设备树中复用为 GPIO。

MCIMX7D-SABRE 单板集成了 mikroBUS，这为 MikroElektronika 的系列 click board 附加模块提供了方便的硬件配置。mikroBUS 引脚和 click board 系统特别适合正在开发多功能、模块化产品的开发人员。

mikroBUS 的目的是通过大量标准化的紧凑型附件板方便地实现硬件扩展，每个附件板均包含单个传感器、收发器、显示器、编码器、电机驱动器、连接端口，或者任何其他电子模块或集成电路。由 MikroElektronika 开发的 mikroBUS 是一个开放标准——只要满足 MikroBUS 规范设定的要求，任何人都可以在其硬件设计中实现 mikroBUS。

查阅 MCIMX7D-SABRE 原理图的第 20 页，以查看 MikroBUS 连接器，如图 5-5 所示。

你将使用 MOSI 引脚控制绿色 LED，SCK 引脚控制蓝色 LED，PWM 引脚控制红色 LED。

要获取 LED，你将使用带 mikroBUS 的 Color click 附件板。这是一种紧凑方便的解决方案，可为你的设计添加红色、绿色、蓝色和清晰的光感。它具有 TCS3471 彩色 RGB 光数字转换器、三个配备 NPN 电阻器的晶体管以及 RGB LED。在本实验中，你将只使用其中的 RGB LED。请参阅位于 https://www.mikroe.com/color-click 的 Color click 附件板说明。你可以从该链接或本书的 GitHub 仓库中下载原理图。

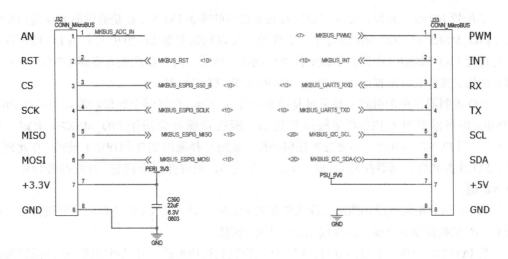

图 5-5　MCIMX7D-SABRE 原理图

将 MCIMX7D-SABRE mikroBUS 的 PWM 引脚连接到 Color click RD 引脚，将 MOSI 引脚连接到 GR 引脚，将 SCK 引脚连接到 BL 引脚。从 MCIMX7D-SABRE 单板向 Color click 附件板提供 +5V 电压，并在两块单板之间连接 GND。

5.13.2　SAMA5D2 处理器的硬件描述

SAMA5D2 并行输入 / 输出控制器（PIO）管理多达 128 条完全可编程的输入 / 输出线（I/O 组的数量为 4，分别为 PA、PB、PC 和 PD）。每条 I/O 线可以用于通用 I/O，也可以分配给某个嵌入式外设功能。这确保了产品引脚的有效利用。

PIO 控制器的每条 I/O 线均具有如下功能：

- 输入变化中断，可在任何 I/O 线上启用电平变化检测。
- 任何 I/O 线上的上升沿、下降沿（或者兼而有之）检测，以及低电平、高电平检测。
- 毛刺滤波器，可消除低于 PIO 时钟周期一半的毛刺。
- 防抖滤波器，可消除意外的按键或按钮操作脉冲。
- 类似于开漏 I/O 线的多驱动功能。
- 控制 I/O 线的上拉和下拉。
- 输入可见性和输出控制。
- I/O 线的安全或非安全管理。

每个引脚都是可配置的。根据产品的不同，每个引脚都可以配置仅用于通用目的的 I/O 线，或者配置为与多达 6 个外设 I/O 复用的 I/O 线。由于多路复用是由硬件确定的，因此多路复用依赖于产品。硬件设计人员和编程人员必须小心确定其应用所需的 PIO 控制器的配置。当 I/O 线仅仅用于通用目的时，即不与任何外设 I/O 多路复用时，对 PIO 控制器进行外设分配相关的编程将不起作用，并且只有 PIO 控制器可以控制引脚如何被产品驱动。

　　要配置 I/O 线，必须首先确定目标对象是组中的哪条 I/O 线，这是通过向 PIO 掩码寄存器（PIO_MSKRx）中的相应位置 1 来实现的。可以同时配置 I/O 组中的多条 I/O 线，这是通过设置 PIO_MSKRx 中的多个相应位来实现的。然后，向 PIO 配置寄存器（PIO_CFGRx）写入配置，这样会将配置应用于 PIO_MSKRx 中定义的 I/O 线。

　　PIO 控制器在单个引脚上最多可复用 6 个外设功能。选择哪个外设功能是通过在 PIO_CFGRx 寄存器中写入 FUNC 字段来实现的。所选功能将应用于 PIO_MSKRx 中定义的 I/O 线。当 FUNC 为 0 时，不会选择任何外设，此时选择通用 PIO（GPIO）模式（在此模式下，I/O 线由 PIO 控制器控制）。如果 FUNC 不为 0，被选择用来控制 I/O 线的外设取决于 FUNC 值。

　　当 I/O 线分配给外设功能时，即线路配置 FUNC 字段不为 0 时，I/O 线由外设控制。根据 FUNC 值确定所选外设，该外设确定是否驱动引脚。

　　当 I/O 线的 FUNC 字段为 0 时，将 I/O 线设置为通用模式，并且可以将 I/O 线配置为由 PIO 控制器而不是外设驱动。

　　如果 I/O 线路配置（PIO_CFGRx）的 DIR 位被设置（OUTPUT），则 I/O 线路可以由 PIO 控制器驱动。通过写入 PIO 设置输出数据寄存器（PIO_SODRx）和 PIO 清除输出数据寄存器（PIO_CODRx），可以确定在 I/O 线上的电平。这些写操作分别设置和清除 PIO 输出数据状态寄存器（PIO_ODSRx），该寄存器表示在 I/O 线上保持的数据。直接写入 PIO_ODSRx 寄存器也是可以的，这仅会影响 PIO_MSKRx 中设置为 1 的 I/O 线。当 I/O 线配置的 DIR 位为零时，相应的 I/O 线仅用作输入。

　　有关 SAMA5D2 GPIO 的更多信息，请参见 SAMA5D2 SERIES DS60001476B 数据手册的 34 节：并行输入 / 输出控制器（PIO）。

　　你将使用 SAMA5D2 的三个引脚来控制每个 LED。必须在 DT 中将这些引脚复用为 GPIO。

　　SAMA5D2B-XULT 单板集成了 RGB LED。查阅 SAMA5D2B-XULT 原理图的第 11 页，以了解 RGB LED，如图 5-6 所示。

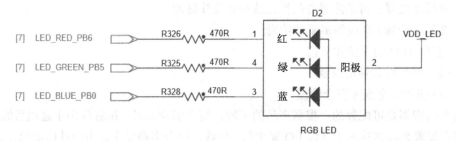

图 5-6　RGB LED 控制电路图

5.13.3　BCM2837 处理器的硬件描述

BCM2837 处理器是 Broadcom 芯片，用于 Raspberry Pi 3 和更老版本的 Raspberry Pi 2 中。BCM2837 的基础体系结构与 BCM2836 相同。唯一的显著区别是用四核 ARM Cortex A53（ARMv8）替换了四核 ARMv7。BCM2835 处理器是 Broadcom 芯片，用于 Raspberry Pi A、B、B+ 计算模块，也用于 Raspberry Pi Zero。

BCM2837 具有 54 条通用 I/O（GPIO）线，分为两排。在 BCM 中，所有 GPIO 引脚至少具有两个可选功能。可选功能通常是外设 IO，某个外设可能位于每一排中，这样允许灵活地选择 IO 电压。GPIO 有 41 个寄存器。所有访问均为 32 位宽度。

功能选择寄存器 用于定义通用 I/O 引脚的操作。54 个 GPIO 引脚中的每个引脚至少有两个可选功能。FSEL{n} 字段确定第 n 个 GPIO 引脚的功能。所有未使用的可选功能线都接地，如果选择这些功能线，将输出 "0"。

输出设置寄存器 用于设置 GPIO 引脚。SET{n} 字段定义要设置的 GPIO 引脚，向该字段写入 "0" 将是无效的。如果 GPIO 引脚用作输入（默认情况），则 SET{n} 字段中的值将被忽略。但是，如果随后将引脚定义为输出，则将根据最后的置位 / 清除操作来设置该位。将设置和清除功能分开，将不必进行读 / 修改 / 写操作。

输出清除寄存器 用于清除 GPIO 引脚。CLR{n} 字段定义要清除的 GPIO 引脚，向该字段写入 "0" 是无效的。如果 GPIO 引脚被用作输入（默认情况），则 CLR{n} 字段中的值将被忽略。但是，如果随后将引脚定义为输出，则将根据最后的置位 / 清除操作来设置该位。将设置和清除功能分开，将不必进行读 / 修改 / 写操作。

有关 BCM2837 GPIO 的更多信息，请参见 BCM2835 ARM Peripherals guide 的 6 节：通用 I/O（GPIO）。

你将使用 BCM2837 的三个引脚来控制每个 LED。必须在 DT 中将这些引脚复用为 GPIO。

要获取 GPIO，你将使用 GPIO 扩展连接器。查阅 Raspberry-Pi-3B-V1.2-Schematics 以了解连接器，如图 5-7 所示。

要获取 LED，你将使用带 mikroBUS 的 Color click 附件板。请参阅 https://www.mikroe. com/color-click 的 Color click 附件板。你可以从该链接或本书的 GitHub 仓库中下载原理图。

将 GPIO EXPANSION GPIO27 引脚连接到 Color click RD 引脚，将 GPIO22 引脚连接到 GR 引脚，将 GPIO26 引脚连接到 BL 引脚。

5.13.4　i.MX7D 处理器的设备树

在 MCIMX7D-SABRE mikroBUS 中，你可以看到：MOSI 引脚连接到 i.MX7D 处理器的 SAI2_TXC 焊点，SCK 引脚连接到 SAI2_RXD 焊点，而 PWM 引脚连接到 GPIO1_IO02 焊点。你需要将 SAI2_TXC、SAI2_RXD 和 GPIO1_IO02 焊点配置为 GPIO。要找到相应功能（GPIO）的宏，请查阅 arch/arm/boot/dts/ 下的 imx7d-pinfunc.h 文件，并查找以下宏：

```
#define MX7D_PAD_SAI2_TX_BCLK__GPIO6_IO20    0x0220 0x0490 0x0000 0x5 0x0
#define MX7D_PAD_SAI2_RX_DATA__GPIO6_IO21    0x0224 0x0494 0x0000 0x5 0x0
```

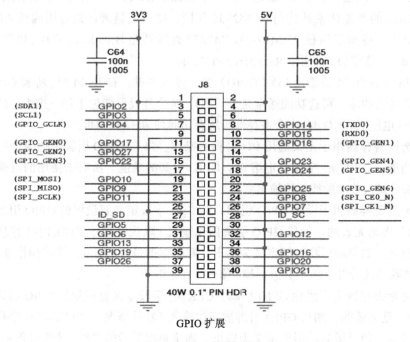

图 5-7　GPIO 扩展连接图

现在转到 arch/arm/boot/dts/ 下的 imx7d-pinfunc-lpsr.h 文件，并找到以下宏：

```
#define MX7D_PAD_GPIO1_IO02__GPIO1_IO2  0x0008 0x0038 0x0000 0x0 0x0
```

上面宏中的五个整数是：

- IOMUX 寄存器偏移值（0x0008）
- 焊点配置寄存器偏移值（0x0038）
- 选择输入菊花链寄存器偏移值（0x0000）
- IOMUX 配置（0x0）
- 选择输入菊花链设置（0x0）

GPIO1_IO02 焊点是 fsl,imx7d-iomuxc-lpsr 控制器的一部分。

需要一个 6 位宽度的整数，该整数与焊点控制寄存器的配置相对应。该整数定义了引脚的低级物理设置。你可以使用位于 Documentation/devicetree/bindings/pinctrl/ 中的设备树 pinctrl 文档信息来构建此整数。对于 i.MX7D 来说，请检查 fsl,imx7d-pinctrl.txt 文件。你也可以复制并修改 DT 文件中具有相似功能的其他引脚定义。你可以将 0x11 值用于所选的焊点。

配置位定义：

```
CONFIG bits definition:
PAD_CTL_PUS_100K_DOWN          (0 << 5)
PAD_CTL_PUS_5K_UP              (1 << 5)
PAD_CTL_PUS_47K_UP             (2 << 5)
PAD_CTL_PUS_100K_UP           (3 << 5)
PAD_CTL_PUE                    (1 << 4)
PAD_CTL_HYS                    (1 << 3)
PAD_CTL_SRE_SLOW               (1 << 2)
PAD_CTL_SRE_FAST               (0 << 2)
PAD_CTL_DSE_X1                 (0 << 0)
PAD_CTL_DSE_X2                 (1 << 0)
PAD_CTL_DSE_X3                 (2 << 0)
PAD_CTL_DSE_X4                 (3 << 0)
```

现在，你将修改设备树文件 imx7d-sdb.dts，这是通过添加下面粗体显示的代码来实现的：

```
/ {
    model = "Freescale i.MX7 SabreSD Board";
    compatible = "fsl,imx7d-sdb", "fsl,imx7d";

    memory {
            reg = <0x80000000 0x80000000>;
    };

    [...]

    ledred {
            compatible = "arrow,RGBleds";
            label = "ledred";
            pinctrl-names = "default";
            pinctrl-0 = <&pinctrl_gpio_leds &pinctrl_gpio_led>;
    };

    ledgreen {
            compatible = "arrow,RGBleds";
            label = "ledgreen";
    };

    ledblue {
            compatible = "arrow,RGBleds";
            label = "ledblue";
    };

[...]

&iomuxc {
    pinctrl-names = "default";
    pinctrl-0 = <&pinctrl_hog_1>;

    imx7d-sdb {

            pinctrl_hog_1: hoggrp-1 {
                    fsl,pins = <
                                    MX7D_PAD_EPDC_BDR0__GPIO2_IO28        0x59
                    >;
            };

            [...]
```

```
pinctrl_gpio_leds: pinctrl_gpio_leds_grp {
        fsl,pins = <
                MX7D_PAD_SAI2_TX_BCLK__GPIO6_IO20      0x11
                MX7D_PAD_SAI2_RX_DATA__GPIO6_IO21      0x11
        >;
};

[...]

    };
};

[...]

&iomuxc_lpsr {
    pinctrl-names = "default";
    pinctrl-0 = <&pinctrl_hog_2 &pinctrl_usbotg2_pwr_2>;

    imx7d-sdb {
        pinctrl_hog_2: hoggrp-2 {
                fsl,pins = <
                        MX7D_PAD_GPIO1_IO05__GPIO1_IO5        0x14
                >;
        };

        [...]

        pinctrl_gpio_led: pinctrl_gpio_led_grp {
                fsl,pins = <
                        MX7D_PAD_GPIO1_IO02__GPIO1_IO2        0x11
                >;
        };

        [...]

    };
};
```

为简单起见，你将在第一个 ledred 设备中进行 IOMUX 设置。你需要注意：不要在设备树中重复配置同一个焊点。IOMUX 配置由驱动程序按内核探测设备的顺序进行设置。如果两个驱动程序对同一焊点的配置不同，则以最后探测到的驱动程序所设置的值为准。如果你在设备树文件 imx7d-sdb.dts 中查找 ecspi3 节点，会看到 pinctrl-0 属性上定义的引脚配置分配了 "default" 名称，并指向 pinctrl_ecspi3 和 pinctrl_ecspi3_cs 引脚功能节点：

```
pinctrl_ecspi3_cs: ecspi3_cs_grp {
        fsl,pins = <
                MX7D_PAD_SD2_CD_B__GPIO5_IO9          0x80000000
                MX7D_PAD_SAI2_TX_DATA__GPIO6_IO22     0x2
        >;
};

pinctrl_ecspi3: ecspi3grp {
        fsl,pins = <
                MX7D_PAD_SAI2_TX_SYNC__ECSPI3_MISO    0x2
                MX7D_PAD_SAI2_TX_BCLK__ECSPI3_MOSI    0x2
                MX7D_PAD_SAI2_RX_DATA__ECSPI3_SCLK    0x2
        >;
};
```

SAI2_TX_BCLK 和 SAI2_RX_DATA 焊点复用于两个不同的驱动（ecspi3 和 LED RGB）。你可以注释掉 ecspi3 的整个定义，也可以通过将状态更改为"disabled"来禁用它。如果选择第二个方式，请使用下面的代码：

```
&ecspi3 {
    fsl,spi-num-chipselects = <1>;
    pinctrl-names = "default";
    pinctrl-0 = <&pinctrl_ecspi3 &pinctrl_ecspi3_cs>;
    cs-gpios = <&gpio5 9 GPIO_ACTIVE_HIGH>, <&gpio6 22 0>;
    status = "disabled";

    [...]
}
```

5.13.5　SAMA5D2 处理器的设备树

在 SAMA5D2B-XULT 单板中，你可以看到：LED_RED_PB6 引脚连接到 SAMA5D2 处理器的 PB6 焊点，LED_GREEN_PB5 引脚连接到 PB5 焊点，而 LED_BLUE_PB0 引脚连接到 PB0 焊点。你需要将 PB6、PB5 和 PB0 焊点配置为 GPIO。要查找相应功能（GPIO）的宏，请查阅 arch/arm/boot/dts/ 下的 sama5d2-pinfunc.h 文件，并查找以下宏：

```
#define PIN_PB6__GPIO        PINMUX_PIN(PIN_PB6, 0, 0)
#define PIN_PB5__GPIO        PINMUX_PIN(PIN_PB5, 0, 0)
#define PIN_PB0__GPIO        PINMUX_PIN(PIN_PB0, 0, 0)
```

根据硬件说明书，你可以看到这些焊点可用于多种功能。请参阅图 5-8 的 PB5 和 PB6 焊点功能。

B7	D7	D6	VDDIOP0	GPIO_QSPI	PB5	I/O	–	–	A	TCLK2	I	1	PIO, I, PU, ST
									B	D10	I/O	1	
									C	PWMH2	O	1	
									D	QSPI1_SCK	O	2	
									F	GTSUCOMP	O	3	
C7	B5	A3	VDDIOP0	GPIO	PB6	I/O	–	–	A	TIOA2	I/O	1	PIO, I, PU, ST
									B	D11	I/O	1	
									C	PWML2	O	1	
									D	QSPI1_CS	O	2	
									F	GTXER	O	3	

图 5-8　SAMA5D2B-XULT 单板的 PB5 和 PB6 焊点功能

你可以在 sama5d2-pinfunc.h 文件中看到与 PB5 引脚关联的宏，该宏的最后两个数字对应于焊点的功能和信号的 IO 设置。例如，PIN_PB5__TCLK2 的功能编号为 1（A），而 TLCK2 信号对应于 IO 设置 1。PIN_PB5__D10 的功能编号为 2（B），而 D10 信号对应于 IO 设置 1。

```
#define PIN_PB5                       37
#define PIN_PB5__GPIO                 PINMUX_PIN(PIN_PB5, 0, 0)
#define PIN_PB5__TCLK2                PINMUX_PIN(PIN_PB5, 1, 1)
#define PIN_PB5__D10                  PINMUX_PIN(PIN_PB5, 2, 1)
#define PIN_PB5__PWMH2                PINMUX_PIN(PIN_PB5, 3, 1)
#define PIN_PB5__QSPI1_SCK            PINMUX_PIN(PIN_PB5, 4, 2)
#define PIN_PB5__GTSUCOMP             PINMUX_PIN(PIN_PB5, 6, 3)
```

注意： 每个外设的 I/O 都被分组为 IO 集合，列在引脚表的 "IO Set" 列中。对于所有外设来说，必须使用属于同一个 IO 集合的 I/O。当来自不同 IO 集的 IO 混杂在一起时，其时序得不到保证。

每个引脚功能节点将列出所需的引脚，以及如何配置这些引脚：

```
node {
    pinmux = <PIN_NUMBER_PINMUX>;
    GENERIC_PINCONFIG;
};
```

如下列表是节点的属性：

- pinmux：整数数组。每个整数代表一个引脚编号、复用及 IO 集合设置。使用 arch/arm/boot/dts/<soc>-pinfunc.h 文件中的宏来获得该引脚的正确表示。
- GENERIC_PINCONFIG：通用的引脚配置选项——偏置禁用、偏置下拉、偏置上拉、驱动开漏、输入施密特使能、输入去抖动、输出低、输出高。

更多信息请参阅位于 Documentation/devicetree/bindings/pinctrl/ 目录中的设备树 pinctrl 文档，并检查其中的 atmel,at91-pio4-pinctrl.txt 文件。

你可以在设备树文件 at91-sama5d2_xplained_common.dtsi 中看到，pinctrl_led_gpio_default 引脚功能节点已在 pinctrl 节点下配置：

```
pinctrl@fc038000 {

        pinctrl_adc_default: adc_default {
                pinmux = <PIN_PD23__GPIO>;
                bias-disable;
        };

        [...]

        pinctrl_led_gpio_default: led_gpio_default {
                pinmux = <PIN_PB0__GPIO>,
                        <PIN_PB5__GPIO>,
                        <PIN_PB6__GPIO>;
                bias-pull-up;
        };

        [...]
}
```

```
/ {
    model = "Atmel SAMA5D2 Xplained";
    compatible = "atmel,sama5d2-xplained", "atmel,sama5d2", "atmel,sama5";

    chosen {
            stdout-path = "serial0:115200n8";
    };

    [...]

    ledred {
            compatible = "arrow,RGBleds";
            label = "ledred";
            pinctrl-0 = <&pinctrl_led_gpio_default>;
    };

    ledgreen {
            compatible = "arrow,RGBleds";
            label = "ledgreen";
    };

    ledblue {
            compatible = "arrow,RGBleds";
            label = "ledblue";
    };

    [...]
};
```

你可以看到："gpio-leds"驱动程序也在配置相同的 LED。通过将其状态修改为"disabled"来禁用它。

```
leds {
    compatible = "gpio-leds";
    pinctrl-names = "default";
    pinctrl-0 = <&pinctrl_led_gpio_default>;
    status = "disabled";

    red {
      label = "red";
      gpios = <&pioA 38 GPIO_ACTIVE_LOW>;
    };

    green {
      label = "green";
      gpios = <&pioA 37 GPIO_ACTIVE_LOW>;
    };

    blue {
      label = "blue";
      gpios = <&pioA 32 GPIO_ACTIVE_LOW>;
      linux,default-trigger = "heartbeat";
    };
};
```

5.13.6 BCM2837 处理器的设备树

在 Raspberry Pi 3 Model B 单板上，你可以看到：GPIO EXPANSION GPIO27 引脚连接到 BCM2837 处理器的 GPIO27 焊点，GPIO22 引脚连接到 GPIO22 焊点，而 GPIO26 引脚连接到 GPIO26 焊点。

每个引脚配置节点都列出了其适用的引脚，以及在这些引脚上选择的一个或多个复用器功能，以及上拉 / 下拉配置。以下列表是其属性：

- brcm,pins：一个数组。每个元素包含一个引脚的 ID。有效 ID 是整型 GPIO ID。其中 0 表示 GPIO0，1 表示 GPIO1，以此类推，直到 53 表示 GPIO53。
- brcm,function：整数，包含引脚复用的功能：

0：GPIO 输入

1：GPIO 输出

2：alt5

3：alt4

4：alt0

5：alt1

6：alt2

7：alt3

- brcm,pull：整数，表示要应用于引脚的下拉 / 上拉配置：

0：无

1：下拉

2：上拉

brcm,function 和 brcm,pull 都可以包含多个值，该值将分别应用于 brcm,pins 所指定的引脚。或者包含单个值，并将其应用到 brcm,pins 所指定的每一个引脚。

更多信息请查阅位于 Documentation/devicetree/bindings/pinctrl/ 目录的设备树 pinctrl 文档，并检查 brcm,bcm2835-gpio.txt 文件。

修改设备树文件 bcm2710-rpi-3-b.dts，并添加如下粗体代码：

```
/ {
    model = "Raspberry Pi 3 Model B";
};

&gpio {
    sdhost_pins: sdhost_pins {
            brcm,pins = <48 49 50 51 52 53>;
            brcm,function = <4>; /* alt0 */
    };

    [...]

    led_pins: led_pins {
            brcm,pins = <27 22 26>;
```

```
        brcm,function = <1>;  /* Output */
        brcm,pull = <1 1 1>;  /* Pull down */
    };

};

&soc {
    virtgpio: virtgpio {
            compatible = "brcm,bcm2835-virtgpio";
            gpio-controller;
            #gpio-cells = <2>;
            firmware = <&firmware>;
            status = "okay";
    };

    expgpio: expgpio {
            compatible = "brcm,bcm2835-expgpio";
            gpio-controller;
            #gpio-cells = <2>;
            firmware = <&firmware>;
            status = "okay";
    };

    [...]

    ledred {
            compatible = "arrow,RGBleds";
            label = "ledred";
            pinctrl-0 = <&led_pins>;
    };

    ledgreen {
            compatible = "arrow,RGBleds";
            label = "ledgreen";
    };

    ledblue {
            compatible = "arrow,RGBleds";
            label = "ledblue";
    };

    [...]

};
```

5.13.7 "RGB LED 平台设备" 模块的代码描述

现在将描述驱动程序的主要代码部分。

1. 包含函数头文件：

```
#include <linux/module.h>
#include <linux/fs.h> /* struct file_operations */
#include <linux/platform_device.h> /* platform_driver_register(), platform_set_
drvdata() */

#include <linux/io.h> /* devm_ioremap(), iowrite32() */
#include <linux/of.h> /* of_property_read_string() */
#include <linux/uaccess.h> /* copy_from_user(), copy_to_user() */
#include <linux/miscdevice.h> /* misc_register() */
```

2. 定义用于配置 GPIO 寄存器的 GPIO 掩码。请参阅以下用于 SAMA5D2 处理器的掩码：

```
#define PIO_PB0_MASK (1 << 0) /* blue */
#define PIO_PB5_MASK (1 << 5) /* green */
#define PIO_PB6_MASK (1 << 6) /* red */
#define PIO_CFGR1_MASK (1 << 8) /* masked bits direction (output), no PUEN, no PDEN
*/
```

3. 定义物理 I/O 寄存器地址。请参阅下面用于 SAMA5D2 处理器的地址：

```
static int PIO_SODR1 = 0xFC038050;
static int PIO_CODR1 = 0xFC038054;
static int PIO_MSKR1 = 0xFC038040;
static int PIO_CFGR1 = 0xFC038044;
```

4. 声明 __iomem 指针，这些指针将保存 dev_ioremap() 函数返回的虚拟地址：

```
static void __iomem *PIO_SODR1_W;
static void __iomem *PIO_CODR1_W;
static void __iomem *PIO_MSKR1_V;
static void __iomem *PIO_CFGR1_V;
```

5. 你需要创建一个私有数据结构，该结构保存每个设备特定的信息。在驱动程序中，你将处理多个字符设备，因此将为每个设备创建一个 miscdevice 数据结构，然后将其初始化并添加到设备特定的数据结构中。数据结构的第二个字段是 led_mask 变量，该变量将为设备保存红色、绿色或蓝色掩码。私有数据结构的最后一个字段是一个字符数组，该数据将保存用户态应用程序发送的用于打开 / 关闭 LED 的命令。

```
struct led_dev
{
    struct miscdevice led_misc_device; /* assign device for each led */
    u32 led_mask; /* different mask if led is R,G or B */
    const char *led_name; /* stores "label" string */
    char led_value[8];
};
```

6. 接下来，在你的 probe() 函数中定义私有数据结构的实例，并为每一个探测到的设备分配私有数据结构。probe() 函数将被调用三次（每个包括" arrow，RGBleds"的 compatible 属性的 DT 节点匹配就调用一次），以创建相应的设备：

```
struct led_dev *led_device;
led_device = devm_kzalloc(&pdev->dev, sizeof(struct led_dev), GFP_KERNEL);
```

7. 使用 devm_ioremap() 函数在 probe() 函数中获得虚拟地址，并将虚拟地址保存在 __iomem 指针中。请参阅下面的 SAMA5D2 处理器映射过程：

```
PIO_MSKR1_V = devm_ioremap(&pdev->dev, PIO_MSKR1, sizeof(u32));
PIO_SODR1_W = devm_ioremap(&pdev->dev, PIO_SODR1, sizeof(u32));
PIO_CODR1_W = devm_ioremap(&pdev->dev, PIO_CODR1, sizeof(u32));
PIO_CFGR1_V = devm_ioremap(&pdev->dev, PIO_CFGR1, sizeof(u32));
```

8. 初始化 probe() 函数中的每个 miscdevice 数据结构。如你在第 4 章中所见那样，对那些没有其他可用框架的设备来说，**杂项框架**为设备在字符文件之上提供一层简单的上层封装。注册到杂项子系统可以简化字符文件的创建。of_property_read_string() 函数将从每个被探测到的设备节点的 label 标签中查找并读取一个字符串。该函数的第三个参数是指向字符变量的指针。of_property_read_string() 函数会将"标签"字符串存储在 led_name 指针变量指向的地址中。

```
of_property_read_string(pdev->dev.of_node, "label", &led_device->led_name);

led_device->led_misc_device.minor = MISC_DYNAMIC_MINOR;
led_device->led_misc_device.name = led_device->led_name;
led_device->led_misc_device.fops = &led_fops;
```

9. 创建字符文件时，需要一个 file_operations 数据结构。该数据结构定义当用户打开、关闭、读取和写入字符文件时要调用的驱动程序函数。当你向杂项子系统注册字符设备时，会将此数据结构存储到 miscdevice 数据结构，并传递给杂项子系统。需要注意的是：当你使用杂项子系统时，它将自动为你调用"open"函数。在自动调用的"open"函数中，它将把你创建的 miscdevice 数据结构与打开文件的私有数据字段相关联。这是有用的，这样在写 / 读函数中，你可以访问 miscdevice 数据结构，这将使你可以访问该特定设备的寄存器和其他自定义值。

```
static const struct file_operations led_fops = {
    .owner = THIS_MODULE,
    .read = led_read,
    .write = led_write,
};

/* pass file__operations structure to each created misc device */
led_device->led_misc_device.fops = &led_fops;
```

10. 在 probe() 函数中，使用 misc_register() 函数向内核注册每个设备。platform_set_drvdata() 函数会将私有数据结构绑定到 platform_device 数据结构。这将允许你在驱动程序的其他地方访问私有数据结构。你将在每一个 remove() 函数调用（被调用三次）中，使用 platform_get_drvdata() 函数销毁私有数据结构：

```
ret_val = misc_register(&led_device->led_misc_device);
platform_set_drvdata(pdev, led_device);
```

11. 编写 led_write() 函数。无论何时，只要在字符文件上执行写操作就会调用该函数。在注册每个杂项设备时，你不必保留指向私有 led_dev 数据结构的任何指针。但是，由于可以通过 file->private_data 访问 miscdevice 数据结构，并且它是 lev_dev 数据结构的成员，因此可以使用一个神奇的宏来计算父结构的地址。container_of() 宏获取 miscdevice 数据结构所在的数据结构（这是你的私有 led_dev 数据结构）。copy_from_

user() 函数将从用户态获取 on/off 命令，然后你将使用 **iowrite32()** 函数写入处理器相应寄存器以打开 / 关闭 LED：

```
static ssize_t led_write(struct file *file, const char __user *buff,
                         size_t count, loff_t *ppos)
{
    const char *led_on = "on";
    const char *led_off = "off";
    struct led_dev *led_device;

    led_device = container_of(file->private_data,
                              struct led_dev, led_misc_device);

    copy_from_user(led_device->led_value, buff, count);

    led_device->led_value[count-1] = '\0';

    /* compare strings to switch on/off the LED */
    if(!strcmp(led_device->led_value, led_on)) {
        iowrite32(led_device->led_mask, PIO_CODR1_W);
    }
    else if (!strcmp(led_device->led_value, led_off)) {
        iowrite32(led_device->led_mask, PIO_SODR1_W);
    }
    else {
        pr_info("Bad value\n");
        return -EINVAL;
    }

    return count;
}
```

12. 编写 led_read() 函数，只要在字符设备文件上进行读取操作，该函数就会被调用。使用 container_of() 宏找到私有数据结构，并使用 copy_to_user() 函数将设备的私有数据结构变量 led_value（on/off）返回给用户应用程序：

```
static ssize_t led_read(struct file *file, char __user *buff,
                        size_t count, loff_t *ppos)
{
    int len;
    struct led_dev *led_device;

    led_device = container_of(file->private_data, struct led_dev,
                              led_misc_device);

    if(*ppos == 0) {
        len = strlen(led_device->led_value);
        led_device->led_value[len] = '\n'; /* add \n after on/off */
        copy_to_user(buff, &led_device->led_value, len+1);

        *ppos+=1;
        return sizeof(led_device->led_value); /* exit first func call */
    }

    return 0; /* exit and do not recall func again */
}
```

13. 声明驱动程序支持的设备列表。定义一个 **of_device_id** 结构的数组，在该数组中使用字符串初始化 compatible 字段，内核将使用这些 compatible 字段将驱动程序与设备树设备绑定。如果设备树包含 compatible 设备条目，这将自动调用驱动程序的 **probe()** 函数（探测过程将在此驱动程序中发生 3 次）。

```
static const struct of_device_id my_of_ids[] = {
    { .compatible = " arrow,RGBleds"},
    {},
}
MODULE_DEVICE_TABLE(of, my_of_ids);
```

14. 添加一个将要注册到平台总线的 **platform_driver** 数据结构：

```
static struct platform_driver led_platform_driver = {
    .probe = led_probe,
    .remove = led_remove,
    .driver = {
            .name = "RGBleds",
            .of_match_table = my_of_ids,
            .owner = THIS_MODULE,
    }
};
```

15. 在 **init()** 函数中，使用 **platform_driver_register()** 函数向平台总线注册驱动程序：

```
static int led_init(void)
{
    ret_val = platform_driver_register(&led_platform_driver);
    return 0;
}
```

16. 构建修改后的设备树，然后将其加载到目标处理器。

请参见代码清单 5-2 "RGB LED 平台设备"驱动程序源代码（**ledRGB_sam_platform.c**），该驱动程序用于 SAMA5D2 处理器。

注意：i.MX7D（**ledRGB_imx_platform.c**）和 BCM2837（**ledRGB_rpi_platform.c**）驱动程序的源代码可以从本书的 GitHub 仓库中下载。

5.14　代码清单 5-2：ledRGB_sam_platform.c

```
#include <linux/module.h>
#include <linux/fs.h> /* struct file_operations */

/* platform_driver_register(), platform_set_drvdata() */
#include <linux/platform_device.h>
#include <linux/io.h> /* devm_ioremap(), iowrite32() */
```

```c
#include <linux/of.h> /* of_property_read_string() */
#include <linux/uaccess.h> /* copy_from_user(), copy_to_user() */
#include <linux/miscdevice.h> /* misc_register() */

/* declare a private structure */
struct led_dev
{
    struct miscdevice led_misc_device; /* assign char device for each led */
    u32 led_mask; /* different mask if led is R,G or B */
    const char *led_name; /* assigned value cannot be modified */
    char led_value[8];
};

/* Declare physical addresses */
static int PIO_SODR1 = 0xFC038050;
static int PIO_CODR1 = 0xFC038054;
static int PIO_MSKR1 = 0xFC038040;
static int PIO_CFGR1 = 0xFC038044;

/* Declare __iomem pointers that will keep virtual addresses */
static void __iomem *PIO_SODR1_W;
static void __iomem *PIO_CODR1_W;
static void __iomem *PIO_MSKR1_V;
static void __iomem *PIO_CFGR1_V;

/* Declare masks to configure the different registers */
#define PIO_PB0_MASK (1 << 0) /* blue */
#define PIO_PB5_MASK (1 << 5) /* green */
#define PIO_PB6_MASK (1 << 6) /* red */
#define PIO_CFGR1_MASK (1 << 8) /* masked bits direction (output), no PUEN, no PDEN
*/

#define PIO_MASK_ALL_LEDS (PIO_PB0_MASK | PIO_PB5_MASK | PIO_PB6_MASK)

/* send on/off value from your terminal to control each led */
static ssize_t led_write(struct file *file, const char __user *buff,
                         size_t count, loff_t *ppos)
{
    const char *led_on = "on";
    const char *led_off = "off";
    struct led_dev *led_device;

    pr_info("led_write() is called.\n");

    led_device = container_of(file->private_data,
                              struct led_dev, led_misc_device);

    /*
     * terminal echo add \n character.
     * led_device->led_value = "on\n" or "off\n" after copy_from_user"
     * count = 3 for "on\n" and 4 for "off\n"
     */
    if(copy_from_user(led_device->led_value, buff, count)) {
            pr_info("Bad copied value\n");
            return -EFAULT;
    }

    /*
     * Replace \n for \0 in led_device->led_value
     * char array to create a char string
     */
```

```
        led_device->led_value[count-1] = '\0';

        pr_info("This message is received from User Space: %s\n",
                led_device->led_value);

        /* compare strings to switch on/off the LED */
        if(!strcmp(led_device->led_value, led_on)) {
                iowrite32(led_device->led_mask, PIO_CODR1_W);
        }
        else if (!strcmp(led_device->led_value, led_off)) {
                iowrite32(led_device->led_mask, PIO_SODR1_W);
        }
        else {
                pr_info("Bad value\n");
                return -EINVAL;
        }

        pr_info("led_write() is exit.\n");
        return count;
}

/*
 * read each LED status on/off
 * use cat from terminal to read
 * led_read is entered until *ppos > 0
 * twice in this function
 */
static ssize_t led_read(struct file *file, char __user *buff,
                        size_t count, loff_t *ppos)
{
        int len;
        struct led_dev *led_device;

        led_device = container_of(file->private_data, struct led_dev,
                                led_misc_device);

        if(*ppos == 0) {
                len = strlen(led_device->led_value);
                pr_info("the size of the message is %d\n", len); /* 2 for on */
                led_device->led_value[len] = '\n'; /* add \n after on/off */
                if(copy_to_user(buff, &led_device->led_value, len+1)) {
                        pr_info("Failed to return led_value to user space\n");
                        return -EFAULT;
                }
                *ppos+=1; /* increment *ppos to exit the function in next call */
                return sizeof(led_device->led_value); /* exit first func call */
        }

        return 0; /* exit and do not recall func again */
}

static const struct file_operations led_fops = {
        .owner = THIS_MODULE,
        .read = led_read,
        .write = led_write,
};
static int __init led_probe(struct platform_device *pdev)
{
        /* create a private structure */
```

```
struct led_dev *led_device;
int ret_val;

/* initialize all the leds to off */
char led_val[8] = "off\n";

pr_info("led_probe enter\n");

/* Get virtual addresses */
PIO_MSKR1_V = devm_ioremap(&pdev->dev, PIO_MSKR1, sizeof(u32));
PIO_SODR1_W = devm_ioremap(&pdev->dev, PIO_SODR1, sizeof(u32));
PIO_CODR1_W = devm_ioremap(&pdev->dev, PIO_CODR1, sizeof(u32));
PIO_CFGR1_V = devm_ioremap(&pdev->dev, PIO_CFGR1, sizeof(u32));

/* Initialize all the virtual registers */
iowrite32(PIO_MASK_ALL_LEDS, PIO_MSKR1_V); /* Enable all leds */
iowrite32(PIO_CFGR1_MASK, PIO_CFGR1_V); /* set enabled leds to output */
iowrite32(PIO_MASK_ALL_LEDS, PIO_SODR1_W); /* Clear all the leds */

/* Allocate a private structure */
led_device = devm_kzalloc(&pdev->dev, sizeof(struct led_dev), GFP_KERNEL);

/*
 * read each node label property in each probe() call
 * probe() is called 3 times, once per compatible = "arrow,RGBleds"
 * found below each ledred, ledgreen and ledblue node
 */
of_property_read_string(pdev->dev.of_node, "label", &led_device->led_name);

/* create a device for each led found */
led_device->led_misc_device.minor = MISC_DYNAMIC_MINOR;
led_device->led_misc_device.name = led_device->led_name;
led_device->led_misc_device.fops = &led_fops;

/* Assigns a different mask for each led */
if (strcmp(led_device->led_name,"ledred") == 0) {
        led_device->led_mask = PIO_PB6_MASK;
}
else if (strcmp(led_device->led_name,"ledgreen") == 0) {
        led_device->led_mask = PIO_PB5_MASK;
}
else if (strcmp(led_device->led_name,"ledblue") == 0) {
        led_device->led_mask = PIO_PB0_MASK;
}
else {

        pr_info("Bad device tree value\n");
        return -EINVAL;
}

/* Initialize each led status to off */
memcpy(led_device->led_value, led_val, sizeof(led_val));

/* register each led device */
ret_val = misc_register(&led_device->led_misc_device);
if (ret_val) return ret_val; /* misc_register returns 0 if success */

/*
 * Attach the private structure to the pdev structure
 * to recover it in each remove() function call
 */
```

```
    platform_set_drvdata(pdev, led_device);

    pr_info("leds_probe exit\n");

    return 0;
}

/* The remove() function is called 3 times, once per led */
static int __exit led_remove(struct platform_device *pdev)
{
    struct led_dev *led_device = platform_get_drvdata(pdev);

    pr_info("leds_remove enter\n");

    misc_deregister(&led_device->led_misc_device);

    pr_info("leds_remove exit\n");

    return 0;
}

static const struct of_device_id my_of_ids[] = {
    { .compatible = "arrow,RGBleds"},
    {},
};
MODULE_DEVICE_TABLE(of, my_of_ids);

static struct platform_driver led_platform_driver = {
    .probe = led_probe,
    .remove = led_remove,
    .driver = {
            .name = "RGBleds",
            .of_match_table = my_of_ids,
            .owner = THIS_MODULE,
    }
};

static int led_init(void)
{
    int ret_val;
    pr_info("demo_init enter\n");

    ret_val = platform_driver_register(&led_platform_driver);
    if (ret_val !=0)
    {
            pr_err("platform value returned %d\n", ret_val);
            return ret_val;
    }

    pr_info("demo_init exit\n");
    return 0;
}

static void led_exit(void)
{
    pr_info("led driver enter\n");

    /* Clear all the leds before exiting */
    iowrite32(PIO_MASK_ALL_LEDS, PIO_SODR1_W);
```

```
        platform_driver_unregister(&led_platform_driver);

        pr_info("led driver exit\n");
}

module_init(led_init);
module_exit(led_exit);

MODULE_LICENSE("GPL");
MODULE_AUTHOR("Alberto Liberal <aliberal@arroweurope.com>");
MODULE_DESCRIPTION("This is a platform driver that turns on/off \
                   three led devices");
```

5.15 ledRGB_sam_platform.ko 演示

```
root@sama5d2-xplained:~# insmod ledRGB_sam_platform.ko /* load module */
root@sama5d2-xplained:~# ls /dev/led* /* see led devices */
root@sama5d2-xplained:~# echo on > /dev/ledblue /* set led blue ON */
root@sama5d2-xplained:~# echo on > /dev/ledred  /* set led red ON */
root@sama5d2-xplained:~# echo on > /dev/ledgreen  /* set led green ON */
root@sama5d2-xplained:~# echo off > /dev/ledgreen  /* set led green OFF */
root@sama5d2-xplained:~# echo off > /dev/ledred  /* set led red OFF */
root@sama5d2-xplained:~# cat /dev/ledblue /* check led blue status */
root@sama5d2-xplained:~# cat /dev/ledgreen /* check led green status */
root@sama5d2-xplained:~# cat /dev/ledred  /* check led red status */
root@sama5d2-xplained:~# rmmod ledRGB_sam_platform.ko /* remove module */
```

5.16 平台驱动资源

由特定驱动管理的设备通常使用不同的硬件资源（例如 I/O 寄存器的内存地址、DMA 通道、IRQ 线）。

平台驱动程序可以通过内核 API 访问资源。这些内核函数自动从 platform_device 数据结构的资源数组中读取平台设备参数，相应的数据结构定义在 include/linux/platform_device.h 中。此资源数组已被 DT 设备节点资源属性（例如 reg、clocks、interrupts）填充。参考位于 Documentation/devicetree/bindings/ 目录的 resource-names.txt 文件，不同的资源属性可以通过其中的索引来访问。

```
struct platform_device {
    const char *name;
    u32 id;
    struct device dev;
    u32 num_resources;
    struct resource *resource;
};
```

请参见以下 resource 数据结构的定义：

```
struct resource {
    resource_size_t start; /* unsigned int (resource_size_t) */
```

```
    resource_size_t end;
    const char *name;
    unsigned long flags;
    unsigned long desc;
    struct resource *parent, *sibling, *child;
};
```

这是前述数据结构中包含的每个元素的含义：

- start/end：表示资源的开始 / 结束位置。对于 I/O 或内存区域，它表示区域的开始 / 结束位置。对于 IRQ 线、总线或 DMA 通道来说，开始 / 结束位置必须具有相同的值。
- flags：这是表示资源类型特征的掩码，例如 IORESOURCE_MEM。
- name：资源标识或描述符。

有许多辅助函数可从资源数组中获取数据：

1. 定义在 drivers/base/platform.c 中的 platform_get_resource() 函数获取设备资源，并返回一个填充好资源的 resource 数据结构，随后可以在驱动代码中使用这些值。例如，如果它们是物理内存地址（由 IORESOURCE_MEM 类型指定），则可以使用 devm_ioremap() 在虚拟地址空间中映射它们。在 platform_get_resource() 函数中，会检查所有资源数组，直到找到想要的资源类型，然后返回 resource 数据结构。请参见下面的 platform_get_resource() 函数的代码：

```
struct resource *platform_get_resource(struct platform_device *dev,
                                       unsigned int type,
                                       unsigned int num)
{
    int i;
    for (i = 0; i < dev->num_resources; i++) {
        struct resource *r = &dev->resource[i];
        if (type == resource_type(r) && num-- == 0)
            return r;
    }
    return NULL;
}
```

第一个参数告诉函数：调用者对哪个设备感兴趣，因此它可以解析所需的信息。第二个参数取决于想要处理的资源类型。如果是内存（或者任何可以映射为内存的资源），则为 IORESOURCE_MEM。你可以查阅 include/linux/ioport.h 中关于资源类型的所有宏。最后一个参数确定资源类型中哪一个资源是所需的，零表示第一个资源。例如，驱动程序可以使用以下代码行找到并映射其第二个 MMIO 区域（DT reg 属性）：

```
struct resource *r;
r = platform_get_resource(pdev, IORESOURCE_MEM, 1);

/* ioremap your memory region */
g_ioremap_addr = devm_ioremap(dev, r->start, resource_size(r));
```

返回值 r 是指向 resource 数据结构变量的指针：

resource_size() 函数将从 resource 数据结构中返回将被映射的内存大小：

```
static inline resource_size_t resource_size(const struct resource *res)
{
        return res->end - res->start + 1;
}
```

2. platform_get_irq() 函数将从 platform_device 数据结构中解析 resource 数据结构，以获得在设备树节点中声明的 interrupts 属性。该函数将在第 7 章中更详细地说明。

5.17　Linux LED 类

LED 类将简化控制 LED 的驱动程序开发。"class"既是一组设备的实现，又是一组设备本身。针对这个单词的更一般意义，可以将其视为驱动程序。设备模型具有称为"驱动程序"的特定对象，但"class"不是某个驱动程序的特定对象。

特定类中的所有设备都期望向其他设备或用户态（通过 sysfs 或其他方式）公开大量相同的接口。相应设备究竟有多一致，就完全取决于类。接口的某些部分是可选的，并非所有设备都会实现所有接口。相同类中的某些设备与其他设备完全不同，这并不是罕见的事情。

LED 类支持物理 LED 的闪烁和亮度控制功能。该类要求一个可用的底层设备（/sys/class/leds/<device>/）。该底层设备必须能够打开或关闭 LED，能够设置亮度，甚至可能提供定时器功能，以给定的周期和占空比自动使 LED 闪烁。使用每个设备子目录下的**亮度**文件，可以将相应的 LED 设置为不同的亮度级别。例如，不仅可以打开和关闭 LED，还可以将其调暗。用于传递亮度级别的数据类型是枚举类型 led_brightness，它仅定义 LED_OFF、LED_HALF 和 LED_FULL 三种级别：

```
enum led_brightness {
    LED_OFF     = 0,
    LED_HALF    = 127,
    LED_FULL    = 255,
};
```

LED 类引入了 LED 触发器这样的可选概念。触发器是 LED 事件的内核基本资源。定时器触发器是一个示例，它将定期在 LED_OFF 和当前亮度设置之间更改 LED 亮度。可以通过 /sys/class/leds/<device>/delay_{on,off} 这个 sysfs 文件（以毫秒为单位）指定"on"和"off"时间。你可以独立于定时器触发器来更改 LED 的亮度值。但是，如果将亮度值设置为 LED_OFF，就会禁用定时器触发器。

注册 LED 类设备的驱动程序将首先分配并填充 led_classdev 数据结构，该数据结构在 include/linux/leds.h 中定义。然后将调用在 drivers/leds/led-class.c 中定义的 devm_led_classdev_register() 函数，该函数将注册一个新的 LED 类对象。

```
struct led_classdev {
    const char          *name;
    enum led_brightness  brightness;
    enum led_brightness  max_brightness;
```

```
    [...]

    /*
     * Set LED brightness level. Use brightness_set_blocking for drivers
     * that can sleep while setting brightness.
     */
    void (*brightness_set)(struct led_classdev *led_cdev,
                          enum led_brightness brightness);
    /*
     * Set LED brightness level immediately - it can block the caller for
     * the time required for accessing an LED device register.
     */
    int (*brightness_set_blocking)(struct led_classdev *led_cdev,
                                   enum led_brightness brightness);
    /* Get LED brightness level */
    enum led_brightness (*brightness_get)(struct led_classdev *led_cdev);

    /*
     * Activate hardware accelerated blink, delays are in milliseconds
     * and if both are zero then a sensible default should be chosen.
     * The call should adjust the timings in that case and if it can't
     * match the values specified exactly.
     * Deactivate blinking again when the brightness is set to LED_OFF
     * via the brightness_set() callback.
     */
    int (*blink_set)(struct led_classdev *led_cdev,
                     unsigned long *delay_on,
                     unsigned long *delay_off);

    [...]

#ifdef CONFIG_LEDS_TRIGGERS
    /* Protects the trigger data below */
    struct rw_semaphore    trigger_lock;

    struct led_trigger     *trigger;
    struct list_head       trig_list;
    void                   *trigger_data;
    /* true if activated - deactivate routine uses it to do cleanup */
    bool                   activated;
#endif

    /* Ensures consistent access to the LED Flash Class device */
    struct mutex           led_access;
};

/*
 * devm_led_classdev_register - resource managed led_classdev_register()
 * @parent: The device to register.
 * @led_cdev: the led_classdev structure for this device.
 */
int devm_led_classdev_register(struct device *parent,
                               struct led_classdev *led_cdev)
{
    struct led_classdev **dr;
    int rc;

    dr = devres_alloc(devm_led_classdev_release, sizeof(*dr), GFP_KERNEL);
    if (!dr)
```

```
                return -ENOMEM;

        rc = led_classdev_register(parent, led_cdev);
        if (rc) {
                devres_free(dr);
                return rc;
        }

        *dr = led_cdev;
        devres_add(parent, dr);

        return 0;
}
```

5.18 实验 5-3："RGB LED 类"模块

在先前的实验 5-2 中，你为每个 LED 创建一个字符设备，使用杂项框架并写入几个 GPIO 寄存器来打开 / 关闭多个 LED。你使用了写文件操作和 copy_from_user() 函数将一个字符数组（on/off 命令）从用户态传递到内核态。

在本实验中，你将使用 LED 子系统实现与实验 5-2 非常相似的功能，但是将简化代码并添加更多功能，例如，以特定的周期和占空比闪烁每个 LED。

5.18.1 i.MX7D、SAMA5D2 和 BCM2837 处理器的设备树

在本实验中，你将使用与实验 5-2 相同的 DT GPIO 多路复用，因为将使用相同的处理器焊点来控制 LED。在实验 5-2 中，为每个所用的 LED 声明了 DT 设备节点，而在实验 5-3 中，你将声明一个主 LED RGB 设备节点，该节点包括多个子节点，每个子节点代表一个单独的 LED。

你将在此新驱动程序中使用 for_each_child_of_node() 函数遍历主节点的子节点。只有主节点才具有 compatible 属性，因此在完成设备与驱动程序之间的匹配后，仅仅调用 probe() 函数一次，在此函数中检索所有子节点中包含的信息。LED RGB 设备包含 reg 属性，该属性包含 GPIO 寄存器的基地址，以及为 GPIO 寄存器分配的地址区间的大小。在驱动程序和设备被探测之后，platform_get_resource() 函数返回一个 resource 数据结构，该数据结构填充了 reg 属性值，这样就可以在随后的驱动代码中使用这些值，并通过使用 devm_ioremap() 函数将其映射到虚拟地址空间中。

对于 MCIMX7D-SABRE 单板来说，通过添加以下代码中的粗体部分来修改设备树文件 imx7d-sdb.dts。i.MX7D GPIO 内存映射相关信息位于 i.MX 7Dual Applications Processor Reference Manual, Rev. 0.1, 08/2016 的 8.3.5 节：GPIO 存储器映射 / 寄存器。reg 属性的 0x30200000 基地址是 GPIO 数据寄存器（GPIO1_DR）地址。

```
/ {
    model = "Freescale i.MX7 SabreSD Board";
    compatible = "fsl,imx7d-sdb", "fsl,imx7d";
```

```
memory {
        reg = <0x80000000 0x80000000>;
};

[...]

ledclassRGB {
        compatible = "arrow,RGBclassleds";
        reg = <0x30200000 0x60000>;
        pinctrl-names = "default";
        pinctrl-0 = <&pinctrl_gpio_leds &pinctrl_gpio_led>;
        red {
                label = "red";
        };

        green {
                label = "green";
        };

        blue {
                label = "blue";
                linux,default-trigger = "heartbeat";
        };
};
[...]
```

对于 SAMA5D2B-XULT 单板来说，添加以下代码中的粗体部分来修改设备树文件 at91-sama5d2_xplained_common.dtsi。reg 属性的 0xFC038000 基址是 PIO 掩码寄存器（PIO_MSKR0）地址。请参见 *SAMA5D2 Series Datasheet* 的 34.7.1 节：PIO 屏蔽寄存器。

```
/ {
    model = "Atmel SAMA5D2 Xplained";
    compatible = "atmel,sama5d2-xplained", "atmel,sama5d2", "atmel,sama5";

    chosen {
            stdout-path = "serial0:115200n8";
    };

    [...]

    ledclassRGB {
            compatible = "arrow,RGBclassleds";
            reg = <0xFC038000 0x4000>;
            pinctrl-names = "default";
            pinctrl-0 = <&pinctrl_led_gpio_default>;
            status = "okay";

            red {
                    label = "red";
            };

            green {
                    label = "green";
            };

            blue {
```

```
                        label = "blue";
                        linux,default-trigger = "heartbeat";
                };
        };
        [...]
};
```

对于 Raspberry Pi 3 Model B 单板来，添加以下代码中的粗体部分来修改设备树文件 bcm2710-rpi-3-b.dts。reg 属性的 0x7e200000 基址是 GPFSEL0 寄存器地址。请参阅 BCM2835 ARM Peripherals guide 的 6.1 节：寄存器视图。

```
/ {
        model = "Raspberry Pi 3 Model B";
};

&soc {

        [...]

        expgpio: expgpio {
                compatible = "brcm,bcm2835-expgpio";
                gpio-controller;
                #gpio-cells = <2>;
                firmware = <&firmware>;
                status = "okay";
        };

        [...]

        ledclassRGB {
                compatible = "arrow,RGBclassleds";
                reg = <0x7e200000 0xb4>;
                pinctrl-names = "default";
                pinctrl-0 = <&led_pins>;

                red {
                        label = "red";
                };

                green {
                        label = "green";
                };

                blue {
                        label = "blue";
                        linux,default-trigger = "heartbeat";
                };
        };

        [...]

};
```

5.18.2 "RGB LED 类"模块的代码描述

现在将描述驱动程序的主要代码部分。

1. 包含函数头文件：

```
#include <linux/module.h>
#include <linux/fs.h> /* struct file_operations */
#include <linux/platform_device.h> /* platform_driver_register(), platform_set_
drvdata(), platform_get_resource() */
#include <linux/io.h> /* devm_ioremap(), iowrite32() */
#include <linux/of.h> /* of_property_read_string() */
#include <linux/leds.h> /* misc_register() */
```

2. 定义将用于配置 GPIO 寄存器的 GPIO 掩码。你将以 DT reg 属性中包含的基地址为基础，为每个寄存器添加一个偏移量。请参阅以下用于 SAMA5D2 处理器的掩码：

```
#define PIO_SODR1_offset 0x50
#define PIO_CODR1_offset 0x54
#define PIO_CFGR1_offset 0x44
#define PIO_MSKR1_offset 0x40

#define PIO_PB0_MASK (1 << 0)
#define PIO_PB5_MASK (1 << 5)
#define PIO_PB6_MASK (1 << 6)
#define PIO_CFGR1_MASK (1 << 8)

#define PIO_MASK_ALL_LEDS (PIO_PB0_MASK | PIO_PB5_MASK | PIO_PB6_MASK)
```

3. 你需要分配一个私有数据结构来保存 RGB LED 设备的特定信息。在此驱动程序中，私有数据结构的第一个字段是 led_mask 变量，该变量将根据驱动所控制的 LED 设备保存红色、绿色或蓝色掩码。私有数据结构的第二个字段是一个 __iomem 指针，该指针保存 GPIO 寄存器的基地址。私有数据结构的最后一个字段是 led_classdev 数据结构，将使用设备特定的设置对其进行初始化。你将为找到的每个子节点设备分配一个私有数据结构。

```
struct led_dev
{
    u32 led_mask; /* different mask if led is R,G or B */
    void __iomem *base;
    struct led_classdev cdev;
};
```

4. 参见下面的 probe() 函数摘录，其中的主要代码行以粗体标出：

- platform_get_resource() 函数获取由 DT reg 属性描述的 I/O 寄存器 resource。
- dev_ioremap() 函数将寄存器地址块映射到内核的虚拟地址。
- for_each_child_of_node() 函数遍历主节点的每个子节点，并使用 devm_kzalloc() 函数为每个子节点分配一个私有数据结构，然后初始化每个所分配私有数据结构的 led_classdev 数据结构字段。
- devm_led_classdev_register() 函数将每个 LED 类设备注册到 LED 子系统。

```
static int __init ledclass_probe(struct platform_device *pdev)
{
```

```c
        void __iomem *g_ioremap_addr;
        struct device_node *child;
        struct resource *r;
        struct device *dev = &pdev->dev;
        int count, ret;

        /* get your first memory resource from device tree */
        r = platform_get_resource(pdev, IORESOURCE_MEM, 0);

        /* ioremap your memory region */
        g_ioremap_addr = devm_ioremap(dev, r->start, resource_size(r));
        if (!g_ioremap_addr) {
                dev_err(dev, "ioremap failed \n");
                return -ENOMEM;
        }

        [...]

        /* parse each children device under LED RGB parent node */
        for_each_child_of_node(dev->of_node, child) {

                struct led_dev *led_device;
                /* creates an led_classdev struct for each child device */
                struct led_classdev *cdev;

                /* allocates a private structure in each "for" iteration */
                led_device = devm_kzalloc(dev, sizeof(*led_device), GFP_KERNEL);
                cdev = &led_device->cdev;
                led_device->base = g_ioremap_addr;

                /* assigns a mask to each children (child) device */
                of_property_read_string(child, "label", &cdev->name);
                if (strcmp(cdev->name,"red") == 0) {
                        led_device->led_mask = PIO_PB6_MASK;
                        led_device->cdev.default_trigger = "heartbeat";
                }
                else if (strcmp(cdev->name,"green") == 0) {
                        led_device->led_mask = PIO_PB5_MASK;
                }
                else if (strcmp(cdev->name,"blue") == 0) {
                        led_device->led_mask = PIO_PB0_MASK;
                }
                else {
                        dev_info(dev, "Bad device tree value\n");
                        return -EINVAL;
                }

                /* Initialize each led_classdev struct */
                /* Disable timer trigger until led is on */
                led_device->cdev.brightness = LED_OFF;
                led_device->cdev.brightness_set = led_control;

                /* register each LED class device */
                ret = devm_led_classdev_register(dev, &led_device->cdev);
        }

        dev_info(dev, "leds_probe exit\n");

        return 0;
}
```

5. 编写 LED 亮度控制函数 led_control()。每次为设备写入 brightness sysfs 文件（/sys/class/leds/<device>/brightness）时，都会调用 led_control() 函数。LED 子系统隐藏了操作的复杂性，如创建类、创建类中的设备以及创建每个设备下的 sysfs 文件等操作。每次写入 brightness sysfs 文件时，都会使用 container_of() 宏得到与每个设备关联的私有数据结构，然后可以使用 iowrite32() 函数写入每个寄存器。iowrite32() 函数使用设备相关的 led_mask 值来作为第一个参数。请参见下面的 SAMA5D2 处理器的 led_control() 函数：

```
static void led_control(struct led_classdev *led_cdev, enum led_brightness b)
{
        struct led_dev *led = container_of(led_cdev, struct led_dev, cdev);
        iowrite32(PIO_MASK_ALL_LEDS, led->base + PIO_SODR1_offset);

        if (b != LED_OFF) /* LED ON */
                iowrite32(led->led_mask, led->base + PIO_CODR1_offset);
        else
                /* LED OFF */
                iowrite32(led->led_mask, led->base + PIO_SODR1_offset);
}
```

6. 声明驱动程序支持的设备列表。

```
static const struct of_device_id my_of_ids[] = {
        { .compatible = "arrow,RGBclassleds"},
        {},
};
MODULE_DEVICE_TABLE(of, my_of_ids);
```

7. 添加将要注册到平台总线的 platform_driver 数据结构：

```
static struct platform_driver led_platform_driver = {
        .probe = led_probe,
        .remove = led_remove,
        .driver = {
                .name = "RGBclassleds",
                .of_match_table = my_of_ids,
                .owner = THIS_MODULE,
        }
};
```

8. 在 init() 函数中，使用 platform_driver_register() 函数向平台总线注册驱动程序：

```
static int led_init(void)
{
        ret_val = platform_driver_register(&led_platform_driver);
        return 0;
}
```

9. 构建修改后的设备树，然后将其加载到目标机。

请参见随后的代码清单 5-3：SAMA5D2 处理器的"RGB LED 类"驱动程序源代码（`ledRGB_sam_class_platform.c`）。

注 意：i.MX7D（`ledRGB_imx_class_platform.c`）和 BCM2837（`ledRGB_rpi_class_platform.c`）驱动程序的源代码可以从本书的 GitHub 仓库下载。

5.19 代码清单 5.3：`ledRGB_sam_class_platform.c`

```
#include <linux/module.h>
#include <linux/fs.h>
#include <linux/platform_device.h>
#include <linux/io.h>
#include <linux/of.h>
#include <linux/leds.h>

#define PIO_SODR1_offset 0x50
#define PIO_CODR1_offset 0x54
#define PIO_CFGR1_offset 0x44
#define PIO_MSKR1_offset 0x40

#define PIO_PB0_MASK (1 << 0)
#define PIO_PB5_MASK (1 << 5)
#define PIO_PB6_MASK (1 << 6)
#define PIO_CFGR1_MASK (1 << 8)

#define PIO_MASK_ALL_LEDS (PIO_PB0_MASK | PIO_PB5_MASK | PIO_PB6_MASK)

struct led_dev
{
    u32 led_mask; /* different mask if led is R,G or B */
    void __iomem *base;
    struct led_classdev cdev;
};

static void led_control(struct led_classdev *led_cdev, enum led_brightness b)
{
    struct led_dev *led = container_of(led_cdev, struct led_dev, cdev);

    iowrite32(PIO_MASK_ALL_LEDS, led->base + PIO_SODR1_offset);

    if (b != LED_OFF)      /* LED ON */
            iowrite32(led->led_mask, led->base + PIO_CODR1_offset);
    else
            iowrite32(led->led_mask, led->base + PIO_SODR1_offset); /* LED OFF */
}

static int __init ledclass_probe(struct platform_device *pdev)
{
    void __iomem *g_ioremap_addr;
    struct device_node *child;
    struct resource *r;
    struct device *dev = &pdev->dev;
    int count, ret;
```

```
dev_info(dev, "platform_probe enter\n");

/* get your first memory resource from device tree */
r = platform_get_resource(pdev, IORESOURCE_MEM, 0);
if (!r) {
        dev_err(dev, "IORESOURCE_MEM, 0 does not exist\n");
        return -EINVAL;
}
dev_info(dev, "r->start = 0x%08lx\n", (long unsigned int)r->start);
dev_info(dev, "r->end = 0x%08lx\n", (long unsigned int)r->end);

/* ioremap your memory region */
g_ioremap_addr = devm_ioremap(dev, r->start, resource_size(r));
if (!g_ioremap_addr) {
        dev_err(dev, "ioremap failed \n");
        return -ENOMEM;
}

count = of_get_child_count(dev->of_node);
if (!count)
        return -EINVAL;

dev_info(dev, "there are %d nodes\n", count);

/* Enable all leds and set dir to output */
iowrite32(PIO_MASK_ALL_LEDS, g_ioremap_addr + PIO_MSKR1_offset);
iowrite32(PIO_CFGR1_MASK, g_ioremap_addr + PIO_CFGR1_offset);

/* Switch off all the leds */
iowrite32(PIO_MASK_ALL_LEDS, g_ioremap_addr + PIO_SODR1_offset);

for_each_child_of_node(dev->of_node, child) {

        struct led_dev *led_device;
        struct led_classdev *cdev;
        led_device = devm_kzalloc(dev, sizeof(*led_device), GFP_KERNEL);
        if (!led_device)
                return -ENOMEM;

        cdev = &led_device->cdev;

        led_device->base = g_ioremap_addr;

        of_property_read_string(child, "label", &cdev->name);

        if (strcmp(cdev->name,"red") == 0) {
                led_device->led_mask = PIO_PB6_MASK;
                led_device->cdev.default_trigger = "heartbeat";
                }
                else if (strcmp(cdev->name,"green") == 0) {
                        led_device->led_mask = PIO_PB5_MASK;
                }
                else if (strcmp(cdev->name,"blue") == 0) {
                        led_device->led_mask = PIO_PB0_MASK;
                }
                else {
                        dev_info(dev, "Bad device tree value\n");
                        return -EINVAL;
                }
```

```
                /* Disable timer trigger until led is on */
                led_device->cdev.brightness = LED_OFF;
                led_device->cdev.brightness_set = led_control;

                ret = devm_led_classdev_register(dev, &led_device->cdev);
                if (ret) {
                        dev_err(dev, "failed to register the led %s\n", cdev->name);
                        of_node_put(child);
                        return ret;
                }
        }

    dev_info(dev, "leds_probe exit\n");

    return 0;
}

static int __exit ledclass_remove(struct platform_device *pdev)
{
    dev_info(&pdev->dev, "leds_remove enter\n");
    dev_info(&pdev->dev, "leds_remove exit\n");

    return 0;
}

static const struct of_device_id my_of_ids[] = {
    { .compatible = "arrow,RGBclassleds"},
    {},
};
MODULE_DEVICE_TABLE(of, my_of_ids);

static struct platform_driver led_platform_driver = {
    .probe = ledclass_probe,
    .remove = ledclass_remove,
    .driver = {
            .name = "RGBclassleds",
            .of_match_table = my_of_ids,
            .owner = THIS_MODULE,
    }
};

static int ledRGBclass_init(void)
{
    int ret_val;
    pr_info("demo_init enter\n");

    ret_val = platform_driver_register(&led_platform_driver);
    if (ret_val !=0)
    {
            pr_err("platform value returned %d\n", ret_val);
            return ret_val;

    }

    pr_info("demo_init exit\n");
    return 0;
}

static void ledRGBclass_exit(void)
{
```

```
    pr_info("led driver enter\n");

    platform_driver_unregister(&led_platform_driver);

    pr_info("led driver exit\n");
}

module_init(ledRGBclass_init);
module_exit(ledRGBclass_exit);

MODULE_LICENSE("GPL");
MODULE_AUTHOR("Alberto Liberal <aliberal@arroweurope.com>");
MODULE_DESCRIPTION("This is a driver that turns on/off RGB leds \
                    using the LED subsystem");
```

5.20　ledRGB_sam_class_platform.ko 演示

```
root@sama5d2-xplained:~# insmod ledRGB_sam_class_platform.ko /* load module, see the
led red blinking due to the heartbeat default trigger */
root@sama5d2-xplained:/sys/class/leds# ls /* check the devices under the LED class
*/
root@sama5d2-xplained:/sys/class/leds/red# echo 0 > brightness /* set led red OFF */
root@sama5d2-xplained:/sys/class/leds/red# echo 1 > brightness /* set led red ON */
root@sama5d2-xplained:/sys/class/leds/blue# echo 1 > brightness /* set led blue ON
and red OFF */
root@sama5d2-xplained:/sys/class/leds/green# echo 1 > brightness /* set led green ON
and blue OFF */
root@sama5d2-xplained:/sys/class/leds/green# ls /* check the sysfs entries under
green device */
root@sama5d2-xplained:/sys/class/leds/green# echo timer > trigger /* set the timer
trigger and see the led green blinking */
root@sama5d2-xplained:~# rmmod ledRGB_sam_class_platform.ko /* remove the module */
```

5.21　用户态中的平台设备驱动

　　一般来说，Linux 中的设备驱动程序运行在内核态中，但也允许运行在用户态中。并非总是需要为设备编写设备驱动程序，尤其是当两个应用程序不必对设备进行互斥访问时。最好的示例是内存映射设备，此时你可以映射 I/O 空间中的设备来实现内存映射设备。

　　Linux 用户态为设备驱动程序带来了不少优势，包括更健壮、更灵活的进程管理，标准化的系统调用接口，更简单的资源管理，大量用于 XML 或其他配置方法的库，以及正则表达式解析等。每次对内核的调用（系统调用）必须从用户模式切换到特权模式，调用完毕后再返回用户模式。这需要消耗一定的时间，如果这样的调用过于频繁，则可能成为性能瓶颈。由于进程内存隔离和独立重启，它还使得应用程序的调试更加快捷。同时，内核态应用程序需要符合通用公共许可证，而用户态应用程序不必受此许可证的约束。

　　另一方面，用户态驱动程序也有其固有缺点。对于用户态驱动程序来说，中断处理是面临的最大挑战。处理中断的函数是在特权执行模式下被调用的，通常称为超级模式。用户态驱动程序无权在特权执行模式下执行，这使用户态驱动程序无法实现中断处理程序。要解决此问题，你可以在用户态进行轮询或者实现一个小型内核态驱动程序，该驱动程序仅处理中断。在第二种情况下，你可以使用两种方式将中断信息通知用户态驱动程序，一种方式是通过阻塞系统调用，在发生中断时解除阻塞，另一种方式是使用 POSIX 信号抢占用户态驱动程序。如果你的驱动程序需要可被多个进程同时访问，并且需要管理资源争用，那么就需要在内核态编写一个真正的设备驱动程序。这种情况下，仅仅由用户态设备驱动程序来完成此项任务将是不充分的，甚至是不可能的。对于用户态驱动程序而言，分配用于 DMA 传输的内存也是不容易的。在内核态中，也有一些框架可以帮助解决设备间的相互依赖。

使用用户态和内核态驱动程序的主要优缺点总结如下：

1. 用户态驱动程序的优点：

- 易于调试，因为用于应用程序的调试工具更容易开发。
- 象浮点数这样的用户态服务是可用的。
- 设备访问非常高效，因为不需要调用系统调用。
- Linux 的应用程序 API 非常稳定。
- 可以用任何语言编写驱动程序，而不仅仅是 C 语言。

2. 用户态驱动程序的缺点：

- 无权访问内核框架和服务。
- 无法在用户态中进行中断处理，这必须由内核驱动程序处理。
- 没有预定义的 API，以允许应用程序访问设备驱动程序。

3. 内核态驱动程序的优点：

- 以最高特权模式在内核态中运行，这样能够访问中断和硬件资源。
- 有很多内核服务，因此可以将内核态驱动程序设计为用于复杂设备。
- 内核为用户态提供了 API，该 API 允许多个应用程序同时访问内核态驱动程序。

4. 内核态驱动程序的缺点：

- 访问驱动程序所需要的系统调用开销。
- 难于调试。
- 内核 API 频繁调整。为某个内核版本构建的内核驱动程序可能无法构建到另外的内核版本。

图 5-9 显示了如何设计用户态驱动程序。应用程序与驱动的用户态部分进行接口。用户态部分处理硬件，但将利用内核态部分进行启动、关闭和接收中断。

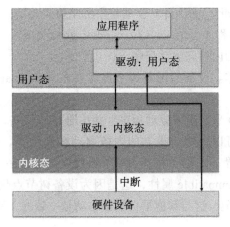

图 5-9　用户态驱动程序

5.22　用户定义的 I/O：UIO

Linux 内核提供了用于开发用户态驱动程序（UIO）的框架，如图 5-10 所示。这是一个通用的内核驱动程序，可让你编写能够访问设备寄存器和处理中断的用户态驱动程序。

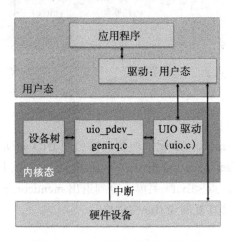

图 5-10　UIO 平台设备驱动程序

Linux 在 drivers/uio/ 目录下提供了两种不同的 UIO 设备驱动程序：

1. UIO 驱动程序（drivers/uio.c）：

- UIO 驱动程序在 sysfs 中创建描述 UIO 设备的文件属性。它还使用其 mmap() 函数将设备内存映射到进程地址空间。
- 最小化的内核态驱动程序 uio_pdrv_genirq（包含通用中断的 UIO 平台驱动程序）或**用户提供的内核驱动程序**，用于启用 UIO 框架。uio.c 驱动程序包含通用辅助函数，这些函数被 uio_pdrv_genirq.c 驱动程序所使用。

2. UIO 平台设备驱动程序（drivers/uio_pdev_genirq.c）：

- 提供了 UIO 所需的内核态驱动程序。
- 与设备树一起协作。设备的设备树节点需要在其 compatible 属性中使用" generic-uio"标签。
- 从设备树配置 UIO 平台设备驱动程序，并注册 UIO 设备。

UIO 平台设备驱动可以由用户提供的内核驱动程序代替。内核态驱动是一个平台驱动，该驱动由设备树配置。该驱动在 probe() 函数内部注册一个 UIO 设备。设备树节点可以使用任何你想要的 compatible 属性，这是因为设备树节点仅仅与内核态驱动中使用的 compatible 字符串进行匹配，这与其他平台设备驱动是一致的，如图 5-11 所示。

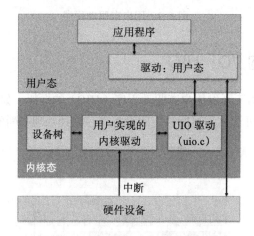

图 5-11　用户提供的内核驱动程序

必须在内核中使用 menuconfig 配置内核，以启用 UIO 驱动程序。从 menuconfig 主菜单 -> Device Drivers -> Userspace I/O drivers 导航进行配置。按下 < 空格键 > 一次，将看到 <*> 出现在配置菜单旁边。点 <Exit> 菜单，直到退出 menuconfig GUI，在退出时记得要保存新配置。编译新映像并将其复制到 tftp 文件夹。

5.22.1　UIO 如何运转

通过设备文件和一些 sysfs 属性文件访问每个 UIO 设备。第一个设备被称为 /dev/uio0，后续的设备被称为 /dev/uio1、/dev/uio2，以此类推。

内核中的 UIO 驱动程序在 sys 文件系统中创建描述 UIO 设备的文件属性。/sys/class/uio/ 目录是所有 UIO 文件属性的根目录。对每个 UIO 设备来说，单独的以数字编号的目录结构被创建在 /sys/class/uio/ 下面：

1. 第一个 UIO 设备：/sys/class/uio/uio0。

2. /sys/class/uio/uio0/name 目录包含设备名称，该名称与 uio_info 数据结构中的名称相对应。

3. /sys/class/uio/uio0/maps 目录包含设备的所有内存区域。

4. 每个 UIO 设备可以创建一个或多个活动内存区域用于内存映射。在 sysfs 中，每个映射都有其自己的目录，第一个映射区域为 /sys/class/uio/uioX/maps/map0/。后续映射区域将创建目录 map1/、map2/，以此类推。仅当映射的内存大小不为 0 时，这些目录才会出现。每个 mapX/ 目录都包含四个只读文件，这些文件显示如下内存属性：

- name：映射区域的字符串标识符。这是可选的，字符串可以为空。驱动程序可以设置此项，以使用户态更容易找到正确的映射。
- addr：可以映射的内存地址。
- size：addr 指向的内存大小（以字节为单位）。
- offset：偏移量（以字节为单位），必须将其添加到 mmap() 返回的指针中才能得到实际的设备内存。如果设备的内存没有页面对齐，这一点就尤为重要。请记住，mmap() 返回的指针始终是页面对齐的，因此，始终加上此偏移量是一个不错的主意。

中断是通过读取 /dev/uioX 来处理的。一旦发生中断，对 /dev/uioX 的阻塞 read() 调用将返回。你也可以在 /dev/uioX 上使用 select() 调用来等待中断。从 /dev/uioX 读取到的整数值表示中断总数。可以使用此数字来确定是否丢失了一些中断。

通过调用 UIO 驱动程序的 mmap() 函数将设备内存映射到进程地址空间。

5.22.2　内核中的 UIO API

UIO API 不但小，而且易于使用：

1. uio_info 数据结构将驱动程序的详细信息提供给框架。其中一些成员是必需的，另一些成员是可选的。如下是 uio_info 数据结构的一些成员：

- const char *name：驱动程序的名称，必需字段。它将出现在 sysfs 中，建议使用模块名称填充此字段。
- const char* version：必需字段。该字符串显示在 /sys/class/uio/uioX/version 中。
- struct uio_mem mem [MAX_UIO_MAPS]：如果存在可用于 mmap() 映射的内存，则此字段为必需的。对于每个映射区域，需要填充某个 uio_mem 数据结构。请参见后面的描述以查看有关详细信息。
- long irq：必需字段。如果硬件产生中断，则此字段被模块在初始化期间用于确定中断号。如果没有生成中断的硬件，但想以其他方式触发中断处理程序，请将 irq 字段设置为 UIO_IRQ_CUSTOM。如果没有任何中断，则可以将 irq 字段设置为 UIO_IRQ_NONE，尽管这看起来几乎毫无道理。
- unsigned long irq_flags：如果已将 irq 字段设置为硬件中断号，则此字段是必需的。

此处给出的标志将用于对 request_irq() 的调用。

- int (*mmap)(struct uio_info *info, struct vm_area_struct *vma)：可选。如果需要特殊的 mmap() 函数，可以在此处进行设置。如果此指针不为 NULL，则将调用此处的 mmap() 函数而不是默认映射函数。
- int (*open)(struct uio_info *info, struct inode *inode)：可选。你可能想要实现自己的 open() 函数，例如：仅在实际使用设备时才启用中断。
- int (*release)(struct uio_info *info, struct inode *inode)：可选。如果你定义了自己的 open() 函数，则可能还需要自定义的 release() 函数。
- int (*irqcontrol)(struct uio_info *info, s32 irq_on)：可选。如果需要通过在用户态写入 /dev/uioX 来启用或禁用中断，则可以实现此函数。参数 irq_on 将为 0 以禁用中断，而参数 1 启用中断。

通常，设备将具有一个或多个可以映射到用户态的内存区域。对于每个区域，必须在 mem[] 数组中设置 uio_mem 数据结构。以下是 uio_mem 数据结构字段的描述：

- int memtype：如果使用内存映射，则此字段为必需的。如果存在需要映射的物理内存，请将此字段设置为 UIO_MEM_PHYS。对于逻辑内存（例如，使用 kmalloc() 分配的内存），将此字段设置为 UIO_MEM_LOGICAL。还有用于虚拟内存的 UIO_MEM_VIRTUAL。
- unsigned long size：填写 addr 指向的内存块的大小。如果大小为零，则认为映射未使用。请注意，对于所有未使用的映射，必须将大小初始化为零。
- void *internal_addr：如果必须从内核模块内部访问该内存区域，则需要使用 ioremap() 之类的方法对其进行映射。此函数返回的地址不能映射到用户态，因此不能将其保存在 addr 字段中。相反的，请使用 internal_addr 保存这样的地址。

2. 函数 uio_register_device() 将驱动程序关联到 UIO 框架：
- 需要一个 uio_info 数据结构作为输入参数。
- 典型地，该函数被平台设备驱动的 probe() 函数调用。
- 它创建设备文件 /dev/uio#（# 从 0 开始）和所有相关的 sysfs 文件属性。
- 函数 uio_unregister_device() 将驱动程序与 UIO 框架解除关联，删除设备文件 /dev/uio#。

5.23 实验 5-4："LED UIO 平台"模块

在此内核模块实验中，将开发一个 UIO 用户态驱动，该驱动控制实验 5-3 中使用的某个 LED。UIO 驱动程序的主函数将硬件寄存器暴露给用户态，而在内核态内不执行任何操作来控制它们。LED 将被 UIO 用户态驱动直接控制，这是通过访问设备的寄存器映射来实现的。你还将编写一个**内核驱动程序**，该驱动程序从设备树中获取寄存器地址，并使用设

备树参数初始化 uio_info 数据结构。你还将在内核驱动程序的 probe() 函数中注册 UIO
设备。

5.23.1　i.MX7D、SAMA5D2 和 BCM2837 处理器的设备树

在本实验中，将保持与实验 5-3 相同的 DT GPIO 多路复用配置，因为将使用相同的处理器焊点来控制 LED。在实验 5-3 中，声明了一个主 LED RGB 设备节点，该节点包括几个子节点，每个子节点代表一个单独的 LED。在本实验中，你仅仅控制其中一个 LED，因此不必在主节点内添加任何子节点。

对于 MCIMX7D-SABRE 单板来说，通过添加以下粗体代码来修改设备树文件 imx7d-sdb.dts。i.MX7D GPIO 内存映射的相关背景资料在 *i.MX 7Dual Applications Processor Reference Manual, Rev. 0.1, 08/2016* 的 8.3.5 节：GPIO 存储器映射 / 寄存器定义。reg 属性中的 0x30200000 基地址是 GPIO 数据寄存器（GPIO1_DR）地址。

```
/ {
    model = "Freescale i.MX7 SabreSD Board";
    compatible = "fsl,imx7d-sdb", "fsl,imx7d";

    memory {
        reg = <0x80000000 0x80000000>;
    };

    [...]

    UIO {
        compatible = "arrow,UIO";
        reg = <0x30200000 0x60000>;
        pinctrl-names = "default";
        pinctrl-0 = <&pinctrl_gpio_leds &pinctrl_gpio_led>;
    };
    [...]
```

对于 SAMA5D2B-XULT 单板来说，通过添加以下粗体代码来修改设备树文件 at91-sama5d2_xplained_common.dtsi。reg 属性的 0xFC038000 基地址是 PIO 掩码寄存器（PIO_MSKR0）地址。请参见 SAMA5D2 Series Datasheet 的 34.7.1 节：PIO 屏蔽寄存器。

```
/ {
    model = "Atmel SAMA5D2 Xplained";
    compatible = "atmel,sama5d2-xplained", "atmel,sama5d2", "atmel,sama5";

    chosen {
        stdout-path = "serial0:115200n8";
    };

    [...]

    UIO {
        compatible = "arrow,UIO";
```

```
                reg = <0xFC038000 0x4000>;
                pinctrl-names = "default";
                pinctrl-0 = <&pinctrl_led_gpio_default>;
        };
        [...]
};
```

对于 Raspberry Pi 3 Model B 单板来说，通过添加以下粗体代码来修改设备树文件 bcm2710-rpi-3-b.dts。reg 属性的 0x7e200000 基地址是 GPFSEL0 寄存器地址。请参阅 BCM2835 ARM Peripherals guide 的 6.1 节：寄存器视图。

```
/ {
    model = "Raspberry Pi 3 Model B";
};

&soc {

    [...]

    expgpio: expgpio {
            compatible = "brcm,bcm2835-expgpio";
            gpio-controller;
            #gpio-cells = <2>;
            firmware = <&firmware>;
            status = "okay";
    };

    [...]

    UIO {
            compatible = "arrow,UIO";
            reg = <0x7e200000 0x1000>;
            pinctrl-names = "default";
            pinctrl-0 = <&led_pins>;
    };

    [...]

};
```

5.23.2 "LED UIO 平台"模块的代码描述

接下来描述提供的内核驱动程序的主要代码部分。

1. 包含函数头文件：

```
#include <linux/module.h>
#include <linux/platform_device.h> /* platform_get_resource() */
#include <linux/io.h> /* devm_ioremap() */
#include <linux/uio_driver.h> /* struct uio_info, uio_register_device() */
```

2. 定义 uio_info 数据结构：

```
static struct uio_info the_uio_info;
```

3. 在 probe() 函数中，platform_get_resource() 函数根据 DT reg 属性描述的值填充 resource 数据结构。dev_ioremap() 函数将寄存器地址区域映射到内核虚拟地址：

```
struct resource *r;
void __iomem *g_ioremap_addr;

/* get your first memory resource from device tree */
r = platform_get_resource(pdev, IORESOURCE_MEM, 0);

/* ioremap your memory region and get virtual address */
g_ioremap_addr = devm_ioremap(dev, r->start, resource_size(r));
```

4. 初始化 uio_info 数据结构：

```
the_uio_info.name = "led_uio";
the_uio_info.version = "1.0";
the_uio_info.mem[0].memtype = UIO_MEM_PHYS;
the_uio_info.mem[0].addr = r->start; /* physical address needed for the kernel
user mapping */
the_uio_info.mem[0].size = resource_size(r);
the_uio_info.mem[0].name = "demo_uio_driver_hw_region";
the_uio_info.mem[0].internal_addr = g_ioremap_addr; /* virtual address for
internal driver use */
```

5. 将设备注册到 UIO 框架：

```
uio_register_device(&pdev->dev, &the_uio_info);
```

6. 定义驱动支持的设备列表：

```
static const struct of_device_id my_of_ids[] = {
    { .compatible = "arrow,UIO"},
    {},
};
MODULE_DEVICE_TABLE(of, my_of_ids);
```

7. 添加一个 platform_driver 数据结构，该数据结构将被注册到平台总线中：

```
static struct platform_driver my_platform_driver = {
    .probe = my_probe,
    .remove = my_remove,
    .driver = {
        .name = "UIO",
        .of_match_table = my_of_ids,
        .owner = THIS_MODULE,
    }
};
```

8. 将你的驱动注册到平台驱动中：

```
module_platform_driver(my_platform_driver);
```

9. 构建修改过的设备树，并将其加载到目标处理器中。

接下来将描述 UIO 用户态驱动程序的主要代码部分：

1. 包含函数头文件：

```
#include <sys/mman.h> /* mmap() */
```

2. 定义 sysfs 参数路径，从该文件中将获得要映射的内存大小：

```
#define UIO_SIZE "/sys/class/uio/uio0/maps/map0/size"
```

3. 打开 UIO 设备：

```
open("/dev/uio0", O_RDWR | O_SYNC);
```

4. 获得将要映射的内存大小：

```
FILE *size_fp = fopen(UIO_SIZE, "r");
fscanf(size_fp, "0x%08X", &uio_size);
fclose(size_fp);
```

5. 执行映射过程。指向虚拟地址的指针将被返回，该指针与在内核态驱动程序中获得的 r->start 物理地址相对应。现在，你可以通过向所返回指针变量指向的虚拟寄存器地址写入数据来控制 LED。用户虚拟地址将不同于 the_uio_info.mem[0].internal_addr 变量指向的内核虚拟地址，相应的内核虚拟地址通过 dev_ioremap() 获得。

请参阅代码清单 5-4 和代码清单 5-5，它们分别是"LED UIO 平台"内核驱动程序源代码（led_sam_UIO_platform.c）和"LED UIO 平台"用户态驱动程序源代码（UIO_app.c）。

注意：i.MX7D 处理器（led_imx_UIO_platform.c 和 UIO_app.c）和 BCM2837 处理器（led_rpi_UIO_platform.c 和 UIO_app.c）内核态/用户态驱动程序的源代码可以从本书的 GitHub 仓库中下载。

5.24　代码清单 5-4：led_sam_UIO_platform.c

```
#include <linux/module.h>
#include <linux/platform_device.h>
#include <linux/io.h>
#include <linux/uio_driver.h>

static struct uio_info the_uio_info;

static int __init my_probe(struct platform_device *pdev)
{
    int ret_val;
    struct resource *r;
    struct device *dev = &pdev->dev;
    void __iomem *g_ioremap_addr;
```

```
    dev_info(dev, "platform_probe enter\n");

    /* get your first memory resource from device tree */
    r = platform_get_resource(pdev, IORESOURCE_MEM, 0);
    if (!r) {
            dev_err(dev, "IORESOURCE_MEM, 0 does not exist\n");
            return -EINVAL;
    }
    dev_info(dev, "r->start = 0x%08lx\n", (long unsigned int)r->start);
    dev_info(dev, "r->end = 0x%08lx\n", (long unsigned int)r->end);

    /* ioremap your memory region and get virtual address */
    g_ioremap_addr = devm_ioremap(dev, r->start, resource_size(r));
    if (!g_ioremap_addr) {
            dev_err(dev, "ioremap failed \n");
            return -ENOMEM;
    }

    /* initialize uio_info struct uio_mem array */
    the_uio_info.name = "led_uio";
    the_uio_info.version = "1.0";
    the_uio_info.mem[0].memtype = UIO_MEM_PHYS;
    the_uio_info.mem[0].addr = r->start; /* physical address needed for the kernel
user mapping */
    the_uio_info.mem[0].size = resource_size(r);
    the_uio_info.mem[0].name = "demo_uio_driver_hw_region";
    the_uio_info.mem[0].internal_addr = g_ioremap_addr; /* virtual address for
internal driver use */

    /* register the uio device */
    ret_val = uio_register_device(&pdev->dev, &the_uio_info);
    if (ret_val != 0) {
            dev_info(dev, "Could not register device \"led_uio\"...");
    }

    return 0;
}

static int __exit my_remove(struct platform_device *pdev)
{
    uio_unregister_device(&the_uio_info);
    dev_info(&pdev->dev, "platform_remove exit\n");

    return 0;
}

static const struct of_device_id my_of_ids[] = {
    { .compatible = "arrow,UIO"},
    {},
};
MODULE_DEVICE_TABLE(of, my_of_ids);

static struct platform_driver my_platform_driver = {
    .probe = my_probe,
    .remove = my_remove,
    .driver = {
            .name = "UIO",
            .of_match_table = my_of_ids,
            .owner = THIS_MODULE,
    }
};
```

```
module_platform_driver(my_platform_driver);

MODULE_LICENSE("GPL");
MODULE_AUTHOR("Alberto Liberal <aliberal@arroweurope.com>");
MODULE_DESCRIPTION("This is a UIO platform driver that turns the LED on/off \
                    without using system calls");
```

5.25   代码清单 5-5：UIO_app.c

```c
#include <stdio.h>
#include <stdlib.h>
#include <errno.h>
#include <fcntl.h>
#include <string.h>
#include <unistd.h>
#include <sys/mman.h>

#define BUFFER_LENGHT 128
#define GPIO4_GDIR_offset 0x04
#define GPIO_DIR_MASK 1<<29
#define GPIO_DATA_MASK 1<<29

#define PIO_SODR1_offset 0x50
#define PIO_CODR1_offset 0x54
#define PIO_CFGR1_offset 0x44
#define PIO_MSKR1_offset 0x40

#define PIO_PB0_MASK (1 << 0)
#define PIO_PB5_MASK (1 << 5)
#define PIO_PB6_MASK (1 << 6)
#define PIO_CFGR1_MASK (1 << 8)

#define PIO_MASK_ALL_LEDS (PIO_PB0_MASK | PIO_PB5_MASK | PIO_PB6_MASK)

#define UIO_SIZE "/sys/class/uio/uio0/maps/map0/size"

int main()
{
    int ret, devuio_fd;
    unsigned int uio_size;
    void *temp;
    void *demo_driver_map;
    char sendstring[BUFFER_LENGHT];
    char *led_on = "on";
    char *led_off = "off";
    char *Exit = "exit";

    printf("Starting led example\n");
    devuio_fd = open("/dev/uio0", O_RDWR | O_SYNC);
    if (devuio_fd < 0) {
            perror("Failed to open the device");
            exit(EXIT_FAILURE);
    }
    /* read the size that has to be mapped */
    FILE *size_fp = fopen(UIO_SIZE, "r");
    fscanf(size_fp, "0x%08X", &uio_size);
    fclose(size_fp);
```

```c
/* do the mapping */
demo_driver_map = mmap(NULL, uio_size, PROT_READ | PROT_WRITE,
                        MAP_SHARED, devuio_fd, 0);

if(demo_driver_map == MAP_FAILED) {
        perror("devuio mmap");
        close(devuio_fd);
        exit(EXIT_FAILURE);
}

temp = demo_driver_map + PIO_MSKR1_offset;
*(int *)temp |= PIO_MASK_ALL_LEDS;

/* select output */
temp = demo_driver_map + PIO_CFGR1_offset;
*(int *)temp |= PIO_CFGR1_MASK;

/* clear all the leds */
temp = demo_driver_map + PIO_SODR1_offset;
*(int *)temp |= PIO_MASK_ALL_LEDS;

/* control the LED */
do {
        printf("Enter led value: on, off, or exit :\n");
        scanf("%[^\n]%*c", sendstring);
        if(strncmp(led_on, sendstring, 3) == 0)
        {
                temp = demo_driver_map + PIO_CODR1_offset;
                *(int *)temp |= PIO_PB0_MASK;
        }
        else if(strncmp(led_off, sendstring, 2) == 0)
        {
                temp = demo_driver_map + PIO_SODR1_offset;
                *(int *)temp |= PIO_PB0_MASK;
        }
        else if(strncmp(Exit, sendstring, 4) == 0)
        printf("Exit application\n");
        else {
                printf("Bad value\n");
                temp = demo_driver_map + PIO_SODR1_offset;
                *(int *)temp |= PIO_PB0_MASK;
                return -EINVAL;
        }

} while(strncmp(sendstring, "exit", strlen(sendstring)));

ret = munmap(demo_driver_map, uio_size);
if(ret < 0) {
        perror("devuio munmap");
        close(devuio_fd);
        exit(EXIT_FAILURE);
}

close(devuio_fd);
printf("Application termined\n");
exit(EXIT_SUCCESS);
}
```

5.26　led_sam_UIO_platform.ko 及 UIO_app 演示

```
root@sama5d2-xplained:~# insmod led_sam_UIO_platform.ko /* load the module */
root@sama5d2-xplained:~# ./UIO_app /* start your application to turn on/off the blue
led */

root@sama5d2-xplained:~# ./UIO_app
Starting led example
Enter led value: on, off, or exit :
on
Enter led value: on, off, or exit :
off
Enter led value: on, off, or exit :
exit
Exit application
Application termined

root@sama5d2-xplained:~# rmmod led_sam_UIO_platform.ko /* remove the module */
```

第 6 章
I2C 从端驱动

I2C 是飞利浦开发的一种协议，该协议最初的目的是将 CPU 连接到电视机中的其他电路。它是一种双路、双向的用于慢速数字数据的串行总线，它将一个或多个从设备连接到主机（一个或多个总线控制器），从而提供了一种简单有效的数据传输方法。I2C 协议广泛用于嵌入式系统。

SMBus（系统管理总线）是 Intel 基于 I2C 协议开发的衍生产品。通过 SMBus 连接的最常见设备是使用 I2C EEPROM 配置的 RAM 模块，以及监视 PC 主板和嵌入式系统中关键参数的硬件监视芯片。由于 SMBus 主要是通用 I2C 总线的子集，你可以在许多 I2C 系统上使用该协议。但是，有些系统不能同时满足 SMBus 和 I2C 的电气约束。还有一些系统不能实现所有常见的 SMBus 协议语义或消息。

如果你为一个 I2C 设备编写驱动，请尽可能使用 SMBus 命令（如果设备只使用 I2C 协议的子集）。这使得在 SMBus 适配器和 I2C 适配器上都可能使用这个驱动 (SMBus 命令集在 I2C 适配器上自动转换为 I2C，但在大多数纯 SMBus 适配器上根本无法处理普通的 I2C 命令)。

这些函数用于建立一个简单的 I2C 通信：

```
int i2c_master_send(struct i2c_client *client, const char *buf, int count);
int i2c_master_recv(struct i2c_client *client, char *buf, int count);
```

这些函数向客户端读写一些字节。客户端包含 I2C 地址，因此你不必单独传递 I2C 地址。第二个参数包含要读 / 写的字节缓冲区，第三个参数表明要读 / 写的字节数（必须小于缓冲区的长度，也应该小于 64K，因为 msg.len 的数据类型是 u16）。返回值是读 / 写成功的实际字节数。

```
int i2c_transfer(struct i2c_adapter *adap, struct i2c_msg *msg, int num);
```

如上这个函数发送一系列消息。每个消息都可以是读或写，它们可以以任何方式混合。传送是一体的：传送之间不发送停止位。i2c_msg 数据结构包含每条消息的从端地址、消息的字节数和消息数据本身。

这是用于建立 SMBus 通信的通用函数：

```
s32 i2c_smbus_xfer(struct i2c_adapter *adapter, u16 addr,
                   unsigned short flags, char read_write, u8 command,
                   int size, union i2c_smbus_data *data);
```

下面所有的函数都是基于它实现的，永远不要直接使用 i2c_smbus_xfer() 函数。

```
s32 i2c_smbus_read_byte(struct i2c_client *client);
s32 i2c_smbus_write_byte(struct i2c_client *client, u8 value);
s32 i2c_smbus_read_byte_data(struct i2c_client *client, u8 command);
s32 i2c_smbus_write_byte_data(struct i2c_client *client, u8 command, u8 value);
s32 i2c_smbus_read_word_data(struct i2c_client *client, u8 command);
s32 i2c_smbus_write_word_data(struct i2c_client *client, u8 command, u16 value);
s32 i2c_smbus_read_block_data(struct i2c_client *client, u8 command, u8 *values);
s32 i2c_smbus_write_block_data(struct i2c_client *client, u8 command,
                               u8 length, const u8 *values);
s32 i2c_smbus_read_i2c_block_data(struct i2c_client *client, u8 command,
                                  u8 length, u8 *values);
s32 i2c_smbus_write_i2c_block_data(struct i2c_client *client, u8 command,
                                   u8 length, const u8 *values);
```

你可以在 Documentation/i2c/smbus-protocol 中查看 SMBus 函数的详细描述。

6.1 Linux I2C 子系统

Linux I2C 子系统基于 Linux 设备模型，由几个驱动组成：

1. I2C 子系统的 I2C **总线核心**位于 drivers/i2c/ 目录下的 **i2c-core.c** 文件中。设备模型中的 I2C 核心是一个代码集合，它在单个从端驱动和一些 I2C 总线主机（比如 i.MX7D I2C 控制器）之间提供接口支持。它管理总线仲裁、重试处理和各种其他协议细节。使用 bus_register() 函数在内核中注册 I2C 总线核心，并定义 I2C bus_type 数据结构。I2C 核心 API 是一组用于 I2C **从端设备驱动**的函数，用于向连接到 I2C 总线的设备发送 / 接收数据。

2. I2C **控制器驱动**位于 drivers/i2c/busses/ 目录。I2C 控制器是一个平台设备，它必须作为一个设备注册到平台总线。I2C 控制器驱动是一组约定函数集，它向特定的 I2C 控制器硬件 I/O 地址发出读 / 写命令。处理器的每个 I2C 控制器都有一些特定的代码。在 I2C 从端驱动初始化 I2C_transfer 函数后调用 adap_algo_master_xfer 函数时，I2C 核心 API 调用此控制器特定函数。在 I2C 控制器驱动（例如，i2c-imx.c）中，你必须声明一个包含 i2c_adapter 数据结构变量的私有数据结构。

```
struct imx_i2c_struct {
    struct i2c_adapter adapter;
    struct clk *clk;
    void __iomem *base;
    wait_queue_head_t queue;
    unsigned long i2csr;
    unsigned int disable_delay;
    int stopped;
    unsigned int ifdr; /* IMX_I2C_IFDR */
```

```
        unsigned int cur_clk;
        unsigned int bitrate;
        const struct imx_i2c_hwdata *hwdata;
        struct i2c_bus_recovery_info rinfo;

        struct pinctrl *pinctrl;
        struct pinctrl_state *pinctrl_pins_default;
        struct pinctrl_state *pinctrl_pins_gpio;

        struct imx_i2c_dma *dma;
};
```

在 probe() 函数中, 为被探测到的每个 I2C 控制器初始化此适配器数据结构:

```
/* Setup i2c_imx driver structure */
strlcpy(i2c_imx->adapter.name, pdev->name, sizeof(i2c_imx->adapter.name));
i2c_imx->adapter.owner = THIS_MODULE;
i2c_imx->adapter.algo = &i2c_imx_algo;
i2c_imx->adapter.dev.parent = &pdev->dev;
i2c_imx->adapter.nr = pdev->id;
i2c_imx->adapter.dev.of_node = pdev->dev.of_node;
i2c_imx->base
```

i2c_imx_algo 数据结构包括一个指向 i2c_imx_xfer() 函数的指针变量, 该变量包含写入 / 读取 I2C 硬件控制器寄存器的特定代码:

```
static struct i2c_algorithm i2c_imx_algo = {
      .master_xfer   = i2c_imx_xfer,
      .functionality = i2c_imx_func,
};
```

最后, 在 probe() 函数中, 通过调用 i2_add_numbered_adapter() 函数 (位于 drivers/ i2c/i2c-core.c) 将每个 I2C 控制器添加到 I2C 总线核心中:

```
i2c_add_numbered_adapter(&i2c_imx->adapter);
```

3. **I2C 设备驱动** 位于整个 drivers/ 中, 取决于设备的类型 (例如, drivers/input/ 用于输入设备)。驱动代码与设备相关 (例如, 加速度计、数 / 模转换器), 并使用 I2C 核心 API 发送和接收 I2C 设备的数据。例如, 如果 I2C 从端驱动调用 drivers/i2c/i2c-core.c 中声明的 i2c_smbus_write_byte_data() 函数, 你可以看到此函数正在调用 i2c_smbus_xfer() 函数:

```
s32 i2c_smbus_read_word_data(const struct i2c_client *client, u8 command)
{
      union i2c_smbus_data data;
      int status;

      status = i2c_smbus_xfer(client->adapter, client->addr, client->flags,
                        I2C_SMBUS_READ, command,
                        I2C_SMBUS_WORD_DATA, &data);
      return (status < 0) ? status : data.word;
}
```

如果你查看 i2c_smbus_xfer() 函数的代码，你可以看到此函数会调用 i2c_smbus_xfer_emulated() 函数，该函数按照下面的顺序依次调用到 i2c_adapter.algo->master_xfer() 函数：

i2c_smbus_xfer_emulated() -> i2c_transfer() -> __i2c_transfer() -> adap->algo->master_xfer()

这个 master_xfer() 函数在你的 I2C 驱动控制器中会初始化为 i2c_imx_xfer() 函数，因此它会调用操作你的 I2C 控制器寄存器的特定代码：

```
s32 i2c_smbus_xfer(struct i2c_adapter *adapter, u16 addr, unsigned short flags,
                   char read_write, u8 command, int protocol,
                   union i2c_smbus_data *data)
{
    unsigned long orig_jiffies;
    int try;
    s32 res;

    flags &= I2C_M_TEN | I2C_CLIENT_PEC | I2C_CLIENT_SCCB;

    if (adapter->algo->smbus_xfer) {
        i2c_lock_adapter(adapter);

        /* Retry automatically on arbitration loss */
        orig_jiffies = jiffies;
        for (res = 0, try = 0; try <= adapter->retries; try++) {
            res = adapter->algo->smbus_xfer(adapter, addr, flags,
                                            read_write, command,
                                            protocol, data);
            if (res != -EAGAIN)
                break;
            if (time_after(jiffies,
                           orig_jiffies + adapter->timeout))
                break;
        }
        i2c_unlock_adapter(adapter);

        if (res != -EOPNOTSUPP || !adapter->algo->master_xfer)
            return res;
        /*
         * Fall back to i2c_smbus_xfer_emulated if the adapter doesn't
         * implement native support for the SMBus operation.
         */
    }

    return i2c_smbus_xfer_emulated(adapter, addr, flags, read_write,
                                   command, protocol, data);
}
```

见图 6-1 中的 I2C 子系统。在 Linux 设备模型中，of_platform_populate() 函数将 I2C 控制器设备注册到平台总线核心。在 i.MX7D 处理器中，i2c-imx.c 控制器驱动程序将自己注册到平台总线核心。I2C 从端驱动将自己注册到 I2C 总线核心。你可以参见图中的函数调用流程。

I2C 从端驱动 -> I2C 总线核心驱动 -> I2C 控制器驱动：

i2c_smbus_write_byte_data() -> i2c_smbus_xfer() -> i2c_imx_xfer()

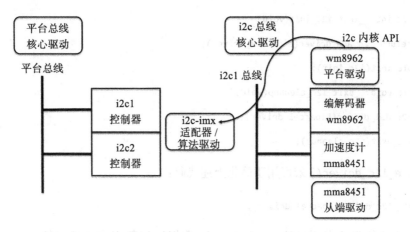

图 6-1　I2C 子系统

6.2　编写 I2C 从端驱动

你现在将集中精力编写 I2C 从端驱动。在本章和后续章节中，你将开发几个 I2C 从端驱动，它们控制 I/O 扩展器、DAC、加速度计和多显 LED 控制器。在下一节中，你将看到有关设置 I2C 从端驱动的主要步骤的描述。

6.2.1　注册 I2C 从端驱动

I2C 子系统定义了一个 i2c_driver 数据结构（从 device_driver 数据结构继承），它必须由每个 I2C 设备驱动实例化并注册到 I2C 总线核心。通常，你将实现单个驱动数据结构，并从其中实例化所有从端。记住，驱动程序数据结构包含常规访问函数，并且应该是初始化为 0 的，除了你提供的特定数据域外。一个 I2C 加速度计设备的 i2c_driver 数据结构定义的示例，见下面：

```
static struct i2c_driver ioaccel_driver = {
    .driver = {
        .name = "mma8451",
        .owner = THIS_MODULE,
        .of_match_table = ioaccel_dt_ids,
    },
    .probe = ioaccel_probe,
    .remove = ioaccel_remove,
    .id_table = i2c_ids,
};
```

i2c_add_driver() 和 i2c_del_driver() 函数分别用于注册 / 注销驱动。它们包含在 init()/exit() 内核模块函数中。如果驱动程序在这些函数中不做任何事情，则使用 module_i2c_driver() 宏代替。

```
static int __init i2c_init(void)
{
    return i2c_add_driver(&ioaccel_driver);
}
module_init(i2c_init);

static void __exit i2c_cleanup(void)
{
    i2c_del_driver(&ioaccel_driver);
}
module_exit(i2c_cleanup);
```

module_i2c_driver() 宏可用于简化上述代码：

```
module_i2c_driver(ioaccel_driver);
```

在你的设备驱动中创建的 of_device_id 数据结构数组中，指定的 .compatible 的字符串应该和保存在 DT 设备节点中的 compatible 属性相同。of_device_id 数据结构定义在 include/linux/mod_devicetable.h 中，如下：

```
struct of_device_id {
    char name[32];
    char type[32];
    char  compatible[128];
};
```

i2c_driver 数据结构中的 of_match_table 字段（包含在 driver 字段中）是一个指向 of_device_id 数据结构数组的指针，它保存由驱动支持的 compatible 字符串。

```
static const struct of_device_id ioaccel_dt_ids[] = {
    { .compatible = "fsl,mma8451", },
    { }
};
MODULE_DEVICE_TABLE(of, ioaccel_dt_ids);
```

当一个 of_device_id 条目中的 compatible 字段和一个 DT 设备节点的 compatible 属性相匹配时，驱动中的 probe() 会被调用。probe() 函数负责用配置值初始化设备，这些配置值是从匹配的 DT 设备节点获得的。并将设备注册到适当的内核框架。

在 I2C 设备驱动程序中，还必须定义 i2c_device_id 数据结构数组：

```
static const struct i2c_device_id mma8451_id[] = {
        { "mma8450", 0 },
        { "mma8451", 1 },
        { }
};
MODULE_DEVICE_TABLE(i2c, mma8451_id);
```

probe() 函数的第二个参数是设备相关数组中的一个元素。

```
static ioaccel_probe(struct i2c_client *client, const struct i2c_device_id *id)
```

你可以使用 id->driver_data（对于每个设备是唯一的），用于特殊的设备数据。例如：对于 "mma8451" 设备，它的 driver_data 是 1。

绑定将基于 i2c_device_id 表或设备树兼容字符串进行。首先，I2C 核心尝试通过兼容字符串（OF 类型，即设备树）匹配设备，如果失败，则尝试通过 id 表匹配设备。

6.2.2　在设备树中声明 I2C 设备

在设备树中，I2C 控制器设备通常在描述处理器的 .dtsi 文件中声明（对于 i.MX7D，请参见 arch/arm/boot/dts/imx7s.dtsi）。DT I2C 控制器定义通常以 status = "disabled" 声明．例如，在 imx7s.dtsi 文件中，声明了四个 DT I2C 控制器设备，它们将通过 of_platform_populate() 函数注册到 I2C 总线核心。对于 i.MX7D，i2-imx.c 驱动将使用 module_i2c_driver() 函数将其自身注册到 I2C 总线核心；probe() 函数将被调用四次（每个 compatible = "fsl,imx21-i2c" 匹配一次），为每个控制器初始化一个 i2c_adapter 数据结构，并使用 i2_add_numbered_adapter() 函数将其注册到 I2C 总线核心。见下文关于 i.MX7D DT I2C 控制器节点的声明：

```
i2c1: i2c@30a20000 {
        #address-cells = <1>;
        #size-cells = <0>;
        compatible = "fsl,imx7d-i2c", "fsl,imx21-i2c";
        reg = <0x30a20000 0x10000>;
        interrupts = <GIC_SPI 35 IRQ_TYPE_LEVEL_HIGH>;
        clocks = <&clks IMX7D_I2C1_ROOT_CLK>;
        status = "disabled";
};

i2c2: i2c@30a30000 {
        #address-cells = <1>;
        #size-cells = <0>;
        compatible = "fsl,imx7d-i2c", "fsl,imx21-i2c";
        reg = <0x30a30000 0x10000>;
        interrupts = <GIC_SPI 36 IRQ_TYPE_LEVEL_HIGH>;
        clocks = <&clks IMX7D_I2C2_ROOT_CLK>;
        status = "disabled";
};

i2c3: i2c@30a40000 {
        #address-cells = <1>;
        #size-cells = <0>;
        compatible = "fsl,imx7d-i2c", "fsl,imx21-i2c";
        reg = <0x30a40000 0x10000>;
        interrupts = <GIC_SPI 37 IRQ_TYPE_LEVEL_HIGH>;
        clocks = <&clks IMX7D_I2C3_ROOT_CLK>;
        status = "disabled";
};
```

```
i2c4: i2c@30a50000 {
        #address-cells = <1>;
        #size-cells = <0>;
        compatible = "fsl,imx7d-i2c", "fsl,imx21-i2c";
        reg = <0x30a50000 0x10000>;
        interrupts = <GIC_SPI 38 IRQ_TYPE_LEVEL_HIGH>;
        clocks = <&clks IMX7D_I2C4_ROOT_CLK>;
        status = "disabled";
};
```

I2C 设备的设备树声明是作为主控制器的子节点完成的。在板级 / 平台级（arch/arm/boot/dts/imx7d-sdb.dts）：

- 启用 I2C 控制器设备（status = "okay"）。
- 使用时钟频率特性来定义 I2C 总线频率。
- 总线上的 I2C 设备被描述为 I2C 控制器节点的子节点，其中 reg 属性提供总线上的 I2C 从地址。
- 在 I2C 设备节点中，检查 compatible 属性是否与驱动中 of_device_id 中的某一兼容字符串匹配。

在 DT imx7d-sdb.dts 文件中找到 i2c4 控制器节点声明。将 "okay" 写入 status 属性来启用 i2c4 控制器。在 codec 子节点设备中声明 reg 属性来提供 wm8960 设备的 I2C 地址。

```
&i2c4 {
    pinctrl-names = "default";
    pinctrl-0 = <&pinctrl_i2c4>;
    status = "okay";

    codec: wm8960@1a {
            compatible = "wlf,wm8960";
            reg = <0x1a>;
            clocks = <&clks IMX7D_AUDIO_MCLK_ROOT_CLK>;
            clock-names = "mclk";
            wlf,shared-lrclk;
    };
};
```

i2c4 节点内的 pinctrl-0 属性指向 pinctrl_i2c4 引脚功能节点，其中 i2c4 控制器引脚被复用为 i2c 功能：

```
pinctrl_i2c4: i2c4grp {
        fsl,pins = <
                MX7D_PAD_SAI1_RX_BCLK__I2C4_SDA      0x4000007f
                MX7D_PAD_SAI1_RX_SYNC__I2C4_SCL      0x4000007f
        >;
};
```

6.3 实验 6-1："I2C I/O 扩展设备"模块

在接下来的实验中，你将实现你的第一个驱动来控制 I2C 设备。驱动将管理连接到 I2C 总线的几个 PCF8574 I/O 扩展设备。你可以使用基于此设备的多个开发板中的一个来开发这个实验，例如，下面一个：https://www.waveshare.com/pcf8574-io-expansion-board.htm。

6.3.1 i.MX7D 处理器的硬件描述

在本实验中，你将使用 MCIMX7D-SABRE mikroBUS 的 I2C 引脚连接到 PCF8574 I/O 扩展板。

在 MCIMX7D-SABRE 原理图中的第 20 页查看 MikroBUS 连接器，并找到 SDA 和 SCL 引脚。将这些引脚连接到 PCF8574 I/O 扩展板的对应引脚上。还要连接两个板之间的 VCC 3.3V 和 GND。

6.3.2 SAMA5D2 处理器的硬件描述

对于 SAMA5D2 处理器，打开 SAMA5D2B-XULT 原理图，并在开发板上查找可以提供 I2C 信号引脚的连接器。SAMA5D2B-XULT 单板有五个 8 脚、一个 6 脚、一个 10 脚和一个 36 脚插头（J7、J8、J9、J16、J17、J20、J21、J22），使各种扩展卡的 GPIO 连接成为可能。这些插头的物理和电气应用与 Arduino R3 extension（"shields"）系统兼容。

你可以使用 J22 插头访问 I2C 信号，如图 6-2 所示：

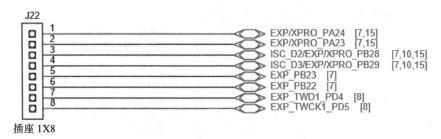

图 6-2　J22 访问 I2C 信号

你也可以从 ISCJ18 插头获取相同的 TWCK1 和 TWD1 的 I2C 信号，如图 6-3 所示，在两个不同的连接器上具有相同的信号，简化了与几种 PCF8574 开发板的连接。你还可以从这个 J18 连接器获得 3V3 和 GND 信号。

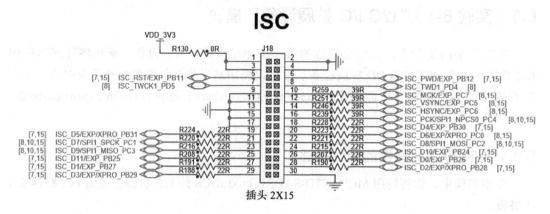

图 6-3　J18 访问 I2C 信号

6.3.3　BCM2837 处理器的硬件描述

对于 BCM2837 处理器，你将使用 GPIO 扩展连接器获得 I2C 信号。打开 Raspberry-Pi-3B-V1.2-Schematics 查看连接器。GPIO2 和 GPIO3 引脚将用于获取 SDA1 和 SCL1 信号，如图 6-4 所示。

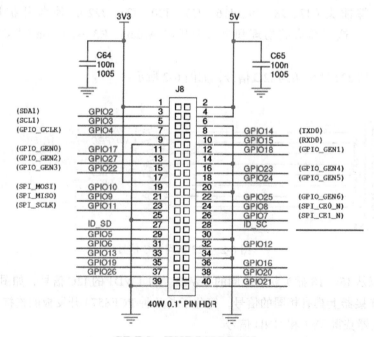

图 6-4　GPIO 扩展连接器获得 I2C 信号

6.3.4　i.MX7D 处理器的设备树

从 MCIMX7D-SABRE mikroBUS 插座中，你可以看到 MKBUS_I2C_SCL 引脚连接到 I.MX7D 处理器的 I2C3_SCL 焊点，MKBUS_I2C_SDA 引脚连接到 I2C3_SDA 焊点。你必须将这些焊点配置为 I2C 信号。在 linux/arch/arm/boot/dts/ 目录下打开 imx7d-pinfunc.h 文件查找所需要的分配 I2C 功能的宏和下面的宏：

```
#define MX7D_PAD_I2C3_SDA__I2C3_SDA        0x015C 0x03CC 0x05E8 0x0 0x2
#define MX7D_PAD_I2C3_SCL__I2C3_SCL        0x0158 0x03C8 0x05E4 0x0 0x2
```

现在，你可以修改设备树文件 imx7d-sdb.dts，添加 ioexp@38 和 ioexp@39 子节点到 i2c3 控制器主节点内。通过写 "okay" 到 status 属性来启用 i2c3 控制器。clock-frequency 属性设置为 100 kHz 和 pinctrl-0 主节点属性指向 pinctrl_i2c3 引脚配置节点，其中 I2C3_SDA 和 I2C3_SCL 焊点被复用为 I2C 信号。在子节点设备中声明的 reg 属性提供了连接到 I2C 总线的两个 PCF8574 I/O 扩展器的 I2C 地址。

```
&i2c3 {
    clock-frequency = <100000>;
    pinctrl-names = "default";
    pinctrl-0 = <&pinctrl_i2c3>;
    status = "okay";

    ioexp@38 {
        compatible = "arrow,ioexp";
        reg = <0x38>;
    };

    ioexp@39 {
        compatible = "arrow,ioexp";
        reg = <0x39>;
    };

    sii902x: sii902x@39 {
        compatible = "SiI,sii902x";
        pinctrl-names = "default";
        pinctrl-0 = <&pinctrl_sii902x>;
        interrupt-parent = <&gpio2>;
        interrupts = <13 IRQ_TYPE_EDGE_FALLING>;
        mode_str ="1280x720M@60";
        bits-per-pixel = <16>;
        reg = <0x39>;
        status = "okay";
    };

    [...]
};
```

请参阅下面的 pinctrl_i2c3 引脚配置节点，其中 I2C 控制器焊点被复用为 I2C 信号：

```
pinctrl_i2c3: i2c3grp {
    fsl,pins = <
        MX7D_PAD_I2C3_SDA__I2C3_SDA   0x4000007f
        MX7D_PAD_I2C3_SCL__I2C3_SCL   0x4000007f
    >;
};
```

6.3.5 SAMA5D2 处理器的设备树

打开 SAMA5D2B-XULT 开发板原理图查找 J22 连接器。你可以看到 EXP_TWCK1_PD5 引脚连接到 SAMA5D2 处理器的 PD5 焊点，EXP_TWD1_PD4 引脚连接到 PD4 焊点。你必须将 PD5 和 PD4 焊点配置为 I2C 信号。在 linux/arch/arm/boot/dts/ 目录下打开 sama5d2-pinfunc.h 文件查找所需的分配 I2C 功能的宏和下面的宏。请参阅下面粗体显示的将 PD4 和 PD5 焊点配置为 I2C 信号所需的宏：

```
#define PIN_PD4                 100
#define PIN_PD4__GPIO           PINMUX_PIN(PIN_PD4, 0, 0)
#define PIN_PD4__TWD1           PINMUX_PIN(PIN_PD4, 1, 2)
#define PIN_PD4__URXD2          PINMUX_PIN(PIN_PD4, 2, 1)
#define PIN_PD4__GCOL           PINMUX_PIN(PIN_PD4, 4, 2)
#define PIN_PD4__ISC_D10        PINMUX_PIN(PIN_PD4, 5, 2)
#define PIN_PD4__NCS0           PINMUX_PIN(PIN_PD4, 6, 2)
#define PIN_PD5                 101
#define PIN_PD5__GPIO           PINMUX_PIN(PIN_PD5, 0, 0)
#define PIN_PD5__TWCK1          PINMUX_PIN(PIN_PD5, 1, 2)
#define PIN_PD5__UTXD2          PINMUX_PIN(PIN_PD5, 2, 1)
#define PIN_PD5__GRX2           PINMUX_PIN(PIN_PD5, 4, 2)
#define PIN_PD5__ISC_D9         PINMUX_PIN(PIN_PD5, 5, 2)
#define PIN_PD5__NCS1           PINMUX_PIN(PIN_PD5, 6, 2)
```

在处理器数据手册中，你可以看到 PD4 和 PD5 焊点可以用于几个功能。这些焊点的功能见表 6-1：

表 6-1 PD4 和 PD5 焊点功能

J6	H6	—	VDDANA	GPIO_AD	PD4	I/O	PTC_X1	—	A	TWD1	I/O	2	PIO, I, PU, ST
									B	URXD2	1	1	
									D	GCOL	1	2	
									E	ISC_D10	1	2	
									F	NCS0	O	2	
J4	H1	—	VDDANA	GPIO_AD	PD5	I/O	PTC_X2	—	A	TWCK1	I/O	2	PIO, I, PU, ST
									B	UTXD2	O	1	
									D	GRX2	1	2	
									E	ISC_D9	1	2	
									F	NCS1	O	2	

在 PD4 引脚的宏中，最后两个数字设置了焊点的功能和信号的 IO 集。例如，PIN_PD4__TWD1 具有功能号 1(A)，TWD1 信号对应于 IO 集 2。PIN_PD5__TWCK1 具有功能号 1(A)，TWCK1 信号对应 IO 集 2。

注意：每个外围设备的 I/O 被分组为 IO 集，列出在引脚输出表的 "IO 集" 栏中。对于所有外围设备，必须使用属于同一 IO 集的 I/O。当来自不同 IO 集的 IO 被混用时，时序是不能保证的。

打开并修改设备树文件 at91-sama5d2_xplained_common.dtsi，在 i2c1 控制器主节点内添加 ioexp@38 和 ioexp@39 子节点。将 "okay" 写入 status 属性来启用 i2c1 控制器。主节点的 pinctrl-0 属性指向 pinctrl_i2c1_default 的引脚配置节点，其中 PD4 和 PD5 焊点复用为 I2C 信号。在子节点设备声明中，reg 属性提供连接到 I2C 总线的两个 PCF8574 I/O 扩展器的 I2C 地址。

```
i2c1: i2c@fc028000 {
        dmas = <0>, <0>;
        pinctrl-names = "default";
        pinctrl-0 = <&pinctrl_i2c1_default>;
        status = "okay";

        [...]

        ioexp@38 {
                compatible = "arrow,ioexp";
                reg = <0x38>;
        };

        ioexp@39 {
                compatible = "arrow,ioexp";
                reg = <0x39>;
        };

        [...]

        at24@54 {
                compatible = "atmel,24c02";
                reg = <0x54>;
                pagesize = <16>;
        };
};
```

请参阅下面的 pinctrl_i2c1_default 引脚配置节点，其中 I2C 控制器焊点被复用为 I2C 信号：

```
pinctrl_i2c1_default: i2c1_default {
        pinmux = <PIN_PD4__TWD1>,
                 <PIN_PD5__TWCK1>;
        bias-disable;
};
```

6.3.6   BCM2837 处理器的设备树

打开 Raspberry-Pi-3B-V1.2-Schematics，找到 GPIO EXPANSION 连接器。你可以看到 GPIO2 引脚连接到 BCM2837 处理器的 GPIO2 焊点，GPIO3 引脚连接到 GPIO3 焊点。

打开并修改设备树文件 bcm2710-rpi-3-b.dts，在 i2c1 控制器主节点内添加 ioexp@38 和 ioexp@39 子节点。将 "okay" 写入 status 属性来启用 i2c1 控制器。主节点的 pinctrl-0 属性指向 i2c1_pins 引脚配置节点，其中 GPIO2 和 GPIO3 焊点复用为 I2C 信号。在子节点设备声明中，reg 属性提供连接到 I2C 总线的两个 PCF8574 I/O 扩展器的 I2C 地址。

```
&i2c1 {
    pinctrl-names = "default";
    pinctrl-0 = <&i2c1_pins>;
    clock-frequency = <100000>;
    status = "okay";

    [...]

    ioexp@38 {
            compatible = "arrow,ioexp";
            reg = <0x38>;
    };

    ioexp@39 {
            compatible = "arrow,ioexp";
            reg = <0x39>;
    };
};
```

请参阅下面的 i2c1_pins 引脚配置节点，其中 I2C 控制器焊点被复用为 I2C 信号：

```
i2c1_pins: i2c1 {
        brcm,pins = <2 3>;          /* GPIO2 and GPIO3 pins */
        brcm,function = <4>;        /* ALT0 mux function */
};
```

可以看到 GPIO2 和 GPIO3 引脚被设置为 ALT0 功能。请参阅 Documentation/devicetree/bindings/pinctrl/ 目录下 brcm,bcm2835-gpio.txt 文件中 brcm,function = <4> 的含义。

打开 BCM2835 ARM Peripherals guide，查找 6.2 节可用功能中包含的表。你可以在表 6-2 中看到，GPIO2 和 GPIO3 焊点必须编程为 ALT0，以便被复用为 I2C 信号。

表 6-2　BCM2835ARM 接口焊点设置

	Pull	ALT0	ALT1	ALT2	ALT3	ALT4	ALT5
GPIO0	High	SDA0	SA5	<reserved>			
GPIO1	High	SCL0	SA4	<reserved>			
GPIO2	High	SDA1	SA3	<reserved>			
GPIO3	High	SCL1	SA2	<reserved>			

6.3.7　"I2C I/O 扩展设备"模块的代码描述

现在介绍驱动程序的主要代码部分。

1. 包含函数头文件：

```
#include <linux/module.h>
#include <linux/miscdevice.h>
#include <linux/i2c.h>
#include <linux/fs.h>
#include <linux/of.h>
#include <linux/uaccess.h>
```

2. 你需要创建一个私有数据结构，它将存储 I2C I/O 设备特定信息。在这个驱动中，私有数据结构的第一个字段是一个用于处理 I2C 设备的 **i2c_client** 数据结构。私有结构的第二个字段是一个 miscdevice 数据结构。杂项子系统将自动为你处理 **open()** 函数。在自动创建的 open() 函数中，它将创建的 **miscdevice** 数据结构绑定到正在打开的文件的私有 **ioexp_dev** 数据结构。这样，在你 write/read 内核回调函数中，可以获取 **miscdevice** 数据结构，这将允许你访问包含在私有 **ioexp_dev** 数据结构中的 **i2c_client** 数据结构。一旦你获得 **i2_client** 数据结构，你就可以使用 SMBus 函数读取 / 写入每个 I2C 特定设备。私有数据结构的最后一个字段是一个字符数组，它将保存 I2C I/O 设备的名称。

```
struct ioexp_dev {
    struct i2c_client * client;
    struct miscdevice ioexp_miscdevice;
    char name[8]; /* ioexpXX */
};
```

3. 创建一个 **file_operations** 数据结构，来定义当用户读取并写入字符设备时，调用哪个驱动的函数。当你向杂项子系统注册设备时，该数据结构将传递给它：

```
static const struct file_operations ioexp_fops = {
    .owner = THIS_MODULE,
    .read = ioexp_read_file,
    .write = ioexp_write_file,
};
```

4. 在 probe() 函数中，用 devm_kzalloc() 函数分配私有数据结构。初始化每个杂项设备，并使用 misc_register() 函数将其注册到内核。i2c_set_clientdata() 函数将每个分配的私有数据结构绑定到 i2c_client 数据结构上，这将允许你访问驱动的其他部分中的私有数据结构，例如，你将使用 **i2c_get_clientdata()** 函数获取每个 remove() 函数调用中的私有结构（调用两次，每次将一个设备附加到总线上）：

```
static int ioexp_probe(struct i2c_client * client,
                       const struct i2c_device_id * id)
{
    static int counter = 0;
    struct ioexp_dev * ioexp;

    /* Allocate new structure representing device */
    ioexp = devm_kzalloc(&client->dev, sizeof(struct ioexp_dev), GFP_KERNEL);

    /* Store pointer to the device-structure in bus device context */
    i2c_set_clientdata(client,ioexp);

    /* Store pointer to I2C device/client */
    ioexp->client = client;

    /*
     * Initialize the misc device, ioexp is incremented
     * after each probe call
     */
```

```
        sprintf(ioexp->name, "ioexp%02d", counter++);
        ioexp->ioexp_miscdevice.name = ioexp->name;
        ioexp->ioexp_miscdevice.minor = MISC_DYNAMIC_MINOR;
        ioexp->ioexp_miscdevice.fops = &ioexp_fops;

        /* Register misc device */
        return misc_register(&ioexp->ioexp_miscdevice);

        return 0;
}
```

5. 创建 ioexp_write_file() 内核回调函数，当用户态写入操作发生在其中一个字符设备上时，就会调用该函数。在注册每个杂项设备时，你不用保留任何指向私有 ioexp_dev 数据结构的指针。然而，由于可以通过 file->private_data 来访问 miscdevice 数据结构；并且它是 ioexp_dev 数据结构的一个成员，因此你可以使用 container_of() 宏来计算私有数据结构的地址并从中获取 i2c_client 数据结构。copy_from_user() 函数将从用户态获得一个字符数组，其值范围从 "0" 到 "255"，该值将从字符串转换为无符号长整型值，你可以使用 i2c_smbus_write_byte() 这个 SMBus 函数将其写入 I2C ioexp 设备。你还将编写一个 ioexp_read_file() 内核回调函数，该函数读取 ioexp 设备输入并将值传送到用户态。见下文 ioexp_write_file() 函数摘要：

```
static ssize_t ioexp_write_file(struct file *file, const char __user *userbuf,
                                size_t count, loff_t *ppos)
{
        int ret;
        unsigned long val;
        char buf[4];
        struct ioexp_dev * ioexp;

        ioexp = container_of(file->private_data,
                             struct ioexp_dev,
                             ioexp_miscdevice);

        copy_from_user(buf, userbuf, count);

        /* convert char array to char string */
        buf[count-1] = '\0';

        /* convert the string to an unsigned long */
        ret = kstrtoul(buf, 0, &val);
        i2c_smbus_write_byte(ioexp->client, val);

        return count;
}
```

6. 声明驱动支持的设备的列表。

```
static const struct of_device_id ioexp_dt_ids[] = {
        { .compatible = "arrow,ioexp", },
        { }
};
MODULE_DEVICE_TABLE(of, ioexp_dt_ids);
```

7. 定义 `i2c_device_id` 数据结构数组：

```
static const struct i2c_device_id i2c_ids[] = {
    { .name = "ioexp", },
    { }
};
MODULE_DEVICE_TABLE(i2c, i2c_ids);
```

8. 添加一个将要注册到 I2C 总线的 `i2c_driver` 数据结构：

```
static struct i2c_driver ioexp_driver = {
    .driver = {
            .name = "ioexp",
            .owner = THIS_MODULE,
            .of_match_table = ioexp_dt_ids,
    },
    .probe = ioexp_probe,
    .remove = ioexp_remove,
    .id_table = i2c_ids,
};
```

9. 将你的驱动注册到 I2C 总线：

```
module_i2c_driver(ioexp_driver);
```

10. 构建修改后的设备树，并将其加载到目标处理器。

在下面的代码清单 6-1 中，请参阅 i.MX7D 处理器的"I2C I/O 扩展设备"驱动源代码（`io_imx_expander.c`）。

注意：SAMA5D2（`io_sam_expander.c`）和 BCM2837（`io_rpi_expander.c`）驱动源代码可以从本书的 GitHub 仓库中下载。

6.4　代码清单 6-1：`io_imx_expander.c`

```
#include <linux/module.h>
#include <linux/miscdevice.h>
#include <linux/i2c.h>
#include <linux/fs.h>
#include <linux/of.h>
#include <linux/uaccess.h>

/* Private device structure */
struct ioexp_dev {
    struct i2c_client *client;
    struct miscdevice ioexp_miscdevice;
    char name[8]; /* ioexpXX */
};

/* User is reading data from /dev/ioexpXX */
```

```c
static ssize_t ioexp_read_file(struct file *file, char __user *userbuf,
                               size_t count, loff_t *ppos)
{
    int expval, size;
    char buf[3];
    struct ioexp_dev *ioexp;

    ioexp = container_of(file->private_data,
                         struct ioexp_dev,
                         ioexp_miscdevice);

    /* store IO expander input to expval int variable */
    expval = i2c_smbus_read_byte(ioexp->client);
    if (expval < 0)
            return -EFAULT;

    /*
     * converts expval int value into a char string
     * For instance 255 int (4 bytes) = FF (2 bytes) + '\0' (1 byte) string.
     */
    size = sprintf(buf, "%02x", expval); /* size is 2 */

    /*
     * replace NULL by \n. It is not needed to have a char array
     * ended with \0 character.
     */
    buf[size] = '\n';

    /* send size+1 to include the \n character */
    if(*ppos == 0) {
            if(copy_to_user(userbuf, buf, size+1)) {
                    pr_info("Failed to return led_value to user space\n");
                    return -EFAULT;
            }
            *ppos+=1;
            return size+1;
    }

    return 0;
}

/* Writing from the terminal command line to /dev/ioexpXX, \n is added */
static ssize_t ioexp_write_file(struct file *file, const char __user *userbuf,
                                size_t count, loff_t *ppos)
{
int ret;
unsigned long val;
char buf[4];
struct ioexp_dev * ioexp;

ioexp = container_of(file->private_data,
                     struct ioexp_dev,
                     ioexp_miscdevice);

dev_info(&ioexp->client->dev,
        "ioexp_write_file entered on %s\n", ioexp->name);

dev_info(&ioexp->client->dev,
        "we have written %zu characters\n", count);
```

```
        if(copy_from_user(buf, userbuf, count)) {
                dev_err(&ioexp->client->dev, "Bad copied value\n");
                return -EFAULT;
        }

        buf[count-1] = '\0'; /* replace \n with \0 */

        /* convert the string to an unsigned long */
        ret = kstrtoul(buf, 0, &val);
        if (ret)
                return -EINVAL;

        dev_info(&ioexp->client->dev, "the value is %lu\n", val);

        ret = i2c_smbus_write_byte(ioexp->client, val);
        if (ret < 0)
                dev_err(&ioexp->client->dev, "the device is not found\n");

        dev_info(&ioexp->client->dev,
                "ioexp_write_file exited on %s\n", ioexp->name);

        return count;
}
static const struct file_operations ioexp_fops = {
    .owner = THIS_MODULE,
    .read = ioexp_read_file,
    .write = ioexp_write_file,
};

/* the probe() function is called two times */
static int ioexp_probe(struct i2c_client * client,
                        const struct i2c_device_id * id)
{
    static int counter = 0;

    struct ioexp_dev * ioexp;

    /* Allocate new private structure */
    ioexp = devm_kzalloc(&client->dev, sizeof(struct ioexp_dev), GFP_KERNEL);

    /* Store pointer to the device-structure in bus device context */
    i2c_set_clientdata(client,ioexp);

    /* Store pointer to I2C client device in the private structure */
    ioexp->client = client;

    /* Initialize the misc device, ioexp is incremented after each probe call */
    sprintf(ioexp->name, "ioexp%02d", counter++);
    dev_info(&client->dev,
            "ioexp_probe is entered on %s\n", ioexp->name);

    ioexp->ioexp_miscdevice.name = ioexp->name;
    ioexp->ioexp_miscdevice.minor = MISC_DYNAMIC_MINOR;
    ioexp->ioexp_miscdevice.fops = &ioexp_fops;

    /* Register misc device */
    return misc_register(&ioexp->ioexp_miscdevice);

    dev_info(&client->dev,
```

```
                "ioexp_probe is exited on %s\n", ioexp->name);

        return 0;
}

static int ioexp_remove(struct i2c_client * client)
{
        struct ioexp_dev * ioexp;

        /* Get device structure from bus device context */
        ioexp = i2c_get_clientdata(client);

        dev_info(&client->dev,
                "ioexp_remove is entered on %s\n", ioexp->name);

        /* Deregister misc device */
        misc_deregister(&ioexp->ioexp_miscdevice);

        dev_info(&client->dev,
                "ioexp_remove is exited on %s\n", ioexp->name);

        return 0;
}

static const struct of_device_id ioexp_dt_ids[] = {
        { .compatible = "arrow,ioexp", },
        { }
};
MODULE_DEVICE_TABLE(of, ioexp_dt_ids);

static const struct i2c_device_id i2c_ids[] = {
        { .name = "ioexp", },
        { }
};
MODULE_DEVICE_TABLE(i2c, i2c_ids);

static struct i2c_driver ioexp_driver = {
        .driver = {
                .name = "ioexp",
                .owner = THIS_MODULE,
                .of_match_table = ioexp_dt_ids,
        },
        .probe = ioexp_probe,
        .remove = ioexp_remove,
        .id_table = i2c_ids,
};

module_i2c_driver(ioexp_driver);

MODULE_LICENSE("GPL");
MODULE_AUTHOR("Alberto Liberal <aliberal@arroweurope.com>");
MODULE_DESCRIPTION("This is a driver that controls several I2C IO expanders");
```

6.5 io_imx_expander.ko 演示

```
root@imx7dsabresd:~# insmod io_imx_expander.ko /* load module, probe() is called
twice */
root@imx7dsabresd:~# ls -l /dev/ioexp* /* find ioexp00 and ioexp01 devices */
```

```
root@imx7dsabresd:~# echo 0 > /dev/ioexp00 /* set all the outputs to 0 */
root@imx7dsabresd:~# echo 255 > /dev/ioexp01 /* set all the outputs to 1 */
root@imx7dsabresd:~# rmmod io_imx_expander.ko /* remove module, remove() is called
twice */
```

6.6　sysfs 文件系统

　　sysfs 是一个虚拟文件系统，它将设备和驱动程序的信息从内核设备模型导出到用户态。它提供了一种将内核数据结构、它们的属性以及它们之间的关系导出到用户态的手段。各种程序使用 sysfs：udev、mdev、lsusb。由于 Linux 设备驱动模型是在 2.6 版本中引入的，所以 sysfs 将所有设备和驱动表示为内核对象。通过查看 /sys/ 可看到系统的内核视图，如下所示：

- /sys/bus/——包含总线列表。
- /sys/devices/——包含设备列表。
- sys/bus/<bus>/devices/——特定总线上的设备。
- /sys/bus/<bus>/drivers/——特定总线上的驱动。
- /sys/class/——这个子目录包含了更深的一层子目录，后者是已在系统上注册的设备类（例如，终端、网络设备、块设备、图形设备、声音设备等）。这些子目录内部中的每一个都是该类中设备的符号链接。这些符号链接到 /sys/devices/ 目录中的条目。
- /sys/bus/<bus>/devices/<device>/driver/——符号链接到管理特定设备的驱动。

　　现在让我们集中讨论上面显示的两个目录：

　　1. **设备列表**：/sys/devices/。

　　此目录包含一个代表设备树的文件系统。它直接映射到内核设备树，也是一个 device 数据结构的层次结构。在该目录下，所有系统都有三个子目录：

- system：这里面包含核心系统的设备，包括全局和单个 CPU 属性（cpu）和时钟的集合。
- virtual：这里面包含基于内存的设备。你会发现内存设备显示为 /dev/null、/dev/random 和在 virtual/mem 中的 /dev/zero。你会在 virtual/net 中找到回环设备。
- platform：这里面包含没有通过传统硬件总线连接的设备。这几乎可以是嵌入式设备上的任何东西。

　　设备可以在机器运行时动态地添加和删除，并且在不同的内核版本之间，此树中的设备布局将发生变化。不要因此而依赖这个树的格式，如果程序希望在树中找到不同的东西，请使用 /sys/class/ 数据结构，并依赖于符号链接来指向 /sys/devices/ 树中单个设备的适当位置。

　　2. **按类分组的设备驱动**：/sys/class/。

　　/sys/class/ 目录由一组子目录组成，这些子目录描述内核中的各个设备类。单个目录由子目录或其他目录的符号链接组成。

例如，你可以在 **/sys/class/i2c-dev/** 下找到 I2C 控制器驱动。每个注册的 I2C 适配器获得一个从 0 开始的数字。你可以检查 **/sys/class/i2c-dev/** 来查看哪个数字对应哪个适配器。

有些属性文件是可写的，并且允许你在运行时调优驱动参数。其中 **dev** 属性特别有趣。如果你查看它的值，你会发现主 / 从设备号。

kobject 基础结构

sysfs 本质上与 kobject 基础结构相关。kobject 是设备模型的基本结构，有了 kobject，sysfs 才得以呈现。**kobject** 数据结构定义如下：

```
struct kobject {
    const char *name;
    struct list_head entry;
    struct kobject *parent;
    struct kset *kset;
    struct kobj_type *ktype;
    struct sysfs_dirent *sd;
    struct kref kref;

    [...]

}
```

对每个在系统中注册的 kobject，都会在 sysfs 中为其创建一个目录。该目录被创建为 kobject 父目录的子目录，将内部对象层次结构呈现到用户态。在 **kobject** 数据结构中有一个指向 **kobj_type** 数据结构的 **ktype** 指针。**kobj_type** 数据结构控制创建和删除 kobject 时的行为，它被定义为：

```
struct kobj_type {
    void (*release)(struct kobject *kobj);
    const struct sysfs_ops *sysfs_ops;
    struct attribute **default_attrs;
    const struct kobj_ns_type_operations *(*child_ns_type)(struct kobject *kobj);
    const void *(*namespace)(struct kobject *kobj);
};
```

kobj_type 也包含属性，它们可以作为文件（文件用 **sysfs_create_file()** 创建）导出到 sysfs 目录（目录用 **kobject_create_and_add()** 函数创建）。这些属性文件可以通过" show/store "回调函数进行"读取 / 写入"，这是通过使用 **sysfs_ops** 指针变量（包含在 **kobj_type** 数据结构中）指向的 **sysfs_ops** 数据结构来实现的。

```
struct sysfs_ops {
    ssize_t (*show)(struct kobject *, struct attribute *, char *);
    ssize_t (*store)(struct kobject *, struct attribute *, const char *, size_t);
};
```

kobject 的属性可以以文件系统中常规文件的形式导出。sysfs 将文件 I/O 操作发展为为属性定义的方式，提供读写内核属性的方法。

一个简单的属性定义：

```
struct attribute {
    char *name;
    struct module *owner;
    umode_t mode;
};

int sysfs_create_file(struct kobject * kobj, const struct attribute * attr);
void sysfs_remove_file(struct kobject * kobj, const struct attribute * attr);
```

简单属性不包含读取或写入属性值的方法。鼓励子系统定义自己的属性数据结构和封装函数，用于为特定对象类型添加和删除属性。例如，驱动模型定义 device_attribute 数据结构如下：

```
struct device_attribute {
    struct attribute attr;
    ssize_t (*show)(struct device *dev, struct device_attribute *attr, char *buf);
    ssize_t (*store)(struct device *dev, struct device_attribute *attr,
                    const char *buf, size_t count);
};

int device_create_file(struct device *, const struct device_attribute *);
void device_remove_file(struct device *, const struct device_attribute *);
```

它还定义了用于定义设备属性的辅助宏：

```
#define DEVICE_ATTR(_name, _mode, _show, _store) \
struct device_attribute dev_attr_##_name = __ATTR(_name, _mode, _show, _store)
```

例如，声明

```
static DEVICE_ATTR(foo, S_IWUSR | S_IRUGO, show_foo, store_foo);
```

相当于下面的行为：

```
static struct device_attribute dev_attr_foo = {
    .attr = {
            .name = "foo",
            .mode = S_IWUSR | S_IRUGO,
    },
    .show = show_foo,
    .store = store_foo,
};
```

宏 DEVICE_ATTR 需要以下输入：

- 文件系统中属性的名称。
- 确定是否有读取或写入的权限。读写模式的宏在 include/linux/stat.h 中定义。
- 从驱动读取数据的函数。

● 将数据写入驱动的函数。

可以使用下面的函数为设备添加 / 删除一个"sysfs 属性文件"：

```
int device_create_file(struct device *dev, const struct device_attribute * attr);
void device_remove_file(struct device *dev, const struct device_attribute * attr);
```

可以使用下面的函数为设备添加 / 删除一组"sysfs 属性文件"：

```
int sysfs_create_group(struct kobject *kobj,
                       const struct attribute_group *grp);
void sysfs_remove_group(struct kobject * kobj,
                       const struct attribute_group * grp);
```

例如：

两个 device_attribute 数据结构，名字分别为 foo1 和 foo2：

```
static DEVICE_ATTR(foo1, S_IWUSR | S_IRUGO, show_foo1, store_foo1);
static DEVICE_ATTR(foo2, S_IWUSR | S_IRUGO, show_foo2, store_foo2);
```

这两个属性可以按照下面的方式组织成一个组：

```
static struct attribute *dev_attrs[] = {
        &dev_attr_foo1.attr,
        &dev_attr_foo2.attr,
        NULL,
};
static struct attribute_group dev_attr_group = {
    .attrs = dev_attrs,
};

static const struct attribute_group *dev_attr_groups[] = {
    &dev_attr_group,
    NULL,
};
```

你可以向 I2C 客户设备添加 / 删除 sysfs 条目组：

```
int sysfs_create_group(&client->dev.kobj, &dev_attr_group);
void sysfs_remove_group(&client->dev.kobj, &dev_attr_group);
```

6.7　实验 6-2："I2C 多显 LED"模块

在本实验室中，你将实现一个驱动来控制模拟设备 LTC3206 I2C 多显 LED 控制器（http://www.analog.com/en/products/power-management/led-driver-ic/inductorless-charge-pump-led-drivers/ltc3206.html）。LTC3206 为 1 ~ 6 个 LED 主显示屏、1 ~ 4 个 LED 副显示屏和 RGB LED 提供独立的电流和调光控制，主显示屏和副显示屏具有 16 种单独的调光状态。每个红色、绿色和蓝色 LED 也有 16 种调光状态，总共有多达 4096 种颜色组合。使用 ENRGB/S(Pin 10) 启用和禁用红色、绿色和蓝色电流源或副显示屏，这主要通过 I2C 端口编程来实现。一旦 ENRGB/S 拉高了，LTC3206 用先前通过 I2C 端口编程的颜色组合或强度点亮 RGB 或副显示屏。参考 DVCC 来决定 ENRGB/S 的逻辑级别。

要使用 ENRGB/S 引脚，必须首先将 I2C 端口配置为所需的设置。例如，如果想要使用 ENRGB/S 来控制副显示屏，则 I2C 端口的 C3-C0 半字节必须设置为非零值，并且 A2 位必须设置为 1。现在，当 ENRGB/S 为高（DVCC）时，副显示屏将根据 C3-C0 位设置打开。当 ENRGB/S 为低时，副显示屏将关闭。如果没有其他显示屏被编程打开，整个芯片将处于关机状态。

同样，如果使用 ENRGB/S 来启用 RGB 显示屏，则红色、绿色或蓝色串行端口（A4 ~ A7 或 B0 ~ B7）的半字节必须设置为非零值，并且 A2 位必须为 0。现在，当 ENRGB/S 为高（DVCC）时，RGB 显示屏将以编程颜色点亮。当 ENRGB/S 为低时，RGB 显示屏将关闭。如果没有其他显示屏被编程打开，整个芯片将处于关机状态。

如果 A2 位设置为 1（副显示屏控制），则 ENRGB/S 对 RGB 显示屏没有影响。同样，如果位 A2 设置为 0（RGB 显示屏控制），那么 ENRGB/S 将对副显示屏没有影响。

如果 ENRGB/S 引脚没有使用，它应连接到 DVCC。而不应接地或留作浮空。

在 LTC3206 数据手册中的第 9 页，你可以看到位分配说明。

为了测试驱动，你可以使用 **DC749A- 评估板**（http://www.analog.com/en/design-center/evaluation-hardware-and-software/evaluation-boards-kits/dc749a.html）。你将使用 DC749A J1 连接器的引脚 6 来控制 ENRGB/S 引脚，将其连接到处理器的 GPIO 引脚。将处理器的 SDA 信号连接到 J1 连接器的引脚 7，处理器的 SCL 信号连接到 J1 连接器的引脚 4。在处理器板和 J20 DVCC 连接器之间连接 3.3V。不要忘记在 DC749A 和处理器板之间连接 GND。如果你不想启用 ENRGB/S 引脚，请将其连接到 DVCC。

DC749A 单板原理图如图 6-5 所示。

为了开发这个驱动，你将使用 LED 子系统。每个 LED 显示设备（R、G、B、SUB 和 MAIN）将使用 devm_led_classdev_register() 函数注册到 LED 子系统，将在 /sys/class/leds/ 目录下创建五个设备（红色、绿色、蓝色、子和主）。这五个设备将在内核驱动空间中通过同一个驱动程序 led_control() 函数来访问，它将在每次从用户态写入 sysfs brightness 条目时调用。两个额外的 sysfs 条目将被创建，用来允许从 RGB 切换到 SUB 设备，反之亦然。这两个驱动的 sysfs 函数设置 A2 位并启用 ENRGB/S 引脚来执行切换。

6.7.1　i.MX7D 处理器的硬件描述

在本实验室中，你将使用 MCIMX7D-SABRE mikroBUS 的 I2C 引脚连接到 DC749A-评估板。

在 MCIMX7D-SABRE 原理图的 20 页中查看 MikroBUS 连接器，并找到 SDA 和 SCL 引脚。将 MikroBUS SDA 引脚连接到 DC749A J1 连接器的引脚 7（SDA），将 MikroBUS SCL 引脚连接到 DC749A J1 连接器的引脚 4（SCL）。将 3.3V MikroBUS 引脚连接到

DC749A Vin J2 引脚和 DC749A J20 DVCC 引脚。将 MikroBUS MKBUS_INT 引脚连接到 DC749A J1 连接器的引脚 6（ENRGB/S）。不要忘记在两个单板之间连接 GND。

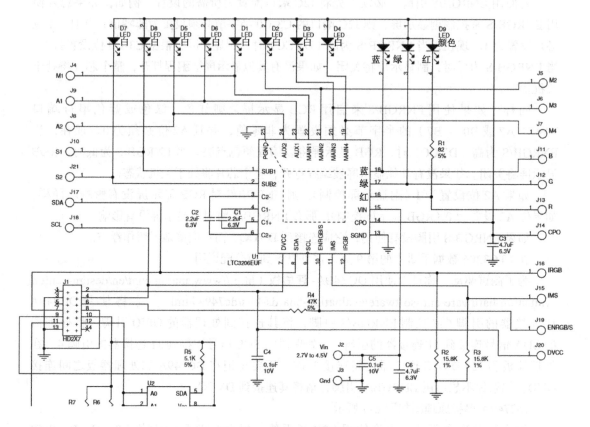

图 6-5 DC749A 单板原理图

6.7.2　SAMA5D2 处理器的硬件描述

打开 SAMA5D2B-XULT 开发板原理图，找到 J22 和 J17 连接器。将 J22 连接器的引脚 8（EXP_TWCK1_PD5）连接到 DC749A J1 连接器的引脚 4（SCL），并将 J22 连接器的引脚 7（EXP_TWD1_PD4）连接到 DC749A J1 连接器的引脚 7（SDA）。将 J17 连接器的引脚 30（ISC_D11/EXP_PB25）连接到 DC749A J1 连接器的引脚 6（ENRGB/S）。将 3.3V 从处理器单板连接到 DC749A Vin J2 引脚和 DC749A J20 DVCC 引脚。不要忘记在两个单板之间连接 GND。

6.7.3　BCM2837 处理器的硬件描述

对于 BCM2837 处理器，你将使用 GPIO 扩展连接器获得 I2C 信号。在 Raspberry-Pi-

3B-V1.2 原理图查看连接器。GPIO2 和 GPIO3 引脚将用于获取 SDA1 和 SCL1 信号。将它们连接到 DC749A J1 连接器的引脚 4（SCL）和引脚 7（SDA）。将 GPIO2 引脚 GPIO3 引脚连接到 DC749A J1 连接器的引脚 6（ENRGB/S）。将处理器单板的 3.3V 连接到 Vin J2 引脚和 DC749A J20 DVCC 引脚。不要忘记在两个单板之间连接 GND。

6.7.4　i.MX7D 处理器的设备树

在 MCIMX7D-SABRE mikroBUS 中，你可以看到 MKBUS_I2C_SCL 引脚连接到 I.MX7D 处理器的 I2C3_SCL 焊点，MKBUS_I2C_SDA 引脚连接到 I2C3_SDA 焊点。你必须将这些焊点配置为 I2C 信号。为了查找分配所需的 I2C 功能的宏，请转到 arch/arm/boot/dts/ 目录下的 imx7d-pinfunc.h 文件，并找到下面的宏：

```
#define MX7D_PAD_I2C3_SDA__I2C3_SDA     0x015C 0x03CC 0x05E8 0x0 0x2
#define MX7D_PAD_I2C3_SCL__I2C3_SCL     0x0158 0x03C8 0x05E4 0x0 0x2
```

MKBUS_INT 引脚连接到 SAI1_TX_SYNC 处理器的引脚。为了查找分配所需的 GPIO 功能的宏，请转到 arch/arm/boot/dts/ 目录下的 imx7d-pinfunc.h 文件，并找到下面的宏：

```
#define MX7D_PAD_SAI1_TX_SYNC__GPIO6_IO14     0x0208 0x0478 0x0000 0x5 0x0
```

现在，你可以修改设备树文件 imx7d-sdb.dts，在 i2c3 控制器主节点内添加 ltc3206@1b 子节点。该 ltc3206 节点的 pinctrl-0 属性指向 pinctrl_cs 引脚配置节点，其中 SAI1_TX_SYNC 焊点被复用为 GPIO 信号。gpio 属性将使 GPIO6 端口的 GPIO 引脚 14 可供驱动使用，以便你可以将引脚方向设置为输出，并将物理电平从 0 驱动到 1 以控制 ENRGB/S 引脚。reg 属性提供 LTC3206 I2C 地址。在 ltc3206 节点内有五个子节点代表不同的显示设备。这五个节点中的每个节点都有一个 label 属性，以便驱动能够识别它们并创建所提供的标签名的设备：

```
&i2c3 {
    clock-frequency = <100000>;
    pinctrl-names = "default";
    pinctrl-0 = <&pinctrl_i2c3>;
    status = "okay";

    ltc3206: ltc3206@1b {
            compatible = "arrow,ltc3206";
            reg = <0x1b>;
            pinctrl-0 = <&pinctrl_cs>;
            gpios = <&gpio6 14 GPIO_ACTIVE_LOW>;

            led1r {
                    label = "red";
            };

            led1b {
                    label = "blue";
            };
```

```
        led1g {
                label = "green";
        };

        ledmain {
                label = "main";
        };

        ledsub {
                label = "sub";
        };
    };

    sii902x: sii902x@39 {
            compatible = "SiI,sii902x";
            pinctrl-names = "default";
            pinctrl-0 = <&pinctrl_sii902x>;
            interrupt-parent = <&gpio2>;
            interrupts = <13 IRQ_TYPE_EDGE_FALLING>;
            mode_str ="1280x720M@60";
            bits-per-pixel = <16>;
            reg = <0x39>;
            status = "okay";
    };

    [...]

};
```

请参阅下面位于 iomuxc 节点内的 pinctrl_cs 引脚配置节点，其中 SAI1_TX_SYNC 焊点被复用为 GPIO 信号：

```
pinctrl_cs: cs_gpiogrp {
        fsl,pins = <
                MX7D_PAD_SAI1_TX_SYNC__GPIO6_IO14    0x2
        >;
};
```

6.7.5　SAMA5D2 处理器的设备树

打开 SAMA5D2B-XULT 单板原理图找到 J22 连接器。你可以看到 EXP_TWCK1_PD5 引脚连接到 SAMA5D2 处理器的 PD5 焊点，EXP_TWD1_PD4 引脚连接到 PD4 焊点。你必须将 PD5 和 PD4 焊点配置为 I2C 信号。为了查找分配所需的 I2C 功能的宏，请转到 arch/arm/boot/dts/ 目录下的 sama5d2-pinfunc.h 文件，并找到下面的宏：

```
#define PIN_PD4__TWD1        PINMUX_PIN(PIN_PD4, 1, 2)
#define PIN_PD5__TWCK1       PINMUX_PIN(PIN_PD5, 1, 2)
```

现在找到 J17 连接器。你可以看到 ISC_D11/EXP_PB25 引脚连接到 SAMA5D2 处理器的 PB25 焊点。你必须将此引脚配置为 GPIO 信号。为了查找分配所需的 GPIO 功能的宏，请转到 arch/arm/boot/dts/ 目录下的 sama5d2-pinfunc.h 文件，并找到下面的宏：

```
#define PIN_PB25__GPIO     PINMUX_PIN(PIN_PB25, 0, 0)
```

打开并修改设备树文件 at91-sama5d2_xplained_common.dtsi，在 i2c1 控制器主节点内添加 ltc3206@1b 子节点。该 ltc3206 节点的 pinctrl-0 属性指向 pinctrl_cs_default 引脚配置节点，其中 PB25 焊点被复用为 GPIO 信号。

PB25 焊点也被复用为 isc 节点的 GPIO。此节点包含在 arch/arm/boot/dts/ 文件夹下的 at91-sama5d2_xplained_ov7670.dtsi 文件中。在 at91-sama5d2_xplained_common.dtsi 文件中注释以下一行，以避免这种"复用"冲突：

```
//#include "at91-sama5d2_xplained_ov7670.dtsi"
```

gpios 属性使得 PIOB 端口的 GPIO 引脚 25 可供驱动使用，以便你可以将引脚方向设置为输出，并将物理电平从 0 驱动到 1，以控制 ENRGB/S 引脚。为了在 gpios 属性中设置此 GPIO 引脚，你将从 PIOA GPIO 引脚 0 到 PIOB GPIO 引脚 25 添加 I/O 行并设置 gpios 值 32 + 25 = 57。reg 属性提供 LTC3206 I2C 地址。在 ltc3206 节点内有五个子节点表示不同的显示设备。这五个节点中的每个节点都有一个 Label 属性，以便驱动能够识别并创建所提供的标签名的设备：

```
i2c1: i2c@fc028000 {
        dmas = <0>, <0>;
        pinctrl-names = "default";
        pinctrl-0 = <&pinctrl_i2c1_default>;
        status = "okay";

        [...]

        ltc3206: ltc3206@1b {
                compatible = "arrow,ltc3206";
                reg = <0x1b>;
                pinctrl-0 = <&pinctrl_cs_default>;
                gpios = <&pioA 57 GPIO_ACTIVE_LOW>;

                led1r {
                        label = "red";
                };

                led1b {
                        label = "blue";
                };

                led1g {
                        label = "green";
                };

                ledmain {
                        label = "main";
                };

                ledsub {
                        label = "sub";
```

```
                };
        };
        [...]

        at24@54 {
                compatible = "atmel,24c02";
                reg = <0x54>;
                pagesize = <16>;
        };
};
```

请参阅下面的 pinctrl_cs_default 引脚配置节点，其中 PB25 焊点被复用为 GPIO
信号：

```
pinctrl_cs_default: cs_gpio_default {
        pinmux = <PIN_PB25__GPIO>;
        bias-disable;
};
```

6.7.6　BCM2837 处理器的设备树

打开 Raspberry-Pi-3B-V1.2-Schematics 找到 GPIO EXPANSION 连接器。你可以看到
GPIO2 引脚连接到 BCM2837 处理器的 GPIO2 焊点，GPIO3 引脚连接到 GPIO3 焊点。通过
使用 ALT0 模式将这些焊点复用为 I2C 信号。你会将 GPIO EXPANSION GPIO23 引脚连接
到 DC749A J1 连接器的引脚 6（ENRGB/S），因此 GPIO23 焊点必须被复用为 GPIO 信号。

打开并修改设备树文件 bcm2710-rpi-3-b.dts，在 i2c1 控制器主节点内添加 ltc3206@
1b 子节点。该 ltc3206 节点的 pinctrl-0 属性指向 cs_pins 引脚配置节点，其中 GPIO23
焊点被复用为 GPIO 信号。gpios 属性使得 GPIO23 可供驱动使用，以便你可以设置引脚方
向为输出并将物理电平从 0 驱动到 1，以控制 ENRGB/S 引脚。reg 属性提供 LTC3206 I2C
地址。在 ltc3206 节点内有五个子节点表示不同的显示设备。五个节点中的每个节点都有
一个 label 属性，以便驱动程序能够识别并创建所提供的标签名的设备：

```
&i2c1 {
    pinctrl-names = "default";
    pinctrl-0 = <&i2c1_pins>;
    clock-frequency = <100000>;
    status = "okay";
    [...]

    ltc3206: ltc3206@1b {
            compatible = "arrow,ltc3206";
            reg = <0x1b>;
            pinctrl-0 = <&cs_pins>;
            gpios = <&gpio 23 GPIO_ACTIVE_LOW>;

            led1r {
                    label = "red";
            };
```

```
        led1b {
                label = "blue";
        };

        led1g {
                label = "green";
        };

        ledmain {
                label = "main";
        };

        ledsub {
                label = "sub";
        };
    };

  };
```

请参阅下面的 cs_pins 引脚配置节点，其中 GPIO23 焊点被复用为 GPIO 信号：

```
 cs_pins: cs_pins {
        brcm,pins = <23>;
        brcm,function = <1>;   /* Output */
        brcm,pull = <0>;       /* none */
 };
```

6.7.7 ACPI 和设备树的统一设备属性接口

在启动时，Linux 内核需要获得系统有关的硬件信息，这些硬件信息已经被编译，并使用两种主要方法进行存储：设备树和 ACPI 表。定义统一设备属性 API 以提供与现有设备树模式兼容的格式。其目的是允许重用现有的模式，并鼓励开发未知设备驱动固件。现在除了 DT 之外，还可以从 ACPI 传递设备配置信息。为了支持这一点，需要将驱动转换为使用统一设备属性函数，而不是特定于 DT。

下面的粗体函数与先前添加的用于 device 数据结构的相应函数类似：

```
fwnode_property_present() for device_property_present()
fwnode_property_read_u8() for device_property_read_u8()
fwnode_property_read_u16() for device_property_read_u16()
fwnode_property_read_u32() for device_property_read_u32()

fwnode_property_read_u64() for device_property_read_u64()
fwnode_property_read_string() for device_property_read_string()
fwnode_property_read_u8_array() for device_property_read_u8_array()
fwnode_property_read_u16_array() for device_property_read_u16_array()
fwnode_property_read_u32_array() for device_property_read_u32_array()
fwnode_property_read_u64_array() for for device_property_read_u64_array()
fwnode_property_read_string_array() for device_property_read_string_array()
```

对于所有这些函数，第一个参数是指向 include/linux/fwnode.h 中定义的 fwnode_handle 数据结构的指针，该结构允许获得设备描述符对象（取决于正在使用的平台固件接口）。

```
/* fwnode.h - Firmware device node object handle type definition. */
enum fwnode_type {
    FWNODE_INVALID = 0,
    FWNODE_OF,
    FWNODE_ACPI,
    FWNODE_ACPI_DATA,
    FWNODE_PDATA,
    FWNODE_IRQCHIP,
};

struct fwnode_handle {
    enum fwnode_type type;
    struct fwnode_handle *secondary;
};
```

新函数 device_for_each_child_node() 对特定设备关联的设备描述符子节点进行迭代（例如，struct device *dev = &client->dev），函数 device_get_child_node_count() 返回特定设备的子节点数量。

6.7.8 "I2C 多显 LED" 模块的代码描述

现在将介绍驱动的主要代码部分。

1. 包含头文件：

```
#include <linux/module.h>
#include <linux/i2c.h>
#include <linux/leds.h>
#include <linux/gpio/consumer.h>
#include <linux/delay.h>
```

2. 定义用于选择特定 I2C 设备命令的掩码：

```
#define CMD_RED_SHIFT        4
#define CMD_BLUE_SHIFT       4
#define CMD_GREEN_SHIFT      0
#define CMD_MAIN_SHIFT       4
#define CMD_SUB_SHIFT        0
#define EN_CS_SHIFT          (1 << 2)
```

3. 创建一个私有数据结构，该数据结构将存储五个 LED 设备中的每个设备的特定信息。第一个字段是 brightness 变量，它将保存从 "0" 到 "15" 的值。第二个字段是一个 led_classdev 数据结构变量，它将填充每个 LED 设备中的 probe() 函数。最后一个字段是指向一个私有数据结构的指针，它将保存更新的全局数据并暴露给所有 LED 设备，下面将分析该数据结构：

```
struct led_device {
    u8 brightness;
    struct led_classdev cdev;
    struct led_priv *private;
};
```

4. 创建一个私有数据结构，该数据结构将存储所有 LED 设备都可以访问的全局信息。私有数据结构的第一个字段是 num_leds 变量，它将保存声明的 DT LED 设备的数量。第二个字段是由三个命令组成的一个数组，它将保存在每个 I2C 事务中发送到 LTC3206 设备的命令值，display_cs 变量是指向 gpio_desc 数据结构的指针，它允许你控制 ENRGB/S 引脚，最后一个字段是指向 i2c_client 数据结构的指针，该结构将允许你获取 LTC3206 设备的 I2C 地址：

```
struct led_priv {
    u32 num_leds;
    u8 command[3];
    struct gpio_desc *display_cs;
    struct i2c_client *client;
};
```

5. 请参阅下面摘录的 probe() 程序，其中的关键代码以粗体标记。以下是在 probe() 函数中设置驱动的要点：

- 声明一个指向 fwnode_handle 数据结构的指针和一个指向全局私有 led_priv 数据结构的指针。
- 使用 device_get_child_node_count() 函数获取 LED 设备数量。
- 使用 devm_kzalloc() 分配全局私有数据结构，并将指向从端设备的指针保存于其中（private->client = client）。i2c_set_clientdata() 函数将分配的私有数据结构关联到 i2c_client 数据结构。
- 获取 GPIO 描述符并将其保存在全局私有结构中（private->display_cs = devm_gpiod_get(dev, NULL, GPIOD_ASIS)）。将 GPIO 引脚方向设置为输出，引脚物理电平设置为低（gpiod_direction_output(private->display_cs, 1)）；在其中一个 DT gpios 属性字段中声明 GPIO_ACTIVE_LOW，这意味着 gpiod_set_value(desc,1) 将物理电平设置为低，gpiod_set_value(desc,0) 将物理电平设置为高。
- device_for_each_child_of_node() 函数遍历每个 LED 子节点，使用 devm_kzalloc() 函数为它们分配一个私有数据结构 led_device，并初始化包含在每个分配的私有数据结构中的 led_classdev 字段。fwnode_property_read_string() 函数读取每个 LED 节点的 Label 属性，并将其保存在每个 led_device 数据结构的 cdev->name 字段中。
- devm_led_classdev_register() 函数将每个 LED 类设备注册到 LED 子系统。
- 最后，调用 sysfs_create_group() 函数添加一组"sysfs 属性文件"来控制 ENRGB/S 引脚。

```
static int __init ltc3206_probe(struct i2c_client *client,
                        const struct i2c_device_id *id)
{
```

```
        struct fwnode_handle *child;
        struct device *dev = &client->dev;
        struct led_priv *private;

        device_get_child_node_count(dev);

        private = devm_kzalloc(dev, sizeof(*private), GFP_KERNEL);
        private->client = client;
        i2c_set_clientdata(client, private);

        private->display_cs = devm_gpiod_get(dev, NULL, GPIOD_ASIS);
        gpiod_direction_output(private->display_cs, 1);

        /* Register sysfs hooks */
        sysfs_create_group(&client->dev.kobj, &display_cs_group);
        /* Do an iteration for each child node */
        device_for_each_child_node(dev, child) {

                struct led_device *led_device;
                struct led_classdev *cdev;

                led_device = devm_kzalloc(dev, sizeof(*led_device), GFP_KERNEL);

                cdev = &led_device->cdev;
                led_device->private = private;

                fwnode_property_read_string(child, "label", &cdev->name);

                if (strcmp(cdev->name,"main") == 0) {
                        led_device->cdev.brightness_set_blocking = led_control;
                        devm_led_classdev_register(dev, &led_device->cdev);
                }
                else if (strcmp(cdev->name,"sub") == 0) {
                        led_device->cdev.brightness_set_blocking = led_control;
                        devm_led_classdev_register(dev, &led_device->cdev);
                }
                else if (strcmp(cdev->name,"red") == 0) {
                        led_device->cdev.brightness_set_blocking = led_control;
                        ret = devm_led_classdev_register(dev, &led_device->cdev);
                }
                else if (strcmp(cdev->name,"green") == 0) {
                        led_device->cdev.brightness_set_blocking = led_control;
                        ret = devm_led_classdev_register(dev, &led_device->cdev);
                }
                else if (strcmp(cdev->name,"blue") == 0) {
                        led_device->cdev.brightness_set_blocking = led_control;
                        ret = devm_led_classdev_register(dev, &led_device->cdev);
                }
                else {
                        dev_err(dev, "Bad device tree value\n");
                        return -EINVAL;
                }

                private->num_leds++;
        }

        dev_info(dev, "i am out of the device tree\n");
        dev_info(dev, "my_probe() function is exited.\n");
        return 0;
}
```

6. 编写 LED 亮度控制函数 led_control()。每当你的用户态应用程序在每个 LED 设备下写入 sysfs brightness 条目（/sys/class/leds/<device>/brightness）时，驱动的 led_control() 函数将会被调用。LED 子系统隐藏了创建类、类中的设备和每个设备 sysfs 条目的复杂性。使用 container_of() 函数获取与每个设备关联的私有 led_device 数据结构。根据从 led_device 数据结构中的 cdev->name 中获取值的不同，将不同的掩码应用于字符数组命令值，然后将更新的值存储在全局变量 led_priv 数据结构中。最后，你将调用 ltc3206_led_write() 函数将更新的命令值发送到 LTC3206 设备，它将调用底层的 i2c_master_send() 函数。

7. 在 probe() 函数中，你通过编写代码行 sysfs_create_group(&client->dev.kobj, &display_cs_group) 添加一组 "sysfs 属性文件" 来控制 ENRGB/S 引脚。现在，你将创建两个 device_attribute 数据结构，分别命名为 "rgb" 和 "sub" 并将这两个属性组织成一个组：

```
static DEVICE_ATTR(rgb, S_IWUSR, NULL, rgb_select);
static DEVICE_ATTR(sub, S_IWUSR, NULL, sub_select);

static struct attribute *display_cs_attrs[] = {
        &dev_attr_rgb.attr,
        &dev_attr_sub.attr,
        NULL,
};

static struct attribute_group display_cs_group = {
        .name = "display_cs",
        .attrs = display_cs_attrs,
};
```

8. 编写 sysfs rgb_select() 和 sub_select() 函数，这些函数将在每次用户应用程序将 "on" 或 "off" 写入 "rgb" 和 "sub" sysfs 条目时调用。在这些函数中，你将使用 to_i2c_client() 函数获取 i2_client 数据结构，然后用 i2c_get_clientdata() 函数更新全局 led_priv 数据结构。i2c_get_clientdata() 函数将先前获取的 i2_client 数据结构作为参数。一旦检索到全局私有结构，你就可以使用掩码 EN_CS_SHIFT 更新 command[0] 的 A2 位，在此之后，你将使用 ltc3206_led_write() 函数发送新的命令值到 LTC3206 设备。根据所选的 "on" 或 "off" 值，GPIO 物理电平将被 gpiod_set_value() 函数设置为从 "低到高" 或从 "高到低"，该函数以存储在全局 led_priv 数据结构的 gpio 描述符作为参数。

9. 声明驱动支持的设备列表：

```
static const struct of_device_id my_of_ids[] = {
        { .compatible = "arrow, ltc3206", },
        { }
};
MODULE_DEVICE_TABLE(of, my_of_ids);
```

10. 定义一个 i2c_device_id 数据结构数组：

```
static const struct i2c_device_id ltc3206_id[] = {
    { "ltc3206", 0 },
    { }
};
MODULE_DEVICE_TABLE(i2c, ltc3206_id);
```

11. 添加一个将要注册到 I2C 总线的 i2c_driver 数据结构：

```
static struct i2c_driver ltc3206_driver = {
    .probe =        ltc3206_probe,
    .remove =       ltc3206_remove,
    .id_table =     ltc3206_id,
    .driver = {
            .name = "ltc3206",
            .of_match_table = my_of_ids,
            .owner = THIS_MODULE,
    }
};
```

12. 在 I2C 总线上注册你的驱动：

```
module_i2c_driver(ltc3206_driver);
```

13. 构建修改后的设备树，并将其加载到目标处理器。

在下面的代码清单 6-2 中，请参阅 i.MX7D 处理器的 "I2C 多显 LED" 驱动源代码（ltc3206_imx_led_class.c）。

注意：SAMA5D2（ltc3206_sam_led_class.c）和 BCM2837（ltc3206_rpi_led_class.c）驱动的源代码可以从本书的 GitHub 仓库中下载。

6.8 代码清单 6-2：ltc3206_imx_led_class.c

```
#include <linux/module.h>
#include <linux/i2c.h>
#include <linux/leds.h>
#include <linux/gpio/consumer.h>
#include <linux/delay.h>
#define LED_NAME_LEN        32
#define CMD_RED_SHIFT       4
#define CMD_BLUE_SHIFT      4
#define CMD_GREEN_SHIFT     0
#define CMD_MAIN_SHIFT      4
#define CMD_SUB_SHIFT       0
#define EN_CS_SHIFT         (1 << 2)

/* set an led_device struct for each 5 led device */
struct led_device {
    u8 brightness;
    struct led_classdev cdev;
    struct led_priv *private;
```

```
};

/*
 * store the global parameters shared for the 5 led devices
 * the parameters are updated after each led_control() call
 */
struct led_priv {
    u32 num_leds;
    u8 command[3];
    struct gpio_desc *display_cs;
    struct i2c_client *client;
};

/* function that writes to the I2C device */
static int ltc3206_led_write(struct i2c_client *client, u8 *command)
{
    int ret = i2c_master_send(client, command, 3);
    if (ret >= 0)
            return 0;
    return ret;
}

/* the sysfs functions */
static ssize_t sub_select(struct device *dev, struct device_attribute *attr,
                            const char *buf, size_t count)
{
    char *buffer;
    struct i2c_client *client;
    struct led_priv *private;

    buffer = buf;

    /* replace \n added from terminal with \0 */
    *(buffer+(count-1)) = '\0';

    client = to_i2c_client(dev);
    private = i2c_get_clientdata(client);

    private->command[0] |= EN_CS_SHIFT; /* set the 3d bit A2 */
    ltc3206_led_write(private->client, private->command);

    if(!strcmp(buffer, "on")) {
            gpiod_set_value(private->display_cs, 1); /* low */
            usleep_range(100, 200);
            gpiod_set_value(private->display_cs, 0); /* high */
    }
    else if (!strcmp(buffer, "off")) {
            gpiod_set_value(private->display_cs, 0); /* high */
            usleep_range(100, 200);
            gpiod_set_value(private->display_cs, 1); /* low */
    }
    else {
            dev_err(&client->dev, "Bad led value.\n");
            return -EINVAL;
    }

    return count;
}
static DEVICE_ATTR(sub, S_IWUSR, NULL, sub_select);

static ssize_t rgb_select(struct device *dev, struct device_attribute *attr,
```

```
                            const char *buf, size_t count)
{
    char *buffer;
    struct i2c_client *client = to_i2c_client(dev);
    struct led_priv *private = i2c_get_clientdata(client);
    buffer = buf;

    *(buffer+(count-1)) = '\0';

    private->command[0] &= ~(EN_CS_SHIFT); /* clear the 3d bit */

    ltc3206_led_write(private->client, private->command);

    if(!strcmp(buffer, "on")) {
            gpiod_set_value(private->display_cs, 1); /* low */
            usleep_range(100, 200);
            gpiod_set_value(private->display_cs, 0); /* high */
    }
    else if (!strcmp(buffer, "off")) {
            gpiod_set_value(private->display_cs, 0); /* high */
            usleep_range(100, 200);
            gpiod_set_value(private->display_cs, 1); /* low */

    }
    else {
            dev_err(&client->dev, "Bad led value.\n");
            return -EINVAL;
    }

    return count;
}
static DEVICE_ATTR(rgb, S_IWUSR, NULL, rgb_select);

static struct attribute *display_cs_attrs[] = {
    &dev_attr_rgb.attr,
    &dev_attr_sub.attr,
    NULL,
};

static struct attribute_group display_cs_group = {
    .name = "display_cs",
    .attrs = display_cs_attrs,
};

/*
 * this is the function that is called for each led device
 * when writing the brightness file under each device
 * the command parameters are kept in the led_priv struct
 * that is pointed inside each led_device struct
 */
static int led_control(struct led_classdev *led_cdev,
                        enum led_brightness value)
{
    struct led_classdev *cdev;
    struct led_device *led;
    led = container_of(led_cdev, struct led_device, cdev);
    cdev = &led->cdev;
    led->brightness = value;

    dev_info(cdev->dev, "the subsystem is %s\n", cdev->name);
```

```
    if (value > 15 || value < 0)
            return -EINVAL;

    if (strcmp(cdev->name,"red") == 0) {
            led->private->command[0] &= 0x0F; /* clear the upper nibble */
            led->private->command[0] |= ((led->brightness << CMD_RED_SHIFT) & 0xF0);
    }
    else if (strcmp(cdev->name,"blue") == 0) {
            led->private->command[1] &= 0x0F; /* clear the upper nibble */
            led->private->command[1] |=
                    ((led->brightness << CMD_BLUE_SHIFT) & 0xF0);
    }
    else if (strcmp(cdev->name,"green") == 0) {
            led->private->command[1] &= 0xF0; /* clear the lower nibble */
            led->private->command[1] |=
                    ((led->brightness << CMD_GREEN_SHIFT) & 0x0F);
    }
    else if (strcmp(cdev->name,"main") == 0) {
            led->private->command[2] &= 0x0F; /* clear the upper nibble */
            led->private->command[2] |=
                    ((led->brightness << CMD_MAIN_SHIFT) & 0xF0);
    }
    else if (strcmp(cdev->name,"sub") == 0) {
            led->private->command[2] &= 0xF0; /* clear the lower nibble */
            led->private->command[2] |= ((led->brightness << CMD_SUB_SHIFT) & 0x0F);
    }
    else
            dev_info(cdev->dev, "No display found\n");

    return ltc3206_led_write(led->private->client, led->private->command);
}

static int __init ltc3206_probe(struct i2c_client *client,
                                const struct i2c_device_id *id)
{
    int count, ret;
    u8 value[3];
    struct fwnode_handle *child;
    struct device *dev = &client->dev;
    struct led_priv *private;

    dev_info(dev, "platform_probe enter\n");

    /*
     * set blue led maximum value for i2c testing
     * ENRGB must be set to VCC to do the testing
     */
    value[0] = 0x00;
    value[1] = 0xF0;
    value[2] = 0x00;

    i2c_master_send(client, value, 3);

    dev_info(dev, "led BLUE is ON\n");

    count = device_get_child_node_count(dev);
    if (!count)
            return -ENODEV;
```

```
dev_info(dev, "there are %d nodes\n", count);

private = devm_kzalloc(dev, sizeof(*private), GFP_KERNEL);
if (!private)
        return -ENOMEM;

private->client = client;
i2c_set_clientdata(client, private);

private->display_cs = devm_gpiod_get(dev, NULL, GPIOD_ASIS);
if (IS_ERR(private->display_cs)) {
        ret = PTR_ERR(private->display_cs);
        dev_err(dev, "Unable to claim gpio\n");
        return ret;
}

gpiod_direction_output(private->display_cs, 1);

/* Register sysfs hooks */
ret = sysfs_create_group(&client->dev.kobj, &display_cs_group);
if (ret < 0) {
        dev_err(&client->dev, "couldn't register sysfs group\n");
        return ret;
}

/* parse all the child nodes */
device_for_each_child_node(dev, child) {

        struct led_device *led_device;
        struct led_classdev *cdev;

        led_device = devm_kzalloc(dev, sizeof(*led_device), GFP_KERNEL);
        if (!led_device)
                return -ENOMEM;

        cdev = &led_device->cdev;
        led_device->private = private;

        fwnode_property_read_string(child, "label", &cdev->name);

        if (strcmp(cdev->name,"main") == 0) {
                led_device->cdev.brightness_set_blocking = led_control;
                ret = devm_led_classdev_register(dev, &led_device->cdev);
                if (ret)
                        goto err;
                dev_info(cdev->dev, "the subsystem is %s and num is %d\n",
                        cdev->name, private->num_leds);
        }
        else if (strcmp(cdev->name,"sub") == 0) {
                led_device->cdev.brightness_set_blocking = led_control;
                ret = devm_led_classdev_register(dev, &led_device->cdev);
                if (ret)
                        goto err;
                dev_info(cdev->dev, "the subsystem is %s and num is %d\n",
                        cdev->name, private->num_leds);
        }
        else if (strcmp(cdev->name,"red") == 0) {
                led_device->cdev.brightness_set_blocking = led_control;
                ret = devm_led_classdev_register(dev, &led_device->cdev);
                if (ret)
```

```
                                   goto err;
                           dev_info(cdev->dev, "the subsystem is %s and num is %d\n",
                                       cdev->name, private->num_leds);
                   }
               else if (strcmp(cdev->name,"green") == 0) {
                       led_device->cdev.brightness_set_blocking = led_control;
                       ret = devm_led_classdev_register(dev, &led_device->cdev);
                       if (ret)
                               goto err;
                       dev_info(cdev->dev, "the subsystem is %s and num is %d\n",
                                   cdev->name, private->num_leds);
               }
               else if (strcmp(cdev->name,"blue") == 0) {
                       led_device->cdev.brightness_set_blocking = led_control;
                       ret = devm_led_classdev_register(dev, &led_device->cdev);
                       if (ret)
                               goto err;
                       dev_info(cdev->dev, "the subsystem is %s and num is %d\n",
                                   cdev->name, private->num_leds);
               }
               else {
                       dev_err(dev, "Bad device tree value\n");
                       return -EINVAL;
               }

               private->num_leds++;
       }

   dev_info(dev, "i am out of the device tree\n");
   dev_info(dev, "my_probe() function is exited.\n");
   return 0;

err:
   fwnode_handle_put(child);
   sysfs_remove_group(&client->dev.kobj, &display_cs_group);
   return ret;
}

static int ltc3206_remove(struct i2c_client *client)
{
   dev_info(&client->dev, "leds_remove enter\n");
   sysfs_remove_group(&client->dev.kobj, &display_cs_group);
   dev_info(&client->dev, "leds_remove exit\n");

   return 0;
}

static const struct of_device_id my_of_ids[] = {
   { .compatible = "arrow,ltc3206"},
   {},
};
MODULE_DEVICE_TABLE(of, my_of_ids);

static const struct i2c_device_id ltc3206_id[] = {
   { "ltc3206", 0 },
   { }
};
MODULE_DEVICE_TABLE(i2c, ltc3206_id);

static struct i2c_driver ltc3206_driver = {
```

```
        .probe =          ltc3206_probe,
        .remove =         ltc3206_remove,
        .id_table =       ltc3206_id,
        .driver = {
                .name = "ltc3206",
                .of_match_table = my_of_ids,
                .owner = THIS_MODULE,
        }
};

module_i2c_driver(ltc3206_driver);

MODULE_LICENSE("GPL");
MODULE_AUTHOR("Alberto Liberal <aliberal@arroweurope.com>");
MODULE_DESCRIPTION("This is a driver that controls the \
                    ltc3206 I2C multidisplay device");
```

6.9 ltc3206_imx_led_class.ko 演示

Connect the ENRGB/S pin to DVCC

root@imx7dsabresd:~# **insmod ltc3206_imx_led_class.ko** /* load the module, probe() function is called 5 times, and the LED BLUE is ON */
root@imx7dsabresd:~# **ls -l /sys/class/leds** /* find all the devices under leds class */
root@imx7dsabresd:~# **echo 10 > /sys/class/leds/red/brightness** /* switch on the LED RED with value 10 of brightness */
root@imx7dsabresd:~# **echo 15 > /sys/class/leds/red/brightness** /* set maximum brightness for LED RED */
root@imx7dsabresd:~# **echo 0 > /sys/class/leds/red/brightness** /* switch off the LED RED */
root@imx7dsabresd:~# **echo 10 > /sys/class/leds/blue/brightness** /* switch on the LED BLUE with value 10 of brightness */
root@imx7dsabresd:~# **echo 15 > /sys/class/leds/blue/brightness** /* set maximum brightness for LED BLUE */
root@imx7dsabresd:~# **echo 0 > /sys/class/leds/blue/brightness** /* switch off the LED BLUE */
root@imx7dsabresd:~# **echo 10 > /sys/class/leds/green/brightness** /* switch on the LED GREEN with value 10 of brightness */
root@imx7dsabresd:~# **echo 15 > /sys/class/leds/green/brightness** /* set maximum brightness for LED GREEN */
root@imx7dsabresd:~# **echo 0 > /sys/class/leds/green/brightness** /* switch off the LED GREEN */
root@imx7dsabresd:~# **echo 10 > /sys/class/leds/main/brightness** /* switch on the display MAIN with value 10 of brightness */
root@imx7dsabresd:~# **echo 15 > /sys/class/leds/main/brightness** /* set maximum brightness for MAIN display*/
root@imx7dsabresd:~# **echo 0 > /sys/class/leds/main/brightness** /* switch off the MAIN display */
root@imx7dsabresd:~# **echo 10 > /sys/class/leds/sub/brightness** /* switch on the SUB display with value 10 of brightness */
root@imx7dsabresd:~# **echo 15 > /sys/class/leds/sub/brightness** /* set maximum brightness for SUB display */
root@imx7dsabresd:~# **echo 0 > /sys/class/leds/sub/brightness** /* switch off the SUB display */

"Mix RED, GREEN, BLUE colors"

root@imx7dsabresd:~# **echo 15 > /sys/class/leds/red/brightness**
root@imx7dsabresd:~# **echo 15 > /sys/class/leds/blue/brightness**

```
root@imx7dsabresd:~# echo 15 > /sys/class/leds/green/brightness
```

```
root@imx7dsabresd:~# rmmod ltc3206_imx_led_class.ko /* remove the module, remove()
function is called 5 times */
```

"Switch off the board´s supply and connect the ENRGB/S pin to the Mikrobus INT pin.
Switch on the board´s supply booting the target processor"

```
root@imx7dsabresd:~# insmod ltc3206_imx_led_class.ko /* load the module, probe()
function is called 5 times, and the LED BLUE is OFF */
root@imx7dsabresd:~# echo 10 > /sys/class/leds/sub/brightness /* switch on the SUB
display with value 10 of brightness, the SUB display is ON */
root@imx7dsabresd:~# echo 10 > /sys/class/leds/red/brightness /* switch on the LED
RED with value 10 of brightness, the LED RED is OFF */
root@imx7dsabresd:~# echo off > /sys/class/i2c-dev/i2c-2/device/2-001b/display_cs/
sub /* switch OFF the SUB display and swith on the LED RED */
```

```
root@imx7dsabresd:~# echo off > /sys/class/i2c-dev/i2c-2/device/2-001b/display_cs/
rgb /* switch OFF the RGB LED and swith on the SUB display */
```

```
root@imx7dsabresd:~# rmmod ltc3206_imx_led_class.ko /* remove the module, remove()
function is called 5 times */
```

第7章
处理设备驱动中的中断

IRQ 是来自设备的中断请求。它可以来自不同的设备，例如 GPIO、EXTI 或者片上外部设备。不同设备可以使用相同的中断线，从而共享同一个 IRQ。

在 Linux 中，**IRQ 编号**是对机器上不同中断源的枚举。通常情况下，枚举的是系统中所有中断控制器的输入引脚。IRQ 号是一个**虚拟的中断** ID，与硬件无关。

目前 Linux 内核的设计，使用了一个唯一的、巨大的数字空间，每个独立的 IRQ 源被分配一个不同的数字。当只有一个中断控制器时，这很简单；但在有多个中断控制器的系统中，内核必须确保每个中断控制器都能分配到不相同的 IRQ 号。

注册为不同中断芯片的**中断控制器**的数量越来越多：不同种类的子驱动程序（例如，GPIO 控制器）通过将其中断处理程序建模为级联中断控制器的中断芯片，避免重新实现相同的回调机制（例如 IRQ 核心系统）。这样，IRQ 号就失去了与硬件中断号的所有对应关系。过去，可以通过选择 IRQ 号，使其与进入根中断控制器的硬件中断线相匹配（例如，实际上将中断线触发到 CPU 的组件）；而现在 IRQ 号只是一个数字。因此，我们需要一种机制将中断控制器的本地中断号（称为**硬件 irq（hwirq）**）与 Linux IRQ 号分开。

依赖于特定体系结构的中断控制器驱动程序将 `irq_chip` 数据结构注册到内核中。该数据结构包含一组指向回调函数的指针，这些回调函数用于管理 IRQ。关于此数据结构的更多详情，请参见 https://www.kernel.org/doc/htmldocs/genericirq/API-struct-irq-chip.html。

```
/*
 * struct irq_chip - hardware interrupt chip descriptor
 * @parent_device:      pointer to parent device for irqchip
 * @name:               name for /proc/interrupts
 * @irq_startup:        start up the interrupt (defaults to ->enable if NULL)
 * @irq_shutdown:       shut down the interrupt (defaults to ->disable if NULL)
 * @irq_enable:         enable the interrupt (defaults to chip->unmask if NULL)
 * @irq_disable:        disable the interrupt
 * @irq_ack:            start of a new interrupt
 * @irq_mask:           mask an interrupt source
 * @irq_mask_ack:       ack and mask an interrupt source
 * @irq_unmask:         unmask an interrupt source
 * @irq_eoi:            end of interrupt
 * @irq_set_affinity:   set the CPU affinity on SMP machines
 * @irq_retrigger:      resend an IRQ to the CPU
```

```
 * @irq_set_type:        set the flow type (IRQ_TYPE_LEVEL/etc.) of an IRQ
 * @irq_set_wake:        enable/disable power-management wake-on of an IRQ
 [...]
 */
struct irq_chip {
    struct device   *parent_device;
    const char      *name;
    unsigned int    (*irq_startup)(struct irq_data *data);
    void            (*irq_shutdown)(struct irq_data *data);
    void            (*irq_enable)(struct irq_data *data);
    void            (*irq_disable)(struct irq_data *data);

    void            (*irq_ack)(struct irq_data *data);
    void            (*irq_mask)(struct irq_data *data);
    void            (*irq_mask_ack)(struct irq_data *data);
    void            (*irq_unmask)(struct irq_data *data);
    void            (*irq_eoi)(struct irq_data *data);

    [...]

};
```

芯片级硬件描述符 irq_chip 数据结构包含了所有与芯片直接相关的功能，可以由 IRQ 流处理程序所使用。irq_chip 数据结构中的原语的含义恰如其名：ack 表示确认中断，masking 表示对中断线的屏蔽，等等。IRQ 流处理程序将使用这些基本的低级功能单元。

Linux IRQ 号始终与 irq_desc 数据结构绑定，该数据结构代表了 IRQ。IRQ 描述符的列表保存在以 IRQ 编号为索引的数组中（中断由一个"unsigned int"值引用，通过该数值可以在 IRQ 描述符数据结构数组中选择相应的中断描述数据结构）。irq_desc 数据结构包含一个指向 irq_domain 数据结构的指针（包含在 irq_data 数据结构中）。irq_desc 数据结构的 handle_irq 字段是 irq_flow_handler_t 类型的函数指针，指向的是中断线的 IRQ 流处理高级函数（typedef void (* irq_flow_handler_t)(struct irq_desc*desc);）。每当中断触发时，底层体系结构相关的代码就会通过调用 irq_desc-> handle_irq 来调用通用中断代码。IRQ 流处理函数仅使用由指定芯片描述符结构引用的 irq_desc-> irq_data->chip 所提供的原语。

```
struct irq_desc {
    struct irq_common_data       irq_common_data;
    struct irq_data              irq_data;
    unsigned int __percpu        *kstat_irqs;
    irq_flow_handler_t           handle_irq;
#ifdef CONFIG_IRQ_PREFLOW_FASTEOI
    irq_preflow_handler_t        preflow_handler;
#endif
    struct irqaction             *action; /* IRQ action list */
    unsigned int                 status_use_accessors;
    unsigned int                 core_internal_state__do_not_mess_with_it;
    unsigned int                 depth; /* nested irq disables */
    unsigned int                 wake_depth; /* nested wake enables */
    unsigned int                 irq_count; /* For detecting broken IRQs */
```

```
    unsigned long                   last_unhandled; /* Aging timer unhandled count */
    unsigned int                    irqs_unhandled;
    atomic_t                        threads_handled;
    int                             threads_handled_last;
    raw_spinlock_t                  lock;
    struct cpumask                  *percpu_enabled;
    const struct cpumask            *percpu_affinity;
#ifdef CONFIG_SMP
    const struct cpumask            *affinity_hint;
    struct irq_affinity_notify      *affinity_notify;
#ifdef CONFIG_GENERIC_PENDING_IRQ
    cpumask_var_t                   pending_mask;

[...]

}
```

在每个 `irq_desc` 数据结构内都有一个 `irq_data` 数据结构的实例（在上面的 `irq_desc` 结构中以粗体显示），其中包含与中断管理相关的底层信息，例如 Linux IRQ 号、hwirq 号、中断转换域（`irq_domain` 数据结构）、指向中断控制器操作（`irq_chip` 数据结构）的指针以及其他重要字段。

```
/*
 * struct irq_data - per irq chip data passed down to chip functions
 * @mask:       precomputed bitmask for accessing the chip registers
 * @irq:        interrupt number
 * @hwirq:      hardware interrupt number, local to the interrupt domain
 * @common:     point to data shared by all irqchips
 * @chip:       low level interrupt hardware access
 * @domain:     Interrupt translation domain; responsible for mapping
 *              between hwirq number and linux irq number.
 * @parent_data: pointer to parent struct irq_data to support hierarchy
 *              irq_domain
 * @chip_data:  platform-specific per-chip private data for the chip
 *              methods, to allow shared chip implementations
 */
struct irq_data {
    u32                     mask;
    unsigned int            irq;    /* linux IRQ number */
    unsigned long           hwirq;  /* hwirq number */
    struct irq_common_data  *common;
    struct irq_chip         *chip;  /* low level int controller hw access */
    struct irq_domain       *domain;
#ifdef    CONFIG_IRQ_DOMAIN_HIERARCHY
    struct irq_data         *parent_data;
#endif
    void                    *chip_data;
};
```

7.1　GPIO 控制器在 Linux 内核的中断域

内核内部使用唯一的数字空间来表示 IRQ 号，任意两个中断使用的编号都不一样。当嵌入式处理器只具有单个中断控制器（IC）时，这样是没有问题的。但是，一旦有两个 IC

（例如，两个 irq_chip）可用时（例如，GIC 和 GPIO IC），就需要进行映射了。为了解决此问题，Linux 内核提出了 **IRQ 域**的概念，它是硬件 IRQ 号与内核内部使用的 IRQ 号之间的明确定义的转换接口。

irq_domain 数据结构是表示中断控制器"域"的数据结构。它处理一个给定中断域的硬件 IRQ 号和虚拟中断号之间的映射。

```
struct irq_domain {
    struct list_head link;
    const char *name;
    const struct irq_domain_ops *ops;
    void *host_data;
    unsigned int flags;

    /* Optional data */
    struct fwnode_handle *fwnode;
    enum irq_domain_bus_token bus_token;
    struct irq_domain_chip_generic *gc;
#ifdef      CONFIG_IRQ_DOMAIN_HIERARCHY
    struct irq_domain *parent;
#endif

    /* reverse map data. The linear map gets appended to the irq_domain */
    irq_hw_number_t hwirq_max;
    unsigned int revmap_direct_max_irq;
    unsigned int revmap_size;
    struct radix_tree_root revmap_tree;
    unsigned int linear_revmap[];
};
```

中断控制器驱动程序通过调用 irq_domain_add_*() 系列函数之一来分配和注册 irq_domain。成功时，该函数将返回指向 irq_domain 数据结构的指针。驱动程序必须向相应分配器函数传入一个 irq_domain_ops 数据结构作为参数。从 hwirq 到 Linux IRQ 的反向映射有好几种可用的机制，每种机制使用不同的分配函数。大多数驱动程序应通过 irq_domain_add_linear() 函数来使用线性映射。可以在 Documentation/IRQ-domain.txt 中查看其他映射方法的描述。

```
/*
 * irq_domain_add_linear() - Allocate and register a linear revmap irq_domain.
 * @of_node: pointer to interrupt controller's device tree node.
 * @size: Number of interrupts in the domain,eg.,the number of GPIO inputs
 * @ops: map/unmap domain callbacks
 * @host_data: Controller private data pointer
 */
struct irq_domain *irq_domain_add_linear(struct device_node *of_node,
                                         unsigned int size,
                                         const struct irq_domain_ops *ops,
                                         void *host_data)
{
    return __irq_domain_add(of_node_to_fwnode(of_node), size,
                        size, 0, ops, host_data);
}
```

在大多数情况下，irq_domain 数据结构在开始时为空，而 hwirq 和 IRQ 号之间没有任何映射。通过调用 irq_create_mapping() 将 IRQ 映射填充到 irq_domain 数据结构中，该函数接收 irq_domain 和 hwirq 号作为参数并返回 Linux IRQ 号：

```
unsigned int irq_create_mapping(struct irq_domain *domain,
                                irq_hw_number_t hwirq)
{
    struct device_node *of_node;
    int virq;

    [...]
    of_node = irq_domain_get_of_node(domain);

    /* Check if mapping already exists */
    virq = irq_find_mapping(domain, hwirq);
    if (virq) {
        pr_debug("-> existing mapping on virq %d\n", virq);
        return virq;
    }

    /* Allocate a Linux IRQ number */
    virq = irq_domain_alloc_descs(-1, 1, hwirq, of_node_to_nid(of_node), NULL);
    if (virq <= 0) {
        pr_debug("-> virq allocation failed\n");
        return 0;
    }

    if (irq_domain_associate(domain, virq, hwirq)) {
        irq_free_desc(virq);
        return 0;
    }

    pr_debug("irq %lu on domain %s mapped to virtual irq %u\n",
            hwirq, of_node_full_name(of_node), virq);

    return virq;
}
```

在编写 GPIO 控制器的驱动程序（同时也是中断控制器的驱动程序）时，可以从 gpio_chip.to_irq() 回调函数中调用 irq_create_mapping()。每当驱动程序调用 gpiod_to_irq() 函数以获取与 GPIO 中断控制器的 GPIO 引脚相关联的虚拟 Linux IRQ 号时，都会调用此回调函数。另一种方法是预先为每个 hwirq 进行映射（在 probe() 函数内部），如下所示：

```
for (j = 0; j < gpiochip->chip.ngpio; j++) {
    irq = irq_create_mapping(
    gpiochip ->irq_domain, j);
}
```

如果你在 probe() 函数中进行映射，则可以在 gpio_chip.to_irq() 回调函数中恢复映射的 Linux IRQ 号，该回调函数调用 irq_find_mapping() 函数，例如，如你在下面的代码中所看到的那样（该代码是从位于 drivers/pinctrl/pinctrl-at91-pio4.c 文件中的

SAMA5D2 PIO4 控制器驱动程序中摘录的）：

```
static int atmel_gpio_to_irq(struct gpio_chip *chip, unsigned offset)
{
    struct atmel_pioctrl *atmel_pioctrl = gpiochip_get_data(chip);
    return irq_find_mapping(atmel_pioctrl->irq_domain, offset);
}

static struct gpio_chip atmel_gpio_chip = {
    .direction_input      = atmel_gpio_direction_input,
    .get                  = atmel_gpio_get,
    .direction_output     = atmel_gpio_direction_output,
    .set                  = atmel_gpio_set,
    .to_irq               = atmel_gpio_to_irq,
    .base                 = 0,
};
```

如果 hwirq 的映射尚不存在，则 irq_create_mapping() 将分配一个新的 Linux irq_
desc，将其与 hwirq 关联，然后调用 irq_domain_ops.map() 回调（通过 irq_domain_
associate() 函数），这样驱动程序可以执行任何必需的硬件设置。在 .map() 中创建 Linux
IRQ 号和 hwirq 之间的映射。映射是在调用 irq_set_chip_and_handler() 函数的 .map()
内部完成的。irq_set_chip_and_handler() 函数的第三个参数（handle）确定封装函
数，它将调用真正的处理程序，例如使用 request_irq() 或 request_threaded_irq() 为
"GPIO 设备"中断而注册的处理程序。该 GPIO 设备也可以是 GPIO 控制器（例如，参见位
于 drivers/gpio/ 目录下的 gpio-max732x.c 驱动程序）。

如果 GPIO 控制器驱动程序未实现 .map() 函数，则可以在 probe() 函数中调用 irq_
set_chip_and_handler()，如下面的代码所示（该代码摘自 drivers/pinctrl/ pinctrl-
at91-pio4.c 中的 SAMA5D2 PIO4 控制器驱动程序）。GPIO 控制器的每个输入引脚都映射
到 GPIO 控制器的 irq_domain 中，并提供了封装处理函数 handle_simple_irq，该函数将
调用每个 GPIO 设备驱动程序的中断处理程序，中断处理程序为 GPIO 控制器的特定的输入
引脚声明了 Linux IRQ 号。

```
for (i = 0; i < atmel_pioctrl->npins; i++) {
        int irq = irq_create_mapping(atmel_pioctrl->irq_domain, i);

        irq_set_chip_and_handler(irq, &atmel_gpio_irq_chip,
                                 handle_simple_irq);
        irq_set_chip_data(irq, atmel_pioctrl);
        dev_dbg(dev,
                "atmel gpio irq domain: hwirq: %d, linux irq: %d\n",
                i, irq);
}
```

GPIO 中断芯片通常属于以下两类之一：

1. **级联 GPIO 中断芯片**：这些通常是嵌入 SoC 中的中断芯片。这意味着有一个用于
GPIO 的快速中断处理程序，可从父中断处理程序（通常是系统中断控制器）中以级联方式

调用。这意味着使用 irq_set_chained_handler() 或相应的 API 注册 GPIO 中断芯片，并且将立即从父中断芯片（例如 SAMA5D2 处理器中的高级中断控制器（AIC）或 i.MX7D 系列中的通用中断控制器（GIC））调用 **GPIO 中断芯片处理程序**，同时保持 IRQ 处于禁用状态。GPIO 中断芯片的中断处理程序中将通过调用如下的序列来结束：

```
static void atmel_gpio_irq_handler()
        chained_irq_enter(...);
        generic_handle_irq(...);
        chained_irq_exit(...);
```

SoC 的 GPIO 控制器驱动程序调用 generic_handle_irq() 来运行每个特定的 GPIO 设备驱动程序的处理程序（例如，请参阅本章中包含的第一个实验驱动程序，或位于 linux/drivers/gpio/ 下的 gpio-max732x.c 驱动程序）。

在从 drivers/pinctrl/pinctrl-at91-pio4.c 中提取的以下代码中，你可以看到使用 irq_set_chained_handler() 函数创建了 SAMA5D2 GPIO 中断处理程序。将为每个 GPIO 中断创建一个处理程序。在每个处理程序 atmel_gpio_irq_handler() 内，有一个对封装函数 generic_handle_irq() 的调用，该封装函数依次调用每个 GPIO 设备驱动程序的中断处理程序，该驱动程序使用 request_irq() 函数来请求此特定的 GPIO 控制器中断引脚。

```
/* There is one controller but each bank has its own irq line. */
for (i = 0; i < atmel_pioctrl->nbanks; i++) {
        res = platform_get_resource(pdev, IORESOURCE_IRQ, i);
        if (!res) {
                dev_err(dev, "missing irq resource for group %c\n",
                        'A' + i);
                return -EINVAL;
        }
        atmel_pioctrl->irqs[i] = res->start;
        irq_set_chained_handler(res->start, atmel_gpio_irq_handler);
        irq_set_handler_data(res->start, atmel_pioctrl);
        dev_dbg(dev, "bank %i: irq=%pr\n", i, res);
}

static void atmel_gpio_irq_handler(struct irq_desc *desc)
{
        unsigned int irq = irq_desc_get_irq(desc);
        struct atmel_pioctrl *atmel_pioctrl = irq_desc_get_handler_data(desc);
        struct irq_chip *chip = irq_desc_get_chip(desc);
        unsigned long isr;
        int n, bank = -1;

        /* Find from which bank is the irq received. */
        for (n = 0; n < atmel_pioctrl->nbanks; n++) {
                if (atmel_pioctrl->irqs[n] == irq) {
                        bank = n;
                        break;
                }
        }

        if (bank < 0) {
                dev_err(atmel_pioctrl->dev,
```

```
                        "no bank associated to irq %u\n", irq);
                return;
        }

        chained_irq_enter(chip, desc);

        for (;;) {
                isr = (unsigned long)atmel_gpio_read(atmel_pioctrl, bank,
                                                ATMEL_PIO_ISR);
                isr &= (unsigned long)atmel_gpio_read(atmel_pioctrl, bank,
                                                ATMEL_PIO_IMR);
                if (!isr)
                        break;

                for_each_set_bit(n, &isr, BITS_PER_LONG)
                        generic_handle_irq(gpio_to_irq(bank *
                                        ATMEL_PIO_NPINS_PER_BANK + n));
        }

        chained_irq_exit(chip, desc);
}
```

请参阅 Documentation/devicetree/bindings/pinctrl/atmel,at91-pio4-pinctrl.txt 中 SAMA5D2 PIO4 控制器的设备树描述。platform_get_resource(pdev, IORESOURCE_IRQ, i) 这一行代码将从设备树中提取与源于其父级中断控制器（SAMA5D2 的 AIC）的中断引脚相对应的每个 GPIO 硬件中断号（18、68、69、70）。这些硬件中断号作为参数（res->start）与 GPIO 控制器处理程序一起传递到 irq_set_ chained_handler (res-> start, atmel_gpio_irq_handler)。以下代码是从 atmel, at91-pio4-pinctrl.txt 文件中提取的：

```
pioA: pinctrl@fc038000 {
            compatible = "atmel,sama5d2-pinctrl";
            reg = <0xfc038000 0x600>;
            interrupts = <18 IRQ_TYPE_LEVEL_HIGH 7>,
                         <68 IRQ_TYPE_LEVEL_HIGH 7>,
                         <69 IRQ_TYPE_LEVEL_HIGH 7>,
                         <70 IRQ_TYPE_LEVEL_HIGH 7>;
            interrupt-controller;
            #interrupt-cells = <2>;
            gpio-controller;
            #gpio-cells = <2>;
            clocks = <&pioA_clk>;

            pinctrl_i2c0_default: i2c0_default {
                    pinmux = <PIN_PD21__TWD0>,
                             <PIN_PD22__TWCK0>;
                    bias-disable;
            };

            pinctrl_led_gpio_default: led_gpio_default {
                    pinmux = <PIN_PB0>,
                             <PIN_PB5>;
                    bias-pull-up;
            };
            [...]
};
```

2. 嵌套的线程化 GPIO 中断芯片：这些是片外 GPIO 扩展器以及位于睡眠总线另一侧的任何其他 GPIO 中断芯片。当然，此类驱动需要慢速总线流量以读取 IRQ 状态或者类似的信息，而总线流量又可能会导致其他中断发生，因此无法在中断被禁用的快速 IRQ 处理程序中进行处理。相反，它们需要生成一个线程，然后屏蔽父中断线，直到驱动程序处理该中断为止。

为了帮助处理 GPIO 中断芯片的设置和管理，以及相关的 irqdomain 和资源的分配，gpiolib 提供了一些辅助函数，可以通过打开 GPIOLIB_IRQCHIP Kconfig 配置项来启用。它们是 gpiochip_irqchip_add() 和 gpiochip_set_chained_irqchip()。

gpiochip_irqchip_add() 函数将中断芯片添加到 gpiochip。此函数可以：

- 将 gpiochip.to_irq 字段设置为 gpiochip_to_irq；
- 使用 irq_domain_add_simple() 将 irq_domain 分配给 gpiochip；
- 使用 irq_create_mapping() 创建从 0 到 gpiochip.ngpio 的映射。

gpiochip_set_chained_irqchip() 函数通过父 IRQ（client->irq）为 gpio_chip 设置了级联的 irq 处理程序，并将 gpio_chip 结构作为处理数据来传递。

我们打开驱动程序 drivers/gpio/gpio-max732x.c，并查看在驱动程序的 probe() 函数内部调用的 max732x_irq_setup() 函数，作为使用 gpiolib irq 提供的帮助函数的示例：

```
static int max732x_irq_setup(struct max732x_chip *chip,
                             const struct i2c_device_id *id)
{
        struct i2c_client *client = chip->client;
        struct max732x_platform_data *pdata = dev_get_platdata(&client->dev);
        int has_irq = max732x_features[id->driver_data] >> 32;
        int irq_base = 0;
        int ret;

        if (((pdata && pdata->irq_base) || client->irq)
                        && has_irq != INT_NONE) {
                if (pdata)
                        irq_base = pdata->irq_base;
                chip->irq_features = has_irq;
                mutex_init(&chip->irq_lock);

                devm_request_threaded_irq(&client->dev, client->irq,
                                NULL, max732x_irq_handler, IRQF_ONESHOT |
                                IRQF_TRIGGER_FALLING | IRQF_SHARED,
                                dev_name(&client->dev), chip);

                gpiochip_irqchip_add(&chip->gpio_chip,
                                &max732x_irq_chip,
                                irq_base,
                                handle_simple_irq,
                                IRQ_TYPE_NONE);

                gpiochip_set_chained_irqchip(&chip->gpio_chip,
                                &max732x_irq_chip,
                                client->irq,
                                NULL);
        }

        return 0;
}
```

max732x_irq_setup() 中的 devm_request_threaded_irq() 函数将驱动程序的中断处理程序 max732x_irq_handler 作为参数。在此处理程序中，通过读取 pending 变量值来检查挂起的 GPIO 中断，然后返回 32 位变量中第一个被设置位的位置——_ffs() 函数用于执行此任务。对于找到的每个挂起中断，都会调用一次 handle_nested_irq() 封装函数，该函数随后调用每个 GPIO 设备驱动程序的中断处理程序，该驱动程序使用 request_irq() 函数请求此 MAX732x GPIO 控制器的中断线。

handle_nested_irq() 函数的参数是以前使用 irq_find_mapping() 函数所返回的 Linux IRQ 号，该函数进而将输入引脚的 hwirq 作为参数（level 变量）。

调用 handle_nested_irq() 之后，通过执行 pending &=~(1 <<level) 来清除挂起中断，并重复相同的过程，直到所有挂起中断都得到处理为止。

```
static irqreturn_t max732x_irq_handler(int irq, void *devid)
{
    struct max732x_chip *chip = devid;
    uint8_t pending;
    uint8_t level;

    pending = max732x_irq_pending(chip);

    if (!pending)
            return IRQ_HANDLED;

    do {
            level = __ffs(pending);
            handle_nested_irq(irq_find_mapping(chip->gpio_chip.irq.domain,
                                        level));

            pending &= ~(1 << level);
    } while (pending);

    return IRQ_HANDLED;
}
```

7.2　设备树中断处理

处理地址区间的转换遵循树的自然结构，与之不同的是，中断信号可以来自机器中的任何设备，也可以在机器中的任何设备上终止。设备寻址也自然地表示为树形结构，与之不同的是，中断信号表示为独立于树的节点之间的连接。如下四个属性用于描述中断连接：

1. interrupt-controller 属性是一个空属性，将节点声明为接收中断信号的设备。

2. interrupt-cells 是中断控制器节点的属性，表示子设备节点的 interrupts 属性中的单元数目（例如，cortex-a7-gic 中断控制器指示 ecspi1 和 gpio1 控制器包含 3 个单元。gpio1 控制器也是 GPIOx 信号的父中断控制器，它指示从节点的 interrupts 属性有两个单元（类似于 #address-cells 和 #size-cells 属性）。

3. interrupt-parent 是设备节点的属性，包含与其相连的中断控制器的 phandle。没有

interrupt-parent 属性的节点也可以从其父节点继承该属性。

4. interrupts 属性是设备节点的属性，包含一系列中断说明符，每个中断说明符对应设备上的一个中断输出信号。

图 7-1 显示了几个相关设备树节点之间的中断链接。这是一个真实的示例，你可以检查一下 i.MX7D SABRE 单板的设备树源文件：

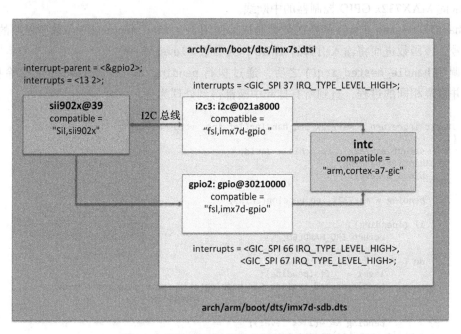

图 7-1　相关设备树节点之间的中断链接

在图 7-1 中，你可以看到 sii902x 从节点把 gpio2 控制器节点作为其父中断控制器节点，把 i2c3 控制器节点作为父节点（sii902x 设备连接到 i2c3 控制器的总线上）。在 sii902x 节点中，GPIO interrupts 属性具有两个字段，由 gpio2 中断控制器节点的 #interrupt-cells 属性指示（第一个字段是设备请求的 gpio2 控制器 hwirq 值，第二个字段是 include/dt-bindings/interrupt-controller/ 目录下的 irq.h 文件中描述的一个 IRQ 绑定）。

intc 节点是 gpio2 控制器节点和 i2c3 控制器节点的父中断控制器节点。在 gpio2 控制器和 i2c3 控制器的 interrupts 属性中有 3 个字段，由 ARM 通用中断控制器 intc 节点的 #interrupt-cells 属性指示。请参阅 arch/arm/boot/dts/ 文件夹下 imx7s.dtsi 文件中的 i2c3、gpio2 以及 intc 节点。

在 i2c3 节点中，interrupts 属性的第二个字段的值是 37，是与由全局中断控制器（GIC）收集到的 i2c3 控制器输出中断信号的 hwirq 号相匹配的（请参阅 IMX7DQRM 的第 1217 页的 Table 7-1. ARM Domain Interrupt Summary）。

```
i2c3: i2c@30a40000 {
        #address-cells = <1>;
        #size-cells = <0>;
        compatible = "fsl,imx7d-i2c", "fsl,imx21-i2c";
        reg = <0x30a40000 0x10000>;
        interrupts = <GIC_SPI 37 IRQ_TYPE_LEVEL_HIGH>;
        clocks = <&clks IMX7D_I2C3_ROOT_CLK>;
        status = "disabled";
};
gpio3: gpio@30220000 {
        compatible = "fsl,imx7d-gpio", "fsl,imx35-gpio";
        reg = <0x30220000 0x10000>;
        interrupts = <GIC_SPI 68 IRQ_TYPE_LEVEL_HIGH>,
                     <GIC_SPI 69 IRQ_TYPE_LEVEL_HIGH>;
        gpio-controller;
        #gpio-cells = <2>;
        interrupt-controller;
        #interrupt-cells = <2>;
        gpio-ranges = <&iomuxc 0 45 29>;
};
intc: interrupt-controller@31001000 {
        compatible = "arm,cortex-a7-gic";
        interrupts = <GIC_PPI 9 (GIC_CPU_MASK_SIMPLE(4) | IRQ_TYPE_LEVEL_HIGH)>;
        #interrupt-cells = <3>;
        interrupt-controller;
        reg = <0x31001000 0x1000>,
              <0x31002000 0x2000>,
              <0x31004000 0x2000>,
              <0x31006000 0x2000>;
};
```

在 imx7d-sdb.dt 文件中查找 sii902x 节点：

```
&i2c3 {
    clock-frequency = <100000>;
    pinctrl-names = "default";
    pinctrl-0 = <&pinctrl_i2c3>;
    status = "okay";

    ltc2607@72 {
            compatible = "arrow,ltc2607";
            reg = <0x72>;
    };

    ltc2607@73 {
            compatible = "arrow,ltc2607";
            reg = <0x73>;
    };

    ioexp@38 {
            compatible = "arrow,ioexp";
            reg = <0x38>;
    };

    ioexp@39 {
            compatible = "arrow,ioexp";
            reg = <0x39>;
    };
```

```
sii902x: sii902x@39 {
        compatible = "SiI,sii902x";
        pinctrl-names = "default";
        pinctrl-0 = <&pinctrl_sii902x>;
        interrupt-parent = <&gpio2>;
        interrupts = <13 IRQ_TYPE_EDGE_FALLING>;
        mode_str ="1280x720M@60";
        bits-per-pixel = <16>;
        reg = <0x39>;
        status = "okay";
};

[...]

};
```

7.3　在 Linux 设备驱动中申请中断

中断由 CPU 调度并异步运行。发生中断时，内核可能处于任何状态，因此在中断上下文中不能访问用户缓冲区，也不能睡眠。在中断处理程序中不能执行可能会导致睡眠的操作，因为（中断处理程序睡眠后）将没有任何办法来恢复执行。

与其他资源一样，驱动程序必须先获取中断线，然后才能使用该中断线，并且在执行结束时释放它。在 Linux 中，使用 request_irq() 和 free_irq() 函数完成获取和释放中断的操作。建议执行此任务时使用设备资源管理 API，便于在设备或模块退出时自动释放中断。

```
devm_request_irq(struct device *dev, unsigned int irq, irq_handler_t handler,
                unsigned long irqflags, const char *devname, void *dev_id)
{
    return devm_request_threaded_irq(dev, irq, handler, NULL, irqflags,
                            devname, dev_id);
}
```

要分配中断线，请调用 devm_request_irq()。该函数分配中断资源并启用中断线和 IRQ 处理函数。调用此函数时，必须指定一个指向 device 数据结构的指针、Linux IRQ 号（irq）、在产生中断时将被调用的处理程序（handler）、用于指示内核相关行为的标志（irqflags）、使用此中断的设备名称（devname）以及可以配置为任意值的指针。通常，dev_id 将是指向设备驱动程序私有数据的指针。如果成功，则 devm_request_irq() 返回的值为 0，否则为负的错误码（表示失败原因）。典型的返回值为 -EBUSY，表示该中断已由另一个设备驱动程序请求了。

中断处理程序的主要任务是向处理器提供关于中断接收的反馈，并根据所服务中断的含义读取或写入数据。在该中断得到确认之前，硬件将重播该中断（中断风暴），或者不会生成其他中断。确认中断的方法不同于读取中断控制器寄存器、读取某个寄存器的内容或清除"中断挂起"位。某些处理器具有中断确认信号，该信号在硬件中自动处理。中断处理程序是在中断上下文中执行的，这意味着你不能调用阻塞 API，例如 mutex_lock() 或 msleep() 等。你还必须避免在中断处理程序中做大量工作，而是根据需要使用"延迟工作"机制。中断处理函数的原型如下所示：

```
irqreturn_t (*handler)(int irq_no, void *dev_id);
```

中断处理函数接收中断的 Linux IRQ 号（irq_no）和在请求中断时传递到 request_irq() 的指针作为参数。中断处理函数必须返回一个类型为 irqreturn_t 的值。对于本书中使用的 4.9 版内核，有三个有效值：IRQ_NONE，IRQ_HANDLED 和 IRQ_WAKE_THREAD。如果设备驱动程序发现所负责的设备尚未生成中断，则它必须返回 IRQ_NONE。否则，如果可以直接从中断上下文中处理中断，则设备驱动程序必须返回 IRQ_HANDLED；如果需要调度进程上下文处理函数的运行，则返回 IRQ_WAKE_THREAD。

```
/*
 * enum irqreturn
 * @IRQ_NONE           interrupt was not from this device or was not handled
 * @IRQ_HANDLED        interrupt was handled by this device
 * @IRQ_WAKE_THREAD    handler requests to wake the handler thread
 */
enum irqreturn {
    IRQ_NONE          = (0 << 0),
    IRQ_HANDLED       = (1 << 0),
    IRQ_WAKE_THREAD   = (1 << 1),
};

typedef enum irqreturn irqreturn_t;
#define IRQ_RETVAL(x)      ((x) ? IRQ_HANDLED : IRQ_NONE)
```

你的驱动程序应尽可能支持中断共享。当且仅当驱动程序可以检测到硬件是否触发了中断时才有可能支持中断共享。参数 void*dev_id 是一种客户数据。此参数传递给 devm_request_irq() 函数，然后在中断发生时将同一指针作为参数传递到中断处理程序。通常，你需要在 dev_id 中传递一个指向私有设备数据结构的指针，因此，你无须在中断处理程序中添加任何额外的代码即可找出负责当前中断事件的设备。如果中断处理程序发现确实需要处理该设备，则应返回 IRQ_HANDLED。如果驱动程序检测到不是由你的硬件引起了中断，它将不执行任何操作并返回 IRQ_NONE，从而允许内核调用下一个可能的中断处理程序。

7.4　实验 7-1："按钮中断设备"模块

在接下来的实验中，你将实现第一个管理中断的驱动程序。你将把按钮作为中断键。驱动程序将处理按钮按下事件。每次按下按钮，平台驱动程序都会产生并处理一个中断。

7.4.1　i.MX7D 处理器的硬件描述

打开 MCIMX7D-SABRE 单板原理图，然后在第 21 页中找到按钮 USR_BT1。此按钮将用于产生中断。

7.4.2　SAMA5D2 处理器的硬件描述

打开 SAMA5D2B-XULT 单板原理图，然后在第 11 页中找到按钮 BP1。此按钮将用于产生中断。

7.4.3　BCM2837 处理器的硬件描述

对于 BCM2837 处理器，你将使用 MikroElektronika Button R click 单板的按钮。请参阅 https://www.mikroe.com/button-r-click 上的单板。你可以从该链接或本书的 GitHub 仓库下载该原理图。将 GPIO 扩展连接器的 GPIO23 引脚连接到 Button R click 单板的 INT 引脚。

7.4.4　i.MX7D 处理器的设备树

打开 MCIMX7D-SABRE 原理图，然后找到按钮 USR_BT1。此按钮连接到 i.MX7D 处理器的 SD2_WP 焊点。要查找分配了所需 GPIO 功能的宏，请转到 arch/arm/boot/dts/ 目录下的 imx7d-pinfunc.h 文件，然后找到下面的宏：

```
#define MX7D_PAD_SD2_WP__GPIO5_IO10    0x01B0 0x0420 0x0000 0x5 0x0
```

你需要在 fsl,pins 属性中包含第六个整数，该整数与 PAD 控制寄存器的配置相对应。该数字定义了引脚的底层物理设置。配置为 0x32 值将启用该引脚的内部上拉功能。当按下按钮时，GPIO 输入值将被设置为 GND，如果将 IRQF_TRIGGER_FALLING 标志传递给 request_irq() 函数，则会产生中断。

现在，你可以修改设备树文件 imx7d-sdb.dts，添加如下以粗体显示的代码：

```
/ {
    model = "Freescale i.MX7 SabreSD Board";
    compatible = "fsl,imx7d-sdb", "fsl,imx7d";

    memory {
        reg = <0x80000000 0x80000000>;
    };

    [...]

    int_key{
        compatible = "arrow,intkey";

        pinctrl-names = "default";
        pinctrl-0 = <&pinctrl_key_gpio>;
```

```
            label = "PB_USER";
            gpios = <&gpio5 10 GPIO_ACTIVE_LOW>;
            interrupt-parent = <&gpio5>;
            interrupts = <10  IRQ_TYPE_EDGE_FALLING>;
        };
[...]

&iomuxc {
    pinctrl-names = "default";
    pinctrl-0 = <&pinctrl_hog_1>;

    imx7d-sdb {

        pinctrl_hog_1: hoggrp-1 {
            fsl,pins = <
                    MX7D_PAD_EPDC_BDR0__GPIO2_IO28        0x59
             >;
        };

        [...]

        pinctrl_key_gpio: key_gpiogrp {
            fsl,pins = <
                    MX7D_PAD_SD2_WP__GPIO5_IO10    0x32
             >;
        };

        [...]
    };
};
```

7.4.5　SAMA5D2 处理器的设备树

打开 SAMA5D2B-XULT 单板原理图，然后找到按钮 BP1。此按钮连接到 SAMA5D2 处理器的 PB9 焊点。你必须在设备树中将 PB9 焊点配置为 GPIO 信号。要查找分配了所需 GPIO 功能的宏，请转到 arch/arm/boot/dts/ 目录下的 sama5d2-pinfunc.h 文件，并找到下面的宏：

```
#define PIN_PB9__GPIO       PINMUX_PIN(PIN_PB9, 0, 0)
```

为焊点配置上该选定的设备树值将启用引脚的内部上拉功能。当按下按钮时，GPIO 输入值将被设置为 GND，如果将 IRQF_TRIGGER_FALLING 标志传递给 request_irq() 函数，则会产生中断。

现在，你可以修改设备树文件 at91-sama5d2_xplained_common.dtsi，添加如下以粗体显示的代码。禁用 gpio_keys 节点，以避免与 PB9 焊点发生"多路复用"的冲突：

```
pinctrl@fc038000 {

        pinctrl_adc_default: adc_default {
                pinmux = <PIN_PD23__GPIO>;
```

```
                        bias-disable;
                };

                [...]

                pinctrl_key_gpio_default: key_gpio_default {
                        pinmux = <PIN_PB9__GPIO>;
                        bias-pull-up;
                };

                [...]
}


/ {
    model = "Atmel SAMA5D2 Xplained";
    compatible = "atmel,sama5d2-xplained", "atmel,sama5d2", "atmel,sama5";

    chosen {
            stdout-path = "serial0:115200n8";
    };

    [...]

    int_key {
            compatible = "arrow,intkey";
            pinctrl-names = "default";
            pinctrl-0 = <&pinctrl_key_gpio_default>;
            gpios = <&pioA 41 GPIO_ACTIVE_LOW>;
            interrupt-parent = <&pioA>;
            interrupts = <41  IRQ_TYPE_EDGE_FALLING>;
    };

    [...]
};
```

7.4.6　BCM2837 处理器的设备树

对于 BCM2837 处理器，GPIO23 引脚将在设备树中复用为 GPIO 输入，并启用内部
下拉功能。按下按钮时，GPIO 输入值被设置为 Vcc；放开按钮时，该输入值则被设置为
GND，如果将 IRQF_TRIGGER_FALLING 标志传递给 request_irq() 函数，则会产生中
断。打开并修改设备树文件 bcm2710-rpi-3-b.dts，添加如下以粗体显示的代码：

```
/ {
    model = "Raspberry Pi 3 Model B";
};

&gpio {
    sdhost_pins: sdhost_pins {
            brcm,pins = <48 49 50 51 52 53>;
            brcm,function = <4>; /* alt0 */
    };

    [...]
```

```
key_pin: key_pin {
        brcm,pins = <23>;
        brcm,function = <0>;  /* Input */
        brcm,pull = <1>;      /* Pull down */
    };
};

&soc {
    virtgpio: virtgpio {
            compatible = "brcm,bcm2835-virtgpio";
            gpio-controller;
            #gpio-cells = <2>;
            firmware = <&firmware>;
            status = "okay";
    };
    expgpio: expgpio {
            compatible = "brcm,bcm2835-expgpio";
            gpio-controller;
            #gpio-cells = <2>;
            firmware = <&firmware>;
            status = "okay";
    };

    [...]

    int_key {
            compatible = "arrow,intkey";

            pinctrl-names = "default";
            pinctrl-0 = <&key_pin>;
            gpios = <&gpio 23 0>;
            interrupts = <23 1>;
            interrupt-parent = <&gpio>;
    };

    [...]

};
```

7.4.7 "按钮中断设备"模块的代码描述

现在将描述驱动程序的主要代码部分。

1. 包括函数头文件:

```
#include <linux/module.h>
#include <linux/platform_device.h>
#include <linux/interrupt.h>
#include <linux/gpio/consumer.h>
#include <linux/miscdevice.h>
```

2. 出于教学目的, 你将在 probe() 函数中以两种不同的方式获取 Linux IRQ 号。第一种方法使用 devm_gpiod_get() 函数从设备树 int_key 节点的 gpios 属性中获取 GPIO 描述符, 然后使用 gpiod_to_irq() 函数返回与给定 GPIO 对应的 Linux IRQ 号, 该函数将 GPIO 描述符作为参数。第二种方法使用 platform_get_irq() 函数, 该函数从设备树 int_

key 节点的 interrupts 属性获取 hwirq 编号，然后返回 Linux IRQ 编号。

在 probe() 函数中，你将调用 devm_request_irq() 分配中断线。调用此函数时，你必须指定如下的参数：指向 device 数据结构的指针、Linux IRQ 号（irq）、在产生中断时将被调用的处理程序（hello_keys_isr）、指示内核中断行为的标志（IRQF_TRIGGER_FALLING）、使用此中断的设备名称（HELLO_KEYS_NAME）以及一个可以设置为任意值的指针。在此驱动程序中，dev_id 将指向你的 device 数据结构。

```
static int __init my_probe(struct platform_device *pdev)
{
    int ret_val, irq;
    struct gpio_desc *gpio;
    struct device *dev = &pdev->dev;

    /* First method to get the virtual linux IRQ number */
    gpio = devm_gpiod_get(dev, NULL, GPIOD_IN);
    irq = gpiod_to_irq(gpio);

    /* Second method to get the virtual Linux IRQ number */
    irq = platform_get_irq(pdev, 0);

    devm_request_irq(dev, irq, hello_keys_isr,
                    IRQF_TRIGGER_FALLING,
                    HELLO_KEYS_NAME, dev);

    misc_register(&helloworld_miscdevice);

    return 0;
}
```

3. 编写中断处理程序。在此驱动程序中，每当你按下按钮时，都会产生并处理一个中断（消息将打印到控制台上）。在中断处理程序中，你将获取 device 数据结构，该数据结构在 dev_info() 函数中作为参数（即 void *data）。

```
static irqreturn_t hello_keys_isr(int irq, void *data)
{
    struct device *dev = data;
    dev_info(dev, "interrupt received. key: %s\n", HELLO_KEYS_NAME);
    return IRQ_HANDLED;
}
```

4. 声明驱动程序支持的设备列表。

```
static const struct of_device_id my_of_ids[] = {
    { .compatible = " arrow,intkey"},
    {},
};
MODULE_DEVICE_TABLE(of, my_of_ids);
```

5. 添加将要注册到平台总线的 platform_driver 数据结构：

```
static struct platform_driver my_platform_driver = {
    .probe = my_probe,
    .remove = my_remove,
    .driver = {
            .name = "intkey",
            .of_match_table = my_of_ids,
            .owner = THIS_MODULE,
    }
};
```

6. 在平台总线上注册驱动程序：

```
module_platform_driver(my_platform_driver);
```

7. 构建修改后的设备树，然后将其加载到目标处理器。

在随后的代码清单 7-1 中，请参阅 i.MX7D 处理器的"按钮中断设备"驱动程序源代码
（int_imx_key.c）。

注意：可以从本书的 GitHub 仓库下载 SAMA5D2（int_sam_key.c）和 BCM2837（int_
rpi_key.c）驱动程序的源代码。

7.5　代码清单 7-1：int_imx_key.c

```
#include <linux/module.h>
#include <linux/platform_device.h>
#include <linux/interrupt.h>
#include <linux/gpio/consumer.h>
#include <linux/miscdevice.h>

static char *HELLO_KEYS_NAME = "PB_KEY";

/* interrupt handler */
static irqreturn_t hello_keys_isr(int irq, void *data)
{
    struct device *dev = data;
    dev_info(dev, "interrupt received. key: %s\n", HELLO_KEYS_NAME);
    return IRQ_HANDLED;
}

static struct miscdevice helloworld_miscdevice = {
    .minor = MISC_DYNAMIC_MINOR,
    .name = "mydev",
};
static int __init my_probe(struct platform_device *pdev)
{
    int ret_val, irq;
    struct gpio_desc *gpio;
    struct device *dev = &pdev->dev;

    dev_info(dev, "my_probe() function is called.\n");
```

```c
/* First method to get the virtual linux IRQ number */
gpio = devm_gpiod_get(dev, NULL, GPIOD_IN);
if (IS_ERR(gpio)) {
        dev_err(dev, "gpio get failed\n");
        return PTR_ERR(gpio);
}
irq = gpiod_to_irq(gpio);
if (irq < 0)
        return irq;
dev_info(dev, "The IRQ number is: %d\n", irq);

/* Second method to get the virtual Linux IRQ number */
irq = platform_get_irq(pdev, 0);
if (irq < 0){
        dev_err(dev, "irq is not available\n");
        return -EINVAL;
}
dev_info(dev, "IRQ_using_platform_get_irq: %d\n", irq);

/* Allocate the interrupt line */
ret_val = devm_request_irq(dev, irq, hello_keys_isr,
                           IRQF_TRIGGER_FALLING,
                           HELLO_KEYS_NAME, dev);
if (ret_val) {
        dev_err(dev, "Failed to request interrupt %d, error %d\n",
                irq, ret_val);
        return ret_val;
}

ret_val = misc_register(&helloworld_miscdevice);
if (ret_val != 0)
{
        dev_err(dev, "could not register the misc device mydev\n");
        return ret_val;
}

dev_info(dev, "mydev: got minor %i\n",helloworld_miscdevice.minor);
dev_info(dev, "my_probe() function is exited.\n");

return 0;
}

static int __exit my_remove(struct platform_device *pdev)
{
    dev_info(&pdev->dev, "my_remove() function is called.\n");
    misc_deregister(&helloworld_miscdevice);
    dev_info(&pdev->dev, "my_remove() function is exited.\n");

    return 0;
}

static const struct of_device_id my_of_ids[] = {
    { .compatible = "arrow,intkey"},
    {},
};
MODULE_DEVICE_TABLE(of, my_of_ids);

static struct platform_driver my_platform_driver = {
    .probe = my_probe,
    .remove = my_remove,
```

```
        .driver = {
                .name = "intkey",
                .of_match_table = my_of_ids,
                .owner = THIS_MODULE,
        }
};

module_platform_driver(my_platform_driver);

MODULE_LICENSE("GPL");
MODULE_AUTHOR("Alberto Liberal <aliberal@arroweurope.com>");
MODULE_DESCRIPTION("This is a button INT platform driver");
```

7.6　int_imx_key.ko 演示

```
root@imx7dsabresd:~# insmod int_imx_key.ko /* load module */

"Press the FUNC2 button to generate interrupts"

root@imx7dsabresd:~# cat /proc/interrupts /* check the linux IRQ number (220) and
hwirq number (10) for the gpio-mxc controller */
root@imx7dsabresd:~# rmmod int_imx_key.ko /* remove module */
```

7.7　延迟工作

Linux 内核在两种上下文中运行：

1. **进程上下文**：进程上下文是内核代表用户进程执行时所处的操作模式，例如执行系统调用。由工作队列和中断调度的延迟工作也视为在进程上下文中执行；这些内核线程在内核态进程上下文中运行，但不代表任何用户进程。在进程上下文中执行的代码允许被阻塞。

2. **中断上下文**：响应硬件中断控制器的请求（异步）。此特殊上下文也被称为"原子上下文"，因为在此上下文中执行的代码不能被阻塞。另一方面，中断的产生是不可预期的，它们产生并执行中断上下文的中断处理程序。软中断、tasklet 和定时器都在中断上下文中运行，这意味着它们无法调用阻塞函数。

如图 7-2 所示，延迟工作是一种内核机制，它允许人们将代码安排在以后的时间执行。这些延后执行的代码可以在使用**工作队列**或**线程化中断**的进程上下文中运行，这两种方法都使用了内核线程，也可以在使用**软中断**、tasklet 和**定时器**的中断上下文中运行。工作队列和下半部分的线程化中断是在能够阻塞的内核线程之上实现的，而 tasklet 和定时器则是在不能调用阻塞函数的软中断之上实现的。

延迟工作用于补充中断处理程序的功能，因为中断具有严格的要求和限制：

- 中断处理程序的执行时间必须尽可能短。
- 在中断上下文中，不能使用可能导致阻塞的调用。

使用延迟工作机制，你可以在中断处理程序中执行所需的最小工作，从中断处理程序安排一个异步操作，以便稍后运行，并完成剩余的操作。中断处理中使用的这种延迟工作也称为下半部，因为其目的是执行中断处理程序（上半部）中的剩余动作。**上半部**会立即执行需要做的事情，这是时间紧迫的事情。一般来说，上半部本身就是中断处理程序，由于所有中断均被禁用，因此它应尽快完成。它安排了下半部来执行难以尽快处理的逻辑。**下半部**执行已推迟的剩余处理——与时间有关的、不太关键的操作。它由中断处理程序触发。下半部用于处理数据，上半部用于处理新产生的中断。下半部运行时允许中断；但如有必要，也可以禁用中断，但是通常应避免这种情况，因为这违背了下半部的基本目的——在侦听新的中断的同时处理数据。下半部的中断处理在 Linux 中可以通过软中断和 tasklet 在中断上下文中实现，也可以通过线程化的中断在进程上下文中实现。

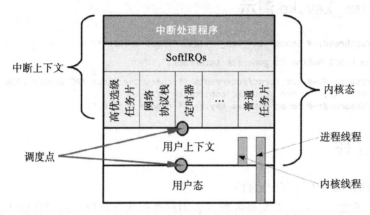

图 7-2   延迟工作的内核机制

7.7.1   软中断

软中断是在中断上下文中运行的一种下半部处理形式，适用于长时间运行的、非阻塞的处理程序。一旦所有中断处理程序完成，它们就会在内核恢复调度其他进程之前执行，因此不允许睡眠。软中断会尽早执行，但仍可被中断，以便任何上半部都可以抢占它。设备驱动程序不能使用软中断，它们是为各种内核子系统保留的。

因此，在编译时定义了固定数量的软中断。对于当前的内核版本，定义了以下类型的软中断：

```
enum {
    HI_SOFTIRQ = 0,
    TIMER_SOFTIRQ,
    NET_TX_SOFTIRQ,
    NET_RX_SOFTIRQ,
    BLOCK_SOFTIRQ,
    IRQ_POLL_SOFTIRQ,
    TASKLET_SOFTIRQ,
    SCHED_SOFTIRQ,
    HRTIMER_SOFTIRQ,
    RCU_SOFTIRQ,
    NR_SOFTIRQS
};
```

每种类型都有特定的用途：

- HI_SOFTIRQ 和 TASKLET_SOFTIRQ：运行 tasklet。
- TIMER_SOFTIRQ：运行定时器。
- NET_TX_SOFTIRQ 和 NET_RX_SOFTIRQ：被网络子系统使用。
- BLOCK_SOFTIRQ：被 IO 子系统使用。
- BLOCK_IOPOLL_SOFTIRQ：用于 IO 子系统，在调用 iopoll 处理程序时提高性能。
- SCHED_SOFTIRQ：用于负载均衡（调度子系统使用）。
- HRTIMER_SOFTIRQ：高精度定时器使用。
- RCU_SOFTIRQ：RCU 机制使用。

最高优先级是 HI_SOFTIRQ 类型的软中断，其后依次是其他类型的软中断。RCU_ SOFTIRQ 的优先级最低。

软中断在中断上下文中运行，这意味着它们不能调用阻塞函数。如果软中断处理程序需要调用此类函数，则可以调度工作队列来执行这些阻塞的调用，如图 7-3 所示。

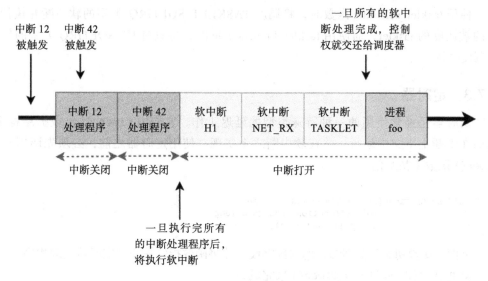

图 7-3 软中断

7.7.2 tasklet

tasklet 是延迟工作的一种特殊形式，它在中断上下文中运行，就像软中断一样。软中断和 tasklet 之间的主要区别是 tasklet 可以动态分配，因此可以由设备驱动程序使用。一个 tasklet 由 `tasklet` 数据结构表示，在使用之前，还需要初始化它所需要的许多其他内核数据结构。

tasklet 在 HI 类型和 TASKLET 类型的软中断中执行。它们在启用所有中断的情况下执

行，但是保证给定的 tasklet 在某一时刻只能在某个 CPU 上执行。可以如下定义预初始化的
tasklet：

```
void handler(unsigned long data);
DECLARE_TASKLET(tasklet, handler, data);
DECLARE_TASKLET_DISABLED(tasklet, handler, data);
```

如果要手动初始化 tasklet，请使用 tasklet_init() 函数。一个 tasklet 只是作为一个函
数来实现的。与软中断相反，各个设备驱动程序可以轻松使用 tasklet。

```
void handler(unsigned long data);
struct tasklet_struct tasklet;
tasklet_init(&tasklet, handler, data);
```

中断处理程序可以使用以下命令调度 tasklet 执行：

```
void tasklet_schedule(struct tasklet_struct *tasklet);
void tasklet_hi_schedule(struct tasklet_struct *tasklet);
```

使用 tasklet_schedule 函数时，将调度 TASKLET_SOFTIRQ 类型的软中断并执行所有
已的被调度的 tasklet。而使用 tasklet_hi_schedule 时，将只有 HI_SOFTIRQ 类型的软中断
被调度执行。

7.7.3　定时器

定时器是经常使用的一种特殊类型的延迟工作。它们由 timer_list 数据结构定义。
它们在中断上下文中运行，并在软中断之上实现。使用定时器之前，必须先调用 setup_
timer() 函数来初始化：

```
void setup_timer(struct timer_list * timer,
                 void (*function)(unsigned long),
                 unsigned long data);
```

上面的函数初始化数据结构的内部字段，并将函数指针关联为定时器处理程序。

调度定时器是通过 mod_timer() 来完成的：

```
int mod_timer(struct timer_list *timer, unsigned long expires);
```

其中 expires 参数是运行处理函数的时间（在将来的某个时间）。该函数可用于调度或
重新调度处理程序中的定时器。

定时器的时间单位是**时间节拍**（jiffie）。时间节拍的绝对值取决于平台，可以使用 HZ
宏来找到该值，该宏定义 1 秒内的时间节拍数量。要在时间节拍（jiffies_value）和秒
（seconds_value）之间转换，请使用以下公式：

```
jiffies_value = seconds_value * HZ;
seconds_value = jiffies_value / HZ;
```

内核包含一个计数器，该计数器包含自上次启动以来的时间节拍数量，可以通过 jiffies 全局变量或宏进行访问。你可以使用它来计算将来的定时器时间：

```
#include <linux/jiffies.h>

unsigned long current_jiffies, next_jiffies;
unsigned long seconds = 1;

current_jiffies = jiffies;
next_jiffies = jiffies + seconds * HZ;
```

要停止定时器，请使用 del_timer() 和 del_timer_sync()。使用定时器的一个常见错误是你忘记关闭定时器了。例如，在删除模块之前，必须停止定时器，因为如果在删除模块后定时器到期，则无法将处理函数加载到内核中，并且将产生内核 oops。

你可以看下面的驱动程序代码，它使用定时器每秒闪烁一次 LED。你可以使用 sysfs period 文件从用户态更改 LED 的闪烁周期。你可以使用 Raspberry Pi 3 Model B 单板和 Color click accessory 单板来测试驱动程序，并使用实验 5-2 中的硬件配置。

```
#include <linux/init.h>
#include <linux/module.h>
#include <linux/io.h>
#include <linux/timer.h>
#include <linux/device.h>
#include <linux/platform_device.h>
#include <linux/miscdevice.h>

#define BCM2710_PERI_BASE       0x3F000000
#define GPIO_BASE               BCM2710_PERI_BASE + 0x200000

struct GpioRegisters
{
    uint32_t GPFSEL[6];
    uint32_t Reserved1;
    uint32_t GPSET[2];
    uint32_t Reserved2;
    uint32_t GPCLR[2];
};

static struct GpioRegisters *s_pGpioRegisters;

static void SetGPIOFunction(int GPIO, int functionCode)
{
    int registerIndex = GPIO / 10;
    int bit = (GPIO % 10) * 3;

    unsigned oldValue = s_pGpioRegisters->GPFSEL[registerIndex];
    unsigned mask = 0b111 << bit;
    pr_info("Changing function of GPIO%d from %x to %x\n", GPIO,
            (oldValue >> bit) & 0b111, functionCode);
    s_pGpioRegisters->GPFSEL[registerIndex] =
            (oldValue & ~mask) | ((functionCode << bit) & mask);
}

static void SetGPIOOutputValue(int GPIO, bool outputValue)
{
```

```
    if (outputValue)
            s_pGpioRegisters->GPSET[GPIO / 32] = (1 << (GPIO % 32));
    else
            s_pGpioRegisters->GPCLR[GPIO / 32] = (1 << (GPIO % 32));
}

static struct timer_list s_BlinkTimer;
static int s_BlinkPeriod = 1000;
static const int LedGpioPin = 27;

static void BlinkTimerHandler(unsigned long unused)
{
    static bool on = false;
    on = !on;
    SetGPIOOutputValue(LedGpioPin, on);
    mod_timer(&s_BlinkTimer, jiffies + msecs_to_jiffies(s_BlinkPeriod));
}

static ssize_t set_period(struct device* dev,
                          struct device_attribute* attr,
                          const char* buf,
                          size_t count)
{
    long period_value = 0;
    if (kstrtol(buf, 10, &period_value) < 0)
            return -EINVAL;
    if (period_value < 10)
            return -EINVAL;

    s_BlinkPeriod = period_value;
    return count;
}

static DEVICE_ATTR(period, S_IWUSR, NULL, set_period);

static struct miscdevice led_miscdevice = {
    .minor = MISC_DYNAMIC_MINOR,
    .name = "ledred",
};

static int __init my_probe(struct platform_device *pdev) {

    int result, ret_val;
    struct device *dev = &pdev->dev;
    dev_info(dev, "platform_probe enter\n");
    s_pGpioRegisters = (struct GpioRegisters *)devm_ioremap(dev, GPIO_BASE,
                                        sizeof(struct GpioRegisters));

    SetGPIOFunction(LedGpioPin, 0b001); /* Configure the pin as output */

    setup_timer(&s_BlinkTimer, BlinkTimerHandler, 0);
    result = mod_timer(&s_BlinkTimer, jiffies + msecs_to_jiffies(s_BlinkPeriod));

    ret_val = device_create_file(&pdev->dev, &dev_attr_period);
    if (ret_val != 0)
    {
            dev_err(dev, "failed to create sysfs entry");
            return ret_val;
    }
```

```
    ret_val = misc_register(&led_miscdevice);
    if (ret_val != 0)
    {
            dev_err(dev, "could not register the misc device mydev");
            return ret_val;
    }
    dev_info(dev, "mydev: got minor %i\n",led_miscdevice.minor);

    dev_info(dev, "platform_probe exit\n");
    return 0;
}

static int __exit my_remove(struct platform_device *pdev)
{
    dev_info(&pdev->dev, "platform_remove enter\n");
    misc_deregister(&led_miscdevice);
    device_remove_file(&pdev->dev, &dev_attr_period);
    SetGPIOFunction(LedGpioPin, 0);
    del_timer(&s_BlinkTimer);
    dev_info(&pdev->dev, "platform_remove exit\n");
    return 0;
}

static const struct of_device_id my_of_ids[] = {
    { .compatible = "arrow,ledred"},
    {},
};

static struct platform_driver my_platform_driver = {
    .probe = my_probe,
    .remove = my_remove,
    .driver = {
            .name = "ledred",
            .of_match_table = my_of_ids,
            .owner = THIS_MODULE,
    }
};

module_platform_driver(my_platform_driver);

MODULE_LICENSE("GPL");
MODULE_AUTHOR("Alberto Liberal <aliberal@arroweurope.com>");
MODULE_DESCRIPTION("This is a blinking led driver");
```

7.7.4　线程化的中断

在某些情况下，处理中断的设备驱动程序无法在非阻塞模式下读取设备的寄存器（例如，连接到 I2C 或 SPI 总线的传感器，它们的驱动程序不能保证总线的读/写操作是非阻塞的）。在这种情况下，你必须在中断上下文中触发一个在进程上下文中执行的操作（工作队列、内核线程）以访问设备的寄存器。因为这种情况是相对常见的，所以内核提供了 request_threaded_irq() 函数来编写在两个阶段（进程上下文阶段和中断上下文阶段）运行的中断处理程序。与 request_irq() 函数一样，建议使用管理设备资源的 API devm_request_threaded_irq() 函数，该函数的参数包括：在中断上下文中运行的函数 handler，它将执行关键操作；而 thread_fn 函数在进程上下文中运行并执行剩余的操作。

```
/*
 * devm_request_threaded_irq - allocate an interrupt line for a managed device
 * @dev: device to request interrupt for
 * @irq: Interrupt line to allocate
 * @handler: Function to be called when the IRQ occurs
 * @thread_fn: function to be called in a threaded interrupt context. NULL
 *              for devices which handle everything in @handler
 * @irqflags: Interrupt type flags
 * @devname: An ascii name for the claiming device
 * @dev_id: A cookie passed back to the handler function
 *
 * Except for the extra @dev argument, this function takes the
 * same arguments and performs the same function as
 * request_threaded_irq().IRQs requested with this function will be
 * automatically freed on driver detach.
 *
 * If an IRQ allocated with this function needs to be freed
 * separately, devm_free_irq() must be used.
 */
int devm_request_threaded_irq(struct device *dev, unsigned int irq,
                            irq_handler_t handler, irq_handler_t thread_fn,
                            unsigned long irqflags, const char *devname,
                            void *dev_id)
{
    struct irq_devres *dr;
    int rc;

    dr = devres_alloc(devm_irq_release, sizeof(struct irq_devres),
                    GFP_KERNEL);
    if (!dr)
        return -ENOMEM;

    rc = request_threaded_irq(irq, handler, thread_fn, irqflags, devname,
                            dev_id);
    if (rc) {
        devres_free(dr);
        return rc;
    }

}
```

如果函数的参数 handler 被设置为 NULL，则将执行默认的主处理程序。这个主处理程序只返回 IRQ_WAKE_THREAD 来唤醒关联的内核线程，后者将执行 thread_fn 处理程序。thread_fn 处理程序将在启用所有中断的情况下运行。

函数的参数 flag 可以是零或位掩码，使用 include/linux/interrupt.h 中定义的一个或多个标志。以下是一些最重要的标志：

- IRQF_DISABLED：设置了该标志时，当中断处理程序正在执行时，所有中断将被禁用。另一个 CPU 核无法处理当前中断处理程序运行时产生的新中断。当这个标志被禁用时，中断处理程序将运行除它们自己的中断之外的所有中断，因此另一个 CPU 核可以在当前中断处理程序正在服务时处理一个新的不同的中断[译注]。

[译注] 此处原书有错误。实际上 IRQF_DISABLED 标志表示禁用当前 CPU 上的中断，与同一系统中其他 CPU 无关。——译者注

- IRQF_SHARED：设置此标志时，中断线可以在多个中断处理程序之间共享。所有这些中断处理程序都将被执行，直到找到当前中断的响应者。当此标志被禁用时，每个中断线只能存在一个处理程序；如果已经有一个处理程序用于请求的中断，则该中断请求将失败。
- IRQF_ONESHOT：设置了此标志时，在执行线程处理程序（进程上下文）后，中断线将被重新激活；当该标志被禁用时，中断线则将在执行中断处理程序（中断上下文）后被重新激活。同时使用 IRQF_ONESHOT 和 IRQF_SHARED 是不合适的。

7.7.5　工作队列

工作队列是延迟工作的另一种方式。它们工作的基本单位称为 work，并在**工作队列**中排队。与软中断和 tasklet 不同，工作队列将工作延迟到运行于进程上下文的内核线程中，并且可以睡眠。工作队列的另一种替代方法是内核线程，但是使用工作队列更方便、更易用。一个名为 worker 的内核线程将负责处理在工作队列中排队的工作，从工作队列中取出工作项，并执行与这些工作项相关的函数。

工作项是一个简单的数据结构，它包含一个指向要异步执行的函数的指针。每当用户（例如驱动程序或子系统）希望通过工作队列异步执行某个功能时，它必须设置指向该功能的工作项，并将该工作项插入工作队列。专用线程（称为工作线程）将工作项一个接一个地从队列中取出，执行对应的函数。如果工作队列中没有工作项了，工作线程将变为空闲。

工作线程由工作线程池控制，工作线程池负责并发（同时运行的工作线程）级别管理和进程管理。

子系统和驱动程序可以通过它们认为合适的特殊工作队列 API 函数来创建和组织工作项。它们可以通过在放置工作项的工作队列上设置标志来影响工作项执行方式的某些方面。这些标志包括 CPU 亲和性、并发限制、优先级等。要获得更详细的概述，请参考 alloc_workqueue() 函数的 API 描述。

工作队列 API 提供两种类型的函数接口：第一类是一组接口函数，用于将工作项实例化并排队到全局工作队列中，并由所有内核子系统和服务共享；第二类也是一组接口函数，用于建立一个新的工作队列，并将工作项插入其中。你将开始使用与全局共享工作队列相关的宏和函数来探索工作队列接口。

有两种类型的数据结构与工作线程相关联：

- work_struct 数据结构：它调度任务在随后运行。
- delaed_work 数据结构：它调度任务至少在给定时间间隔后运行。

delaed_work 使用定时器在指定的时间间隔后运行。这种工作类型的调用与对 work_struct 的调用类似，但在函数名中包含 _delayed。

使用它们之前，必须先初始化工作项。可以使用两种类型的宏，一种同时声明和初始化工作项，另一种仅初始化工作项（必须单独进行声明）：

```
#include <linux/workqueue.h>

DECLARE_WORK(name, void (*function)(struct work_struct *));
DECLARE_DELAYED_WORK(name, void(*function)(struct work_struct *));

INIT_WORK(struct work_struct *work, void(*function)(struct work_struct *));
INIT_DELAYED_WORK(struct delayed_work *work,
                  void(*function)(struct work_struct *));
```

DECLARE_WORK() 和 DECLARE_DELAYED_WORK() 声明并初始化工作项，以及 INIT_WORK() 和 INIT_DELAYED_WORK() 初始化已声明的工作项。

以下代码声明并初始化工作项：

```
#include <linux/workqueue.h>
void my_work_handler(struct work_struct *work);
DECLARE_WORK(my_work, my_work_handler);
```

或者，如果你想单独初始化工作项：

```
void my_work_handler(struct work_struct *work);
struct work_struct my_work;
INIT_WORK(&my_work, my_work_handler);
```

声明并初始化后，可以通过 schedule_work() 和 schedule_delayed_work() 将工作实例调度到工作队列中。此函数将给定的工作项加入本地 CPU 工作队列中，但不能保证在其上执行该工作项目。如果给定的工作成功入队，则返回 true；如果在工作队列中已存在给定的工作，则返回 false。入队后，与工作项关联的函数将通过相关的 kworker 线程在任意可用的 CPU 上执行：

```
schedule_work(struct work_struct *work);
schedule_delayed_work(struct delayed_work *work, unsigned long delay);
```

你可以通过调用 flush_scheduled_work() 来等待工作队列完成其所有工作项的运行：

```
void flush_scheduled_work(void);
```

最后，以下函数可用于在特定 CPU（schedule_delayed_work_on()）或所有 CPU（schedule_on_each_cpu()）上安排工作项：

```
int schedule_delayed_work_on(int cpu, struct delayed_work *work,
                             unsigned long delay);
int schedule_on_each_cpu(void(*function)(struct work_struct *));
```

初始化和调度工作项的通常顺序如下：

```
void my_work_handler(struct work_struct *work);
struct work_struct my_work;
INIT_WORK(&my_work, my_work_handler);
schedule_work(&my_work);
```

以及等待终止工作项：

```
flush_scheduled_work();
```

如你所见，**my_work_handler()** 函数接收任务项作为参数。为了能够访问模块的私有数据，可以使用 container_of()：

```
struct my_device_data {
    struct work_struct my_work;
    [...]
};

void my_work_handler(struct work_struct *work)
{
    structure my_device_data * my_data;
    my_data = container_of(work, struct my_device_data,  my_work);
    [...]
}
```

使用上述函数调度的工作项将在名为 events/x 的内核线程上下文中运行，其中 x 是处理器编号。内核将为系统中存在的每个处理器初始化一个内核线程（或一个工作线程池）。上面的函数使用了一个预定义的工作队列（称为 events），它们在 events/x 线程的上下文中运行，如上所述。尽管在大多数情况下这已经足够了，但是它是一个共享资源，并且某个工作项处理程序中的较大延迟可能会导致其他队列用户的延迟。由于这个原因，有一些函数可以创建额外的工作队列。这些函数将在后面描述。

工作队列由 workqueue_struct 数据结构表示。可以使用以下函数创建新的工作队列：

```
struct workqueue_struct *create_workqueue(const char *name);
struct workqueue_struct *create_singlethread_workqueue(const char *name);
```

create_workqueue() 函数为系统中的每个处理器使用一个线程，而 create_single-thread_workqueue() 使用单个线程。

要将任务添加到新队列中，请使用 queue_work() 或 queue_delayed_work()：

```
int queue_work(struct workqueue_struct *queue, struct work_struct *work);
int queue_delayed_work(struct workqueue_struct *queue,
                       struct delayed_work *work, unsigned long delay);
```

要等待所有工作项完成，请调用 flush_workqueue()：

```
void flush_workqueue(struct worksqueue_struct *queue);
```

要销毁工作队列，请调用 destroy_workqueue()：

```
void destroy_workqueue(structure workqueque_struct *queue);
```

下面的代码序列声明并初始化一个新的工作队列，然后声明并初始化工作项，最后将工作项添加到队列中：

```
void my_work_handler(struct work_struct *work);

struct work_struct my_work;
struct workqueue_struct *my_workqueue;

my_workqueue = create_singlethread_workqueue("my_workqueue");
INIT_WORK(&my_work, my_work_handler);

queue_work(my_workqueue, &my_work);
```

接下来的代码行显示了如何删除工作队列：

```
flush_workqueue(my_workqueue);
destroy_workqueue(my_workqueue);
```

注意：7.7 节的部分内容是从 Linux 内核中提取的。你可以在以下链接中查阅更多的资料：
- https://linux-kernel-labs.github.io/master/labs/deferred_work.html
- https://linux-kernel-labs.github.io/master/labs/interrupts.html
- https://www.kernel.org/doc/html/latest/core-api/workqueue.html

---

7.8 内核中的锁

假设你有两个不同的内核线程读取共享计数器的值，并且在读取后必须将其递增。可能会发生这样的情况：正在运行的两个内核线程中的一个读取了计数器的值，并且在递增之前被另一个内核线程抢占；第二个内核线程也读取了计数器的值，在这种情况下，将其递增；现在，第二个内核线程又被第一个内核线程抢占，用第一个内核线程的值更新计数器。计数器的值在被两个内核线程递增后仅被递增了一次。这种相互切换运行，其结果取决于多个任务的相对时间，称为**竞争条件**。包含并发问题的代码段称为临界区。特别是由于 Linux 开始在 SMP 机器上运行，这些问题成了内核设计和实现中的主要问题之一。

抢占也可以产生同样的效果，即使处理器只有一个核，通过在临界区抢占一个任务，我们得到完全相同的竞争条件。在这种情况下，被抢占的线程可能就是在运行临界区的这个线程自身。

解决方案是识别这些并发访问在何时发生，并使用锁来确保只有一个实例可以随时进入临界区。

内核锁有两种主要类型。基本类型是**自旋锁**（include/asm/spinlock.h），这是一个非常简单的单锁：如果无法获得自旋锁，则将一直尝试（自旋）直到获得锁（禁用正在运行的内核中的抢占）。自旋锁小而且快，可以在任何地方使用。

第二种类型是**互斥锁**（include/linux/mutex.h）；它类似于自旋锁，但是可以在持有互斥锁时阻塞。如果无法获取互斥锁，则任务将被自动挂起，并在互斥锁释放时被唤醒。这意味着在你等待互斥锁时，CPU 可以执行其他操作。

7.8.1　锁和单处理器内核

对于没有打开 CONFIG_SMP 和 CONFIG_PREEMPT 编译开关的内核，根本不存在自旋锁。这是一个优秀的设计决策：当没有其他任务可以同时运行时，就没有理由使用自旋锁了。

如果内核编译时未打开 CONFIG_SMP，但是打开了 CONFIG_PREEMPT，则自旋锁将简单地禁用抢占，这足以防止任何竞争。

7.8.2　在中断和进程上下文之间共享自旋锁

在内核的中断和非中断（进程）上下文中，临界区都可能需要由相同的锁来保护。在这种情况下，必须使用 spin_lock_irqsave 和 spin_unlock_irqrestore 变体来保护临界区。这样可以禁用正在执行的 CPU 上的中断。你可以在下面的步骤中看到，如果仅在进程上下文中使用 spin_lock 会发生什么：

1. 进程上下文中的内核代码使用 spin_lock 获取了自旋锁。

2. 在持有自旋锁的同时，中断在同一 CPU 上产生并执行。

3. 中断服务程序（ISR）尝试获取自旋锁，并不断自旋以等待它。进程上下文的代码在该 CPU 上被阻塞，并且永远没有机会再次运行以释放自旋锁。

为了避免这种情况，进程上下文内核代码将使用 spin_lock_irqsave 函数，该函数可以禁用特定 CPU 上的中断。spin_lock 和 spin_lock_irqsave 都可以在 ISR 中使用，因为在正执行的 CPU 上总是禁用了中断。

只有在执行 spin_lock_irqsave 保护的临界区时，中断才会在正在执行的 CPU 核上被禁用。中断可以在另一个核上处理，从而可以访问 ISR 内部的共享自旋锁；在这种情况下，进程上下文内核代码不会被阻塞，并且可以在 ISR 等待自旋锁的同时完成执行锁定的临界区并释放自旋锁。

在实验 7-3 中，你将看到使用共享自旋锁来保护中断和进程上下文。

7.8.3　在用户上下文使用锁

如果你有一个只能从用户上下文访问的数据结构，则可以使用简单的互斥锁（include/linux/mutex.h）对其进行保护。这是最简单的情况：初始化互斥锁。然后，你可以调用 mutex_lock_interruptible() 来获取互斥锁，并调用 mutex_unlock() 来释放互斥锁。还有一个 mutex_lock()，应避免使用，因为即便收到信号，它也不会返回。

7.9　内核中的睡眠

在 Linux 内核编程中，在许多情况下，用户进程需要睡眠，并在某些特定工作完成时被唤醒。下面摘自 LDD3 书籍（https://lwn.net/Kernel/LDD3/）的摘录很好地解释了"在内核中睡眠"的概念：

用户进程进入睡眠状态意味着什么？当进程进入睡眠状态时，它被标记为处于特殊状态，并从调度器的运行队列中删除。在更改状态之前，该进程将不会在任何 CPU 上进行调度，因此将无法运行。睡眠进程已被从系统中分流出去，以等待将来发生的一些事件。

让进程睡眠对于 Linux 设备驱动程序来说是一件容易的事情。然而，为了能够以安全的方式睡眠，你必须记住一些规则。第一条规则是：在原子上下文中运行时，不能睡眠。如果禁用了中断，也不能睡眠。在持有信号量时睡眠是合法的，但是你应该非常仔细地查看任何试图这样做的代码。如果代码在持有信号量的同时睡眠，那么等待该信号量的任何其他线程也将睡眠。另一件需要记住的事情是，当睡眠进程醒来时，你永远不知道该进程已经脱离 CPU 睡眠了多长时间，也不知道在此期间发生了什么变化。你通常也不知道另一个进程是否由于同一事件而处于睡眠状态。另一个相关的要点是，除非确保有其他进程会将你的进程唤醒，否则你的进程不应该睡眠。执行唤醒的代码还必须能够找到你的进程，以便能够完成其工作。通过一个称为等待队列的数据结构，可以找到睡眠进程。一个等待队列是一些进程的列表，这些进程都在等待特定事件的发生。

在 Linux 中，等待队列用于在某个条件为真时等待某个进程唤醒你的进程。你需要声明一个 **wait_queue_head_t** 类型的数据结构，它是在 linux/wait.h 中定义的。你可以静态地定义和初始化一个等待队列：

```
DECLARE_WAIT_QUEUE_HEAD(name);
```

或者动态地定义：

```
wait_queue_head_t my_queue;
init_waitqueue_head(&my_queue);
```

wait_event(wq, condition) 宏（带有几个变体）将使进程处于睡眠状态（TASK_UNINTERRUPTIBLE），直到条件值为 true 为止。在每次唤醒等待队列 **wq** 时检查该条件。这些是 **wait_event** 宏的不同变体：

```
wait_event(queue, condition)
wait_event_interruptible(queue, condition)
wait_event_timeout(queue, condition, timeout)
wait_event_interruptible_timeout(queue, condition, timeout)
```

前面的所有函数都共享 queue 参数。condition 参数值将由宏在睡眠之前和之后求值；

在 condition 为真值之前，进程将继续睡眠。如果使用 wait_event 宏，则进程将进入不可中断睡眠状态。首选方案是 wait_event_interruptible，它可以被信号中断。超时版本（wait_event_timeout 和 wait_event_interruptible_timeout）将等待一段有限的时间；在该时间段（用时间节拍表示）过期后，无论 condition 是何值，这些宏都将返回 0 值。

另外的进程或中断处理程序将唤醒这个睡眠的进程。wake_up 函数使用相同的 condition 变量唤醒已进入睡眠状态的进程。此函数不会阻塞，可由中断处理程序调用。你可以看到以下两种形式：

```
void wake_up(wait_queue_head_t *queue); /* wake_up wakes up all processes waiting on
the given queue */
```

```
void wake_up_interruptible(wait_queue_head_t *queue); /* restricts itself to
processes performing an interruptible sleep */
```

7.10　实验 7-2：“睡眠设备”模块

在本实验中，你将开发一个内核模块，该模块使进程进入睡眠状态，然后通过中断将其唤醒。你可以在图 7-4 中看到驱动程序的行为。当用户应用程序尝试从设备读取（系统调用）时，该进程将进入睡眠状态。每次按下或放开按钮时，生成的中断都会唤醒该进程，并且驱动程序的读取回调函数将向用户态发送已设置的中断类型（按下或放开）。退出用户程序后，你可以从一个文件中读取所有已经产生的中断。

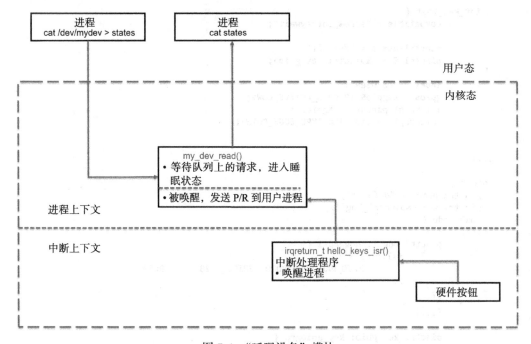

图 7-4　“睡眠设备”模块

对于所有不同的处理器，都将保持在上一个实验 7-1 中使用的相同硬件配置。

7.10.1 i.MX7D 处理器的设备树

打开 MCIMX7D-SABRE 原理图，然后找到按钮 USR_BT1。此按钮连接到 i.MX7D 处理器的 SD2_WP 焊点。要查找分配了所需 GPIO 功能的宏，请转到 arch/arm/boot/dts/ 目录下的 imx7d-pinfunc.h 文件，然后找到下面的宏：

```
#define MX7D_PAD_SD2_WP__GPIO5_IO10    0x01B0 0x0420 0x0000 0x5 0x0
```

你需要与 PAD 控制寄存器的配置相对应的第六个整数。该数字定义了引脚的底层物理设置。选择的数值将启用该引脚的内部上拉。我们将产生两个中断，分别在按下按钮和放开按钮时产生。你必须在中断 interrupts 中设置 IRQ_TYPE_EDGE_BOTH 值。

现在，你可以修改设备树文件 imx7d-sdb.dts，添加以粗体显示的以下代码：

```
/ {
        model = "Freescale i.MX7 SabreSD Board";
        compatible = "fsl,imx7d-sdb", "fsl,imx7d";

        memory {
                reg = <0x80000000 0x80000000>;
        };

        [...]

        int_key_wait {
                compatible = "arrow,intkeywait";

                pinctrl-names = "default";
                pinctrl-0 = <&pinctrl_key_gpio>;

                label = "PB_USER";
                gpios = <&gpio5 10 GPIO_ACTIVE_LOW>;
                interrupt-parent = <&gpio5>;
                interrupts = <10  IRQ_TYPE_EDGE_BOTH>;
        };

[...]

&iomuxc {
        pinctrl-names = "default";
        pinctrl-0 = <&pinctrl_hog_1>;
        imx7d-sdb {

                pinctrl_hog_1: hoggrp-1 {
                        fsl,pins = <
                                MX7D_PAD_EPDC_BDR0__GPIO2_IO28      0x59
                        >;
                };
                [...]

                pinctrl_key_gpio: key_gpiogrp {
                        fsl,pins = <
```

```
                    MX7D_PAD_SD2_WP__GPIO5_IO10    0x32
            >;
        };

        [...]
    };
};
```

7.10.2   SAMA5D2 处理器的设备树

打开 SAMA5D2B-XULT 单板原理图，然后找到按钮 BP1。此按钮连接到 SAMA5D2
处理器的 PB9 焊点。必须在设备树中将 PB9 焊点配置为 GPIO 信号。要查找分配了所需
GPIO 功能的宏，请转到 arch/arm/boot/dts/ 目录下的 sama5d2-pinfunc.h 文件，并找到
下面的宏：

```
#define PIN_PB9__GPIO        PINMUX_PIN(PIN_PB9, 0, 0)
```

为焊点设置选择的 DT 值将启用引脚的内部上拉。将产生两个中断，第一个在按钮
按下时产生，第二个在按钮被释放时产生。必须在 interrupts 属性中设置 IRQ_TYPE_
EDGE_BOTH 值。

现在，你可以修改设备树文件 at91-sama5d2_xplained_common.dtsi，添加以粗体显示
的如下代码。禁用 gpio_keys 节点，以避免与 PB9 焊点发生"多路复用"冲突：

```
pinctrl@fc038000 {

        pinctrl_adc_default: adc_default {
                pinmux = <PIN_PD23__GPIO>;
                bias-disable;
        };

        [...]

        pinctrl_key_gpio_default: key_gpio_default {
                pinmux = <PIN_PB9__GPIO>;
                bias-pull-up;
        };

        [...]

}

/ {
    model = "Atmel SAMA5D2 Xplained";
    compatible = "atmel,sama5d2-xplained", "atmel,sama5d2", "atmel,sama5";

    chosen {
            stdout-path = "serial0:115200n8";
    };

    [...]

    int_key_wait {
```

```
            compatible = "arrow,intkeywait";
            pinctrl-names = "default";
            pinctrl-0 = <&pinctrl_key_gpio_default>;
            gpios = <&pioA 41 GPIO_ACTIVE_LOW>;
            interrupt-parent = <&pioA>;
            interrupts = <41  IRQ_TYPE_EDGE_BOTH>;
        };

        [...]

    };
```

7.10.3　BCM2837 处理器的设备树

对于 BCM2837 处理器，GPIO23 引脚将在设备树中复用为 GPIO 输入，并启用内部下拉功能。将产生两个中断，第一个中断在按下按钮时产生，第二个中断在放开按钮时产生。必须在 interrupts 属性中设置 IRQ_TYPE_EDGE_BOTH 值。

打开并修改设备树文件 bcm2710-rpi-3-b.dts，添加如下以粗体显示的代码：

```
/ {
    model = "Raspberry Pi 3 Model B";
};

&gpio {
    sdhost_pins: sdhost_pins {
            brcm,pins = <48 49 50 51 52 53>;
            brcm,function = <4>; /* alt0 */
    };

    [...]

    key_pin: key_pin {
            brcm,pins = <23>;
            brcm,function = <0>;  /* Input */
            brcm,pull = <1>;      /* Pull down */
    };
};

&soc {
    virtgpio: virtgpio {
            compatible = "brcm,bcm2835-virtgpio";
            gpio-controller;
            #gpio-cells = <2>;
            firmware = <&firmware>;
            status = "okay";
    };

    expgpio: expgpio {
            compatible = "brcm,bcm2835-expgpio";
            gpio-controller;
            #gpio-cells = <2>;
            firmware = <&firmware>;
            status = "okay";
    };

    [...]
```

```
int_key_wait {
        compatible = "arrow,intkeywait";

        pinctrl-names = "default";
        pinctrl-0 = <&key_pin>;
        gpios = <&gpio 23 0>;
        interrupts = <23 IRQ_TYPE_EDGE_BOTH>;
        interrupt-parent = <&gpio>;
};

[...]

};
```

7.10.4　"睡眠设备"模块的代码描述

现在将介绍驱动程序的主要代码部分。

1. 包含这些头文件：

```
#include <linux/module.h>
#include <linux/fs.h>
#include <linux/platform_device.h>
#include <linux/of_gpio.h>
#include <linux/of_irq.h>
#include <linux/uaccess.h>
#include <linux/interrupt.h>
#include <linux/miscdevice.h>
```

2. 创建一个私有数据结构，该数据结构将存储按钮设备的特定信息。私有数据结构的第二个字段是指向与按钮 GPIO 关联的 gpio_desc 数据结构的指针。在此驱动程序中，你将处理字符设备，因此将创建并初始化一个 miscdevice 数据结构并将其添加到私有数据结构的第三个字段中。私有数据结构的第四个字段是类型为 wait_queue_head_t 的结构，它将在 probe() 函数中动态初始化。最后一个字段包含 Linux IRQ 号。

```
struct key_priv {
    struct device *dev;
    struct gpio_desc *gpio;
    struct miscdevice int_miscdevice;
    wait_queue_head_t wq_data_available;
    int irq;
};
```

3. 在 probe() 函数中，使用代码 init_waitqueue_head (&priv-> wq_data_available) 来初始化等待队列头；你将使用与实验 7-1 相同的两种方法获取设备树中断号。在 probe() 函数中，你还将调用 devm_request_irq() 分配中断线。调用此函数时，必须指定指向 device 数据结构的指针、中断号、生成中断时将调用的处理程序（hello_keys_isr）、用于指示内核处理中断行为的标志（IRQF_TRIGGER_RISING | IRQF_TRIGGER_FALLING）、使用此中断的设备的名称（HELLO_KEYS_NAME），以及该驱动程序中指向你的私有数据结构的指针。

```
static int __init my_probe(struct platform_device *pdev)
{
      struct key_priv *priv;
      struct device *dev = &pdev->dev;
      /* Allocate new structure representing device */
      priv = devm_kzalloc(dev, sizeof(struct key_priv), GFP_KERNEL);
      priv->dev = dev;

      platform_set_drvdata(pdev, priv);

      init_waitqueue_head(&priv->wq_data_available);

      /* Get Linux IRQ number from device tree in 2 ways */
      priv->gpio = devm_gpiod_get(dev, NULL, GPIOD_IN);
      priv->irq = gpiod_to_irq(priv->gpio);

      priv->irq = platform_get_irq(pdev, 0);

      devm_request_irq(dev, priv->irq, hello_keys_isr,
                      IRQF_TRIGGER_RISING | IRQF_TRIGGER_FALLING,
                      HELLO_KEYS_NAME, priv);

      priv->int_miscdevice.name = "mydev";
      priv->int_miscdevice.minor = MISC_DYNAMIC_MINOR;
      priv->int_miscdevice.fops = &my_dev_fops;

      ret_val = misc_register(&priv->int_miscdevice);
      return 0;
}
```

4. 现在编写中断处理程序。在此驱动程序中，每次按下或放开一个按钮时，都会产生并处理中断。在处理程序中，你将从 data 参数获取私有数据结构。获取私有数据结构后，可以使用 gpiod_get_value() 函数读取 GPIO 输入值，以确定是否按下或放开了该按钮。读取输入后，你将使用 wake_up_interruptible() 函数唤醒进程，该函数将把你的私有数据结构中声明的等待队列头作为其参数。

```
static irqreturn_t hello_keys_isr(int irq, void *data)
{
      int val;
      struct key_priv *priv = data;
      dev_info(priv->dev, "interrupt received. key: %s\n", HELLO_KEYS_NAME);

      val = gpiod_get_value(priv->gpio);
      dev_info(priv->dev, "Button state: 0x%08X\n", val);

      if (val == 1)
              hello_keys_buf[buf_wr++] = 'P';
      else
              hello_keys_buf[buf_wr++] = 'R';

      if (buf_wr >= MAX_KEY_STATES)
              buf_wr = 0;

      /* Wake up the process */
      wake_up_interruptible(&priv->wq_data_available);

      return IRQ_HANDLED;
}
```

5. 创建 my_dev_read() 内核函数，每当用户态程序对该字符设备文件进行读取操作时，该函数就会被调用。你将使用 container_of() 宏获取该私有数据结构。wait_event_interruptible() 函数将使用户态进程放入等待特定事件的等待队列中。你需要将在唤醒进程之前要被评估的条件设置为此函数的参数。进程被唤醒后，将使用 copy_to_user() 函数把 "P" 或 "R" 字符（存储在中断处理程序中）发送到用户态。

```c
static int my_dev_read(struct file *file, char __user *buff,
                          size_t count, loff_t *off)
{
      int ret_val;
      char ch[2];
      struct key_priv *priv;

      container_of(file->private_data,
                    struct key_priv, int_miscdevice);

      /*
       * Sleep the process
       * The condition is checked each time the waitqueue is woken up
       */
      wait_event_interruptible(priv->wq_data_available, buf_wr != buf_rd);

      /* Send values to user application */
      ch[0] = hello_keys_buf[buf_rd];
      ch[1] = '\n';
      copy_to_user(buff, &ch, 2);

      buf_rd++;
      if(buf_rd >= MAX_KEY_STATES)
            buf_rd = 0;
      *off+=1;
      return 2;
}
```

6. 声明此驱动程序支持的设备列表：

```c
static const struct of_device_id my_of_ids[] = {
    { .compatible = " arrow,intkeywait"},
    {},
};
MODULE_DEVICE_TABLE(of, my_of_ids);
```

7. 添加将要注册到平台总线的 platform_driver 数据结构：

```c
static struct platform_driver my_platform_driver = {
    .probe = my_probe,
    .remove = my_remove,
    .driver = {
            .name = "intkeywait",
            .of_match_table = my_of_ids,
            .owner = THIS_MODULE,
    }
};
```

8. 在平台总线上注册驱动程序：

```
module_platform_driver(my_platform_driver);
```

9. 构建修改后的设备树，然后将其加载到目标处理器。

在下面的代码清单 7-2 中，请参阅 i.MX7D 处理器的"睡眠设备"驱动程序源代码
（int_imx_key_wait.c）。

注意：可以从本书的 GitHub 仓库下载 SAMA5D2（int_sam_key_wait.c）和 BCM2837（int_
rpi_key_wait.c）驱动程序的源代码。

7.11　代码清单 7-2：int_imx_key_wait.c

```c
#include <linux/module.h>
#include <linux/fs.h>
#include <linux/platform_device.h>
#include <linux/of_gpio.h>
#include <linux/of_irq.h>
#include <linux/uaccess.h>
#include <linux/interrupt.h>
#include <linux/miscdevice.h>
#include <linux/wait.h> /* include wait queue */

#define MAX_KEY_STATES 256

static char *HELLO_KEYS_NAME = "PB_USER";
static char hello_keys_buf[MAX_KEY_STATES];
static int buf_rd, buf_wr;

struct key_priv {
    struct device *dev;
    struct gpio_desc *gpio;
    struct miscdevice int_miscdevice;
    wait_queue_head_t    wq_data_available;
    int irq;
};

static irqreturn_t hello_keys_isr(int irq, void *data)
{
    int val;
    struct key_priv *priv = data;
    dev_info(priv->dev, "interrupt received. key: %s\n", HELLO_KEYS_NAME);

    val = gpiod_get_value(priv->gpio);
    dev_info(priv->dev, "Button state: 0x%08X\n", val);

    if (val == 1)
            hello_keys_buf[buf_wr++] = 'P';
    else
            hello_keys_buf[buf_wr++] = 'R';

    if (buf_wr >= MAX_KEY_STATES)
```

```c
            buf_wr = 0;

    /* Wake up the process */
    wake_up_interruptible(&priv->wq_data_available);

    return IRQ_HANDLED;
}

static int my_dev_read(struct file *file, char __user *buff,
                        size_t count, loff_t *off)
{
    int ret_val;
    char ch[2];
    struct key_priv *priv;

    priv = container_of(file->private_data,
                        struct key_priv, int_miscdevice);

    dev_info(priv->dev, "mydev_read_file entered\n");

    /*
     * Sleep the process
     * The condition is checked each time the waitqueue is woken up
     */
    ret_val = wait_event_interruptible(priv->wq_data_available, buf_wr != buf_rd);
    if(ret_val)
            return ret_val;

    /* Send values to user application */
    ch[0] = hello_keys_buf[buf_rd];
    ch[1] = '\n';
    if(copy_to_user(buff, &ch, 2)) {
            return -EFAULT;
    }

    buf_rd++;
    if(buf_rd >= MAX_KEY_STATES)
            buf_rd = 0;
    *off+=1;
    return 2;
}

static const struct file_operations my_dev_fops = {
    .owner = THIS_MODULE,
    .read = my_dev_read,
};

static int __init my_probe(struct platform_device *pdev)
{
    int ret_val;
    struct key_priv *priv;
    struct device *dev = &pdev->dev;

    dev_info(dev, "my_probe() function is called.\n");

    /* Allocate new structure representing device */
    priv = devm_kzalloc(dev, sizeof(struct key_priv), GFP_KERNEL);
    priv->dev = dev;

    platform_set_drvdata(pdev, priv);
```

```c
    /* Init the wait queue head */
    init_waitqueue_head(&priv->wq_data_available);

    /* Get virual int number from device tree using 2 methods */
    priv->gpio = devm_gpiod_get(dev, NULL, GPIOD_IN);
    if (IS_ERR(priv->gpio)) {
            dev_err(dev, "gpio get failed\n");
            return PTR_ERR(priv->gpio);
    }
    priv->irq = gpiod_to_irq(priv->gpio);
    if (priv->irq < 0)
            return priv->irq;
    dev_info(dev, "The IRQ number is: %d\n", priv->irq);

    priv->irq = platform_get_irq(pdev, 0);
    if (priv->irq < 0) {
            dev_err(dev, "irq is not available\n");
            return priv->irq;
    }
    dev_info(dev, "IRQ_using_platform_get_irq: %d\n", priv->irq);

    ret_val = devm_request_irq(dev, priv->irq, hello_keys_isr,
                              IRQF_TRIGGER_RISING | IRQF_TRIGGER_FALLING,
                              HELLO_KEYS_NAME, priv);
    if (ret_val) {
            dev_err(dev, "Failed to request interrupt %d,
                    error %d\n", priv->irq, ret_val);
            return ret_val;
    }

    priv->int_miscdevice.name = "mydev";
    priv->int_miscdevice.minor = MISC_DYNAMIC_MINOR;
    priv->int_miscdevice.fops = &my_dev_fops;

    ret_val = misc_register(&priv->int_miscdevice);
    if (ret_val != 0)
    {
            dev_err(dev, "could not register the misc device mydev\n");
            return ret_val;
    }

    dev_info(dev, "my_probe() function is exited.\n");

    return 0;
}

static int __exit my_remove(struct platform_device *pdev)
{
    struct key_priv *priv = platform_get_drvdata(pdev);
    dev_info(&pdev->dev, "my_remove() function is called.\n");
    misc_deregister(&priv->int_miscdevice);
    dev_info(&pdev->dev, "my_remove() function is exited.\n");
    return 0;

}

static const struct of_device_id my_of_ids[] = {
    { .compatible = "arrow,intkeywait"},
    {},
```

```
};
MODULE_DEVICE_TABLE(of, my_of_ids);

static struct platform_driver my_platform_driver = {
    .probe = my_probe,
    .remove = my_remove,
    .driver = {
            .name = "intkeywait",
            .of_match_table = my_of_ids,
            .owner = THIS_MODULE,
    }
};

module_platform_driver(my_platform_driver);

MODULE_LICENSE("GPL");
MODULE_AUTHOR("Alberto Liberal <aliberal@arroweurope.com>");
MODULE_DESCRIPTION("This is a platform driver that sends to user space \
                    the number of times you press the switch using INTs");
```

7.12　int_imx_key_wait.ko 演示

```
root@imx7dsabresd:~# insmod int_imx_key_wait.ko /* load module */
root@imx7dsabresd:~# cat /proc/interrupts /* check the linux IRQ number (220) and
hwirq number (10) for the gpio-mxc controller */
root@imx7dsabresd:~# cat /dev/mydev > states /* sleep the process */

"Press and release the FUNC2 button several times"

root@imx7dsabresd:~# cat states /* check all the times you pressed and released the
button */
root@imx7dsabresd:~# rmmod int_imx_key_wait.ko /* remove module */
```

7.13　内核线程

内核线程的出现是出于在进程上下文中运行内核代码的需要。内核线程是工作队列机制的基础。本质上，内核线程是仅以内核模式运行并且没有用户地址空间和其他用户属性的线程。

要创建线程内核，请使用 kthread_create() 函数：

```
#include <linux/kthread.h>
structure task_struct *kthread_create(int (*threadfn)(void *data),
                                      void *data, const char namefmt[], ...);
```

- threadfn 是将由内核线程执行的函数。
- data 是要传递给该函数的参数。
- namefmt 表示内核线程名称，如 ps 或者 top 命令中显示出来的；可以包含一连串的 % d，% s 等，它们将根据标准 printf 语法进行替换。

例如，以下调用将创建一个名为 mykthread0 的内核线程：

```
kthread_create(f, NULL, "%skthread%d", "my", 0);
```

要启动内核线程，请调用 wake_up_process()：

```
#include <linux/sched.h>
int wake_up_process(struct task_struct *p);
```

或者，你也可以使用 kthread_run() 创建和运行内核线程：

```
struct task_struct *kthread_run(int (*threadfn)(void *data),
                                void *data, const char namefmt[], ...);
```

要停止线程，请使用 kthread_stop() 函数。该函数通过向线程发送信号来工作。因此，线程函数不会在执行某些重要任务的中间被中断。但是，如果线程函数从来不返回且不检查信号，则它实际上将永远不会停止。

7.14 实验 7-3："keyled 类"模块

在本章的最后一个驱动程序中，你将使用在前几章以及本章中学到的许多概念来开发驱动程序。你将创建一个称为 Keyled 的新类，将在 Keyled 类下创建多个 LED 设备，并且还将在每个 LED 设备下创建多个 sysfs 文件条目。通过从用户态写入注册到 Keyled 类的每个 LED 设备下的 sysfs 文件，你将控制每个 LED 设备。在此驱动程序中，你不会为每个设备初始化 cdev 数据结构（将 file_operations 数据结构作为参数添加），从而也不会将其添加到内核态，因此，你将不会看到 /dev 下可被系统调用控制的 LED 设备；反之，通过写入 /sys/class/Keyled/<led_device>/ 目录下的 sysfs 文件条目，可以控制 LED 设备。

每个 LED 设备的闪烁值周期将通过使用两个按钮的中断来递增或递减。内核线程将管理 LED 的闪烁，切换连接到 LED 的 GPIO 的输出值。

7.14.1 i.MX7D 处理器的硬件描述

你将使用 i.MX7D 的三个引脚来控制每个 LED。这些引脚必须在设备树中复用为 GPIO。请转到 MCIMX7D-SABRE 原理图的第 20 页，查看 MikroBUS 连接器。你将使用 MOSI 引脚控制绿色 LED，使用 SCK 引脚控制蓝色 LED，使用 MKBUS_PWM 引脚控制红色 LED。

要获得 LED，你将使用带 mikroBUS 模块的 Color click 单板。请参阅 https://www.mikroe.com/color-click，你可以从该链接或本书的 GitHub 仓库下载原理图。

将 MCIMX7D-SABRE mikroBUS 的 PWM 引脚连接到 Color click 的 RD 引脚，将 MOSI 引脚连接到 GR，将 SCK 连接到 BL。从 MCIMX7D-SABRE 单板向 Color click 单板供电 VCC = +5V，并在两块板之间连接 GND。

打开 MCIMX7D-SABRE 单板原理图，然后在第 21 页中找到按钮 USR_BT0 和 USR_BT1。这些按钮将用于产生中断。

7.14.2　SAMA5D2 处理器的硬件描述

你将使用 SAMA5D2 的三个引脚来控制每个 LED。这些引脚必须在设备树中复用为 GPIO。

SAMA5D2B-XULT 单板集成了 RGB LED。请翻到 SAMA5D2B-XULT 原理图的第 11 页以查看 RGB LED，如图 7-5 所示。

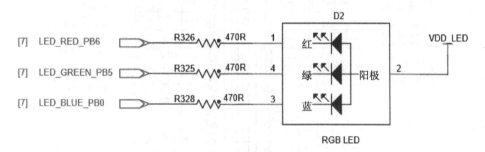

图 7-5　SAMA5D2B-XULT 原理图

打开 SAMA5D2B-XULT 单板原理图，然后在第 11 页中找到按钮 BP1。此按钮将用于生成的第一个中断。而第二个中断将由 MikroElektronika Button R click 单板的按钮生成，请参阅 https://www.mikroe.com/button-r-click。你可以从该链接或本书的 GitHub 仓库下载原理图。将 J17 连接器引脚 30（SAMA5D2B-XULT 单板示意图第 15 页）上的 SAMA5D2 处理器 PB25 焊点连接到 Button R click 的 INT 引脚。

7.14.3　BCM2837 处理器的硬件描述

你将使用 BCM2837 的三个引脚来控制每个 LED。这些引脚必须在设备树中复用为 GPIO。

要获取 GPIO，你将使用 GPIO 扩展连接器。请跳转到 Raspberry-Pi-3B-V1.2-Schematics 以查看该连接器，如图 7-6 所示。

要获得 LED，你将使用带 mikroBUS 模块的 Color click 单板。请参阅 https://www.mikroe.com/color-click 上的 Color click，你可以从上面的链接或本书的 GitHub 仓库中下载原理图。

将 GPIO EXPANSION GPIO27 引脚连接到 Color click RD 引脚，将 GPIO22 引脚连接到 GR，将 GPIO26 引脚连接到 BL。

要生成两个中断，你将使用两个 MikroElektronika Button R click 单板的按钮。请参阅 https://www.mikroe.com/button-r-click，你可以从该链接或本书的 GitHub 仓库下载原理图。将 GPIO 扩展连接器的 GPIO23 引脚和 GPIO24 引脚连接到每个 Button R click 单板的 INT 引脚。

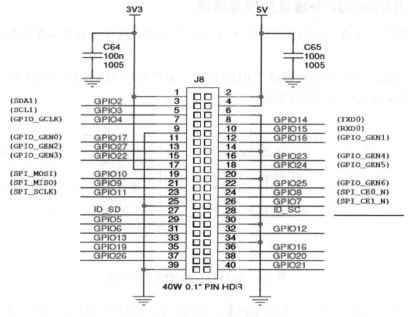

图 7-6　GPIO 扩展连接器

7.14.4　i.MX7D 处理器的设备树

从 MCIMX7D-SABRE mikroBUS 插槽中，你可以看到 MOSI 引脚连接到 i.MX7D 处理器的 SAI2_TXC 焊点，SCK 引脚连接到 SAI2_RXD 焊点，而 PWM 引脚连接到 GPIO1_IO02 焊点。你必须将 SAI2_TXC、SAI2_RXD 和 GPIO1_IO02 焊点配置为 GPIO 信号。要查找分配所需 GPIO 功能的宏，请转至 arch/arm/boot/dts/ 下的 imx7d-pinfunc.h 文件，并找到下面的宏：

```
#define MX7D_PAD_SAI2_TX_BCLK__GPIO6_IO20    0x0220 0x0490 0x0000 0x5 0x0
#define MX7D_PAD_SAI2_RX_DATA__GPIO6_IO21    0x0224 0x0494 0x0000 0x5 0x0
```

现在转到 arch/arm/boot/dts/ 下的 imx7d-pinfunc-lpsr.h 文件，并找到这个宏：

```
#define MX7D_PAD_GPIO1_IO02__GPIO1_IO2   0x0008 0x0038 0x0000 0x0 0x0
```

USR_BT1 按钮连接到 i.MX7D 处理器的 SD2_WP 焊点，而 USR_BT0 连接到 i.MX7D 处理器的 SD2_RESET 焊点。要查找分配所需的 GPIO 功能的宏，请转到 arch/arm/boot/dts/ 目录下的 imx7d-pinfunc.h 文件，并找到下面的宏：

```
#define MX7D_PAD_SD2_WP__GPIO5_IO10       0x01B0 0x0420 0x0000 0x5 0x0
#define MX7D_PAD_SD2_RESET_B__GPIO5_IO11  0x01B4 0x0424 0x0000 0x5 0x0
```

现在，你可以修改设备树文件 imx7d-sdb.dts，添加以粗体显示的以下代码：

```
/ {
    model = "Freescale i.MX7 SabreSD Board";
    compatible = "fsl,imx7d-sdb", "fsl,imx7d";

    memory {
            reg = <0x80000000 0x80000000>;
    };

    [...]

    ledpwm {
            compatible = "arrow,ledpwm";

            pinctrl-names = "default";
            pinctrl-0 = <&pinctrl_keys_gpio &pinctrl_gpio_leds &pinctrl_gpio_led>;

            bp1 {
                    label = "KEY_1";
                    gpios = <&gpio5 10 GPIO_ACTIVE_LOW>;
                    trigger = "falling";
            };

            bp2 {
                    label = "KEY_2";
                    gpios = <&gpio5 11 GPIO_ACTIVE_LOW>;
                    trigger = "falling";
            };

            ledred {
                    label = "led";
                    colour = "red";
                    gpios = <&gpio1 2 GPIO_ACTIVE_LOW>;
            };

            ledgreen {
                    label = "led";
                    colour = "green";
                    gpios = <&gpio6 20 GPIO_ACTIVE_LOW>;
            };

            ledblue {
                    label = "led";
                    colour = "blue";
                    gpios = <&gpio6 21 GPIO_ACTIVE_LOW>;
            };
    }

[...]

&iomuxc {
    pinctrl-names = "default";
    pinctrl-0 = <&pinctrl_hog_1>;

    imx7d-sdb {

            pinctrl_hog_1: hoggrp-1 {
                    fsl,pins = <
                            MX7D_PAD_EPDC_BDR0__GPIO2_IO28         0x59
```

```
                  >;
              };

          [...]

          pinctrl_keys_gpio: keys_gpiogrp {
                  fsl,pins = <
                          MX7D_PAD_SD2_WP__GPIO5_IO10    0x32
                          MX7D_PAD_SD2_RESET_B__GPIO5_IO11 0x32
                  >;
              };

          pinctrl_gpio_leds: pinctrl_gpio_leds_grp {

                  fsl,pins = <
                          MX7D_PAD_SAI2_TX_BCLK__GPIO6_IO20    0x11
                          MX7D_PAD_SAI2_RX_DATA__GPIO6_IO21    0x11
                  >;
              };

          [...]

      };
  };

  [...]

&iomuxc_lpsr {
    pinctrl-names = "default";
    pinctrl-0 = <&pinctrl_hog_2 &pinctrl_usbotg2_pwr_2>;

    imx7d-sdb {
          pinctrl_hog_2: hoggrp-2 {
                  fsl,pins = <
                          MX7D_PAD_GPIO1_IO05__GPIO1_IO5          0x14
                  >;
              };

          [...]

          pinctrl_gpio_led: pinctrl_gpio_led_grp {
                  fsl,pins = <
                          MX7D_PAD_GPIO1_IO02__GPIO1_IO2          0x11
                  >;
              };

          [...]

      };
  };
```

　　你需要注意：不要在设备树中将相同的焊点配置两次。IOMUX 配置是由驱动程序按照内核探测配置设备的顺序设置的。如果同一焊点被两个驱动程序配置，则将应用与最后探测的驱动程序相关联的配置。如果检查设备树文件 imx7d-sdb.dts 中的 ecspi3 节点，你会看到 pinctrl-0 属性上定义的引脚配置分配了 "默认" 名称，并指向 pinctrl_ecspi3 和 pinctrl_ecspi3_cs 引脚功能节点：

```
pinctrl_ecspi3_cs: ecspi3_cs_grp {
                fsl,pins = <
                        MX7D_PAD_SD2_CD_B__GPIO5_IO9        0x80000000
                        MX7D_PAD_SAI2_TX_DATA__GPIO6_IO22   0x2
                >;
};

pinctrl_ecspi3: ecspi3grp {
                fsl,pins = <
                        MX7D_PAD_SAI2_TX_SYNC__ECSPI3_MISO  0x2
                        MX7D_PAD_SAI2_TX_BCLK__ECSPI3_MOSI  0x2
                        MX7D_PAD_SAI2_RX_DATA__ECSPI3_SCLK  0x2
                >;
 };
```

你可以看到 SAI2_TX_BCLK 和 SAI2_RX_DATA 引脚由两个不同的驱动程序配置了两次。你应当注释掉 ecspi3 的整个定义，也可以将状态更改为“disabled”来禁用它。如果选择第二个方法，请参见下面的代码：

```
&ecspi3 {
    fsl,spi-num-chipselects = <1>;
    pinctrl-names = "default";
    pinctrl-0 = <&pinctrl_ecspi3 &pinctrl_ecspi3_cs>;
    cs-gpios = <&gpio5 9 GPIO_ACTIVE_HIGH>, <&gpio6 22 0>;
    status = "disabled";

    [...]
}
```

7.14.5　SAMA5D2 处理器的设备树

从 SAMA5D2B-XULT 单板上，你可以看到 LED_RED_PB6 引脚连接到 SAMA5D2 处理器的 PB6 焊点，LED_GREEN_PB5 引脚连接到 PB5 焊点，而 LED_BLUE_PB0 引脚连接到 PB0 焊点。你必须将 PB6、PB5 和 PB0 焊点配置为 GPIO 信号。要查找分配所需功能（GPIO）的宏，请转到 arch/arm/boot/dts/ 下的 sama5d2-pinfunc.h 文件，并找到下面的宏：

```
#define PIN_PB6__GPIO       PINMUX_PIN(PIN_PB6, 0, 0)
#define PIN_PB5__GPIO       PINMUX_PIN(PIN_PB5, 0, 0)
#define PIN_PB0__GPIO       PINMUX_PIN(PIN_PB0, 0, 0)
```

对于这些按钮，你必须将 SAMA5D2 处理器的 PB9 和 PB25 焊点配置为 GPIO 信号。要查找分配所需功能（GPIO）的宏，请转至 linux/arch/arm/boot/dts/ 目录下的 sama5d2-pinfunc.h 文件，并找到下面的宏：

```
#define PIN_PB9__GPIO       PINMUX_PIN(PIN_PB9, 0, 0)
#define PIN_PB25__GPIO      PINMUX_PIN(PIN_PB25, 0, 0)
```

PB25 焊点也被 isc 节点复用为 GPIO。该节点包含在 arch/arm/boot/dts/ 文件夹下的 at91-sama5d2_xplained_ov7670.dtsi 文件中。注释掉 at91-sama5d2_xplained_common.
dtsi 文件中的以下行，以避免"复用"的冲突：

```
//#include "at91-sama5d2_xplained_ov7670.dtsi"
```

现在，你可以修改设备树文件 at91-sama5d2_xplained_common.dtsi，添加以粗体显示
的如下代码。禁用 gpio_keys 节点，以避免与 PB9 焊点发生"复用"冲突：

```
pinctrl@fc038000 {

        pinctrl_adc_default: adc_default {
                pinmux = <PIN_PD23__GPIO>;
                bias-disable;
        };

        [...]

        pinctrl_ledkey_gpio_default: ledkey_gpio_default {
                key {
                        pinmux = <PIN_PB25__GPIO>,
                                <PIN_PB9__GPIO>;
                        bias-pull-up;
                };

                led {
                        pinmux = <PIN_PB0__GPIO>,
                                <PIN_PB5__GPIO>,
                                <PIN_PB6__GPIO>;
                        bias-pull-up;
                };
        };

        [...]
}

/ {
    model = "Atmel SAMA5D2 Xplained";
    compatible = "atmel,sama5d2-xplained", "atmel,sama5d2", "atmel,sama5";

    chosen {
            stdout-path = "serial0:115200n8";
    };

    [...]

    ledpwm {
            compatible = "arrow,ledpwm";

            pinctrl-names = "default";
            pinctrl-0 = <&pinctrl_ledkey_gpio_default>;

            bp1 {
                    label = "PB_KEY";
                    gpios = <&pioA 41 GPIO_ACTIVE_LOW>;
                    trigger = "falling";
            };
```

```
    bp2 {
            label = "MIKROBUS_KEY";
            gpios = <&pioA 57 GPIO_ACTIVE_LOW>;
            trigger = "falling";
    };

    ledred {
            label = "led";
            colour = "red";
            gpios = <&pioA 38 GPIO_ACTIVE_LOW>;
    };

    ledgreen {
            label = "led";
            colour = "green";
            gpios = <&pioA 37 GPIO_ACTIVE_LOW>;
    };

    ledblue {
            label = "led";
            colour = "blue";
            gpios = <&pioA 32 GPIO_ACTIVE_LOW>;
    };
    };

    [...]
};
```

你会看到“gpio-leds”驱动程序正在配置相同的 LED。通过将状态更改为“disabled”
来禁用它。

```
leds {
    compatible = "gpio-leds";
    pinctrl-names = "default";
    pinctrl-0 = <&pinctrl_led_gpio_default>;
    status = "disabled";

    red {
       label = "red";
       gpios = <&pioA 38 GPIO_ACTIVE_LOW>;
    };

    green {
       label = "green";
       gpios = <&pioA 37 GPIO_ACTIVE_LOW>;
    };

    blue {
       label = "blue";
       gpios = <&pioA 32 GPIO_ACTIVE_LOW>;
       linux,default-trigger = "heartbeat";
    };
};
```

7.14.6　BCM2837 处理器的设备树

在 Raspberry Pi 3 B 单板上，你必须将焊点 GPIO27、GPIO22、GPIO26、GPIO23 和

GPIO24 配置为 GPIO 信号。

修改设备树文件 bcm2710-rpi-3-b.dts，添加以粗体显示的以下代码：

```
/ {
    model = "Raspberry Pi 3 Model B";
};

&gpio {
    sdhost_pins: sdhost_pins {
            brcm,pins = <48 49 50 51 52 53>;
            brcm,function = <4>; /* alt0 */
    };

    [...]

    key_pins: key_pins {
            brcm,pins = <23 24>;
            brcm,function = <0>;  /* Input */
            brcm,pull = <1 1>;    /* Pull down */
    };
    led_pins: led_pins {
            brcm,pins = <27 22 26>;
            brcm,function = <1>;  /* Output */
            brcm,pull = <1 1 1>;  /* Pull down */
    };

};

&soc {
    virtgpio: virtgpio {
            compatible = "brcm,bcm2835-virtgpio";
            gpio-controller;
            #gpio-cells = <2>;
            firmware = <&firmware>;
            status = "okay";
    };

    expgpio: expgpio {
            compatible = "brcm,bcm2835-expgpio";
            gpio-controller;
            #gpio-cells = <2>;
            firmware = <&firmware>;
            status = "okay";
    };

    [...]

    ledpwm {
            compatible = "arrow,ledpwm";
            pinctrl-names = "default";
            pinctrl-0 = <&key_pins &led_pins>;

            bp1 {
                    label = "MIKROBUS_KEY_1";
                    gpios = <&gpio 23 GPIO_ACTIVE_LOW>;
                    trigger = "falling";
            };
```

```
            bp2 {
                    label = "MIKROBUS_KEY_2";
                    gpios = <&gpio 24 GPIO_ACTIVE_LOW>;
                    trigger = "falling";
            };

            ledred {
                    label = "led";
                    colour = "red";
                    gpios = <&gpio 27 GPIO_ACTIVE_LOW>;
            };

            ledgreen {
                    label = "led";
                    colour = "green";
                    gpios = <&gpio 22 GPIO_ACTIVE_LOW>;
            };

            ledblue {
                    label = "led";
                    colour = "blue";
                    gpios = <&gpio 26 GPIO_ACTIVE_LOW>;
            };

    };

    [...]

};
```

7.14.7　"keyled 类"模块的代码描述

现在将描述驱动程序的主要代码部分。

1. 包含这些头文件:

```
#include <linux/module.h>
#include <linux/platform_device.h>
#include <linux/interrupt.h>
#include <linux/property.h>
#include <linux/kthread.h>
#include <linux/gpio/consumer.h>
#include <linux/delay.h>
#include <linux/spinlock.h>
```

2. 创建一个私有数据结构,该数据结构将存储三个 LED 设备的具体信息。第一个字段保存每个设备的名称。第二个字段 ledd 包含连接到三个 LED 的引脚的 gpio 描述符。最后一个字段是指向私有数据结构 keyled_priv 的指针,该结构将保存用于所有 LED 设备的全局数据。下一步将分析 keyled_priv 字段。

```
struct led_device {
    char name[LED_NAME_LEN];
    struct gpio_desc *ledd;
    struct device *dev;
    struct keyled_priv *private;
};
```

3. 创建一个私有数据结构 keyled_priv，该结构将存储可供所有 LED 设备访问的全局信息。私有结构的第一个字段是 num_leds 变量，它将存储设备树中声明的 LED 设备的数量。led_flag 字段将告诉你是否有某个 LED 被点亮，在点亮一个新的 LED 之前先关掉所有的 LED。task_flag 字段将通知你是否正在运行内核线程。period 字段保存闪烁周期。period_lock 是一个自旋锁，它将保护在用户上下文和中断上下文之间共享的 period 变量的访问。task 指针变量将指向 kthread_run() 函数返回的 task_struct 数据结构。led_class 字段将指向由 class_create() 函数返回的 class 数据结构，class 数据结构用于 device_create() 调用中。dev 字段保存你的平台设备。led_devt 字段保存 alloc_chrdev_region() 函数返回的第一个设备标识符。最后一个字段是指针数组，指向每个私有 led_device 数据结构。

```
struct keyled_priv {
    u32 num_leds;
    u8 led_flag;
    u8 task_flag;
    u32 period;
    spinlock_t period_lock;
    struct task_struct *task;
    struct class *led_class;
    struct device *dev;
    dev_t led_devt;
    struct led_device *leds[];
};
```

4. 参见下面的 probe() 函数的摘录，其中的主要代码行以粗体标出。这些是在 probe() 函数中设置驱动程序的要点：

- 声明一个指向 fwnode_handle 数据结构的指针（struct fwnode_handle *child）和一个指向全局私有结构的指针（struct keyled_priv *priv）
- 使用 device_get_child_node_count() 函数获取 LED 和中断设备的数量。应该返回五台设备。
- 用 devm_kzalloc() 分配专用数据结构。你将为这个全局数据结构分配空间，并为 led_device 数据结构分配三个指针（你必须设置指针的数量以对在结构内部声明的指针数组进行分配）(参见 sizeof_keyled_priv() 函数)。
- 使用 alloc_chrdev_region() 分配三个设备编号，并使用 class_create() 创建 Keyled 类。
- 使用 spin_lock_init() 初始化自旋锁，自旋锁将用于保护对在中断上下文和用户上下文之间共享的 period 变量的访问。使用 SMP 体系结构（i.MX7D 和 BCM2837）时，将在用户上下文中使用 spin_lock_irqsave() 和在中断服务程序中使用 spin_lock()。对于单处理器体系结构（SAMA5D2），不需要在中断服务程序中调用 spin_lock()，因为对于用户上下文中已经获取自旋锁的处理器来说，中断服务程序无法在另一个处理器中执行。

- 每个子节点都会访问 device_for_each_child_of_node() 函数，为找到的每个 LED 设备创建一个 sysfs 设备条目（在 /sys/class/keyled/ 下）（参见 led_device_register() 函数，该功能执行此任务）。你将使用 devm_get_gpiod_from_child() 函数获取在每个**设备树 LED 节点**内声明的每个 LED 引脚的 GPIO 描述符，然后使用 gpiod_direction_output() 设置输出方向。使用 devm_get_gpiod_from_child() 函数获取每个 INT 引脚的 GPIO 描述符，这些描述符在每个**设备树 key 节点**内声明的。然后使用 gpiod_direction_input() 将引脚的方向设置为输入。使用 gpiod_to_irq() 获得 Linux IRQ 号，并使用 devm_request_irq() 分配两个中断。

```
static int __init my_probe(struct platform_device *pdev)
{
    int count, ret, i;
    unsigned int major;
    struct fwnode_handle *child;
    struct device *dev = &pdev->dev;
    struct keyled_priv *priv;

    count = device_get_child_node_count(dev);

    priv = devm_kzalloc(dev, sizeof_keyled_priv(count-INT_NUMBER),
                        GFP_KERNEL);

    /* Allocate 3 device numbers */
    alloc_chrdev_region(&priv->led_devt, 0, count-INT_NUMBER,
                        "Keyled_class");
    major = MAJOR(priv->led_devt);
    dev_info(dev, "the major number is %d\n", major);

    priv->led_class = class_create(THIS_MODULE, "keyled");

    /* Create sysfs group */
    priv->led_class->dev_groups = led_groups;
    priv->dev = dev;

    device_for_each_child_node(dev, child) {
        int irq, flags;
        struct gpio_desc *keyd;
        const char *label_name, *colour_name, *trigger;
        struct led_device *new_led;
        fwnode_property_read_string(child, "label", &label_name);

        if (strcmp(label_name,"led") == 0) {

            fwnode_property_read_string(child, "colour",
                                        &colour_name);
            /*
             * Create led devices under keyled class
             * priv->num_leds is 0 for the first iteration
             * used to set the minor number of each device
             * increased to the end of the iteration
             */
            new_led = led_device_register(colour_name,
                                          priv->num_leds,
                                          dev,
```

```
                                         priv->led_devt,
                                         priv->led_class);

          new_led->ledd = devm_get_gpiod_from_child(dev, NULL,
                                                   child);

          /* Associate each led struct with the global one */
          new_led->private = priv;

          /*
           * Point to each led struct
           * inside the global struct array of pointers
           */
          priv->leds[priv->num_leds] = new_led;
          priv->num_leds++;

          /* set direction to output */
          gpiod_direction_output(new_led->ledd, 1);
          gpiod_set_value(new_led->ledd, 1);
      }

      else if (strcmp(label_name,"KEY_1") == 0) {
          keyd = devm_get_gpiod_from_child(dev, NULL, child);
          gpiod_direction_input(keyd);
          fwnode_property_read_string(child, "trigger", &trigger);
          if (strcmp(trigger, "falling") == 0)
                  flags = IRQF_TRIGGER_FALLING;
          else if (strcmp(trigger, "rising") == 0)
                  flags = IRQF_TRIGGER_RISING;
          else if (strcmp(trigger, "both") == 0)
                  flags = IRQF_TRIGGER_RISING |
                          IRQF_TRIGGER_FALLING;
          else
                  return -EINVAL;
              irq = gpiod_to_irq(keyd);

              ret = devm_request_irq(dev, irq, KEY_ISR1,
                                     flags, "ISR1", priv);
      }

      else if (strcmp(label_name,"KEY_2") == 0) {

              keyd = devm_get_gpiod_from_child(dev, NULL, child);
              gpiod_direction_input(keyd);
              fwnode_property_read_string(child, "trigger", &trigger);
              if (strcmp(trigger, "falling") == 0)
                      flags = IRQF_TRIGGER_FALLING;
              else if (strcmp(trigger, "rising") == 0)
                      flags = IRQF_TRIGGER_RISING;
              else if (strcmp(trigger, "both") == 0)
                      flags = IRQF_TRIGGER_RISING |
                              IRQF_TRIGGER_FALLING;
              else
                      return -EINVAL;

              irq = gpiod_to_irq(keyd);

              ret = devm_request_irq(dev, irq, KEY_ISR2,
                                     flags, "ISR2", priv);
```

```
                    }
                    else {
                            dev_info(dev, "Bad device tree value\n");
                            ret = -EINVAL;
                            goto error;
                    }
            }
            dev_info(dev, "i am out of the device tree\n");

            /* reset period to 10 */
            priv->period = 10;

            platform_set_drvdata(pdev, priv);

            return 0;

    }
```

5. 在 probe() 函数中，你将使用代码 priv->led_class->dev_groups = led_groups 来设置一组“sysfs 属性文件”（以控制每个 LED）。你必须在 probe() 函数之外声明下面的数据结构：

```
static struct attribute *led_attrs[] = {
    &dev_attr_set_led.attr,
    &dev_attr_blink_on_led.attr,
    &dev_attr_blink_off_led.attr,
    &dev_attr_set_period.attr,
    NULL,
};

static const struct attribute_group led_group = {
    .attrs = led_attrs,
};

static const struct attribute_group *led_groups[] = {
    &led_group,
    NULL,
};
```

6. 编写 sysfs 函数，每次你从用户态（/sys/class/Keyled/<led_device>/<attribute>）写入这些属性（set_led、blink_on、blink_off 和 set_period）时都会调用这些函数。以下是每个函数的简要说明：

- set_led_store() 函数将从用户态接收两个参数（“on”和“off”）。使用 dev_get_drvdata() 函数可以获取特定的 led_device 数据结构。之前在 probe() 中调用的 led_device_register() 函数使用了 dev_set_drvdata() 函数，该函数在每个 LED 设备及其 led_device 数据结构之间进行了关联设置。如果有一个内核线程正在运行，则它将被停止。如果接收到的参数为“on”，将先关闭所有 LED，再打开特定的 LED。你将使用 gpiod_set_value() 函数来执行此操作。如果收到的参数为

"off"，则关闭特定的 LED。从打开第一个 LED 的那一刻起，始终会设置 led_flag 变量，尽管稍后所有 LED 都将熄灭（留给你一个任务，修改此变量的操作，只有在驱动程序执行过程中任何一个 LED 打开时才会设置它）。

- blink_on_led_store() 函数将仅从用户态接收"on"参数。首先，所有的 LED 都将关闭，然后，如果没有任何内核线程在运行，它将启动一个新的线程，该 LED 会在特定时间段内闪烁。如果已经有一个内核线程在运行了，则该函数将退出。
- blink_off_led_store() 函数将仅从用户态接收"off"参数。如果有一个内核线程正在运行（闪烁任何一个 LED），该线程将被停止。
- set_period_store() 函数将设置一个新的闪烁周期。

7. 编写两个中断处理程序。在此驱动程序中，每当你按下两个按钮中的任意一个时，都会产生并处理一个中断。在中断处理程序中，你将从 data 参数中获得全局私有结构。在一个中断处理程序中，周期 period 将增加 10；而在另一个中断处理程序中，周期 period 将减小 10。变更后的新值将存储在全局私有结构内的 period 变量中。请参阅下面的中断处理程序，它会增加周期变量的值：

```
static irqreturn_t KEY_ISR1(int irq, void *data)
{
     struct keyled_priv *priv = data;
     priv->period = priv->period + 10;
     if ((priv->period < 10) || (priv->period > 10000))
             priv->period = 10;
     return IRQ_HANDLED;
}
```

8. 编写线程函数。在函数内部，你将获得 led_device 数据结构，该数据结构在 kthread_run() 函数中作为参数。如果 kthread_stop() 函数提交了停止请求，则函数 kthread_should_stop() 返回非零值。在退出调用之前，该函数将使用 gpiod_set_value() 和 msleep() 函数定期地触发特定的 LED，使其闪烁：

```
static int led_flash(void *data) {

     u32 value = 0;
     struct led_device *led_dev = data;
     while(!kthread_should_stop()) {
             u32 period = led_dev->private->period;
             value = !value;
             gpiod_set_value(led_dev->ledd, value);
             msleep(period/2);
     }
     gpiod_set_value(led_dev->ledd, 1); /* switch off the led */
     dev_info(led_dev->dev, "Task completed\n");
     return 0;
};
```

9. 声明驱动程序支持的设备列表：

```
static const struct of_device_id my_of_ids[] = {
    { .compatible = " arrow,ledpwm"},
    {},
};
MODULE_DEVICE_TABLE(of, my_of_ids);
```

10. 添加将要注册到平台总线的 platform_driver 数据结构：

```
static struct platform_driver my_platform_driver = {
    .probe = my_probe,
    .remove = my_remove,
    .driver = {
            .name = "ledpwm",
            .of_match_table = my_of_ids,
            .owner = THIS_MODULE,
    }
};
```

11. 在平台总线上注册驱动程序：

```
module_platform_driver(my_platform_driver);
```

12. 构建修改后的设备树，然后将其加载到目标处理器。

在随后的代码清单 7-3 中，请参阅 i.MX7D 处理器的 "keyled 类" 驱动程序源代码
（keyled_imx_class.c）。

注意：可以从本书的 GitHub 仓库下载 SAMA5D2(keyled_sam_class.c) 和 BCM2837(keyled_
rpi_class.c) 驱动程序的源代码。

7.15　代码清单 7-3：keyled_imx_class.c

```
#include <linux/module.h>
#include <linux/platform_device.h>
#include <linux/interrupt.h>
#include <linux/property.h>
#include <linux/kthread.h>
#include <linux/gpio/consumer.h>
#include <linux/delay.h>
#include <linux/spinlock.h>

#define LED_NAME_LEN 32
#define INT_NUMBER 2
static const char *HELLO_KEYS_NAME1 = "KEY1";
static const char *HELLO_KEYS_NAME2 = "KEY2";
/* Specific LED private structure */
struct led_device {
    char name[LED_NAME_LEN];
    struct gpio_desc *ledd; /* each LED gpio_desc */
    struct device *dev;
    struct keyled_priv *private; /* pointer to the global private struct */
```

```c
};

/* Global private structure */
struct keyled_priv {
    u32 num_leds;
    u8 led_flag;
    u8 task_flag;
    u32 period;
    spinlock_t period_lock;
    struct task_struct *task;  /* kthread task_struct */
    struct class *led_class;   /* the keyled class */
    struct device *dev;
    dev_t led_devt;            /* first device identifier */
    struct led_device *leds[]; /* pointers to each led private struct */
};

/* kthread function */
static int led_flash(void *data) {
    unsigned long flags;
    u32 value = 0;
    struct led_device *led_dev = data;
    dev_info(led_dev->dev, "Task started\n");
    dev_info(led_dev->dev, "I am inside the kthread\n");
    while (!kthread_should_stop()) {
            spin_lock_irqsave(&led_dev->private->period_lock, flags);
            u32 period = led_dev->private->period;
            spin_unlock_irqrestore(&led_dev->private->period_lock, flags);
            value = !value;
            gpiod_set_value(led_dev->ledd, value);
            msleep(period/2);
    }
    gpiod_set_value(led_dev->ledd, 1); /* switch off the led */
    dev_info(led_dev->dev, "Task completed\n");
    return 0;
};

/*
 * sysfs methods
 */

/* switch on/of each led */
static ssize_t set_led_store(struct device *dev,
            struct device_attribute *attr,
            const char *buf, size_t count)
{
    int i;
    char *buffer = buf;
    struct led_device *led_count;
    struct led_device *led = dev_get_drvdata(dev);

    /* replace \n added from terminal with \0 */
    *(buffer+(count-1)) = '\0';

    if (led->private->task_flag == 1) {
            kthread_stop(led->private->task);
            led->private->task_flag = 0;
    }

    if(!strcmp(buffer, "on")) {
            if (led->private->led_flag == 1) {
```

```
                        for (i = 0; i < led->private->num_leds; i++) {
                                led_count = led->private->leds[i];
                                gpiod_set_value(led_count->ledd, 1);
                        }
                gpiod_set_value(led->ledd, 0);
                }
                else {
                        gpiod_set_value(led->ledd, 0);
                        led->private->led_flag = 1;
                }
        }
        else if (!strcmp(buffer, "off")) {
                gpiod_set_value(led->ledd, 1);
        }
        else {
                dev_info(led->dev, "Bad led value.\n");
                return -EINVAL;
        }

        return count;
}
static DEVICE_ATTR_WO(set_led);

/* blinking ON the specific LED running a kthread */
static ssize_t blink_on_led_store(struct device *dev,
                                struct device_attribute *attr,
                                const char *buf, size_t count)
{
        int i;
        char *buffer = buf;
        struct led_device *led_count;
        struct led_device *led = dev_get_drvdata(dev);

        /* replace \n added from terminal with \0 */
        *(buffer+(count-1)) = '\0';

        if (led->private->led_flag == 1) {
                for (i = 0; i < led->private->num_leds; i++) {
                        led_count = led->private->leds[i];
                        gpiod_set_value(led_count->ledd, 1);
                }
        }

        if(!strcmp(buffer, "on")) {
                if (led->private->task_flag == 0)
                {
                        led->private->task = kthread_run(led_flash, led,
                                                "Led_flash_tread");
                        if(IS_ERR(led->private->task)) {
                                dev_info(led->dev, "Failed to create the task\n");
                                return PTR_ERR(led->private->task);
                        }
                }
                else
                        return -EBUSY;
        }
        else {
                dev_info(led->dev, "Bad led value.\n");
                return -EINVAL;
        }
```

```
    led->private->task_flag = 1;

    dev_info(led->dev, "Blink_on_led exited\n");
    return count;
}
static DEVICE_ATTR_WO(blink_on_led);

/* switch off the blinking of any led */
static ssize_t blink_off_led_store(struct device *dev,
                                   struct device_attribute *attr,
                                   const char *buf, size_t count)
{
    int i;
    char *buffer = buf;
    struct led_device *led = dev_get_drvdata(dev);
    struct led_device *led_count;
    /* replace \n added from terminal with \0 */
    *(buffer+(count-1)) = '\0';

    if(!strcmp(buffer, "off")) {
            if (led->private->task_flag == 1) {
                    kthread_stop(led->private->task);
                    for (i = 0; i < led->private->num_leds; i++) {
                            led_count = led->private->leds[i];
                            gpiod_set_value(led_count->ledd, 1);
                    }
            }
            else
                    return 0;
    }
    else {
            dev_info(led->dev, "Bad led value.\n");
            return -EINVAL;
    }

    led->private->task_flag = 0;
    return count;
}
static DEVICE_ATTR_WO(blink_off_led);

/* Set the blinking period */
static ssize_t set_period_store(struct device *dev,
                                struct device_attribute *attr,
                                const char *buf, size_t count)
{
    unsigned long flags;
    int ret, period;
    struct led_device *led = dev_get_drvdata(dev);
    dev_info(led->dev, "Enter set_period\n");

    ret = sscanf(buf, "%u", &period);
    if (ret < 1 || period < 10 || period > 10000) {
            dev_err(dev, "invalid value\n");
            return -EINVAL;
    }

    spin_lock_irqsave(&led->private->period_lock, flags);
    led->private->period = period;
    spin_unlock_irqrestore(&led->private->period_lock, flags);
```

```
        dev_info(led->dev, "period is set\n");
        return count;
}
static DEVICE_ATTR_WO(set_period);
/* Declare the sysfs structures */
static struct attribute *led_attrs[] = {
        &dev_attr_set_led.attr,
        &dev_attr_blink_on_led.attr,
        &dev_attr_blink_off_led.attr,
        &dev_attr_set_period.attr,
        NULL,
};

static const struct attribute_group led_group = {
        .attrs = led_attrs,
};

static const struct attribute_group *led_groups[] = {
        &led_group,
        NULL,
};

/*
 * Allocate space for the global private struct
 * and the three local LED private structs
 */
static inline int sizeof_keyled_priv(int num_leds)
{
        return sizeof(struct keyled_priv) +
                (sizeof(struct led_device*) * num_leds);
}

/* First interrupt handler */
static irqreturn_t KEY_ISR1(int irq, void *data)
{
        struct keyled_priv *priv = data;
        dev_info(priv->dev, "interrupt KEY1 received. key: %s\n",
                HELLO_KEYS_NAME1);

        spin_lock(&priv->period_lock);
        priv->period = priv->period + 10;
        if ((priv->period < 10) || (priv->period > 10000))
                priv->period = 10;
        spin_unlock(&priv->period_lock);

        dev_info(priv->dev, "the led period is %d\n", priv->period);
        return IRQ_HANDLED;
}

/* Second interrupt handler */
static irqreturn_t KEY_ISR2(int irq, void *data)
{
        struct keyled_priv *priv = data;
        dev_info(priv->dev, "interrupt KEY2 received. key: %s\n",
                HELLO_KEYS_NAME2);

        spin_lock(&priv->period_lock);
        priv->period = priv->period - 10;
        if ((priv->period < 10) || (priv->period > 10000))
```

```
                    priv->period = 10;
        spin_unlock(&priv->period_lock);

        dev_info(priv->dev, "the led period is %d\n", priv->period);
        return IRQ_HANDLED;
}

/* Create the LED devices under the sysfs keyled entry */
struct led_device *led_device_register(const char *name, int count,
                                        struct device *parent, dev_t led_devt,
                                        struct class *led_class)
{
        struct led_device *led;
        dev_t devt;
        int ret;

        /* First allocate a new led device */
        led = devm_kzalloc(parent, sizeof(struct led_device), GFP_KERNEL);
        if (!led)
                return ERR_PTR(-ENOMEM);

        /* Get the minor number of each device */
        devt = MKDEV(MAJOR(led_devt), count);

        /* Create the device and init the device's data */
        led->dev = device_create(led_class, parent, devt,
                                led, "%s", name);
        if (IS_ERR(led->dev)) {
                dev_err(led->dev, "unable to create device %s\n", name);
                ret = PTR_ERR(led->dev);
                return ERR_PTR(ret);
        }

        dev_info(led->dev, "the major number is %d\n", MAJOR(led_devt));
        dev_info(led->dev, "the minor number is %d\n", MINOR(devt));

        /* To recover later from each sysfs entry */
        dev_set_drvdata(led->dev, led);

        strncpy(led->name, name, LED_NAME_LEN);
        dev_info(led->dev, "led %s added\n", led->name);

        return led;
}

static int __init my_probe(struct platform_device *pdev)
{
        int count, ret, i;
        unsigned int major;
        struct fwnode_handle *child;

        struct device *dev = &pdev->dev;
        struct keyled_priv *priv;

        dev_info(dev, "my_probe() function is called.\n");

        count = device_get_child_node_count(dev);
        if (!count)
                return -ENODEV;
```

```
dev_info(dev, "there are %d nodes\n", count);

/* Allocate all the private structures */
priv = devm_kzalloc(dev, sizeof_keyled_priv(count-INT_NUMBER), GFP_KERNEL);
if (!priv)
        return -ENOMEM;

/* Allocate 3 device numbers */
alloc_chrdev_region(&priv->led_devt, 0, count-INT_NUMBER, "Keyled_class");
major = MAJOR(priv->led_devt);
dev_info(dev, "the major number is %d\n", major);

/* Create the LED class */
priv->led_class = class_create(THIS_MODULE, "keyled");
if (!priv->led_class) {
        dev_info(dev, "failed to allocate class\n");
        return -ENOMEM;
}

/* Set attributes for this class */
priv->led_class->dev_groups = led_groups;
priv->dev = dev;

spin_lock_init(&priv->period_lock);

/* Parse all the DT nodes */
device_for_each_child_node(dev, child) {
int irq, flags;
struct gpio_desc *keyd;
const char *label_name, *colour_name, *trigger;
struct led_device *new_led;

fwnode_property_read_string(child, "label", &label_name);

/* Parsing the DT LED nodes */
if (strcmp(label_name,"led") == 0) {

        fwnode_property_read_string(child, "colour", &colour_name);

        /*
         * Create led devices under keyled class
         * priv->num_leds is 0 for the first iteration
         * used to set the minor number of each device
         * increased to the end of the iteration
         */
        new_led = led_device_register(colour_name, priv->num_leds, dev,
                                    priv->led_devt, priv->led_class);
        if (!new_led) {

                fwnode_handle_put(child);
                ret = PTR_ERR(new_led);

                for (i = 0; i < priv->num_leds-1; i++) {
                        device_destroy(priv->led_class,
                                    MKDEV(MAJOR(priv->led_devt), i));
                }
                class_destroy(priv->led_class);
                return ret;
        }
```

```
new_led->ledd = devm_get_gpiod_from_child(dev, NULL, child);
if (IS_ERR(new_led->ledd)) {
        fwnode_handle_put(child);
        ret = PTR_ERR(new_led->ledd);
        goto error;
}
new_led->private = priv;
priv->leds[priv->num_leds] = new_led;
priv->num_leds++;

/* set direction to output */
gpiod_direction_output(new_led->ledd, 1);

/* set led state to off */
gpiod_set_value(new_led->ledd, 1);

}

/* Parsing the interrupt nodes */
else if (strcmp(label_name,"KEY_1") == 0) {
        keyd = devm_get_gpiod_from_child(dev, NULL, child);
        gpiod_direction_input(keyd);
        fwnode_property_read_string(child, "trigger", &trigger);
        if (strcmp(trigger, "falling") == 0)
                flags = IRQF_TRIGGER_FALLING;
        else if (strcmp(trigger, "rising") == 0)
                flags = IRQF_TRIGGER_RISING;
        else if (strcmp(trigger, "both") == 0)
                flags = IRQF_TRIGGER_RISING | IRQF_TRIGGER_FALLING;
        else
                return -EINVAL;

        irq = gpiod_to_irq(keyd);
        if (irq < 0)
                return irq;

        ret = devm_request_irq(dev, irq, KEY_ISR1,
                                flags, "ISR1", priv);
        if (ret) {
                dev_err(dev,
                        "Failed to request interrupt %d, error %d\n",
                        irq, ret);
                return ret;
        }
        dev_info(dev, "IRQ number: %d\n", irq);
}
else if (strcmp(label_name,"KEY_2") == 0) {

        keyd = devm_get_gpiod_from_child(dev, NULL, child);
        gpiod_direction_input(keyd);
        fwnode_property_read_string(child, "trigger", &trigger);
        if (strcmp(trigger, "falling") == 0)
                flags = IRQF_TRIGGER_FALLING;
        else if (strcmp(trigger, "rising") == 0)
                flags = IRQF_TRIGGER_RISING;
        else if (strcmp(trigger, "both") == 0)
                flags = IRQF_TRIGGER_RISING | IRQF_TRIGGER_FALLING;
        else
                return -EINVAL;
```

```
                        irq = gpiod_to_irq(keyd);
                        if (irq < 0)
                                return irq;
                        ret = devm_request_irq(dev, irq, KEY_ISR2,
                                                flags, "ISR2", priv);
                        if (ret < 0) {
                                dev_err(dev,
                                        "Failed to request interrupt %d, error %d\n",
                                        irq, ret);
                                goto error;
                        }
                        dev_info(dev, "IRQ number: %d\n", irq);
                }
                else {
                        dev_info(dev, "Bad device tree value\n");
                        ret = -EINVAL;
                        goto error;
                }
        }

        dev_info(dev, "i am out of the device tree\n");

        /* reset period to 10 */
        priv->period = 10;

        dev_info(dev, "the led period is %d\n", priv->period);

        platform_set_drvdata(pdev, priv);

        dev_info(dev, "my_probe() function is exited.\n");

        return 0;

error:
        /* Unregister everything in case of errors */
        for (i = 0; i < priv->num_leds; i++) {
                device_destroy(priv->led_class, MKDEV(MAJOR(priv->led_devt), i));
        }

        class_destroy(priv->led_class);
        unregister_chrdev_region(priv->led_devt, priv->num_leds);
        return ret;
}

static int __exit my_remove(struct platform_device *pdev)
{
        int i;
        struct led_device *led_count;
        struct keyled_priv *priv = platform_get_drvdata(pdev);
        dev_info(&pdev->dev, "my_remove() function is called.\n");
        if (priv->task_flag == 1) {
                kthread_stop(priv->task);
                priv->task_flag = 0;
        }

        if (priv->led_flag == 1) {
                for (i = 0; i < priv->num_leds; i++) {
                        led_count = priv->leds[i];
                        gpiod_set_value(led_count->ledd, 1);
```

```
                }
        }

        for (i = 0; i < priv->num_leds; i++) {
                device_destroy(priv->led_class, MKDEV(MAJOR(priv->led_devt), i));
        }
        class_destroy(priv->led_class);
        unregister_chrdev_region(priv->led_devt, priv->num_leds);
        dev_info(&pdev->dev, "my_remove() function is exited.\n");
        return 0;

}

static const struct of_device_id my_of_ids[] = {
    { .compatible = "arrow,ledpwm"},
    {},
};
MODULE_DEVICE_TABLE(of, my_of_ids);

static struct platform_driver my_platform_driver = {
    .probe = my_probe,
    .remove = my_remove,
    .driver = {
            .name = "ledpwm",
            .of_match_table = my_of_ids,
            .owner = THIS_MODULE,
    }
};

module_platform_driver(my_platform_driver);

MODULE_LICENSE("GPL");
MODULE_AUTHOR("Alberto Liberal <aliberal@arroweurope.com>");
MODULE_DESCRIPTION("This is a platform keyled_class driver that decreases \
                    and increases the led flashing period");
```

7.16 keyled_imx_class.ko 演示

```
root@imx7dsabresd:~# insmod keyled_imx_class.ko /* load module */
root@imx7dsabresd:~# cat /proc/interrupts /* see the linux IRQ numbers (219 and 220)
and hwirq numbers (10 and 11) for the gpio-mxc controller */
root@imx7dsabresd:~# ls /sys/class/keyled/ /* see devices under keyled class */
root@imx7dsabresd:/sys/class/keyled/blue# ls /* see sysfs entries under one of the
devices */
root@imx7dsabresd:/sys/class/keyled/blue# echo on > set_led /* switch on blue led */
root@imx7dsabresd:/sys/class/keyled/red# echo on > set_led /* switch on red led and
switch off blue led */
root@imx7dsabresd:/sys/class/keyled/green# echo on > set_led /* switch on green led
and switch off red led */
root@imx7dsabresd:/sys/class/keyled/green# echo off > set_led /* switch off green
led */
root@imx7dsabresd:/sys/class/keyled/green# echo on > blink_on_led /* start blinking
the green led */
root@imx7dsabresd:/sys/class/keyled/green# echo off > blink_off_led /* stop blinking
the green led */
root@imx7dsabresd:/sys/class/keyled/red# echo on > blink_on_led /* start blinking
the red led */
```

```
root@imx7dsabresd:/sys/class/keyled/red# echo 100 > set_period /* change the
blinking period */

"Increase the blinking period pressing the FUNC2 key"

"Decrease the blinking period pressing the FUNC1 key"

root@imx7dsabresd:/sys/class/keyled/red# echo off > blink_off_led /* stop blinking
the red led */
root@imx7dsabresd:~# rmmod keyled_imx_class.ko /* remove the module */
```

第 8 章
在 Linux 驱动中分配内存

    Linux 是一个虚拟内存系统，这意味着用户程序看到的地址并不直接对应硬件使用的物理地址。内核进程和用户进程均使用虚拟地址，而地址转换是在硬件的**内存管理单元**（MMU）进行的。借助于虚拟内存，系统中运行的程序能够分配远超过物理可用的内存；实际上，即使是单个进程也可以拥有比系统物理内存大得多的虚拟地址空间。

    ARM 体系结构使用存储在内存中的**转换表**来将虚拟地址转换成物理地址。MMU 将在必要时自动读取页表，此过程被称为**查询页表**。

    MMU 的一项重要功能是：使系统在共享虚拟地址的情况下，可以独立运行多个任务，这些任务在各自的虚拟内存空间里运行。它们不需要知道系统的物理内存映射，也就是说，它们不需要知道硬件使用的物理地址，也不需要知道同时执行的其他程序的地址。即使在物理内存不连续的情况下，你也可以让每个用户程序使用相同的虚拟内存地址空间。这个虚拟地址空间与系统中实际的物理内存映射空间是分开的。你可以编写、编译和链接应用程序，这些程序在虚拟内存空间中运行。虚拟地址是编译器和链接器在内存中放置代码时使用的地址，是用户使用的地址。物理地址是指实际硬件系统使用的地址。

    当进程尝试访问 MMU 中不存在的页面时，MMU 会产生缺页异常。缺页异常处理程序检查 MMU 硬件的状态，以及当前正在运行的进程的内存信息，并判断该异常是合法的还是非法的。合法的缺页异常使得处理程序为进程分配更多的内存。非法的缺页异常会导致处理程序终止进程。

    合法的缺页异常是预期的行为，当进程首次分配动态内存、运行一段代码或写入一部分数据时，或者增加其栈的大小时，都会产生这样的缺页异常。当进程试图访问这些新内存时，MMU 产生缺页异常，并且 Linux 在进程的地址转换表中增加新的内存页面，然后恢复被中断的进程。

    当进程访问 NULL 指针或试图访问不属于它的内存时，就会发生非法的缺页异常。内核中的编程错误也可能导致非法的缺页异常，在这种情况下，异常处理程序将在终止进程之前打印"oops"信息。

8.1　查询 ARM 的 MMU 转换表

由处理器生成的地址是虚拟地址。MMU 本质上将虚拟地址的高位替换成其他值，以生成物理地址（这样有效地定义了内存的基地址）。虚拟地址和物理地址的低位相同（这样有效地定义了物理内存相对基地址的偏移）。该地址的转换是在硬件中自动完成的，并且对应用程序是透明的。除了地址转换外，MMU 还控制每个内存区域的内存访问权限、内存序和缓存策略。

完整的转换表查询称为遍历页表，这可能会花费大量执行时间。为了支持虚拟地址（VA）到物理地址（PA）映射的精细粒度，单个输入地址到输出地址的转换可能需要对转换表进行多次访问，每次访问都提供了更精细的粒度。

快表（TLB）通过缓存转换表来降低内存访问的平均成本。快表充当了转换表信息的缓存。

快表是 MMU 中对转换表的缓存。在内存访问期间，MMU 首先检查地址转换是否已缓存在快表中。如果请求的地址转换在快表中，称之为 TLB 命中，并且快表立即给出转换后的物理地址。如果快表没有对该地址转换进行缓存，则称之为 TLB 未命中，这时就需要进行外部转换表查询。然后，将这个新加载的转换项缓存在快表中，以便将来重用。

在不同的 ARM 处理器中，快表的具体实现有所不同。存在一个或多个 micro-TLB，分别适用于缓存指令和缓存数据。如果地址已经存于这些 micro-TLB 中，当 CPU 访问时，则不需要从内存中查找，这样就不需要耗费 CPU 周期。但是，micro-TLB 只包含很少的映射（通常是 8 个数据缓存项，8 个指令缓存项）。剩下的缓存由较大的 main-TLB 提供（通常为 64 个条目），如果在 micro-TLB 中未命中，而在 main-TLB 中命中时，这将会增加相应的访问代价。MMU 地址转换见图 8-1。

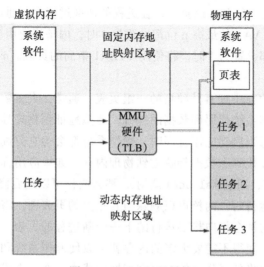

图 8-1　MMU 地址转换

　　TLB 未命中时则会发生转换表查询，并从读取某个适当的一级页表开始。读取结果决定了是否还需要其他的转换表进行额外的读取。

　　SAMA5D2 Cortex-A5 处理器支持包括 TrustZone 安全扩展的 ARM v7 虚拟内存系统，其中内存管理单元支持转换条目大小为 1 MB（段）、64 KB（巨页）或 4 KB（普通页）。ARM MMU 支持 L1 和 L2 两级页表缓存，MMU 访问转换表以转换地址的过程称为查询页表，L1 缓存大小是 1MB，L2 缓存是 4KB 字节和 64KB 字节。

　　当处理器执行内存访问时，MMU 执行的动作如下：

　　1. 在相关指令或数据的 micro-TLB 中查找 CPU 请求的虚拟地址、当前的地址空间标识符以及安全状态。

　　2. 如果在 micro-TLB 中未命中，则继续在 main-TLB 中查找虚拟地址、当前的地址空间标识符以及安全状态。

　　3. 如果在 main-TLB 中也未命中，则需要查询硬件转换页表。

　　通过将 TTBR0 和 TTBR1 寄存器中的 IRGN 位设置为 1，可以将 MMU 配置为带缓存功能的页表查询。

　　一级页表（L1）将 4GB 的地址空间分成 4096 个大小为 1MB 的段。这样一级页表就有 4096 个页表项，每个页表项以字为单位。每个页表项可以是 2 级页表（L2）的基地址，也可以是用于转换 1MB 的段。如果用于转换 1MB 的段，则它将作为物理内存中 1MB 大小页面的基地址。

　　一级页表的基地址被称为整个转换表的基地址，其必须与 16KB 边界对齐。页表的位置由页表基址寄存器（TTBR0 和 TTBR1）定义。页表分为两个部分，使用两个 TTBR 寄存器：TTBR0 指向用户态进程的一级页表位置，而 TTBR1 指向内核态的一级页表位置。由于内核态页表是被固定映射的，所以在进程上下文切换的时候，仅 TTBR0 被改变。

　　每个进程有不同的一级和二级页表，在进程的切换过程中，通过更新 TTBR0 来更新一级页表。当虚拟地址（VA）的最高 n 位都设置为 0 时，内核将使用 TTBR0 指向的页表。当虚拟地址的最高 n 位都设置为 1 时，将使用 TTBR1 指向的页表。n 的值由页表基址控制寄存器（TTBCR）定义。

　　每个进程在物理内存中拥有其独自的一组页表。通常，大多数内存系统的组织方式是这样的：用于存放操作系统代码和数据的地方，虚拟地址到物理地址的映射是固定的，页表的转换不会改变。每当启动应用程序时，操作系统都会为它分配一组页表项，这些条目将应用程序使用的实际代码和数据都映射到物理内存。如果应用程序需要映射代码或需要额外的数据空间（例如，通过 malloc() 调用），那么内核可以随后修改这些页表。当任务完成并且应用程序不再运行时，内核可以删除与其相关的页表项，将空间重新用于新的应用程序。切换任务后，内核会指向将要运行的下一个新进程的页表。由 TTBR0 和 TTBR1 管理的两组不同的页表，使得不需要太多的内存就可以使操作系统和每个单独的任务或进程拥有自己的页表，从而降低操作系统上下文切换的成本。在这个模型中，虚拟地址空间分为两个区域：

- 由 TTBR0 控制的 0x0 -> 1 << (32-N)。
- 由 TTBR1 控制的 1 << (32-N) -> 4GB。

在 TTBCR 中设置 N 的值。如果 N 为零，则 TTBR0 用于所有地址。如果 N 不为零，则操作系统和 I/O 内存映射位于内存上部的 TTBR1，所有任务或进程都在内存下部 TTBR0 中相同的虚拟地址空间。这样一来，就可以进行以下设计：将操作系统和内存映射的 I / O 位于地址空间的上部，由 TTBR1 指向的页表进行管理，而用户进程位于内存的下部，由 TTBR0 指向的页表进行管理。在进程上下文切换时，操作系统必须将 TTBR0 更改为指向新进程的一级页表位置。虚拟地址的 L1 偏移量将用于设置 TTBR0 寄存器指向的新 L1 页表的索引。TTBR1 寄存器仍将包含操作系统内存映射和 I/O 内存映射。

为了在一级页表中找到对应的表项，将虚拟地址的高 12 位（$2^{12} = 4096$）作为页表基地址（TTBR0 或 TTBR1），该地址作为指向一级页表的索引值。一级页表的中间 20 位（普通页基址）作为二级页表的基址。如果一级页表设置的转换大小为 1M 的地址，则使用一级页表项的高 16 位（巨页基址）给出物理内存中 1M 页面的基址；低 16 位作为 1MB 物理内存中的偏移。

二级页表将 1MB 的地址进一步划分为较大的 64KB 或较小的 4KB 大小的页面。每个二级页表项均为 4 个字节，除了页基地址之外，还包含内存访问权限和其他信息，例如是否进行缓存，是否有可执行权限。在每个一级页表有 256 个二级页表项，因此一个二级页表消耗 1KB 的内存。虚拟地址的 12 位到 19 位用于在二级页表的 256 个页表项中建立索引。二级页表项中虚拟地址的高 20 位表示选择物理内存中 4KB 页面的基地址；低 12 位表示物理内存中 4KB 页面的偏移。

图 8-2 显示了地址转换的示意图：

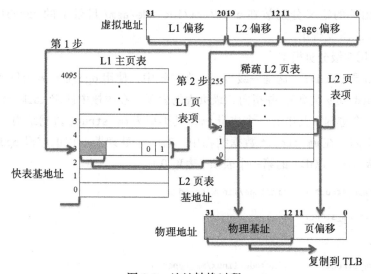

图 8-2　地址转换过程

实现 ARMv7-A 物理地址扩展（LPAE）的处理器（如 NXP i.MX7D）使用 long 描述符，通过将 32 位虚拟内存地址转换为 40 位物理内存，将可访问物理地址的范围从 4GB 扩展到 1024GB（即 1TB）。

查询快表的步骤与之前所描述的没有实现物理地址扩展的处理器类似。启用了物理地址扩展的系统，使用三级页表，每个表项用 64 位来表示。每级页表中有 512 个大小均为 8 字节的页表项，共占页的大小为 4K。一级页表包含了 512GB 的范围，每个页表项表示 1GB 的地址空间。由于输入地址范围限制在 4GB，因此页全局目录（PGD）中仅使用 4 个页表项。一级页表的页表项指向二级页表。二级页表包含 512 个页表项，每个页表项表示 2MB 的地址空间，每个页表项指向三级页表。三级页表也包括了 512 个页表项，每个页表项表示 4KB 的地址空间。如图 8-3 所示。

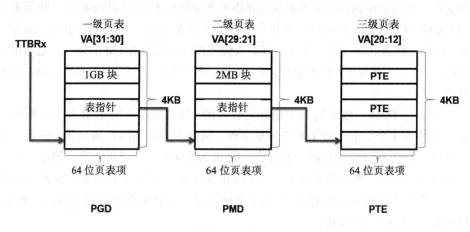

图 8-3　启用物理地址扩展的页表

与页表相关的定义分别放在 arch/arm/include/asm/ 目录下的 pgtable-2level.h 和 pgtable-3level.h 文件中。

Linux 使用四级分页模型：

● **全局目录**（PGD）：这是一级页表。在内核中，使用 pgd_t 来表示每个表项（通常是 unsigned long 类型），并指向二级页表的表项。在内核中使用 task_struct 数据结构表示一个进程，其中有一个成员 mm，其类型为 mm_struct 数据结构，它表示进程的内存空间。在 mm_struct 数据结构中，有一个处理器专用的字段 pgd，它指向了进程一级页表（PGD）的第一个表项（表项 0）。

```
struct task_struct {    :include/linux/sched.h
    ...
    struct mm_struct *mm
    ...
}

struct mm_struct{       :include/linux/mm_types.h
```

```
    ...
    pgd_t * pgd;
    ...
}
```

- **页上级目录**（PUD）：这仅在使用 4- 级页表的体系结构中存在。相当于二级页表。
- **页中间目录**（PMD）：这也仅在使用 4- 级页表的体系结构上存在。相当于三级页表。
- **页 表**（PTE）：它是一组类型为 pte_t 的数组，其中的每个表项都指向物理页。
  SAMA5D2 的 MMU 仅支持 2 级页表（PGD 和 PTE），而 i.MX7D 的 MMU 支持 3 级
  页面表（PGD、PMD 和 PTE）。相关的定义位于 arch/arm/mm/proc-v7.S 中：

```
#ifdef CONFIG_ARM_LPAE
#include "proc-v7-3level.S"
#else
#include "proc-v7-2level.S"
#endif
```

让我们看一下，在没有开启物理地址扩展的 32 位系统中，使用 2- 级页表（一级页表 PGD 和二级页表 PTE），是如何在上下文切换期间执行转换表的切换。

每当在 Linux 中发生上下文切换时，下一个进程的 PGD 必须存储在 TTBR 中（请注意，当切换到内核线程时不会这样做，因为内核线程本身没有 mm 结构）。正如在本节前面看到的那样，ARM 通过使用硬件寄存器 TTBR0 和 TTBR1，同时支持两个页表集。CPU 根据 TTBRC 中的设置将虚拟地址映射到物理地址。该控制寄存器具有一个字段，它在地址空间中设置了分割点。在分割点以下的地址通过 TTBR0 指向的页表进行映射，分割点以上的地址则通过 TTBR1 进行映射。每个进程都有其唯一的 TTBR0，当发生上下文切换时，内核用新进程的 current-> mm.pgd 来设置 TTBR0。而 TTBR1 则是整个系统中全局共有的，表示内核的页表。在内核全局变量 swapper_pg_dir 中进行引用。值得注意的是，这两个地址都是虚拟地址。可以把这个虚拟地址作为参数，virt_to_phys() 函数找到一级页表的物理地址。

对于 ARM 来说，其二级页表（PTE）布局较为特殊。ARM 硬件在该级页表上支持的页表存放空间为 1024 字节（共 256 个表项，每个 4 字节）。但是，Linux 内核需要的某些功能表示位在一些硬件上并没有提供（例如 DIRTY 和 YOUNG）。这些位由 ARM 的 MMU 代码通过权限位和异常位组合而成，使用软件对其进行有效的管理。它们必须存储在硬件页表之外，但是又必须放在内核很容易访问的位置。为了使其以 4K 单位对齐，内核在单个页面上保留 2 个硬件二级页表和 2 个一一对应的数组（总共 512 个表项）。当创建新的二级页表时，将一次性创建 512 个表项，其中硬件表项在页表的顶部，Linux 软件表项（组合的标志和值）在页表的底部。

8.2   Linux 地址的类型

下面列出了在 Linux 中使用的地址类型：

1. **用户虚拟地址**：这些是用户态程序可以看到的常规地址。用户地址的长度为 32 位或 64 位，具体取决于底层的硬件体系结构，并且每个进程都有自己的虚拟地址空间。虚拟地址空间被分割成两部分；较低的部分用于用户态，较高的部分用于内核态。如果在 32 位处理器上为内核分配 1GB 的虚拟地址空间，则分割点位置为 0xC0000000。

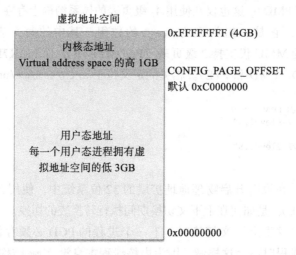

图 8-4　32 位系统的虚拟地址空间

2. **物理地址**：处理器与系统内存之间使用的地址。物理地址的长度为 32 位或 64 位；在某些情况下，即使 32 位系统也可以使用更大的物理地址。

3. **总线地址**：外设总线和内存之间使用的地址。通常，它们与处理器使用的物理地址相同，但不一定总是如此。某些体系结构可以提供 I/O 内存管理单元 IOMMU，以重新映射总线和主内存之间的地址。对 IOMMU 进行编程有一个额外步骤，其必须在建立 DMA 操作时执行。

4. **内核逻辑地址**：这些地址组成内核的普通地址空间。这些是位于 CONFIG_PAGE_OFFSET 之上的虚拟地址。在大多数体系结构中，逻辑地址及其关联的物理地址仅相差一个恒定的偏移量，这使得物理地址和虚拟地址之间的转换较为容易。kmalloc() 函数返回一个指针变量，其指向映射到连续物理页的内核逻辑地址空间。内核逻辑内存无法被换出。可以使用宏 __pa(x) 和 __va(x) 在内核逻辑地址和物理地址之间进行转换。

5. **内核虚拟地址**：内核虚拟地址与逻辑地址类似，因为均是从内核态地址到物理地址的映射。但是，内核虚拟地址并不总是像逻辑地址空间那样，有到物理地址的线性一对一映射。所有逻辑地址都是内核虚拟地址，但是许多内核虚拟地址却不是逻辑地址。例如，函数 vmalloc() 将返回虚拟内存块，但是该虚拟内存仅在虚拟空间中是连续的，而在物理空间中可能不是连续的。由 ioremap() 返回的内存也将被动态地放置在该区域中。由 iotable_init() 返回的特定于机器的静态映射也在此处。

8.3　用户进程的虚拟地址到物理地址的映射

在 Linux 中，内核态一直存在，并且所有进程都将其映射到相同的物理内存。内核代码和数据始终是可寻址的，随时可以在中断或系统调用中使用。相反，每当发生进程切换时，部分用户态的地址空间映射会发生改变。

每个用户态进程都有自己的虚拟内存布局，其中包含四个逻辑区域：

1. **文本段**：程序代码，存储进程的二进制映像（../bin/app）。

2. **数据段**（data+bss+heap）：在进程开始时或运行时创建并初始化的各种数据结构（比如堆）。堆和栈相同之处在于提供了运行时内存分配，但是与栈不同的是，堆数据的生命周期比分配它的函数还要长。在 C 语言中，堆分配的主要接口是 malloc() 函数。数据段存储静态初始化变量，而 BSS 段则将未初始化的静态变量初始化为零。

3. **内存映射段**：在这里，内核将文件的内容直接映射到内存。任何应用程序都可以通过 Linux 的 mmap() 系统调用（包括动态库，例如 /lib/libc.so）来请求该映射。

4. **栈段**：从进程可用区域的末端开始，然后向下延伸：在多数编程语言中用于存储局部变量和函数参数。当调用方法或函数时会在栈中压入一个新的栈结构。而当函数返回时，该栈结构则被销毁。进程中的每个线程都有自己的栈。

8.4　内核的虚拟地址到物理地址的映射

内核虚拟地址空间从 0xc0000000 开始。但是可以在内核配置中进行设置，以允许内核访问更多物理内存，如图 8-5 所示。

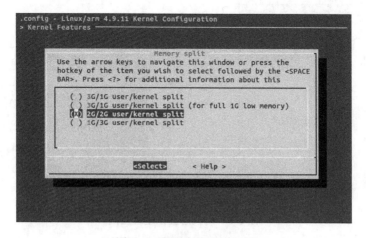

图 8-5　配置内核地址空间

在系统启动期间，在内核消息缓冲区会打印内核虚拟地址空间布局：

```
Virtual kernel memory layout:
    vector  : 0xffff0000 - 0xffff1000   (    4 kB)
    fixmap  : 0xffc00000 - 0xfff00000   ( 3072 kB)
    vmalloc : 0xc0800000 - 0xff800000   ( 1008 MB)
    lowmem  : 0x80000000 - 0xc0000000   ( 1024 MB)
    pkmap   : 0x7fe00000 - 0x80000000   (    2 MB)
    modules : 0x7f000000 - 0x7fe00000   (   14 MB)
      .text : 0x80008000 - 0x80a00000   (10208 kB)
      .init : 0x80e00000 - 0x80f00000   ( 1024 kB)
      .data : 0x80f00000 - 0x80f886e0   (  546 kB)
      .bss  : 0x80f8a000 - 0x810005a0   (  474 kB)
```

内核物理内存可以被分为四个区域：

1. ZONE_DMA：映射到内核虚拟地址空间（HIGHMEM）。在 32 位的 ARM 中，将其映射到由 ffc00000 至 fffeffff 区间上的内核虚拟地址。通过 dma_alloc_xxx 函数返回该映射的虚拟 DMA 内存区域。

2. ZONE_NORMAL：映射到内核逻辑地址空间（LOWMEM）。用于内核的内部数据结构以及其他系统和用户态分配。

3. ZONE_HIGHMEM：映射到内核虚拟地址空间（HIGHMEM）。仅用于系统分配（文件系统缓冲区、用户态分配等）。通过 vmalloc 函数返回映射的内核虚拟地址。

4. 内存映射 I/O：映射到内核虚拟地址空间（HIGHMEM）。通过 ioremap() 返回的内存将同样被动态存放在该内核虚拟区域中。

内核内存映射布局如图 8-6 所示。

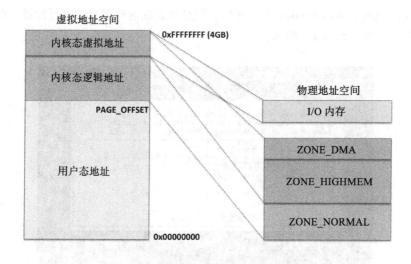

图 8-6　内核态虚拟地址空间

8.5　内核内存分配器

Linux 内核提供了一些内存分配方法。其中最主要的是作用于页面的**页面分配器**。建立在页面分配器基础上的 **SLAB 分配器**，从页面分配器获取内存并将其处理为更小的内存。如图 8-7 所示，内核内存分配器分配物理页面，并且内核分配的内存无法被换出，因此不需要缺页处理。大多数内核内存分配函数还将返回在内核态中使用的内核虚拟地址的指针。

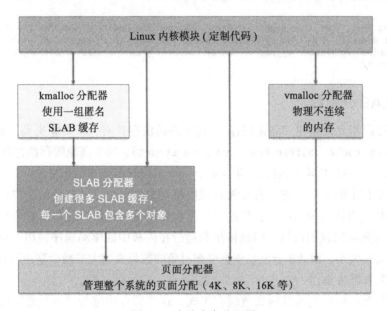

图 8-7　内核内存分配器

8.5.1　页面分配器

页面分配器负责管理整个系统的页面分配。此代码管理物理上连续的页面，并将其映射到 MMU 页表中，以便其他内核子系统在申请物理地址时，为其提供有效的物理地址范围（物理到虚拟地址的映射由 VM 的更高层处理）。用于页面分配的主要算法是二进制伙伴分配器。这个分配器在位于 https://www.kernel.org/doc/gorman/html/understand/understand009.html 的内核文档中得到了很好的解释。

8.5.2　页面分配器接口

以下函数均可用来分配页面：

```
unsigned long get_zeroed_page(int flags) /* Returns the virtual address of a free
page, initialized to zero */
```

最常见的标志是：

- GFP_KERNEL：标准内核内存分配。为了找到足够的可用内存，该分配可能会阻塞。其适用于大多数的需求，但是不能用在中断处理程序上下文中。
- GFP_ATOMIC：分配内存的时候不允许被阻塞（比如在中断处理程序或临界区）。不阻塞意味着允许访问紧急内存池，但是如果没有可用的内存，则可能会失败。
- GFP_DMA：在可用于 DMA 传输的物理内存区域中分配内存。

unsigned long __get_free_page(int flags) /* *Same, but doesn't initialize the contents* */

unsigned long __get_free_pages(int flags, unsigned int order) /* *Returns the starting virtual address of an area of several contiguous pages in physical RAM, with the order being log2(number_of_pages. Can be computed from the size with the get_order() function* */

8.5.3　SLAB 分配器

SLAB 分配器允许创建"高速缓存"，每个高速缓存针对一种对象类型（例如，inode_cache、dentry_cache、buffer_head、vm_area_struct）。每个高速缓存都包含许多"slab"（通常一页大小，并且总是连续的），并且每个 slab 又包含多个初始化对象。

slab 分配技术的主要目的是有效地管理内核对象的分配，并避免由于内存分配和释放导致内存碎片。内核对象是同一类型的已分配和初始化的对象，通常在 C 中以数据结构的形式表示。这些对象仅由内核、内核模块和运行在内核中的驱动程序使用。对象大小可以小于或大于页面大小。SLAB 分配器依据分配对象的数目来增大或减少高速缓存的大小，并且还负责分配和释放页面。

SLAB 分配器由可变数量的高速缓存组成，这些缓存由称为"缓存链"的双向循环链表链接在一起。为了减少碎片，将 slab 分为三组：

- 全满的 slab 区域：没有空闲的对象供分配。
- 半满的 slab 区域。
- 空的 slab 区域：还未分配对象。

如果存在半满的 slab 区域，则新的分配来自这些 slab，否则来自空的 slab 区域或分配新的 slab。

在 Linux 内核中，有三种不同的 slab 分配技术，即 SLAB、SLUB 和 SLOB（如图 8-8 所示）：

- CONFIG_SLAB：遗留版本。
- CONFIG_SLOB：简单的分配器，可节省约 0.5 MB 的内存，但扩展性不佳。其用于内存有限的、非常小的系统（配置 CONFIG_EMBEDDED 后可激活该选项）。
- CONFIG_SLUB：自 2.6.23 开始作为默认的分配器。比 SLAB 更简单，扩展性更好。

图 8-9 给出了 SLAB 分配器的内存布局。

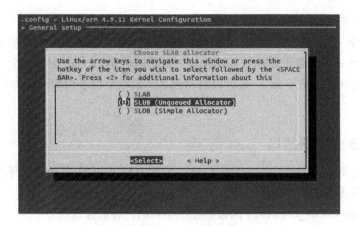

图 8-8　配置 SLAB 内存分配器

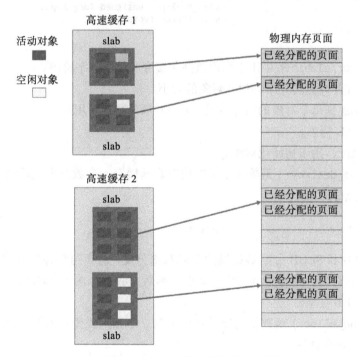

图 8-9　SLAB 分配器的内存布局

为了理解 Linux 内核的 SLAB 分配器，定义了以下术语，其经常出现在 SLAB 分配器源代码中：

1. **高速缓存**（cache）：高速缓存是相同类型的一组内核对象。高速缓存与定义它的 C 数据结构名称相同的名称标识。内核使用双向链表来链接所创建的高速缓存。

2. slab：slab 是存储在主内存的一个或多个物理页面中的连续内存块。每个高速缓存都有许多相同类型的 slab 内核对象。

3. **内核对象**（Kernel object）：内核对象是一个以 C 数据结构分配和初始化的实例。每个 slab 可能包含一些对象（取决于 slab 和每个对象的大小）。slab 中的每个内核对象可以是活动的（内核正在使用该对象），也可以是空闲的（该对象位于内存池中并随时可以根据请求使用）。

8.5.4 SLAB 分配器接口

Linux 内核 SLAB 分配子系统提供了一个用于创建和销毁内存高速缓存的通用接口，该接口与 SLAB 分配器的类型无关：

1. 通过 kmem_cache_create() 函数创建一个新的内存高速缓存：

```
struct kmem_cache *kmem_cache_create(const char *name, size_t size,
                                     size_t align, unsigned long flags,
                                     void (*ctor)(void*))
```

其参数如下：

- name：/proc/slabinfo 中用于标识该高速缓存所使用的字符串。
- size：要在此高速缓存中创建的对象的大小。
- align：添加到每个对象的额外空间（为一些额外数据所用）。
- flags：SLAB 标志。
- constructor：用于初始化对象。

2. kmem_cache_destroy() 函数用于销毁内存高速缓存，参数是期望被销毁的高速缓存的 kmem_cache 对象。

```
void kmem_cache_destroy(struct kmem_cache *cp)
```

SLOB、SLAB 和 SLUB 分配器提供两个函数来分配（从高速缓存中获取）和释放（放回高速缓存）内核对象。定义为 mm/slub.c 中的函数，其可以为 mm/slob.c 或 mm/slab.c，取决于所选择的 slab 类型。

1. kmem_cache_alloc() 函数从高速缓存中分配一个指定类型的对象（指定对象的高速缓存必须在分配之前创建）：

```
void *kmem_cache_alloc(struct kmem_cache *s, gfp_t gfpflags)
```

2. kmem_cache_free() 函数可释放一个对象并将其放回高速缓存中：

```
void kmem_cache_free(struct kmem_cache *s, void *x)
```

假设 Linux 内核模块需要经常分配和释放一个特定类型的对象。该模块通过 kmem_cache_create() 函数向 SLAB 分配器发出请求，以创建具有该数据结构类型的高速缓存，以便其可以满足后续的内存分配（和释放）。根据数据结构的大小，SLAB 分配器计算存储每个 slab 高速缓存所需的内存页数（2 的幂次方）以及可以在每个 slab 上存储的对象数。然后，返回一个 kmem_cache 类型的指针作为对所创建的高速缓存的引用。

在创建新的高速缓存时，SLAB 分配器会生成多个 slab，并用已分配和初始化的对象对其进行填充。当需要创建具有相同类型的新对象时，则通过 kmem_cache_alloc() 函数使用指向高速缓存的指针（类型为 kmem_cache）作为参数，向 SLAB 分配器发出申请。如果在高速缓存中有可分配的对象，则申请成功，立即返回。但是如果所有的 slab 对象都在使用中，则 slab 分配器需要通过 alloc_pages() 函数向页面分配器申请新的页面，以增大其高速缓存。当从页面分配器申请到可用页面后，SLAB 分配器创建一个或多个 slab（在可用物理页面中），并用新分配和初始化的对象对其进行填充。另一方面，在释放活动的 slab 对象时，将会调用以高速缓存和 slab 对象指针为参数的 kmem_cache_free() 函数。SLAB 分配器将这个对象标记为空闲，并将该对象保留在高速缓存中，以便下次申请。

8.5.5　kmalloc 内存分配器

这是驱动程序中所使用的分配器。如果申请的空间比较大，其依赖于页面分配器；如果申请的空间比较小，则依赖于在 /proc/slabinfo 中名为 Kmalloc-xxx 的通用 SLAB 高速缓存。该分配器保证分配的区域在物理上是连续的，并使用与页面分配器相同的标志（GFP_KERNEL、GFP_ATOMIC、GFP_DMA 等）。在 ARM 中的单次分配的最大空间为 4 MB，总计分配的最大空间为 128 MB。除非有充分的理由要使用另一个分配器，否则应将 kmalloc 分配器用作主分配器。请参阅下面的 kmalloc 分配器 API：

1. 使用 kmalloc() 或 kzalloc() 函数分配内存：

```
#include <linux/slab.h>
static inline void *kmalloc(size_t size, int flags)
void *kzalloc(size_t size, gfp_t flags) /* Allocates a zero-initialized buffer
*/
```

这些函数分配 size 字节的区域，并返回指向虚拟内存区域的指针。其中 size 参数为要分配的字节数，flags 参数使用与页面分配器相同的参数。

使用 kfree() 函数释放先前由 kmalloc() 分配的内存块：

```
void kfree(const void *objp)
```

2. 为了符合统一的设备模型，可以将内存分配关联到设备上。devm_kmalloc() 函数便是一个可进行资源管理的 kmalloc()：

```
/* Automatically free the allocated buffers when the corresponding
device or module is unprobed */
void *devm_kmalloc(struct device *dev, size_t size, int flags)

/* Allocates a zero-initialized buffer */
```

```
void *devm_kzalloc(struct device *dev, size_t size, int flags);
/* Useful to immediately free an allocated buffer */
void *devm_kfree(struct device *dev, void *p);
```

8.6　实验 8-1："链表内存分配"模块

在此内核模块实验中，你将在内核内存中分配一个由多个节点组成的循环单链表。每个节点将由两个变量组成：

1. buffer 指针指向内存缓冲区，该内存缓冲区通过"for"循环调用 devm_kmalloc() 所分配。

2. next 指针指向链表的下一个节点。

链表通过名为 liste 的数据结构进行管理。驱动程序的 write() 回调函数将把字符写入用户态控制台。这些字符从第一个成员开始填充到链表的每个节点。当一个节点被选定的缓冲区大小（变量 BlockSize 所设定）填满时，将移动到下一个节点。当最后一个节点已满时，驱动程序将再次写入链表的第一个节点缓冲区。

通过驱动程序的 read() 回调函数可以读取写入节点的所有值。它从链表的第一个节点缓冲区起，读到最后一个节点缓冲区。在退出 read() 函数后，所有 liste 指针都指向链表的第一个节点，并将 cur_read_offset 和 cur_write_offset 变量设置为零，以便开始从第一个节点重新写入。

现将驱动程序的主要代码部分描述如下：

1. 创建链表的每个节点：

```
typedef struct dnode
{
    char *buffer;
    struct dnode *next;
} data_node;
```

2. 创建一个 liste 数据结构以管理链表节点：

```
typedef struct lnode
{
    data_node *head;
    data_node *cur_write_node;
    data_node *cur_read_node;
    int cur_read_offset;
    int cur_write_offset;
} liste;
```

3. 在 createlist() 函数（createlist() 在 probe() 函数内部调用）内部使用 devm_kmalloc() 函数分配链表的第一个节点（当卸载该模块时，所有节点将自动释放）：

```
/* allocate the first node */
newNode = devm_kmalloc(&device->dev, sizeof (data_node), GFP_KERNEL);
```

```
/* allocate first node memory buffer */
newNode->buffer = devm_kmalloc(&device->dev,
                                BlockSize*sizeof(char),
                                GFP_KERNEL);
newNode->next = NULL;
newListe.head = newNode;
headNode = newNode;
previousNode = newNode;
```

4. 在 createlist() 函数中，根据 BlockNumber 的设置通过 for 循环分配剩余的链表节点。在 for 循环之后，将链表最后一个节点链接到第一个节点：

```
for (i = 1; i < BlockNumber; i++)
{
        newNode = (data_node *)devm_kmalloc(&device->dev,
                                    sizeof (data_node),
                                    GFP_KERNEL);
        newNode->buffer = (char *)devm_kmalloc(&device->dev,
                                    BlockSize*sizeof(char),
                                    GFP_KERNEL);
        newNode->next = NULL;
        previousNode->next = newNode;
        previousNode = newNode;
}

newNode->next = headNode;
newListe.cur_read_node = headNode;
newListe.cur_write_node = headNode;
newListe.cur_read_offset = 0;
newListe.cur_write_offset = 0;
```

5. 修改 arch/arm/boot/dts/ 下的设备树文件以包含驱动程序的设备节点。其要求设备节点的兼容性必须与存储在驱动程序的 of_device_id 数据结构中的兼容字符串相同。

对于 MCIMX7D-SABRE 开发板，打开设备树文件 imx7d-sdb.dts，在存储节点下方添加 linked_memory 节点：

```
[...]
/ {
    model = "Freescale i.MX7 SabreSD Board";
    compatible = "fsl,imx7d-sdb", "fsl,imx7d";
    memory {
            reg = <0x80000000 0x80000000>;
    };

    linked_memory {
            compatible = "arrow,memory";
    };
    [...]
```

对于 SAMA5D2B-XULT 开发板，打开设备树文件 at91-sama5d2_xplained_common.dtsi，在 gpio_keys 节点下方添加 linked_memory 节点：

```
[...]
gpio_keys {
    compatible = "gpio-keys";
    pinctrl-names = "default";
    pinctrl-0 = <&pinctrl_key_gpio_default>;
    bp1 {
            label = "PB_USER";
            gpios = <&pioA 41 GPIO_ACTIVE_LOW>;
            linux,code = <0x104>;
    };
};

linked_memory {
    compatible = "arrow,memory";
};
[...]
```

对于 Raspberry Pi 3 Model B 开发板，打开设备树文件 bcm2710-rpi-3-b.dts，在 soc 节点内部添加 linked_memory 节点：

```
[...]
&soc {
    virtgpio: virtgpio {
            compatible = "brcm,bcm2835-virtgpio";
            gpio-controller;
            #gpio-cells = <2>;
            firmware = <&firmware>;
            status = "okay";
    };
    expgpio: expgpio {
            compatible = "brcm,bcm2835-expgpio";
            gpio-controller;
            #gpio-cells = <2>;
            firmware = <&firmware>;
            status = "okay";
    };
    linked_memory {
            compatible = "arrow,memory";
            };
            [...]
```

6. 构建修改后的设备树并将其加载到目标处理器。

对于 i.MX7D 处理器，请参阅接下来的代码清单 8-1 中"链表内存分配"驱动程序源代码（linkedlist_imx_platform.c）。

注意：SAMA5D2(linkedlist_sam_platform.c) 和 BCM2837(linkedlist_rpi_ platform.c) 驱动程序可从本书对应的 GitHub 下载。

8.7 代码清单 8-1：linkedlist_imx_platform.c

```
#include <linux/module.h>
#include <linux/fs.h>
#include <linux/platform_device.h>
#include <linux/uaccess.h>
#include <linux/miscdevice.h>
#include <linux/delay.h>

static int BlockNumber = 10;
static int BlockSize = 5;
static int size_to_read = 0;
static int node_count= 1;
static int cnt = 0;

typedef struct dnode
{
    char *buffer;
    struct dnode *next;
} data_node;

typedef struct  lnode
{
    data_node *head;
    data_node *cur_write_node;
    data_node *cur_read_node;
    int cur_read_offset;
    int cur_write_offset;
} liste;

static liste newListe;

static int createlist (struct platform_device *pdev)
{
    data_node *newNode, *previousNode, *headNode;
    int i;

    /* new node creation */
    newNode = devm_kmalloc(&pdev->dev, sizeof(data_node), GFP_KERNEL);
    if (newNode)
        newNode->buffer = devm_kmalloc(&pdev->dev,
                                       BlockSize*sizeof(char),
                                       GFP_KERNEL);
    if (!newNode || !newNode->buffer)
        return -ENOMEM;

    newNode->next = NULL;

    newListe.head = newNode;
    headNode = newNode;
    previousNode = newNode;

    for (i = 1; i < BlockNumber; i++)
    {
        newNode = devm_kmalloc(&pdev->dev, sizeof(data_node), GFP_KERNEL);
        if (newNode)
            newNode->buffer = devm_kmalloc(&pdev->dev,
                                           BlockSize*sizeof(char),
                                           GFP_KERNEL);
```

```
            if (!newNode || !newNode->buffer)
                return -ENOMEM;
            newNode->next = NULL;
            previousNode->next = newNode;
            previousNode = newNode;
        }

        newNode->next = headNode;

        newListe.cur_read_node = headNode;
        newListe.cur_write_node = headNode;
        newListe.cur_read_offset = 0;
        newListe.cur_write_offset = 0;

        return 0;
}

static ssize_t my_dev_write(struct file *file, const char __user *buf,
                            size_t size, loff_t *offset)
{
        int size_to_copy;
        pr_info("my_dev_write() is called.\n");
        pr_info("node_number_%d\n", node_count);
        if ((*(offset) == 0) || (node_count == 1))
        {
                size_to_read += size;
        }

        if (size < BlockSize - newListe.cur_write_offset)
                size_to_copy = size;
        else
                size_to_copy = BlockSize - newListe.cur_write_offset;

        if(copy_from_user(newListe.cur_write_node->buffer + newListe.cur_write_offset,
                        buf,
                        size_to_copy))
        {
                return -EFAULT;
        }

        *(offset) += size_to_copy;
        newListe.cur_write_offset +=  size_to_copy;

        if (newListe.cur_write_offset == BlockSize)
        {
            newListe.cur_write_node = newListe.cur_write_node->next;
            newListe.cur_write_offset = 0;
            node_count = node_count+1;
            if (node_count > BlockNumber)
            {
                newListe.cur_read_node = newListe.cur_write_node;
                newListe.cur_read_offset = 0;
                node_count = 1;
                cnt = 0;
                size_to_read = 0;
            }
        }
        return size_to_copy;
}
```

```
static ssize_t my_dev_read(struct file *file, char __user *buf,
                          size_t count, loff_t *offset)
{
    int size_to_copy;
    int read_value;

    read_value = (size_to_read - (BlockSize * cnt));

    if ((*offset) < size_to_read)
    {
            if (read_value < BlockSize - newListe.cur_read_offset)
                    size_to_copy = read_value;
            else
                    size_to_copy = BlockSize - newListe.cur_read_offset;
            if(copy_to_user(buf,
                            newListe.cur_read_node->buffer + newListe.cur_read_offset,
                            size_to_copy))
            {
                    return -EFAULT;
            }
            newListe.cur_read_offset += size_to_copy;
            (*offset)+=size_to_copy;

            if (newListe.cur_read_offset == BlockSize)
            {
                    cnt = cnt+1;
                    newListe.cur_read_node = newListe.cur_read_node->next;
                    newListe.cur_read_offset = 0;
            }
            return size_to_copy;
    }
    else
    {
            msleep(250);
            newListe.cur_read_node = newListe.head;
            newListe.cur_write_node = newListe.head;
            newListe.cur_read_offset = 0;
            newListe.cur_write_offset = 0;
            node_count = 1;
            cnt = 0;
            size_to_read = 0;
            return 0;
    }
}

static int my_dev_open(struct inode *inode, struct file *file)
{
    pr_info("my_dev_open() is called.\n");
    return 0;
}

static int my_dev_close(struct inode *inode, struct file *file)
{
    pr_info("my_dev_close() is called.\n");
    return 0;
}

static const struct file_operations my_dev_fops = {
    .owner = THIS_MODULE,
```

```
    .open = my_dev_open,
    .write = my_dev_write,
    .read = my_dev_read,
    .release = my_dev_close,
};

static struct miscdevice helloworld_miscdevice = {
    .minor = MISC_DYNAMIC_MINOR,
    .name = "mydev",
    .fops = &my_dev_fops,
};

static int __init my_probe(struct platform_device *pdev)
{
    int ret_val;
    pr_info("platform_probe enter\n");
    createlist(pdev);
    ret_val = misc_register(&helloworld_miscdevice);
    if (ret_val != 0)
    {
        pr_err("could not register the misc device mydev");
        return ret_val;
    }
    pr_info("mydev: got minor %i\n",helloworld_miscdevice.minor);

    return 0;
}

static int __exit my_remove(struct platform_device *pdev)
{
    misc_deregister(&helloworld_miscdevice);
    pr_info("platform_remove exit\n");
    return 0;
}

static const struct of_device_id my_of_ids[] = {
    { .compatible = "arrow,memory"},
    {},
};

MODULE_DEVICE_TABLE(of, my_of_ids);

static struct platform_driver my_platform_driver = {
    .probe = my_probe,
    .remove = my_remove,
    .driver = {
        .name = "memory",
        .of_match_table = my_of_ids,
        .owner = THIS_MODULE,
    }
};

static int demo_init(void)
{
    int ret_val;
    pr_info("demo_init enter\n");

    ret_val = platform_driver_register(&my_platform_driver);
    if (ret_val !=0)
    {
```

```
                pr_err("platform value returned %d\n", ret_val);
                return ret_val;

        }
        pr_info("demo_init exit\n");
        return 0;
}

static void demo_exit(void)
{
        pr_info("demo_exit enter\n");
        platform_driver_unregister(&my_platform_driver);
        pr_info("demo_exit exit\n");
}

module_init(demo_init);
module_exit(demo_exit);

MODULE_LICENSE("GPL");
MODULE_AUTHOR("Alberto Liberal <aliberal@arroweurope.com>");
MODULE_DESCRIPTION("This is a platform driver that writes in and read \
                    from a linked list of several buffers ");
```

8.8　linkedlist_imx_platform.ko 演示

```
root@imx7dsabresd:~# insmod linkedlist_imx_platform.ko /* load module */
root@imx7dsabresd:~# echo abcdefg > /dev/mydev /* write values to the nodes buffer
*/
root@imx7dsabresd:~# cat /dev/mydev /* read the values and point to the first node
buffer */
root@imx7dsabresd:~# rmmod linkedlist_imx_platform.ko /* remove module */
```

第 9 章
在 Linux 设备驱动中使用 DMA

    直接内存访问（DMA）是嵌入式处理器上可用的系统控制器，它允许某些主要外设（SPI、I2C、UART、通用定时器、DAC 和 ADC）直接与主存之间独立地传输 I/O 数据，而不依赖于主处理单元。DMA 还用于管理 RAM 数据缓冲区之间的直接数据传输，而不需要 CPU 干预。在进行 DMA 传输时，CPU 可以并行执行代码。当 DMA 传输完成后，DMA 系统控制器将向 CPU 发出中断信号。

    DMA 在内存块复制方面发挥作用的典型场景是网络报文传送和视频流处理。当要传送的数据块很大或者频繁传送数据时，数据传送可能会消耗很大一部分有用的 CPU 处理时间，此时 DMA 尤其凸显优势。

9.1　缓存一致性

    在高速缓存的系统中使用 DMA 的一个主要问题是：高速缓存的内容与存储器的内容有可能不一致。让我们以一个具有高速缓存和存储器的 CPU 为例，外围设备可以使用 DMA 对存储器进行访问。当 CPU 尝试访问位于主存中的数据 X 时，可能出现当前值已被处理器缓存的情况，如果使用写回的方式对 X 执行后续的操作，将只会更新 X 的缓存副本，不会更新在外部存储器中的值。如果设备（DMA）随后尝试访问 X 之前，未将缓存刷新到主存中，设备将收到旧的 X 值。同样，当缓存被刷新了，旧的数据会被写回到主存中，这将会覆盖通过 DMA 方式存储的新数据。这样就会导致在主存中的数据不一致。

    一些处理器包含一种称为总线侦听或缓存侦听的机制，这样的系统会向缓存控制器发出 DMA 内存区域的通知，使相应缓存行无效（DMA 读）或者清除缓存行（DMA 写）。这些系统称为**一致性体系结构**，它提供了一种硬件机制来处理与缓存一致性相关的问题。硬件本身将保持高速缓存和主存之间的一致性，并确保所有子系统（CPU 和 DMA）对内存具有相同的视图。

    对于非**一致性体系结构**，设备驱动程序应在启动数据传输或使数据缓冲区可用于总线主控外设之前，需要明确刷新或使数据高速缓存无效。这也会使软件变得复杂，并导致高速缓存和主存之间进行更多的传输，但是它可以允许应用程序将缓存的任意区域用作数据缓冲区。

Linux 内核为 ARM 处理器提供了两种 dma_map_ops 数据结构：一种用于非一致性体系结构（arm_dma_ops），这种体系结构不为一致性管理提供额外的硬件支持，因此需要软件来特殊处理；另外一种是用于一致性的 ARM 体系结构（arm_coherent_dma_ops），该体系结构使用硬件来处理一致性问题：

```
struct dma_map_ops arm_dma_ops = {
    .alloc                      = arm_dma_alloc,
    .free                       = arm_dma_free,
    .mmap                       = arm_dma_mmap,
    .get_sgtable                = arm_dma_get_sgtable,
    .map_page                   = arm_dma_map_page,
    .unmap_page                 = arm_dma_unmap_page,
    .map_sg                     = arm_dma_map_sg,
    .unmap_sg                   = arm_dma_unmap_sg,
    .sync_single_for_cpu        = arm_dma_sync_single_for_cpu,
    .sync_single_for_device     = arm_dma_sync_single_for_device,
    .sync_sg_for_cpu            = arm_dma_sync_sg_for_cpu,
    .sync_sg_for_device         = arm_dma_sync_sg_for_device,
};
EXPORT_SYMBOL(arm_dma_ops);

struct dma_map_ops arm_coherent_dma_ops = {
    .alloc              = arm_coherent_dma_alloc,
    .free               = arm_coherent_dma_free,
    .mmap               = arm_coherent_dma_mmap,
    .get_sgtable        = arm_dma_get_sgtable,
    .map_page           = arm_coherent_dma_map_page,
    .map_sg             = arm_dma_map_sg,
};
EXPORT_SYMBOL(arm_coherent_dma_ops);
```

9.2　Linux DMA 引擎 API

Linux DMA 引擎 API 定义到真实 DMA 控制器硬件功能的接口，以初始化 / 清理并执行 DMA 传输。

DMA 引擎的 API 指导手册位于 https://www.kernel.org/doc/html/latest/driver-api/dmaengine/client.html，详细解释了"客户端 DMA"使用的主要步骤。这些步骤是：

- 分配 DMA 客户端通道。
- 设置客户端设备和控制器特定参数。
- 获取事务描述符。
- 提交事务。
- 发出待处理的请求并等待回调通知。

如下是从 DMA 引擎 API 指南中提取的详细步骤：

1. 申请 DMA 客户端通道：通道分配在客户端 DMA 上下文中略有不同，客户端驱动程序通常仅需要来自特定 DMA 控制器的通道，甚至在某些情况下也需指定通道。使用 dma_request_chan() API 来申请一个通道：

```
struct dma_chan *dma_request_chan(struct device *dev, const char *name)
```

它查找并返回与 dev 设备关联的 DMA 通道。在 dma_release_channel() 被调用之前，通过这个接口分配的通道被调用者独占。

2. 设置客户端设备和控制器特定的参数：下一步通常是将一些特定信息传递给 DMA 驱动程序。客户端 DMA 可以使用的大多数通用信息都在 dma_slave_config 数据结构中。这允许客户端为外设指定 DMA 传输方向、DMA 地址、总线宽度、DMA 突发长度等。如果某些 DMA 控制器有更多参数要发送，则应尝试将 dma_slave_config 数据结构嵌入其控制器特定的数据结构中。这使客户端必要时可以灵活地传递更多参数。

```
int dmaengine_slave_config(struct dma_chan *chan,
                           struct dma_slave_config *config)
```

3. 获取事务的描述符：对于客户端的使用，DMA 引擎支持的各种客户端传输模式如下。
- slave_sg：DMA 从外部设备获取或者传到外部设备的分散/聚集缓冲区列表。
- dma_cyclic：在操作被明确终止前，从外围设备读取/写入的 DMA 循环传输次数。
- interleaved_dma：这对客户端设备（比如 M2M 客户端）来说是常见的。对于客户端设备的 FIFO 地址，驱动程序可能已经知道。通过为 dma_interleaved_template 成员设置适当的值，可以表示各种类型的操作。

该传输 API 的非空返回值表示给定事务的"描述符"。

```
struct dma_async_tx_descriptor *dmaengine_prep_slave_sg(
        struct dma_chan *chan, struct scatterlist *sgl,
        unsigned int sg_len, enum dma_data_direction direction,
        unsigned long flags);

struct dma_async_tx_descriptor *dmaengine_prep_dma_cyclic(
        struct dma_chan *chan, dma_addr_t buf_addr, size_t buf_len,
        size_t period_len, enum dma_data_direction direction);

struct dma_async_tx_descriptor *dmaengine_prep_interleaved_dma(
        struct dma_chan *chan, struct dma_interleaved_template *xt,
        unsigned long flags);
```

在调用 dmaengine_prep_slave_sg() 之前，外围设备驱动程序应该已为 DMA 操作映射了分散列表，并且必须一直保持分散列表的映射，直到 DMA 操作完成。必须使用 DMA 设备数据结构对分散列表进行映射。如果以后需要同步映射，也必须使用 DMA 设备数据结构调用 dma_sync_*_for_*()。所以，正常的设置应该是这样的：

```
nr_sg = dma_map_sg(chan->device->dev, sgl, sg_len);
desc = dmaengine_prep_slave_sg(chan, sgl, nr_sg, direction, flags);
```

一旦获得了描述符，就可以添加回调信息，然后必须提交描述符。

4. 提交事务：一旦描述符被准备好，并添加了回调信息，就必须将其放在 DMA 引擎驱动的待处理队列中。

```
dma_cookie_t dmaengine_submit(struct dma_async_tx_descriptor *desc)
```

这将返回一个标识，该标识可用于通过其他 DMA 引擎调用来检查 DMA 引擎活动的进度。dmaengine_submit() 调用将不会启动 DMA 操作，只是将其添加到挂起队列中。关于这一点，请参见步骤 5 的 dma_async_issue_pending()。

5. 发出未处理的 DMA 请求并等待回调通知：可以通过调用 issue_pending API 来激活挂起队列中的事务。如果通道是空闲的，那么队列中的第一个事务将被启动，随后的事务将被排队。在每个 DMA 操作完成后，队列中的下一个事务将被启动，并触发一个 tasklet。如果设置了回调函数，tasklet 将调用客户端驱动程序完成回调函数以进行通知。

```
void dma_async_issue_pending(struct dma_chan *chan)
```

Linux DMA API 中涉及多种地址。如前面的第 8 章所述，内核通常使用虚拟地址。kmalloc()、vmalloc() 和类似接口返回的地址都是虚拟地址。虚拟内存系统将虚拟地址转化为 CPU 物理地址，以 phys_addr_t 或 resource_size_t 的形式存储。

内核以物理地址的形式管理比如外围寄存器这类处理器资源。这些地址在 /proc/iomem 中。物理地址对驱动程序并不是直接可用的，必须映射为虚拟地址才行——ioremap() 函数用于把物理地址映射生成为虚拟地址。

如果设备支持 DMA，则驱动程序使用 kmalloc() 或类似的接口设置缓冲区，并返回虚拟地址（X）。虚拟内存系统将 X 映射到系统内存中的物理地址（Y）。驱动程序可以使用虚拟地址 X 来访问缓冲区，但是设备本身却无法访问，因为 DMA 不经过 CPU 虚拟内存系统。这是使用 DMA API 的部分原因：驱动程序可以将虚拟地址 X 提供给 dma_map_single() 之类的接口，该接口返回 DMA 总线地址（Z）。然后，驱动程序告诉设备执行 DMA 到 Z 的操作。

DMA 访问的内存在物理上应该是连续的。由 kmalloc()（最高 128 KB）或 __get_free_pages()（最高 8MB）分配的内存都可以使用。不能使用 vmalloc() 分配内存（必须在每个单独的物理页面上设置 DMA）。

连续内存分配器（简称 CMA）是为了允许分配大的、物理上连续的内存块而开发的。目前 CMA 与 DMA 子系统集成在一起，可使用 DMA API dma_alloc_coherent() 进行访问。CMA 可以在内核配置中、内核命令行中，或者使用 DT 属性 linux,cma-default 来修改。这些修改措施告诉内核使用预留内存区域作为默认的 CMA 内存池。

CMA 必须与特定体系结构的 DMA 子系统集成。这要分两个步骤执行（摘自 LWN.net 的文章，参见 https://lwn.net/Articles/486301/）：

1. CMA 的工作原理是在启动时提前预留内存。这些内存被称为 CMA 区域或 CMA 上下文，随后会被返回给伙伴分配器，这样就可以被常规应用程序使用。要进行内存预留，需要调用以下函数：

```
void dma_contiguous_reserve(phys_addr_t limit);
```

这项工作应该在初始化低级"内存块"分配器之后、伙伴分配器设置之前进行。例如，在 ARM 上，它在 arm_memblock_init() 中被调用。预留的内存量取决于一些 Kconfig 选项和 cma 内核参数。dma_contiguous_reserve() 函数可预留内存并准备将该内存用于 CMA。在某些体系结构（例如 ARM）上，还需要执行一些特定于体系结构的工作。为此，CMA 将调用以下函数：

```
void dma_contiguous_early_fixup(phys_addr_t base, unsigned long size);
```

2. 第二件事是将体系结构的 DMA 实现更改为使用完整的 CMA 机制。分配 CMA 内存的一种方法是使用以下函数：

```
struct page *dma_alloc_from_contiguous(struct device *dev, int count,
                              unsigned int align);
```

它的第一个参数是代表执行分配的设备。第二个参数指定要分配的页数（不是字节或内存分配阶数）。第三个参数是表示为页面序的对齐方式。返回值是分配的页面序列中的第一页。

DMA 映射的类型

DMA 映射是分配 DMA 缓冲区及为该缓冲区生成设备可访问的地址的组合。DMA 映射有两种类型：

1. **一致性 DMA 映射**：使用内核态中的未缓存内存映射，通常使用 dma_alloc_coherent() 进行分配。内核分配一个合适的缓冲区，并为驱动程序设置映射。可由 CPU 和设备同时访问，因此它必须位于高速缓存一致性的存储器区域中。通常在模块的整个加载过程中都会进行分配。缓冲区通常在驱动程序初始化时进行映射，在结束的时候解除映射。为此，硬件应确保设备和 CPU 可以并行访问数据，在不需要任何显式的软件刷新的情况下，可以看到彼此进行的更新。

如果处理器具有一致性的体系结构，则分配器函数 dma_alloc_coherent() 不会将内存标记为不可缓存状态。它只会分配内存，并为处理器创建一个物理地址到虚拟地址的映射。

如果体系结构是非一致性的，则 dma_alloc_coherent() 将内存标记为不可缓存，从而保持一致性。这个函数调用 arm_dma_alloc()，该函数又调用 __dma_alloc()，它以 pgprot_t 作为参数，基本上就是设置内存不被缓存的页面属性：

```
static inline void *dma_alloc_coherent(struct device *dev, size_t size,
                              dma_addr_t *dma_handle, gfp_t flag)
{
    return dma_alloc_attrs(dev, size, dma_handle, flag, 0);
}
```

```
static inline void *dma_alloc_attrs(struct device *dev, size_t size,
                                    dma_addr_t *dma_handle, gfp_t flag,
                                    unsigned long attrs)
{
        struct dma_map_ops *ops = get_dma_ops(dev);
        void *cpu_addr;

        BUG_ON(!ops);

        if (dma_alloc_from_coherent(dev, size, dma_handle, &cpu_addr))
                return cpu_addr;

        if (!arch_dma_alloc_attrs(&dev, &flag))
                return NULL;
        if (!ops->alloc)
                return NULL;

        /* non-coherent architecture, calls arm_dma_alloc() */
        cpu_addr = ops->alloc(dev, size, dma_handle, flag, attrs);
        debug_dma_alloc_coherent(dev, size, *dma_handle, cpu_addr);
        return cpu_addr;
}

/*
 * Allocate DMA-coherent memory space and return both the kernel remapped
 * virtual and bus address for that space.
 */
void *arm_dma_alloc(struct device *dev, size_t size, dma_addr_t *handle,
                    gfp_t gfp, unsigned long attrs)
{
        pgprot_t prot = __get_dma_pgprot(attrs, PAGE_KERNEL);

        return __dma_alloc(dev, size, handle, gfp, prot, false,
                           attrs, __builtin_return_address(0));
}
```

要分配和映射大的（PAGE_SIZE 左右）一致性的 DMA 区域，需要执行以下操作：

```
#include <linux/dma-mapping.h>
dma_addr_t dma_handle;
cpu_addr = dma_alloc_coherent(dev, size, &dma_handle, gfp);
```

dma_alloc_coherent() 函数为执行 DMA 的设备分配未缓存的内存。它分配页面，返回 CPU 可见的（虚拟）地址，并将第三个参数设置为设备可见的地址。缓冲区会自动放置在设备访问它的位置。参数 dev 是 device 数据结构指针。可以在带有 GFP_ATOMIC 标志的中断上下文中调用此函数。参数 size 是要分配的区域长度（以字节为单位），参数 gfp 是标准的 GFP 标志。dma_alloc_coherent() 函数返回两个值：用于 CPU 访问的虚拟地址 cpu_addr 和用于设备访问的 DMA 地址 dma_handle。

确保 CPU 虚拟地址和 DMA 地址都与最小 PAGE_SIZE 对齐（该最小 PAGE_SIZE 大于或等于请求的大小）。

要解除映射并释放这样的 DMA 区域，需要调用以下函数：

```
dma_free_coherent(dev, size, cpu_addr, dma_handle);
```

其中 dev 和 size 与上面 dma_alloc_coherent() 调用的相同，cpu_addr 和 dma_handle 是 dma_alloc_coherent() 返回给你的值。不得在中断上下文中调用此函数。

2. **流式 DMA 映射**：使用带缓存的映射，并根据使用 dma_map_single() 和 dma_unmap_single() 所需的操作来清除或使其无效。这与一致性映射不同，因为映射处理的是预先选择的地址，这些地址通常针对单次 DMA 传输进行映射，之后马上解除映射。

对于非一致性处理器，dma_map_single() 函数将调用 dma_map_single_attrs()，后者又调用 arm_dma_map_page() 来确保缓存中的任何数据被适当地丢弃或写回。

```
#define dma_map_single(d, a, s, r) dma_map_single_attrs(d, a, s, r, 0)
static inline dma_addr_t dma_map_single_attrs(struct device *dev, void *ptr,
                                              size_t size,
                                              enum dma_data_direction dir,
                                              unsigned long attrs)
{
        struct dma_map_ops *ops = get_dma_ops(dev);
        dma_addr_t addr;

        kmemcheck_mark_initialized(ptr, size);
        BUG_ON(!valid_dma_direction(dir));
        /* calls arm_dma_map_page for ARM architectures */
        addr = ops->map_page(dev, virt_to_page(ptr),
                             offset_in_page(ptr), size,
                             dir, attrs);
        debug_dma_map_page(dev, virt_to_page(ptr),
                           offset_in_page(ptr), size,
                           dir, addr, true);
        return addr;
}


/*
 * arm_dma_map_page - map a portion of a page for streaming DMA
 * @dev: valid struct device pointer, or NULL for ISA and EISA-like devices
 * @page: page that buffer resides in
 * @offset: offset into page for start of buffer
 * @size: size of buffer to map
 * @dir: DMA transfer direction
 *
 * Ensure that any data held in the cache is appropriately discarded
 * or written back.
 *
 * The device owns this memory once this call has completed.  The CPU
 * can regain ownership by calling dma_unmap_page().
 */
static dma_addr_t arm_dma_map_page(struct device *dev, struct page *page,
            unsigned long offset, size_t size, enum dma_data_direction dir,
            unsigned long attrs)
{
        if ((attrs & DMA_ATTR_SKIP_CPU_SYNC) == 0)
                __dma_page_cpu_to_dev(page, offset, size, dir);
        return pfn_to_dma(dev, page_to_pfn(page)) + offset;
}
```

可以在中断上下文中调用流式 DMA 映射函数。每个映射 / 解除映射有两种版本，一种是对单个区域进行映射 / 解除映射，另一种是对分散列表进行映射 / 解除映射。

要映射单个区域，请参见以下代码：

```
struct device *dev = &my_dev->dev;
dma_addr_t dma_handle;
void *addr = buffer->ptr;
size_t size = buffer->len;
dma_handle = dma_map_single(dev, addr, size, direction);
```

其中 dev 是 device 数据结构指针，addr 是用 kmalloc() 分配的虚拟缓冲区地址指针，size 是缓冲区大小，方向选择包括 DMA_BIDIRECTIONAL、DMA_TO_DEVICE 或 DMA_FROM_DEVICE。dma_handle 是为设备返回的 DMA 总线地址。

解除映射内存区域：

```
dma_unmap_single(dev, dma_handle, size, direction);
```

当 DMA 活动完成时（例如，从中断中得知 DMA 传输完成），需要调用 dma_unmap_single()。

如下是流式 DMA 映射的规则：

- 缓冲区只能在指定的方向上使用。
- 被映射的缓冲区属于设备，而不是处理器。设备驱动程序必须保持对缓冲区的控制，直到它被解除映射。
- 在映射之前，用于向设备发送数据的缓冲区必须包含数据。
- 在 DMA 仍处于活动状态时，不得解除对缓冲区的映射，否则将导致严重的系统不稳定。

9.3 实验 9-1："流式 DMA" 模块

现在，你将开发第一个内核 DMA 模块。这个驱动程序将分配两个内核缓冲区：wbuf 和 rbuf。驱动程序将从用户态接收字符，并将它们存储在 wbuf 缓冲区中，然后它将设置一个 DMA 传输事务（内存到内存），将值从 wbuf 复制到 rbuf。最后，将对两个缓冲区进行比较以检查它们是否包含相同的值。

驱动程序的主要代码部分描述如下。

1. 包括所需的头文件：

```
#include <linux/module.h>
#include <linux/uaccess.h>
#include <linux/dma-mapping.h> /* DMA mapping functions */
#include <linux/fs.h>

/*
 * To enumerate peripheral types. Used for NXP SDMA controller.
 */
```

```
#include <linux/platform_data/dma-imx.h>

/*
 * Functions needed to allocate a DMA slave channel, set slave and controller
 * specific parameters, get a descriptor for transaction, submit the
 * transaction, issue pending requests and wait for callback notification
 */
#include <linux/dmaengine.h>
#include <linux/miscdevice.h>
#include <linux/platform_device.h>
```

2. 创建一个私有结构来存储 DMA 设备的特有信息。在这个驱动中，你将处理一个字符设备，所以将创建、初始化一个 miscdevice 数据结构并把它添加到你的私有结构的第一个字段中。wbuf 和 rbuf 指针变量将保存分配的缓冲区地址。dma_m2m_chan 指针变量将持有与 dev 设备关联的 DMA 通道。

```
struct dma_private
{
    struct miscdevice dma_misc_device;
    struct device *dev;
    char *wbuf;
    char *rbuf;
    struct dma_chan *dma_m2m_chan;
    struct completion dma_m2m_ok;
};
```

私有结构的最后一个字段是 completion 数据结构变量。内核编程中的一种常见模式是在当前线程之外启动某些活动，然后等待该活动完成。该活动可以是创建新的内核线程、完成当前进程的请求，或者是某种基于硬件的操作（如 DMA 传输）。在这种情况下，可能尝试使用信号量来实现两个任务的同步，代码如下：

```
struct semaphore sem;
init_MUTEX_LOCKED(&sem);
start_external_task(&sem);
down(&sem);
```

这时，外部任务可以在其工作完成后调用 up(&sem)。事实证明，在这种情况下，信号量并不是最好的选择。在正常使用中，试图锁定一个信号量的代码几乎都会发现该信号量是可用的；如果对该信号量有明显的争抢，则需要检视性能瓶颈和锁方案。所以信号量已经针对可用的情况进行了大量优化。然而，当以上述方式用来传达任务完成情况时，调用线程几乎总是要等待，性能则会相应地受到影响。当以这种方式使用信号时，如果它们被声明为局部变量，也会受到苛刻的竞争条件的限制。在某些情况下，信号量可能会在调用过程结束前消失。

这些问题导致 2.4.7 内核中增加了完成变量接口。**完成变量**是一种轻量级的机制：允许一个线程告诉另一个线程工作已经完成。使用完成变量的好处是代码意图清晰，而且代码效率更高，因为在得到真正的结果之前，两个线程都可以并行执行。

3. 尽管有通用的 DMA 引擎 API，但还是需要为特定处理器的 DMA 控制器提供一个自定义的数据结构。在 i.MX7D 处理器中，初始化 imx_dma_data 数据结构并将其作为参数传递给 probe() 函数中的 dma_request_channel() 函数：

```
static int __init my_probe(struct platform_device *pdev)
{
    [...]
    struct imx_dma_data m2m_dma_data = {0};
    [...]

    m2m_dma_data.peripheral_type = IMX_DMATYPE_MEMORY;
    m2m_dma_data.priority = DMA_PRIO_HIGH;

    dma_device->dma_m2m_chan = dma_request_channel(dma_m2m_mask,
                                                    dma_m2m_filter,
                                                    &m2m_dma_data);
    [...]
}
```

4. 在 probe() 函数中，设置所请求通道的属性，初始化 imx_dma_data 数据结构，分配 wbuf 和 rbuf 缓冲区，并使用 dma_request_channel() 函数向 DMA 引擎请求 DMA 通道。dma_request_channel() 函数需要三个参数：

- dma_m2m_mask：表示通道属性。
- m2m_dma_data：i.MX7D 自定义的数据结构。
- dma_m2m_filter：帮助在多个通道之间选择一个具体的通道。在分配通道时，dma 引擎会找到第一个与掩码匹配的通道并调用过滤器函数。请看下面的驱动程序的 dma_m2m_filter() 回调函数。

```
static bool dma_m2m_filter(struct dma_chan *chan, void *param)
{
    if (!imx_dma_is_general_purpose(chan))
        return false;
    chan->private = param;
    return true;
}
```

获得通道后，必须通过在 dma_slave_config 数据结构中填充适当的值来配置它，以便进行 DMA 事务。大多数客户端 DMA 可以使用的通用信息都包含在这个 dma_slave_config 数据结构中。它允许客户端指定 DMA 方向、DMA 地址、总线宽度、DMA 突发长度等。如果一些 DMA 控制器有更多的参数需要发送，那么应该尝试将 dma_slave_config 数据结构嵌入控制器的特定结构中。必要时这样就可以传递更多的参数。

```
static int __init my_probe(struct platform_device *pdev)
{
    /* Create private structure */
    struct dma_private *dma_device;
```

```
dma_cap_mask_t dma_m2m_mask;
struct imx_dma_data m2m_dma_data = {0};
struct dma_slave_config dma_m2m_config = {0};

/* Allocate private structure */
dma_device = devm_kzalloc(&pdev->dev,
                          sizeof(struct dma_private),
                          GFP_KERNEL);

/* Create your char device */
dma_device->dma_misc_device.minor = MISC_DYNAMIC_MINOR;
dma_device->dma_misc_device.name = "sdma_test";
dma_device->dma_misc_device.fops = &dma_fops;

/* store the DMA device in your private struct */
dma_device->dev = &pdev->dev;

/* Allocate the DMA buffers */
dma_device->wbuf = devm_kzalloc(&pdev->dev, SDMA_BUF_SIZE, GFP_KERNEL);
dma_device->rbuf = devm_kzalloc(&pdev->dev, SDMA_BUF_SIZE, GFP_KERNEL);

/* Set up the channel capabilities */
dma_cap_zero(dma_m2m_mask); /* Clear the mask */
dma_cap_set(DMA_MEMCPY, dma_m2m_mask); /* Set the capability */

/* Initialize custom DMA controller structure */
m2m_dma_data.peripheral_type = IMX_DMATYPE_MEMORY;
m2m_dma_data.priority = DMA_PRIO_HIGH;

/* Request the DMA channel */
dma_device->dma_m2m_chan = dma_request_channel(dma_m2m_mask,
                                               dma_m2m_filter,
                                               &m2m_dma_data);

/* Set slave and controller specific parameters */
dma_m2m_config.direction = DMA_MEM_TO_MEM;
dma_m2m_config.dst_addr_width = DMA_SLAVE_BUSWIDTH_4_BYTES;
dmaengine_slave_config(dma_device->dma_m2m_chan, &dma_m2m_config);

retval = misc_register(&dma_device->dma_misc_device);
platform_set_drvdata(pdev, dma_device);

return 0;
}
```

5. 编写 sdma_write() 函数与用户态进行通信。此函数使用 copy_from_user() 获取写入字符设备的字符，并将其存储在 wbuf 缓冲区中。使用 dma_map_single() 函数获取 DMA 地址 dma_src 和 dma_dst，该函数将之前在 probe() 函数中获得的 wbuf 和 rbuf 虚拟地址作为参数，并存储在 DMA 私有结构中——使用 container_of() 函数在 sdma_write() 中检索这些虚拟地址。

使用 device_prep_dma_memcpy() 获取事务的描述符。一旦获得描述符，就可以添加回调信息，然后必须使用 dmaengine_submit() 提交描述符。

最后，发出待处理的 DMA 请求并等待回调通知（见 dma_m2m_callback() 函数）。dmaengine_submit() 函数并不会启动 DMA 操作，而只是将其添加到挂起队列中。为此，需要调用 dma_async_issue_pending()。可以通过调用 issue_pending API 来激活挂起队列中的事务。如果通道是空闲的，那么队列中的第一个事务就会被启动，后续的事务会排队等候。在每个 DMA 操作完成后，队列中的下一个事务会被启动并触发一个 tasklet。然后这个 tasklet 将调用客户端驱动程序的完成回调函数以进行通知。

```c
static ssize_t sdma_write(struct file * file, const char __user * buf,
                        size_t count, loff_t * offset)
{

        struct dma_async_tx_descriptor *dma_m2m_desc;
        struct dma_device *dma_dev;
        struct dma_private *dma_priv;
        struct device *chan_dev;
        dma_cookie_t cookie;
        dma_addr_t dma_src;
        dma_addr_t dma_dst;

        /* Retrieve the private structure */
        dma_priv = container_of(file->private_data,
                                struct dma_private,
                                dma_misc_device);

        /* Get the channel dev */
        dma_dev = dma_priv->dma_m2m_chan->device;
        chan_dev = dma_priv->dma_m2m_chan->device->dev;

        /* Receive characters from user space and store in wbuf */
        if(copy_from_user(dma_priv->wbuf, buf, count)) {
                    return -EFAULT;
        }

        /* Get DMA addresses */
        dma_src = dma_map_single(chan_dev, dma_priv->wbuf,
                            SDMA_BUF_SIZE, DMA_TO_DEVICE);

        dma_dst = dma_map_single(chan_dev, dma_priv->rbuf,
                            SDMA_BUF_SIZE, DMA_FROM_DEVICE);

        /* Get a descriptor for the DMA transaction */
        dma_m2m_desc = dma_dev->device_prep_dma_memcpy(dma_priv->dma_m2m_chan,
                                            dma_dst,
                                            dma_src,
                                            SDMA_BUF_SIZE, 0);

        dev_info(dma_priv->dev, "successful descriptor obtained");

        /* Add callback information */
        dma_m2m_desc->callback = dma_m2m_callback;
        dma_m2m_desc->callback_param = dma_priv;

        /* Init the completion event */
        init_completion(&dma_priv->dma_m2m_ok);

        /* Add DMA operation to the pending queue */
        cookie = dmaengine_submit(dma_m2m_desc);
```

```
    /* Issue DMA transaction */
    dma_async_issue_pending(dma_priv->dma_m2m_chan);

    /* Wait for completion of the event */
    wait_for_completion(&dma_priv->dma_m2m_ok);

    /* check the status of the channel */
    dma_async_is_tx_complete(dma_priv->dma_m2m_chan, cookie, NULL, NULL);

    dev_info(dma_priv->dev, "The rbuf string is %s\n", dma_priv->rbuf);

    /* Unmap after finishing the DMA transaction */
    dma_unmap_single(dma_priv->dev, dma_src,
                     SDMA_BUF_SIZE, DMA_TO_DEVICE);
    dma_unmap_single(dma_priv->dev, dma_dst,
                     SDMA_BUF_SIZE, DMA_TO_DEVICE);

    /* Check the buffers (CPU access) after doing unmap */
    if (*(dma_priv->rbuf) != *(dma_priv->wbuf)) {
            dev_err(dma_priv->dev, "buffer copy failed!\n");
            return -EINVAL;
    }

    return count;
}
```

6. 创建一个回调函数来通知 DMA 事务的完成情况。在函数内部发出事件完成的信号：

```
static void dma_m2m_callback(void *data)
{
    struct dma_private *dma_priv = data;
    dev_info(dma_priv->dev, "%s\n finished DMA transaction" ,__func__);
    complete(&dma_priv->dma_m2m_ok);
}
```

7. 修改 arch/arm/boot/dts/ 下的设备树文件，以包含你的设备树驱动程序的设备节点。必须有一个设备树节点的兼容属性与保存在驱动的 of_device_id 数据结构中的兼容字符串相同。

对于 MCIMX7D-SABRE 单板，打开设备树文件 imx7d-sdb.dts 并在 / 节点下面添加 sdma_m2m 节点：

```
[...]
/ {
    model = "Freescale i.MX7 SabreSD Board";
    compatible = "fsl,imx7d-sdb", "fsl,imx7d";
    memory {
            reg = <0x80000000 0x80000000>;
    };
    sdma_m2m {
            compatible ="arrow,sdma_m2m";
    };
    [...]
```

对于 SAMA5D2B-XULT 单板，打开 at91-sama5d2_xplained_common.dtsi 的设备树

文件，并在 gpio_keys 节点下面添加 sdma_m2m 节点。

```
[...]
gpio_keys {
    compatible = "gpio-keys";
    pinctrl-names = "default";
    pinctrl-0 = <&pinctrl_key_gpio_default>;
    bp1 {
            label = "PB_USER";
            gpios = <&pioA 41 GPIO_ACTIVE_LOW>;
            linux,code = <0x104>;
    };
};
sdma_m2m {
    compatible ="arrow,sdma_m2m";
};
[...]
```

对于 Raspberry Pi 3 Model B 单板，打开设备树文件 bcm2710-rpi-3-b.dts 并在 soc 节点内添加 sdma_m2m 节点：

```
[...]
&soc {
    virtgpio: virtgpio {
            compatible = "brcm,bcm2835-virtgpio";
            gpio-controller;
            #gpio-cells = <2>;
            firmware = <&firmware>;
            status = "okay";
    };
    expgpio: expgpio {
            compatible = "brcm,bcm2835-expgpio";
            gpio-controller;
            #gpio-cells = <2>;
            firmware = <&firmware>;
            status = "okay";
    };
    sdma_m2m {
            compatible ="arrow,sdma_m2m";
    };
    [...]
```

8. 构建修改后的设备树并将其加载到目标处理器上。请参见代码清单 9-1 中的 i.MX7D 处理器的"流式 DMA"驱动器源码（sdma_imx_m2m.c）。

注意：SAMA5D2（sdma_sam_m2m.c）和 BCM2837（sdma_rpi_m2m.c）驱动程序的源代码可以从本书的 GitHub 仓库中下载。

9.4 代码清单 9-1：sdma_imx_m2m.c

```c
#include <linux/module.h>
#include <linux/uaccess.h>
#include <linux/dma-mapping.h>
#include <linux/fs.h>
#include <linux/platform_data/dma-imx.h>
#include <linux/dmaengine.h>
#include <linux/miscdevice.h>
#include <linux/platform_device.h>

/* private structure */
struct dma_private
{
    struct miscdevice dma_misc_device;
    struct device *dev;
    char *wbuf;
    char *rbuf;
    struct dma_chan *dma_m2m_chan;
    struct completion dma_m2m_ok;
};

/* set the buffer size */
#define SDMA_BUF_SIZE (1024*63)

/* function to filter a specific DMA channel */
static bool dma_m2m_filter(struct dma_chan *chan, void *param)
{
    if (!imx_dma_is_general_purpose(chan))
            return false;
    chan->private = param;
    return true;
}

/* callback notification handling */
static void dma_m2m_callback(void *data)
{
    struct dma_private *dma_priv = data;
    dev_info(dma_priv->dev, "%s\n finished DMA transaction", __func__);
    complete(&dma_priv->dma_m2m_ok);
}

static ssize_t sdma_write(struct file * file, const char __user * buf,
                          size_t count, loff_t * offset)
{
    struct dma_async_tx_descriptor *dma_m2m_desc;
    struct dma_device *dma_dev;
    struct dma_private *dma_priv;
    struct device *chan_dev;
    dma_cookie_t cookie;
    dma_addr_t dma_src;
    dma_addr_t dma_dst;

    /* retrieve the private structure */
    dma_priv = container_of(file->private_data,
                            struct dma_private, dma_misc_device);

    /* get the channel dev */
    dma_dev = dma_priv->dma_m2m_chan->device;
```

```
chan_dev = dma_priv->dma_m2m_chan->device->dev;

/* Receive characters from user space and store in wbuf */
if(copy_from_user(dma_priv->wbuf, buf, count)) {
        return -EFAULT;
}

dev_info(dma_priv->dev, "The wbuf string is %s\n", dma_priv->wbuf);

/* get DMA addresses */
dma_src = dma_map_single(chan_dev, dma_priv->wbuf,
                        SDMA_BUF_SIZE, DMA_TO_DEVICE);

dev_info(dma_priv->dev, "dma_src map obtained");

dma_dst = dma_map_single(chan_dev, dma_priv->rbuf,
                        SDMA_BUF_SIZE, DMA_FROM_DEVICE);

dev_info(dma_priv->dev, "dma_dst map obtained");

/* get a descriptor for the DMA transaction */
dma_m2m_desc = dma_dev->device_prep_dma_memcpy(dma_priv->dma_m2m_chan,
                                        dma_dst, dma_src,
                                        SDMA_BUF_SIZE, 0);

dev_info(dma_priv->dev, "successful descriptor obtained");

/* add callback notification information */
dma_m2m_desc->callback = dma_m2m_callback;
dma_m2m_desc->callback_param = dma_priv;

/* init the completion event */
init_completion(&dma_priv->dma_m2m_ok);

/* add DMA operation to the pending queue */
cookie = dmaengine_submit(dma_m2m_desc);

if (dma_submit_error(cookie)) {
        dev_err(dma_priv->dev, "Failed to submit DMA\n");
        return -EINVAL;
};

/* issue DMA transaction */
dma_async_issue_pending(dma_priv->dma_m2m_chan);

/* wait for completion of the event */
wait_for_completion(&dma_priv->dma_m2m_ok);

/* check the status of the channel */
dma_async_is_tx_complete(dma_priv->dma_m2m_chan, cookie, NULL, NULL);

dev_info(dma_priv->dev, "The rbuf string is %s\n", dma_priv->rbuf);

/* unmap after finishing the DMA transaction */
dma_unmap_single(dma_priv->dev, dma_src,
                SDMA_BUF_SIZE, DMA_TO_DEVICE);
dma_unmap_single(dma_priv->dev, dma_dst,
                SDMA_BUF_SIZE, DMA_TO_DEVICE);

/* check the buffers (CPU access) after doing unmap */
```

```
        if (*(dma_priv->rbuf) != *(dma_priv->wbuf)) {
                dev_err(dma_priv->dev, "buffer copy failed!\n");
                return -EINVAL;
        }

        dev_info(dma_priv->dev, "buffer copy passed!\n");
        dev_info(dma_priv->dev, "wbuf is %s\n", dma_priv->wbuf);
        dev_info(dma_priv->dev, "rbuf is %s\n", dma_priv->rbuf);

        return count;
}

struct file_operations dma_fops = {
    write: sdma_write,
};
static int __init my_probe(struct platform_device *pdev)
{
    int retval;

    /* create private structure */
    struct dma_private *dma_device;
    dma_cap_mask_t dma_m2m_mask;
    struct imx_dma_data m2m_dma_data = {0};
    struct dma_slave_config dma_m2m_config = {0};

    dev_info(&pdev->dev, "platform_probe enter\n");

    /* allocate private structure */
    dma_device = devm_kzalloc(&pdev->dev, sizeof(struct dma_private), GFP_KERNEL);

    /* create your char device */
    dma_device->dma_misc_device.minor = MISC_DYNAMIC_MINOR;
    dma_device->dma_misc_device.name = "sdma_test";
    dma_device->dma_misc_device.fops = &dma_fops;

    dma_device->dev = &pdev->dev;

    /* allocate wbuf and rbuf buffers */
    dma_device->wbuf = devm_kzalloc(&pdev->dev, SDMA_BUF_SIZE, GFP_KERNEL);
    if(!dma_device->wbuf) {
            dev_err(&pdev->dev, "error allocating wbuf !!\n");
            return -ENOMEM;
    }

    dma_device->rbuf = devm_kzalloc(&pdev->dev, SDMA_BUF_SIZE, GFP_KERNEL);
    if(!dma_device->rbuf) {
            dev_err(&pdev->dev, "error allocating rbuf !!\n");
            return -ENOMEM;
    }

    /* set up the channel capabilities */
    dma_cap_zero(dma_m2m_mask); /* Clear the mask */
    dma_cap_set(DMA_MEMCPY, dma_m2m_mask); /* Set the capability */

    /* initialize custom DMA controller structure */
    m2m_dma_data.peripheral_type = IMX_DMATYPE_MEMORY;
    m2m_dma_data.priority = DMA_PRIO_HIGH;

    /* request the DMA channel */
```

```
        dma_device->dma_m2m_chan = dma_request_channel(dma_m2m_mask,
                                                 dma_m2m_filter,
                                                 &m2m_dma_data);
        if (!dma_device->dma_m2m_chan) {
                dev_err(&pdev->dev,
                        "Error opening the SDMA memory to memory channel\n");
                return -EINVAL;
        }

        /* set slave and controller specific parameters */
        dma_m2m_config.direction = DMA_MEM_TO_MEM;
        dma_m2m_config.dst_addr_width = DMA_SLAVE_BUSWIDTH_4_BYTES;
        dmaengine_slave_config(dma_device->dma_m2m_chan, &dma_m2m_config);

        retval = misc_register(&dma_device->dma_misc_device);
        if (retval) return retval;

        /*
         * attach the private structure to the pdev structure
         * to recover it in each remove() function call
         */
        platform_set_drvdata(pdev, dma_device);

        dev_info(&pdev->dev, "platform_probe exit\n");

        return 0;
}

static int __exit my_remove(struct platform_device *pdev)
{
        struct dma_private *dma_device = platform_get_drvdata(pdev);
        dev_info(&pdev->dev, "platform_remove enter\n");
        misc_deregister(&dma_device->dma_misc_device);
        dma_release_channel(dma_device->dma_m2m_chan);
        dev_info(&pdev->dev, "platform_remove exit\n");
        return 0;
}

static const struct of_device_id my_of_ids[] = {
        { .compatible = "arrow,sdma_m2m"},
        {},
};

MODULE_DEVICE_TABLE(of, my_of_ids);

static struct platform_driver my_platform_driver = {
        .probe = my_probe,
        .remove = my_remove,
        .driver = {
                .name = "sdma_m2m",
                .of_match_table = my_of_ids,
                .owner = THIS_MODULE,
        }
};

static int demo_init(void)
{
        int ret_val;
        pr_info("demo_init enter\n");
```

```
        ret_val = platform_driver_register(&my_platform_driver);
        if (ret_val !=0)
        {
                pr_err("platform value returned %d\n", ret_val);
                return ret_val;
        }
        pr_info("demo_init exit\n");
        return 0;
}

static void demo_exit(void)
{
    pr_info("demo_exit enter\n");
    platform_driver_unregister(&my_platform_driver);
    pr_info("demo_exit exit\n");
}

module_init(demo_init);
module_exit(demo_exit);

MODULE_LICENSE("GPL");
MODULE_AUTHOR("Alberto Liberal <aliberal@arroweurope.com>");
MODULE_DESCRIPTION("This is a SDMA memory to memory driver");
```

9.5　sdma_imx_m2m.ko 演示

```
root@imx7dsabresd:~# insmod sdma_imx_m2m.ko /* load module */
root@imx7dsabresd:~# echo abcdefg > /dev/sdma_test /* write values to the wbuf
buffer, start DMA transaction that copies values from wbuf to rbuf and compares both
buffers values */
root@imx7dsabresd:~# rmmod sdma_imx_m2m.ko /* remove module */
```

9.6　DMA 分散 / 聚集映射

　　分配的缓冲区可以在物理内存中是碎片化的，并且不需要连续分配。这些分配的物理存储内存块被映射到调用进程虚拟地址空间中的一个连续缓冲区，从而可以方便地访问分配的物理内存块。

　　有不同的方法可以通过 DMA 发送多个缓冲区的内容。它们可以一次发送一个映射，也可以用分散 / 聚集的方式，一次全部发送（线速发送）。许多设备可以接受一个分散列表的数组指针和长度。其条目的大小必须是一页（两端除外）。

　　分散 / 聚集 I/O 允许系统对分散在整个物理内存中的缓冲区执行 DMA I/O 操作。例如，考虑在用户态中创建大型（多页）缓冲区的情况。该应用程序看到的虚拟地址范围是连续的，但是这些地址后面的物理页面几乎不会彼此相邻。如果要通过单个 I/O 操作将该缓冲区写入设备，则必须完成以下两项操作之一：（1）必须将数据复制到物理上连续的缓冲区中；（2）或者该设备必须能够处理物理地址列表和长度，从每个段中获取适当数量的数据。分散 / 聚集 I/O 通过消除将数据复制到相邻缓冲区的必要性，可以极大地提高 I/O 操作的效率，同时解决由于创建大型物理上连续缓冲区而产生的问题。为了设置分散列表的映射，需要执行以下步骤：

1. 首先，创建 scatterlist 数据结构以执行分散列表的 DMA 传输：

```
struct scatterlist *sg
```

scaterlist 结构在 include/linux/scaterlist.h 中定义如下：

```
struct scatterlist {
        unsigned long page_link;
        unsigned int offset;
        unsigned int length;
        dma_addr_t dma_address;
        unsigned int dma_length;
};
```

2. 使用以下方法初始化分散列表的数组：

```
void sg_init_table(struct scatterlist *sg, unsigned int nents)
```

在这里，sg 指向分配的数组，nents 是分散 / 聚集条目的数量。

将数组中的每个条目（sg）指向给定数据：

```
void sg_set_buf(struct scatterlist *sg, const void *buf, unsigned int buflen)
```

这里，buf 是你所分配的缓冲区的虚拟地址指针，而 buflen 是你所分配的缓冲区的长度。

3. 对分散列表进行映射以获得 DMA 地址。对于输入分散列表中的每一个缓冲区，dma_map_sg() 确定给到设备的正确总线地址：

```
int dma_map_sg(device, sg, nent, direction)
```

返回用于发送的 DMA 缓冲区的数目（<= nent）。

4. 传输完成后，将通过调用 dma_unmap_sg() 取消分散 / 聚集映射：

```
void dma_unmap_sg(device, sg, nent, direction)
```

9.7　实验 9-2：“分散 / 聚集 DMA 设备”模块

在第二个 DMA 实验中，你将开发一个内核模块，该模块将使用分散 / 聚集 DMA，同时将三个 "wbuf" 缓冲区的内容发送到三个 "rbuf" 缓冲区。

驱动程序将创建四个分散列表，其中两个包含三个缓冲区条目，另外两个仅包含一个条目，然后将使用 kzalloc() 函数分配六个缓冲区（wbuf、wbuf2，wbuf3，以及 rbuf、rbuf2，rbuf3）。驱动程序将使用一些特定值填充 wbuf 缓冲区。接下来，它将从用户态接收字符并将其存储在使用一致性分配方法分配的 dma_src_coherent 缓冲区中。

在分配了所有缓冲区并将字符存储在传输侧缓冲区之后，驱动程序将建立从 wbuf 到

rbuf 的第一个 DMA 事务。然后，它将设置从 dma_src_coherent 到 dma_dst_coherent 的
第二个 DMA 事务。

在每次 DMA 事务之后，驱动程序将检查源缓冲区和目标缓冲区中的所有值是否相同。

现在将介绍与之前实验 9-1 驱动有所不同的主要代码部分。

1. 创建分散列表结构数组和缓冲区指针变量：

```
static dma_addr_t dma_dst;
static dma_addr_t dma_src;
static char *dma_dst_coherent;
static char *dma_src_coherent;
static unsigned int *wbuf, *wbuf2, *wbuf3;
static unsigned int *rbuf, *rbuf2, *rbuf3;
static struct scatterlist sg3[1], sg4[1];
static struct scatterlist sg[3], sg2[3];
```

2. 获取 probe() 函数内部的虚拟缓冲区地址：

```
wbuf = devm_kzalloc(&pdev->dev, SDMA_BUF_SIZE, GFP_KERNEL);
wbuf2 = devm_kzalloc(&pdev->dev, SDMA_BUF_SIZE, GFP_KERNEL);
wbuf3 = devm_kzalloc(&pdev->dev, SDMA_BUF_SIZE, GFP_KERNEL);

rbuf = devm_kzalloc(&pdev->dev, SDMA_BUF_SIZE, GFP_KERNEL);
rbuf2 = devm_kzalloc(&pdev->dev, SDMA_BUF_SIZE, GFP_KERNEL);
rbuf3 = devm_kzalloc(&pdev->dev, SDMA_BUF_SIZE, GFP_KERNEL);

dma_dst_coherent = dma_alloc_coherent(&pdev->dev, SDMA_BUF_SIZE,
                                      &dma_dst, GFP_DMA);
dma_src_coherent = dma_alloc_coherent(&pdev->dev, SDMA_BUF_SIZE,
                                      &dma_src, GFP_DMA);
```

3. 在 sdma_write() 函数中，会在 wbuf、wbuf2 和 wbuf3 中填充一些特定的值：

```
index1 = wbuf;
index2 = wbuf2;
index3 = wbuf3;

for (i=0; i<SDMA_BUF_SIZE/4; i++) {
    *(index1 + i) = 0x12345678;
}
for (i=0; i<SDMA_BUF_SIZE/4; i++) {
    *(index2 + i) = 0x87654321;
}
for (i=0; i<SDMA_BUF_SIZE/4; i++) {
    *(index3 + i) = 0xabcde012;
}
```

4. 在 sdma_write() 中，使用 sg_init_table() 初始化分散表数组，并使用 sg_set_
buf() 函数将分配的数组中的每个条目设置为指向给定的数据。如果你知道确切的 DMA 方
向，需要将其设置。使用 dma_map_sg() 函数映射分散列表来获取 DMA 地址。

```
sg_init_table(sg, 3);
sg_set_buf(&sg[0], wbuf, SDMA_BUF_SIZE);
sg_set_buf(&sg[1], wbuf2, SDMA_BUF_SIZE);
sg_set_buf(&sg[2], wbuf3, SDMA_BUF_SIZE);
```

```
dma_map_sg(dma_dev->dev, sg, 3, DMA_TO_DEVICE);

sg_init_table(sg2, 3);
sg_set_buf(&sg2[0], rbuf, SDMA_BUF_SIZE);
sg_set_buf(&sg2[1], rbuf2, SDMA_BUF_SIZE);
sg_set_buf(&sg2[2], rbuf3, SDMA_BUF_SIZE);
dma_map_sg(dma_dev->dev, sg2, 3, DMA_FROM_DEVICE);

sg_init_table(sg3, 1);
sg_set_buf(sg3, dma_src_coherent, SDMA_BUF_SIZE);
dma_map_sg(dma_dev->dev, sg3, 1, DMA_TO_DEVICE);
sg_init_table(sg4, 1);
sg_set_buf(sg4, dma_dst_coherent, SDMA_BUF_SIZE);
dma_map_sg(dma_dev->dev, sg4, 1, DMA_FROM_DEVICE);
```

5. 在 sdma_write() 中，获取通道描述符，将 DMA 操作添加到挂起队列，发出待处理 DMA 请求，设置并等待回调通知。在每个 DMA 传输事务之后，比较发送缓冲区和接收缓冲区的值。

```
/* Get the DMA descriptor for the first DMA transaction */
dma_m2m_desc = dma_dev->device_prep_dma_sg(dma_m2m_chan,sg2, 3, sg, 3, 0);

dma_m2m_desc->callback = dma_sg_callback;
dmaengine_submit(dma_m2m_desc);
dma_async_issue_pending(dma_m2m_chan);
wait_for_completion(&dma_m2m_ok);
dma_unmap_sg(dma_dev->dev, sg, 3, DMA_TO_DEVICE);
dma_unmap_sg(dma_dev->dev, sg2, 3, DMA_FROM_DEVICE);

/* compare values of the first transaction */
for (i=0; i<SDMA_BUF_SIZE/4; i++) {
    if (*(rbuf+i) != *(wbuf+i)) {
            pr_info("buffer 1 copy failed!\n");
            return -EINVAL;
    }
}
pr_info("buffer 1 copy passed!\n");

for (i=0; i<SDMA_BUF_SIZE/4; i++) {
    if (*(rbuf2+i) != *(wbuf2+i)) {
            pr_info("buffer 2 copy failed!\n");
            return -EINVAL;
    }
}
pr_info("buffer 2 copy passed!\n");

for (i=0; i<SDMA_BUF_SIZE/4; i++) {
    if (*(rbuf3+i) != *(wbuf3+i)) {
            pr_info("buffer 3 copy failed!\n");
            return -EINVAL;
    }
}
pr_info("buffer 3 copy passed!\n");

reinit_completion(&dma_m2m_ok);

/* Get the DMA descriptor for the second DMA transaction */
dma_m2m_desc = dma_dev->device_prep_dma_sg(dma_m2m_chan, sg4, 1, sg3, 1, 0);
dma_m2m_desc->callback = dma_m2m_callback;
dmaengine_submit(dma_m2m_desc);
```

```
dma_async_issue_pending(dma_m2m_chan);
wait_for_completion(&dma_m2m_ok);
dma_unmap_sg(dma_dev->dev, sg3, 1, DMA_TO_DEVICE);
dma_unmap_sg(dma_dev->dev, sg4, 1, DMA_FROM_DEVICE);

/* compare values of the first transaction */
if (*(dma_src_coherent) != *(dma_dst_coherent)) {
    pr_info("buffer copy failed!\n");
    return -EINVAL;
}
pr_info("buffer coherent sg copy passed!\n");
```

6. 设置与实验 9-1 相同的设备树节点。

```
sdma_m2m {
    compatible ="arrow,sdma_m2m";
};
```

在下一个代码清单 9-2 中，请参阅 i.MX7D 处理器的"分散 / 聚集 DMA 设备"驱动程序源代码（sdma_imx_m2m.c）。

注意：此驱动程序仅在 i.MX7D 处理器中实现。

9.8 代码清单 9-2：sdma_imx_sg_m2m.c

```c
#include <linux/module.h>
#include <linux/uaccess.h>
#include <linux/dma-mapping.h>
#include <linux/fs.h>
#include <linux/platform_data/dma-imx.h>
#include <linux/dmaengine.h>
#include <linux/miscdevice.h>
#include <linux/platform_device.h>

static dma_addr_t dma_dst;
static dma_addr_t dma_src;
static char *dma_dst_coherent;
static char *dma_src_coherent;
static unsigned int *wbuf, *wbuf2, *wbuf3;
static unsigned int *rbuf, *rbuf2, *rbuf3;

static struct dma_chan *dma_m2m_chan;

static struct completion dma_m2m_ok;

static struct scatterlist sg3[1], sg4[1];
static struct scatterlist sg[3], sg2[3];

#define SDMA_BUF_SIZE (63*1024)

static bool dma_m2m_filter(struct dma_chan *chan, void *param)
{
    if (!imx_dma_is_general_purpose(chan))
        return false;
```

```
    chan->private = param;
    return true;
}

static void dma_sg_callback(void *data)
{
    pr_info("%s\n finished SG DMA transaction\n", __func__);
    complete(&dma_m2m_ok);
}

static void dma_m2m_callback(void *data)
{
    pr_info("%s\n finished DMA coherent transaction\n", __func__);
    complete(&dma_m2m_ok);
}

static ssize_t sdma_write(struct file * filp, const char __user * buf,
                          size_t count, loff_t * offset)
{
    unsigned int *index1, *index2, *index3, i;
    struct dma_async_tx_descriptor *dma_m2m_desc;
    struct dma_device *dma_dev;
    dma_dev = dma_m2m_chan->device;

    pr_info("sdma_write is called.\n");

    index1 = wbuf;
    index2 = wbuf2;
    index3 = wbuf3;

    for (i=0; i<SDMA_BUF_SIZE/4; i++) {
            *(index1 + i) = 0x12345678;
    }

    for (i=0; i<SDMA_BUF_SIZE/4; i++) {
            *(index2 + i) = 0x87654321;
    }

    for (i=0; i<SDMA_BUF_SIZE/4; i++) {
            *(index3 + i) = 0xabcde012;
    }

    init_completion(&dma_m2m_ok);

    if(copy_from_user(dma_src_coherent, buf, count)) {
            return -EFAULT;
    }

    pr_info ("The string is %s\n", dma_src_coherent);

    sg_init_table(sg, 3);
    sg_set_buf(&sg[0], wbuf, SDMA_BUF_SIZE);
    sg_set_buf(&sg[1], wbuf2, SDMA_BUF_SIZE);
    sg_set_buf(&sg[2], wbuf3, SDMA_BUF_SIZE);
    dma_map_sg(dma_dev->dev, sg, 3, DMA_TO_DEVICE);

    sg_init_table(sg2, 3);
    sg_set_buf(&sg2[0], rbuf, SDMA_BUF_SIZE);
    sg_set_buf(&sg2[1], rbuf2, SDMA_BUF_SIZE);
    sg_set_buf(&sg2[2], rbuf3, SDMA_BUF_SIZE);
    dma_map_sg(dma_dev->dev, sg2, 3, DMA_FROM_DEVICE);
```

```
sg_init_table(sg3, 1);
sg_set_buf(sg3, dma_src_coherent, SDMA_BUF_SIZE);
dma_map_sg(dma_dev->dev, sg3, 1, DMA_TO_DEVICE);
sg_init_table(sg4, 1);
sg_set_buf(sg4, dma_dst_coherent, SDMA_BUF_SIZE);
dma_map_sg(dma_dev->dev, sg4, 1, DMA_FROM_DEVICE);

dma_m2m_desc = dma_dev->device_prep_dma_sg(dma_m2m_chan,
                                            sg2, 3,
                                            sg, 3, 0);

dma_m2m_desc->callback = dma_sg_callback;
dmaengine_submit(dma_m2m_desc);
dma_async_issue_pending(dma_m2m_chan);
wait_for_completion(&dma_m2m_ok);
dma_unmap_sg(dma_dev->dev, sg, 3, DMA_TO_DEVICE);
dma_unmap_sg(dma_dev->dev, sg2, 3, DMA_FROM_DEVICE);

for (i=0; i<SDMA_BUF_SIZE/4; i++) {
        if (*(rbuf+i) != *(wbuf+i)) {
                pr_info("buffer 1 copy failed!\n");
                return -EINVAL;
        }
}
pr_info("buffer 1 copy passed!\n");

for (i=0; i<SDMA_BUF_SIZE/4; i++) {
        if (*(rbuf2+i) != *(wbuf2+i)) {
                pr_info("buffer 2 copy failed!\n");
                return -EINVAL;
        }
}
pr_info("buffer 2 copy passed!\n");

for (i=0; i<SDMA_BUF_SIZE/4; i++) {
        if (*(rbuf3+i) != *(wbuf3+i)) {
                pr_info("buffer 3 copy failed!\n");
                return -EINVAL;
        }
}
pr_info("buffer 3 copy passed!\n");

reinit_completion(&dma_m2m_ok);

dma_m2m_desc = dma_dev->device_prep_dma_sg(dma_m2m_chan,
                                            sg4, 1,
                                            sg3, 1, 0);

dma_m2m_desc->callback = dma_m2m_callback;
dmaengine_submit(dma_m2m_desc);
dma_async_issue_pending(dma_m2m_chan);
wait_for_completion(&dma_m2m_ok);
dma_unmap_sg(dma_dev->dev, sg3, 1, DMA_TO_DEVICE);
dma_unmap_sg(dma_dev->dev, sg4, 1, DMA_FROM_DEVICE);

if (*(dma_src_coherent) != *(dma_dst_coherent)) {
        pr_info("buffer copy failed!\n");
        return -EINVAL;
}
```

```
    pr_info("buffer coherent sg copy passed!\n");
    pr_info("dma_src_coherent is %s\n", dma_src_coherent);
    pr_info("dma_dst_coherent is %s\n", dma_dst_coherent);

    return count;
}

struct file_operations dma_fops = {
    write: sdma_write,
};

static struct miscdevice dma_miscdevice = {
    .minor = MISC_DYNAMIC_MINOR,
    .name = "sdma_test",
    .fops = &dma_fops,
};
static int __init my_probe(struct platform_device *pdev)
{
    int retval;
    dma_cap_mask_t dma_m2m_mask;
    struct imx_dma_data m2m_dma_data = {0};
    struct dma_slave_config dma_m2m_config = {0};

    pr_info("platform_probe enter\n");
    retval = misc_register(&dma_miscdevice);
    if (retval) return retval;

    pr_info("mydev: got minor %i\n",dma_miscdevice.minor);

    wbuf = devm_kzalloc(&pdev->dev, SDMA_BUF_SIZE, GFP_KERNEL);
    if(!wbuf) {
            pr_info("error wbuf !!!!!!!!!!!!\n");
            return -ENOMEM;
    }

    wbuf2 = devm_kzalloc(&pdev->dev, SDMA_BUF_SIZE, GFP_KERNEL);
    if(!wbuf2) {
            pr_info("error wbuf !!!!!!!!!!!!\n");
            return -ENOMEM;
    }

    wbuf3 = devm_kzalloc(&pdev->dev, SDMA_BUF_SIZE, GFP_KERNEL);
    if(!wbuf3) {
            pr_info("error wbuf2 !!!!!!!!!!!!\n");
            return -ENOMEM;
    }

    rbuf = devm_kzalloc(&pdev->dev, SDMA_BUF_SIZE, GFP_KERNEL);
    if(!rbuf) {
            pr_info("error rbuf !!!!!!!!!!!!\n");
            return -ENOMEM;
    }

    rbuf2 = devm_kzalloc(&pdev->dev, SDMA_BUF_SIZE, GFP_KERNEL);
    if(!rbuf2) {
            pr_info("error rbuf2 !!!!!!!!!!!!\n");
            return -ENOMEM;
    }

    rbuf3 = devm_kzalloc(&pdev->dev, SDMA_BUF_SIZE, GFP_KERNEL);
```

```
        if(!rbuf3) {
                pr_info("error rbuf2 !!!!!!!!!!!!\n");
                return -ENOMEM;
        }
        dma_dst_coherent = dma_alloc_coherent(&pdev->dev, SDMA_BUF_SIZE,
                                              &dma_dst, GFP_DMA);
        if (dma_dst_coherent == NULL) {
                pr_err("dma_alloc_coherent failed\n");
                return -ENOMEM;
        }

        dma_src_coherent = dma_alloc_coherent(&pdev->dev, SDMA_BUF_SIZE,
                                              &dma_src, GFP_DMA);
        if (dma_src_coherent == NULL) {
                dma_free_coherent(&pdev->dev, SDMA_BUF_SIZE,
                                  dma_dst_coherent, dma_dst);
                pr_err("dma_alloc_coherent failed\n");
                return -ENOMEM;
        }

        dma_cap_zero(dma_m2m_mask);
        dma_cap_set(DMA_MEMCPY, dma_m2m_mask);
        m2m_dma_data.peripheral_type = IMX_DMATYPE_MEMORY;
        m2m_dma_data.priority = DMA_PRIO_HIGH;

        dma_m2m_chan = dma_request_channel(dma_m2m_mask,
                                           dma_m2m_filter,
                                           &m2m_dma_data);
        if (!dma_m2m_chan) {
                pr_err("Error opening the SDMA memory to memory channel\n");
                return -EINVAL;
        }

        dma_m2m_config.direction = DMA_MEM_TO_MEM;
        dma_m2m_config.dst_addr_width = DMA_SLAVE_BUSWIDTH_4_BYTES;
        dmaengine_slave_config(dma_m2m_chan, &dma_m2m_config);

        return 0;
}

static int __exit my_remove(struct platform_device *pdev)
{
    misc_deregister(&dma_miscdevice);
    dma_release_channel(dma_m2m_chan);
    dma_free_coherent(&pdev->dev, SDMA_BUF_SIZE,
                      dma_dst_coherent, dma_dst);
    dma_free_coherent(&pdev->dev, SDMA_BUF_SIZE,
                      dma_src_coherent, dma_src);
    pr_info("platform_remove exit\n");
    return 0;
}
static const struct of_device_id my_of_ids[] = {
    { .compatible = "arrow,sdma_m2m"},
    {},
};
MODULE_DEVICE_TABLE(of, my_of_ids);

static struct platform_driver my_platform_driver = {
    .probe = my_probe,
    .remove = my_remove,
```

```
        .driver = {
                .name = "sdma_m2m",
                .of_match_table = my_of_ids,
                .owner = THIS_MODULE,
        }
};

static int __init demo_init(void)
{
    int ret_val;

    ret_val = platform_driver_register(&my_platform_driver);
    if (ret_val !=0)
    {
            pr_err("platform value returned %d\n", ret_val);
            return ret_val;
    }

    return 0;
}

static void __exit demo_exit(void)
{
    platform_driver_unregister(&my_platform_driver);
}

module_init(demo_init);
module_exit(demo_exit);

MODULE_LICENSE("GPL");
MODULE_AUTHOR("Alberto Liberal <aliberal@arroweurope.com>");
MODULE_DESCRIPTION("This is a SDMA scatter/gather memory to memory driver");
```

9.9　sdma_imx_sg_m2m.ko 演示

```
root@imx7dsabresd:~# insmod sdma_imx_sg_m2m.ko /* load module */
root@imx7dsabresd:~# echo abcdefg > /dev/sdma_test /* write selected values to the
wbuf buffers, store characters written to the terminal into the dma_src_coherent
buffer. Then, start a sg DMA transaction that copies values from sg wbuf(s) to sg
rbuf(s). After the transaction compare the buffer values; start a second sg DMA
transaction from coherent dma_src_coherent buffer to dma_dst_coherent buffer, and
after the transaction compare the buffer values */
root@imx7dsabresd:~# rmmod sdma_imx_sg_m2m.ko /* remove module */
```

9.10　用户态 DMA

　　Linux 提供了允许用户态与内核态接口的框架，用于除 DMA 外的大多数类型的设备。用户态 DMA 被定义为能够访问缓冲区以进行 DMA 传输，并从用户态应用程序中控制 DMA 传输。

　　对于较大的缓冲区，用 copy_to_user() 和 copy_from_user() 复制数据是效率很低的，而且在有 DMA 的情况下，这违背了使用 DMA 来移动数据的目的。将内核态分配的内存缓冲区映射到用户态，就不需要复制数据了。

一个进程可以在运行时使用 malloc() 在其堆上进行内存分配。这种映射由内核负责，但是进程也可以使用 mmap() 函数以显式的方式操作它的内存映射。

mmap() 文件操作允许将设备驱动程序的内存映射到用户态进程的地址空间。当用户态进程调用 mmap() 将设备内存映射到其地址空间中时，系统会通过创建一个新的 VMA 来表示该映射。支持 mmap（并因此实现 mmap 方法）的驱动程序需要通过初始化该 VMA 来实现该过程。

Linux 帧缓冲区和 Video 4 Linux 版本 2（V4L2）是两个使用 mmap() 函数将内核缓冲区映射到用户态的驱动程序的例子。

图 9-1 显示了如何使用 mmap() 将内存从内核映射到用户态。

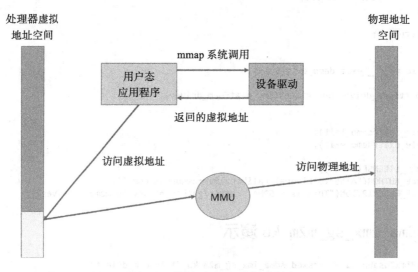

图 9-1　使用 mmap() 进行映射

下面可以看到在用户态中实现 mmap() 的要点：

- 调用 mmap() 时，需要一个被映射到用户态的内存地址和大小。
- 由于不知道内核驱动程序中分配的缓冲区的地址，因此该应用程序将地址映射设置为零。
- 大小不能为零，否则 mmap() 将返回错误。

```
void *mmap(
    void *start,   /* Often 0, preferred starting address */
    size_t length, /* Length of the mapped area */
    int prot,      /* Permissions: read, write, execute */
    int flags,     /* Options: shared mapping, private copy... */
    int fd,        /* Open file descriptor */
    off_t offset
)
```

mmap() 函数返回一个指向进程虚拟地址的指针。如果将此虚拟地址转换为物理空间，

则可以看到它与内核分配的物理内存空间是一致的。该进程虚拟地址与 kzalloc() 返回的
内核虚拟地址不同，但是两个虚拟地址共享同一个物理地址。一旦内存被映射，用户态就
可以对其进行读写。

下面可以看到在内核态中实现 mmap() 的要点：

- 实现 mmap() 文件操作并将其添加到驱动的文件操作中：

```
int (*mmap)(
    struct file *, /* Open file structure */
    struct vm_area_struct * /* Kernel VMA structure */
)
```

- 初始化映射。这在大多数情况下可以用 remap_pfn_range() 函数来完成，它可以
  完成大部分的工作。只需要创建一个参数，因为其他的参数都在 VMA 结构中。
  remap_pfn_range() 函数的第三个参数是基于物理地址的页帧号。

```
#include <linux/mm.h>
int remap_pfn_range(
    struct vm_area_struct *, /* VMA struct */
    unsigned long virt_addr, /* Starting user virtual address */
    unsigned long pfn,       /* pfn of the starting physical address, use
    dma_map_single() to get it from pointer to the virtual address of the
    allocated buffer */
    unsigned long size,      /* Mapping size */
    pgprot_t prot            /* Page permissions */
)
```

9.11　实验 9-3："用户态 DMA"模块

在这个实验室中，我们将以 sdma_m2m.c 驱动为起点，开发新的 DMA 驱动。以下是新
驱动的主要内容。

- 使用驱动程序的回调函数 sdma_ioctl() 而不是 sdma_write() 来管理 DMA 事务。
- 在驱动中加入了 sdma_mmap() 回调函数来完成内核缓冲区的映射。
- 使用 mmap() 系统调用将进程的虚拟地址空间返回到用户态。可以将任何文本从用
  户应用程序写入返回的虚拟内存缓冲区。之后，ioctl() 系统调用将管理 DMA 事
  务，在无须任何 CPU 干预的情况下，即可将已写入的文本从 dma_src 缓冲区发送到
  dma_dst 缓冲区。

现在将描述驱动程序的主要代码部分：

1. 在 sdma_open() 文件操作中，使用 dma_map_single() 获取 dma_src DMA 地址，
dma_map_single() 将之前分配的 wbuf 内核虚拟地址作为参数。

```
dma_priv->dma_src = dma_map_single(dma_priv->dev, dma_priv->wbuf,
                        SDMA_BUF_SIZE, DMA_TO_DEVICE)
```

2. 用 sdma_ioctl() 代替 sdma_write() 文件操作。

3. 增加一个包含 sdma_mmap() 函数的 file_operatons 数据结构：

```
struct file_operations dma_fops = {
        .owner                  = THIS_MODULE,
        .open                   = sdma_open,
        .unlocked_ioctl         = sdma_ioctl,
        .mmap                   = sdma_mmap,
};
```

4. 创建 mmap() 函数。remap_pfn_range() 的第三个参数是用 dma_map_single() 得到的 DMA 物理地址 dma_src 移位后的页帧号。

```
static int sdma_mmap(struct file *file, struct vm_area_struct *vma) {
        struct dma_private *dma_priv;
        dma_priv = container_of(file->private_data,
                                struct dma_private,
                                dma_misc_device);

        if(remap_pfn_range(vma, vma->vm_start, dma_priv->dma_src >> PAGE_SHIFT,
                        vma->vm_end - vma->vm_start, vma->vm_page_prot))
        return -EAGAIN;
        return 0;
}
```

5. 在 sdma.c 用户态应用程序中，通过调用 mmap() 函数获得进程的虚拟地址（从 DMA dma_src 地址映射），并使用 char 指针向它发送一些文本。使用 strcpy() 函数将文本复制到 DMA dma_src 缓冲区中。

```
char *virtaddr;
char *phrase = "Arrow web: www.arrow.com\n";
virtaddr = (char *)mmap(0, SDMA_BUF_SIZE, PROT_READ | PROT_WRITE,
                        MAP_SHARED, my_dev, 0);
strcpy(virtaddr, phrase);
```

6. 在用户态（sdma.c）中调用的 ioctl() 函数，这将在内核态调用相应的 sdma_ioctl() 回调函数，它负责执行从 dma_src 到 dma_dst 的 DMA 事务。

7. 在 my_apps 工程中创建 sdma.c 应用程序。修改应用程序 Makefle 来构建和部署 sdma 应用程序。

8. 你将使用实验 9-1 和实验 9-2 中的设备树节点。

```
sdma_m2m {
        compatible ="arrow,sdma_m2m";
};
```

参见以下代码清单 9-3 中的 i.MX7D 处理器"用户态 DMA"驱动源码（sdma_imx_ mmap.c）。

9.12　代码清单 9-3：`sdma_imx_mmap.c`

```c
#include <linux/module.h>
#include <linux/slab.h>
#include <linux/uaccess.h>
#include <linux/dma-mapping.h>
#include <linux/fs.h>
#include <linux/platform_data/dma-imx.h>
#include <linux/dmaengine.h>
#include <linux/miscdevice.h>
#include <linux/platform_device.h>

struct dma_private
{
    struct miscdevice dma_misc_device;
    struct device *dev;
    char *wbuf;
    char *rbuf;
    struct dma_chan *dma_m2m_chan;
    struct completion dma_m2m_ok;
    dma_addr_t dma_src;
    dma_addr_t dma_dst;
};

#define SDMA_BUF_SIZE   (1024*63)

static bool dma_m2m_filter(struct dma_chan *chan, void *param)
{
    if (!imx_dma_is_general_purpose(chan))
            return false;
    chan->private = param;
    return true;
}

static void dma_m2m_callback(void *data)
{
    struct dma_private *dma_priv = data;
    dev_info(dma_priv->dev, "%s\n finished DMA transaction" ,__func__);
    complete(&dma_priv->dma_m2m_ok);
}

static int sdma_open(struct inode * inode, struct file * file)
{
    struct dma_private *dma_priv;
    dma_priv = container_of(file->private_data,
                            struct dma_private, dma_misc_device);

    dma_priv->wbuf = kzalloc(SDMA_BUF_SIZE, GFP_DMA);
    if(!dma_priv->wbuf) {
            dev_err(dma_priv->dev, "error allocating wbuf !!\n");
            return -ENOMEM;
    }
```

```
        dma_priv->rbuf = kzalloc(SDMA_BUF_SIZE, GFP_DMA);
        if(!dma_priv->rbuf) {
                dev_err(dma_priv->dev, "error allocating rbuf !!\n");
                return -ENOMEM;
        }

        dma_priv->dma_src = dma_map_single(dma_priv->dev, dma_priv->wbuf,
                                    SDMA_BUF_SIZE, DMA_TO_DEVICE);

        return 0;
}

static long sdma_ioctl(struct file *file,
                        unsigned int cmd,
                        unsigned long arg)
{
    struct dma_async_tx_descriptor *dma_m2m_desc;
    struct dma_device *dma_dev;
    struct dma_private *dma_priv;
    dma_cookie_t cookie;

    dma_priv = container_of(file->private_data,
                            struct dma_private,
                            dma_misc_device);

    dma_dev = dma_priv->dma_m2m_chan->device;
    dma_priv->dma_src = dma_map_single(dma_priv->dev, dma_priv->wbuf,
                                    SDMA_BUF_SIZE, DMA_TO_DEVICE);
    dma_priv->dma_dst = dma_map_single(dma_priv->dev, dma_priv->rbuf,
                                    SDMA_BUF_SIZE, DMA_TO_DEVICE);

    dma_m2m_desc = dma_dev->device_prep_dma_memcpy(dma_priv->dma_m2m_chan,
                                        dma_priv->dma_dst,
                                        dma_priv->dma_src,
                                        SDMA_BUF_SIZE,
                                        DMA_CTRL_ACK | DMA_PREP_INTERRUPT);

    dev_info(dma_priv->dev, "successful descriptor obtained");

    dma_m2m_desc->callback = dma_m2m_callback;
    dma_m2m_desc->callback_param = dma_priv;
    init_completion(&dma_priv->dma_m2m_ok);

    cookie = dmaengine_submit(dma_m2m_desc);

    if (dma_submit_error(cookie)) {
            dev_err(dma_priv->dev, "Failed to submit DMA\n");
            return -EINVAL;
    };

    dma_async_issue_pending(dma_priv->dma_m2m_chan);
    wait_for_completion(&dma_priv->dma_m2m_ok);
    dma_async_is_tx_complete(dma_priv->dma_m2m_chan, cookie, NULL, NULL);

    dma_unmap_single(dma_priv->dev, dma_priv->dma_src,
                    SDMA_BUF_SIZE, DMA_TO_DEVICE);
    dma_unmap_single(dma_priv->dev, dma_priv->dma_dst,
                    SDMA_BUF_SIZE, DMA_TO_DEVICE);
```

```c
    if (*(dma_priv->rbuf) != *(dma_priv->wbuf)) {
            dev_err(dma_priv->dev, "buffer copy failed!\n");
            return -EINVAL;
    }

    dev_info(dma_priv->dev, "buffer copy passed!\n");
    dev_info(dma_priv->dev, "wbuf is %s\n", dma_priv->wbuf);
    dev_info(dma_priv->dev, "rbuf is %s\n", dma_priv->rbuf);

    kfree(dma_priv->wbuf);
    kfree(dma_priv->rbuf);

    return 0;
}
static int sdma_mmap(struct file *file, struct vm_area_struct *vma) {
    struct dma_private *dma_priv;

    dma_priv = container_of(file->private_data,
                            struct dma_private, dma_misc_device);

    if(remap_pfn_range(vma, vma->vm_start, dma_priv->dma_src >> PAGE_SHIFT,
                    vma->vm_end - vma->vm_start, vma->vm_page_prot))
    return -EAGAIN;

    return 0;
}

struct file_operations dma_fops = {
    .owner              = THIS_MODULE,
    .open               = sdma_open,
    .unlocked_ioctl     = sdma_ioctl,
    .mmap               = sdma_mmap,
};

static int __init my_probe(struct platform_device *pdev)
{
    int retval;
    struct dma_private *dma_device;
    dma_cap_mask_t dma_m2m_mask;
    struct imx_dma_data m2m_dma_data = {0};
    struct dma_slave_config dma_m2m_config = {0};

    dev_info(&pdev->dev, "platform_probe enter\n");

    dma_device = devm_kzalloc(&pdev->dev, sizeof(struct dma_private), GFP_KERNEL);

    dma_device->dma_misc_device.minor = MISC_DYNAMIC_MINOR;
    dma_device->dma_misc_device.name = "sdma_test";
    dma_device->dma_misc_device.fops = &dma_fops;

    dma_device->dev = &pdev->dev;

    dma_cap_zero(dma_m2m_mask);
    dma_cap_set(DMA_MEMCPY, dma_m2m_mask);
    m2m_dma_data.peripheral_type = IMX_DMATYPE_MEMORY;
    m2m_dma_data.priority = DMA_PRIO_HIGH;

    dma_device->dma_m2m_chan = dma_request_channel(dma_m2m_mask,
                                                dma_m2m_filter,
                                                &m2m_dma_data);
```

```
    if (!dma_device->dma_m2m_chan) {
            dev_err(&pdev->dev,
                    "Error opening the SDMA memory to memory channel\n");
            return -EINVAL;
    }

    dma_m2m_config.direction = DMA_MEM_TO_MEM;
    dma_m2m_config.dst_addr_width = DMA_SLAVE_BUSWIDTH_4_BYTES;
    dmaengine_slave_config(dma_device->dma_m2m_chan, &dma_m2m_config);

    retval = misc_register(&dma_device->dma_misc_device);
    if (retval) return retval;

    platform_set_drvdata(pdev, dma_device);

    dev_info(&pdev->dev, "platform_probe exit\n");

    return 0;
}

static int __exit my_remove(struct platform_device *pdev)
{
    struct dma_private *dma_device = platform_get_drvdata(pdev);
    dev_info(&pdev->dev, "platform_remove enter\n");
    misc_deregister(&dma_device->dma_misc_device);
    dma_release_channel(dma_device->dma_m2m_chan);
    dev_info(&pdev->dev, "platform_remove exit\n");
    return 0;
}

static const struct of_device_id my_of_ids[] = {
    { .compatible = "arrow,sdma_m2m"},
    {},
};
MODULE_DEVICE_TABLE(of, my_of_ids);

static struct platform_driver my_platform_driver = {
    .probe = my_probe,
    .remove = my_remove,
    .driver = {
            .name = "sdma_m2m",
            .of_match_table = my_of_ids,
            .owner = THIS_MODULE,
    }
};

static int demo_init(void)
{
    int ret_val;
    pr_info("demo_init enter\n");

    ret_val = platform_driver_register(&my_platform_driver);
    if (ret_val !=0)
    {
            pr_err("platform value returned %d\n", ret_val);
            return ret_val;

    }
    pr_info("demo_init exit\n");
```

```
    return 0;
}

static void demo_exit(void)
{
    pr_info("demo_exit enter\n");
    platform_driver_unregister(&my_platform_driver);
    pr_info("demo_exit exit\n");
}

module_init(demo_init);
module_exit(demo_exit);

MODULE_LICENSE("GPL");
MODULE_AUTHOR("Alberto Liberal <aliberal@arroweurope.com>");
MODULE_DESCRIPTION("This is a SDMA mmap memory to memory driver");
```

参见下一个代码清单 9-4 中的用于 i.MX7D 和 SAMA5D2 处理器的 "sdma mmap" 应用程序源代码（sdma.c）。该应用程序还没有为 BCM2837 处理器实现。

9.13　代码清单 9-4：sdma.c

```c
#include <stdio.h>
#include <fcntl.h>
#include <unistd.h>
#include <sys/mman.h>
#include <string.h>

#define SDMA_BUF_SIZE   (1024*63)

int main(void)
{
    char *virtaddr;
    char phrase[128];
    int my_dev = open("/dev/sdma_test", O_RDWR);
    if (my_dev < 0) {
            perror("Fail to open device file: /dev/sdma_test.");
    } else {
            printf("Enter phrase :\n");
            scanf("%[^\n]%*c", phrase);
            virtaddr = (char *)mmap(0, SDMA_BUF_SIZE,
                                PROT_READ | PROT_WRITE,
                                MAP_SHARED, my_dev, 0);
            strcpy(virtaddr, phrase);
            ioctl(my_dev, NULL);
            close(my_dev);
    }

    return 0;
}
```

9.14 sdma_imx_mmap.ko 演示

```
root@imx7dsabresd:~# insmod sdma_imx_mmap.ko /* load module */
root@imx7dsabresd:~# ./sdma /* map kernel DMA physical address into an user space
virtual address, write string to the user space virtual address returned, and do
ioctl() call that enables DMA transaction from dma_src to dma_dst buffer.
root@imx7dsabresd:~# rmmod sdma_imx_mmap.ko /* remove module */
```

第 10 章
输入子系统设备驱动框架

许多设备驱动程序不是直接实现为字符驱动程序。它们是在一个框架下实现的，该框架专门针对特定的设备类型（例如网络设备、内存设备（MTD）、实时时钟设备、v4L2、串行设备和工业 IO 设备）。框架的作用是把同类设备的驱动程序的公共代码分离出来，以减少代码重复度。

框架为每种类型的设备提供与驱动程序无关的一致的用户态接口。应用程序仍然可以将许多设备驱动程序视为字符设备。例如，Linux 的网络设备框架提供了一个套接字接口，这样应用程序就可以使用任何网络驱动程序连接到网络，而不用关心网络驱动程序的具体细节。

本章将详细介绍输入子系统框架。我们将开发几个内核模块，帮助理解如何使用这一框架来开发同类型设备的驱动程序。

在图 10-1 中观察驱动程序如何与框架交互并向用户应用程序暴露硬件功能，以及驱动程序如何与总线（与硬件通信的设备模型的一部分）交互从而与硬件设备通信。

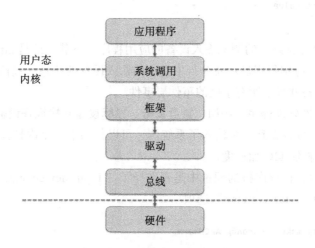

图 10-1　驱动与各层之间的交互

10.1　输入子系统驱动程序

输入子系统负责处理来自用户的所有输入事件。输入设备驱动程序将以统一的格式（input_event 数据结构）捕获硬件事件信息，并报告给核心层，然后核心层对数据分类，上报给相应的事件处理程序，最后通过事件层将信息传递给用户态。应用程序可以通过 /dev 目录下的设备节点获得事件信息。

输入子系统最初是为了支持 USB HID（人机接口设备）设备而编写的，后来迅速发展为可以支持各种输入设备（无论是否使用 USB）：键盘、鼠标、操纵杆、触摸屏等。

输入子系统可以分为两部分：

1. **驱动程序**：负责跟硬件交互（例如 USB、I2C），并将事件提供到输入核心层（例如按键、加速器运动、触摸屏坐标信息）。

2. **事件处理程序**：输入事件驱动程序从设备驱动程序那里获得事件，并根据需要，通过各种接口把事件传送给用户态和内核中的接收者。evdev 驱动程序是 Linux 内核中通用的输入事件接口。它将来自驱动程序的原始的输入事件通用化，并通过 /dev/input/ 目录下的字符设备让数据可用。事件接口将把每一个输入设备表示为 /dev/input/event<X> 字符设备。这是用户态使用用户输入的首选接口，鼓励所有的客户端使用它。

你可以使用阻塞和非阻塞方式读取数据，也可以使用 select() 读取 /dev/input/eventX 设备节点，并且每次读取都会获得大量的输入事件。数据结构如下：

```
struct input_event {
    struct timeval time;
    unsigned short type;
    unsigned short code;
    unsigned int value;
};
```

evtest 是一个非常好用的测试输入设备的应用程序，下载地址是 http://cgit.freedesktop.org/evtest/。evtest 应用程序显示命令行中指定的输入设备的信息，包括设备支持的所有事件。然后它监视设备并显示所有生成的事件层事件。

还有其他的事件处理程序，例如：**键盘设备**、**鼠标设备**和**操纵杆设备**。

在图 10-2 中，可以看到一个输入子系统图，可以作为下一个内核模块的实验示例，你将使用输入子系统控制 I2C 加速度计。

如图 10-3 所示，检查内核的配置中是否选择了"Input device support"这一项，同时选中"Polled input device skeleton"选项：

```
~/my-linux-imx$ make menuconfig ARCH=arm
```

确保这些选项被选中，添加到内核配置文件中，编译新的内核文件，并把新的内核文件加载到目标处理器中。

```
~/my-linux-imx$ make zImage
~/my-linux-imx$ cp /arch/arm/boot/zImage /var/lib/tftpboot
```

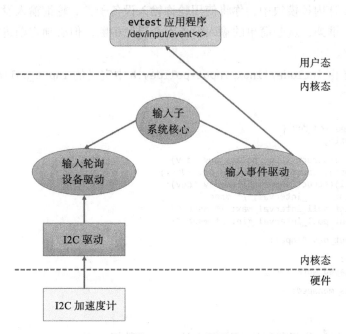

图 10-2　输入子系统

图 10-3　输入子系统配置

10.2　实验 10-1："输入子系统加速度计"模块

在这个模块中，你将控制一个连接到处理器 I2C 总线上的加速度计的倾斜度，你可以使用 ADXL345 Accel click mikroBUS 开发板来开发这个驱动程序。你可以在 http://www.mikroe.com/click/accel/ 获得电路原理图。

你的驱动将定期扫描加速度计一个轴的值，并根据板子的倾斜度，生成输入事件，该事件会暴露给应用程序 evtest。

在这个加速度计内核模块中，你将使用**轮询输入设备**子类。轮询输入设备为支持简单的输入设备提供了框架，这些简单的输入设备不会引发中断，但必须定期进行扫描或轮询以检测其状态变化。

轮询输入设备由 include/linux/input-polldev.h 中定义的 input_polled_dev 数据结构来描述：

```
struct input_polled_dev {
    void *private;

    void (*open)(struct input_polled_dev *dev);
    void (*close)(struct input_polled_dev *dev);
    void (*poll)(struct input_polled_dev *dev);
    unsigned int poll_interval; /* msec */
    unsigned int poll_interval_max; /* msec */
    unsigned int poll_interval_min; /* msec */

    struct input_dev *input;

    /* private: */
    struct delayed_work work;

    bool devres_managed;
};
```

使用下面两个函数分配和释放 input_polled_dev 数据结构：

```
struct input_polled_dev *input_allocate_polled_device(void)
void input_free_polled_device(struct input_polled_dev *dev)
```

加速度计驱动程序将支持 EV_KEY 类型的事件，KEY_1 事件将根据设备的倾斜角度设置为 0 或者 1，set_bit() 调用是一个原子操作，允许它将一个特定的位设置为 1。

```
set_bit(EV_KEY, ioaccel->polled_input->input->evbit); /* supported event types
(support for EV_KEY events) */
set_bit(KEY_1, ioaccel->polled_input->input->keybit); /* Set the event code support
(event KEY_1 ) */
```

input_polled_dev 数据结构由 poll() 回调函数来处理。这个函数轮询设备并产生输入事件。在你的驱动程序中，poll_interval 参数将被设置为 50 毫秒。在 poll() 函数内部，驱动程序调用 input_event() 函数把事件发送到事件处理函数。

在提交了事件之后，用 input_sync() 函数通知输入核心层：

```
void input_sync(struct input_dev *dev)
```

用下列函数来注册和注销设备：

```
int input_register_polled_device(struct input_polled_dev *dev)
void input_unregister_polled_device(struct input_polled_dev *dev)
```

将使用三个类别来描述驱动程序的主要代码段：设备树、带有 I2C 交互的输入框架、输入设备的输入框架。可以在实验 6-2 的硬件描述上编写该驱动程序，将处理器的 SDA 和 SCL 引脚连接到 ADXL345 Accel click mikroBUS 的开发板上的 SDA 和 SCL 引脚。

10.2.1　设备树

修改 arch/arm/boot/dts/ 文件夹下的设备树文件，以包含 DT 驱动程序的设备节点。DT 设备节点的兼容属性必须与保存在驱动的 of_device_id 结构中的兼容字符串相同。

对于 MCIMX7D-SABRE 开发板，打开设备树文件 imx7d-sdb.dts，在 i2c3 控制器主节点内添加 adxl345@1c 子节点。reg 属性提供 ADXL345 的 I2C 地址：

```
&i2c3 {
    clock-frequency = <100000>;
    pinctrl-names = "default";
    pinctrl-0 = <&pinctrl_i2c3>;
    status = "okay";

    adxl345@1c {
            compatible = "arrow,adxl345";
            reg = <0x1d>;
    };

    sii902x: sii902x@39 {
            compatible = "SiI,sii902x";
            pinctrl-names = "default";
            pinctrl-0 = <&pinctrl_sii902x>;
            interrupt-parent = <&gpio2>;
            interrupts = <13 IRQ_TYPE_EDGE_FALLING>;
            mode_str ="1280x720M@60";
            bits-per-pixel = <16>;
            reg = <0x39>;
            status = "okay";
    };

[...]

};
```

对于 SAMA5D2B-XULT 开发板，打开设备树文件 at91-sama5d2_xplained_common.dtsi，在 i2c1 控制器主节点内添加 adxl345@1bc 子节点。reg 属性提供 ADXL345 的 I2C 地址：

```
i2c1: i2c@fc028000 {
        dmas = <0>, <0>;
        pinctrl-names = "default";
        pinctrl-0 = <&pinctrl_i2c1_default>;
        status = "okay";

        [...]

        adxl345@1c {
                compatible = "arrow,adxl345";
```

```
                      reg = <0x1d>;
              };

              [...]

              at24@54 {
                      compatible = "atmel,24c02";
                      reg = <0x54>;
                      pagesize = <16>;
              };
      };
```

对于 Raspberry Pi 3 Model B 开发板，打开设备树文件 bcm2710-rpi-3-b.dts，在 i2c1 主控制器节点下添加 adxl345@1c 子节点。reg 属性提供 ADXL345 的 I2C 地址：

```
&i2c1 {
    pinctrl-names = "default";
    pinctrl-0 = <&i2c1_pins>;
    clock-frequency = <100000>;
    status = "okay";

    [...]

    adxl345@1c {
            compatible = "arrow,adxl345";
            reg = <0x1d>;
    };
};
```

构建修改后的设备树文件并加载到目标处理器。

10.2.2 使用 I2C 交互的输入框架

下面是主要的代码段：

1. 要求包含的头文件：

```
#include <linux/i2c.h> /* struct i2c_driver, struct i2c_client(), i2c_get_
clientdata(), i2c_set_clientdata() */
```

2. 创建 i2c_driver 数据结构：

```
static struct i2c_driver ioaccel_driver = {
      .driver = {
              .name = "adxl345",
              .owner = THIS_MODULE,
              .of_match_table = ioaccel_dt_ids,
      },
      .probe = ioaccel_probe,
      .remove = ioaccel_remove,
      .id_table = i2c_ids,
};
```

3. 把驱动程序注册到 I2C 总线上：

```
module_i2c_driver(ioaccel_driver);
```

4. 把 "adxl345" 添加到驱动程序支持的设备列表中：

```
static const struct of_device_id ioaccel_dt_ids[] = {
    { .compatible = "arrow,adxl345", },
    { }
};
MODULE_DEVICE_TABLE(of, ioaccel_dt_ids);
```

5. 定义 i2c_device_id 数据结构数组：

```
static const struct i2c_device_id i2c_ids[] = {
    { "adxl345", 0 },
    { }
};
MODULE_DEVICE_TABLE(i2c, i2c_ids);
```

6. 使用 SMBus 函数访问加速度计寄存器。在启用了 VS 引脚后，ADXL345 器件进入待机模式，该模式将功耗降至最低，并且该器件等待 VDD I/O 变为有效，同时等待接收进入测量模式的命令。该命令可以通过设置 POWER_CTL 寄存器（地址 0x2D）中的测量位（位 D3）来启动：

```
#define POWER_CTL      0x2D
#define PCTL_MEASURE   (1 << 3)
#define OUT_X_MSB      0x33

/* enter measurement mode */
i2c_smbus_write_byte_data(client, POWER_CTL, PCTL_MEASURE);
```

用下面的代码读取坐标轴上的数值：

```
i2c_smbus_read_byte_data(ioaccel->i2c_client, OUT_X_MSB);
```

10.2.3　使用输入设备的输入框架

下面列出主要的代码部分：

1. 需要包含的头文件：

```
# include linux/input-polldev.h /* struct input_polled_dev, input_allocate_polled_
device(), input_register_polled_device() */
```

2. 设备模型中使用指针把物理设备（与物理总线相关的设备，此处指 I2C）和逻辑设备（与子系统相关的设备，此处指输入子系统）连接起来。这需要程序创建一个私有数据结构来管理这些设备，并用指针把物理域和逻辑域连接起来。正如在书中其他实验里到的，私有数据结构允许一个驱动程序同时管理多个设备，并且多个设备可以运行相同的驱动程序。你的代码里将定义下面的私有数据结构：

```
struct ioaccel_dev {
      struct i2c_client *i2c_client;
      struct input_polled_dev *polled_input;
};
```

3. 在 `ioaccel_probe()` 函数里声明了一个私有数据结构的实例，并给它分配空间：

```
struct ioaccel_dev *ioaccel;
ioaccel = devm_kzalloc(&client->dev,
                       sizeof(struct ioaccel_dev),
                       GFP_KERNEL);
```

4. 为了能够在驱动程序的其他功能中访问私有数据，你需要使用 `i2c_set_clientdata()` 函数将其绑定到 `i2c_client` 数据结构。该函数将 ioaccel 存放到 client->dev->driver_data 里。你可以使用 `i2c_get_clientdata(client)` 从私有数据结构中找回 ioccel 指针。

```
i2c_set_clientdata(client, ioaccel); /* write it in the probe() function */
ioaccel = i2c_get_clientdata(client); /* write it in the remove() function */
```

5. 在 probe() 函数里，用下面的语句，给 input_polled_dev 数据结构分配空间：

```
ioaccel->polled_input = devm_input_allocate_polled_device(&client->dev);
```

6. 初始化轮询的输入设备。保存物理设备（由物理总线处理的设备，在这种情况下为 I2C）和逻辑设备之间的指针：

```
ioaccel->i2c_client = client; /* Keep pointer to the I2C device, needed for exchanging
data with the accelerometer */
ioaccel->polled_input->private = ioaccel; /* struct polled_input can store the driver-
specific data in void *private. Place the pointer to the private structure here; in
this way you will be able to recover the ioaccel pointer later (as it can be seen for
example in the ioaccel_poll() function) */
ioaccel->polled_input->poll_interval = 50; /* Callback interval */
ioaccel->polled_input->poll = ioaccel_poll; /* Callback, that will be called every 50
ms interval */
ioaccel->polled_input->input->dev.parent = &client->dev; /* keep pointers between
physical devices and logical devices */
ioaccel->polled_input->input->name = "IOACCEL keyboard"; /* input sub-device
parameters that will appear in log on registering the device */
ioaccel->polled_input->input->id.bustype = BUS_I2C; /* input sub-device parameters */
```

请参见图 10-4 中的物理设备和逻辑设备的数据结构之间的关系。

7. 设置事件类型和为此设备产生的事件：

```
set_bit(EV_KEY, ioaccel->polled_input->input->evbit); /* supported event type
(support for EV_KEY events) */
set_bit(KEY_1, ioaccel->polled_input->input->keybit); /* Set the event code
support (event KEY_1 ) */
```

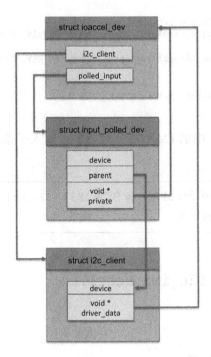

图 10-4　物理设备与逻辑设备的数据结构的关系

8. 在 probe() 中，将 polled_input 设备注册到输入核心层。在 remove() 中，从输入核心层注销。一旦注册，设备在驱动程序中就是全局可用的，直到被注销。在调用这些函数后，设备就可以接受用户态应用的请求。

```
input_register_polled_device(ioaccel->polled_input);
input_unregister_polled_device(ioaccel->polled_input);
```

9. 编写 ioaccel_poll() 函数。该函数每 50 ms 调用一次，使用 i2c_smbus_read_byte_data() 读取 ADXL345 加速度计上的 OUT_X_MSB 寄存器（地址是 0x33）。i2c_smbus_read_byte_data() 的第一个参数是指向 i2c_client 数据结构的指针。从这个数据结构指针将获得 ADXL345 的 I2C 地址（0x1d）。0x1d 这个值可以由 client->address 检索到。在绑定之后，I2C 总线驱动从 ioaccel 获得 I2C 地址，并把地址存放到 i2c_client 数据结构里，然后通过 clent 指针把 I2C 地址传递到 ioaccel_probe() 函数里。

根据 ADXL345 开发板的倾斜度，输入事件 KEY_1 的值将为 0 或 1。可以使用不同范围的加速度值来报告这些事件。

```
static void ioaccel_poll(struct input_polled_dev * pl_dev)
{
    struct ioaccel_dev * ioaccel = pl_dev->private;
    int val = 0;
    val = i2c_smbus_read_byte_data(ioaccel->i2c_client, OUT_X_MSB);
```

```
        if ( (val > 0xc0) && (val < 0xff) ) {
                input_event(ioaccel->polled_input->input, EV_KEY, KEY_1, 1);
        } else {
                input_event(ioaccel->polled_input->input, EV_KEY, KEY_1, 0);
        }

        input_sync(ioaccel->polled_input->input);
}
```

请看后面的代码清单 10-1 中的 i.MX7D 处理器的 "输入子系统加速度计" 驱动的源代码。

注意：关于 SAMA5D2（i2c_sam_accel.c）和 BCM2837（i2c_rpi_accel.c）的驱动程序源代码，可以从本书的 GitHub 仓库下载。

10.3 代码清单 10-1：i2c_imx_accel.c

```c
#include <linux/module.h>
#include <linux/fs.h>
#include <linux/i2c.h>
#include <linux/input-polldev.h>

/* create private structure */
struct ioaccel_dev {
    struct i2c_client *i2c_client;
    struct input_polled_dev * polled_input;
};

#define POWER_CTL          0x2D
#define PCTL_MEASURE       (1 << 3)
#define OUT_X_MSB          0x33

/* poll function */
static void ioaccel_poll(struct input_polled_dev * pl_dev)
{
    struct ioaccel_dev *ioaccel = pl_dev->private;
    int val = 0;
    val = i2c_smbus_read_byte_data(ioaccel->i2c_client, OUT_X_MSB);

    if ( (val > 0xc0) && (val < 0xff) ) {
            input_event(ioaccel->polled_input->input, EV_KEY, KEY_1, 1);
    } else {
            input_event(ioaccel->polled_input->input, EV_KEY, KEY_1, 0);
    }

    input_sync(ioaccel->polled_input->input);
}

static int ioaccel_probe(struct i2c_client * client,
                        const struct i2c_device_id * id)
{
    /* declare an instance of the private structure */
    struct ioaccel_dev *ioaccel;
```

```
    dev_info(&client->dev, "my_probe() function is called.\n");

    /* allocate private structure for new device */
    ioaccel = devm_kzalloc(&client->dev, sizeof(struct ioaccel_dev), GFP_KERNEL);

    /* Associate client->dev with ioaccel private structure */
    i2c_set_clientdata(client, ioaccel);

    /* enter measurement mode */
    i2c_smbus_write_byte_data(client, POWER_CTL, PCTL_MEASURE);

    /* allocate the struct input_polled_dev */
    ioaccel->polled_input = devm_input_allocate_polled_device(&client->dev);

    /* initialize polled input */
    ioaccel->i2c_client = client;
    ioaccel->polled_input->private = ioaccel;
    ioaccel->polled_input->poll_interval = 50;
    ioaccel->polled_input->poll = ioaccel_poll;
    ioaccel->polled_input->input->dev.parent = &client->dev;
    ioaccel->polled_input->input->name = "IOACCEL keyboard";
    ioaccel->polled_input->input->id.bustype = BUS_I2C;

    /* set event types */
    set_bit(EV_KEY, ioaccel->polled_input->input->evbit);
    set_bit(KEY_1, ioaccel->polled_input->input->keybit);

    /* register the device, now the device is global until being unregistered */
    input_register_polled_device(ioaccel->polled_input);

    return 0;
}

static int ioaccel_remove(struct i2c_client * client)
{
    struct ioaccel_dev *ioaccel;
    ioaccel = i2c_get_clientdata(client);
    input_unregister_polled_device(ioaccel->polled_input);
    dev_info(&client->dev, "ioaccel_remove()\n");
    return 0;
}

/* add entries to device tree */
static const struct of_device_id ioaccel_dt_ids[] = {
    { .compatible = "arrow,adxl345", },
    { }
};
MODULE_DEVICE_TABLE(of, ioaccel_dt_ids);

static const struct i2c_device_id i2c_ids[] = {
    { "adxl345", 0 },
    { }
};
MODULE_DEVICE_TABLE(i2c, i2c_ids);

/* create struct i2c_driver */
static struct i2c_driver ioaccel_driver = {
    .driver = {
            .name = "adxl345",
            .owner = THIS_MODULE,
```

```
        .of_match_table = ioaccel_dt_ids,
    },
    .probe = ioaccel_probe,
    .remove = ioaccel_remove,
    .id_table = i2c_ids,
};

/* register to i2c bus as a driver */
module_i2c_driver(ioaccel_driver);

MODULE_LICENSE("GPL");
MODULE_AUTHOR("Alberto Liberal <aliberal@arroweurope.com>");
MODULE_DESCRIPTION("This is an accelerometer INPUT framework platform driver");
```

10.4　i2c_imx_accel.ko 演示

"Use i2c-utils suite to interact with sensors (before loading the module)"

"i2cdetect is a tool of the i2c-tools suite. It is able to probe an i2c bus from user space and report the addresses in use"

root@imx7dsabresd:~# i2cdetect -l /* list available buses, accelerometer is in bus 2 */

```
i2c-3   i2c             30a50000.i2c              I2C adapter
i2c-1   i2c             30a30000.i2c              I2C adapter
i2c-2   i2c             30a40000.i2c              I2C adapter
i2c-0   i2c             30a20000.i2c              I2C adapter
```

root@imx7dsabresd:~# i2cdetect -y 2 /* see detected devices, see the "1d" accelerometer address */

```
     0 1 2 3 4 5 6 7 8 9 a b c d e f
00:          -- -- -- -- -- -- -- -- -- -- -- --
10: -- -- -- -- -- -- -- -- -- -- -- -- -- 1d -- --
20: -- -- -- -- -- -- -- -- -- -- -- -- -- -- -- --
30: -- -- -- -- -- -- -- -- -- -- UU -- -- -- -- --
40: -- -- -- -- -- -- -- -- -- -- -- -- -- -- -- --
50: -- -- -- -- -- -- -- -- -- -- -- -- -- -- -- --
60: 60 -- -- -- -- -- -- -- -- -- -- -- -- -- -- --
70: -- -- -- -- -- -- -- --
```

root@imx7dsabresd:~# i2cset -y 2 0x1d 0x2d 0x08 /* enter measurement mode */

root@imx7dsabresd:~# while true; do i2cget -y 2 0x1d 0x33; done /* you can see the OUT_X_MSB register values. The 0x33 value correspond to the OUT_X_MSB register address. You can move the i.MX7D board and see the OUT_X_MSB register values changing. Set different range of values to generate the event. This range of values will be set inside the ioaccel_poll() function */

"Load now the i2_imx_accel.ko module"

root@imx7dsabresd:~# insmod i2c_imx_accel.ko
adxl345 2-001d: my_probe() function is called.
input: IOACCEL keyboard as /devices/soc0/soc/30800000.aips-bus/30a40000.i2c/i2c-2/2-001d/input/input5

"Launch evtest application and see the input available devices. Select 4. After launching the module and executing the evtest application move the i.MX7D board

```
until you see the event KEY_1 being generated"
root@imx7dsabresd:~# evtest
No device specified, trying to scan all of /dev/input/event*
Available devices:
/dev/input/event0:      fxos8700
/dev/input/event1:      fxas2100x
/dev/input/event2:      30370000.snvs:snvs-powerkey
/dev/input/event3:      mpl3115
/dev/input/event4:      IOACCEL keyboard
Select the device event number [0-4]: 4
Input driver version is 1.0.1
Input device ID: bus 0x18 vendor 0x0 product 0x0 version 0x0
Input device name: "IOACCEL keyboard"
Supported events:
  Event type 0 (EV_SYN)
  Event type 1 (EV_KEY)
    Event code 2 (KEY_1)
Properties:
Testing ... (interrupt to exit)
Event: time 1510654662.383415, type 1 (EV_KEY), code 2 (KEY_1), value 1
Event: time 1510654662.383415, -------------- SYN_REPORT ------------
Event: time 1510654662.443578, type 1 (EV_KEY), code 2 (KEY_1), value 0
Event: time 1510654662.443578, -------------- SYN_REPORT ------------
Event: time 1510654669.763539, type 1 (EV_KEY), code 2 (KEY_1), value 1
Event: time 1510654669.763539, -------------- SYN_REPORT ------------
Event: time 1510654669.823578, type 1 (EV_KEY), code 2 (KEY_1), value 0
Event: time 1510654669.823578, -------------- SYN_REPORT ------------
Event: time 1510654679.063539, type 1 (EV_KEY), code 2 (KEY_1), value 1
Event: time 1510654679.063539, -------------- SYN_REPORT ------------
root@imx7dsabresd:~# rmmod i2c_imx_accel.ko /* remove the module */
```

10.5　在 Linux 中使用 SPI

　　串行外设接口（SPI）是一种同步的四线串行连接，用于把微处理器与传感器、存储器和外设连接在一起。它是一个简单的"事实"标准，没有复杂到需要一个标准化机构。SPI 采用主 / 从配置，如图 10-5 所示。

　　三根信号线包括了一条时钟信号线（SCK，通常在 1 ~ 20 MHz 的范围内），以及两条并行数据线是"主出从入"（MOSI）或"主入从出"（MISO）。数据交换的时钟有四种模式，模式 –0 和模式 –3 是最常用的。每个时钟周期移出数据并移入数据；只有当数据位进行移动时，时钟信号才产生变化。并非所有的数据位都被使用，不是每个协议都使用那些全双工能力。

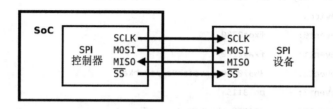

图 10-5　SPI 主 / 从配置示意

SPI 主机使用"片选"线来激活一个给定的 SPI 从设备，因此这三根信号线可能并行地连接到多个芯片上。所有的 SPI 从设备都支持片选；它们通常低电平有效，用 nCSx 表示从设备（例如，nCS0）。有些从设备会有其他信号，通常是一个对主机的中断信号。

编程接口围绕控制器驱动和协议驱动进行构造。**控制器驱动**支持 SPI 主机和驱动硬件，用以控制时钟和片选，控制数据传输的启停，配置基本的 SPI 特性（如时钟频率和模式）。例如 Broadcom BCM2835 辅助 SPI 控制器的 Linux 驱动（drivers/spi/spi-bcm2835aux.c）。**协议驱动**支持 SPI 从设备，通过基于消息和传输对 SPI 主机硬件进行编程来实现从设备的基本功能。

I/O 模型是一组排队的消息。每条消息（所有 SPI 子系统读写 API 的基本参数）是由一个或多个 spi_transfer 对象构建的原子传输序列，每个对象都封装了一个全双工 SPI 传输，该传输被同步或异步处理。当使用同步请求时，调用者是阻塞的，直到调用成功。当使用异步请求时，需要定期检查传输是否完成。SPI 控制器驱动通过 spi_message 事务队列来管理从设备的访问，以及内存和 SPI 从设备之间的数据拷贝。对于队列中的每一条消息，它都会在事务完成时调用消息的完成函数。

参考位于 drivers/misc/eeprom/ 下的 at25.c 驱动程序中的 at25_ee_read() 函数作为 SPI 事务的例子。

```
struct spi_transfer      t[2];
struct spi_message       m;
spi_message_init(&m);
memset(t, 0, sizeof t);

t[0].tx_buf = command;
t[0].len = at25->addrlen + 1;
spi_message_add_tail(&t[0], &m);

t[1].rx_buf = buf;
t[1].len = count;
spi_message_add_tail(&t[1], &m);
status = spi_sync(at25->spi, &m);
```

基本的 I/O 原语是 spi_async()。该异步请求可以在任何上下文 (irq 处理程序、任务等）中发出，并通过消息提供的回调来报告完成情况。在检测到任何错误后，片选被取消，并且中止对 **spi_message** 数据结构的处理。

也有同步封装接口，比如 **spi_sync()**、**spi_read()**、**spi_write()** 和 **spi_write_then_read()**。这些函数仅仅用于允许睡眠的上下文，它们都是在 **spi_async()** 之上的简单（小的和可选的）封装。

spi_write_then_read() 调用，以及围绕它的简便的封装函数，应当用于少量数据的情形，在这种情况下，额外拷贝的成本可以被忽略。它的设计是为了支持常见的 RPC 类型的请求，比如为了实现这一点，使用 **spi_w8r16()** 封装了写一个 8 位的命令和读一个 16 位的响应。

```
static inline ssize_t spi_w8r16(struct spi_device *spi, u8 cmd)
{
    ssize_t status;
    u16 result;

    status = spi_write_then_read(spi, &cmd, 1, &result, 2);

    /* return negative errno or unsigned value */
    return (status < 0) ? status : result;
}
```

参考位于 drivers/rtc/ 下的 rtc-m41t93.c 驱动的 **m41t93_set_reg()** 函数作为一个封装 SPI 事务的例子：

```
static inline int m41t93_set_reg(struct spi_device *spi, u8 addr, u8 data)
{
    u8 buf[2];

    /* MSB must be '1' to write */
    buf[0] = addr | 0x80;
    buf[1] = data;

    return spi_write(spi, buf, sizeof(buf));
}
```

10.6 Linux 的 SPI 子系统

Linux SPI 子系统基于 Linux 设备模型，由多个驱动程序组成：

1. SPI 子系统的 SPI 总线核心位于 drivers/spi/ 目录下的 spi.c 文件中。设备模型中的 SPI 核心是一个代码集合，它提供了单个从设备驱动程序和一些 SPI 总线主控器之间的接口支持（如 i.MX7D SPI 控制器）。SPI 总线核心使用 bus_register() 将其注册进内核，同时声明 SPI 的 bus_type 结构。

```
struct bus_type spi_bus_type = {
        .name           = "spi",
```

```
        .dev_groups   = spi_dev_groups,
        .match        = spi_match_device,
        .uevent       = spi_uevent,
};
EXPORT_SYMBOL_GPL(spi_bus_type);
```

SPI 核心 API 是一组函数（**spi_write_then_read()**、**spi_sync()**、**spi_async**），这组函数用于 **SPI 从设备驱动程序**来管理连接到总线的设备的 SPI 事务。

2. SPI 控制器的驱动程序位于 drivers/spi/ 目录下。SPI 控制器是一个平台设备，必须通过 of_platform_populate() 函数将其注册为平台总线的设备，并通过 module_platform_driver() 函数将自己注册为驱动程序。

```
static struct platform_driver bcm2835_spi_driver = {
        .driver = {
                .name = DRV_NAME,
                .of_match_table = bcm2835_spi_match,
        },
        .probe = bcm2835_spi_probe,
        .remove = bcm2835_spi_remove,
};
module_platform_driver(bcm2835_spi_driver);
```

SPI 控制器驱动程序是一组自定义函数，用于向特定的 SPI 控制器硬件 I/O 地址发出读 / 写指令。每个不同处理器的 SPI 主控驱动都有各自的代码。该 SPI 驱动的主要任务是为每个探测到的 SPI 控制器提供一个 spi_master 数据结构。调用 spi_alloc_master() 函数来分配主控制器，调用 spi_master_get_devdata() 函数来获取为该设备分配的驱动私有数据。

```
struct spi_master *master;
master = spi_alloc_master(dev, sizeof *c);
c = spi_master_get_devdata(master);
```

驱动程序将使用与 SPI 核心和 SPI 协议驱动程序交互的方法来初始化 spi_master 字段。之后，spi_master 被初始化，devm_spi_register_master() 将每个 SPI 控制器注册到 SPI 总线核心，并将其提供给系统的其他部分。然后，控制器的设备节点和任何预声明的 SPI 设备将变得可用，驱动模型核负责将其绑定到驱动程序。这些是一些 SPI 主设备的方法：

- master->setup(struct spi_device *spi)：该方法设置设备的时钟速率、SPI 模式和字长。
- master->transfer_one(struct spi_master *master, struct spi_device *spi, struct spi_transfer *transfer)：子系统调用驱动来执行一次传输，同时对在此期间到达的传输进行排队。当驱动完成这次传输后，必须调用 spi_finalize_current_transfer()，这样子系统才能发出下一次传输。该方法可能导致睡眠。

参考位于 drivers/spi/ 文件夹下的 spi-bcm2835.c 驱动的 probe() 函数，查看 Broadcom bcm2835 SPI 主控制器的初始化和注册过程：

```
static int bcm2835_spi_probe(struct platform_device *pdev)
{
    struct spi_master *master;
    struct bcm2835_spi *bs;
    struct resource *res;
    int err;

    master = spi_alloc_master(&pdev->dev, sizeof(*bs));

    platform_set_drvdata(pdev, master);

    master->mode_bits = BCM2835_SPI_MODE_BITS;
    master->bits_per_word_mask = SPI_BPW_MASK(8);
    master->num_chipselect = 3;
    master->setup = bcm2835_spi_setup;
    master->set_cs = bcm2835_spi_set_cs;
    master->transfer_one = bcm2835_spi_transfer_one;
    master->handle_err = bcm2835_spi_handle_err;
    master->prepare_message = bcm2835_spi_prepare_message;
    master->dev.of_node = pdev->dev.of_node;

    bs = spi_master_get_devdata(master);

    res = platform_get_resource(pdev, IORESOURCE_MEM, 0);
    bs->regs = devm_ioremap_resource(&pdev->dev, res);

    bs->clk = devm_clk_get(&pdev->dev, NULL);

    bs->irq = platform_get_irq(pdev, 0);

    clk_prepare_enable(bs->clk);

    bcm2835_dma_init(master, &pdev->dev);

    /* initialise the hardware with the default polarities */
    bcm2835_wr(bs, BCM2835_SPI_CS,
            BCM2835_SPI_CS_CLEAR_RX | BCM2835_SPI_CS_CLEAR_TX);

    devm_request_irq(&pdev->dev, bs->irq, bcm2835_spi_interrupt, 0,
                dev_name(&pdev->dev), master);

    devm_spi_register_master(&pdev->dev, master);

    return 0;
}
```

SPI 主控驱动需要实现一种机制，利用 SPI 设备指定的设置在 SPI 总线上发送数据。其职责是操作硬件发送数据。通常情况下，SPI 主控需要实现以下功能：

- **消息队列**：用于保存来自 SPI 设备驱动的消息。
- **工作队列和工作队列线程**：从消息队列中取出消息并开始传输。
- **tasklet 和 tasklet 处理程序**：将数据发送到硬件上。
- **中断处理程序**：处理传输过程中的中断。

3. SPI 设备驱动位于整个 linux/drivers/ 目录，具体位于何处取决于设备的类型（例如，drivers/input 目录用于输入设备）。该驱动程序代码是特定于设备的（例如，加速度计、数字模拟转换器等），并使用 SPI 核心 API 与 SPI 主设备驱动程序通信，并从 SPI 设备接收数据，或将数据发给 SPI 设备。

例如，如果 SPI 客户端驱动程序调用 spi_write_then_read()（在 drivers/spi/spi.c 中声明），那么这个函数就会调用 spi_sync()，而 spi_sync() 又会调用 __spi_sync()。__spi_sync() 函数调用 __spi_pump_messages()，该函数处理 SPI 的消息队列，并检查队列中是否有需要处理的 SPI 消息，如果有，则调用驱动程序初始化硬件并传输每条消息。__spi_pump_messages() 函数既可以从内核线程本身调用，也可以从 spi_sync() 内部调用，在顶层函数中的队列提取过程应对此进行安全处理。最后 __spi_pump_messages() 调用在 BCM2835 SPI 主驱动中的 master->transfer_one_message()，该函数被初始化为 bcm2835_spi_transfer_one()（与特定 SPI 控制器硬件交互的主设备驱动函数）。

10.7　编写 SPI 从设备驱动程序

现在，将专注于 SPI 从设备驱动程序的编写。在本章和后续章节中，将开发几个 SPI 从设备驱动程序来控制加速度计和模数转换器设备。在接下来的章节中，将介绍设置 SPI 从设备驱动程序的主要步骤。

10.7.1　注册 SPI 从设备驱动程序

SPI 子系统定义了 spi_driver 数据结构，该数据结构继承自 device_driver，每个 SPI 设备驱动必须将其实例化并注册到 SPI 总线核心。通常，你将实现单个驱动程序数据结构，并从中实例化所有的从设备。请记住，驱动程序数据结构包含了常规的访问函数，除了提供的数据字段外，其他字段应该初始化为 0。参见下面的 SPI 加速度计设备的 spi_driver 数据结构定义示例：

```
static struct spi_driver adxl345_driver = {
    .driver = {
        .name = "adxl345",
        .owner = THIS_MODULE,
        .of_match_table = adxl345_dt_ids,
    },
    .probe = adxl345_spi_probe,
    .remove = adxl345_spi_remove,
    .id_table = adxl345_id,
};
module_spi_driver(adxl345_driver);
```

module_spi_driver() 宏用于注册 / 注销驱动程序。

在设备驱动程序中，创建 of_device_id 数据结构数组，该数组中指定了 compatible 字符串，这些字符串与设备树设备节点的 compatible 属性的值相同。of_device_id 数据结构位于 include/linux/mod_devicetable.h，其定义如下：

```
struct of_device_id {
    char name[32];
    char type[32];
    char  compatible[128];
};
```

spi_driver 的 of_match_table 字段（包含在 driver 字段中）是指向 of_device_id 数组的指针，该数组保存了驱动程序支持的 compatible 字符串。

```
static const struct of_device_id adxl345_dt_ids[] = {
    { .compatible = "arrow,adxl345", },
    { }
};
MODULE_DEVICE_TABLE(of, adxl345_dt_ids);
```

当 of_device_id 条目中的 compatible 字段与设备树设备节点的 compatible 属性匹配时，驱动程序的 probe() 函数被调用。probe() 函数负责使用从匹配的设备节点中获得的配置值来初始化设备，并将设备注册到相应的内核框架。

在 SPI 设备驱动中，也定义了 spi_device_id 的数据结构数组：

```
static const struct spi_device_id adxl345_id[] = {
    { .name = "adxl345", },
    { }
};
MODULE_DEVICE_TABLE(spi, adxl345_id);
```

10.7.2　在设备树中声明 SPI 设备

在设备树中，每个 SPI 控制器设备通常在描述处理器的 .dtsi 文件中声明（对于 i.MX7D，请参见 arch/arm/boot/dts/imx7s.dtsi）。SPI 控制器将被设置为 status = "disabled"。在 imx7s.dtsi 文件中，声明了四个 SPI 控制器设备，通过 of_platform_populate() 函数注册到 SPI 总线核心。对于 i.MX7D 来说，位于 drivers/spi 下的 spi-imx.c 驱动会通过 module_spi_driver() 函数将其注册到 SPI 总线核心上。spi-imx.c 里面的 probe() 函数将被调用四次（与 compatible = "fsl,imx51-ecspi" 匹配时调用一次），为每个控制器初始化一个 spi_master 数据结构，并使用 devm_spi_register_master() 函数将其注册到 SPI 总线核心。参见下面四个 i.MX7D DT SPI 控制器节点中的三个节点的声明。

```
ecspi1: ecspi@30820000 {
        #address-cells = <1>;
        #size-cells = <0>;
        compatible = "fsl,imx7d-ecspi", "fsl,imx51-ecspi";
        reg = <0x30820000 0x10000>;
        interrupts = <GIC_SPI 31 IRQ_TYPE_LEVEL_HIGH>;
        clocks = <&clks IMX7D_ECSPI1_ROOT_CLK>,
                 <&clks IMX7D_ECSPI1_ROOT_CLK>;
        clock-names = "ipg", "per";
```

```
                status = "disabled";
        };

        ecspi2: ecspi@30830000 {
                #address-cells = <1>;
                #size-cells = <0>;
                compatible = "fsl,imx7d-ecspi", "fsl,imx51-ecspi";
                reg = <0x30830000 0x10000>;
                interrupts = <GIC_SPI 32 IRQ_TYPE_LEVEL_HIGH>;
                clocks = <&clks IMX7D_ECSPI2_ROOT_CLK>,
                        <&clks IMX7D_ECSPI2_ROOT_CLK>;
                clock-names = "ipg", "per";
                status = "disabled";
        };

        ecspi3: ecspi@30840000 {
                #address-cells = <1>;
                #size-cells = <0>;
                compatible = "fsl,imx7d-ecspi", "fsl,imx51-ecspi";
                reg = <0x30840000 0x10000>;
                interrupts = <GIC_SPI 33 IRQ_TYPE_LEVEL_HIGH>;
                clocks = <&clks IMX7D_ECSPI3_ROOT_CLK>,
                        <&clks IMX7D_ECSPI3_ROOT_CLK>;
                clock-names = "ipg", "per";
                status = "disabled";
        };
```

i.MX7D 设备树的 SPI 控制器节点所需的属性如下：

- compatible："fsl,imx51-ecspi" 用于与 i.MX7D 上集成的 SPI 兼容。
- reg：设备寄存器的偏移量和长度。
- interrupts：应该包含 eCSPI 中断。
- clocks：ipg 和 per 时钟的时钟说明符。
- clock-names：应该包括"ipg"和"per"。参考 Documentation/devicetree/bindings/
  clock/clock-bindings.txt 中的时钟使用者绑定。
- dmas：用于 tx 和 rx 的 DMA 说明符。参考 Documentation/devicetree/bindings/
  dma/dma.txt 中的 DMA 客户端绑定。
- dma-names：DMA 请求名称应包括"tx"和"tx"。

以下属性是可选的：

- cs-gpios：指定用于片选的 gpio 引脚。
- num-cs：片选的数量。

如果使用 cs-gpios，片选的数量将随着 max(cs-gpios >hw cs) 自动增加。比如：如果
控制器有 2 条 CS 线，cs-gpios 属性是这样的：

```
cs-gpios = <&gpio1 0 0>, <0>, <&gpio1 1 0>, <&gpio1 2 0>;
```

然后配置 num_chipselect = 4，其映射如下：

```
cs0 : &gpio1 0 0
cs1 : native
cs2 : &gpio1 1 0
cs3 : &gpio1 2 0
```

图 10-6 是一个有多个片选的 SPI 控制器，连接了多个 SPI 设备。

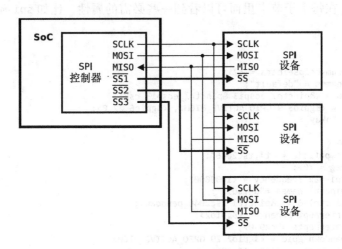

图 10-6　多片选的 SPI 控制器

SPI 设备的设备树声明是作为 SPI 主控制器的子节点，位于单板 / 平台层级（arch/arm/boot/dts/imx7d-sdb.dts）。以下是一些必选的和可选的属性：

- reg：（必选）设备的芯片选择地址。
- compatible：（必选）SPI 设备的名称，它与驱动的 of_device_id 兼容字符串之一相匹配。
- spi-max-frequency：（必选）设备的最大 SPI 时钟速度，单位是 Hz。
- spi-cpol：（可选）空属性，表示设备的 CPOL 极性。
- spi-cpha：（可选）空属性，表示设备的 CPHA 相位。
- spi-cs-high：（可选）空属性，表示设备片选信号高电平有效。
- spi-3wire：（可选）空属性，表示设备使用三线模式。
- spi-lsb-first：（可选）空属性，表示设备 LSB 优先模式。
- spi-tx-bus-width：（可选）MOSI 使用的总线宽度（数据线的数量）；如果不存在，默认为 1。
- spi-rx-bus-width：（可选）MISO 使用的总线宽度（数据线的数量）；如果不存在，默认为 1。
- spi-rx-delay-us：（可选）读取传输后的毫秒延迟。
- spi-tx-delay-us：（可选）写传输后的毫秒延迟。

在 imx7d-sdb.dts 文件中找到 ecspi3 控制器声明。将 status 属性写成 "okay"，ecspi3

控制器将被启用。在 cs-gpios 属性中可以看到有两个片选被启用，第一个会启用 tsc2046 器件，第二个会启用 ADXL345 加速度计。ecspi3 节点里面的 pinctrl-0 属性指向 pinctrl_ ecspi3 和 pinctrl_ecspi3_cs 功能节点，此处片选信号与 GPIO 功能复用。

在 ADXL345 子节点中，reg 值等于 1，而在 tsc2046 子节点中，reg 值为 0，以选择不同的片选信号。在每个子节点里面可以看到一些必需的属性，比如 spi-max-frequency 和 compatible。

```
&ecspi3 {
    fsl,spi-num-chipselects = <2>;
    pinctrl-names = "default";
    pinctrl-0 = <&pinctrl_ecspi3 &pinctrl_ecspi3_cs>;
    cs-gpios = <&gpio5 9 GPIO_ACTIVE_HIGH>, <&gpio6 22 0>;
    status = "okay";

    tsc2046@0 {
            compatible = "ti,tsc2046";
            reg = <0>;
            spi-max-frequency = <1000000>;
            pinctrl-names ="default";
            pinctrl-0 = <&pinctrl_tsc2046_pendown>;
            interrupt-parent = <&gpio2>;
            interrupts = <29 0>;
            pendown-gpio = <&gpio2 29 GPIO_ACTIVE_HIGH>;
            ti,x-min = /bits/ 16 <0>;
            ti,x-max = /bits/ 16 <0>;
            ti,y-min = /bits/ 16 <0>;
            ti,y-max = /bits/ 16 <0>;
            ti,pressure-max = /bits/ 16 <0>;
            ti,x-plate-ohms = /bits/ 16 <400>;
            wakeup-source;
    };

    ADXL345@1 {
            compatible = "arrow,adxl345";
            pinctrl-names ="default";
            pinctrl-0 = <&pinctrl_accel_gpio>;
            spi-max-frequency = <5000000>;
            spi-cpol;
            spi-cpha;
            reg = <1>;
            int-gpios = <&gpio6 14 GPIO_ACTIVE_LOW>;
            interrupt-parent = <&gpio6>;
            interrupts = <14 IRQ_TYPE_LEVEL_HIGH>;
    };
};
```

10.8 实验 10-2："SPI 加速度计输入设备"模块

本实验实现了 SPI 设备的第一个驱动程序。该驱动程序将管理连接到 SPI 总线的加速度计。你可以使用与上一个实验室中相同的开发板：ADXL345 Accel click mikroBUS。

为了开发新的驱动程序，将使用主线上 Michael Hennerich 的 ADXL345（3 轴数字加速度计）Linux 的驱动程序，删除一些功能将其简化，可以用于学习的目的。简化后的

ADXL345 驱动程序将只支持 SPI。有关 Michael Hennrich 驱动程序的描述，参考 htts://
wiki-stage.analog.com/resources/tools-software/linux-drivers/input-misc/adxl345。

驱动程序将支持 3 轴中任何一个轴上的单次阈值运动检测。检测阈值由 THRESH_TAP
寄存器（地址 0x1D）定义。当单个加速事件发生的时间大于 THRESH_TAP 寄存器（地址
0x1D）中的值且持续时间少于 DUR 寄存器（地址 0x21）中指定的时间时，INT_SOURCE
寄存器（地址 0x30）的 SINGLE_TAP 位置 1。只要没有超过 DUR，当加速度低于阈值时就
会触发单次阈值中断（参见 ADXL345 数据表第 28 页）。通过对 TAP_AXES（地址 0x2A）
寄存器写入值，将默认选择仅在 Z 轴上启用阈值运动检测。

10.8.1　i.MX7D 处理器的硬件描述

在该实验中将使用 MCIMX7D-SABRE mikroBUS 的 SPI 引脚连接到 ADXL345 Accel
click mikroBUS 开发板。根据 J1、J2 和 J3 SMD 跳线的连接，Accel Click 单板通过 I2C 或
SPI 接口与主板通信。这些跳线默认焊接在 I2C 接口位置。本实验将这些跳线焊接在 SPI 接
口的位置。

在 MCIMX7D-SABRE 原理图的第 20 页中，可以看到 MikroBUS 连接器，找到 SPI 引
脚，将这些引脚连接到 ADXL345 Accel click mikroBUS 开发板的 SPI 引脚。ADXL345 将
产生一个中断，所以在两块 mikroBUS 单板之间连接 INT 引脚。同时在两块单板之间连接
VCC 3.3V 和 GND。请看下面的连接说明：

- 将 i.MX7D MKBUS_ESPI3_SS0_B (CS) 连接到 ADXL345 CS (CS)。
- 将 i.MX7D MKBUS_ESPI3_SCLK (SCK) 连接到 ADXL345 SCL (SCK)。
- 将 i.MX7D MKBUS_ESPI3_MISO (MISO) 连接到 ADXL345 SDO (MISO)。
- 将 i.MX7D MKBUS_ESPI3_MOSI (MOSI) 连接到 ADXL345 SDI (MOSI)。
- 将 i.MX7D MKBUS_INT (INT) 连接到 ADXL345 INT1 (INT)。

10.8.2　SAMA5D2 处理器的硬件描述

对于 SAMA5D2 处理器，打开 SAMA5D2B-XULT 单板原理图，找到单板上提供 SPI
信号的引脚连接器。SAMA5D2B-XULT 单板上有 5 个 8 针、1 个 6 针、1 个 10 针和 1 个 36
针的排针（J7、J8、J9、J16、J17、J20、J21、J22），可以实现各种扩展卡的 PIO 连接。这
些连接器的物理和电气实现与 Arduino R3 扩展系统相匹配。

使用 J17 排针访问 SPI 信号。两块单板之间的连接请看下面的说明：

- 将 SAMA5D2 ISC_PCK/SPI1_NPCS0_PC4 (J17 的引脚 26) 连接到 ADXL345 CS
  (CS)。
- 将 SAMA5D2 SC_D7/SPI1_SPCK_PC1 (J17 的引脚 17) 连接到 ADXL345 SCL (SCK)。
- 将 SAMA5D2 ISC_D9/SPI1_MISO_PC3 (J17 的引脚 22) 连接到 ADXL345 SDO
  (MISO)。

- 将 SAMA5D2 ISC_D8/SPI1_MOSI_PC2 (J17 的引脚 23) 连接到 ADXL345 SDI (MOSI)。
- 将 SAMA5D2 ISC_D11/EXP_PB25 (J17 的引脚 30) 连接到 ADXL345 INT1 (INT)。

10.8.3 BCM2837 处理器的硬件描述

对于 BCM2837 处理器，使用 GPIO 扩展连接器来获取 SPI 信号。Raspberry-Pi-3B-V1.2-Schematics 中可以看到 J8 连接器。两块单板之间的连接请看下面的说明。

- 将 BCM2837 SPI_CE0_N (J8 的引脚 24) 连接到 ADXL345 CS (CS)。
- 将 BCM2837 SPI_SCLK (J8 的引脚 23) 连接到 ADXL345 SCL (SCK)。
- 将 BCM2837 SPI_MISO (J8 的引脚 21) 连接到 ADXL345 SDO (MISO)。
- 将 BCM2837 SPI_MOSI (J8 的引脚 19) 连接到 ADXL345 SDI (MOSI)。
- 将 BCM2837 GPIO23 (J8 的引脚 16) 连接到 ADXL345 INT1 (INT)。

10.8.4 i.MX7D 处理器的设备树

修改设备树文件 imx7d-sdb.dts，在 ecspi3 控制器主节点内添加 adxl345@1 子节点。adxl345 节点的 pinctrl-0 属性指向 pinctrl_accel_gpio 引脚配置节点，其中 SAI1_TX_SYNC 被复用为 GPIO 信号。int-gpios 属性使得 GPIO6 端口的 14 引脚供驱动程序使用，这样就可以将引脚方向设置为输入，并获得与该引脚相关的 Linux IRQ 号。reg 属性提供了 CS 号；ecspi3 节点内有两个片选信号，一个是 tsc2046 节点，另一个是 adxl345 节点。不要忘记将 status 属性设置为 "okay"，因为在之前的实验中将它设置成了 "disabled"。可以在 adxl345 节点中看到的其他设备树属性：

- spi-max-frequency：设备的最大 SPI 时钟频率。
- spi-cpha：需要设置为正确的 SPI 模式。
- spi-cpol：需要设置为正确的 SPI 模式。
- interrupt-parent：指定使用哪个 IRQ 控制器。
- interrupts：与 INT 引脚相关的中断。

```
&ecspi3 {
        fsl,spi-num-chipselects = <1>;
        pinctrl-names = "default";
        pinctrl-0 = <&pinctrl_ecspi3 &pinctrl_ecspi3_cs>;
        cs-gpios = <&gpio5 9 GPIO_ACTIVE_HIGH>, <&gpio6 22 0>;
        status = "okay";

        tsc2046@0 {
                compatible = "ti,tsc2046";
                reg = <0>;
                spi-max-frequency = <1000000>;
                pinctrl-names ="default";
                pinctrl-0 = <&pinctrl_tsc2046_pendown>;
                interrupt-parent = <&gpio2>;
                interrupts = <29 0>;
```

```
                    pendown-gpio = <&gpio2 29 GPIO_ACTIVE_HIGH>;
                    ti,x-min = /bits/ 16 <0>;
                    ti,x-max = /bits/ 16 <0>;
                    ti,y-min = /bits/ 16 <0>;
                    ti,y-max = /bits/ 16 <0>;
                    ti,pressure-max = /bits/ 16 <0>;
                    ti,x-plate-ohms = /bits/ 16 <400>;
                    wakeup-source;
            };

            Accel: ADXL345@1 {
                    compatible = "arrow,adxl345";
                    pinctrl-names ="default";
                    pinctrl-0 = <&pinctrl_accel_gpio>;
                    spi-max-frequency = <5000000>;
                    spi-cpol;
                    spi-cpha;
                    reg = <1>;
                    int-gpios = <&gpio6 14 GPIO_ACTIVE_LOW>;
                    interrupt-parent = <&gpio6>;
                    interrupts = <14 IRQ_TYPE_LEVEL_HIGH>;
            };
    };
```

下面是位于 iomuxc 节点内部的 pinctrl_accel_gpio 引脚配置节点,其中 SAI1_TX_SYNC 被复用为 GPIO 信号:

```
pinctrl_accel_gpio: pinctrl_accel_gpiogrp {

        fsl,pins = <
                MX7D_PAD_SAI1_TX_SYNC__GPIO6_IO14    0x2
        >;
};
```

10.8.5 SAMA5D2 处理器的设备树

打开设备树文件 at91-sama5d2_xplained_common.dtsi,创建 spi1 控制器节点。spi 节点的 pinctrl-0 属性指向 pinctrl_spi1_default 引脚配置节点,其中 spi 控制器的引脚被复用为 SPI 信号。启用 spi 控制器,设置 status 属性为 "okay"。在 spi1 控制器主节点里面添加 adxl345@0 子节点。adxl345 节点的 pinctrl-0 属性指向 pinctrl_accel_gpio_default 引脚配置节点,其中 PB25 焊点被复用为 GPIO 信号。int-gpios 属性使得 PIOB 端口的 GPIO 的 25 引脚供驱动程序使用,这样就可以将引脚方向设置为输入,并获得与该引脚相关联的 Linux IRQ 号。reg 属性提供了 CS 号,spi1 节点内部只有一个片选。

```
spi1: spi@fc000000 {
            pinctrl-names = "default";
            pinctrl-0 = <&pinctrl_spi1_default>;
            status = "okay";

            Accel: ADXL345@0 {
                    compatible = "arrow,adxl345";
                    reg = <0>;
```

```
                    spi-max-frequency = <5000000>;
                    pinctrl-names = "default";
                    pinctrl-0 = <&pinctrl_accel_gpio_default>;
                    spi-cpol;
                    spi-cpha;
                    int-gpios = <&pioA 57 GPIO_ACTIVE_LOW>;
                    interrupt-parent = <&pioA>;
                    interrupts = <57 IRQ_TYPE_LEVEL_HIGH>;
            };
    };
```

下面是 pinctrl_spi_default 引脚配置节点，其中 PC1、PC2、PC3 和 PC4 焊点被复用为 SPI 信号：

```
pinctrl_spi1_default: spi1_default {
            pinmux = <PIN_PC1__SPI1_SPCK>,
                     <PIN_PC2__SPI1_MOSI>,
                     <PIN_PC3__SPI1_MISO>,
                     <PIN_PC4__SPI1_NPCS0>;
            bias-disable;
};
```

下面是 pinctrl_accel_gpio_default 引脚配置节点，其中 PB25 焊点被复用为 GPIO 信号：

```
pinctrl_accel_gpio_default: accel_gpio_default {
                pinmux = <PIN_PB25__GPIO>;
                bias-disable;
};
```

10.8.6　BCM2837 处理器的设备树

打开并修改设备树文件 bcm2710-rpi-3-b.dts，在 spi0 控制器主节点内添加 adxl345@0 子节点。adxl345 节点的 pinctrl-0 属性指向 accel_int_pin 引脚配置节点，在该节点上 GPIO23 焊点被复用为 GPIO 信号。int-gpios 属性将使 GPIO23 可用于驱动程序，以便你可以将引脚方向设置为输入并获取与此引脚关联的 Linux IRQ 号。reg 属性提供 CS 编号；spi0 节点内部有两个片选，但是对于 ADXL345 器件，你只会使用第一个 <&gpio 8 1>。

```
&spi0 {
    pinctrl-names = "default";
    pinctrl-0 = <&spi0_pins &spi0_cs_pins>;
    cs-gpios = <&gpio 8 1>, <&gpio 7 1>;

    Accel: ADXL345@0 {
            compatible = "arrow,adxl345";
            spi-max-frequency = <5000000>;
            spi-cpol;
            spi-cpha;
            reg = <0>;
            pinctrl-0 = <&accel_int_pin>;
            int-gpios = <&gpio 23 0>;
```

```
            interrupts = <23 1>;
            interrupt-parent = <&gpio>;
        };
    };
```

请参见随后的 accel_int_pin 引脚配置节点，其中 GPIO23 焊点被多路复用为 GPIO 信号：

```
accel_int_pin: accel_int_pin {
    brcm,pins = <23>;
    brcm,function = <0>;  /* Input */
    brcm,pull = <0>;      /* none */
};
```

10.8.7 "SPI 加速度计输入设备"模块的代码描述

现在将描述驱动程序的主要代码部分。

1. 包含头文件：

```
#include <linux/module.h>
#include <linux/input.h>
#include <linux/spi/spi.h>
#include <linux/of_gpio.h>
#include <linux/spi/spi.h>
#include <linux/interrupt.h>
```

2. 定义用于生成 SPI 事务的特定命令字节的掩码和宏（spi_read()、spi_write()、spi_write_then_read()）：

```
#define ADXL345_CMD_MULTB        (1 << 6)
#define ADXL345_CMD_READ         (1 << 7)
#define ADXL345_WRITECMD(reg)    (reg & 0x3F)
#define ADXL345_READCMD(reg)     (ADXL345_CMD_READ | (reg & 0x3F))
#define ADXL345_READMB_CMD(reg)  (ADXL345_CMD_READ | ADXL345_CMD_MULTB \
                                 | (reg & 0x3F))
```

3. 定义 ADXL345 设备的寄存器：

```
/* ADXL345 Register Map */
#define DEVID           0x00    /* R   Device ID */
#define THRESH_TAP      0x1D    /* R/W Tap threshold */
#define DUR             0x21    /* R/W Tap duration */
#define TAP_AXES        0x2A    /* R/W Axis control for tap/double tap */
#define ACT_TAP_STATUS  0x2B    /* R   Source of tap/double tap */
#define BW_RATE         0x2C    /* R/W Data rate and power mode control */
#define POWER_CTL       0x2D    /* R/W Power saving features control */
#define INT_ENABLE      0x2E    /* R/W Interrupt enable control */
#define INT_MAP         0x2F    /* R/W Interrupt mapping control */
#define INT_SOURCE      0x30    /* R   Source of interrupts */
#define DATA_FORMAT     0x31    /* R/W Data format control */
#define DATAX0          0x32    /* R   X-Axis Data 0 */
#define DATAX1          0x33    /* R   X-Axis Data 1 */
#define DATAY0          0x34    /* R   Y-Axis Data 0 */
```

```
#define DATAY1            0x35   /* R    Y-Axis Data 1 */
#define DATAZ0            0x36   /* R    Z-Axis Data 0 */
#define DATAZ1            0x37   /* R    Z-Axis Data 1 */
#define FIFO_CTL          0x38   /* R/W FIFO control */
```

4. 创建剩下的宏定义（#define），用于在 ADXL345 寄存器中执行操作，并将其中一些作为参数传递给驱动程序的多个函数：

```
/* DEVIDs */
#define ID_ADXL345    0xE5

/* INT_ENABLE/INT_MAP/INT_SOURCE Bits */
#define SINGLE_TAP    (1 << 6)

/* TAP_AXES Bits */
#define TAP_X_EN      (1 << 2)
#define TAP_Y_EN      (1 << 1)
#define TAP_Z_EN      (1 << 0)

/* BW_RATE Bits */
#define LOW_POWER     (1 << 4)
#define RATE(x)       ((x) & 0xF)

/* POWER_CTL Bits */
#define PCTL_MEASURE  (1 << 3)
#define PCTL_STANDBY  0X00

/* DATA_FORMAT Bits */
#define FULL_RES      (1 << 3)

/* FIFO_CTL Bits */
#define FIFO_MODE(x)  (((x) & 0x3) << 6)
#define FIFO_BYPASS   0
#define FIFO_FIFO     1
#define FIFO_STREAM   2
#define SAMPLES(x)    ((x) & 0x1F)

/* FIFO_STATUS Bits */
#define ADXL_X_AXIS   0
#define ADXL_Y_AXIS   1
#define ADXL_Z_AXIS   2

#define ADXL345_GPIO_NAME "int"

/* Macros to do SPI operations */
#define AC_READ(ac, reg)          ((ac)->bops->read((ac)->dev, reg))
#define AC_WRITE(ac, reg, val)    ((ac)->bops->write((ac)->dev, reg, val))
```

5. 创建驱动程序的不同数据结构：

```
/* define a structure to hold SPI bus operations */
struct adxl345_bus_ops {
    u16 bustype;
    int (*read)(struct device *, unsigned char);
    int (*read_block)(struct device *, unsigned char, int, void *);
    int (*write)(struct device *, unsigned char, unsigned char);
};

struct axis_triple {
    int x;
    int y;
```

```
        int z;
};

/* define a structure to hold specific driver´s information */
struct adxl345_platform_data {
        u8 low_power_mode;
        u8 tap_threshold;
        u8 tap_duration;

#define ADXL_TAP_X_EN       (1 << 2)
#define ADXL_TAP_Y_EN       (1 << 1)
#define ADXL_TAP_Z_EN       (1 << 0)

        u8 tap_axis_control;
        u8 data_rate;

#define ADXL_FULL_RES       (1 << 3)
#define ADXL_RANGE_PM_2g    0
#define ADXL_RANGE_PM_4g    1
#define ADXL_RANGE_PM_8g    2
#define ADXL_RANGE_PM_16g   3

        u8 data_range;
        u32 ev_code_tap[3];
        u8 fifo_mode;
        u8 watermark;
};

/* Set initial adxl345 register values */
static const struct adxl345_platform_data adxl345_default_init = {
        .tap_threshold = 50,
        .tap_duration = 3,
        .tap_axis_control = ADXL_TAP_Z_EN,
        .data_rate = 8,
        .data_range = ADXL_FULL_RES,
        .fifo_mode = FIFO_BYPASS,
        .watermark = 0,
};

/* Define a private data structure */
struct adxl345 {
        struct gpio_desc *gpio;
        struct device *dev;
        struct input_dev *input;
        struct adxl345_platform_data pdata;
        struct axis_triple saved;
        u8 phys[32];
        int irq;
        u32 model;
        u32 int_mask;
        const struct adxl345_bus_ops *bops;
};
```

6. 用执行总线操作的函数初始化 adxl345_bus_ops 数据结构并将其作为参数传递到 adxl345_probe() 函数：

```
static const struct adxl345_bus_ops adxl345_spi_bops = {
        .bustype        = BUS_SPI,
        .write          = adxl345_spi_write,
        .read           = adxl345_spi_read,
```

```
      .read_block     = adxl345_spi_read_block,
};
static int adxl345_spi_probe(struct spi_device *spi)
{
      /* Create a private structure */
      struct adxl345 *ac;

      /* initialize the driver and returns the initialized private struct */
      ac = adxl345_probe(&spi->dev, &adxl345_spi_bops);

      /* Attach the SPI device to the private structure */
      spi_set_drvdata(spi, ac);
      return 0;
}
```

7. 下面代码提取自 adxl345_probe() 函数，主要代码的注释如下：

```
struct adxl345 *adxl345_probe(struct device *dev,
                              const struct adxl345_bus_ops *bops)
{
      /* declare your private structure */
      struct adxl345 *ac;

      /* create the input device */
      struct input_dev *input_dev;

      /* create pointer to const struct platform data */
      const struct adxl345_platform_data *pdata;

      /* Allocate private structure */
      ac = devm_kzalloc(dev, sizeof(*ac), GFP_KERNEL);

      /* Allocate the input_dev structure */
      input_dev = devm_input_allocate_device(dev);

      /*
       * Store the previously initialized platform data
       * in your private structure
       */
      pdata = &adxl345_default_init; /* Points to const platform data */
      ac->pdata = *pdata; /* Store values to pdata inside private ac */
      pdata = &ac->pdata; /* change where pdata points, now to pdata in ac */

      /* Store the input device in your private structure */
      ac->input = input_dev;
      ac->dev = dev; /* dev is &spi->dev */

      /* Store the SPI operations in your private structure */
      ac->bops = bops;

      /* Initialize the input device */
      input_dev->name = "ADXL345 accelerometer";
      input_dev->phys = ac->phys;
      input_dev->dev.parent = dev;
      input_dev->id.product = ac->model;
      input_dev->id.bustype = bops->bustype;

      /* Attach the input device and the private structure */
      input_set_drvdata(input_dev, ac);

      /*
       * Set EV_KEY type event with 3 events code support
       * event sent when a single tap interrupt is triggered
```

```
    */
    __set_bit(EV_KEY, input_dev->evbit);
    __set_bit(pdata->ev_code_tap[ADXL_X_AXIS], input_dev->keybit);
    __set_bit(pdata->ev_code_tap[ADXL_Y_AXIS], input_dev->keybit);
    __set_bit(pdata->ev_code_tap[ADXL_Z_AXIS], input_dev->keybit);

    /*
     * Check if any of the axis has been enabled
     * and set the interrupt mask
     * In this driver only SINGLE_TAP interrupt
     */
    if (pdata->tap_axis_control & (TAP_X_EN | TAP_Y_EN | TAP_Z_EN))
        ac->int_mask |= SINGLE_TAP;
    /*
     * Get the gpio descriptor, set the gpio pin direction to input
     * and store it in the private structure
     */
    ac->gpio = devm_gpiod_get_index(dev, ADXL345_GPIO_NAME, 0, GPIOD_IN);

    /* Get the Linux IRQ number associated with this gpio descriptor */
    ac->irq = gpiod_to_irq(ac->gpio);

    /* Request threaded interrupt */
    devm_request_threaded_irq(input_dev->dev.parent,
                              ac->irq, NULL,
                              adxl345_irq,
                              IRQF_TRIGGER_HIGH | IRQF_ONESHOT,
                              dev_name(dev), ac);
    /* create a group of sysfs entries */
    sysfs_create_group(&dev->kobj, &adxl345_attr_group);

    /* Register the input device to the input core */
    input_register_device(input_dev);

    /* Initialize the ADXL345 registers */

    /* Set the tap threshold and duration */
    AC_WRITE(ac, THRESH_TAP, pdata->tap_threshold);
    AC_WRITE(ac, DUR, pdata->tap_duration);
    /* set the axis where the tap will be detected (AXIS Z) */
    AC_WRITE(ac, TAP_AXES, pdata->tap_axis_control);

    /*
     * set the data rate and the axis reading power
     * mode, less or higher noise reducing power
     */
    AC_WRITE(ac, BW_RATE, RATE(ac->pdata.data_rate) |
        (pdata->low_power_mode ? LOW_POWER : 0));

    /* 13-bit full resolution right justified */
    AC_WRITE(ac, DATA_FORMAT, pdata->data_range);

    /* Set the FIFO mode, no FIFO by default */
    AC_WRITE(ac, FIFO_CTL, FIFO_MODE(pdata->fifo_mode) |
        SAMPLES(pdata->watermark));

    /* Map all INTs to INT1 pin */
    AC_WRITE(ac, INT_MAP, 0);

    /* Enables interrupts */
    AC_WRITE(ac, INT_ENABLE, ac->int_mask);

    /* Set RUN mode */
    AC_WRITE(ac, POWER_CTL, PCTL_MEASURE);
```

```
        /* return initialized private structure */
        return ac;
}
```

8. 一个线程化中断将被添加到驱动程序以服务于单次阈值中断。在线程化中断中，中断处理程序在线程中执行。它允许在中断处理程序期间阻塞，这通常是 I2C/SPI 设备所需的，因为中断处理程序需要与它们通信。在这个驱动程序中，你将通过 SPI 与中断处理程序内的 ADXL345 设备通信。

```
static irqreturn_t adxl345_irq(int irq, void *handle)
{
        struct adxl345 *ac = handle;
        struct adxl345_platform_data *pdata = &ac->pdata;
        int int_stat, tap_stat;

        /*
         * ACT_TAP_STATUS should be read before clearing the interrupt
         * Avoid reading ACT_TAP_STATUS in case TAP detection is disabled
         * Read the ACT_TAP_STATUS if any of the axis has been enabled
         */
        if (pdata->tap_axis_control & (TAP_X_EN | TAP_Y_EN | TAP_Z_EN))
                tap_stat = AC_READ(ac, ACT_TAP_STATUS);
        else
                tap_stat = 0;

        /* Read the INT_SOURCE (0x30) register. The interrupt is cleared */
        int_stat = AC_READ(ac, INT_SOURCE);

        /*
         * if the SINGLE_TAP event has occurred the axl345_do_tap function
         * is called with the ACT_TAP_STATUS register as an argument
         */
        if (int_stat & (SINGLE_TAP)) {
                dev_info(ac->dev, "single tap interrupt has occurred\n");
                adxl345_do_tap(ac, pdata, tap_stat);
        };

        input_sync(ac->input);
        return IRQ_HANDLED;
}
```

9. 事件类型 EV_KEY 将由 3 个不同的事件代码生成，这些代码将根据所选单点运动检测的坐标轴进行设置。这些事件将通过调用 adxl345_do_tap() 函数在中断服务程序（ISR）中发送。

```
/*
 * Set EV_KEY type event with 3 events code support
 * event sent when a single tap interrupt is triggered
 */
__set_bit(EV_KEY, input_dev->evbit);
__set_bit(pdata->ev_code_tap[ADXL_X_AXIS], input_dev->keybit);
__set_bit(pdata->ev_code_tap[ADXL_Y_AXIS], input_dev->keybit);
__set_bit(pdata->ev_code_tap[ADXL_Z_AXIS], input_dev->keybit);

static void adxl345_send_key_events(struct adxl345 *ac,
                struct adxl345_platform_data *pdata, int status, int press)
{
```

```
        int i;

        for (i = ADXL_X_AXIS; i <= ADXL_Z_AXIS; i++) {
                if (status & (1 << (ADXL_Z_AXIS - i)))
                        input_report_key(ac->input,
                                        pdata->ev_code_tap[i], press);
        }
}

/* Function called in the ISR when there is a SINGLE_TAP event */
static void adxl345_do_tap(struct adxl345 *ac,
                            struct adxl345_platform_data *pdata,
                            int status)
{
        adxl345_send_key_events(ac, pdata, status, true);
        input_sync(ac->input);
        adxl345_send_key_events(ac, pdata, status, false);
}
```

10. 你将创建几个 sysfs 条目，以便从用户态访问驱动程序。你可以使用 sysfs 的条目设置和读取示例速率、读取 3 个轴值并显示最后存储的轴值。

sysfs 属性将使用 DEVICE ATTR (name, mode, show, store) 宏创建：

```
static DEVICE_ATTR(rate, 0664, adxl345_rate_show, adxl345_rate_store);
static DEVICE_ATTR(position, S_IRUGO, adxl345_position_show, NULL);
static DEVICE_ATTR(read, S_IRUGO, adxl345_position_read, NULL);
```

这些属性可以组织成一个组，如下：

```
static struct attribute *adxl345_attributes[] = {
    &dev_attr_rate.attr,
    &dev_attr_position.attr,
    &dev_attr_read.attr,
    NULL
};

static const struct attribute_group adxl345_attr_group = {
    .attrs = adxl345_attributes,
};
```

请参见下面的 adxl345_position_read() 代码，将在其中读取 3 个轴的值：

```
static ssize_t adxl345_position_read(struct device *dev,
                                      struct device_attribute *attr,
                                      char *buf)
{
        struct axis_triple axis;
        ssize_t count;
        struct adxl345 *ac = dev_get_drvdata(dev);
        adxl345_get_triple(ac, &axis);

        count = sprintf(buf, "(%d, %d, %d)\n",
                        axis.x, axis.y, axis.z);

        return count;
}
```

　　adxl345_position_read() 函数调用 adxl345_get_triple()，后者又依次调用 ac->bops->read_block() 函数：

```
/* Get the adxl345 axis data */
static void adxl345_get_triple(struct adxl345 *ac, struct axis_triple *axis)
{
      __le16 buf[3];

      ac->bops->read_block(ac->dev, DATAX0, DATAZ1 - DATAX0 + 1, buf);
      ac->saved.x = sign_extend32(le16_to_cpu(buf[0]), 12);
      axis->x = ac->saved.x;

      ac->saved.y = sign_extend32(le16_to_cpu(buf[1]), 12);
      axis->y = ac->saved.y;

      ac->saved.z = sign_extend32(le16_to_cpu(buf[2]), 12);
      axis->z = ac->saved.z;
}
```

　　可以看到，read_block 是 adxl345_bus_ops 数据结构的成员，且被初始化为 adxl345_spi_read_block SPI 总线函数：

```
static const struct adxl345_bus_ops adxl345_spi_bops = {
      .bustype      = BUS_SPI,
      .write        = adxl345_spi_write,
      .read         = adxl345_spi_read,
      .read_block   = adxl345_spi_read_block,
};
```

　　请参见下面的 adxl345_spi_read_block() 函数的代码。reg 参数是你要读取的第一个寄存器的地址，count 是从第一个寄存器开始要读取的寄存器数量。buf 参数是指向要保存轴值的缓冲区指针。

```
/* Read multiple registers */
static int adxl345_spi_read_block(struct device *dev,
                                  unsigned char reg,
                                  int count,
                                  void *buf)
{
      struct spi_device *spi = to_spi_device(dev);
      ssize_t status;

      /* Add MB flags to the reading */
      reg = ADXL345_READMB_CMD(reg);

      /*
       * write byte stored in reg (address with MB)
       * read count bytes (from successive addresses)
       * and stores them to buf
       */
      status = spi_write_then_read(spi, &reg, 1, buf, count);
      return (status < 0) ? status : 0;
}
```

adxl345_spi_read_block() 函数调用 spi_write_then_read() 向 SPI 总线发送命令字节，该命令字节包括要读取的第一个寄存器的地址（位 A0 ~ A5）加上 MB 位（设置为 1 用于多次读取）和 R 位（设置为 1 进行读取），然后从 reg（位 A0 ~ A5）开始读取六个寄存器（count）的值。图 10-7 显示了 SPI 4 线读取时序图：

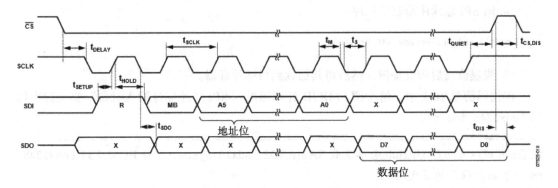

图 10-7 SPI 4 线读取时序图

有关用于读取和写入 SPI 设备的 SPI 命令宏，请参见下面的宏：

```
#define ADXL345_CMD_MULTB        (1 << 6)
#define ADXL345_CMD_READ         (1 << 7)
#define ADXL345_WRITECMD(reg)    (reg & 0x3F)
#define ADXL345_READCMD(reg)     (ADXL345_CMD_READ | (reg & 0x3F))
#define ADXL345_READMB_CMD(reg)  (ADXL345_CMD_READ | ADXL345_CMD_MULTB \
                                 | (reg & 0x3F))
```

11. 声明驱动程序支持的设备列表：

```
static const struct of_device_id adxl345_dt_ids[] = {
    { .compatible = "arrow,adxl345", },
    { }
};
MODULE_DEVICE_TABLE(of, adxl345_dt_ids);
```

12. 定义由 spi_device_id 数据结构组成的一个数组：

```
static const struct spi_device_id adxl345_id[] = {
    { .name = "adxl345", },
    { }
};
MODULE_DEVICE_TABLE(spi, adxl345_id);
```

13. 添加将要注册到 SPI 总线的 spi_driver 数据结构：

```
static struct spi_driver adxl345_driver = {
    .driver = {
            .name = "adxl345",
            .owner = THIS_MODULE,
```

```
                .of_match_table = adxl345_dt_ids,
        },
        .probe = adxl345_spi_probe,
        .remove = adxl345_spi_remove,
        .id_table = adxl345_id,
};
```

14. 向 SPI 总线注册驱动程序：

```
module_spi_driver(adxl345_driver);
```

15. 构建修改后的设备树，然后将其加载到目标处理器。

在代码清单 10-2 中，请参阅 i.MX7D 处理器的"SPI 加速度计输入设备"驱动程序代码（adxl345_imx.c）。

注意：可以从本书的 GitHub 仓库下载 SAMA5D2（adxl345_sam.c）和 BCM2837（adxl345_rpi.c）驱动程序的源代码。

10.9　代码清单 10-2：adxl345_imx.c

```
#include <linux/input.h>
#include <linux/module.h>
#include <linux/spi/spi.h>
#include <linux/of_gpio.h>
#include <linux/spi/spi.h>
#include <linux/interrupt.h>

#define ADXL345_CMD_MULTB        (1 << 6)
#define ADXL345_CMD_READ         (1 << 7)
#define ADXL345_WRITECMD(reg)    (reg & 0x3F)
#define ADXL345_READCMD(reg)     (ADXL345_CMD_READ | (reg & 0x3F))
#define ADXL345_READMB_CMD(reg)  (ADXL345_CMD_READ | ADXL345_CMD_MULTB \
                                 | (reg & 0x3F))

/* ADXL345 Register Map */
#define DEVID            0x00    /* R   Device ID */
#define THRESH_TAP       0x1D    /* R/W Tap threshold */
#define DUR              0x21    /* R/W Tap duration */
#define TAP_AXES         0x2A    /* R/W Axis control for tap/double tap */
#define ACT_TAP_STATUS   0x2B    /* R   Source of tap/double tap */
#define BW_RATE          0x2C    /* R/W Data rate and power mode control */
#define POWER_CTL        0x2D    /* R/W Power saving features control */
#define INT_ENABLE       0x2E    /* R/W Interrupt enable control */
#define INT_MAP          0x2F    /* R/W Interrupt mapping control */
#define INT_SOURCE       0x30    /* R   Source of interrupts */
#define DATA_FORMAT      0x31    /* R/W Data format control */
#define DATAX0           0x32    /* R   X-Axis Data 0 */
#define DATAX1           0x33    /* R   X-Axis Data 1 */
#define DATAY0           0x34    /* R   Y-Axis Data 0 */
#define DATAY1           0x35    /* R   Y-Axis Data 1 */
#define DATAZ0           0x36    /* R   Z-Axis Data 0 */
```

```
#define DATAZ1              0x37    /* R    Z-Axis Data 1 */
#define FIFO_CTL            0x38    /* R/W FIFO control */

/* DEVIDs */
#define ID_ADXL345          0xE5

/* INT_ENABLE/INT_MAP/INT_SOURCE Bits */
#define SINGLE_TAP          (1 << 6)

/* TAP_AXES Bits */
#define TAP_X_EN            (1 << 2)
#define TAP_Y_EN            (1 << 1)
#define TAP_Z_EN            (1 << 0)

/* BW_RATE Bits */
#define LOW_POWER           (1 << 4)
#define RATE(x)             ((x) & 0xF)

/* POWER_CTL Bits */
#define PCTL_MEASURE        (1 << 3)
#define PCTL_STANDBY        0X00

/* DATA_FORMAT Bits */
#define FULL_RES            (1 << 3)

/* FIFO_CTL Bits */
#define FIFO_MODE(x)        (((x) & 0x3) << 6)
#define FIFO_BYPASS         0
#define FIFO_FIFO           1
#define FIFO_STREAM         2
#define SAMPLES(x)          ((x) & 0x1F)

/* FIFO_STATUS Bits */
#define ADXL_X_AXIS         0
#define ADXL_Y_AXIS         1
#define ADXL_Z_AXIS         2

#define ADXL345_GPIO_NAME "int"

/* Macros to do SPI operations */
#define AC_READ(ac, reg)        ((ac)->bops->read((ac)->dev, reg))
#define AC_WRITE(ac, reg, val)  ((ac)->bops->write((ac)->dev, reg, val))
struct adxl345_bus_ops {
    u16 bustype;
    int (*read)(struct device *, unsigned char);
    int (*read_block)(struct device *, unsigned char, int, void *);
    int (*write)(struct device *, unsigned char, unsigned char);
};

struct axis_triple {
    int x;
    int y;
    int z;
};

struct adxl345_platform_data {
    /*
     * low_power_mode:
     * A '0' = Normal operation and a '1' = Reduced
     * power operation with somewhat higher noise.
     */
```

```
    u8 low_power_mode;

    /*
     * tap_threshold:
     * holds the threshold value for tap detection/interrupts.
     * The data format is unsigned. The scale factor is 62.5 mg/LSB
     * (i.e. 0xFF = +16 g). A zero value may result in undesirable
     * behavior if Tap/Double Tap is enabled.
     */

    u8 tap_threshold;

    /*
     * tap_duration:
     * is an unsigned time value representing the maximum
     * time that an event must be above the tap_threshold threshold
     * to qualify as a tap event. The scale factor is 625 us/LSB. A zero
     * value will prevent Tap/Double Tap functions from working.
     */

    u8 tap_duration;

    /*
     * TAP_X/Y/Z Enable: Setting TAP_X, Y, or Z Enable enables X,
     * Y, or Z participation in Tap detection. A '0' excludes the
     * selected axis from participation in Tap detection.
     * Setting the SUPPRESS bit suppresses Double Tap detection if
     * acceleration greater than tap_threshold is present during the
     * tap_latency period, i.e. after the first tap but before the
     * opening of the second tap window.
     */

#define ADXL_TAP_X_EN      (1 << 2)
#define ADXL_TAP_Y_EN      (1 << 1)
#define ADXL_TAP_Z_EN      (1 << 0)

    u8 tap_axis_control;

    /*
     * data_rate:
     * Selects device bandwidth and output data rate.
     * RATE = 3200 Hz / (2^(15 - x)). Default value is 0x0A, or 100 Hz
     * Output Data Rate. An Output Data Rate should be selected that
     * is appropriate for the communication protocol and frequency
     * selected. Selecting too high of an Output Data Rate with a low
     * communication speed will result in samples being discarded.
     */

    u8 data_rate;

    /*
     * data_range:
     * FULL_RES: When this bit is set with the device is
     * in Full-Resolution Mode, where the output resolution increases
     * with RANGE to maintain a 4 mg/LSB scale factor. When this
     * bit is cleared the device is in 10-bit Mode and RANGE determine the
     * maximum g-Range and scale factor.
     */

#define ADXL_FULL_RES          (1 << 3)
```

```
#define ADXL_RANGE_PM_2g          0
#define ADXL_RANGE_PM_4g          1
#define ADXL_RANGE_PM_8g          2
#define ADXL_RANGE_PM_16g         3

    u8 data_range;

    /*
     * A valid BTN or KEY Code; use tap_axis_control to disable
     * event reporting
     */

    u32 ev_code_tap[3];

    /*
     * fifo_mode:
     * BYPASS The FIFO is bypassed
     * FIFO FIFO collects up to 32 values then stops collecting data
     * STREAM FIFO holds the last 32 data values. Once full, the FIFO's
     * oldest data is lost as it is replaced with newer data
     *
     * DEFAULT should be FIFO_STREAM
     */

    u8 fifo_mode;

    /*
     * watermark:
     * The Watermark feature can be used to reduce the interrupt load
     * of the system. The FIFO fills up to the value stored in watermark
     * [1..32] and then generates an interrupt.
     * A '0' disables the watermark feature.
     */

    u8 watermark;

};

/* Set initial adxl345 register values */
static const struct adxl345_platform_data adxl345_default_init = {
    .tap_threshold = 50,
    .tap_duration = 3,
    .tap_axis_control = ADXL_TAP_Z_EN,
    .data_rate = 8,
    .data_range = ADXL_FULL_RES,
    .ev_code_tap = {BTN_TOUCH, BTN_TOUCH, BTN_TOUCH}, /* EV_KEY {x,y,z} */
    .fifo_mode = FIFO_BYPASS,
    .watermark = 0,
};

/* Create private data structure */
struct adxl345 {
    struct gpio_desc *gpio;
    struct device *dev;
    struct input_dev *input;
    struct adxl345_platform_data pdata;
    struct axis_triple saved;
    u8 phys[32];
    int irq;
    u32 model;
```

```c
    u32 int_mask;
    const struct adxl345_bus_ops *bops;
};
/* Get the adxl345 axis data */
static void adxl345_get_triple(struct adxl345 *ac, struct axis_triple *axis)
{
    __le16 buf[3];

    ac->bops->read_block(ac->dev, DATAX0, DATAZ1 - DATAX0 + 1, buf);

    ac->saved.x = sign_extend32(le16_to_cpu(buf[0]), 12);
    axis->x = ac->saved.x;

    ac->saved.y = sign_extend32(le16_to_cpu(buf[1]), 12);
    axis->y = ac->saved.y;

    ac->saved.z = sign_extend32(le16_to_cpu(buf[2]), 12);
    axis->z = ac->saved.z;
}

/*
 * This function is called inside adxl34x_do_tap() in the ISR
 * when there is a SINGLE_TAP event. The function check
 * the ACT_TAP_STATUS (0x2B) TAP_X, TAP_Y, TAP_Z bits starting
 * for the TAP_X source bit. If the axis is involved in the event
 * there is a EV_KEY event
 */
static void adxl345_send_key_events(struct adxl345 *ac,
                                    struct adxl345_platform_data *pdata,
                                    int status, int press)
{
    int i;

    for (i = ADXL_X_AXIS; i <= ADXL_Z_AXIS; i++) {
            if (status & (1 << (ADXL_Z_AXIS - i)))
                    input_report_key(ac->input,
                                     pdata->ev_code_tap[i], press);
    }
}

/* Function called in the ISR when there is a SINGLE_TAP event */
static void adxl345_do_tap(struct adxl345 *ac,
                           struct adxl345_platform_data *pdata,
                           int status)
{
    adxl345_send_key_events(ac, pdata, status, true);
    input_sync(ac->input);
    adxl345_send_key_events(ac, pdata, status, false);
}

/* Interrupt service routine */
static irqreturn_t adxl345_irq(int irq, void *handle)
{
    struct adxl345 *ac = handle;
    struct adxl345_platform_data *pdata = &ac->pdata;
    int int_stat, tap_stat;

    /*
     * ACT_TAP_STATUS should be read before clearing the interrupt
     * Avoid reading ACT_TAP_STATUS in case TAP detection is disabled
```

```
         * Read the ACT_TAP_STATUS if any of the axis has been enabled
         */
        if (pdata->tap_axis_control & (TAP_X_EN | TAP_Y_EN | TAP_Z_EN))
                tap_stat = AC_READ(ac, ACT_TAP_STATUS);
        else
                tap_stat = 0;

        /* Read the INT_SOURCE (0x30) register. The interrupt is cleared */
        int_stat = AC_READ(ac, INT_SOURCE);

        /*
         * if the SINGLE_TAP event has occurred the axl345_do_tap function
         * is called with the ACT_TAP_STATUS register as an argument
         */
        if (int_stat & (SINGLE_TAP)) {
                dev_info(ac->dev, "single tap interrupt has occurred\n");
                adxl345_do_tap(ac, pdata, tap_stat);
        };

        input_sync(ac->input);

        return IRQ_HANDLED;
}

static ssize_t adxl345_rate_show(struct device *dev,
                                 struct device_attribute *attr,
                                 char *buf)
{
    struct adxl345 *ac = dev_get_drvdata(dev);
    return sprintf(buf, "%u\n", RATE(ac->pdata.data_rate));
}

static ssize_t adxl345_rate_store(struct device *dev,
                                  struct device_attribute *attr,
                                  const char *buf, size_t count)
{
    struct adxl345 *ac = dev_get_drvdata(dev);
    u8 val;
    int error;
    /* transform char array to u8 value */
    error = kstrtou8(buf, 10, &val);
    if (error)
            return error;

    /*
     * if I set ac->pdata.low_power_mode = 1
     * then is lower power mode but higher noise is selected
     * getting LOW_POWER macro, by default ac->pdata.low_power_mode = 0
     * RATE(val) sets to 0 the 4 upper u8 bits
     */
    ac->pdata.data_rate = RATE(val);
    AC_WRITE(ac, BW_RATE,
            ac->pdata.data_rate |
                    (ac->pdata.low_power_mode ? LOW_POWER : 0));

    return count;
}

static DEVICE_ATTR(rate, 0664, adxl345_rate_show, adxl345_rate_store);
```

```
static ssize_t adxl345_position_show(struct device *dev,
                                     struct device_attribute *attr,
                                     char *buf)
{
    struct adxl345 *ac = dev_get_drvdata(dev);
    ssize_t count;
    count = sprintf(buf, "(%d, %d, %d)\n",
                    ac->saved.x, ac->saved.y, ac->saved.z);

    return count;
}

static DEVICE_ATTR(position, S_IRUGO, adxl345_position_show, NULL);

static ssize_t adxl345_position_read(struct device *dev,
                                     struct device_attribute *attr,
                                     char *buf)
{
    struct axis_triple axis;
    ssize_t count;
    struct adxl345 *ac = dev_get_drvdata(dev);
    adxl345_get_triple(ac, &axis);
    count = sprintf(buf, "(%d, %d, %d)\n",
                    axis.x, axis.y, axis.z);

    return count;
}
static DEVICE_ATTR(read, S_IRUGO, adxl345_position_read, NULL);

static struct attribute *adxl345_attributes[] = {
    &dev_attr_rate.attr,
    &dev_attr_position.attr,
    &dev_attr_read.attr,
    NULL
};

static const struct attribute_group adxl345_attr_group = {
    .attrs = adxl345_attributes,
};

struct adxl345 *adxl345_probe(struct device *dev,
                              const struct adxl345_bus_ops *bops)
{
    /* declare your private structure */
    struct adxl345 *ac;

    /* create the input device */
    struct input_dev *input_dev;

    /* create pointer to const struct platform data */
    const struct adxl345_platform_data *pdata;
    int err;
    u8 revid;

    /* Allocate private structure*/
    ac = devm_kzalloc(dev, sizeof(*ac), GFP_KERNEL);
    if (!ac) {
            dev_err(dev, "Failed to allocate memory\n");
            err = -ENOMEM;
            goto err_out;
```

```
}

/* Allocate the input_dev structure */
input_dev = devm_input_allocate_device(dev);
if (!ac || !input_dev) {
        dev_err(dev, "failed to allocate input device\n");
        err = -ENOMEM;
        goto err_out;
}
/* Initialize your private structure */

/*
 * Store the previously initialized platform data
 * in your private structure
 */
  pdata = &adxl345_default_init; /* Points to const platform data */
  ac->pdata = *pdata; /* Store values to pdata inside ac */
  pdata = &ac->pdata; /* change where pdata points, now to pdata in private ac */

  ac->input = input_dev;
  ac->dev = dev; /* dev is &spi->dev */

  /* Store the SPI operations in your private structure */
  ac->bops = bops;

  revid = AC_READ(ac, DEVID);
  dev_info(dev, "DEVID: %d\n", revid);

  if (revid == 0xE5) {
          dev_info(dev, "ADXL345 is found");
  }
  else
  {
          dev_err(dev, "Failed to probe %s\n", input_dev->name);
          err = -ENODEV;
          goto err_out;
  }

  snprintf(ac->phys, sizeof(ac->phys), "%s/input0", dev_name(dev));

  /* Initialize the input device */
  input_dev->name = "ADXL345 accelerometer";
  input_dev->phys = ac->phys;
  input_dev->dev.parent = dev;
  input_dev->id.product = ac->model;
  input_dev->id.bustype = bops->bustype;

  /* Attach the input device and the private structure */
  input_set_drvdata(input_dev, ac);

  /*
   * Set EV_KEY type event with 3 events code support
   * event sent when a single tap interrupt is triggered
   */
  __set_bit(EV_KEY, input_dev->evbit);
  __set_bit(pdata->ev_code_tap[ADXL_X_AXIS], input_dev->keybit);
  __set_bit(pdata->ev_code_tap[ADXL_Y_AXIS], input_dev->keybit);
  __set_bit(pdata->ev_code_tap[ADXL_Z_AXIS], input_dev->keybit);
```

```
/*
 * Check if any of the axis has been enabled
 * and set the interrupt mask
 * In this driver only SINGLE_TAP interrupt
 */
if (pdata->tap_axis_control & (TAP_X_EN | TAP_Y_EN | TAP_Z_EN))
        ac->int_mask |= SINGLE_TAP;

/*
 * Get the gpio descriptor, set the gpio pin direction to input
 * and store it in the private structure
 */
ac->gpio = devm_gpiod_get_index(dev, ADXL345_GPIO_NAME, 0, GPIOD_IN);
if (IS_ERR(ac->gpio)) {
        dev_err(dev, "gpio get index failed\n");
        err = PTR_ERR(ac->gpio); // PTR_ERR return an int from a pointer
        goto err_out;
}

/* Get the Linux IRQ number associated with this gpio descriptor */
ac->irq = gpiod_to_irq(ac->gpio);
if (ac->irq < 0) {
        dev_err(dev, "gpio get irq failed\n");
        err = ac->irq;
        goto err_out;
}
dev_info(dev, "The IRQ number is: %d\n", ac->irq);

/* Request threaded interrupt */
err = devm_request_threaded_irq(input_dev->dev.parent, ac->irq, NULL,
                                adxl345_irq, IRQF_TRIGGER_HIGH | IRQF_ONESHOT,
                                dev_name(dev), ac);
if (err)
        goto err_out;

/* create a group of sysfs entries */
err = sysfs_create_group(&dev->kobj, &adxl345_attr_group);
if (err)
        goto err_out;

/* Register the input device to the input core */
err = input_register_device(input_dev);
if (err)
        goto err_remove_attr;

/* Initialize the ADXL345 registers */

/* Set the tap threshold and duration */
AC_WRITE(ac, THRESH_TAP, pdata->tap_threshold);
AC_WRITE(ac, DUR, pdata->tap_duration);

/* set the axis where the tap will be detected */
AC_WRITE(ac, TAP_AXES, pdata->tap_axis_control);

/*
 * set the data rate and the axis reading power
 * mode, less or higher noise reducing power
 */
AC_WRITE(ac, BW_RATE, RATE(ac->pdata.data_rate) |
        (pdata->low_power_mode ? LOW_POWER : 0));
```

```
        /* 13-bit full resolution right justified */
        AC_WRITE(ac, DATA_FORMAT, pdata->data_range);

        /* Set the FIFO mode, no FIFO by default */
        AC_WRITE(ac, FIFO_CTL, FIFO_MODE(pdata->fifo_mode) |
                SAMPLES(pdata->watermark));

        /* Map all INTs to INT1 pin */
        AC_WRITE(ac, INT_MAP, 0);

        /* Enables interrupts */
        AC_WRITE(ac, INT_ENABLE, ac->int_mask);

        /* Set RUN mode */
        AC_WRITE(ac, POWER_CTL, PCTL_MEASURE);

        /* return initialized private structure */
        return ac;

 err_remove_attr:
        sysfs_remove_group(&dev->kobj, &adxl345_attr_group);
/*
 * this function returns a pointer
 * to a struct ac or an err pointer
 */
 err_out:
        return ERR_PTR(err);
}


/*
 * Write the address of the register
 * and read the value of it
 */
static int adxl345_spi_read(struct device *dev, unsigned char reg)
{
        struct spi_device *spi = to_spi_device(dev);
        u8 cmd;
        cmd = ADXL345_READCMD(reg);
        return spi_w8r8(spi, cmd);
}

/*
 * Write 2 bytes, the address
 * of the register and the value to store on it
 */
static int adxl345_spi_write(struct device *dev,
                             unsigned char reg, unsigned char val)
{
        struct spi_device *spi = to_spi_device(dev);
        u8 buf[2];

        buf[0] = ADXL345_WRITECMD(reg);
        buf[1] = val;

        return spi_write(spi, buf, sizeof(buf));
}

/* Read multiple registers */
static int adxl345_spi_read_block(struct device *dev,
```

```c
                                    unsigned char reg,
                                    int count,
                                    void *buf)
{
    struct spi_device *spi = to_spi_device(dev);
    ssize_t status;

    /* Add MB flags to the reading */
    reg = ADXL345_READMB_CMD(reg);

    /*
     * write byte stored in reg (address with MB)
     * read count bytes (from successive addresses)
     * and stores them to buf
     */
    status = spi_write_then_read(spi, &reg, 1, buf, count);

    return (status < 0) ? status : 0;
}

/* Initialize struct adxl345_bus_ops to SPI bus functions */
static const struct adxl345_bus_ops adxl345_spi_bops = {
    .bustype      = BUS_SPI,
    .write        = adxl345_spi_write,
    .read         = adxl345_spi_read,
    .read_block   = adxl345_spi_read_block,
};
static int adxl345_spi_probe(struct spi_device *spi)
{
    struct adxl345 *ac;

    /* send the spi operations */
    ac = adxl345_probe(&spi->dev, &adxl345_spi_bops);

    if (IS_ERR(ac))
            return PTR_ERR(ac);

    /* Attach the SPI device to the private structure */
    spi_set_drvdata(spi, ac);

    return 0;
}

static int adxl345_spi_remove(struct spi_device *spi)
{
    struct adxl345 *ac = spi_get_drvdata(spi);
    dev_info(ac->dev, "my_remove() function is called.\n");
    sysfs_remove_group(&ac->dev->kobj, &adxl345_attr_group);
    input_unregister_device(ac->input);
    AC_WRITE(ac, POWER_CTL, PCTL_STANDBY);
    dev_info(ac->dev, "unregistered accelerometer\n");
    return 0;
}

static const struct of_device_id adxl345_dt_ids[] = {
    { .compatible = "arrow,adxl345", },
    { }
};
MODULE_DEVICE_TABLE(of, adxl345_dt_ids);

static const struct spi_device_id adxl345_id[] = {
```

```
        { .name = "adxl345", },
        { }
};
MODULE_DEVICE_TABLE(spi, adxl345_id);

static struct spi_driver adxl345_driver = {
    .driver = {
        .name = "adxl345",
        .owner = THIS_MODULE,
        .of_match_table = adxl345_dt_ids,
    },
    .probe      = adxl345_spi_probe,
    .remove     = adxl345_spi_remove,
    .id_table   = adxl345_id,
};

module_spi_driver(adxl345_driver);

MODULE_LICENSE("GPL");
MODULE_AUTHOR("Alberto Liberal <aliberal@arroweurope.com>");
MODULE_DESCRIPTION("ADXL345 Three-Axis Accelerometer SPI Bus Driver");
```

10.10　adxl345_imx.ko 演示

```
root@imx7dsabresd:~# insmod adxl345_imx.ko /* load module */
adxl345_imx: loading out-of-tree module taints kernel.
adxl345 spi2.1: DEVID: 229
adxl345 spi2.1: ADXL345 is found
adxl345 spi2.1: The IRQ number is: 256
input: ADXL345 accelerometer as /devices/soc0/soc/30800000.aips-bus/30840000.ecs
pi/spi_master/spi2/spi2.1/input/input6

root@imx7dsabresd:~# cd /sys/class/input/input6/device/
root@imx7dsabresd:/sys/class/input/input6/device# ls /* see the sysfs entries */
root@imx7dsabresd:/sys/class/input/input6/device# cat read /* read the three axes
values */
(-1, 3, 241)

root@imx7dsabresd:/sys/class/input/input6/device# cat read /* move the accel board
and read again */
(-5, 250, -25)

root@imx7dsabresd:/sys/class/input/input6/device# cat rate /* read the data rate */
root@imx7dsabresd:/sys/class/input/input6/device# echo 10 > rate /* change the data
rate */
root@imx7dsabresd:~# evtest /* launch the evtest application. Move the accelerometer
board in the z axis direction and see the interrupts and events generated */
No device specified, trying to scan all of /dev/input/event*
Available devices:
/dev/input/event0:      fxos8700
/dev/input/event1:      fxas2100x
/dev/input/event2:      30370000.snvs:snvs-powerkey
/dev/input/event3:      ADS7846 Touchscreen
/dev/input/event4:      mpl3115
/dev/input/event5:      ADXL345 accelerometer
Select the device event number [0-5]: 5
Input driver version is 1.0.1
Input device ID: bus 0x1c vendor 0x0 product 0x0 version 0x0
Input device name: "ADXL345 accelerometer"
Supported events:
  Event type 0 (EV_SYN)
```

```
    Event type 1 (EV_KEY)
      Event code 330 (BTN_TOUCH)
Properties:
Testing ... (interrupt to exit)
adxl345 spi2.1: single tap interrupt has occurred
Event: time 1510654071.237172, type 1 (EV_KEY), code 330 (BTN_TOUCH), value 1
Event: time 1510654071.237172, -------------- SYN_REPORT ------------
Event: time 1510654071.237185, type 1 (EV_KEY), code 330 (BTN_TOUCH), value 0
Event: time 1510654071.237185, -------------- SYN_REPORT ------------
adxl345 spi2.1: single tap interrupt has occurred
Event: time 1510654073.316372, type 1 (EV_KEY), code 330 (BTN_TOUCH), value 1
Event: time 1510654073.316372, -------------- SYN_REPORT ------------
Event: time 1510654073.316385, type 1 (EV_KEY), code 330 (BTN_TOUCH), value 0
Event: time 1510654073.316385, -------------- SYN_REPORT ------------

root@imx7dsabresd:~# rmmod adxl345_imx.ko /* remove module */
```

第 11 章
设备驱动中的工业 IO 子系统

IIO（工业 IO）是一个支持模数转换器（ADC）/数模转换器（DAC）以及多种传感器的 Linux 子系统。IIO 框架可在用户态使用（借助于 `libiio` 库以及 IIO Linux 内核工具），也可在内核态通过内核 IIO API 来使用。

以下是 IIO 支持的一些传感器：

- 模 – 数转换器（ADC）
- 加速度计
- 电容 – 数字转换器（CDC）
- 数模转换器（DAC）
- 陀螺仪
- 惯性测量仪（IMU）
- 颜色和光传感器
- 磁力计
- 压力传感器
- 距离传感器
- 温度传感器

一般来说，上述传感器都是连接到 SPI 或 I2C 总线上的。这些传感器通常会组合使用（如光传感器 + 距离传感器）。除此之外，IIO 子系统还支持典型的 DMA 主机设备，例如连接到高速同步串口或高速同步并口的设备。

注意： 关于工业 I/O 子系统（如图 11-1 所示）的详细解释位于 Linux 驱动实现 API 指南（https://www.kernel.org/doc/html/latest/driver-api/iio/index.html）。本章后面引用了此文档的部分内容。

IIO 核心提供如下功能：

1. 为各类嵌入式传感器驱动程序的编写提供统一的框架。
2. 为操作传感器的用户态应用程序提供标准接口。

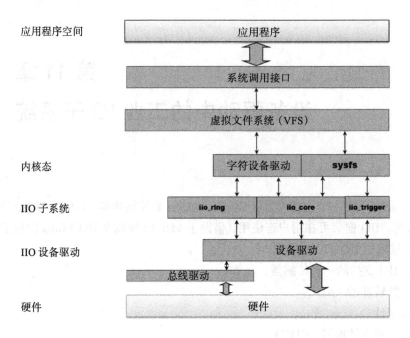

图 11-1   IIO 子系统

其实现可以在 linux/drivers/iio/ 目录下名为 industrialio-* 的文件中找到。一个 IIO 设备通常对应着单个硬件传感器，它提供了驱动操作设备所需的所有信息。读者可以先看看 IIO 设备里嵌入了哪些功能，就能明白设备驱动如何使用 IIO 设备了。

IIO 框架提供了几种接口：

1. /sys/bus/iio/iio:deviceX——这代表一个硬件传感器，其数据通道按组呈现于此，用于在低速率下直接读写数据。

2. /dev/iio:deviceX——这是字符设备节点，用于输出事件和传感器数据。可以通过标准文件操作 API（open()、read()、write() 等）来访问它。

典型的 IIO 驱动会将自己注册成 I2C 或 SPI 驱动，并实现两个函数：probe() 和 remove()。在 probe() 函数中，驱动将会：

1. 调用 devm_iio_device_alloc() 为 IIO 设备申请内存。

2. 用特定信息（如设备名、设备通道）来初始化 IIO 设备字段。

3. 调用 devm_iio_device_register() 将设备注册到 IIO 核心里。从现在开始到注销之前，设备对于驱动程序的其余函数都是全局可见的。调用此函数之后，设备就准备好接收用户态应用程序的请求了。

11.1　IIO 设备的 sysfs 接口

在 sysfs 里，"属性"一词用于指代一类文件，这些文件可用于配置来自设备的事件和数据，也可用于暴露设备信息。对于一个序号为 X 的设备来说，其属性会出现在 /sys/bus/iio/iio:deviceX/ 目录下。部分通用属性如下：

- name：对物理芯片的描述。
- dev：/dev/iio:deviceX 节点对应的主 / 从设备号。
- 设备配置属性，如 sampling_frequency_available。
- 数据通道访问属性，如 out_voltage0_raw。
- 其他位于 buffer/、events/、trigger/、scan elements/ 子目录下的属性。

在 linux/Documentation/ABI/testing/sysfs-bus-iio 文件中，描述了 IIO 设备可使用的标准属性。

11.2　IIO 设备通道

一个 IIO 设备通道代表着一条数据通道。一个 IIO 设备可以有一个或多个通道。例如：

- 温度传感器只有一个通道，即温度测量结果。
- 光传感器可以有两个通道，分别是可见光和红外光的测量结果。
- 加速度传感器可以有多达三个通道，分别代表 X、Y、Z 轴上的加速度值。

IIO 通道由 iio_chan_desc 数据结构来描述。

在随后的实验中，你将开发一个内核模块，用于控制双路数模转换器（DAC）的三个通道。通道 0 对应发给 DAC A 的数字量，通道 1 对应发给 DAC B 的数字量，通道 2 对应同时发给 DAC A 和 DAC B 的数字量。请参考如下的 IIO 通道定义，在随后的数模转换器驱动里将会用到：

```
static const struct iio_chan_spec ltc2607_channel[] = {
    {
            .type           = IIO_VOLTAGE,
            .indexed        = 1,
            .output         = 1,
            .channel        = 0,
            .info_mask_separate = BIT(IIO_CHAN_INFO_RAW),
    },{
            .type           = IIO_VOLTAGE,
            .indexed        = 1,
            .output         = 1,
            .channel        = 1,
            .info_mask_separate = BIT(IIO_CHAN_INFO_RAW),
    },{
            .type           = IIO_VOLTAGE,
            .indexed        = 1,
            .output         = 1,
            .channel        = 2,
```

```
        .info_mask_separate = BIT(IIO_CHAN_INFO_RAW),
    }

};
```

暴露给用户态的 **sysfs 通道属性**是以位掩码的格式指定的。按照专有或共享的区别，属性可被设为如下掩码之一：

- info_mask_separate：属性仅用于此通道。
- info_mask_separate_by_type：属性被同一类型的所有通道共享。
- info_mask_separate_by_dir：属性被同一方向的所有通道共享。
- info_mask_separate_by_all：属性被所有通道共享。

当每个通道类型包含多个数据通道时，有两种方法可以区分它们：

1. 将 iio_chan_spec 里的 .modified 字段设为 1，并将 .channel2 字段作为修饰符，指示该通道独有的物理特征，比如方向或频谱响应。例如，一个光传感器可以有两个通道，一个用于红外光，另一个用于红外光和可见光。

2. 将 iio_chan_spec 的 .indexed 字段设为 1。在这种情况下，通道只是另一个实例，该实例由 .channel 字段指定其索引。

上面的 IIO 通道定义将会生成如下的数据通道访问属性：

```
/sys/bus/iio/devices/iio:deviceX/out_voltage0_raw
/sys/bus/iio/devices/iio:deviceX/out_voltage1_raw
/sys/bus/iio/devices/iio:deviceX/out_voltage2_raw
```

属性的名字由 IIO 核心按照如下格式自动生成：

```
{direction}_{type}_{index}_{modifier}_{info_mask}:
```

- direction：对应方向属性，其值来自 dirvers/iio/industrialio-core.c 里的字符数组常量指针 iio_direction：

```
static const char * const iio_direction[] = {
    [0] = "in",
    [1] = "out",
};
```

- type：对应通道类型，其值来自字符数组常量指针 iio_chan_type_name_spec：

```
static const char * const iio_chan_type_name_spec[] = {
    [IIO_VOLTAGE] = "voltage",
    [IIO_CURRENT] = "current",
    [IIO_POWER] = "power",
    [IIO_ACCEL] = "accel",
    [...]

    [IIO_UVINDEX] = "uvindex",
    [IIO_ELECTRICALCONDUCTIVITY] = "electricalconductivity",
    [IIO_COUNT] = "count",
```

```
    [IIO_INDEX]   = "index",
    [IIO_GRAVITY] = "gravity",
};
```

- index：其格式取决于此通道的 .indexed 字段是否被设置。若被设置，则从 .channel 字段里获取索引，以替代 {index} 所指定的格式。
- modifier：其格式取决于此通道的 .modified 字段是否被设置。若被设置，则从 .channel2 字段里获取 modifier，并用字符数组常量指针 iio_modifier_names 替代 {modifier} 所指定的格式：

```
static const char * const iio_modifier_names[] = {
    [IIO_MOD_X]       = "x",
    [IIO_MOD_Y]       = "y",
    [IIO_MOD_Z]       = "z",
    [IIO_MOD_X_AND_Y] = "x&y",
    [IIO_MOD_X_AND_Z] = "x&z",
    [IIO_MOD_Y_AND_Z] = "y&z",

    [...]

    [IIO_MOD_CO2]     = "co2",
    [IIO_MOD_VOC]     = "voc",
};
```

- info_mask：其格式取决于通道信息掩码、私有或共享属性以及索引值，其中索引值位于字符数组常量指针 iio_chan_info_postfix 中：

```
/* relies on pairs of these shared then separate */
static const char * const iio_chan_info_postfix[] = {
    [IIO_CHAN_INFO_RAW]       = "raw",
    [IIO_CHAN_INFO_PROCESSED] = "input",
    [IIO_CHAN_INFO_SCALE]     = "scale",
    [IIO_CHAN_INFO_CALIBBIAS] = "calibbias",

    [...]

    [IIO_CHAN_INFO_SAMP_FREQ] = "sampling_frequency",   [IIO_CHAN_INFO_
    FREQUENCY] = "frequency",

    [...]
};
```

11.3　iio_info 数据结构

此结构用于声明 IIO 核心访问设备所使用的回调函数。可用的回调函数有很多，它们对应着用户态通过 sysfs 属性所发起的交互行为。针对 sysfs 数据通道访问属性的读 / 写操作都会被映射到内核的回调函数上：

```
static const struct iio_info adxl345_info = {
    .driver_module   = THIS_MODULE,
    .read_raw        = adxl345_read_raw,
    .write_raw       = adxl345_write_raw,
```

```
    .read_event_value    = adxl345_read_event,
    .write_event_value   = adxl345_write_event,
};
```

- read_raw 用于从 IIO 设备请求一个数据。位掩码用于说明所请求数据的类型，并在必要时说明所请求的通道。函数的返回值会指明设备返回的数据类型（val 或 val2）。val 和 val2 包含了构成返回值的元素。
- write_raw 用于向 IIO 设备写入一个数据。其参数与 read_raw 相同。举个例子，向 sysfs 属性 out_voltage0_raw 写入一个值 x，将会调用回调函数 write_raw，回调函数的 mask 参数被设置为 IIO_CHAN_INFO_RAW，chan 参数被赋值为通道 0 对应的 iio_chan_spec 数据结构（chan->channel 为 0），val 参数被赋值为 x。

11.4　缓冲区

IIO 核心提供了一种基于触发源的连续数据采集方法，可从字符设备节点 /dev/iio:deviceX 一次性读取多个数据通道，进而降低 CPU 消耗。

11.4.1　IIO 缓冲区的 sysfs 接口

每个 IIO 缓冲区都有对应的 sysfs 属性，它们位于 /sys/bus/iio/iio:deviceX/buffer/ 目录下。这里列出部分属性：

- length：可存储在缓冲区的数据采样数量（容量）。
- enable：是否启用缓冲区采集功能。

与通道的读操作相关联的保存在缓冲区里的元信息被称为扫描元素。/sys/bus/iio/iio:deviceX/scan_elements/ 目录下的 sysfs 实体会将配置扫描元素所需的重要数据位暴露给用户态应用程序。此目录里包含 type 属性：

- type：描述缓冲区里的扫描元素数据存储方式，即用户态读取它的方式。格式为 [be|le]:[s|u]bits/storagebitsXrepeat[>>shift]。其中：be 或 le 指明大端或小端；s 或 u 指明有符号（二进制补码）或无符号；bits 是有效数据的位数；storagebits 是（填充补齐之后）在缓冲区中实际占据的位数；如果指定 shift，则代表无效位掩码的位移数；repeat 指明了 bits/storagebits 的重复次数。如果 repeat 元素是 0 或 1，则 repeat 值被忽略。例如，一个具有 12 位分辨率、数据保存在 2 个 8 位寄存器里的 3 轴加速度计的驱动，其每个轴都有如下的扫描元素类型：

```
$ cat /sys/bus/iio/devices/iio:device0/scan_elements/in_accel_y_type
le:s12/16>>4
```

用户态应用程序会将缓冲区读到的数据按照两字节小端有符号数据进行解析，在取出 12 位有效数据之前，要先进行右移 4 位的操作。

11.4.2 设置 IIO 缓冲区

要实现对缓冲区的支持，驱动程序应该初始化 `iio_chan_spec` 数据结构中的如下成员（标示为粗体）：

```
struct iio_chan_spec {
/* other members */
        int scan_index
        struct {
                char sign;
                u8 realbits;
                u8 storagebits;
                u8 shift;
                u8 repeat;
                enum iio_endian endianness;
        } scan_type;
};
```

在本书的最后一章里，将会实现一个具有如下通道定义的加速度计驱动，届时你会看到对上述字段的初始化过程：

```
static const struct iio_chan_spec adxl345_channels[] = {
    ADXL345_CHANNEL(DATAX0, X, 0),
    ADXL345_CHANNEL(DATAY0, Y, 1),
    ADXL345_CHANNEL(DATAZ0, Z, 2),
    IIO_CHAN_SOFT_TIMESTAMP(3),
};

#define ADXL345_CHANNEL(reg, axis, idx) {                       \
    .type = IIO_ACCEL,                                          \
    .modified = 1,                                              \
    .channel2 = IIO_MOD_##axis,                                 \
    .address = reg,                                             \
    .info_mask_separate = BIT(IIO_CHAN_INFO_RAW),               \
    .info_mask_shared_by_type = BIT(IIO_CHAN_INFO_SCALE) |      \
                            BIT(IIO_CHAN_INFO_SAMP_FREQ),       \
    .scan_index = idx,                                          \
    .scan_type = {                                              \
                .sign = 's',                                    \
                .realbits = 13,                                 \
                .storagebits = 16,                              \
                .endianness = IIO_LE,                           \
        },                                                      \
    .event_spec = &adxl345_event,                               \
    .num_event_specs = 1                                        \
 }
```

在这里，`scan_index` 定义了已启用通道在缓冲区中的放置顺序。`scan_index` 较小的通道会被放置在较大者的前面。每个通道都有一个唯一的 `scan_index`。

将 `scan_index` 设为 –1，表明指定的通道不支持缓冲区采集方式。此时不会在 `scan_elements` 目录下创建通道实例。

负责为你的设备申请**触发器缓冲区**的函数（通常在 probe() 里调用）是 `iio_triggered_buffer_setup()`。在下一节里你将会知道什么是 IIO 触发器。

通过触发器处理程序中的 `iio_push_to_buffers_with_timestamp()` 函数，将设备数据（即加速度计各轴上的值）上传到 IIO 设备缓冲区中。如果设备的时间戳被启用的话，则在将采样数据上传到设备缓冲区之前，此函数会将时间戳存储为采样数据缓冲区的最后一个元素。采样数据缓冲区要大到足够容纳这个额外的时间戳（通常缓冲区的大小应为 `indio->scan_bytes` 字节）。请参见随后关于 `iio_push_to_buffers_with_timestamp()` 函数参数的描述：

```
int iio_push_to_buffers_with_timestamp(struct iio_dev * indio_dev,
                                       void * data,
                                       int64_t timestamp)
```

- `struct iio_dev *indio_dev`：指向 `iio_dev` 数据结构的指针。
- `void *data`：采样数据。
- `int64_t timestamp`：采样数据的时间戳。

11.4.3 触发器

在许多情况下，驱动程序需要基于外部事件（触发器）来捕获数据，而不是周期性地轮询数据。IIO 触发器可由 IIO 设备驱动提供，该驱动有一个能产生硬件事件（如数据就绪或超出阈值）的设备，也可以由一个具备独立中断源（如连接到外部系统的 GPIO 线、定时器中断或用户态对特定 sysfs 文件的写操作）的驱动来提供。触发器可以为多个传感器初始化数据捕获功能，也可以与传感器自身完全无关。

你可以开发自己的触发器驱动，不过在本章里，你将着眼于已有的驱动。它们是：

- iio-trig-interrupt：它支持将任意中断作为 IIO 触发器。用来启用这一触发器模式的内核配置项是 CONFIG_IIO_INTERRUPT_TRIGGER。
- iio-trig-hrtimer：它提供一个基于频率的 IIO 触发器，使用高精度定时器（HRT）作为中断源。用来启用这一触发器模式的内核配置项是 IIO_HRTIMER_TRIGGER。
- iio-trig-sysfs：它允许我们使用 sysfs 实例来触发数据采集功能。用来启用这一触发器模式的内核配置项是 CONFIG_IIO_SYSFS_TRIGGER。

11.4.4 触发式缓冲区

现在你已经知道了缓冲区和触发器是什么，让我们看看它们是如何协同工作的。如前所述，触发器缓冲区是由 `iio_triggered_buffer_setup()` 函数申请的。这个函数将一些常用的任务组合在一起，这些任务通常在建立触发式缓冲区时执行。它会申请缓冲区并设置轮询函数（pollfunc）。在调用这个函数之前，`indio_dev` 数据结构应当已被完全初始化，但还未被注册。这意味着，这个函数应当在 `iio_device_register()` 之前被调用。要释放被这个函数所分配的资源，需要调用 `iio_triggered_buffer_cleanup()`。你也可以使用托管函数 `devm_iio_triggered_buffer_setup()` 和 `devm_iio_device_register()`。请参见如下关于 iio_triggered_buffer_setup() 函数参数的解释：

```
int iio_triggered_buffer_setup(struct iio_dev *indio_dev,
                               irqreturn_t (*h)(int irq, void *p),
                               irqreturn_t (*thread)(int irq, void *p),
                               const struct iio_buffer_setup_ops *setup_ops)
```

- **struct iio_dev * indio_dev**：指向 IIO 设备数据结构的指针。
- **irqreturn_t (*h)(int irq, void *p)**：被用作轮循函数上半部的函数。它要处理的事情应当越少越好，因为它运行在中断上下文里。最常见的操作是记录当前的时间戳，此时可使用 IIO 核心提供的函数 iio_pollfunc_store_time()。
- **irqreturn_t (*thread)(int irq, void *p)**：被用作轮循函数下半部的函数。它运行在内核线程里，所有的处理动作都发生在这里。它通常从设备里读取数据，再加上从上半部得到的时间戳，通过 iio_push_to_buffers_with_timestamp() 函数将它们保存到内部缓冲区里。

从如下代码可以看出 ADXL345 IIO 驱动是如何建立触发式缓冲区的，此驱动将在下一章进行开发：

```
int adxl345_core_probe(struct device *dev, struct regmap *regmap,
                       const char *name)
{
    struct iio_dev *indio_dev;
    struct adxl345_data *data;

    [...]

    /* iio_pollfunc_store_time do pf->timestamp = iio_get_time_ns(); */
    devm_iio_triggered_buffer_setup(dev, indio_dev,
                                    &iio_pollfunc_store_time,
                                    adxl345_trigger_handler, NULL);

    devm_iio_device_register(dev, indio_dev);

    return 0;
}

static irqreturn_t adxl345_trigger_handler(int irq, void *p)
{
    struct iio_poll_func *pf = p;
    struct iio_dev *indio_dev = pf->indio_dev;
    struct adxl345_data *data = iio_priv(indio_dev);

    /* 6 bytes axis + 2 bytes padding + 8 bytes timestamp */
    s16 buf[8];
    int i, ret, j = 0, base = DATAX0;
    s16 sample;

    /* read the channels that have been enabled from user space */
    for_each_set_bit(i, indio_dev->active_scan_mask, indio_dev->masklength) {
        ret = regmap_bulk_read(data->regmap,
                               base + i * sizeof(sample),
                               &sample, sizeof(sample));
```

```
            if (ret < 0)
                    goto done;
            buf[j++] = sample;
    }

    iio_push_to_buffers_with_timestamp(indio_dev, buf,
                                       pf->timestamp);

done:
    iio_trigger_notify_done(indio_dev->trig);
    return IRQ_HANDLED;
}
```

11.5　工业 I/O 事件

为了将硬件产生的事件传递到用户态，IIO 子系统提供了相应的支持。在 IIO 中，事件并不被用于从传感器设备向用户态传递普通数据，而是用于传递带外信息。普通数据通过一个低开销的字符设备到达用户态——一般会经过软件或硬件缓冲区。数据流格式是伪固定的，因此使用 sysfs 对格式进行描述和控制，而不是通过给数据添加信息头来表明数据的内容。

几乎所有的 IIO 事件都对应着从传感器读到的一个或多个原始数据阈值，这些数据由底层硬件提供。事件带有时间戳。例如：

- 直接越过电压阈值。
- 均值突破阈值。
- 运动检测器（有很多方法实现它）。
- 平方和或均方根值的阈值。
- 变化率阈值。
- 其他各种变体……

暴露到用户态的 **sysfs 事件属性**以位掩码的方式指定。每个通道的事件都用一个 **iio_event_spec** 数据结构来表示：

```
struct iio_event_spec {
  enum iio_event_type type;
  enum iio_event_direction dir;
  unsigned long mask_separate;
  unsigned long mask_shared_by_type;
  unsigned long mask_shared_by_dir;
  unsigned long mask_shared_by_all;
};
```

其中：

- **type**：事件的类型。
- **dir**：事件的方向。
- **mask_separate**：**iio_event_info** 枚举值组成的位掩码，掩码里被置位的属性将被每个通道注册。

- mask_shared_by_type：iio_event_info 枚举值组成的位掩码，掩码里被置位的属性将被同一通道类型所共享。
- mask_shared_by_dir：iio_event_info 枚举值组成的位掩码，掩码里被置位的属性将被同一通道类型和方向所共享。
- mask_shared_by_all：iio_event_info 枚举值组成的位掩码，掩码里被置位的属性将被所有通道共享。

请参考如下对 iio_event_spec 数据结构的初始化操作，这些操作用于 ADXL345 IIO 驱动程序，相应的驱动程序将在下一章进行开发：

```
static const struct iio_event_spec adxl345_event = {
        .type = IIO_EV_TYPE_THRESH,
        .dir = IIO_EV_DIR_EITHER,
        .mask_separate = BIT(IIO_EV_INFO_VALUE) |
                    BIT(IIO_EV_INFO_PERIOD)
};
```

该 adxl345_event 数据结构将被集成到每一个 iio_chan_spec 数据结构中，如以下粗体代码所示：

```
static const struct iio_chan_spec adxl345_channels[] = {
    ADXL345_CHANNEL(DATAX0, X, 0),
    ADXL345_CHANNEL(DATAY0, Y, 1),
    ADXL345_CHANNEL(DATAZ0, Z, 2),
    IIO_CHAN_SOFT_TIMESTAMP(3),
};

#define ADXL345_CHANNEL(reg, axis, idx) {                       \
    .type = IIO_ACCEL,                                          \
    .modified = 1,                                              \
    .channel2 = IIO_MOD_##axis,                                 \
    .address = reg,                                             \
    .info_mask_separate = BIT(IIO_CHAN_INFO_RAW),               \
    .info_mask_shared_by_type = BIT(IIO_CHAN_INFO_SCALE) |      \
                            BIT(IIO_CHAN_INFO_SAMP_FREQ),       \
    .scan_index = idx,                                          \
    .scan_type = {                                              \
                .sign = 's',                                    \
                .realbits = 13,                                 \
                .storagebits = 16,                              \
                .endianness = IIO_LE,                           \
        },                                                      \
    .event_spec = &adxl345_event,                               \
    .num_event_specs = 1                                        \
}
```

你必须创建一个内核回调函数，该函数对应于用户态通过 sysfs 事件属性发起的交互动作：

```
static const struct iio_info adxl345_info = {
    .driver_module      = THIS_MODULE,
    .read_raw           = adxl345_read_raw,
    .write_raw          = adxl345_write_raw,
    .read_event_value   = adxl345_read_event,
    .write_event_value  = adxl345_write_event,
};
```

- read_event_value：读取与事件关联的配置值。
- write_event_value：为事件写入一个配置值。

可以通过写 /sys/bus/iio/devices/iio:deviceX/events/ 目录下的 sysfs 属性来开启事件通知。

向用户态传递 IIO 事件

iio_push_event() 函数尝试将一个事件添加到列表中，以供用户态读取。它通常在线程化的 IRQ 里被调用：

```
int iio_push_event(struct iio_dev *indio_dev, u64 ev_code, s64 timestamp)
```

- indio_dev：指向 IIO 设备数据结构的指针。
- ev_code：包含通道类型、修饰符、方向、事件类型，有一些宏用于打包/解包事件码，如 IIO_MOD_EVENT_CODE 和 IIO_EVENT_CODE_EXTRACT。
- timestamp：事件发生时间。

请参考如下 ADXL345 IIO 驱动代码，以了解如何在中断服务程序（ISR）里将 IIO 事件传递到用户态。该驱动将在下一章进行开发：

```
/* Interrupt service routine */
static irqreturn_t adxl345_event_handler(int irq, void *handle)
{
    u32 tap_stat, int_stat;
    int ret;
    struct iio_dev *indio_dev = handle;
    struct adxl345_data *data = iio_priv(indio_dev);
    data->timestamp = iio_get_time_ns(indio_dev);

    /*
     * ACT_TAP_STATUS should be read before clearing the interrupt
     * Avoid reading ACT_TAP_STATUS in case TAP detection is disabled
     * Read the ACT_TAP_STATUS if any of the axis has been enabled
     */
    if (data->tap_axis_control & (TAP_X_EN | TAP_Y_EN | TAP_Z_EN)) {
            ret = regmap_read(data->regmap, ACT_TAP_STATUS, &tap_stat);
            if (ret) {
                    dev_err(data->dev, "error reading ACT_TAP_STATUS register\n");
                    return ret;
            }
    }
    else
            tap_stat = 0;
```

```
/*
 * Read the INT_SOURCE (0x30) register
 * The tap interrupt is cleared
 */
ret = regmap_read(data->regmap, INT_SOURCE, &int_stat);
if (ret) {
        dev_err(data->dev, "error reading INT_SOURCE register\n");
        return ret;
}

/*
 * if the SINGLE_TAP event has occurred the axl345_do_tap function
 * is called with the ACT_TAP_STATUS register as an argument
 */
if (int_stat & (SINGLE_TAP)) {
        dev_info(data->dev, "single tap interrupt has occurred\n");

        if (tap_stat & TAP_X_EN) {
                iio_push_event(indio_dev,
                                IIO_MOD_EVENT_CODE(IIO_ACCEL,
                                                0,
                                                IIO_MOD_X,
                                                IIO_EV_TYPE_THRESH,
                                                0),
                                data->timestamp);
        }
        if (tap_stat & TAP_Y_EN) {
                iio_push_event(indio_dev,
                                IIO_MOD_EVENT_CODE(IIO_ACCEL,
                                                0,
                                                IIO_MOD_Y,
                                                IIO_EV_TYPE_THRESH,
                                                0),
                                data->timestamp);
        }
        if (tap_stat & TAP_Z_EN) {
                iio_push_event(indio_dev,
                                IIO_MOD_EVENT_CODE(IIO_ACCEL,
                                                0,
                                                IIO_MOD_Z,
                                                IIO_EV_TYPE_THRESH,
                                                0),
                                data->timestamp);
        }
}

return IRQ_HANDLED;
}
```

用户态发起的访问是通过字符设备 /dev/iio:deviceX 中的 IOCTL 接口来完成的。用户态应用程序通过 IIO_GET_EVENT_FD_IOCTL 启动事件监控，然后轮询事件。要接收一个事件，需遵循如下步骤：

1. 包含 <linux/iio/events.h>，以引入事件和 ioctl 的定义：

```
#include <linux/iio/events.h>
```

2. 根据目录名 iio:deviceX，打开设备文件 /dev/iio:deviceX。

3. 使用步骤 2 里获得的 `fd`，得到事件的文件描述符（`event_fd`）：

```
ioctl(fd, IIO_GET_EVENT_FD_IOCTL, &event_fd)
```

4. 在这个 `event_fd` 上，调用 `read`：

```
read(event_fd, &event, sizeof(event));
```

这里，`event` 的类型是 `iio_event_data` 数据结构。要解释具体的事件内容，请参考 `events.h` 里的描述信息。这里的 `read` 是个阻塞式的调用，只有任意事件发生之后，它才会返回。

11.6　IIO 工具

在开发 IIO 驱动的过程中，有一些实用工具可供使用。它们位于 /tools/iio/ 目录下：

- `lsiio`：列出 IIO 触发器、设备以及可访问的通道。
- `iio_event_monitor`：监控 IIO 设备的 ioctl 接口上的 IIO 事件。
- `iio_generic_buffer`：监控、处理、打印从 IIO 设备缓冲区里接收到的数据。
- `libiio`：由 Analog Devices 公司开发的用于 IIO 设备交互的一个功能强大的库。参见 https://github.com/analogdevicesinc/libiio。

11.7　实验 11-1："IIO 子系统 DAC"模块

这个新的内核模块将会操作 Analog Devices 公司的 LTC2607 设备。LTC2607 是一个双路 12 位、2.7V 至 5.5V 轨对轨电压输出型 DAC。它使用两线的 I2C 兼容串行接口。LTC2607 可以工作在标准模式（100kHZ 时钟速率）和快速模式（400kHZ 时钟速率）下。

此驱动可以单独控制 LTC2607 内部的每个 DAC，亦可同时控制 DAC A 和 DAC B。IIO 框架会生成三个独立的 sysfs 文件（属性），被用户态应用程序用来给双路 DAC 发送数据。

在这个驱动里，你需要实现与实验 6-2 一致的 I2C 硬件配置，即针对 SDA/SCL 信号，要确保处理器与 LTC2607 DC934A 评估板的连接方式跟实验 6-2 里的连接方式保持一致。

从这里可以下载 Analog Devices 的 DC934A 评估板的原理图：http://www.analog.com/en/ design-center/evaluation-hardware-and-software/evaluation-boards-kits/dc934a.html。

将 5V 电源连接到 V+，即 DC934A 评估板的连接器 J1 的 1 引脚；将 DC934A 的 GND（即连接器 J1 的 3 引脚）与处理器板的 GND 相连。使用器件 U3（LT1790ACS6-5）的 5V 输出作为 VREF（选择 JP1 VREFA 跳线），这个 5V 输出也将被用于给 LTC2607 DAC 供电（在跳线 JP2 里选择 5V REF）。

若使用 5V 稳压器（在 JP2 里选择 5V REG）作为 VCC，会存在一个限制：VCC 可能会比 VREF 稍低，从而影响满量程误差。而使用 5V REF 作为 VCC 电源就不存在此问题，但 LTC2607 能提供的总电流将被限制在大约 5mA。

从 DC934A 单板上移除器件 U7 和 LTC2607 的 I2C 上拉电阻。

LTC2607 的 CA0、CA1、CA2 均被设为 VCC。在 LTC2607 的数据手册里你将看到，这与下一个 I2C 从地址 01110010=0x72 是吻合的。

驱动程序的主要代码会被分成三部分进行描述：设备树、用作 I2C 交互的工业框架、作为 IIO 设备的工业框架。

11.7.1　设备树

修改位于 arch/arm/boot/dts/ 目录下的设备树文件，将你的设备节点包含进来。设备节点的 compatible 属性与驱动的 of_device_id 数据结构里的某个 compatible 字符串必须完全相同。

针对 MCIMX7D-SABRE 单板，打开设备树文件 imx7d-sdb.dts，在 i2c3 控制器主节点里添加子节点 ltc2607@72 和 ltc2607@73。其 reg 属性提供了 LTC2607 的 I2C 地址。I2C 地址 =0x72 提供了一种设置，将 CA0、CA1、CA2 设置为 VCC；除硬件选择的 I2C 地址外，I2C 地址 = 0x73 总是存在于设备中。

```
&i2c3 {
        clock-frequency = <100000>;
        pinctrl-names = "default";
        pinctrl-0 = <&pinctrl_i2c3>;
        status = "okay";

        ltc2607@72 {
                compatible = "arrow,ltc2607";
                reg = <0x72>;
        };

        ltc2607@73 {
                compatible = "arrow,ltc2607";
                reg = <0x73>;
        };

        sii902x: sii902x@39 {
                compatible = "SiI,sii902x";
                pinctrl-names = "default";
                pinctrl-0 = <&pinctrl_sii902x>;
                interrupt-parent = <&gpio2>;
                interrupts = <13 IRQ_TYPE_EDGE_FALLING>;
                mode_str ="1280x720M@60";
                bits-per-pixel = <16>;
                reg = <0x39>;
                status = "okay";
        };

[...]

};
```

针对 SAMA5D2B-XULT 单板，打开设备树文件 at91-sama5d2_xplained_common.dtsi，在 i2c1 控制器主节点里添加子节点 ltc2607@72 和 ltc2607@73：

```
i2c1: i2c@fc028000 {
        dmas = <0>, <0>;
        pinctrl-names = "default";
        pinctrl-0 = <&pinctrl_i2c1_default>;
        status = "okay";

        [...]

        ltc2607@72 {
                compatible = "arrow,ltc2607";
                reg = <0x72>;
        };

        ltc2607@73 {
                compatible = "arrow,ltc2607";
                reg = <0x73>;
        };

        [...]

        at24@54 {
                compatible = "atmel,24c02";
                reg = <0x54>;
                pagesize = <16>;
        };
};
```

针对 Raspberry Pi 3 Model B 单板，打开设备树文件 bcm2710-rpi-3-b.dts，在 i2c1 控制器主节点里添加子节点 ltc2607@72 和 ltc2607@73：

```
&i2c1 {
    pinctrl-names = "default";
    pinctrl-0 = <&i2c1_pins>;
    clock-frequency = <100000>;
    status = "okay";

    [...]

    ltc2607@72 {
            compatible = "arrow,ltc2607";
            reg = <0x72>;
    };

    ltc2607@73 {
            compatible = "arrow,ltc2607";
            reg = <0x73>;
    };
};
```

编译修改后的设备树，并下载到你的目标处理器里。

11.7.2　用作 I2C 交互的工业框架

主要代码段如下：

1. 包含必要的头文件：

```
#include <linux/i2c.h> /* struct i2c_driver, struct i2c_client(), i2c_get_
clientdata(), i2c_set_clientdata() */
```

2. 创建一个 i2c_driver 数据结构：

```
static struct i2c_driver ltc2607_driver = {
    .driver = {
            .name  = LTC2607_DRV_NAME,
            .owner = THIS_MODULE,
            .of_match_table = dac_dt_ids,
    },
    .probe          = ltc2607_probe,
    .remove         = ltc2607_remove,
    .id_table       = ltc2607_id,
};
```

3. 作为驱动注册到 I2C 总线：

```
module_i2c_driver(ltc2607_driver);
```

4. 将 "ltc2607" 添加到驱动支持的设备列表里：

```
static const struct of_device_id dac_dt_ids[] = {
    { .compatible = "arrow,ltc2607", },

    { }
};
MODULE_DEVICE_TABLE(of, dac_dt_ids);
```

5. 定义一个 i2c_device_id 类型的数组：

```
static const struct i2c_device_id ltc2607_id[] = {
    { "ltc2607", 0 },
    { }
};
MODULE_DEVICE_TABLE(i2c, ltc2607_id);
```

11.7.3　用作 IIO 设备的工业框架

主要代码段如下：

1. 包含必要的头文件：

```
#include <linux/iio/iio.h> /* devm_iio_device_alloc(), iio_priv */
```

2. 设备模型需要建立起物理设备（与物理总线打交道的设备，这里的物理总线是 I2C）
和逻辑设备（与子系统打交道的设备，这里的子系统是工业子系统）之间的关系。典型的实现方式是创建一个私有数据结构来管理设备并实现物理空间到逻辑空间的转换。如此一来，当 remove() 函数被调用时（通常是由于总线检测到设备的移除动作），你就能找出要注销的逻辑设备。反之，当逻辑侧出现了一个事件（比如首次打开或关闭输入设备）后，你也能找出对应的 I2C 从设备，进而操作硬件去做具体的事。每个设备的私有数据结构是在调用 probe() 时动态申请的。指向私有数据结构的指针必须被保存在某处。总线为我们抽象出了一个指向 device 数据结构的 void 型指针。还有一些用于获取 / 设置该指针的函数如 i2c_set_clientdata()/i2c_get_clientdata()，这些函数用于在 probe()/remove() 函数里将私有数据结构设置到 device 数据结构，或者从 device 数据结构获取私有数据结构。

现在，将如下私有数据结构的定义添加到你的驱动代码里：

```
struct ltc2607_device {
    struct i2c_client *client;
    char name[8];
};
```

3. 在 ltc2607_probe() 里，用 devm_iio_device_alloc() 函数申请出 iio_dev 数据结构。

```
struct iio_dev *indio_dev;
indio_dev = devm_iio_device_alloc(&client->dev, sizeof(*data));
```

4. 在 ltc2607_probe() 函数里，初始化 iio_device 数据结构和 data 私有数据结构。data 私有数据结构应在此前由 iio_priv() 申请而来。维护物理设备（物理总线关联的设备，这里是 I2C）和逻辑设备之间的指针：

```
struct ltc2607_device *data;

data = iio_priv(indio_dev); /* To be able to access the private data structure
in other parts of the driver you need to attach it to the iio_dev structure
using the iio_priv() function. You will retrieve the pointer "data" to the
private structure using the same function iio_priv() */

data->client = client; /* Keep pointer to the I2C device, needed for exchanging
data with the LTC2607 device */

sprintf(data->name, "DAC%02d", counter++); /* create a different name for each
device attached to the DT. In the driver two DAC names will be created, one
for each i2c address. Store the names in each private structure.The probe()
function will be called twice, once per DT LTC2607 node found */

indio_dev->name = data->name; /* store the name in the IIO device */

indio_dev->dev.parent = &client->dev; /* keep pointers between physical devices
(devices as handled by the physical bus, I2C in this case) and logical devices
*/

indio_dev->info = &ltc2607_info; /* store the address of the iio_info structure
which contains a pointer variable to the IIO raw writing callback */

indio_dev->channels = ltc2607_channel; /* store address of the iio_chan_spec
structure which stores each channel info for the LTC2607 dual DAC */

indio_dev->num_channels = 3; /* set number of channels of the device */

indio_dev->modes = INDIO_DIRECT_MODE;
```

在图 11-2 里，可以看到 LTC2607 驱动里的物理和逻辑设备数据结构之间的关联：

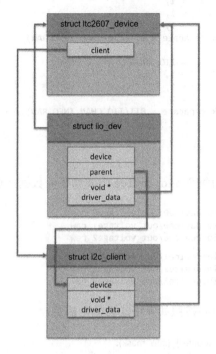

图 11-2　LTC2607 驱动里的物理和逻辑设备数据结构之间的关联

5. 将设备注册到 IIO 核心里（将会注册两个设备，一个的 I2C 地址是 0x72，另一个的 I2C 地址是 0x73）。从现在开始到被注销之前，设备对于驱动中的其他函数来说都是全局可见的。在完成注册之后，设备就可以接受用户态应用程序的请求了。probe() 函数会被调用两次，每次注册一个设备。你可以使用两个不同的 I2C 地址来控制同一个设备，这造成的效果是：总线上连接着两个不同的设备，但你只添加了一个物理设备。当然，我们这么做是出于教学目的。

```
devm_iio_device_register(&client->dev, indio_dev);
```

6. 一个 IIO 设备通道代表着一个数据通道。一个 IIO 设备可以有一或多个通道。为 LTC2607 的 IIO 通道定义添加如下代码：

```
static const struct iio_chan_spec ltc2607_channel[] = {
    {
            .type          = IIO_VOLTAGE,
            .indexed       = 1,
            .output        = 1,
            .channel       = 0,
            .info_mask_separate = BIT(IIO_CHAN_INFO_RAW),
    },{
```

```
                .type           = IIO_VOLTAGE,
                .indexed        = 1,
                .output         = 1,
                .channel        = 1,
                .info_mask_separate = BIT(IIO_CHAN_INFO_RAW),
        },{
                .type           = IIO_VOLTAGE,
                .indexed        = 1,
                .output         = 1,
                .channel        = 2,
                .info_mask_separate = BIT(IIO_CHAN_INFO_RAW),
        }
};
```

上述 IIO 通道定义将为每个 iio:device 生成如下的数据通道访问属性：

```
/sys/bus/iio/devices/iio:device0/out_voltage0_raw
/sys/bus/iio/devices/iio:device0/out_voltage1_raw
/sys/bus/iio/devices/iio:device0/out_voltage2_raw

/sys/bus/iio/devices/iio:device1/out_voltage0_raw
/sys/bus/iio/devices/iio:device1/out_voltage1_raw
/sys/bus/iio/devices/iio:device1/out_voltage2_raw
```

属性的名字是由 IIO 核心按照如下格式自动生成的：

{direction}_{type}_{index}_{modifier}_{info_mask}:

out_voltage0_raw、out_voltage1_raw、out_voltage2_raw 是一组功能类似的 sysfs 入口，供你写入待发送给 DAC 的数字量。其中，out_voltage0_raw 是发送给 DAC A 的数字量入口，out_voltage1_raw 是发送给 DAC B 的数字量入口，out_voltage2_raw 是同时发送给 DAC A 和 DAC B 的数字量入口。

7. 填充 iio_info 数据结构。用户态对 sysfs 数据通道访问属性的 read/write 操作会被映射到这里指定的内核回调函数上。

```
static const struct iio_info ltc2607_info = {
        .write_raw = ltc2607_write_raw,
        .driver_module = THIS_MODULE,
};
```

你需要为 IIO 的写入行为（即 write_raw）编写一个回调函数，这里名为 ltc2607_write_raw()。由用户态发起的对两个 IIO 设备的 sysfs 数据通道属性的所有写操作，都会被映射到此函数。从用户态访问 sysfs 属性时，此函数将会接收到如下参数：

- struct iio_dev *indio_dev：指向与被访问设备相关联的 iio_dev 数据结构的指针。
- struct iio_chan_spec const *chan：IIO 设备的被访问通道号。
- int val：从用户态写给 sysfs 属性的值。
- long mask：包含在被访问 sysfs 属性名里的 info_mask。

ltc2607_write_raw() 函数里有一个 switch(mask) 语句，它根据接收到的参数来执行不同的任务。如果接收到的 info_mask 值是 [IIO_CHAN_INFO_RAW] = "raw"，ltc2607_set_value() 函数将会被调用，它从 iio_priv() 函数里获得设备私有数据。然后就可以由 I2C 从机的指针变量（data->client）检索出 I2C 设备地址了。这里的 data->client 是 i2c_master_send() 函数的第一个参数，此函数以单通道独立写入或多通道同时写入的方式与 Analog Devices 公司的 DAC 进行通信。

借助命令 0x03 来写入和更新 DAC 设备。DAC 值的范围是 0 ~ 0xFFFF（65535）。例如，若 DAC 值被设为 0xFFFF，则 DAC A 的输出会接近 5V(Vref)。根据不同的 DAC 地址，数据会被写入 DAC A（0x00）、DAC B（0x01）或两个 DAC（0x0F）。你可以在表 11-1 中查看所有的命令、地址及其对应描述：

输出电压 = Vref × DAC 值 / 65535

表　11-1

命令				
C3	C2	C1	C0	
0	0	0	0	写输入寄存器
0	0	0	1	更新（启动）DAC 寄存器
0	0	1	1	写入并且更新（启动）
0	1	0	0	掉电
1	1	1	1	无操作
地址				
A3	A2	A1	A0	
0	0	0	0	DAC A
0	0	0	1	DAC B
1	1	1	1	全部 DAC

请参考如下 ltc2607_write_raw() 和 ltc2607_set_value() 函数的实现代码：

```
static int ltc2607_set_value(struct iio_dev *indio_dev, int val, int channel)
{
        struct ltc2607_device *data = iio_priv(indio_dev);
        u8 outbuf[3];
        int chan;

        if (channel == 2)
                chan = 0x0F;
        else
                chan = channel;

        if (val >= (1 << 16) || val < 0)
                return -EINVAL;

        outbuf[0] = 0x30 | chan; /* write and update DAC */
        outbuf[1] = (val >> 8) & 0xff; /* MSB byte of dac_code */
        outbuf[2] = val & 0xff; /* LSB byte of dac_code */
```

```
        i2c_master_send(data->client, outbuf, 3);
        return 0;
}

static int ltc2607_write_raw(struct iio_dev *indio_dev,
                             struct iio_chan_spec const *chan,
                             int val, int val2, long mask)
{
        int ret;

        switch (mask) {
        case IIO_CHAN_INFO_RAW:
                ret = ltc2607_set_value(indio_dev, val, chan->channel);
                return ret;
        default:
                return -EINVAL;
        }
}
```

在代码清单 11-1 中，可以看到 i.MX7D 处理器的 "IIO 子系统 DAC" 驱动源码
(ltc2607_imx_dual_device.c)。

注意: SAMA5D2(ltc2607_sam_dual_device.c) 和 BCM2837(ltc2607_rpi_dual_device.c)
的源码可从本书的 GitHub 仓库里下载。

11.8　代码清单 11-1：ltc2607_imx_dual_device.c

```
#include <linux/module.h>
#include <linux/i2c.h>
#include <linux/iio/iio.h>

#define LTC2607_DRV_NAME "ltc2607"

struct ltc2607_device {
   struct i2c_client *client;
   char name[8];
};

static const struct iio_chan_spec ltc2607_channel[] = {
   {
           .type              = IIO_VOLTAGE,
           .indexed           = 1,
           .output            = 1,
           .channel           = 0,
           .info_mask_separate = BIT(IIO_CHAN_INFO_RAW),
   },{
           .type              = IIO_VOLTAGE,
           .indexed           = 1,
           .output            = 1,
           .channel           = 1,
           .info_mask_separate = BIT(IIO_CHAN_INFO_RAW),
   },{
           .type              = IIO_VOLTAGE,
```

```
            .indexed       = 1,
            .output        = 1,
            .channel       = 2,
            .info_mask_separate = BIT(IIO_CHAN_INFO_RAW),
    }
};

static int ltc2607_set_value(struct iio_dev *indio_dev, int val, int channel)
{
    struct ltc2607_device *data = iio_priv(indio_dev);
    u8 outbuf[3];
    int ret;
    int chan;

    if (channel == 2)
            chan = 0x0F;
    else
            chan = channel;

    if (val >= (1 << 16) || val < 0)
            return -EINVAL;

    outbuf[0] = 0x30 | chan; /* write and update DAC */
    outbuf[1] = (val >> 8) & 0xff; /* MSB byte of dac_code */
    outbuf[2] = val & 0xff; /* LSB byte of dac_code */

    ret = i2c_master_send(data->client, outbuf, 3);
    if (ret < 0)
            return ret;
    else if (ret != 3)
            return -EIO;
    else
            return 0;
}

static int ltc2607_write_raw(struct iio_dev *indio_dev,
                             struct iio_chan_spec const *chan,
                             int val, int val2, long mask)
{
    int ret;

    switch (mask) {
    case IIO_CHAN_INFO_RAW:
            ret = ltc2607_set_value(indio_dev, val, chan->channel);
            return ret;
    default:
            return -EINVAL;
    }
}

static const struct iio_info ltc2607_info = {
    .write_raw = ltc2607_write_raw,
    .driver_module = THIS_MODULE,
};

static int ltc2607_probe(struct i2c_client *client,
                         const struct i2c_device_id *id)
{
    static int counter = 0;
    struct iio_dev *indio_dev;
```

```
        struct ltc2607_device *data;
        u8 inbuf[3];
        u8 command_byte;
        int err;
        dev_info(&client->dev, "DAC_probe()\n");
        command_byte = 0x30 | 0x00; /* Write and update register with value 0xFF */
        inbuf[0] = command_byte;
        inbuf[1] = 0xFF;
        inbuf[2] = 0xFF;

        /* Allocate the iio_dev structure */
        indio_dev = devm_iio_device_alloc(&client->dev, sizeof(*data));
        if (indio_dev == NULL)
                return -ENOMEM;

        data = iio_priv(indio_dev);
        i2c_set_clientdata(client, data);
        data->client = client;

        sprintf(data->name, "DAC%02d", counter++);
        dev_info(&client->dev, "data_probe is entered on %s\n", data->name);

        indio_dev->name = data->name;
        indio_dev->dev.parent = &client->dev;
        indio_dev->info = &ltc2607_info;
        indio_dev->channels = ltc2607_channel;
        indio_dev->num_channels = 3;
        indio_dev->modes = INDIO_DIRECT_MODE;

        err = i2c_master_send(client, inbuf, 3); /* write DAC value */
        if (err < 0) {
                dev_err(&client->dev, "failed to write DAC value");
                return err;
        }

        dev_info(&client->dev, "the dac answer is: %x.\n", err);

        err = devm_iio_device_register(&client->dev, indio_dev);
        if (err)
                return err;

        dev_info(&client->dev, "ltc2607 DAC registered\n");

        return 0;
}

static int ltc2607_remove(struct i2c_client *client)
{
        dev_info(&client->dev, "DAC_remove()\n");
        return 0;
}

static const struct of_device_id dac_dt_ids[] = {
        { .compatible = "arrow,ltc2607", },
        { }
};
MODULE_DEVICE_TABLE(of, dac_dt_ids);

static const struct i2c_device_id ltc2607_id[] = {
        { "ltc2607", 0 },
```

```
      { }
};
MODULE_DEVICE_TABLE(i2c, ltc2607_id);

static struct i2c_driver ltc2607_driver = {
    .driver = {
            .name  = LTC2607_DRV_NAME,
            .owner = THIS_MODULE,
            .of_match_table = dac_dt_ids,
    },
    .probe         = ltc2607_probe,
    .remove        = ltc2607_remove,
    .id_table      = ltc2607_id,
};
module_i2c_driver(ltc2607_driver);

MODULE_AUTHOR("Alberto Liberal <aliberal@arroweurope.com>");
MODULE_DESCRIPTION("LTC2607 16-bit DAC");
MODULE_LICENSE("GPL");
```

11.9　实验 11-2："SPIDEV 双通道 ADC 用户"应用程序的 "IIO 子系统 DAC"模块

你已经为双通道 DAC 开发了一个驱动程序，下一个挑战性的任务是开发一个从 DAC 读取模拟输出的驱动程序。为了完成此项任务，你需要使用 DC934A 单板中的双 ADC SPI 设备 LTC2422。LTC2607 DAC 的输出端被连接到 LTC2422 的所有输入端。在开发此驱动之前，你需要使用 Linux 用户态的 SPI API 来读取 DAC 的模拟输出。

Analog Devices 公司的 LTC2422 是一个双通道 2.7V 至 5.5V 低功耗 20 位模拟 - 数字转换器，带有集成振荡器、8ppm 的积分非线性（INL），具有 1.2ppm RMS 噪声的特点。该设备采用了 delta-sigma 技术和新的数字滤波器结构，可以在一个周期内稳定下来。这消除了传统 sigma delta 转换器的延迟，并简化了多路复用应用。此转换器可接受从 0.1V 至 VCC 的外部参考电压。

如图 11-3 所示，LTC2422 串行输出的数据流长度为 24 位。其中前 4 位代表状态信息，用于指示符号、被选通道、输入范围和转换状态。接下来的 20 位是转换结果，最高有效位（MSB）先输出：

- **第 23 位**（最先输出的位）是转换结束（EOC）标志。当 CS 引脚被拉低时，在转换和睡眠这两种状态下，可以从 SDO 引脚得到此位的值。在转换期间，此位为高；转换结束后，它变为低。
- **第 22 位**（输出的第 2 位）：对于 LTC2422 来说，如果上一次转换是在通道 0 上发生的，则此位为低；如果上一轮转换是在通道 1 上发生的，则此位为高。对于 LTC2421 来说，此位始终为低。
- **第 21 位**（输出的第 3 位）是转换结果的符号标志（SIG）。如果 VIN > 0，则此位为高；如果 VIN < 0，则此位为低。当 VIN 变为 0 时，符号位改变状态。

- 第 20 位（输出的第 4 位）是扩展输入范围（EXR）标志。如果输入处于正常范围 $0 \leqslant VIN \leqslant VREF$，则此位为低；如果输出超出正常范围，比如 $VIN \geqslant VREF$ 或 VIN<0，则此位为高。
- 第 19 位（输出的第 5 位）是最高有效位（MSB）。
- 第 19 ~ 0 位是 20 位的转换结果，MSB 在前。
- 第 0 位是最低有效位（LSB）。

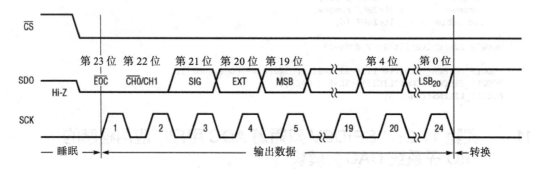

图 11-3　LTC2422 串行输出数据流

在串行时钟（SCK）的控制下，数据从 SDO 引脚上移出。当 CS 引脚为高时，SDO 保持高阻抗，任何 SCK 时钟脉冲都被内部的数据输出移位寄存器所忽略。为了将转换结果移出设备，必须先将 CS 引脚置为低。一旦 CS 被拉低，就能在设备的 SDO 引脚上看到 EOC。转换结束时，EOC 会实时地由高变为低。该信号可作为外部微控制器的中断信号。第 23 位（EOC）可在 SCK 的第一个上升沿被捕捉到。第 22 位在 SCK 的第一个下降沿被移出设备。最后一个数据位（第 0 位）在 SCK 的第 23 个下降沿被移出，且可能在 SCK 的第 24 个脉冲的上升沿被锁存。在 SCK 的第 24 个脉冲的下降沿，SDO 变为高，代表一个新的转换周期已完成初始化。此位作为下一个转换周期的 EOC（第 23 位）。

从 DC934A 的原理图可以看到 LTC2607 DAC 的输出 B 连接到 LTC2422 的通道 0，LTC2607 DAC 的输出 A 连接到 LTC2422 的通道 1。

在 drivers/spi/ 路径下有一个通用的 SPI 设备驱动 spidev.c，你可以通过内核配置项 CONFIG_SPI_SPIDEV 来启用它。通过选择 Device Drivers -> SPI support -> <*> User mode SPI device driver 来配置内核，添加 spidev 驱动。该驱动会为每个 SPI 控制器创建一个设备节点，从而允许用户态访问 SPI 芯片。设备节点的命名方式为 spidev[bus].[chip select]。

在本实验里，你将使用 spidev 驱动来访问 LTC2422 SPI 设备。

SPI 设备的用户态 API 功能有限，它仅支持对 SPI 从机进行基本的半双工 read() 和 write() 访问。要实现全双工传输和设备 I/O 配置，可以通过 ioctl() 接口来完成。

你想要使用用户态接口的可能原因有：

- 在不易引发崩溃的环境中进行原型设计，因为用户态野指针通常不会搞坏整个

Linux 系统。

- 开发简单的协议，与扮演 SPI 从机角色的微控制器通信。此类协议可能会经常变化。

当然，也有一些驱动是没有办法在用户态编写的，因为它们需要访问一些用户态无权访问的内核接口（比如 IRQ 处理程序或驱动框架的其他层）。读者可在链接 https://www.kernel.org/doc/Documentation/spi/spidev 查阅关于 spidev 驱动的更多信息。

11.9.1　i.MX7D 处理器的硬件描述

在本实验中，你将使用 MCIMX7D-SABRE 单板的 mikroBUS 的 SPI 引脚来连接到 DC934A 单板上的双通道 ADC SPI 设备 LTC2422。

打开 MCIMX7D-SABRE 原理图第 20 页，找到 MikroBUS 连接器和 SPI 引脚。其中 CS、SCK 和 MISO（主入从出）这些信号稍后会被用到，而 MOSI（主出从入）信号不会被用到，因为你只需要从 LTC2422 设备接收数据。将处理器的如下引脚连接到 LTC2422 的对应 SPI 引脚，这些 SPI 引脚可在 DC934A 单板上的 J1 连接器里找到：

- 将 i.MX7D 的 MKBUS_ESPI3_SS0_B (CS) 引脚连接至 LTC2422 的 CS 引脚。
- 将 i.MX7D 的 MKBUS_ESPI3_SCLK (SCK) 引脚连接至 LTC2422 的 SCK 引脚。
- 将 i.MX7D 的 MKBUS_ESPI3_MISO (MISO) 引脚连接至 LTC2422 的 MISO 引脚。

11.9.2　SAMA5D2 处理器的硬件描述

针对 SAMA5D2 处理器，打开 SAMA5D2B-XULT 开发板原理图，寻找单板上提供 SPI 信号的连接器。

你可以使用 J17 连接器来访问 SPI 信号。参见如下单板间连接关系：

- 将 SAMA5D2 的 ISC_PCK/SPI1_NPCS0_PC4 (J17 的 26 引脚) 连接至 LTC2422 的 CS 引脚。
- 将 SAMA5D2 的 SC_D7/SPI1_SPCK_PC1 (J17 的 17 引脚) 连接至 LTC2422 的 SCK 引脚。
- 将 SAMA5D2 的 ISC_D9/SPI1_MISO_PC3 (J17 的 22 引脚) 连接至 LTC2422 的 MISO 引脚。

11.9.3　BCM2837 处理器的硬件描述

针对 BCM2837 处理器，你需要使用 GPIO 扩展连接器来获得 SPI 信号。在 Raspberry-Pi-3B-V1.2-Schematics 这份原理图里可以找到连接器 J8。参见如下单板间连接关系：

- 将 BCM2837 的 SPI_CE0_N (J8 的 24 引脚) 连接至 LTC2422 的 CS 引脚。
- 将 BCM2837 的 SPI_SCLK (J8 的 23 引脚) 连接至 LTC2422 的 SCK 引脚。
- 将 BCM2837 的 SPI_MISO (J8 的 21 引脚) 连接至 LTC2422 的 MISO 引脚。

11.9.4　i.MX7D 处理器的设备树

修改设备树源文件 imx7d-sdb.dts，在 ecspi3 控制器主节点里添加子节点 spidev@1。reg 属性提供了片选信号 CS 的数值；在 ecspi3 节点里有两个片选，一个是 tsc2046 节点的，另一个是 spidev 节点的。

```
&ecspi3 {
    fsl,spi-num-chipselects = <1>;
    pinctrl-names = "default";
    pinctrl-0 = <&pinctrl_ecspi3 &pinctrl_ecspi3_cs>;
    cs-gpios = <&gpio5 9 GPIO_ACTIVE_HIGH>, <&gpio6 22 0>;
    status = "okay";

    tsc2046@0 {
        compatible = "ti,tsc2046";
        reg = <0>;
        spi-max-frequency = <1000000>;
        pinctrl-names ="default";
        pinctrl-0 = <&pinctrl_tsc2046_pendown>;
        interrupt-parent = <&gpio2>;
        interrupts = <29 0>;
        pendown-gpio = <&gpio2 29 GPIO_ACTIVE_HIGH>;
        ti,x-min = /bits/ 16 <0>;
        ti,x-max = /bits/ 16 <0>;
        ti,y-min = /bits/ 16 <0>;
        ti,y-max = /bits/ 16 <0>;
        ti,pressure-max = /bits/ 16 <0>;
        ti,x-plate-ohms = /bits/ 16 <400>;
        wakeup-source;
    };

    spidev@1 {
        compatible = "spidev";
        spi-max-frequency = <2000000>; /* SPI CLK Hz */
        reg = <1>;
    };

};
```

11.9.5　SAMA5D2 处理器的设备树

对于 SAMA5D2B-XULT 单板，打开设备树源文件 at91-sama5d2_xplained_common.dtsi，在 spi1 控制器主节点里添加子节点 spidev@0。

```
spi1: spi@fc000000 {
        pinctrl-names = "default";
        pinctrl-0 = <&pinctrl_spi1_default>;
        status = "okay";
        spidev@0 {
            compatible = "spidev";
            spi-max-frequency = <2000000>;
            reg = <0>;
        };
};
```

11.9.6　BCM2837 处理器的设备树

打开并修改设备树源文件 bcm2710-rpi-3-b.dts，在 spi0 控制器主节点里添加子节点 spidev@0。

```
&spi0 {
        pinctrl-names = "default";
        pinctrl-0 = <&spi0_pins &spi0_cs_pins>;
        cs-gpios = <&gpio 8 1>, <&gpio 7 1>;

        /* CE0 */
        spidev0: spidev@0{
                compatible = "spidev";
                reg = <0>;
                #address-cells = <1>;
                #size-cells = <0>;
                spi-max-frequency = <500000>;
        };
}
```

在 my_apps 工程里创建应用程序 LTC2422_spidev。修改应用程序的 Makefile，构建，并将其部署到你的目标处理器上。

在代码清单 11-2 中可以看到针对 i.MX7D 处理器的"SPIDEV 双通道 ADC 用户"应用程序源码（LTC2422_spidev.c）。

注意：可从本书的 GitHub 仓库下载 SAMA5D2（LTC2422_spidev.c）和 BCM2837（LTC2422_spidev.c）的源码。

11.10　代码清单 11-2：LTC2422_spidev.c

```
#include <stdio.h>
#include <stdint.h>
#include <stdlib.h>
#include <string.h>
#include <unistd.h>
#include <fcntl.h>
#include <sys/ioctl.h>
#include <linux/types.h>
#include <linux/spi/spidev.h>

int8_t read_adc();

/* Demo Board Name */
char demo_name[] = "DC934";

/* Global Variable. The LTC2422 LSB value with 5V full-scale */
float LTC2422_lsb = 4.7683761E-6;

/* Global Constants. Set 1 second LTC2422 SPI timeout */
const uint16_t LTC2422_TIMEOUT = 1000;
```

```
#define SPI_CLOCK_RATE 2000000 /* SPI Clock in Hz */

#define SPI_DATA_CHANNEL_OFFSET 22
#define SPI_DATA_CHANNEL_MASK (1 << SPI_DATA_CHANNEL_OFFSET)

#define LTC2422_CONVERSION_TIME 137 /* ms */

/* MISO timeout in ms */
#define MISO_TIMEOUT 1000

/*
 * Returns the Data and Channel Number(0=channel 0, 1=Channel 1)
 * Returns the status of the SPI read. 0=successful, 1=unsuccessful.
 */
int8_t LTC2422_read(uint8_t *adc_channel, int32_t *code, uint16_t timeout);

/* Returns the Calculated Voltage from the ADC Code */
float LTC2422_voltage(uint32_t adc_code, float LTC2422_lsb);

int8_t LTC2422_read(uint8_t *adc_channel, int32_t *code, uint16_t timeout)
{
    int fd;
    int ret;
    int32_t value;
    uint8_t buffer[4];
    unsigned int val;

    struct spi_ioc_transfer tr = {
            .tx_buf = 0,                     /* no data to send */
            .rx_buf = (unsigned long) buffer, /* store received data */
            .delay_usecs = 0,               /* no delay */
            .speed_hz = SPI_CLOCK_RATE,     /* SPI clock speed (in Hz) */
            .bits_per_word = 8,             /* transaction size */
            .len = 3                        /* number bytes to transfer */
    };

    /* Open the device */
    fd = open("/dev/spidev2.1", O_RDWR);
    if (fd < 0)
    {
            close(fd);
            return (1);
    }

    /* Perform the transfer */
    ret = ioctl(fd, SPI_IOC_MESSAGE(1), &tr);
    if (ret < 1)
    {
            close(fd);
            return (1);
    }

    /* Close the device */
    close(fd);

    value  = buffer[0] << 16;
    value |= buffer[1] << 8;
    value |= buffer[2];

    /* Determine the channel number */
    *adc_channel = (value & SPI_DATA_CHANNEL_MASK) ? 1 : 0;
```

```
        printf("the value is %x\n", value);

        /* Return the code */
        *code = value;
        return(0);
}

/* Returns the Calculated Voltage from the ADC Code */
float LTC2422_voltage(uint32_t adc_code, float LTC2422_lsb)
{
        float adc_voltage;
        if (adc_code & 0x200000)
        {
                adc_code &= 0xFFFFF;

                /* Clears Bits 20-23 */
                adc_voltage=((float)adc_code)*LTC2422_lsb;
        }
        else
        {
                adc_code &= 0xFFFFF;
                /* Clears Bits 20-23 */
                adc_voltage = -1*((float)adc_code)*LTC2422_lsb;
        }
        return(adc_voltage);
}

void delay(unsigned int ms)
{
        usleep(ms*1000);
}

int8_t read_adc()
{
        float adc_voltage;
        int32_t adc_code;
        uint8_t adc_channel;

        /*
         * Array for ADC data
         * Useful because you don't know which channel until the LTC2422 tells you.
         */
        int32_t  adc_code_array[2];
        int8_t return_code;

        /* Read ADC. Throw out the stale data */
        LTC2422_read(&adc_channel, &adc_code, LTC2422_TIMEOUT);
        delay(LTC2422_CONVERSION_TIME);

        /* Get current data for both channels */
        return_code = LTC2422_read(&adc_channel, &adc_code, LTC2422_TIMEOUT);

        /* Note that channels may return in any order */
        adc_code_array[adc_channel] = adc_code;
        delay(LTC2422_CONVERSION_TIME);

        /* that is, adc_channel will toggle each reading */
        return_code = LTC2422_read(&adc_channel, &adc_code, LTC2422_TIMEOUT);
        adc_code_array[adc_channel] = adc_code;
```

```
    /* The DC934A board connects VOUTA to CH1 */
    adc_voltage = LTC2422_voltage(adc_code_array[1], LTC2422_lsb);
    printf("    ADC A : %6.4f\n", adc_voltage);

    /* The DC934A board connects VOUTB to CH0 */
    adc_voltage = LTC2422_voltage(adc_code_array[0], LTC2422_lsb);
    printf("    ADC B : %6.4f\n", adc_voltage);
    return(return_code);
}

int main(void)
{
    read_adc();
    printf("Application termined\n");
    return 0;
}
```

11.11   ltc2607_imx_dual_device.ko 配合 LTC2422_spidev 使用演示

"Use i2c-utils suite to interact with the LTC2607 (before loading the module)"

"i2cdetect is a tool of the i2c-tools suite. It is able to probe an i2c bus from user space and report the addresses in use"

root@imx7dsabresd:~# i2cdetect -l /* list available buses, LTC2607 is in bus 2 */

```
i2c-3    i2c          30a50000.i2c              I2C adapter
i2c-1    i2c          30a30000.i2c              I2C adapter
i2c-2    i2c          30a40000.i2c              I2C adapter
i2c-0    i2c          30a20000.i2c              I2C adapter
```

root@imx7dsabresd:~# i2cdetect -y 2 /* see detected devices, see the "72" and "73" LTC2607 addressess */

```
     0  1  2  3  4  5  6  7  8  9  a  b  c  d  e  f
00:          -- -- -- -- -- -- -- -- -- -- -- -- --
10: -- -- -- -- -- -- -- -- -- -- -- -- -- -- -- --
20: -- -- -- -- -- -- -- -- -- -- -- -- -- -- -- --
30: -- -- -- -- -- -- -- -- -- -- UU -- -- -- -- --
40: -- -- -- -- -- -- -- -- -- -- -- -- -- -- -- --
50: -- -- -- -- -- -- -- -- -- -- -- -- -- -- -- --
60: 60 -- -- -- -- -- -- -- -- -- -- -- -- -- -- --
70: -- -- 72 73 -- -- -- --
```

root@imx7dsabresd:~# insmod ltc2607_imx_dual_device.ko /* Load the module. You will see that the probe() function is called twice. The reason is that the driver matches two devices with the same DT compatible property. Now you can manage both devices from user space */

```
ltc2607 2-0072: DAC_probe()
ltc2607 2-0072: data_probe is entered on DAC00
ltc2607 2-0072: the dac answer is: 3.
ltc2607 2-0072: ltc2607 DAC registered
ltc2607 2-0073: DAC_probe()
ltc2607 2-0073: data_probe is entered on DAC01
```

```
ltc2607 2-0073: the dac answer is: 3.
ltc2607 2-0073: ltc2607 DAC registered

root@imx7dsabresd:~# cd /sys/bus/iio/devices/
root@imx7dsabresd:/sys/bus/iio/devices# ls /* check the iio devices */
iio:device0  iio:device1  iio:device2  iio:device3  iio_sysfs_trigger

root@imx7dsabresd:/sys/bus/iio/devices/iio:device2# ls /* see the sysfs entries
under iio_device2 */
dev    of_node          out_voltage1_raw  power      uevent
name   out_voltage0_raw  out_voltage2_raw  subsystem

root@imx7dsabresd:/sys/bus/iio/devices/iio:device3# ls /* see the sysfs entries
under iio_device3 */
dev    of_node          out_voltage1_raw  power      uevent
name   out_voltage0_raw  out_voltage2_raw  subsystem

root@imx7dsabresd:/sys/bus/iio/devices/iio:device3# echo 65535 > out_voltage2_raw
/* set both DAC outputs to 5V */

root@imx7dsabresd:~# ./LTC2422_spidev /* get both ADC ouputs with your app */
the value is 6ffa77
the value is 2ffc59
the value is 6ffa34
    ADC A : 4.9929
    ADC B : 4.9955
Application termined

root@imx7dsabresd:/sys/bus/iio/devices/iio:device3# echo 0 > out_voltage0_raw /* set
VOUTA to 0V */

root@imx7dsabresd:~# ./LTC2422_spidev /* get both ADC ouputs with your app */
the value is 2ffc5a
the value is 6000c2
the value is 2ffc47
    ADC A : 0.0009
    ADC B : 4.9955
Application termined

root@imx7dsabresd:/sys/bus/iio/devices/iio:device3# echo 0 > out_voltage1_raw /* set
VOUTB to 0V */

root@imx7dsabresd:~# ./LTC2422_spidev /* get both ADC ouputs with your app */
the value is 600086
the value is 2000dd
the value is 600045
    ADC A : 0.0003
    ADC B : 0.0011
Application termined

root@imx7dsabresd:~# cd /sys/bus/iio/devices/iio:device2/ /* change to the iio_
device2 */
root@imx7dsabresd:/sys/bus/iio/devices/iio:device2# echo 65535 > out_voltage2_raw /*
set both outputs to 5V */

root@imx7dsabresd:~# ./LTC2422_spidev /* get both ADC ouputs with your app */
the value is 2000ba
the value is 6ffa1c
the value is 2ffc6b
    ADC A : 4.9928
    ADC B : 4.9956
Application termined

root@imx7dsabresd:~# rmmod ltc2607_imx_dual_device.ko /* remove the module */
ltc2607 2-0073: DAC_remove()
ltc2607 2-0072: DAC_remove()
```

11.12   实验 11-3："IIO 子系统 ADC"模块

你已试过使用 spidev 驱动从用户态控制 LTC2422 了。接下来你将使用 IIO 框架来开发一个 LTC2422 驱动，通过 SPI 读取两个 ADC 通道的值，然后借助应用程序 LTC2422_app 将读取到的这些数字量转换为真实的模拟量。

我们将使用三种策略对驱动程序的主要代码段进行描述：设备树，用作 SPI 交互的工业框架，以及用作 IIO 设备的工业框架。

11.12.1   设备树

修改位于 arch/arm/boot/dts/ 路径下的设备树文件，将你的设备树节点包含进来。设备树节点的 compatible 属性与驱动的 of_device_id 数据结构里的 compatible 字符串必须完全相同。

对于 MCIMX7D-SABRE 开发板，打开设备树文件 imx7d-sdb.dts，在 ecspi3 控制器主节点里添加 ltc2422@1 子节点。reg 属性提供了片选信号 CS 的值；在 ecspi3 节点里有两个片选，一个是 tsc2046 节点的，另一个是 ltc2422 节点的。

```
&ecspi3 {
    fsl,spi-num-chipselects = <1>;
    pinctrl-names = "default";
    pinctrl-0 = <&pinctrl_ecspi3 &pinctrl_ecspi3_cs>;
    cs-gpios = <&gpio5 9 GPIO_ACTIVE_HIGH>, <&gpio6 22 0>;
    status = "okay";
    tsc2046@0 {
            compatible = "ti,tsc2046";
            reg = <0>;
            spi-max-frequency = <1000000>;
            pinctrl-names ="default";
            pinctrl-0 = <&pinctrl_tsc2046_pendown>;
            interrupt-parent = <&gpio2>;
            interrupts = <29 0>;
            pendown-gpio = <&gpio2 29 GPIO_ACTIVE_HIGH>;
            ti,x-min = /bits/ 16 <0>;
            ti,x-max = /bits/ 16 <0>;
            ti,y-min = /bits/ 16 <0>;
            ti,y-max = /bits/ 16 <0>;
            ti,pressure-max = /bits/ 16 <0>;
            ti,x-plate-ohms = /bits/ 16 <400>;
            wakeup-source;
    };

    ADC: ltc2422@1 {
            compatible = "arrow,ltc2422";
            spi-max-frequency = <2000000>;
            reg = <1>;
    };
};
```

对于 SAMA5D2B-XULT 开发板，打开设备树文件 at91-sama5d2_xplained_common.

dtsi，在 spi1 控制器主节点里添加子节点 ltc2422@0。

```
spi1: spi@fc000000 {
        pinctrl-names = "default";
        pinctrl-0 = <&pinctrl_spi1_default>;
        status = "okay";

        ADC: ltc2422@0 {
                compatible = "arrow,ltc2422";
                spi-max-frequency = <2000000>;
                reg = <0>;
        };
};
```

对于 Raspberry Pi 3 Model B 开发板，打开设备树文件 bcm2710-rpi-3-b.dts，在 spi0 控制器主节点下添加子节点 ltc2422@0。

```
&spi0 {
    pinctrl-names = "default";
    pinctrl-0 = <&spi0_pins &spi0_cs_pins>;
    cs-gpios = <&gpio 8 1>, <&gpio 7 1>;
    ADC: ltc2422@0 {
            compatible = "arrow,ltc2422";
            spi-max-frequency = <2000000>;
            reg = <0>;
    };
};
```

编译修改后的设备树，将其下载到目标处理器中。

11.12.2　用作 SPI 交互的工业框架

主要的代码片段如下：

1. 包含头文件：

```
#include <linux/spi/spi.h>
```

2. 定义一个 spi_driver 数据结构：

```
static struct spi_driver ltc2422_driver = {
    .driver = {
            .name  = "ltc2422",
            .owner = THIS_MODULE,
            .of_match_table = ltc2422_dt_ids,
    },
    .probe         = ltc2422_probe,
    .id_table      = ltc2422_id,
};
```

3. 将其作为驱动注册到 SPI 总线上：

```
module_spi_driver(ltc2422_driver);
```

4. 将 "ltc2422" 添加到驱动支持的设备列表里：

```
static const struct of_device_id ltc2422_dt_ids[] = {
    { .compatible = "arrow,ltc2422", },
    { }
};
MODULE_DEVICE_TABLE(of, ltc2422_dt_ids);
```

5. 定义一个 spi_device_id 数据结构数组：

```
static const struct spi_device_id ltc2422_id[] = {
    { .name = "ltc2422", },
    { }
};
MODULE_DEVICE_TABLE(spi, ltc2422_id);
```

11.12.3　用作 IIO 设备的工业框架

主要的代码片段如下：

1. 包含头文件：

```
#include <linux/iio/iio.h> /* devm_iio_device_alloc(), iio_priv() */
```

2. 创建一个用于管理设备的私有数据结构：

```
struct ltc2422_state {
    struct spi_device *spi;
    u8 buffer[4];
};
```

3. 在 ltc2422_probe() 函数里，声明一个私有数据结构实例，并分配相应的 iio_dev 数据结构：

```
struct iio_dev *indio_dev;
struct ltc2422_state *st;
indio_dev = devm_iio_device_alloc(&spi->dev, sizeof(*st));
```

4. 在 ltc2422_probe() 函数里初始化 iio_device 和私有数据结构。私有数据结构将由 iio_priv() 函数申请而来。使用指针将物理设备（与物理总线打交道的设备，比如这里的 SPI）和逻辑设备关联起来。

```
st = iio_priv(indio_dev); /* To be able to access the private data structure in
other parts of the driver you need to attach it to the iio_dev structure using
the iio_priv() function.You will retrieve the pointer "data" to the private
structure using the same function iio_priv() */

st->spi = spi; /* Keep pointer to the SPI device, needed for exchanging data
with the LTC2422 device */
```

```
indio_dev->name = id->name; /* Store the iio_dev name. Before doing this within
your probe() function, you will get the spi_device_id that triggered the match
using spi_get_device_id()  */

indio_dev->dev.parent = &spi->dev; /* keep pointers between physical devices
(devices as handled by the physical bus, SPI in this case) and logical devices
*/

indio_dev->info = &ltc2422_info; /* store the address of the iio_info structure
which contains a pointer variable to the IIO raw reading callback */

indio_dev->channels = ltc2422_channel; /* store address of the iio_chan_spec
structure which stores each channel info for the LTC2422 dual ADC */

indio_dev->num_channels = 1; /* set number of channels of the device */

indio_dev->modes = INDIO_DIRECT_MODE;
```

5. 将设备注册到 IIO 核心里。从现在起直到设备被注销之前，此设备对于驱动函数的其他部分都是全局可见的。在调用了注册函数之后，设备就准备接收用户应用程序的请求了。

```
devm_iio_device_register(&spi->dev, indio_dev);
```

6. 一个 IIO 设备通道代表着一个数据通道。一个 IIO 设备可以有一个或多个通道。请将如下的 LTC2422 IIO 通道定义添加到你的代码里：

```
static const struct iio_chan_spec ltc2422_channel[] = {

        {
                .type            = IIO_VOLTAGE,
                .indexed         = 1,
                .output          = 1,
                .channel         = 0,
                .info_mask_separate = BIT(IIO_CHAN_INFO_RAW),
        }

};
```

上述的 IIO 通道定义将为 `iio:device` 生成如下数据通道访问属性：

```
/sys/bus/iio/devices/iio:device2/out_voltage0_raw
```

属性的名字由 IIO 核心自动生成，遵照的格式如下：

```
{direction}_{type}_{index}_{modifier}_{info_mask}:
```

out_voltage0_raw 是对各 ADC 通道进行读取的 sysfs 入口：

```
cat /sys/bus/iio/devices/iio:device2/out_voltage_0_raw /* discard first val */
cat /sys/bus/iio/devices/iio:device2/out_voltage_0_raw /* read first chan */
cat /sys/bus/iio/devices/iio:device2/out_voltage_0_raw /* read second chan */
```

7. 给 `iio_info` 数据结构变量赋值。用户态对 sysfs 数据通道属性的操作都会被映射到内核的回调函数上。

```
static const struct iio_info ltc2422_info = {
    .read_raw = &ltc2422_read_raw,
    .driver_module = THIS_MODULE,
};
```

你需要编写一个名为 ltc2422_read_raw() 的 IIO read_raw 回调函数，它会被映射到用户对 sysfs 数据通道属性 out_voltage_0_raw 的读操作上。当 sysfs 属性被用户态读取时，此内核函数会接收到如下参数：

- struct iio_dev *indio_dev：指向与被访问设备相关联的 iio_dev 数据结构的指针。
- struct iio_chan_spec const *chan：IIO 设备被访问的通道。
- long mask：被访问的 sysfs 属性名字里所包含的 info_mask。

当 ltc2422_read_raw() 函数接收到 info_mask 值 [IIO_CHAN_INFO_RAW] = "raw" 时，它会调用 spi_read() 函数读取 ADC 通道的值。在读取 ADC 值之前，使用 iio_priv() 函数将私有信息提取出来，接着从私有数据结构里取出 spi_device 数据结构，并将其作为第一个参数传递给 spi_read() 函数，此函数与 Analog Devices 公司的 ADC 进行通信进而获取各个通道的值。ADC 的值被保存在变量 val 里，函数返回值为 IIO_VAL_INT。

参见以下的 ltc2422_read_raw() 函数的代码：

```
static int ltc2422_read_raw(struct iio_dev *indio_dev,
                            struct iio_chan_spec const *chan,
                            int *val, int *val2, long m)
{
    int ret;
    struct ltc2422_state *st = iio_priv(indio_dev);

    switch (m) {
    case IIO_CHAN_INFO_RAW:

        ret = spi_read(st->spi, &st->buffer, 3);
        if (ret < 0)
            return ret;

        *val  = st->buffer[0] << 16;
        *val |= st->buffer[1] << 8;
        *val |= st->buffer[2];

        return IIO_VAL_INT;

    default:
        return -EINVAL;
    }
}
```

参见清单 11-3 中针对 i.MX7D 处理器的"IIO 子系统 ADC"驱动源码（ltc2422_imx_dual.c）。

注意：可从本书的 GitHub 仓库下载 SAMA5D2（ltc2422_sam_dual.c）和 BCM2837（ltc2422_rpi_dual.c）的源码。

11.13　代码清单 11-3：ltc2422_imx_dual.c

```c
#include <linux/module.h>
#include <linux/spi/spi.h>
#include <linux/iio/iio.h>

struct ltc2422_state {
    struct spi_device *spi;
    u8 buffer[4];
};

static const struct iio_chan_spec ltc2422_channel[] = {

    {
            .type             = IIO_VOLTAGE,
            .indexed          = 1,
            .output           = 1,
            .channel          = 0,
            .info_mask_separate = BIT(IIO_CHAN_INFO_RAW),
    }

};

static int ltc2422_read_raw(struct iio_dev *indio_dev,
                struct iio_chan_spec const *chan, int *val, int *val2, long m)
{
    int ret;
    struct ltc2422_state *st = iio_priv(indio_dev);

    switch (m) {
    case IIO_CHAN_INFO_RAW:

            ret = spi_read(st->spi, &st->buffer, 3);
            if (ret < 0)
                    return ret;

            *val  = st->buffer[0] << 16;
            *val |= st->buffer[1] << 8;
            *val |= st->buffer[2];

            dev_info(&st->spi->dev, "the value is %x\n", *val);

            return IIO_VAL_INT;

    default:
            return -EINVAL;
    }
}

static const struct iio_info ltc2422_info = {
    .read_raw = &ltc2422_read_raw,
    .driver_module = THIS_MODULE,
};

static int ltc2422_probe(struct spi_device *spi)
{
    struct iio_dev *indio_dev;
    struct ltc2422_state *st;
    int err;
```

```
        dev_info(&spi->dev, "my_probe() function is called.\n");

        const struct spi_device_id *id = spi_get_device_id(spi);

        indio_dev = devm_iio_device_alloc(&spi->dev, sizeof(*st));
        if (indio_dev == NULL)
                return -ENOMEM;

        st = iio_priv(indio_dev);

        st->spi = spi;

        indio_dev->dev.parent = &spi->dev;
        indio_dev->channels = ltc2422_channel;
        indio_dev->info = &ltc2422_info;
        indio_dev->name = id->name;
        indio_dev->num_channels = 1;
        indio_dev->modes = INDIO_DIRECT_MODE;

        err = devm_iio_device_register(&spi->dev, indio_dev);
        if (err < 0)
                return err;

        return 0;
}
static const struct of_device_id ltc2422_dt_ids[] = {
    { .compatible = "arrow,ltc2422", },
    { }
};
MODULE_DEVICE_TABLE(of, ltc2422_dt_ids);

static const struct spi_device_id ltc2422_id[] = {
    { .name = "ltc2422", },
    { }
};
MODULE_DEVICE_TABLE(spi, ltc2422_id);
static struct spi_driver ltc2422_driver = {
    .driver = {
            .name    = "ltc2422",
            .owner = THIS_MODULE,
            .of_match_table = ltc2422_dt_ids,
    },
    .probe        = ltc2422_probe,
    .id_table     = ltc2422_id,
};

module_spi_driver(ltc2422_driver);

MODULE_AUTHOR("Alberto Liberal <aliberal@arroweurope.com>");
MODULE_DESCRIPTION("LTC2422 DUAL ADC");
MODULE_LICENSE("GPL");
```

用户态应用程序 ltc2422_app

LTC2422 ADC 的 24 位输出是通过 ltc2422_dual 驱动来读取的。如果你想选择所读通道、将数字量转换为模拟电压值并在终端上显示出来，就需要使用 ltc2422_app 这个应用程序了。在 my_apps 工程里创建应用程序 ltc2422_app。修改 Makefile 以便构建、部署此程序。

11.14　代码清单 11-4：ltc2422_app.c

```c
#include <stdio.h>
#include <stdint.h>
#include <stdlib.h>
#include <string.h>
#include <unistd.h>
#include <fcntl.h>
#include <sys/ioctl.h>
#include <linux/types.h>

int8_t read_adc();

/* The LTC2422 least significant bit value with 5V full-scale */
float LTC2422_lsb = 4.7683761E-6;

/* The LTC2422 least significant bit value with 3.3V full-scale */
/* float LTC2422_lsb = 3.1471252E-6; */
/* check which number is the ADC iio:deviceX and replace x by the number */
#define LTC2422_FILE_VOLTAGE "/sys/bus/iio/devices/iio:device4/out_voltage0_raw"
#define SPI_DATA_CHANNEL_OFFSET 22
#define SPI_DATA_CHANNEL_MASK (1 << SPI_DATA_CHANNEL_OFFSET)
#define LTC2422_CONVERSION_TIME 137 /* ms */

/*
 * Returns the Data and Channel Number(0- channel 0, 1-Channel 1)
 * Returns the status of the SPI read. 0=successful, 1=unsuccessful.
 */
int8_t LTC2422_read(uint8_t *adc_channel, int32_t *code);

/* Returns the Calculated Voltage from the ADC Code */
float LTC2422_voltage(uint32_t adc_code, float LTC2422_lsb);

int8_t LTC2422_read(uint8_t *adc_channel, int32_t *code)
{
    int a2dReading = 0;
    FILE *f = fopen(LTC2422_FILE_VOLTAGE, "r");
    int read = fscanf(f, "%d", &a2dReading);
    if (read <= 0) {
            printf("ERROR: Unable to read values from voltage input file.\n");
            exit(-1);
    }

  /* Determine the channel number */
  *adc_channel = (a2dReading & SPI_DATA_CHANNEL_MASK) ? 1 : 0;
  *code = a2dReading;
  fclose(f);

  return(0);
}

/* Returns the Calculated Voltage from the ADC Code */
float LTC2422_voltage(uint32_t adc_code, float LTC2422_lsb)
{
  float adc_voltage;
  if (adc_code & 0x200000)
  {
    adc_code &= 0xFFFFF; /* Clears Bits 20-23 */
    adc_voltage=((float)adc_code)*LTC2422_lsb;
  }
```

```
    else
    {
      adc_code &= 0xFFFFF; /* Clears Bits 20-23 */
      adc_voltage = -1*((float)adc_code)*LTC2422_lsb;
    }
    return(adc_voltage);
}
void delay(unsigned int ms)
{
  usleep(ms*1000);
}

int8_t read_adc()
{
  float adc_voltage;
  int32_t adc_code;
  uint8_t adc_channel;
  int32_t  adc_code_array;
  int8_t return_code;
  int a2dReading = 0;

  LTC2422_read(&adc_channel, &adc_code);
  delay(LTC2422_CONVERSION_TIME);

  LTC2422_read(&adc_channel, &adc_code);
  adc_voltage = LTC2422_voltage(adc_code, LTC2422_lsb);
  printf("the value of ADC channel %d\n", adc_channel);
  printf("      is : %6.4f\n", adc_voltage);
  delay(LTC2422_CONVERSION_TIME);

  LTC2422_read(&adc_channel, &adc_code);
  adc_voltage = LTC2422_voltage(adc_code, LTC2422_lsb);
  printf("the value of ADC channel %d\n", adc_channel);
  printf("      is : %6.4f\n", adc_voltage);

  return(0);
}

int main(void)
{
  read_adc();
  printf("Application termined\n");
  return 0;
}
```

11.15　ltc2422_imx_dual.ko 配合 ltc2422_app 使用演示

```
root@imx7dsabresd:~# insmod ltc2607_imx_dual_device.ko /* load the ltc2607 module */
root@imx7dsabresd:~# insmod ltc2422_imx_dual.ko /* load the ltc2422 module */
root@imx7dsabresd:/sys/bus/iio/devices# ls /* check the iio_devices */
iio:device0  iio:device2  iio:device4
iio:device1  iio:device3  iio_sysfs_trigger

root@imx7dsabresd:/sys/bus/iio/devices# cd iio:device4
root@imx7dsabresd:/sys/bus/iio/devices/iio:device4# ls /* see the sysfs entries
under the iio:device4, this is your ADC device */
dev  name  of_node  out_voltage0_raw  power  subsystem  uevent

root@imx7dsabresd:/sys/bus/iio/devices/iio:device3# echo 65535 > out_voltage2_raw
```

```
/* set both DAC outputs to 5V */
root@imx7dsabresd:/sys/bus/iio/devices/iio:device4# cat out_voltage0_raw /* read ADC
device and discard first value */
root@imx7dsabresd:/sys/bus/iio/devices/iio:device4# cat out_voltage0_raw /* read
first ADC channel */
root@imx7dsabresd:/sys/bus/iio/devices/iio:device4# cat out_voltage0_raw /* read
second ADC channel */
root@imx7dsabresd:~# ./LTC2422_app  /* Load your ADC app that calls the LTC2422_
dual.ko driver and shows analog values. The first readed value is discarded */

ltc2422 spi2.1: the value is 2ffc9a
ltc2422 spi2.1: the value is 6ff9e8
the value of ADC channel 1
    is : 4.9926
ltc2422 spi2.1: the value is 2ffc22
the value of ADC channel 0
    is : 4.9953
Application termined

root@imx7dsabresd:~# rmmod ltc2607_imx_dual_device.ko /* remove the DAC module */
root@imx7dsabresd:~# rmmod ltc2422_imx_dual.ko /* remove the ADC module */
```

11.16　实验 11-4："具备硬件触发功能的 IIO 子系统 ADC"模块

在本章最后的这个实验里，你将复用 ltc2422_dual 驱动的部分代码，不过这次的
ADC 转换将由硬件触发器启动。如同实验 7-1 所述，你将使用能产生中断的一个按键来触
发 ADC 转换。你还要用一个等待队列在进程和中断上下文之间进行同步。当用户应用程
序读取 out_voltage_0_raw 这个 sysfs 入口时，内核回调函数 ltc2422_read_raw() 会将进
程置于睡眠状态。每当你按下按键时，所产生的中断将会唤醒进程，驱动的"读回调函数"
会把 ADC 值发往用户态。

图 11-4 详细阐述了新驱动的主要组成部分：

无论使用何种处理器，你都将保持与之前实验 7-1 相同的硬件按键配置。同样地，你
也将保持与之前实验 11-3 相同的硬件 SPI ADC 配置。

这一次，驱动所包含的主要代码片段不会被详细列出。我们会复用之前的实验 11-3 的
大部分驱动代码，只有新增的部分才会被突出显示。

11.16.1　i.MX7D、SAMA5D2 和 BCM2837 处理器的设备树

在本实验里，你将沿用与之前实验 11-3 一样的设备树配置，在此基础之上，你需要为
连接按键的 GPIO 引脚增加一个 int-gpios 属性；还要增加一个 pinctrl-0 属性，该属性指
向一个引脚配置节点，用于将处理器的一个焊点复用为 GPIO。该 GPIO 与 int-gpios 属性
中所需的 GPIO 引脚匹配。

针对 MCIMX7D-SABRE 开发板，打开设备树文件 imx7d-sdb.dts，在 ecspi3 控制器主
节点里添加子节点 ltc2422@1。reg 属性提供了片选信号 CS 的数值；在 ecspi3 节点里有两
个片选，一个是 tsc2046 节点的，另一个是 ltc2422 节点的。int-gpios 属性使得 GPIO 可用
于驱动，如此一来，你可以将引脚方向设置为输入，并获取到该引脚对应的 Linux 中断号。

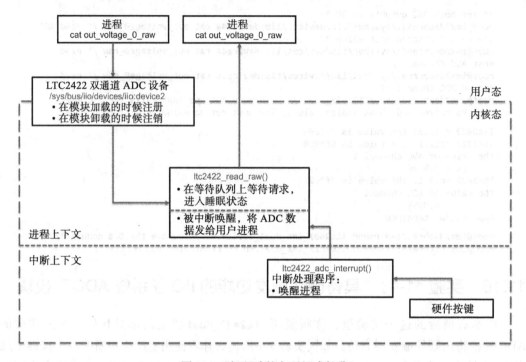

图 11-4   新驱动的主要组成部分

```
&ecspi3 {
    fsl,spi-num-chipselects = <1>;
    pinctrl-names = "default";
    pinctrl-0 = <&pinctrl_ecspi3 &pinctrl_ecspi3_cs>;
    cs-gpios = <&gpio5 9 GPIO_ACTIVE_HIGH>, <&gpio6 22 0>;
    status = "okay";

    tsc2046@0 {
            compatible = "ti,tsc2046";
            reg = <0>;
            spi-max-frequency = <1000000>;
            pinctrl-names ="default";
            pinctrl-0 = <&pinctrl_tsc2046_pendown>;
            interrupt-parent = <&gpio2>;
            interrupts = <29 0>;
            pendown-gpio = <&gpio2 29 GPIO_ACTIVE_HIGH>;
            ti,x-min = /bits/ 16 <0>;
            ti,x-max = /bits/ 16 <0>;
            ti,y-min = /bits/ 16 <0>;
            ti,y-max = /bits/ 16 <0>;
            ti,pressure-max = /bits/ 16 <0>;
            ti,x-plate-ohms = /bits/ 16 <400>;
            wakeup-source;
    };

    ADC: ltc2422@1 {
            compatible = "arrow,ltc2422";
            spi-max-frequency = <2000000>;
            reg = <1>;
```

```
                pinctrl-names ="default";
                pinctrl-0 = <&pinctrl_key_gpio>;
                int-gpios = <&gpio5 10 GPIO_ACTIVE_LOW>;
        };
};
```

在 iomuxc 节点里添加配置节点 pinctrl_key_gpio:

```
&iomuxc {
        pinctrl-names = "default";
        pinctrl-0 = <&pinctrl_hog_1>;

        imx7d-sdb {

                pinctrl_hog_1: hoggrp-1 {
                        fsl,pins = <
                                MX7D_PAD_EPDC_BDR0__GPIO2_IO28        0x59
                        >;
                };

                [...]

                pinctrl_key_gpio: key_gpiogrp {
                        fsl,pins = <
                                MX7D_PAD_SD2_WP__GPIO5_IO10    0x32
                        >;
                };

                [...]
        };
};
```

针对 SAMA5D2B-XULT 开发板，打开设备树文件 at91-sama5d2_xplained_common.dtsi，在 spi1 控制器主节点下添加子节点 ltc2422@0:

```
spi1: spi@fc000000 {
        pinctrl-names = "default";
        pinctrl-0 = <&pinctrl_spi1_default>;
        status = "okay";

        ADC: ltc2422@0 {
                compatible = "arrow,ltc2422";
                spi-max-frequency = <2000000>;
                reg = <0>;
                pinctrl-0 = <&pinctrl_key_gpio_default>;
                int-gpios = <&pioA 41 GPIO_ACTIVE_LOW>;
        };
};
```

在 pinctrl 节点里添加配置节点 pinctrl_key_gpio_default:

```
pinctrl@fc038000 {

        pinctrl_adc_default: adc_default {
                pinmux = <PIN_PD23__GPIO>;
                bias-disable;
```

```
        };

        [...]

        pinctrl_key_gpio_default: key_gpio_default {
                pinmux = <PIN_PB9__GPIO>;
                bias-pull-up;
        };

        [...]

    };
```

对于 Raspberry Pi 3 Model B 开发板，打开设备树文件 bcm2710-rpi-3-b.dts，在 spi0 控制器主节点里添加子节点 ltc2422@0:

```
&spi0 {
    pinctrl-names = "default";
    pinctrl-0 = <&spi0_pins &spi0_cs_pins>;
    cs-gpios = <&gpio 8 1>, <&gpio 7 1>;

    ADC: ltc2422@0 {
            compatible = "arrow,ltc2422";
            spi-max-frequency = <2000000>;
            reg = <0>;
            pinctrl-0 = <&key_pin>;
            int-gpios = <&gpio 23 0>;
    };
};
```

在 GPIO 节点里添加配置节点 key_pin:

```
&gpio {
    sdhost_pins: sdhost_pins {
            brcm,pins = <48 49 50 51 52 53>;
            brcm,function = <4>; /* alt0 */
    };

    [...]

    key_pin: key_pin {
            brcm,pins = <23>;
            brcm,function = <0>;  /* Input */
            brcm,pull = <1>;      /* Pull down */
    };
};
```

构建修改后的设备树，将其下载到你的目标处理器中。

11.16.2   驱动里的睡眠和唤醒

在驱动里将一个进程置于睡眠状态并唤醒的主要步骤如下：

1. 你可以使用等待队列数据结构对应的方法将进程置于睡眠状态。等待队列是用于等待一个特定事件的进程列表。在 Linux 里，等待队列由定义在 linux/linux/wait.h 里的

wait_queue_head_t 类型的数据结构所对应的方法来管理。针对你的驱动，要在私有数据结构里定义 wait_queue_head_t 数据结构：

```
struct ADC_data {
    struct gpio_desc      *gpio;
    int irq;
    wait_queue_head_t     wq_data_available;
    struct spi_device     *spi;
    u8 buffer[4];
    bool                  conversion_done;
    struct mutex          lock;
};
```

然后在 probe() 函数里对其动态地初始化：

```
init_waitqueue_head(&st->wq_data_available);
```

2. 将用户进程置于睡眠状态。当一个进程睡眠的时候，它会假设某些条件会在将来变为"true"。任何睡眠的进程在醒来之后必须检查以确保它所等待的条件真正被满足了。在 Linux 内核里最简单的一种睡眠方式是调用一个名为 wait_event 的宏（带有若干参数），它将处理睡眠细节与检查进程等待条件结合在一起。你将在驱动的回调函数 ltc2422_read_raw() 里调用 wait_event_interruptible() 这个变体。只有在中断处理程序通知 ADC 转换开始（条件被置为"true"）之后，wait_event_interruptible() 函数才会去唤醒进程。

```
static int ltc2422_read_raw(struct iio_dev *indio_dev,
            struct iio_chan_spec const *chan, int *val, int *val2, long m)
{
    struct ADC_data *st = iio_priv(indio_dev);

    switch (m) {
    case IIO_CHAN_INFO_RAW:

            wait_event_interruptible(st->wq_data_available,
                                    st->conversion_done);

            spi_read(st->spi, &st->buffer, 3);

            *val  = st->buffer[0] << 16;
            *val |= st->buffer[1] << 8;
            *val |= st->buffer[2];

            st->conversion_done = false;

            return IIO_VAL_INT;

    default:
            break;
    }
    return -EINVAL;
}
```

3. 你将在中断处理程序里唤醒进程：

```
static irqreturn_t ltc2422_adc_interrupt(int irq, void *data)
{
    struct ADC_data *st = data;

    /* set true condition, ADC conversion is starting pressing button */
    st->conversion_done = true;
    wake_up_interruptible(&st->wq_data_available);
    return IRQ_HANDLED;
}
```

11.16.3　中断管理

在 probe() 函数里，你将使用 devm_gpiod_get_index() 函数，从 ADC 设备节点 ltc2422 的 int-gpios 属性里获取 GPIO 描述符，然后将该描述符作为参数传递给 gpiod_to_irq()，进而获取该 GPIO 对应的 Linux 中断号。

在 probe() 函数里，你还会调用 devm_request_irq() 来申请一个中断号。你要为此函数传递的参数有：指向 device 数据结构的指针，Linux 中断号，中断产生时要调用的服务程序（ltc2422_adc_interrupt），用于指示内核所期望的中断行为的标志（IRQF_TRIGGER_FALLING），使用中断的设备名称（id->name），以及一个指向你的私有数据结构的指针 st。

```
struct ADC_data *st;
st->gpio = devm_gpiod_get_index(&spi->dev, LTC2422_GPIO_NAME, 0, GPIOD_IN);
st->irq = gpiod_to_irq(st->gpio);
devm_request_irq(&spi->dev, st->irq, ltc2422_adc_interrupt,
                 IRQF_TRIGGER_FALLING, id->name, st);
```

参见代码清单 11-5 中的针对 i.MX7D 处理器的"带有硬件触发功能的 IIO 子系统 ADC"驱动源码（ltc2422_imx_trigger.c）。

注意：可从本书的 GitHub 仓库下载 SAMA5D2（ltc2422_sam_trigger.c）和 BCM2837（ltc2422_rpi_ trigger.c）的源码。

11.17　代码清单 11-5：ltc2422_imx_trigger.c

```
#include <linux/module.h>
#include <linux/spi/spi.h>
#include <linux/interrupt.h>
#include <linux/of_gpio.h>
#include <linux/iio/iio.h>
#include <linux/wait.h>

#define LTC2422_GPIO_NAME "int"

struct ADC_data {
    struct gpio_desc *gpio;
```

```
    int irq;
    wait_queue_head_t wq_data_available;
    struct spi_device *spi;
    u8 buffer[4];
    bool conversion_done;
    struct mutex lock;
};

static irqreturn_t ltc2422_adc_interrupt(int irq, void *data)
{
    struct ADC_data *st = data;
    st->conversion_done = true;
    wake_up_interruptible(&st->wq_data_available);
    return IRQ_HANDLED;
}

static const struct iio_chan_spec ltc2422_channel[] = {
    {
            .type = IIO_VOLTAGE,
            .indexed = 1,
            .output = 1,
            .channel = 0,
            .info_mask_separate = BIT(IIO_CHAN_INFO_RAW),
    }

};
static int ltc2422_read_raw(struct iio_dev *indio_dev,
                        struct iio_chan_spec const *chan,
                        int *val, int *val2, long m)
{
    int ret;
    struct ADC_data *st = iio_priv(indio_dev);

    dev_info(&st->spi->dev, "Press PB_USER key to start conversion\n");

    switch (m) {
    case IIO_CHAN_INFO_RAW:
            mutex_lock(&st->lock);

            ret = wait_event_interruptible(st->wq_data_available,
                                           st->conversion_done);
            if (ret) {
                    dev_err(&st->spi->dev, "Failed to request interrupt\n");
                    return ret;
            }
            spi_read(st->spi, &st->buffer, 3);

            *val  = st->buffer[0] << 16;
            *val |= st->buffer[1] << 8;
            *val |= st->buffer[2];

            st->conversion_done = false;

            mutex_unlock(&st->lock);

            return IIO_VAL_INT;

    default:
            break;
    }
```

```
        return -EINVAL;
}

static const struct iio_info ltc2422_info = {
    .read_raw = &ltc2422_read_raw,
    .driver_module = THIS_MODULE,
};

static int ltc2422_probe(struct spi_device *spi)
{
    struct iio_dev *indio_dev;
    struct ADC_data *st;
    int ret;
    dev_info(&spi->dev, "my_probe() function is called.\n");

    /* get the id from the driver structure to use the name */
    const struct spi_device_id *id = spi_get_device_id(spi);

    indio_dev = devm_iio_device_alloc(&spi->dev, sizeof(*st));
    if (indio_dev == NULL)
            return -ENOMEM;

    st = iio_priv(indio_dev);
    st->spi = spi;
    spi_set_drvdata(spi, indio_dev);

    /*
     * you can also use
     * devm_gpiod_get(&spi->dev, LTC2422_GPIO_NAME, GPIOD_IN);
     */
    st->gpio = devm_gpiod_get_index(&spi->dev, LTC2422_GPIO_NAME, 0, GPIOD_IN);
    if (IS_ERR(st->gpio)) {
            dev_err(&spi->dev, "gpio get index failed\n");
            return PTR_ERR(st->gpio);
    }

    st->irq = gpiod_to_irq(st->gpio);
    if (st->irq < 0)
            return st->irq;
    dev_info(&spi->dev, "The IRQ number is: %d\n", st->irq);

    indio_dev->dev.parent = &spi->dev;
    indio_dev->channels = ltc2422_channel;
    indio_dev->info = &ltc2422_info;
    indio_dev->name = id->name;
    indio_dev->num_channels = 1;
    indio_dev->modes = INDIO_DIRECT_MODE;

    init_waitqueue_head(&st->wq_data_available);
    mutex_init(&st->lock);

    ret = devm_request_irq(&spi->dev, st->irq, ltc2422_adc_interrupt,
                        IRQF_TRIGGER_FALLING, id->name, st);
    if (ret) {
            dev_err(&spi->dev, "failed to request interrupt %d (%d)", st->irq, ret);
            return ret;
    }

    ret = devm_iio_device_register(&spi->dev, indio_dev);
    if (ret < 0)
            return ret;
```

```
        st->conversion_done = false;

        return 0;
    }

    static int ltc2422_remove(struct spi_device *spi)
    {
        dev_info(&spi->dev, "my_remove() function is called.\n");
        return 0;
    }

    static const struct of_device_id ltc2422_dt_ids[] = {
        { .compatible = "arrow,ltc2422", },
        { }
    };
    MODULE_DEVICE_TABLE(of, ltc2422_dt_ids);

    static const struct spi_device_id ltc2422_id[] = {
        { .name = "ltc2422", },
        { }
    };
    MODULE_DEVICE_TABLE(spi, ltc2422_id);

    static struct spi_driver ltc2422_driver = {
        .driver = {
                .name  = "ltc2422",
                .owner = THIS_MODULE,
                .of_match_table = ltc2422_dt_ids,
        },
        .probe      = ltc2422_probe,
        .remove     = ltc2422_remove,
        .id_table   = ltc2422_id,
    };

    module_spi_driver(ltc2422_driver);

    MODULE_AUTHOR("Alberto Liberal <aliberal@arroweurope.com>");
    MODULE_DESCRIPTION("LTC2422 DUAL ADC with triggering");
    MODULE_LICENSE("GPL");
```

11.18　ltc2422_imx_trigger.ko 配合 LTC2422_app 使用演示

```
root@imx7dsabresd:~# insmod ltc2607_imx_dual_device.ko /* load the ltc2607 module */
root@imx7dsabresd:~# insmod ltc2422_imx_trigger.ko /* load the ltc2422 module */
root@imx7dsabresd:/sys/bus/iio/devices/iio:device3# echo 65535 > out_voltage2_raw
/* set both DAC outputs to 5V */
root@imx7dsabresd:~# ./LTC2422_app /* Launch LTC2422_app that calls your ltcC2422_
imx_trigger.ko driver and shows the readed analog values. Press the FUNC2 button
three times to read the ADC spi digital output discarding the first readed value,
then the DAC output analog values are displayed before exiting the application */

ltc2422 spi2.1: Press FUNC2 key to start conversion
ltc2422 spi2.1: Press FUNC2 key to start conversion
the value of ADC channel 0
    is : 4.9954
ltc2422 spi2.1: Press FUNC2 key to start conversion
the value of ADC channel 1
    is : 4.9931
Application terminated

root@imx7dsabresd:~# rmmod ltc2607_imx_dual_device.ko
root@imx7dsabresd:~# rmmod ltc2422_imx_trigger.ko
```

第 12 章
在 Linux 设备驱动程序中使用 regmap API

正如你在本书的不同章节中看到的那样，Linux 有 I2C 和 SPI 这样的子系统，这些子系统用来连接依附在这些总线上的设备。这些总线都有一个共同的功能，就是对连接到它们的设备进行寄存器的读写。这往往会导致在具有寄存器读写功能的子系统中存在冗余代码。

为了避免这种情况的发生，将通用的代码抽取出来，并简化驱动程序的开发和维护，Linux 开发人员从 3.1 版引入了新的内核 API，称为 regmap。在这之前，这些 API 存在于 Linux AsoC（ALSA）子系统中，但现在已通过 regmap API 提供给整个 Linux 使用。

到目前为止，你已经使用 API 开发了几个 I2C 和 SPI 设备驱动程序，这些 API 是为每个总线特定实现的。现在，你将使用 regmap API 来完成这些操作。regmap 子系统负责调用相关的 SPI 或 I2C 子系统。

那些可以使用 SPI 或 I2C 总线访问的设备，是使用 regmap API 来读写其总线的理想选择，比如 ADXL345 加速度计。对于该器件，你可以使用 regmap API 开发两个简单的驱动，一个是支持 I2C 总线的驱动（adxl345-i2c.c），另一个是支持 SPI 总线的驱动（adxl345-spi.c）。需要为每个总线编写特定的代码，这些具体的代码包括通过 `regmap_config` 数据结构对寄存器映射进行配置，以及使用接下来的函数对寄存器映射进行初始化。

下面的函数基于 SPI 配置，初始化了 regmap 的数据结构：

```
struct regmap * devm_regmap_init_spi(struct spi_device *spi,
                                     const struct regmap_config);
```

下面的函数基于 I2C 配置，初始化了 regmap 的数据结构：

```
struct regmap * devm_regmap_init_i2c(struct i2c_client *i2c,
                                     const struct regmap_config);
```

在前面的两个 regmap 初始化函数中，获取到 `regmap_config` 配置；然后分配 regmap 数据结构，并将配置复制到数据结构中。各总线的读 / 写函数也被复制到 regmap 数据结构中。例如，对于 SPI 总线，regmap 的读写函数指针将指向 SPI 的读写函数。

参见随后从 `adxl345-i2c.c` 驱动提取的主要代码，用于 I2C 寄存器映射配置和初始化：

```
static const struct regmap_config adxl345_i2c_regmap_config = {
      .reg_bits = 8,
      .val_bits = 8,
};

static int adxl345_i2c_probe(struct i2c_client *client,
                             const struct i2c_device_id *id)
{
      struct regmap *regmap;

      regmap = devm_regmap_init_i2c(client, &adxl345_i2c_regmap_config);

      return adxl345_core_probe(&client->dev, regmap, id ? id->name : NULL);
}
```

参见随后从 adxl345-spic.c 驱动提取的主要代码，用于 SPI 寄存器映射配置和初始化。

```
static const struct regmap_config adxl345_spi_regmap_config = {
    .reg_bits = 8,
    .val_bits = 8,
    /* Setting bits 7 and 6 enables multiple-byte read */
    .read_flag_mask = BIT(7) | BIT(6),
};

static int adxl345_spi_probe(struct spi_device *spi)
{
    const struct spi_device_id *id = spi_get_device_id(spi);
    struct regmap *regmap;

    regmap = devm_regmap_init_spi(spi, &adxl345_spi_regmap_config);

    return adxl345_core_probe(&spi->dev, regmap, id->name);
}
```

使用两个 SPI / I2C 驱动程序特定的 regmap 配置和初始化实现之后，你将开发一个通用的核心驱动程序（adxl345-accel-core.c），该驱动可以使用以下函数与设备进行通信：

```
int regmap_write(struct regmap *map, unsigned int reg, unsigned int val);
int regmap_read(struct regmap *map, unsigned int reg, unsigned int *val);
int regmap_update_bits(struct regmap *map, unsigned int reg,
                       unsigned int mask, unsigned int val);
```

12.1　regmap 的实现

在 include/linux/regmap.h 中，regmap 基础设施提供了两个重要的数据结构来实现 Linux regmap，它们是 regmap_config 数据结构和 regmap 数据结构。

regmap_config 数据结构是用于设备寄存器映射的配置。下面列出了其重要字段的说明：

- reg_bits：这是设备寄存器中的位数，例如，如果是 1 个字节的寄存器，它将被设置为 8。

- val_bits：这是要在设备寄存器中设置的值的位数。
- writeable_reg：这是一个由驱动代码编写的、可选的回调函数，每当要写一个寄存器时，就会调用这个回调函数。每当驱动程序调用 regmap 子系统对寄存器进行写入操作时，这个驱动函数就会被调用；如果这个寄存器是不可写的，则写入操作将向驱动程序返回一个错误。
- wr_table：如果驱动没有提供 writeable_reg 回调，那么在进行写操作之前，regmap 会对 wr_table 进行检查。如果寄存器地址在 wr_table 提供的范围内，则执行写操作。这也是可选的，驱动程序可以省略它的定义，也可以将它设置为 NULL。
- readable_reg：这是一个由驱动代码编写的可选回调函数，每当要读取一个寄存器时，这个函数就会被调用。每当驱动程序调用 regmap 子系统读取一个寄存器时，这个驱动函数就会被调用，以确保该寄存器是可读的。如果这个寄存器不可读，驱动函数将返回 false，读取操作将向驱动返回一个错误。
- rd_table：如果驱动没有提供 readable_reg 回调，那么在执行读取操作之前，regmap 会对 rd_table 进行检查。如果寄存器地址在 rd_table 提供的范围内，那么就会执行读取操作。这也是可选的，驱动程序可以省略它的定义，也可以将它设置为 NULL。
- reg_read：可选回调函数，如果设置了此回调函数，将用于执行所有寄存器的读操作。只应提供给那些在总线上不能表现为简单读操作的设备，如 SPI、I2C 等。大多数器件不需要这个功能。
- reg_write：与前述 reg_read 相同，但是用于写操作。
- volatile_reg：这是一个回调函数，每当通过缓存写入或读取寄存器时，都会调用此回调函数。每当驱动程序通过 regmap 缓存读取或写入寄存器时，首先调用这个函数，如果它返回 false，才使用缓存方法；否则，直接写入或读取寄存器；因为寄存器是易失性的，不能使用缓存。
- volatile_table：如果驱动没有提供 volatle_reg 回调函数，那么 regmap 会检查 volatle_table，看看这个寄存器是否是易失性的。如果寄存器地址在 volatile_ table 提供的范围内，则不使用缓存操作。这也是可选的，驱动程序可以省略它的定义，也可以将它设置为 NULL。
- lock：这是一个可选回调函数，由驱动代码实现，该回调函数在开始任何读或写操作之前被调用。该函数应该获取一个锁并将其返回。
- unlock：这是一个可选回调函数，由驱动代码实现。用于解锁，该锁由 lock 回调函数创建。
- fast_io：如果没有提供自定义的加锁和解锁机制，regmap 内部使用互斥锁来加锁和解锁。如果驱动程序希望 regmap 使用自旋锁，那么 fast_io 应该设置为 "true"；否则，regmap 将使用互斥锁。

- max_register：每当要执行任何读或写操作时，regmap 首先检查寄存器地址是否小于 max_register，只有当地址小于 max_register 时，才会执行操作。如果 max_register 设置为 0，则忽略它。
- read_flag_mask：通常，在 SPI 或 I2C 中，写或读事务会在最高字节中的最高位进行设置，以区分写和读操作。该掩码设置在寄存器值的高字节中。
- write_flag_mask：该掩码也被设置在寄存器值的较高字节中。如果 read_flag_mask 和 write_flag_mask 都为空，则使用 regmap_bus 默认的掩码。

在 include/linux/regmap.h 中，regmap 基础设施还提供了 API，并在 driver/base/regmap/ 下进行了实现。下面是 regmap_write 和 regmap_read API 的细节，引自开源论文（https://opensourceforu.com/2017/01/regmap-reducing-redundancy-linux-code/）：

1. regmap_write：该函数用于将数据写入设备。它接收 regmap 数据结构、寄存器地址和要设置的值作为参数，regmap 数据结构在初始化期间返回。以下是 regmap_write 函数的执行步骤。

- 首先，regmap_write 获取锁。如果 regmap_config 中的 fast_io 被设置，将使用自旋锁；否则，使用互斥锁。
- 接下来，如果在 regmap_config 中设置了 max_register，那么它将检查传递的寄存器地址是否小于 max_register。如果小于 max_register，则执行写操作；否则，返回 -EIO（无效 I/O）。
- 之后，如果在 regmap_config 中设置了 writeable_reg 回调函数，那么这个回调函数就会被调用。如果该回调函数返回 true，那么执行进一步的操作；如果返回 false，那么返回错误 -EIO。
- 如果没有设置 writeable_reg，但设置了 wr_table，那么就会将检查寄存器地址是否位于 no_ranges 范围内，如果在此范围内，将返回 -EIO 错误；否则，将检查是否处于 yes_ranges 范围内，如果不在 yes_ranges 范围内，那么将返回 -EIO 错误并终止操作。如果在 yes_ranges 范围内，则执行进一步的操作。仅当设置了 wr_table 时才执行此步骤；否则会被跳过。
- 现在要检查是否允许缓存。如果允许，则缓存寄存器值被缓存，而不是直接写入硬件，操作就此结束。如果不允许缓存，则进入下一步。
- 完成上述步骤后，调用硬件写入函数，将值写入硬件寄存器中，该函数将 write_flag_mask 写入值的第一个字节，并将值写入设备。
- 完成写操作后，将释放之前获得的锁，然后函数返回。

2. regmap_read：该函数用于从设备读取数据。它接受初始化期间返回的 regmap 数据结构、寄存器地址和指向要读取数据的变量指针。下面是 regmap_read 函数执行的步骤：

- 首先，读函数将在执行读取操作之前加锁。如果 regmap_config 中的 fast_io 被设置，将使用自旋锁；否则，使用互斥锁。

- 接下来，它将检查传递的寄存器地址是否小于 max_register；如果不是，则返回 -EIO。这一步只有在 max_register 设置为大于零的情况下才会进行。
- 然后，它将检查 readable_reg 回调函数是否被设置。如果设置了，就调用该回调函数，如果这个回调函数返回 false，则终止读操作，返回 -EIO 错误。如果返回 true，则执行进一步的操作。这一步只有在 readable_reg 被设置的情况下才会执行。
- 接下来要检查的是寄存器地址是否位于 config 中的 rd_table 的 no_ranges 范围内。如果在 no_ranges 范围内，则返回 –EIO 错误。如果它不在 no_ranges 范围内，也不在 yes_ranges 范围内，那么也会返回 -EIO 错误。只有在 yes_ranges 范围内时，才能执行进一步的操作。仅在设置了 rd_table 的情况下执行此步骤。
- 现在，如果允许缓存，则从缓存中读取寄存器值，并且函数返回读取的值。如果不允许缓存，则执行下一步。
- 执行上述步骤后，将调用硬件读取操作以读取寄存器值，并使用返回的值更新传递的参数变量值。
- 现在释放之前获取的锁，并且函数返回。

12.2　实验 12-1："SPI regmap IIO 设备"模块

在本书的最后一个实验中，你将开发一个功能类似于实验 10-2 的驱动程序，但这次你将使用 IIO 框架而不是输入框架来开发。你还将使用 regmap API 来访问 ADXL345 设备的寄存器，而不是 SPI 特定的核心 API。

与实验 10-2 中驱动程序一样，此新驱动程序将支持 3 轴中任何一个轴上的运动检测。该检测阈值由 THRESH_TAP 寄存器（地址 0x1D）定义。当一个大于 THRESH_TAP 寄存器（地址 0x1D）中设置值的加速事件发生，其时间小于 DUR 寄存器（地址 0x21）中指定的时间时，INT_SOURCE 寄存器（地址 0x30）的 SINGLE_TAP 位被设置。当加速度低于阈值，没有超过 DUR 时，就会触发单次中断（参见 ADXL345 数据表第 28 页）。运动检测将向用户态发送一个 IIO 事件，这是通过在驱动程序的 ISR 中调用 iio_push_event() 函数实现的。可以从用户态写入 /sys/bus/iio/devices/iio:deviceX/events/ 目录下事件的 sysfs 属性来设置 THRESH_TAP 和 DUR 寄存器的值。

你还将创建一个 IIO 触发器缓冲区，用于存储 IIO 触发器（iio-trig-hrtimer 或 iio-trig-sysfs 触发器）在每个 IIO 缓冲区条目中捕获的三个轴值（加上时间戳值）。

对于所有处理器，与之前的实验 10-2 中的硬件和设备树配置保持一致。

现在将介绍驱动程序的主要代码部分：

1. 包括函数头文件：

```
#include <linux/module.h>
#include <linux/regmap.h>
```

```
#include <linux/spi/spi.h>
#include <linux/of_gpio.h>
#include <linux/iio/events.h>
#include <linux/iio/buffer.h>
#include <linux/iio/trigger_consumer.h>
#include <linux/iio/triggered_buffer.h>
```

2. 定义 ADXL345 设备的寄存器:

```
/* ADXL345 Register Map */
#define DEVID            0x00    /* R    Device ID */
#define THRESH_TAP       0x1D    /* R/W  Tap threshold */
#define DUR              0x21    /* R/W  Tap duration */
#define TAP_AXES         0x2A    /* R/W  Axis control for tap/double tap */
#define ACT_TAP_STATUS   0x2B    /* R    Source of tap/double tap */
#define BW_RATE          0x2C    /* R/W  Data rate and power mode control */
#define POWER_CTL        0x2D    /* R/W  Power saving features control */
#define INT_ENABLE       0x2E    /* R/W  Interrupt enable control */
#define INT_MAP          0x2F    /* R/W  Interrupt mapping control */
#define INT_SOURCE       0x30    /* R    Source of interrupts */
#define DATA_FORMAT      0x31    /* R/W  Data format control */
#define DATAX0           0x32    /* R    X-Axis Data 0 */
#define DATAX1           0x33    /* R    X-Axis Data 1 */
#define DATAY0           0x34    /* R    Y-Axis Data 0 */
#define DATAY1           0x35    /* R    Y-Axis Data 1 */
#define DATAZ0           0x36    /* R    Z-Axis Data 0 */
#define DATAZ1           0x37    /* R    Z-Axis Data 1 */
#define FIFO_CTL         0x38    /* R/W  FIFO control */
#define FIFO_STATUS      0x39    /* R    FIFO status */
```

3. 创建宏定义, 这些宏用于执行 ADXL345 寄存器中操作, 并作为参数传递给驱动中的某些函数:

```
#define ADXL345_GPIO_NAME    "int"

/* DEVIDs */
#define ID_ADXL345           0xE5

/* INT_ENABLE/INT_MAP/INT_SOURCE Bits */
#define SINGLE_TAP           (1 << 6)
#define WATERMARK            (1 << 1)

/* TAP_AXES Bits */
#define TAP_X_EN             (1 << 2)
#define TAP_Y_EN             (1 << 1)
#define TAP_Z_EN             (1 << 0)

/* BW_RATE Bits */
#define LOW_POWER            (1 << 4)
#define RATE(x)              ((x) & 0xF)

/* POWER_CTL Bits */
#define PCTL_MEASURE         (1 << 3)
#define PCTL_STANDBY         0X00

/* DATA_FORMAT Bits */
#define ADXL_FULL_RES        (1 << 3)
```

```
/* FIFO_CTL Bits */
#define FIFO_MODE(x)        (((x) & 0x3) << 6)
#define FIFO_BYPASS         0
#define FIFO_FIFO           1
#define FIFO_STREAM         2
#define SAMPLES(x)          ((x) & 0x1F)

/* FIFO_STATUS Bits */
#define ADXL_X_AXIS         0
#define ADXL_Y_AXIS         1
#define ADXL_Z_AXIS         2

/* Interrupt AXIS Enable */
#define ADXL_TAP_X_EN       (1 << 2)
#define ADXL_TAP_Y_EN       (1 << 1)
#define ADXL_TAP_Z_EN       (1 << 0)
```

4. 创建一个私有的 adxl345_data 数据结构：

```
struct adxl345_data {
    struct gpio_desc *gpio;
    struct regmap *regmap;
    struct iio_trigger *trig;
    struct device *dev;
    struct axis_triple saved;
    u8 data_range;
    u8 tap_threshold;
    u8 tap_duration;
    u8 tap_axis_control;
    u8 data_rate;
    u8 fifo_mode;
    u8 watermark;
    u8 low_power_mode;
    int irq;
    int ev_enable;
    u32 int_mask;
    s64 timestamp;
};
```

5. 创建 io_chan_spec 和 io_event_spec 数据结构，向用户态导出通道和事件的 sysfs 属性。scan_index 变量定义了通道在 IIO 触发缓冲区内的顺序。具有较低 scan_index 的通道将被放置在具有较高索引的通道之前。每个通道需要有一个唯一的 scan_index。

```
/*
 * Each axis will have two event sysfs attributes
 * You will set THRESH_TAP register value associated to the specific axis
 * writing to the sysfs attribute with bitmask IIO_EV_INFO_VALUE
 * You will modify DUR register associated to the specific axis writing to the
 * sysfs attribute with bitmask IIO_EV_INFO_PERIOD
 * The THRESH_TAP and DUR registers are shared for all the axis so it
 * could have had more sense to use mask_shared_by_type instead mask_separate
 */
static const struct iio_event_spec adxl345_event = {
            .type = IIO_EV_TYPE_THRESH,
            .dir = IIO_EV_DIR_EITHER,
            .mask_separate = BIT(IIO_EV_INFO_VALUE) |
```

```
                         BIT(IIO_EV_INFO_PERIOD)
};


/*
 * Each axis will have is own channel sysfs attribute and there are two shared
 * sysfs attributes for the IIO_ACCEL type
 * You will get each axis value reading each channel sysfs attribute with
 * bitmask IIO_CHAN_INFO_RAW
 * There is a shared attribute to read the scale value with bitmask
 * IIO_CHAN_INFO_SCALE
 * There is a shared attribute to write the accel data rate with bitmask
 * IIO_CHAN_INFO_SAMP_FREQ
 */
#define ADXL345_CHANNEL(reg, axis, idx) {                              \
        .type = IIO_ACCEL,                                            \
        .modified = 1,                                                \
        .channel2 = IIO_MOD_##axis,                                   \
        .address = reg,                                               \
        .info_mask_separate = BIT(IIO_CHAN_INFO_RAW),                 \
        .info_mask_shared_by_type = BIT(IIO_CHAN_INFO_SCALE) |        \
                                    BIT(IIO_CHAN_INFO_SAMP_FREQ),     \
        .scan_index = idx,                                            \
        .scan_type = {                                                \
                        .sign = 's',                                  \
                        .realbits = 13,                               \
                        .storagebits = 16,                            \
                        .endianness = IIO_LE,                         \
                },                                                    \
        .event_spec = &adxl345_event,                                 \
        .num_event_specs = 1                                          \
}
static const struct iio_chan_spec adxl345_channels[] = {
    ADXL345_CHANNEL(DATAX0, X, 0),
    ADXL345_CHANNEL(DATAY0, Y, 1),
    ADXL345_CHANNEL(DATAZ0, Z, 2),
    IIO_CHAN_SOFT_TIMESTAMP(3),
};
```

6. 创建 `iio_info` 数据结构来声明 IIO 内核将用于此设备的回调函数。有四个内核回调函数可用，这些内核回调函数对应于通道和事件 sysfs 属性与用户态之间的交互行为。

```
static const struct iio_info adxl345_info = {
    .driver_module      = THIS_MODULE,
    .read_raw           = adxl345_read_raw,
    .write_raw          = adxl345_write_raw,
    .read_event_value   = adxl345_read_event,
    .write_event_value  = adxl345_write_event,
};
```

下面是对这些回调函数的简要说明：

- `adxl345_read_raw`：在用户态以 IIO_CHAN_INFO_RAW 位掩码访问每个通道的 sysfs 属性时，该函数返回每个轴的值。当用户态以 IIO_CHAN_INFO_SCALE 位掩码访问共享的 sysfs 属性时，该函数返回加速度的值。在下面的代码中可以看到

regmap_bulk_read() 函数被用于访问每个轴的两个寄存器，这是通过 SPI 完成的。

```
static int adxl345_read_raw(struct iio_dev *indio_dev,
                            struct iio_chan_spec const *chan,
                            int *val, int *val2, long mask)
{
    struct adxl345_data *data = iio_priv(indio_dev);
    __le16 regval;

    switch (mask) {
    case IIO_CHAN_INFO_RAW:
            regmap_bulk_read(data->regmap, chan->address, &regval,
                             sizeof(regval));

            *val = sign_extend32(le16_to_cpu(regval), 12);

            return IIO_VAL_INT;

    case IIO_CHAN_INFO_SCALE:
            *val = 0;
            *val2 = adxl345_uscale;
            return IIO_VAL_INT_PLUS_MICRO;

    default:
            return -EINVAL;
    }
}
```

- adxl345_write_raw：每当用户态以 IIO_CHAN_INFO_SAMP_FREQ 位掩码写到共享的 sysfs 属性时，该函数就会设置 ADXL345 设备的数据速率和功率模式控制（BW_RATE 寄存器）。在下面的代码中的可以看到：regmap_write() 函数被用于访问 ADXL345 设备的寄存器 BW_RATE，这是通过 SPI 实现的。

```
static int adxl345_write_raw(struct iio_dev *indio_dev,
                             struct iio_chan_spec const *chan,
                             int val, int val2, long mask)
{
    struct adxl345_data *data = iio_priv(indio_dev);

    switch (mask) {
    case IIO_CHAN_INFO_SAMP_FREQ:
            data->data_rate = RATE(val);
            return regmap_write(data->regmap, BW_RATE, data->data_rate |
                        (data->low_power_mode ? LOW_POWER : 0));
    default :
            return -EINVAL;
    }
}
```

- adxl345_read_event：每当从用户态以 IIO_EV_INFO_VALUE 和 IIO_EV_INFO_PERIOD 位掩码读取每个轴的 sysfs 属性时，该函数返回 THRESH_TAP 和 DUR 寄存器的值。

```
static int adxl345_read_event(struct iio_dev *indio_dev,
                              const struct iio_chan_spec *chan,
```

```
                                enum iio_event_type type,
                                enum iio_event_direction dir,
                                enum iio_event_info info,
                                int *val, int *val2)
{
        struct adxl345_data *data = iio_priv(indio_dev);

        switch (info) {
        case IIO_EV_INFO_VALUE:
                *val = data->tap_threshold;
                break;
        case IIO_EV_INFO_PERIOD:
                *val = data->tap_duration;
                break;
        default:
                return -EINVAL;
        }

        return IIO_VAL_INT;
}
```

- adxl345_write_event：每当从用户态以 IIO_EV_INFO_VALUE 和 IIO_EV_INFO_
  PERIOD 位掩码写入每个轴的 sysfs 属性时，该函数设置 THRESH_TAP 和 DUR 寄
  存器的值。

```
static int adxl345_write_event(struct iio_dev *indio_dev,
                                const struct iio_chan_spec *chan,
                                enum iio_event_type type,
                                enum iio_event_direction dir,
                                enum iio_event_info info,
                                int val, int val2)
{
        struct adxl345_data *data = iio_priv(indio_dev);

        switch (info) {
        case IIO_EV_INFO_VALUE:
                data->tap_threshold = val;
                return regmap_write(data->regmap, THRESH_TAP,
                                data->tap_threshold);

        case IIO_EV_INFO_PERIOD:
                data->tap_duration = val;
                return regmap_write(data->regmap, DUR, data->tap_duration);
        default:
                return -EINVAL;
        }
}
```

7. 下面是 SPI 寄存器映射配置和初始化的主要代码：

```
static const struct regmap_config adxl345_spi_regmap_config = {
        .reg_bits = 8,
        .val_bits = 8,
        /* Setting bits 7 and 6 enables multiple-byte read */
        .read_flag_mask = BIT(7) | BIT(6),
};
```

```
static int adxl345_spi_probe(struct spi_device *spi)
{
    struct regmap *regmap;

    /* get the id from the driver structure to use the name */
    const struct spi_device_id *id = spi_get_device_id(spi);

    regmap = devm_regmap_init_spi(spi, &adxl345_spi_regmap_config);

    return adxl345_core_probe(&spi->dev, regmap, id->name);
}
```

8. 在 adxl345_core_probe() 函数中请求一个线程化中断。该线程化中断将被添加到驱动程序中，以服务于单次中断。在线程化中断中，中断处理程序 adxl345_event_handler 在线程内执行。在中断处理程序期间，它允许阻塞，这对于 SPI 设备来说通常是必要的，因为中断处理程序需要与 SPI 设备进行通信。在这个驱动中，将使用 regmap_read() 函数在中断处理程序内部通过 SPI 与 ADXL345 进行通信。SINGLE_TAP 事件将使用 io_push_event() 函数发送到用户态。

```
/* Request threaded interrupt */
devm_request_threaded_irq(dev, data->irq, NULL, adxl345_event_handler,
                    IRQF_TRIGGER_HIGH | IRQF_ONESHOT, dev_name(dev),
                    indio_dev);

/* Interrupt service routine */
static irqreturn_t adxl345_event_handler(int irq, void *handle)
{
    u32 tap_stat, int_stat;
    struct iio_dev *indio_dev = handle;
    struct adxl345_data *data = iio_priv(indio_dev);
    data->timestamp = iio_get_time_ns(indio_dev);

    if (data->tap_axis_control & (TAP_X_EN | TAP_Y_EN | TAP_Z_EN)) {
            regmap_read(data->regmap, ACT_TAP_STATUS, &tap_stat);
    }
    else
            tap_stat = 0;

    /*
     * Read the INT_SOURCE (0x30) register
     * The tap interrupt is cleared
     */
    regmap_read(data->regmap, INT_SOURCE, &int_stat);

    /*
     * if the SINGLE_TAP event has occurred the axl345_do_tap function
     * is called with the ACT_TAP_STATUS register as an argument
     */
    if (int_stat & (SINGLE_TAP)) {
            dev_info(data->dev, "single tap interrupt has occurred\n");

            if (tap_stat & TAP_X_EN) {
                    iio_push_event(indio_dev,
                            IIO_MOD_EVENT_CODE(IIO_ACCEL,
                                    0,
                                    IIO_MOD_X,
```

```
                                                    IIO_EV_TYPE_THRESH,
                                                    0),
                                data->timestamp);
        }
        if (tap_stat & TAP_Y_EN) {
                iio_push_event(indio_dev,
                                IIO_MOD_EVENT_CODE(IIO_ACCEL,
                                                    0,
                                                    IIO_MOD_Y,
                                                    IIO_EV_TYPE_THRESH,
                                                    0),
                                data->timestamp);
        }
        if (tap_stat & TAP_Z_EN) {
                iio_push_event(indio_dev,
                                IIO_MOD_EVENT_CODE(IIO_ACCEL,
                                                    0,
                                                    IIO_MOD_Z,
                                                    IIO_EV_TYPE_THRESH,
                                                    0),
                                data->timestamp);
        }
    }

    return IRQ_HANDLED;
}
```

9. 在 adxl345_core_probe() 函数中，使用 devm_iio_triggered_buffer_setup() 函数分配一个 IIO 触发缓冲区。该函数包含了在设置触发缓冲区时要执行的一些常见任务。它分配缓冲区并设置"轮询函数上半部分"和"轮询函数下半部分"处理程序。轮询函数下半部分 adxl345_trigger_handler 在内核线程上下文中运行，所有的处理都在这里进行。它从 ADXL345 设备中读取三个轴值，并使用 iio_push_to_buffers_with_timestamp() 函数将其存储在内部缓冲区中（连同上半部分获得的时间戳）。因为轮询函数上半部分在中断上下文中运行，所以应该尽量少做处理，最常见的操作是记录当前的时间戳，为此可以使用 IIO 核心 iio_pollfunc_store_time() 函数。在调用 devm_iio_triggered_buffer_setup() 函数之前，indio_dev 数据结构应该已经被完全初始化，但还未注册。这意味着这个函数应该在 devm_iio_device_register() 之前被调用。

```
int adxl345_core_probe(struct device *dev,
                        struct regmap *regmap,
                        const char *name)
{
    struct iio_dev *indio_dev;
    struct adxl345_data *data;

    [...]

/* iio_pollfunc_store_time do pf->timestamp = iio_get_time_ns(); */
    devm_iio_triggered_buffer_setup(dev, indio_dev,
                                    &iio_pollfunc_store_time,
                                    adxl345_trigger_handler, NULL);

    devm_iio_device_register(dev, indio_dev);
```

```
        return 0;
}

static irqreturn_t adxl345_trigger_handler(int irq, void *p)
{
        struct iio_poll_func *pf = p;
        struct iio_dev *indio_dev = pf->indio_dev;
        struct adxl345_data *data = iio_priv(indio_dev);

        /* 6 bytes axis + 2 bytes padding + 8 bytes timestamp */
        s16 buf[8];
        int i, ret, j = 0, base = DATAX0;
        s16 sample;

        /* read the channels that have been enabled from user space */
        for_each_set_bit(i, indio_dev->active_scan_mask,
                                indio_dev->masklength) {
                ret = regmap_bulk_read(data->regmap,
                                        base + i * sizeof(sample),
                                        &sample, sizeof(sample));
                if (ret < 0)
                        goto done;
                buf[j++] = sample;
        }

        iio_push_to_buffers_with_timestamp(indio_dev, buf,
                                        pf->timestamp);

done:
        iio_trigger_notify_done(indio_dev->trig);

        return IRQ_HANDLED;
}
```

10. 定义驱动程序支持的设备列表。

```
static const struct of_device_id adxl345_dt_ids[] = {
        { .compatible = "arrow,adxl345", },
        { }
};
MODULE_DEVICE_TABLE(of, adxl345_dt_ids);
```

11. 定义一个 spi_device_id 数据结构数组：

```
static const struct spi_device_id adxl345_id[] = {
        { .name = "adxl345", },
        { }
};
MODULE_DEVICE_TABLE(spi, adxl345_id);
```

12. 添加将被注册到 SPI 总线的 spi_driver 数据结构：

```
static struct spi_driver adxl345_driver = {
        .driver = {
                .name = "adxl345",
                .owner = THIS_MODULE,
```

```
            .of_match_table = adxl345_dt_ids,
        },
        .probe =        adxl345_spi_probe,
        .remove =       adxl345_spi_remove,
        .id_table =     adxl345_id,
};
```

13. 向 SPI 总线注册驱动程序：

```
module_spi_driver(adxl345_driver);
```

14. 构建修改后的设备树，并将其加载到目标处理器。

参见代码清单 12-1 中的 i.MX7D 处理器的 "SPI regmap IIO 设备" 驱动源码（adxl345_imx_iio.c）。

注意：SAMA5D2（adxl345_sam_iio.c）和 BCM2837（adxl345_rpi_iio.c）驱动的源代码可以从 GitHub 仓库中下载。

12.3　代码清单 12-1：adxl345_imx_iio.c

```c
#include <linux/module.h>
#include <linux/regmap.h>
#include <linux/spi/spi.h>
#include <linux/of_gpio.h>
#include <linux/iio/events.h>
#include <linux/iio/buffer.h>
#include <linux/iio/trigger.h>
#include <linux/iio/trigger_consumer.h>
#include <linux/iio/triggered_buffer.h>

/* ADXL345 Register Map */
#define DEVID            0x00    /* R    Device ID */
#define THRESH_TAP       0x1D    /* R/W  Tap threshold */
#define DUR              0x21    /* R/W  Tap duration */
#define TAP_AXES         0x2A    /* R/W  Axis control for tap/double tap */
#define ACT_TAP_STATUS   0x2B    /* R    Source of tap/double tap */
#define BW_RATE          0x2C    /* R/W  Data rate and power mode control */
#define POWER_CTL        0x2D    /* R/W  Power saving features control */
#define INT_ENABLE       0x2E    /* R/W  Interrupt enable control */
#define INT_MAP          0x2F    /* R/W  Interrupt mapping control */
#define INT_SOURCE       0x30    /* R    Source of interrupts */
#define DATA_FORMAT      0x31    /* R/W  Data format control */
#define DATAX0           0x32    /* R    X-Axis Data 0 */
#define DATAX1           0x33    /* R    X-Axis Data 1 */
#define DATAY0           0x34    /* R    Y-Axis Data 0 */
#define DATAY1           0x35    /* R    Y-Axis Data 1 */
#define DATAZ0           0x36    /* R    Z-Axis Data 0 */
#define DATAZ1           0x37    /* R    Z-Axis Data 1 */
#define FIFO_CTL         0x38    /* R/W  FIFO control */
#define FIFO_STATUS      0x39    /* R    FIFO status */
```

```
enum adxl345_accel_axis {
    AXIS_X,
    AXIS_Y,
    AXIS_Z,
    AXIS_MAX,
};

#define ADXL345_GPIO_NAME "int"

/* DEVIDs */
#define ID_ADXL345          0xE5

/* INT_ENABLE/INT_MAP/INT_SOURCE Bits */
#define SINGLE_TAP          (1 << 6)
#define WATERMARK           (1 << 1)

/* TAP_AXES Bits */
#define TAP_X_EN            (1 << 2)
#define TAP_Y_EN            (1 << 1)
#define TAP_Z_EN            (1 << 0)

/* BW_RATE Bits */
#define LOW_POWER           (1 << 4)
#define RATE(x)             ((x) & 0xF)

/* POWER_CTL Bits */
#define PCTL_MEASURE        (1 << 3)
#define PCTL_STANDBY        0X00

/* DATA_FORMAT Bits */
#define ADXL_FULL_RES       (1 << 3)

/* FIFO_CTL Bits */
#define FIFO_MODE(x)        (((x) & 0x3) << 6)
#define FIFO_BYPASS         0
#define FIFO_FIFO           1
#define FIFO_STREAM         2
#define SAMPLES(x)          ((x) & 0x1F)

/* FIFO_STATUS Bits */
#define ADXL_X_AXIS         0
#define ADXL_Y_AXIS         1
#define ADXL_Z_AXIS         2

/* Interrupt AXIS Enable */
#define ADXL_TAP_X_EN       (1 << 2)
#define ADXL_TAP_Y_EN       (1 << 1)
#define ADXL_TAP_Z_EN       (1 << 0)

static const int adxl345_uscale = 38300;

struct axis_triple {
    int x;
    int y;
    int z;
};

struct adxl345_data {
    struct gpio_desc *gpio;
    struct regmap *regmap;
```

```
    struct iio_trigger *trig;
    struct device *dev;
    struct axis_triple saved;
    u8 data_range;
    u8 tap_threshold;
    u8 tap_duration;
    u8 tap_axis_control;
    u8 data_rate;
    u8 fifo_mode;
    u8 watermark;
    u8 low_power_mode;
    int irq;
    int ev_enable;
    u32 int_mask;
    s64 timestamp;
};

/* set the events */
static const struct iio_event_spec adxl345_event = {
            .type = IIO_EV_TYPE_THRESH,
            .dir = IIO_EV_DIR_EITHER,
            .mask_separate = BIT(IIO_EV_INFO_VALUE) |
                            BIT(IIO_EV_INFO_PERIOD)
};

#define ADXL345_CHANNEL(reg, axis, idx) {                       \
    .type = IIO_ACCEL,                                          \
    .modified = 1,                                              \
    .channel2 = IIO_MOD_##axis,                                 \
    .address = reg,                                             \
    .info_mask_separate = BIT(IIO_CHAN_INFO_RAW),               \
    .info_mask_shared_by_type = BIT(IIO_CHAN_INFO_SCALE) |      \
                            BIT(IIO_CHAN_INFO_SAMP_FREQ),        \
    .scan_index = idx,                                          \
    .scan_type = {                                              \
                    .sign = 's',                                \
                    .realbits = 13,                             \
                    .storagebits = 16,                          \
                    .endianness = IIO_LE,                       \
            },                                                  \
    .event_spec = &adxl345_event,                               \
    .num_event_specs = 1                                        \
}
static const struct iio_chan_spec adxl345_channels[] = {
    ADXL345_CHANNEL(DATAX0, X, 0),
    ADXL345_CHANNEL(DATAY0, Y, 1),
    ADXL345_CHANNEL(DATAZ0, Z, 2),
    IIO_CHAN_SOFT_TIMESTAMP(3),
};

static int adxl345_read_raw(struct iio_dev *indio_dev,
                        struct iio_chan_spec const *chan,
                        int *val, int *val2, long mask)
{
    struct adxl345_data *data = iio_priv(indio_dev);
    __le16 regval;
    int ret;

    switch (mask) {
    case IIO_CHAN_INFO_RAW: /* Add an entry in the sysfs */
```

```
            /*
             * Data is stored in adjacent registers:
             * ADXL345_REG_DATA(X0/Y0/Z0) contain the least significant byte
             * and ADXL345_REG_DATA(X0/Y0/Z0) + 1 the most significant byte
             * we are reading 2 bytes and storing in a __le16
             */
            ret = regmap_bulk_read(data->regmap, chan->address, &regval,
                                    sizeof(regval));
            if (ret < 0)
                    return ret;

            *val = sign_extend32(le16_to_cpu(regval), 12);

            return IIO_VAL_INT;

    case IIO_CHAN_INFO_SCALE: /* Add an entry in the sysfs */
            *val = 0;
            *val2 = adxl345_uscale;
            return IIO_VAL_INT_PLUS_MICRO;

    default:
            return -EINVAL;
    }
}

static int adxl345_write_raw(struct iio_dev *indio_dev,
                            struct iio_chan_spec const *chan,
                            int val, int val2, long mask)
{

    struct adxl345_data *data = iio_priv(indio_dev);

    switch (mask) {
    case IIO_CHAN_INFO_SAMP_FREQ:
            data->data_rate = RATE(val);
            return regmap_write(data->regmap, BW_RATE,
                            data->data_rate |
                            (data->low_power_mode ? LOW_POWER : 0));
    default :
            return -EINVAL;
    }
}

static int adxl345_read_event(struct iio_dev *indio_dev,
                            const struct iio_chan_spec *chan,
                            enum iio_event_type type,
                            enum iio_event_direction dir,
                            enum iio_event_info info,
                            int *val, int *val2)
{
    struct adxl345_data *data = iio_priv(indio_dev);

    switch (info) {
    case IIO_EV_INFO_VALUE:
            *val = data->tap_threshold;
            break;
    case IIO_EV_INFO_PERIOD:
            *val = data->tap_duration;
            break;
    default:
```

```
                return -EINVAL;
        }

        return IIO_VAL_INT;
}

static int adxl345_write_event(struct iio_dev *indio_dev,
                               const struct iio_chan_spec *chan,
                               enum iio_event_type type,
                               enum iio_event_direction dir,
                               enum iio_event_info info,
                               int val, int val2)
{
        struct adxl345_data *data = iio_priv(indio_dev);

        switch (info) {
        case IIO_EV_INFO_VALUE:
                data->tap_threshold = val;
                return regmap_write(data->regmap, THRESH_TAP, data->tap_threshold);

        case IIO_EV_INFO_PERIOD:
                data->tap_duration = val;
                return regmap_write(data->regmap, DUR, data->tap_duration);
        default:
                return -EINVAL;
        }
}

static const struct regmap_config adxl345_spi_regmap_config = {
        .reg_bits = 8,
        .val_bits = 8,
         /* Setting bits 7 and 6 enables multiple-byte read */
        .read_flag_mask = BIT(7) | BIT(6),
};

static const struct iio_info adxl345_info = {
        .driver_module        = THIS_MODULE,
        .read_raw             = adxl345_read_raw,
        .write_raw            = adxl345_write_raw,
        .read_event_value     = adxl345_read_event,
        .write_event_value    = adxl345_write_event,
};

/* Available channels, later enabled from user space or using active_scan_mask */
static const unsigned long adxl345_accel_scan_masks[] = {
                                  BIT(AXIS_X) | BIT(AXIS_Y) | BIT(AXIS_Z),
                                  0};

/* Interrupt service routine */
static irqreturn_t adxl345_event_handler(int irq, void *handle)
{
        u32 tap_stat, int_stat;
        int ret;
        struct iio_dev *indio_dev = handle;
        struct adxl345_data *data = iio_priv(indio_dev);

        data->timestamp = iio_get_time_ns(indio_dev);

        /*
         * ACT_TAP_STATUS should be read before clearing the interrupt
```

```
     * Avoid reading ACT_TAP_STATUS in case TAP detection is disabled
     * Read the ACT_TAP_STATUS if any of the axis has been enabled
     */
    if (data->tap_axis_control & (TAP_X_EN | TAP_Y_EN | TAP_Z_EN)) {
            ret = regmap_read(data->regmap, ACT_TAP_STATUS, &tap_stat);
            if (ret) {
                    dev_err(data->dev, "error reading ACT_TAP_STATUS register\n");
                    return ret;
            }
    }
    else
            tap_stat = 0;

    /*
     * read the INT_SOURCE (0x30) register
     * the tap interrupt is cleared
     */
    ret = regmap_read(data->regmap, INT_SOURCE, &int_stat);
    if (ret) {
            dev_err(data->dev, "error reading INT_SOURCE register\n");
            return ret;
    }

    /*
     * if the SINGLE_TAP event has occurred the axl345_do_tap function
     * is called with the ACT_TAP_STATUS register as an argument
     */
    if (int_stat & (SINGLE_TAP)) {
            dev_info(data->dev, "single tap interrupt has occurred\n");

            if (tap_stat & TAP_X_EN) {
                    iio_push_event(indio_dev,
                                    IIO_MOD_EVENT_CODE(IIO_ACCEL,
                                                    0,
                                                    IIO_MOD_X,
                                                    IIO_EV_TYPE_THRESH,
                                                    0),
                                    data->timestamp);
            }
            if (tap_stat & TAP_Y_EN) {
                    iio_push_event(indio_dev,
                                    IIO_MOD_EVENT_CODE(IIO_ACCEL,
                                                    0,
                                                    IIO_MOD_Y,
                                                    IIO_EV_TYPE_THRESH,
                                                    0),
                                    data->timestamp);
            }
            if (tap_stat & TAP_Z_EN) {
                    iio_push_event(indio_dev,
                                    IIO_MOD_EVENT_CODE(IIO_ACCEL,
                                                    0,
                                                    IIO_MOD_Z,
                                                    IIO_EV_TYPE_THRESH,
                                                    0),
                                    data->timestamp);
            }
    }

    return IRQ_HANDLED;
```

```
}

static irqreturn_t adxl345_trigger_handler(int irq, void *p)
{
    struct iio_poll_func *pf = p;
    struct iio_dev *indio_dev = pf->indio_dev;
    struct adxl345_data *data = iio_priv(indio_dev);
    s16 buf[8] /* 16 bytes */
    int i, ret, j = 0, base = DATAX0;
    s16 sample;

    /* read the channels that have been enabled from user space */
    for_each_set_bit(i, indio_dev->active_scan_mask, indio_dev->masklength) {
            ret = regmap_bulk_read(data->regmap, base + i * sizeof(sample),
                                    &sample, sizeof(sample));
            if (ret < 0)
                    goto done;
            buf[j++] = sample;
    }

    /* each buffer entry line is 6 bytes + 2 bytes pad + 8 bytes timestamp */
    iio_push_to_buffers_with_timestamp(indio_dev, buf, pf->timestamp);

done:
    iio_trigger_notify_done(indio_dev->trig);

    return IRQ_HANDLED;
}

int adxl345_core_probe(struct device *dev, struct regmap *regmap,
                    const char *name)
{
    struct iio_dev *indio_dev;
    struct adxl345_data *data;
    u32 regval;
    int ret;

    ret = regmap_read(regmap, DEVID, &regval);
    if (ret < 0) {
            dev_err(dev, "Error reading device ID: %d\n", ret);
            return ret;
    }

    if (regval != ID_ADXL345) {
            dev_err(dev, "Invalid device ID: %x, expected %x\n",
                    regval, ID_ADXL345);
            return -ENODEV;
    }

    indio_dev = devm_iio_device_alloc(dev, sizeof(*data));
    if (!indio_dev)
            return -ENOMEM;

    /* link private data with indio_dev */
    data = iio_priv(indio_dev);
    data->dev = dev;

    /* link spi device with indio_dev */
    dev_set_drvdata(dev, indio_dev);

    data->gpio = devm_gpiod_get_index(dev, ADXL345_GPIO_NAME, 0, GPIOD_IN);
```

```
        if (IS_ERR(data->gpio)) {
                dev_err(dev, "gpio get index failed\n");
                return PTR_ERR(data->gpio);
        }

        data->irq = gpiod_to_irq(data->gpio);
        if (data->irq < 0)
                return data->irq;
        dev_info(dev, "The IRQ number is: %d\n", data->irq);

        /* Initialize your private device structure */
        data->regmap = regmap;
        data->data_range = ADXL_FULL_RES;
        data->tap_threshold = 50;
        data->tap_duration = 3;
        data->tap_axis_control = ADXL_TAP_Z_EN;
        data->data_rate = 8;
        data->fifo_mode = FIFO_BYPASS;
        data->watermark = 32;
        data->low_power_mode = 0;

        indio_dev->dev.parent = dev;
        indio_dev->name = name;
        indio_dev->info = &adxl345_info;
        indio_dev->modes = INDIO_DIRECT_MODE;
        indio_dev->available_scan_masks = adxl345_accel_scan_masks;
        indio_dev->channels = adxl345_channels;
        indio_dev->num_channels = ARRAY_SIZE(adxl345_channels);

        /* Initialize the ADXL345 registers */
        /* 13-bit full resolution right justified */
        ret = regmap_write(data->regmap, DATA_FORMAT, data->data_range);
        if (ret < 0)
                goto error_standby;

        /* Set the tap threshold and duration */
        ret = regmap_write(data->regmap, THRESH_TAP, data->tap_threshold);
        if (ret < 0)
                goto error_standby;
        ret = regmap_write(data->regmap, DUR, data->tap_duration);
        if (ret < 0)
                goto error_standby;

        /* set the axis where the tap will be detected */
        ret = regmap_write(data->regmap, TAP_AXES, data->tap_axis_control);
        if (ret < 0)
                goto error_standby;

        /*
         * set the data rate and the axis reading power
         * mode, less or higher noise reducing power, in
         * the initial settings is NO low power
         */
        ret = regmap_write(data->regmap, BW_RATE, RATE(data->data_rate) |
                        (data->low_power_mode ? LOW_POWER : 0));
        if (ret < 0)
                goto error_standby;

        /* Set the FIFO mode, no FIFO by default */
        ret = regmap_write(data->regmap, FIFO_CTL, FIFO_MODE(data->fifo_mode) |
                        SAMPLES(data->watermark));
```

```
        if (ret < 0)
                goto error_standby;

        /* Map all INTs to INT1 pin */
        ret = regmap_write(data->regmap, INT_MAP, 0);
        if (ret < 0)
                goto error_standby;

        /* Enables interrupts */
        if (data->tap_axis_control & (TAP_X_EN | TAP_Y_EN | TAP_Z_EN))
                data->int_mask |= SINGLE_TAP;

        ret = regmap_write(data->regmap, INT_ENABLE, data->int_mask);
        if (ret < 0)
                goto error_standby;

        /* Enable measurement mode */
        ret = regmap_write(data->regmap, POWER_CTL, PCTL_MEASURE);
        if (ret < 0)
                goto error_standby;

        /* Request threaded interrupt */
        ret = devm_request_threaded_irq(dev, data->irq, NULL, adxl345_event_handler,
                        IRQF_TRIGGER_HIGH | IRQF_ONESHOT, dev_name(dev), indio_dev);
        if (ret) {
                dev_err(dev, "failed to request interrupt %d (%d)", data->irq, ret);
                goto error_standby;
        }

        dev_info(dev, "using interrupt %d", data->irq);

        ret = devm_iio_triggered_buffer_setup(dev, indio_dev, &iio_pollfunc_store_time,
                                              adxl345_trigger_handler, NULL);
        if (ret) {
                dev_err(dev, "unable to setup triggered buffer\n");
                goto error_standby;
        }

        ret = devm_iio_device_register(dev, indio_dev);
        if (ret) {
                dev_err(dev, "iio_device_register failed: %d\n", ret);
                goto error_standby;
        }

        return 0;

error_standby:
        dev_info(dev, "set standby mode due to an error\n");
        regmap_write(data->regmap, POWER_CTL, PCTL_STANDBY);
        return ret;
}

int adxl345_core_remove(struct device *dev)
{
        struct iio_dev *indio_dev = dev_get_drvdata(dev);
        struct adxl345_data *data = iio_priv(indio_dev);
        dev_info(data->dev, "my_remove() function is called.\n");
        return regmap_write(data->regmap, POWER_CTL, PCTL_STANDBY);
}

static int adxl345_spi_probe(struct spi_device *spi)
```

```
{
    struct regmap *regmap;
    /* get the id from the driver structure to use the name */
    const struct spi_device_id *id = spi_get_device_id(spi);

    regmap = devm_regmap_init_spi(spi, &adxl345_spi_regmap_config);
    if (IS_ERR(regmap)) {
            dev_err(&spi->dev, "Error initializing spi regmap: %ld\n",
                    PTR_ERR(regmap));
            return PTR_ERR(regmap);
    }

    return adxl345_core_probe(&spi->dev, regmap, id->name);
}

static int adxl345_spi_remove(struct spi_device *spi)
{
    return adxl345_core_remove(&spi->dev);
}

static const struct spi_device_id adxl345_id[] = {
    { .name = "adxl345", },
    { }
};
MODULE_DEVICE_TABLE(spi, adxl345_id);

static const struct of_device_id adxl345_dt_ids[] = {
    { .compatible = "arrow,adxl345" },
    { },
};
MODULE_DEVICE_TABLE(of, adxl345_dt_ids);

static struct spi_driver adxl345_driver = {
    .driver = {
            .name  = "adxl345",
            .owner = THIS_MODULE,
            .of_match_table = adxl345_dt_ids,
    },
    .probe      = adxl345_spi_probe,
    .remove     = adxl345_spi_remove,
    .id_table   = adxl345_id,
};

module_spi_driver(adxl345_driver);

MODULE_LICENSE("GPL");
MODULE_AUTHOR("Alberto Liberal <aliberal@arroweurope.com>");
MODULE_DESCRIPTION("ADXL345 Three-Axis Accelerometer Regmap SPI Bus Driver");
```

12.4 adxl345_imx_iio.ko 演示

"In the Host build the IIO tools. Edit the Makefile under my-linux-imx/tools/iio/ folder"

~/my-linux-imx/tools/iio$ gedit Makefile /* Comment out the first line and modify second line */

```
//CC = $(CROSS_COMPILE)gcc
CFLAGS += -Wall -g -D_GNU_SOURCE -I$(INSTALL_HDR_PATH)/include
```

```
~/my-linux-imx$ source /opt/fsl-imx-x11/4.9.11-1.0.0/environment-setup-cortexa7hf-
neon-poky-linux-gnueabi

~/my-linux-imx$ make headers_install INSTALL_HDR_PATH=~/my-linux-sam/headers/
~/my-linux-imx$ make -C tools/iio/ INSTALL_HDR_PATH=~/my-linux-sam/headers/ /* Build
IIO tools */
~/my-linux-sam/tools/iio$ scp iio_generic_buffer root@10.0.0.10: /* send iio_
generic_buffer application to the target */
~/my-linux-sam/tools/iio$ scp iio_event_monitor root@10.0.0.10: /* send iio_event_
monitor application to the target */

"Boot now the i.MX7D device"

root@imx7dsabresd:~# insmod adxl345_imx_iio.ko /* load module */
root@imx7dsabresd:~# cd /sys/bus/iio/devices/iio:device2
root@imx7dsabresd:/sys/bus/iio/devices/iio:device2# ls /* see the sysfs entries
under the iio device */

buffer                        in_accel_x_raw  scan_elements
current_timestamp_clock       in_accel_y_raw  subsystem
dev                           in_accel_z_raw  trigger
events                        name            uevent
in_accel_sampling_frequency   of_node
in_accel_scale                power

root@imx7dsabresd:/sys/bus/iio/devices/iio:device2# cat name /* read the device name
*/
adxl345

root@imx7dsabresd:/sys/bus/iio/devices/iio:device2# cat in_accel_z_raw /* read the z
axis value */
245

root@imx7dsabresd:/sys/bus/iio/devices/iio:device2# cat in_accel_z_raw /* move the
accel board and read again the z axis value */
-252

root@imx7dsabresd:/sys/bus/iio/devices/iio:device2# /* move the accel board until
several interrupts are being generated */
adxl345 spi2.1: single tap interrupt has occurred
adxl345 spi2.1: single tap interrupt has occurred
adxl345 spi2.1: single tap interrupt has occurred
adxl345 spi2.1: single tap interrupt has occurred

root@imx7dsabresd:/sys/bus/iio/devices/iio:device2# cat in_accel_scale /* read the
accelerometer scale */
0.038300

"Sysfs trigger interface"

root@imx7dsabresd:/sys/bus/iio/devices# ls /* see the created iio_sysfs_trigger
folder */
iio:device0  iio:device1  iio:device2  iio_sysfs_trigger

root@imx7dsabresd:/sys/bus/iio/devices# echo 1 > iio_sysfs_trigger/add_trigger /*
create a sysfs trigger */
root@imx7dsabresd:/sys/bus/iio/devices# ls /* see the trigger0 folder created */
iio:device0  iio:device1  iio:device2  iio_sysfs_trigger  trigger0

root@imx7dsabresd:/sys/bus/iio/devices# cat trigger0/name > iio:device2/trigger/
current_trigger /* attach the trigger to the iio device */

root@imx7dsabresd:/sys/bus/iio/devices# echo 1 > iio:device2/scan_elements/in_ac
cel_x_en /* enable x axis scan element */

root@imx7dsabresd:/sys/bus/iio/devices# echo 1 > iio:device2/scan_elements/in_ac
cel_y_en /* enable y axis scan element */
```

```
root@imx7dsabresd:/sys/bus/iio/devices# echo 1 > iio:device2/scan_elements/in_ac
cel_z_en /* enable z axis scan element */
root@imx7dsabresd:/sys/bus/iio/devices# echo 1 > iio:device2/scan_elements/in_ti
mestamp_en /* enable timestamp scan element */
root@imx7dsabresd:/sys/bus/iio/devices# echo 100 > iio:device2/buffer/length /* set
the number of sample sets that may be held by the buffer */
root@imx7dsabresd:/sys/bus/iio/devices# echo 1 > iio:device2/buffer/enable /* enable
the buffer */
root@imx7dsabresd:/sys/bus/iio/devices# echo 1 > trigger0/trigger_now /* do first
adquisition */
root@imx7dsabresd:/sys/bus/iio/devices# echo 1 > trigger0/trigger_now /* do second
adquisition */
root@imx7dsabresd:/sys/bus/iio/devices# hexdump -v -e '16/1 "%02x " "\n"' < /dev
/iio\:device2  /* show the adquired values: the tree axis + timestamp */

ff ff f3 ff f0 00 0c a8 47 52 1e 21 b6 ec f6 14
ff ff f1 ff f4 00 0c a8 10 4f 91 93 ba ec f6 14

root@imx7dsabresd:/sys/bus/iio/devices# echo 0 > iio:device2/buffer/enable /*
disable the buffer */
root@imx7dsabresd:/sys/bus/iio/devices# echo "" > iio:device2/trigger/current_
trigger /* detach the trigger */

root@imx7dsabresd:~# rmmod adxl345_imx_iio.ko /* remove the module */
```

"Reboot again your target system. Use the iio_generic_buffer application to set
the buffer length and number of adquisitions, enable the scan elements and show the
adquired values"

```
root@imx7dsabresd:~# insmod adxl345_imx_iio.ko /* load module */

/* create the sysfs trigger */
root@imx7dsabresd:~# echo 1 > /sys/bus/iio/devices/iio_sysfs_trigger/add_trigger
root@imx7dsabresd:~# echo sysfstrig1 > /sys/bus/iio/devices/iio:device2/trigger/
current_trigger /* attach the trigger to the device */

root@imx7dsabresd:~# ./iio_generic_buffer --device-num 2 -T 0 -a -l 10 -c 5 & /*
launch the iio_generic_buffer application */

[1] 600
root@imx7dsabresd:~# iio device number being used is 2
iio trigger number being used is 0
No channels are enabled, enabling all channels
Enabling: in_accel_y_en
Enabling: in_accel_x_en
Enabling: in_timestamp_en
Enabling: in_accel_z_en
/sys/bus/iio/devices/iio:device2 sysfstrig1

root@imx7dsabresd:~# echo 1 > /sys/bus/iio/devices/trigger0/trigger_now /* do first
adquisition, you can do until 5 conversions */
-0.038300 -0.536200 9.268600 1510654204332659500

root@imx7dsabresd:~# echo 1 > /sys/bus/iio/devices/trigger0/trigger_now /* do second
adquisition */
0.229800 0.153200 -9.919700 1510654243352620000

root@imx7dsabresd:/sys/bus/iio/devices# echo 0 > iio:device2/buffer/enable /*
disable the buffer */
root@imx7dsabresd:/sys/bus/iio/devices# echo "" > iio:device2/trigger/current_
trigger /* detach the trigger */

root@imx7dsabresd:~# rmmod adxl345_imx_iio.ko /* remove the module */
```

"Capture now data using the hrtimer trigger. Reboot your target system"

```
root@imx7dsabresd:~# insmod adxl345_imx_iio.ko /* load the module */
root@imx7dsabresd:~# mkdir /config /* create the config folder */
root@imx7dsabresd:~# mount -t configfs none /config /* mount the configfs file system */
root@imx7dsabresd:~# mkdir /config/iio/triggers/hrtimer/trigger0 /* create the
hrtimer trigger */
root@imx7dsabresd:/sys/bus/iio/devices/trigger0# echo 50 > sampling_frequency /* set
the sampling frequency */
root@imx7dsabresd:~# echo trigger0 > /sys/bus/iio/devices/iio:device2/trigger/cu
rrent_trigger /* attach the trigger to the device */

root@imx7dsabresd:~# ./iio_generic_buffer --device-num 2 -T 0 -a -l 10 -c 10 &
/* use the iio_generic_buffer application to set the buffer length and number of
conversions; the application enable the scan elements, do the adquisitions and show
them; after that, disable the scan elements */

iio device number being used is 2
iio trigger number being used is 0
No channels are enabled, enabling all channels
Enabling: in_accel_y_en
Enabling: in_accel_x_en
Enabling: in_timestamp_en
Enabling: in_accel_z_en
/sys/bus/iio/devices/iio:device2 trigger0
-0.574500 -0.612800 9.306900 1510654381725464500
-0.612800 -0.536200 9.268600 1510654381745453000
-0.612800 -0.536200 9.268600 1510654381765445875
-0.612800 -0.536200 9.230300 1510654381785415750
-0.612800 -0.536200 9.230300 1510654381805414625
-0.612800 -0.497900 9.268600 1510654381825415000
-0.612800 -0.497900 9.268600 1510654381845414750
-0.612800 -0.536200 9.268600 1510654381865414500
-0.612800 -0.536200 9.268600 1510654381885414625
-0.574500 -0.574500 9.345200 1510654381905413000
Disabling: in_accel_y_en
Disabling: in_accel_x_en
Disabling: in_timestamp_en
Disabling: in_accel_z_en

root@imx7dsabresd:~# rmdir /config/iio/triggers/hrtimer/trigger0 /* remove the
trigger */

"Now launch the iio_event_monitor application and move the accel board until you see
several IIO events"

root@imx7dsabresd:~# ./iio_event_monitor /dev/iio\:device2
adxl345 spi2.1: single tap interrupt has occurred
Event: time: 1510654097324288875,adxl345 spi2.1: single tap interrupt has occurr
ed
 type: accel(z), channel: 0, evtype: thresh, direction: either
Event: time: 1510654097329211750, type: accel(z), channel: 0, evtype: thresh, di
rection: either
adxl345 spi2.1: single tap interrupt has occurred
Event: time: 1510654107219470250, type: accel(z), channel: 0, evtype: thresh, di
rection: either
adxl345 spi2.1: single tap interrupt has occurred
Event: time: 1510654107238069500,adxl345 spi2.1: single tap interrupt has occurr
ed
 type: accel(z), channel: 0, evtype: thresh, direction: either
Event: time: 1510654107242770125, type: accel(z), channel: 0, evtype: thresh, di
rection: either

root@imx7dsabresd:~# rmmod adxl345_imx_iio.ko /* remove the module */
```

第 13 章
Linux USB 设备驱动

USB（**通用串行总线**）被设计为一种低成本的串行接口方案，其总线电源由 USB 主机提供，并支持大量外围设备。最早的 USB 总线速度包括低速（1.5 Mbps）、全速（12 Mbps）和高速（480 Mbps）。随着 USB 3.0 规范的出现，定义了超高速为 4.8 Gbps。其最大数据吞吐量等于线路速率减去特定的消耗。对于低速、全速和高速总线来说，其最大数据吞吐量大约分别为 384 Kbps、9.728 Mbps 和 425.984 Mbps。请注意，这是其最大的数据吞吐量，并且可能受到多种因素的不利影响，这些不利影响因素包括软件处理、同一总线上的其他 USB 带宽占用率等。

USB 的最大优点之一是它支持动态连接和移除，这是一种称为"即插即用"的接口。在连接 USB 外设后，主机和设备进行通信以实现自动转换外部设备状态，这些状态从连接状态转换为通电、默认、已寻址以及最终进入的已配置状态。此外，所有设备必须实现挂起状态，这种状态满足非常低的总线功耗规范。USB 在挂起状态下的节电特性是其另一个优势。

在本章中，我们将重点介绍 USB 2.0 规范，其中包括低速、全速和高速设备规范。符合 USB 2.0 规范的外设并不一定表示该设备是高速设备。但是，USB 2.0 兼容的集线器必须具有高速功能。USB 2.0 设备则可以是高速、全速或低速设备。

13.1 USB 2.0 总线拓扑

USB 设备属于集线器类别。集线器一般会提供额外的下游连接点或功能。USB 设备则为系统提供功能。USB 物理互连结构是分层的星形拓扑（参见图 13-1）。从第 1 层的主机和"根集线器"开始，最多可以支持七层、127 个设备。第 2 层到第 6 层可能具有一个或多个集线器设备，以支持与下一层的通信。组合设备（具有集线器和外设功能的复合设备）不能位于第 7 层。

对于所有 USB 2.0（最多支持高速速率）设备来说，物理 USB 互连是通过一个简单的 4 线接口（具有双向差分数据（D + 和 D-）、电源（VBUS）和接地接口）完成的。VBUS 电源通常为 +5V。所有主机端口以及集线器下游端口均使用"A 型"连接器和配对插头。"B 型"

连接器和配对插头则用于所有外围设备以及集线器的上游端口。主机、集线器和设备之间的电缆连接最多可以达到 5 米或约 16 英尺。最多可达 7 层连接，因此电缆连接最长可达到 30 米或约 98 英尺。

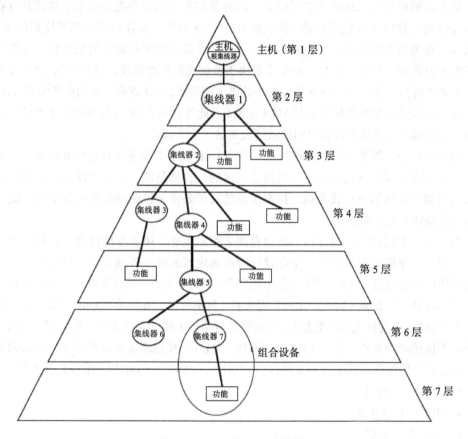

图 13-1 USB 物理互连结构

13.2 USB 总线枚举和设备布局

USB 是主机控制的轮询总线，其中所有事务均由 USB 主机发起。如果主机没有首先驱动总线，总线上就什么也不会发生。USB 设备无法启动事务。相反，由主机轮询每个设备，请求数据或发送数据。所有处于连接和拔除状态的 USB 设备均由名为"总线枚举"的过程进行标识。

主机识别连接在其上的设备，并使用 D+/D- USB 数据对线路，通过信令机制识别其速度（低速、全速或高速）。当新的 USB 设备通过集线器连接到总线时，设备枚举过程开始。每个集线器都提供一个 IN 端点，该端点用于向主机通知新连接的设备。主机在该端点上持

续轮询以便从集线器接收设备连接和移除事件。一旦连接了新设备并且集线器通知主机有
关此事件的信息，主机的 USB 总线驱动程序就会启动连接的设备并开始从设备请求信息。
这是通过标准 USB 请求完成的，这些请求通过默认控制管道发送到设备的端点 0。

　　信息以**描述符**要求的格式进行提交。USB 描述符是由设备提供的用于描述其所有属性
的数据结构。这些属性包括产品 / 供应商 ID、设备类别以及描述产品和供应商的字符串，
也提供了有关所有可用端点的其他信息。主机从设备读取所有必要的信息后，它将尝试查
找匹配的设备驱动程序。此过程的细节取决于所使用的操作系统。从连接的 USB 设备读取
第一个描述符后，主机使用设备描述符中的供应商和产品 ID 查找匹配的设备驱动程序。

　　连接的设备最初将使用默认的 USB 地址 0。此外，所有 USB 设备均由多个独立的端点
组成，这些端点为主机和设备之间的通信流提供了一个通道。

　　端点可以分为**控制端点**和**数据端点**。每个 USB 设备必须至少在地址 0 处提供一个控制
端点，称为默认端点或端点 0。该端点是双向的，也就是说，主机可以在一次传输中将数
据发送到端点并从端点接收数据。控制传输的目的是使主机能够获得设备信息、配置设备
或执行设备特有的控制操作。

　　端点是一个缓冲区，通常由一组内存或寄存器组成，用于存储接收到的数据或准备传
输的数据。每个端点都指定了一个在设计时就确定好的唯一的端点号，但是所有设备都必
须支持默认控制端点（ep0），默认控制端点特定的编号为 0，并且可以双向传输数据。其他
端点都可以沿一个方向（始终从主机角度来看）传输数据，标记为"Out"（即来自主机的数
据）或" In"（即发往主机的数据）。端点号是与端点关联的 4 位整数（0 ~ 15）；相同的端
点号用于描述两个端点，例如 EP 1 IN 和 EP 1 OUT。端点地址是以单个字节表示的端点编
号和端点方向的组合。其中方向是最高位 MSB（1 = IN，0 = OUT），编号是低四位。例如：

- EP 1 IN = 0x81
- EP 1 OUT = 0x01
- EP 3 IN = 0x83
- EP 3 OUT = 0x03

　　USB 配置定义了设备的功能和特性，主要是其电源功能和接口。设备可以具有多种配
置，但同一时刻只有一个是激活的。一种配置可以具有一个或多个定义设备功能的 USB 接
口。通常情况下，功能和接口之间存在一对一的关联。但是，也存在某些设备会暴露某个
功能相关的多个接口。例如，某个 USB 设备包括带有内置扬声器的键盘，将提供播放音频
的接口，以及按键的接口。此外，该接口还包含其他设置，这些设置定义了与该接口关联
的功能的带宽要求。每个接口包含一个或多个端点，这些端点用于在设备之间传输数据。
综上所述，一组端点构成一个接口，一组接口构成设备中的配置。图 13-2 显示了一个多接
口 USB 设备。

　　找到并加载匹配的设备驱动程序后，设备驱动程序的任务是选择并提供某个设备配置，
在该配置中提供一个或多个接口以及每个接口的可选设置。大多数 USB 设备并不提供多个

接口或多个可选设置。设备驱动程序根据自身的功能和总线上的可用带宽选择其中某一种配置，并在连接的设备上激活此配置。此时，所选配置的所有接口及其端点被设置，并且设备就绪了。

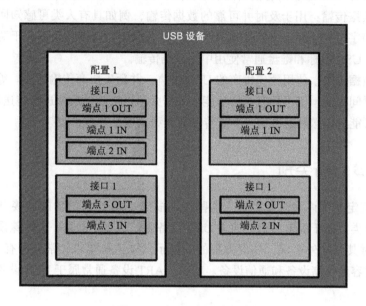

图 13-2　多接口 USB 设备

从主机到每个设备端点的通信使用在枚举期间建立的通信管道。该管道是主机和设备之间的逻辑关联，纯粹是一个软件术语。管道与设备上的端点进行对话，并且该端点具有地址。管道的另一端始终是主机控制器。当选择配置和接口可选设置来配置设备时，将打开用于端点的管道。这样，它们就最终成为 I/O 操作的目标。管道具有端点的所有属性，但是它是动态激活的，并可用于与主机进行通信。设备地址、端点号和传输方向的组合使得主机可以准确引用每个端点。

13.3　USB 数据传输

一旦枚举过程完成，主机和设备就可以自由地进行通信。这是通过从主机到设备的数据传输来完成的，反之亦然。传输方向均由主机确定。系统定义了四种不同类型的传输，分别是：

- **控制传输**：用于在连接时配置设备，并可用于其他特定于设备的目的。例如，对设备特定寄存器的读 / 写访问，以及对设备上其他管道的控制。控制传输最多由三个不同的阶段构成：一个包含请求的设置阶段，必要时包含一个数据传输阶段，以及一个状态阶段以表示传输成功。USB 也有一些通过使用控制传输实现的标准事务。例如，在上述设备枚举过程中始终使用"设置地址"和"获取描述符"事务。"设置配置"请求是另一个标准事务，该事务也在设备枚举期间使用。

- **批量数据传输**：能够传输相对多的数据或突发数据。批量传输没有确定的时间保证，但是只要 USB 总线没有被其他活动占用，就可以提供最快的数据传输速率。
- **中断数据传输**：用于及时并可靠的数据传输，例如具有人类可感知回声或反馈响应特征的字符或坐标。中断传输具有最大延迟保证，这样的延迟介于两次操作之间的时间。USB 鼠标和键盘通常使用中断数据传输。
- **等时数据传输**：使用预先协商的 USB 带宽，并预先协商传输延迟。等时传输具有确定的时间保证，但不具有纠错功能。数据必须以接收的速率进行传送以保持其延时，并且可能对传送延迟敏感。等时传输的典型用途是音频 / 视频流。

13.4　USB 设备类别

USB 规范定义了许多设备类别，这些类别根据 USB 设备的功能和接口要求对其进行分类。设备分类有助于确定主机如何与 USB 设备通信。集线器是一类特殊设计的设备，在 USB 规范中对其有额外要求。外设类别的其他示例是人机接口，常见的有 HID、打印机、成像设备、大容量存储设备和通信设备。USB UART 设备通常属于 USB 设备的通信设备类（CDC）。

人机接口设备类别

HID 类设备通常以某种方式与人交互。HID 类设备包括鼠标、键盘、打印机等。但是，HID 规范仅定义了设备的基本要求和数据传输协议，并且设备不一定依赖于任何直接的人机交互。HID 设备必须满足一些通用要求，以保持 HID 接口标准化和高效。

- 所有 HID 设备必须具有控制端点（端点 0）和中断 IN 端点。许多设备还使用中断 OUT 端点。在大多数情况下，HID 设备不允许具有一个以上的 OUT/IN 端点。
- 所有传输的数据必须格式化，其结构在相应描述符中定义。
- 除了所有标准 USB 请求之外，HID 设备还必须响应标准 HID 请求。

在 HID 设备可以进入其正常操作模式并与主机传输数据之前，必须正确枚举该设备。枚举过程由主机对设备描述符的多次调用组成，这些描述符存储在设备中。设备必须以符合标准格式的描述符进行响应。描述符包含有关设备的所有基本信息。USB 规范定义了一部分描述符，而 HID 规范定义了其他必需的描述符。下一节讨论主机期望接收的描述符结构。

13.5　USB 描述符

在枚举期间，一旦设备连接，主机软件就将各种标准控制请求发送到默认端点，从而获取其描述符。这些请求指定要获取的描述符的类型。为了响应这些请求，设备发送包含设备、配置、接口和端点信息的描述符。设备描述符包含整个设备的相关信息。

每个 USB 设备都会公布一个**设备描述符**，该描述符表示设备类别信息、供应商和产品标识符以及配置数量。每种配置都公布其**配置描述符**，该描述符表示接口数量和电源特性。每个接口针对其每个可用配置公布一个**接口描述符**，该描述符包含有关类别和端点数量的信息。每个接口内的每个端点都公布指示端点类型和最大数据包大小的**端点描述符**。

描述符以一个字节开头，以该字节表示描述符长度，描述符长度以字节为单位。该长度等于描述符中的字节总数，包括存储长度的字节。下一个字节表示描述符类型，这允许主机正确解释描述符中包含的其余字节。其余字节的内容和值取决于要传输的描述符类型。描述符结构必须严格遵循规范。如果描述符中的长度或者值错误，那么描述符将被主机忽略，这可能导致枚举失败并禁止设备与主机之间的进一步通信。

13.5.1　USB 设备描述符

每个通用串行总线（USB）设备都必须能够提供单个设备描述符，该描述符包含有关该设备的相关信息。例如，**idVendor** 和 **idProduct** 字段分别指定供应商和产品标识符。**bcdUSB** 字段表示设备满足的 USB 规范版本。例如，0x0200 表示该设备是按照 USB 2.0 规范设计的。**bcdDevice** 值指示设备定义的修订号。设备描述符也表示设备支持的配置总数。你可以在下面看到一个包含所有设备描述符字段的结构示例：

```
typedef struct __attribute__ ((packed))
{
    uint8_t bLength;                // Length of this descriptor.
    uint8_t bDescriptorType;        // DEVICE descriptor type
(USB_DESCRIPTOR_DEVICE).
    uint16_t bcdUSB;                // USB Spec Release Number (BCD).
    uint8_t bDeviceClass;           // Class code (assigned by the USB-IF).
0xFF-Vendor specific.
    uint8_t bDeviceSubClass;        // Subclass code (assigned by the USB-IF).
    uint8_t bDeviceProtocol;        // Protocol code (assigned by the USB-IF).
0xFF-Vendor specific.
    uint8_t bMaxPacketSize0;        // Maximum packet size for endpoint 0.
    uint16_t idVendor;              // Vendor ID (assigned by the USB-IF).
    uint16_t idProduct;             // Product ID (assigned by the manufacturer).
    uint16_t bcdDevice;             // Device release number (BCD).
    uint8_t iManufacturer;          // Index of String Descriptor describing the
manufacturer.
    uint8_t iProduct;               // Index of String Descriptor describing the
product.
    uint8_t iSerialNumber;          // Index of String Descriptor with the device's
serial number.
    uint8_t bNumConfigurations;     // Number of possible configurations.

} USB_DEVICE_DESCRIPTOR
```

第一个字段 blength 表示描述符的长度，并且所有 USB 设备描述符都应当包含此字段。

bDescriptorType 字段是设备描述符的固定字段，其长度为一个字节。所有设备描述符都应当包含此字段。

bcdUSB 字段是 BCD 编码的两字节长字段。该字段告知系统设备所遵循的 USB 规范版本。该数值可能被修改，这样设备可以利用 USB 规范的未来版本中的增加或更改。主机将使用此字段来帮助确定要为设备加载的驱动程序。

如果要在设备描述符中定义 USB 设备类，则 bDeviceClass 字段将包含 USB 规范中定义的常量。如果在其他描述符中定义设备类别，应将设备描述符中的设备类别字段设置为 0x00。

如果上面讨论的设备类字段设置为 0x00，则 bDeviceSubClass 字段也应设置为 0x00。该字段可以向主机表明有关设备子类的信息。

bDeviceProtocol 字段可以向主机表明设备是否支持高速传输。如果前面两个字段设置为 0x00，则此字段也应设置为 0x00。

bMaxPacketSize0 字段向主机表明单个控制端点传输中可以包含的最大字节数。对于低速设备，此字段必须设置为 8，而全速设备端点 0 的最大数据包大小可以为 8、16、32 或 64。

两字节长的字段 idVendor 标识设备的供应商 ID。通过 USB.org 网站可以找到供应商 ID。主机应用程序将搜索 USB 设备的供应商 ID，以查找该应用程序所需的特定设备。

与供应商 ID 一样，两字节长的 idProduct 字段唯一标识所连接的 USB 设备。可以通过 USB.org 网站获取产品 ID。

bcdDevice 字段与供应商 ID 和产品 ID 一起使用，以唯一地标识每个 USB 设备。

接下来的三个字段均为 1 字节长，这三个字段向主机表明：在找到描述所连接设备的 UNICODE 字符串时，使用哪一个字符数组索引编号。相应的字符串被系统显示在屏幕中。此字符串描述所连接设备的制造商。iManufacturer 字符串索引值 0x00 向主机表明设备在内存中没有相应字符串的值。

当主机想要找到描述所连接产品的字符串时，将使用 iProduct 索引字段。例如，相应字符串可能为 "USB Keyboard"。

由 iSerialNumber 索引字段指向的字符串包含产品序列号的 UNICODE 文本。

bNumConfigurations 字段向主机表明设备支持多少种配置。配置是设备功能的定义，包括端点配置。所有设备必须至少包含一种配置，但是也可以支持多种配置。

13.5.2 USB 配置描述符

尽管大多数设备只有一个配置，但 USB 设备也可能具有几种不同的配置。配置描述符指定设备的供电方式、最大功耗以及接口数量。有两种可能的配置，一种用于设备由总线供电时，另一种用于外部电源供电时。你可以查看如下的数据结构示例，该结构包含所有配置描述符字段：

```
typedef struct __attribute__ ((packed))
{
    uint8_t bLength;              // Size of Descriptor in Bytes
    uint8_t bDescriptorType;      // Configuration Descriptor (0x02)
    uint16_t wTotalLength;        // Total length in bytes of data returned
    uint8_t bNumInterfaces;       // Number of Interfaces
    uint8_t bConfigurationValue;  // Value to use as an argument to select this
configuration
    uint8_t iConfiguration;       // Index of String Descriptor describing this
configuration
    uint8_t bmAttributes;         // power parameters for the configuration
    uint8_t bMaxPower;            // Maximum Power Consumption in 2mA units

} USB_CONFIGURATION_DESCRIPTOR;
```

blength 字段定义配置描述符的长度。它是标准长度。

对于配置描述符来说，bDescriptorTye 字段是一字节长的常量字段，其值固定为 0x02。

两字节长的 wTotalLength 字段定义了此描述符以及与该配置关联的所有其他描述符的长度。例如，可以通过将配置描述符、接口描述符、HID 类描述符以及与此接口关联的两个端点描述符的长度相加来计算其长度。这个字段遵循"小端"数据格式。该字段定义此描述符以及与此配置关联的所有其他描述符的长度。

bNumInterfaces 字段定义此配置中包含的接口设置的数量。SetConfiguration 请求使用 bConfigurationValue 字段选择这些配置。

iConfiguration 字段是字符串描述符的索引，该字符串描述符以人类可读的形式描述了配置。

bmAttributes 字段向主机表明设备是否支持类似于远程唤醒这样的 USB 功能。相应的字段位被设置或清除，以描述这些功能。查看 USB 规范以获取有关此字段的详细描述。

bMaxPower 字段向主机表明在此配置下设备正常工作需要多大电量。

13.5.3　USB 接口描述符

USB 接口描述符包含关于 USB 接口的可选设置的信息。接口描述符具有一个 bInterfaceNumber 字段和一个 bAlternateSetting 字段，其中 bInterfaceNumber 字段指定接口编号，bAlternateSetting 字段则是该接口所属的设置。例如，你可能有一台带有两个接口的设备。第一个接口的 bInterfaceNumber 设置为零，以表明它是第一个接口描述符，而且 bAlternativeSetting 设置为零。第二个接口的 bInterfaceNumber 设置为 1，bAlternativeSetting 设置为零（默认值）。第二个接口还可以将 bAlternativeSetting 设置为 1，作为第二个接口的可选配置编号。

bNumEndpoints 字段表示接口使用的端点编号。

bInterfaceClass、bInterfaceSubClass 和 bInterfaceProtocol 字段表示受支持的类（例如 HID、大容量存储等）。这使许多设备可以使用设备类驱动程序，从而无须为设备编写特定的驱动程序。iInterface 字段则为接口的字符串描述。

你可以参考如下数据结构示例，该数据结构包含接口描述符字段：

```
typedef struct __attribute__ ((packed))
{
    uint8_t bLength;             // Size of Descriptor in Bytes (9 Bytes)
    uint8_t bDescriptorType;    // Interface Descriptor (0x04)
    uint8_t bInterfaceNumber;   // Number of Interface
    uint8_t bAlternateSetting;  // Value used to select alternative setting
    uint8_t bNumEndPoints;      // Number of Endpoints used for this interface
    uint8_t bInterfaceClass;    // Class Code (Assigned by USB Org)
    uint8_t bInterfaceSubClass; // Subclass Code (Assigned by USB Org)
    uint8_t bInterfaceProtocol; // Protocol Code (Assigned by USB Org)
    uint8_t iInterface;         // Index of String Descriptor Describing this
interface

} USB_INTERFACE_DESCRIPTOR;
```

13.5.4　USB 端点描述符

USB 端点描述符用于描述那些与端点 0 有所不同的端点。端点 0 是控制端点，它在任何其他描述符之前进行配置。主机将使用从这些 USB 端点描述符返回的信息来指定每个端点的传输类型、方向、轮询间隔和最大数据包大小。你可以参考如下数据结构示例，该数据结构包含端点描述符字段：

```
typedef struct __attribute__ ((packed))
{
    uint8_t bLength;             // Size of Descriptor in Bytes (7 bytes)
    uint8_t bDescriptorType;    // Endpoint Descriptor (0x05)
    uint8_t bEndpointAddress;   // Endpoint Address.Bits 0..3b Endpoint Number. Bits
4..6b Reserved.Set to Zero.Bits 7 Direction 0 = Out, 1 = In
    uint8_t bmAttributes        // Transfer type
    uint16_t wMaxPacketSize;    // Maximum Packet Size this endpoint can send or
receive
    uint8_t bInterval;          // Interval for polling endpoint data transfers

} USB_ENDPOINT_DESCRIPTOR;
```

bEndpointAddress 字段表示此描述符正在描述的端点。

bmAttributes 字段指定传输类型，可以是控制、中断、等时或批量传输。如果指定了等时端点，则可以选择其他属性，例如同步和用途类型。第 0..1 位是传输类型：00 = 控制，01 = 等时，10 = 批量，11 = 中断。第 2..7 位保留。如果端点是等时传输，则第 3..2 位为同步类型（Iso 模式）：00 = 无同步，01 = 异步，10 = 自适应，11 = 同步。第 5..4 位为用途类型（Iso 模式）：00 = 数据端点，01 = 反馈端点，10 = 显式反馈数据端点，11 = 保留。

wMaxPacketSize 字段表示此端点的最大有效负载大小。

bInterval 项用于指定端点数据传输的轮询间隔。对于批量和控制端点来说，忽略此字段。单位以帧表示，因此对于低速 / 全速设备来说，轮询间隔等于 1ms，对于高速设备来说，轮询间隔等于 125μs。

13.5.5　USB 字符串描述符

USB 字符串描述符（USB_STRING_DESCRIPTOR）向其他描述符提供人类可读的信息。这些描述符是可选的。如果设备不支持字符串描述符，则必须将设备、配置和接口描述符中对字符串描述符的所有引用都设置为零。

字符串描述符是 UNICODE 编码的字符，因此单个产品可以支持多种语言，参见表 13-1。当获取字符串描述符时，请求者使用 USB-IF 定义的 16 位语言 ID（LANGID）指定所需的语言。字符串索引 0 用于所有语言，并返回字符串描述符，该描述符包含设备支持的两字节长的 LANGID 代码的数组。

表 13-1　字符串描述符说明

偏 移	字 段	类型	长度	值	描 述
0	bLength	unit8_t	N+2	数字	以字节表示的描述符长度
2	bDescriptorType	unit8_t	1	常量	字段串描述符类型
2	wLANGID[0]	unit8_t	2	数字	LANGID 代码 0（例如 0x0x0407 德语（标准））
…	…	…	…	…	…
N	wLANGID[x]	unit8_t	2	数字	LANGID 代码 x（例如 0x0x0409 英语）

UNICODE 字符串描述符并不是以 NULL 结尾的。字符串长度是通过从描述符的第一个字节的值中减去 2 来计算得到的，参见表 13-2。

表 13-2　字符串描述符说明

偏 移	字 段	类 型	长 度	值	描 述
0	bLength	unit8_t	1	数字	以字节表示的描述符长度
1	bDescriptorType	unit8_t	1	常量	字段串描述符类型
2	bString	unit8_t	N	数字	UNICODE 格式编码的字段串

13.5.6　USB HID 描述符

USB HID 设备类是支持人类用来控制计算机系统操作的设备。HID 设备类别包括各种人机接口、数据指示器和数据反馈设备，这些设备具有针对最终用户的各种类型的输出。HID 类设备的一些常见例子包括：

- 键盘。
- 指针设备，例如标准鼠标、操纵杆和轨迹球。
- 面板控件，例如旋钮、开关、按钮和滑块。
- 电话、游戏或模拟设备（例如方向盘、方向舵踏板和拨号盘）上的控制组件。
- 数据设备，例如条形码扫描仪、温度计、分析仪。

USB HID 设备中需要以下描述符：

- 标准设备描述符。
- 标准配置描述符。
- HID 类的标准接口描述符。
- 特定于设备类的 HID 描述符。
- 用于中断 IN 端点的标准端点描述符。
- 特定于设备类的报告描述符。

特定于设备类的 HID 描述符如下所示：

```
typedef struct __attribute__((packed))
{
    uint8_t     bLength;
    uint8_t     bDescriptorType;
    uint16_t    bcdHID;
    uint8_t     bCountryCode;
    uint8_t     bNumDescriptors;
    uint8_t     bReportDescriptorType;
    uint16_t    wItemLength;

} USB_HID_DESCRIPTOR;
```

bLength 字段描述了 HID 描述符的大小。其值是变化的，这依赖于 HID 配置定义中包含的下级描述符（例如报告描述符）的数量。

bDescriptorType 字段的值是 0x21，它是设备描述符的常量字段，长度为 1 个字节，并且为所有 HID 描述符所共有。

bcdHID 字段为两字节长度，它向主机表明设备遵循的 HID 类规范的版本。USB 规范要求将此值格式化为二进制编码的十进制数字，这意味着每个字节的上下半字节代表数字 0…9。例如，0x0101 代表数字 0101，它等于带有隐含小数点的修订版本号 1.01。

如果将设备设计为支持特定国家 / 地区，那么 bCountryCode 字段会向主机表明是支持哪个国家 / 地区。将该字段设置为 0x00 表示该设备并非仅仅支持某个特定国家 / 地区。

bNumDescriptors 字段向主机表明此 HID 配置中包含多少个报告描述符。如下两字节的字段对描述了所包含的报告描述符。

bReportDescriptorType 字段描述了此 HID 描述符之后的第一个描述符。例如，如果其值为 "0x22"，则表示随后的描述符是报告描述符。

wItemLength 字段向主机表明前面字段描述的描述符的大小。

HID 报告描述符是硬编码的字节数组，用于描述设备的数据包。其中包括：设备支持多少个数据包，这些数据包有多大以及数据包中每个字节和位的用途。例如，带有计算器程序按钮的键盘可以告诉主机：按钮的按下 / 释放状态存储在编号为 4 的数据包中第 6 个字节的第 2 位。

13.6　Linux USB 子系统

早在 Linux 2.2 内核系列中，就加入了对 USB 的支持，此后一直在持续发展。除了对每一代新 USB 的支持之外，各种主机控制器也获得了支持，还增加了用于外设的新驱动程序，并引入了用于延迟测量和改进电源管理的高级功能。

USB Linux 框架支持 USB 设备以及控制设备的主机。USB Linux 框架还支持 gadget **驱动**，以及用于这些外设的类。在本章中，我们将重点关注运行在主机上的 Linux USB 设备驱动程序。

在 Linux 中，"USB 核心"是一类特定的 API 实现，用于支持 USB 外设和主机控制器。该 API 通过定义一组数据结构、宏和函数来抽象所有硬件。USB 设备的主机端驱动程序与这些"USB 核心"API 进行通信。有两套 API，其中一套用于通用 USB 设备驱动程序（将在本章中描述），另一套是核心的一部分，用于核心驱动程序。这样的核心驱动程序包括集线器驱动程序（管理 USB 设备树），以及几种不同类型的 USB 主机适配器驱动程序，它们控制不同的总线。图 13-3 显示了 Linux USB 子系统的示例。

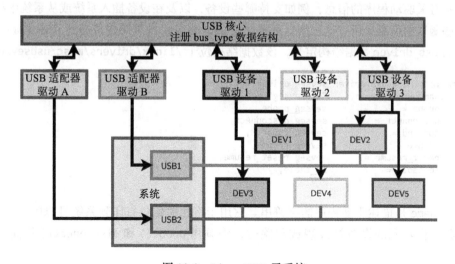

图 13-3　Linux USB 子系统

Linux USB API 支持对控制消息和批量消息的同步调用。它还通过使用称为"URB"（USB 请求块）的请求结构来支持用于各种数据传输的异步调用。

真正与硬件打交道的（读 / 写寄存器，处理 IRQ 等）主机端驱动程序是主机控制器设备（HCD）驱动程序。从理论上讲，所有 HCD 通过相同的 API 提供相同的功能。这样说显得越来越正确，但是仍然存在一些差异，尤其是在不太常见的控制器上进行错误处理时会有一些差异。不同的控制器不一定报告相同的错误，并且以完全一致的方式从故障中恢复（包括由软件引起的故障，例如断开 URB 的连接）。

有关 USB 核心和主机控制器 API 的更多信息，请访问：

https://www.kernel.org/doc/html/v4.14/driver-api/usb/usb.html#usb-core-apis

https://www.kernel.org/doc/html/v4.14/driver-api/usb/usb.html#host-controller-apis

本章的主要重点是 Linux 主机侧 USB 设备驱动程序的开发。后面的所有部分都与此类驱动程序的开发有关。

13.7　编写 Linux USB 设备驱动程序

在以下实验中，你将开发几个 USB 设备驱动程序。通过这些驱动程序，你将理解 Linux USB 设备驱动程序的基本框架。但是在进行实验之前，你需要熟悉主要的 USB 数据结构和函数。以下各节将详细说明这些结构和函数。

13.7.1　注册 USB 设备驱动程序

Linux USB 设备驱动程序需要做的第一件事，是在 Linux USB 核心中注册自己，从而提供一些有关驱动程序的信息，例如支持哪些设备，以及在设备插入系统或从系统中移除时调用哪些函数的信息。所有这些信息都将通过 usb_driver 数据结构传递到 USB 核心。请参见随后的 usb_driver 数据结构定义，该数据结构位于 /linux/drivers/misc/usbsevseg.c：

```
static struct usb_driver sevseg_driver = {
    .name =              "usbsevseg",
    .probe =             sevseg_probe,
    .disconnect =        sevseg_disconnect,
    .suspend =           sevseg_suspend,
    .resume =            sevseg_resume,
    .reset_resume =      sevseg_reset_resume,
    .id_table =          id_table,
};
```

变量 name 是描述驱动程序的字符串。它用于将相关信息打印到系统日志中。当与 id_table 变量相匹配的设备被发现或移除时，将调用 probe() 和 disconnect() 热插拔回调函数。

probe() 函数将被 USB 核心调用，USB 核心通过此调用访问驱动程序，让驱动程序判断是否愿意管理设备上的特定接口。如果愿意，则 probe() 返回零并调用 usb_set_intfdata() 将特定于驱动程序的数据与接口相关联。它还可以调用 usb_set_interface() 指定适当的可选配置。如果不愿意，则返回 -ENODEV，如果发生真正的 IO 错误，则为适当的负数错误值。

```
int (* probe) (struct usb_interface *intf,const struct usb_device_id *id);
```

当接口不能被访问时，将调用 disconnect() 回调。通常是由于其设备已经（或正在）

断开连接，或者正在卸载驱动程序模块：

```
void disconnect(struct usb device *dev, void *drv context);
```

在 usb_driver 数据结构中，定义了一些电源管理（PM）回调：
- suspend：在设备将要挂起时调用。
- resume：在将要恢复设备时调用。
- reset_resume：在挂起的设备已经被复位而不是恢复时调用。

还定义了一些设备级别的操作：
- pre_reset：在将要重置设备时调用。
- post_reset：在设备重置后调用。

USB 设备驱动程序使用 ID 表来支持热插拔。usb_driver 数据结构中包含的指针变量 id_table 指向 usb_device_id 数据结构数组，这些数据结构声明 USB 设备驱动程序支持的设备。大多数驱动程序使用 USB_DEVICE() 宏创建 usb_device_id 数据结构。这些数据结构通过使用 MODULE_ DEVICE_TABLE（usb，xxx）宏注册到 USB 核心。以下代码行包含在 /linux/drivers/ misc/usbsevseg.c 驱动程序中，它创建 USB 设备并将其注册到 USB 核心：

```
#define VENDOR_ID      0x0fc5
#define PRODUCT_ID     0x1227

/* table of devices that work with this driver */
static const struct usb_device_id id_table[] = {
   { USB_DEVICE(VENDOR_ID, PRODUCT_ID) },
   { },
};
MODULE_DEVICE_TABLE(usb, id_table);
```

通过使用 module_usb_driver() 函数，将 usb_driver 数据结构注册到总线核心：

```
module_usb_driver(sevseg_driver);
```

13.7.2　Linux 主机端数据类型

USB 设备驱动程序实际上绑定到接口，而不是绑定到设备。应当将它们视为"接口驱动程序"，尽管这样你可能看不到很多有重要区别的设备。大多数 USB 设备都很简单，只有一种功能、一种配置、一种接口和一种可选设置。USB 接口由 usb_interface 数据结构表示。这是 USB 核心调用 probe() 函数时，传递给 USB 驱动程序的参数。

```
struct usb_interface {
  struct usb_host_interface *altsetting;
  struct usb_host_interface *cur_altsetting;
  unsigned num_altsetting;
  struct usb_interface_assoc_descriptor *intf_assoc;
```

```
    int minor;
    enum usb_interface_condition condition;
    unsigned sysfs_files_created:1;
    unsigned ep_devs_created:1;
    unsigned unregistering:1;
    unsigned needs_remote_wakeup:1;
    unsigned needs_altsetting0:1;
    unsigned needs_binding:1;
    unsigned resetting_device:1;
    unsigned authorized:1;
    struct device dev;
    struct device *usb_dev;
    atomic_t pm_usage_cnt;
    struct work_struct reset_ws;
};
```

这是 usb_interface 数据结构的主要成员：

- altsetting：usb_host_interface 数据结构的数组，每一个元素都是可以被选择的可选设置，包含一组端点配置。它们没有特殊的顺序。每个可选设置的 usb_host_interface 数据结构允许被每个端点用于访问 usb_endpoint_descriptor 数据结构：

```
interface->altsetting[i]->endpoint[j]->desc
```

- cur_altsetting：当前的可选设置。
- num_altsetting：已经定义的可选设置数量。

每个接口可能都有可选设置。设备的初始配置将 altsetting 设置为 0，但是设备驱动程序可以使用 usb_set_interface() 更改该设置。可选设置通常用于控制周期性端点的使用，例如让不同的端点使用不同数量的 USB 保留带宽。所有使用 ISO 端点的符合标准的 USB 设备都将在非默认设置中使用它们。

usb_host_interface 数据结构也包含 usb_host_endpoint 数据结构数组。

```
/* host-side wrapper for one interface setting's parsed descriptors */
struct usb_host_interface {
    struct usb_interface_descriptor desc;
    int extralen;
    unsigned char *extra; /* Extra descriptors */

    /*
     * array of desc.bNumEndpoints endpoints associated with this
     * interface setting. These will be in no particular order.
     */
    struct usb_host_endpoint *endpoint;
    char *string; /* iInterface string, if present */
};
```

每一个 usb_host_endpoint 数据结构包含一个 usb_endpoint_descriptor 数据结构。

```
struct usb_host_endpoint {
    struct usb_endpoint_descriptor desc;
    struct usb_ss_ep_comp_descriptor ss_ep_comp;
```

```
    struct usb_ssp_isoc_ep_comp_descriptor ssp_isoc_ep_comp;
    struct list_head urb_list;
    void *hcpriv;
    struct ep_device *ep_dev; /* For sysfs info */

    unsigned char *extra; /* Extra descriptors */
    int extralen;
    int enabled;
    int streams;
};
```

usb_endpoint_descriptor 数据结构包含设备本身声称的所有 USB 特定数据。

```
struct usb_endpoint_descriptor {
    __u8  bLength;
    __u8  bDescriptorType;

    __u8  bEndpointAddress;
    __u8  bmAttributes;
    __le16 wMaxPacketSize;
    __u8  bInterval;

    /* NOTE:  these two are _only_ in audio endpoints. */
    /* use USB_DT_ENDPOINT*_SIZE in bLength, not sizeof. */
    __u8  bRefresh;
    __u8  bSynchAddress;
} __attribute__ ((packed));
```

你可以使用以下代码从 IN 和 OUT 端点描述符获取 IN 和 OUT 端点地址，这些描述符包含在 USB 接口的当前可选设置中：

```
struct usb_host_interface *altsetting = intf->cur_altsetting;
int ep_in, ep_out;

/* there are two usb_host_endpoint structures in this interface altsetting.Each usb_
host_endpoint structure contains a usb_endpoint_descriptor */
ep_in = altsetting->endpoint[0].desc.bEndpointAddress;
ep_out = altsetting->endpoint[1].desc.bEndpointAddress;
```

13.7.3　USB 请求块

主机和设备之间的任何通信都是通过使用 USB 请求块（URB）异步完成的。

- URB 由所有相关信息组成，以执行任何 USB 事务并返回数据和状态。
- URB 的执行本质上是异步操作，也就是说，usb_submit_urb() 调用将在成功将请求的操作排队后立即返回。
- 可以随时通过 usb_unlink_urb() 取消一个 URB 的传输。
- 每个 URB 都有一个完成处理程序，在操作成功完成或者被取消后调用该处理程序。URB 还包含一个上下文指针，用于将信息传递给完成处理程序。
- 设备的每个端点在逻辑上都支持一个请求队列。你可以填充该队列，这样当驱动程序处理其他完成事件时，USB 硬件仍可以将数据传输到端点。这样可以最大限度地利用 USB 带宽，并在使用周期传输模式时支持向（或从）设备进行无缝数据流传输。以下是 urb 数据结构的一些字段：

```
struct urb
{
    // (IN) device and pipe specify the endpoint queue
    struct usb_device *dev;         // pointer to associated USB device
    unsigned int pipe;              // endpoint information

    unsigned int transfer_flags;    // URB_ISO_ASAP, URB_SHORT_NOT_OK, etc.

    // (IN) all urbs need completion routines
    void *context;                  // context for completion routine
    usb_complete_t complete;        // pointer to completion routine

    // (OUT) status after each completion
    int status;                     // returned status

    // (IN) buffer used for data transfers
    void *transfer_buffer;          // associated data buffer
    u32 transfer_buffer_length;     // data buffer length
    int number_of_packets;          // size of iso_frame_desc

    // (OUT) sometimes only part of CTRL/BULK/INTR transfer_buffer is used
    u32 actual_length;              // actual data buffer length

    // (IN) setup stage for CTRL (pass a struct usb_ctrlrequest)
    unsigned char *setup_packet;    // setup packet (control only)

    // Only for PERIODIC transfers (ISO, INTERRUPT)
    // (IN/OUT) start_frame is set unless URB_ISO_ASAP isn't set
    int start_frame;                // start frame
    int interval;                   // polling interval

    // ISO only: packets are only "best effort"; each can have errors
    int error_count;                // number of errors
    struct usb_iso_packet_descriptor iso_frame_desc[0];
};
```

USB 驱动程序必须使用适当的端点描述符中的值来创建"管道"，这些描述符在声明它的接口中。

通过调用 usb_alloc_urb() 分配 URB：

```
struct urb *usb_alloc_urb(int isoframes, int mem_flags)
```

返回值是指向所分配的 URB 指针，如果分配失败，则返回 0。参数 isoframes 指定要调度的等时传输帧数量。对于 CTRL/BULK/INT（控制 / 批量 / 中断）传输，请传递参数 0。mem_flags 参数包含标准的内存分配标志，这样你可以控制底层代码是否可以被阻塞。

要释放 URB，请调用 usb_free_urb()：

```
void usb_free_urb(struct urb *urb)
```

中断传输是周期性的，并且以 2 的幂（1、2、4 等）为间隔单位进行传输。传输单位是用于全速和低速设备的帧，以及用于高速设备的微帧。你可以使用 usb_fill_int_urb() 宏来填充 INT 传输字段。当使用 usb_fill_int_urb() 函数将正确的信息填充到 urb 时，你应该将 urb 的完成回调指向自己的回调函数。当 USB 子系统完成 urb 时，将调用此回调函数。回调函数是在中断上下文中调用的，因此必须注意不要在其中进行太多处理。usb_submit_urb() 调用将 urb-> interval 修改为小于或等于所请求的间隔值。

使用 usb_submit_urb() 函数提交 URB：

```
int usb_submit_urb(struct urb *urb, int mem_flags)
```

象 GFP_ATOMIC 这样的 mem_flags 参数用于控制内存分配，例如在内存紧张时较低级别的参数可能导致阻塞。该函数立即返回状态 0（请求已排队）或某些错误代码，错误通常由以下原因引起：

- 内存不足（-ENOMEM）
- 已经拔出的设备（-ENODEV）
- 卡顿的端点（-EPIPE）
- 排队的 ISO 传输过多（-EAGAIN）
- 请求的 ISO 帧过多（-EFBIG）
- 无效的 INT 间隔（-EINVAL）
- 对 INT 传输来说，超过一个数据包（-EINVAL）

提交后，urb->status 变成 -EINPROGRESS。但是，除了在完成回调中，你永远不要查看此值。

有两种方法可以取消已提交的 URB，但这些 URB 并不会直接返回给你的驱动。对于异步取消，请调用 usb_unlink_urb()：

```
int usb_unlink_urb(struct urb *urb)
```

该函数将 urb 从内部链表中删除，并释放所有分配的硬件描述符。并且状态被修改，以反映未连接的事实。请注意，当 usb_unlink_urb() 返回时，URB 通常不会结束；你仍然必须等待完成处理回调被调用。

要同步取消 URB，请调用 usb_kill_urb()：

```
void usb_kill_urb(struct urb *urb)
```

它会执行 usb_unlink_urb() 所做的每一件事情，此外，它会一直等待 URB 返回并且完成处理回调被调用。

完成处理程序具有以下类型：

```
typedef void (*usb_complete_t)(struct urb *)
```

在完成处理回调程序中，你应该查看 urb->status 以检测可能的 USB 错误。由于上下文参数包含在 URB 中，因此你可以将信息传递给完成处理回调程序。

13.8　实验 13-1：USB HID 设备应用程序

在本 USB 实验中，将学习如何创建一个功能齐全的 USB HID 设备，以及如何通过使用 HID 报告来发送和接收数据。在该实验中使用 Curiosity PIC32MX470 开发板：

https://www.microchip.com/DevelopmentTools/ProductDetails/dm320103#additional-summary。

Curiosity PIC32 MX470 开发板采用 PIC32MX 系列（PIC32MX470512H）芯片，该芯片拥有 120MHz CPU、512KB Flash、128KB RAM 、全速 USB 和多种扩展选项。

Curiosity 开发板包括一个集成的编程器 / 调试器、优秀的用户体验选项（包括多个 LED、RGB LED 和一个开关）。每块单板都提供了两个 MicroElektronika 的 MikroBus 扩展插座、I/O 扩展头和一个 Microchip X32 头，以帮助那些希望加速应用原型开发的用户。该开发板与 Microchip 的 MPLAB X IDE 和 PIC32 的强大的软件框架 MPLAB Harmony 集成在一起，为应用开发提供了灵活的模块化接口、丰富的互操作软件栈（TCP-IP、USB）和易于使用的特性。

以下是该实验需要的软件和硬件要求：

- **开发环境**：MPLAB X IDE v5.10。
- **C 编译器**：MPLAB XC32 v2.15。
- **软件工具**：MPLAB Harmony 集成软件框架，版本 v2.06；GenericHIDSimpleDemo 应用程序（Harmony 的 "hid_basic" 示例）。
- **硬件工具**：Curiosity PIC32MX470 开发板（dm320103 ）。

本实验的目标是使用 MPLAB Harmony Configurator Tool，创建一个 MPLAB X 项目，并编写代码制作一个 USB 设备，使其能够被枚举为 HID 设备，并与下面实验中将要开发的 Linux USB 主机驱动程序进行通信。

13.8.1　步骤 1：创建一个新工程

为 Curiosity 开发板创建一个空的 32 位 MPLAB Harmony 工程，命名为 USB_LED。将工程保存在以下文件夹 `C:/microchip_usb_labs` 中，如图 13-4 所示。

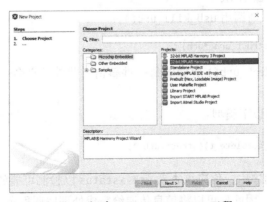

图 13-4　新建 MPLAB Harmony 工程

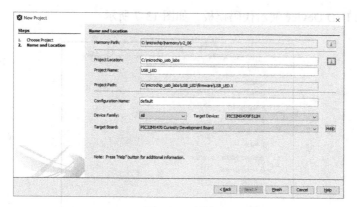

图 13-4 （续）

13.8.2 步骤 2：配置 Harmony

启动 MPLAB Harmony Configurator 插件，单击 Tools->Embedded->MPLAB Harmony Configurator。

勾选你的开发板，启用 BSP（板级支持包），如图 13-5 所示。

图 13-5 配置 MPLAB Harmony 工程

勾选 Generate Application Code For Selected Harmony Components，如图 13-6 所示。

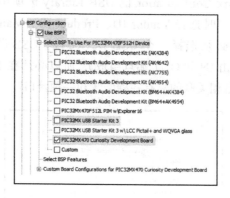

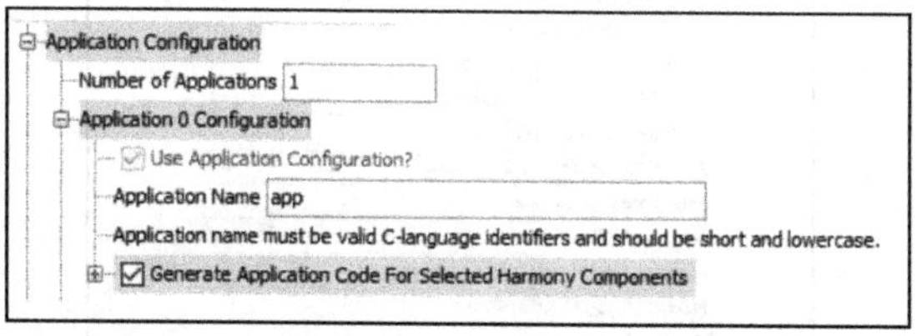

图 13-6 配置 MPLAB Harmony 工程

勾选 Basic HID Device 演示代码模板，如图 13-7 所示。

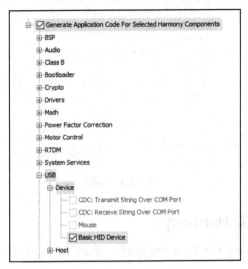

图 13-7　配置 MPLAB Harmony 工程

在 Harmony Framework Configuration 的 USB Library 选项中，在 Product ID Selection 中选择 hid_basic_demo。同时选择 Vendor ID、Product ID、Manufacturer String 和 Product String，如图 13-8 所示。必须选择一个 USB Device 栈。USB 设备将具有一个控制端点 (ep0) 和一个中断端点（由 IN 和 OUT 端点组成），所以必须在 Number of Endpoints Used 字段中写入数值 2。与设备相关联的只有一种配置和一种接口。

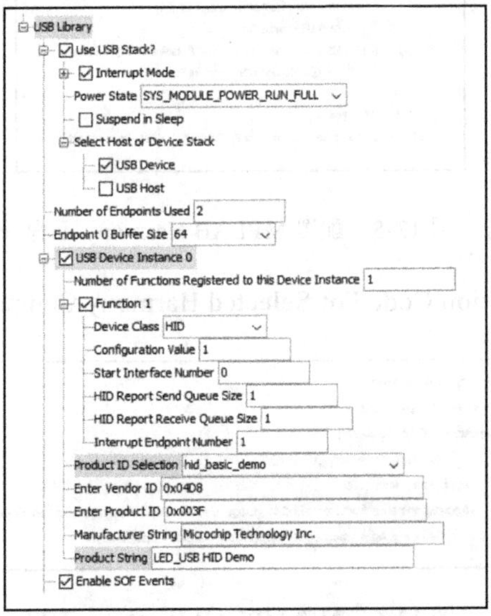

图 13-8　配置 MPLAB Harmony 工程

生成代码，保存修改后的配置，生成工程，如图 13-9 所示。

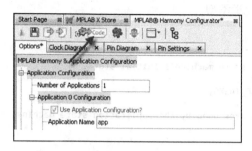

图 13-9　配置 MPLAB Harmony 工程

13.8.3　步骤 3：修改生成的代码

通常，HID 类用于实现人机界面产品，如鼠标和键盘。然而，HID 协议是相当灵活的，可以调整并用于向 / 从 USB 设备发送 / 接收通用数据。

在下面的两个实验中，将看到如何使用 USB 协议进行基本的通用 USB 数据传输。将开发 Linux USB 主机驱动程序，向 PIC32MX USB HID 设备发送 USB 命令，以切换 PIC32MX Curiosity 单板中包含的三个 LED（LED1、LED2、LED3）。PIC32MX USB HID 设备还将检查用户按钮 (S1) 的值，并向主机回复一个包含该开关值的数据包。

在本实验中，必须在 USB 设备端实现以下功能：

- **切换** LED：Linux USB 主机驱动程序会向 HID 设备发送报告，报告的第一个字节可以是 0x01、0x02 或 0x03。HID 设备在收到报告中的 0x01 时切换 LED1，收到 0x02 时切换 LED2，收到 0x03 时切换 LED3。
- **获取按钮状态**：Linux USB 主机驱动程序会向 HID 设备发送报告，该报告的第一个字节是 0x00。HID 设备必须回复另一份报告，其中第一个字节是 S1 按钮的状态（"0x00" 已按下，"0x01" 未按下）。

通过检查由 MPLAB Harmony Configurator 生成的 app.c 代码，演示代码希望你在函数 USB_Task() 里面实现你的 USB 状态机。如果设置了 HID 设备，代码里面的状态机将被执行；如果取消设置 HID 设备，USB 状态机需要返回到 INIT 状态。

在初始化后，HID 设备需要等待主机发出的命令；发送读取请求可以使 HID 设备能够接收报告。状态机需要等待主机发送报告；收到报告后，应用程序需要检查报告的第一个字节。如果这个字节是 0x01、0x02 或 0x03，那么 LED1、LED2 和 LED3 将会被切换。如果第一个字节是 0x00，则需要向主机发送包含开关状态的响应报告，然后处理新的读请求。

13.8.4　步骤 4：声明 USB 状态机的状态

要创建 USB 状态机，你需要声明一个枚举类型（如 USB_STATES），其中包含状态机所需的四个状态标签。（例如，USB_STATE_INIT、USB_STATE_WAITING_FOR_DATA、

USB_STATE_SCHEDULE_READ、USB_STATE_SEND_REPORT)。在 app.h 文件中找到类型定义部分，并声明枚举类型。

```
typedef enum
{
    /* Application's state machine's initial state. */
    APP_STATE_INIT=0,
    APP_STATE_SERVICE_TASKS,

    /* TODO: Define states used by the application state machine. */

} APP_STATES;

/* Declare the USB State Machine states */
typedef enum
{
    /* Application's state machine's initial state. */
    USB_STATE_INIT=0,
    USB_STATE_WAITING_FOR_DATA,
    USB_STATE_SCHEDULE_READ,
    USB_STATE_SEND_REPORT

} USB_STATES;
```

13.8.5 步骤 5：添加新成员到 APP_DATA 类型

APP_DATA 数据结构类型已经包含了应用程序状态机和枚举过程所需的成员（state、handleUsbDevice、usbDeviceIsConfigured 等)；还需要添加用于发送和接收 HID 报告的成员。

在 app.h 文件中找到 APP_DATA 数据结构类型，并添加以下成员：

- 储存 USB 状态机状态的成员。
- 两个指向缓冲区的指针（一个用于接收数据，一个用于发送数据)。
- 两个 HID 传输句柄（一个用于接收传输，一个用于发送传输)。
- 两个标志，表示正在进行的传输状态（一个用于接收，一个用于传输)。

```
typedef struct
{
    /* The application's current state */
    APP_STATES state;

    /* TODO: Define any additional data used by the application. */

    /*
     * USB variables used by the HID device application:
     *
     *    handleUsbDevice          : USB Device driver handle
     *    usbDeviceIsConfigured    : If true, USB Device is configured
     *    activeProtocol           : USB HID active Protocol
     *    idleRate                 : USB HID current Idle
     */
    USB_DEVICE_HANDLE            handleUsbDevice;
    bool                         usbDeviceIsConfigured;
    uint8_t                      activeProtocol;
    uint8_t                       idleRate;
```

```
    /* Add new members to APP_DATA type */
    /* USB_Task's current state */
    USB_STATES stateUSB;

    /* Receive data buffer */
    uint8_t * receiveDataBuffer;

    /* Transmit data buffer */
    uint8_t * transmitDataBuffer;

    /* Send report transfer handle*/
    USB_DEVICE_HID_TRANSFER_HANDLE txTransferHandle;

    /* Receive report transfer handle */
    USB_DEVICE_HID_TRANSFER_HANDLE rxTransferHandle;

    /* HID data received flag*/
    bool hidDataReceived;

    /* HID data transmitted flag */
    bool hidDataTransmitted;

} APP_DATA;
```

13.8.6　步骤 6：声明接收缓冲区和发送缓冲区

要处理报告接收或报告发送请求，需要提供一个指向缓冲区的指针，用以存储接收的数据和需要传输的数据。在 app.c 文件中找到全局数据定义部分，声明两个 64 字节的缓冲区。

```
APP_DATA appData;

/* Declare the reception and transmission buffers */
uint8_t receiveDataBuffer[64] __attribute__((aligned(16)));
uint8_t transmitDataBuffer[64] __attribute__((aligned(16)));
```

13.8.7　步骤 7：初始化新成员

在步骤 5 中，为 APP_DATA 数据结构类型添加了一些新的成员，需要将其初始化，其中一些成员只需要在 APP_Initialize() 函数中初始化一次。

在 app.c 文件中找到 APP_Initialize() 函数，并添加代码以初始化 USB 状态机状态成员和两个缓冲区指针；state 变量需要设置为 USB 状态机的初始状态。两个指针需要指向你在步骤 6 中声明的相应缓冲区。

其他成员将在使用之前被初始化。

```
void APP_Initialize ( void )
{
    /* Place the App state machine in its initial state. */
    appData.state = APP_STATE_INIT;
```

```
    /* Initialize USB HID Device application data */
    appData.handleUsbDevice = USB_DEVICE_HANDLE_INVALID;
    appData.usbDeviceIsConfigured = false;
    appData.idleRate = 0;

    /* Initialize USB Task State Machine appData members */
    appData.receiveDataBuffer = &receiveDataBuffer[0];
    appData.transmitDataBuffer = &transmitDataBuffer[0];
    appData.stateUSB = USB_STATE_INIT;

}
```

13.8.8　步骤 8：处理弹出

在实验中使用的 Harmony 版本中，USB_DEVICE_EVENT_DECONFIGURED 和 USB_DEVICE_EVENT_RESET 事件并没有传递到 USB 设备事件处理程序。所以在 USB_DEVICE_EVENT_POWER_REMOVED 事件里面，appData 数据结构的 usbDeviceIsConfigured 标志需要设置为 false。

在 app.c 文件中的 APP_USBDeviceEventHandler() 函数中找到掉电的情况（USB_DEVICE_EVENT_POWER_REMOVED），并将 appData 数据结构中的成员 usbDeviceIs-Configured 设置为 false。

```
case USB_DEVICE_EVENT_POWER_REMOVED:
    /* VBUS is not available any more. Detach the device. */
    /* STEP 8: Handle the detach */
    USB_DEVICE_Detach(appData.handleUsbDevice);
    appData.usbDeviceIsConfigured = false;
    /* This is reached from Host to Device */
    break;
```

13.8.9　步骤 9：处理 HID 事件

在步骤 5 中声明的两个标志将被 USB 状态机用来检查上一个报告接收或发送事务的状态。当两个 HID 事件（已发送报告和已接收报告）被传递到应用程序 HID 事件处理函数时，需要更新这两个标志的状态。还需要确定该事件与发出的请求相关，为此，可以将请求的传输句柄与事件中可用的传输句柄进行比较：如果它们匹配，则表示该事件正在处理相关请求。

在 app.c 文件中找到 APP_USBDeviceHIDEventHandler() 函数，添加一个局部变量来转换 eventData 参数，并更新两个标志，一个是报告已处于接收事件中，一个是报告已处于发送事件中；在将标志设置为 true 之前，别忘了检查传输句柄是否匹配。要想匹配传输句柄，需要将 eventData 参数转换成 USB 设备 HID 报告事件数据类型；事件有两种，类型也有两种，一种用于接收报告，一种用于发送报告。

```
static void APP_USBDeviceHIDEventHandler
(
```

```
        USB_DEVICE_HID_INDEX hidInstance,
        USB_DEVICE_HID_EVENT event,
        void * eventData,
        uintptr_t userData
)
{
    APP_DATA * appData = (APP_DATA *)userData;

    switch(event)
    {
        case USB_DEVICE_HID_EVENT_REPORT_SENT:
        {
            /* This means a Report has been sent.  We are free to send next
             * report. An application flag can be updated here. */

            /* Handle the HID Report Sent event */
            USB_DEVICE_HID_EVENT_DATA_REPORT_SENT * report =
                (USB_DEVICE_HID_EVENT_DATA_REPORT_SENT *)eventData;
            if(report->handle == appData->txTransferHandle)
            {
                // Transfer progressed.
                appData->hidDataTransmitted = true;
            }
            break;
        }
        case USB_DEVICE_HID_EVENT_REPORT_RECEIVED:
        {
            /* This means Report has been received from the Host. Report
             * received can be over Interrupt OUT or Control endpoint based on
             * Interrupt OUT endpoint availability. An application flag can be
             * updated here. */

             /* Handle the HID Report Received event */
            USB_DEVICE_HID_EVENT_DATA_REPORT_RECEIVED * report =
                (USB_DEVICE_HID_EVENT_DATA_REPORT_RECEIVED *)eventData;
            if(report->handle == appData->rxTransferHandle)
            {
                // Transfer progressed.
                appData->hidDataReceived = true;
            }
            break;
        }

        [...]

    }
}
```

13.8.10　步骤 10：创建 USB 状态机

用于生成代码的 Basic HID Device 代码模板期望 USB 状态机被放置在 USB_Task() 函数内；该状态机将一直被执行，直到 appData 结构的 usbDeviceIsConfigured 成员为 true 为止。

当拔掉 USB 线时，状态机不再执行，但需要将其重置到初始状态，以便为下一次 USB 连接做好准备。

在 app.c 文件中找到 USB_Task() 函数的 if(appData.usbDeviceIsConfigured) 语句，

然后添加 else 语句，将 appData 结构的 USB 状态机状态成员设置为初始状态（如 USB_STATE_INIT）。

可以将所请求的状态机放在 USB_Task() 函数的 if 语句里面；需要使用带有 4 种状态的 switch 语句来创建它。在步骤 4 定义的枚举类型中声明的每个状态分别使用一个 case。找到 USB_Task() 函数的 if(appData.usbDeviceIsConfigured) 语句，并为 appData 结构的 USB 状态机状态成员添加一个 switch 语句，再为该状态成员的枚举类型的每个条目添加一个 case。

在 switch 语句的初始化状态里面添加代码，将传输标志设置为 true，两个传输句柄设置为无效（USB_DEVICE_HID_TRANSFER_HANDLE_INVALID），将 appData 结构的 USB 状态机状态成员设置为调度接收请求的状态（如 USB_STATE_SCHEDULE_READ）。

```
static void USB_Task (void)
{
    if(appData.usbDeviceIsConfigured)
    {
        /* Write USB HID Application Logic here. Note that this function is
         * being called periodically the APP_Tasks() function. The application
         * logic should be implemented as state machine. It should not block */

        switch (appData.stateUSB)
        {
            case USB_STATE_INIT:

                appData.hidDataTransmitted = true;
                appData.txTransferHandle = USB_DEVICE_HID_TRANSFER_HANDLE_INVALID;
                appData.rxTransferHandle = USB_DEVICE_HID_TRANSFER_HANDLE_INVALID;
                appData.stateUSB = USB_STATE_SCHEDULE_READ;

                break;

            case USB_STATE_SCHEDULE_READ:

                appData.hidDataReceived = false;
                USB_DEVICE_HID_ReportReceive (USB_DEVICE_HID_INDEX_0,
                    &appData.rxTransferHandle, appData.receiveDataBuffer, 64);
                appData.stateUSB = USB_STATE_WAITING_FOR_DATA;

                break;

            case USB_STATE_WAITING_FOR_DATA:

                if( appData.hidDataReceived )
                {
                    if (appData.receiveDataBuffer[0]==0x01)
                    {
                        BSP_LED_1Toggle();
                        appData.stateUSB = USB_STATE_SCHEDULE_READ;
                    }
                    else if (appData.receiveDataBuffer[0]==0x02)
                    {
                        BSP_LED_2Toggle();
                        appData.stateUSB = USB_STATE_SCHEDULE_READ;
                    }
```

```
                else if (appData.receiveDataBuffer[0]==0x03)
                {
                    BSP_LED_3Toggle();
                    appData.stateUSB = USB_STATE_SCHEDULE_READ;
                }
                else if (appData.receiveDataBuffer[0]==0x00)
                {
                    appData.stateUSB = USB_STATE_SEND_REPORT;
                }
                else
                {
                    appData.stateUSB = USB_STATE_SCHEDULE_READ;
                }
            }

            break;

        case USB_STATE_SEND_REPORT:

            if(appData.hidDataTransmitted)
            {
                if( BSP_SwitchStateGet(BSP_SWITCH_1) ==
                    BSP_SWITCH_STATE_PRESSED )
                {
                    appData.transmitDataBuffer[0] = 0x00;
                }
                else
                {
                    appData.transmitDataBuffer[0] = 0x01;
                }

                appData.hidDataTransmitted = false;
                USB_DEVICE_HID_ReportSend (USB_DEVICE_HID_INDEX_0,
                    &appData.txTransferHandle, appData.transmitDataBuffer, 1);
                appData.stateUSB = USB_STATE_SCHEDULE_READ;
            }

            break;
        }
    }
    else
    {

        /* Reset the USB Task State Machine */
        appData.stateUSB = USB_STATE_INIT;

    }
}
```

13.8.11　步骤 11：调度新的报告接收请求

要从 USB 主机接收报告，需要使用为 USB HID 功能驱动程序提供的 API 来调度报告接收请求。

在调度请求之前，需要将接收标志设置为 false，以检查请求何时完成（在步骤 9 中的报告已收到完成事件中将其设置为 true）。

调度请求后，需要将 USB 状态机状态转移到等待数据状态。

在 USB_Task() 函数的 switch 语句的调度读取状态内，添加代码将接收标志设置为 false，然后调度新的报告接收请求，最后将 appData 结构的 USB 状态机状态成员设置为以下状态，以等待 USB 主机数据（如 USB_STATE_WAITING_FOR_DATA）。

```
case USB_STATE_SCHEDULE_READ:

    appData.hidDataReceived = false;
    USB_DEVICE_HID_ReportReceive (USB_DEVICE_HID_INDEX_0,
                    &appData.rxTransferHandle, appData.receiveDataBuffer, 64);
    appData.stateUSB = USB_STATE_WAITING_FOR_DATA;

    break;
```

13.8.12　步骤 12：接收、准备和发送报告

当接收到报告时，接收标志被设置为 true；这意味着在接收缓冲区中存在有效数据，在 USB_Task() 函数的 switch 内，状态被设置为 USB_STATE_WAITING_FOR_DATA，并检查由 Linux USB 主机驱动发送的下一个命令。

- 0x01：切换 LED1。状态设置为 USB_STATE_SCHEDULE_READ。
- 0x02：切换 LED2。状态设置为 USB_STATE_SCHEDULE_READ。
- 0x03：切换 LED3。状态设置为 USB_STATE_SCHEDULE_READ。
- 0x00：USB 设备进入获取按钮状态。状态设置为 USB_STATE_SEND_REPORT。HID 设备向主机回复报告，其中第一个字节是 S1 按钮的状态（"0x00" 已按下，"0x01" 未按下）。

```
case USB_STATE_WAITING_FOR_DATA:

    if( appData.hidDataReceived )
    {
        if (appData.receiveDataBuffer[0]==0x01)
        {
            BSP_LED_1Toggle();
            appData.stateUSB = USB_STATE_SCHEDULE_READ;
        }
        else if (appData.receiveDataBuffer[0]==0x02)
        {
            BSP_LED_2Toggle();
            appData.stateUSB = USB_STATE_SCHEDULE_READ;
        }
        else if (appData.receiveDataBuffer[0]==0x03)
        {
            BSP_LED_3Toggle();
            appData.stateUSB = USB_STATE_SCHEDULE_READ;
        }
        else if (appData.receiveDataBuffer[0]==0x00)
        {
            appData.stateUSB = USB_STATE_SEND_REPORT;
        }
        else
        {
```

```
                    appData.stateUSB = USB_STATE_SCHEDULE_READ;
                }
        }

        break;

    case USB_STATE_SEND_REPORT:

        if(appData.hidDataTransmitted)
        {
            if( BSP_SwitchStateGet(BSP_SWITCH_1) == BSP_SWITCH_STATE_PRESSED)
            {
                    appData.transmitDataBuffer[0] = 0x00;
            }
            else
            {
                    appData.transmitDataBuffer[0] = 0x01;
            }

                appData.hidDataTransmitted = false;
                USB_DEVICE_HID_ReportSend (USB_DEVICE_HID_INDEX_0,
                        &appData.txTransferHandle, appData.transmitDataBuffer, 1);
                appData.stateUSB = USB_STATE_SCHEDULE_READ;
        }
```

13.8.13　步骤 13：烧写应用程序

主机通过 mini-B USB 电缆给 PIC32MX470 Curiosity 开发板供电，该电缆连接到 Mini-B 端口 (J3) 的 Type-A 公头。确保在 J8 头（4 和 3 之间）放置一个跳线帽，以从调试 USB 连接器选择电源。

如图 13-10 所示，构建代码并通过编程按钮对设备进行烧写。

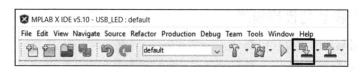

图 13-10　烧写设备

13.9　实验 13-2："USB LED"模块

在上一个实验中，开发了全功能的 USB HID 设备固件，该设备能够使用 HID 报告来发送和接收数据。现在，需要开发一个 Linux USB 主机驱动程序来控制该 USB 设备。该驱动程序将发送 USB 命令来切换 PIC32MX470 Curiosity 开发板的 LED1、LED2 和 LED3；它将通过一个 sysfs 条目从 Linux 用户态接收命令，然后将其转发给 PIC32MX HID 设备。该命令值可以是 0x01、0x02 或 0x03。HID 设备必须在收到报告中的 0x01 时切换 LED1，收到 0x02 时切换 LED2，收到 0x03 时切换 LED3。将使用 SAMA5D27-SOM1-EK1 评估套件来实现此驱动程序。开发板用户指南和设计文件可以在该处找到：https://www.microchip.

com/developmenttools/ProductDetails/atsama5d27-som1-ek1。

　　阅读本书附录中的 A.1.3 ～ A.1.6 节，为实验的开发设置软硬件环境。

　　在开发第一个驱动之前，必须从内核中删除 Generic HID 驱动。打开 menuconfig 窗口，如图 13-11 所示。选择 main menu-> Device Drivers -> HID bus support -> Generic HID drivers，按下空格键，直到你看到新配置旁边出现 < >。单击 <Exit>，直到退出 menuconfig 窗口，并记得保存新配置。

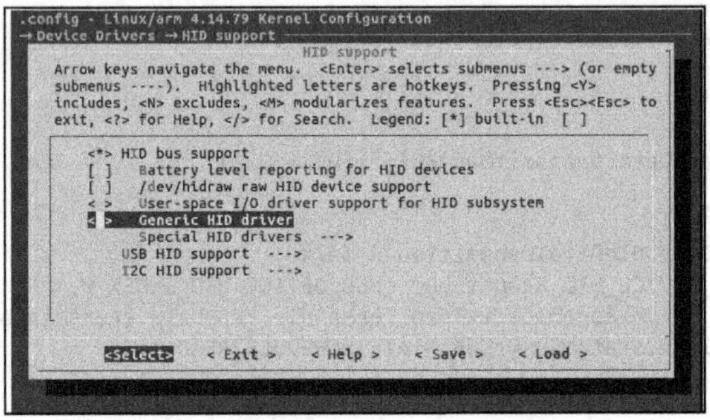

图 13-11　在配置中删除 Generic HID 驱动

　　转到本书附录中的 A.1.6 节，查看编译和加载 sama5d27_som1_ek.itb FIT 镜像到目标处理器的说明。

　　通过 USB 2.0 Type-C 公头到 micro-B 公头电缆，将 PIC32MX470 Curiosity 开发板的 USB Micro-B 口 (J12) 连接到 SAMA5D27-SOM1-EK1 单板的 J19 USB-B 型 C 接口。

"USB LED" 模块的代码描述

　　现在将介绍驱动的主要代码部分：

　　1. 包含头文件。

```
#include <linux/slab.h>
#include <linux/module.h>
#include <linux/usb.h>
```

　　2. 创建 ID 表以支持热插拔。Vendor ID 和 Product ID 的值必须与 PIC32MX USB HID 设备中使用的值一致。

```
#define USBLED_VENDOR_ID      0x04D8
#define USBLED_PRODUCT_ID     0x003F

/* table of devices that work with this driver */
static const struct usb_device_id id_table[] = {
    { USB_DEVICE(USBLED_VENDOR_ID, USBLED_PRODUCT_ID) },
    { }
};
MODULE_DEVICE_TABLE(usb, id_table);
```

3. 创建一个私有结构来存储驱动程序的数据。

```
struct usb_led {
     struct usb_device *udev;
     u8 led_number;
};
```

4. 请参照下面摘录的 probe() 函数，其中包含设置驱动程序的主要代码。

```
static int led_probe(struct usb_interface *interface,
                     const struct usb_device_id *id)
{
     /* Get the usb_device structure from the usb_interface one */
     struct usb_device *udev = interface_to_usbdev(interface);
     struct usb_led *dev = NULL;
     int retval = -ENOMEM;

     dev_info(&interface->dev, "led_probe() function is called.\n");
     /* Allocate our private data structure */
     dev = kzalloc(sizeof(struct usb_led), GFP_KERNEL);

     /* store the usb device in our data structure */
     dev->udev = usb_get_dev(udev);

     /* Attach the USB device data to the USB interface */
     usb_set_intfdata(interface, dev);

     /* create a led sysfs entry to interact with the user space */
     device_create_file(&interface->dev, &dev_attr_led);

     return 0;

}
```

5. 编写 led_store() 函数。每当用户态应用程序写入 USB 设备下的 led sysfs 条目
（ /sys/bus/usb/devices/2-2:1.0/led ）时，都会调用驱动程序的 led_store() 函数。通过
使用 usb_get_intfdata() 函数可以获得与 USB 设备相关的 usb_led 数据结构。写入 led
sysfs 条目的命令被存储在 val 变量中。最后，使用 usb_bulk_msg() 函数通过 USB 发送命
令值。

内核提供了 usb_bulk_msg() 和 usb_control_msg() 两个辅助函数，可以传输简单的批
量消息和控制消息，而无须创建 urb 数据结构，初始化它，提交它并等待它完成处理。这
些功能是同步的，会使代码进入睡眠状态。不能在中断上下文或在持有自旋锁的情况下调
用它们。

```
int usb_bulk_msg(struct usb_device *usb_dev, unsigned int pipe, void *data,
int len, int *actual_length, int timeout);
```

下面是对 usb_bulk_msg() 参数的简短说明。
- usb_dev：指向要发送消息的 usb 设备的指针。

- pipe：将消息发送到的端点"管道"。
- data：指向要发送的数据的指针。
- len：要发送的数据的字节长度。
- actual_length：指向实际传输长度的指针，以字节为单位。
- timeout：等待消息完成的超时时间，以毫秒为单位。

参照如下 led_store() 函数的详细说明：

```c
static ssize_t led_store(struct device *dev, struct device_attribute *attr,
                         const char *buf, size_t count)
{
    struct usb_interface *intf = to_usb_interface(dev);
    struct usb_led *led = usb_get_intfdata(intf);
    u8 val;

    /* transform char array to u8 value */
    kstrtou8(buf, 10, &val);

    led->led_number = val;

    /* Toggle led */
    usb_bulk_msg(led->udev, usb_sndctrlpipe(led->udev, 1),
                 &led->led_number,
                 1,
                 NULL,
                 0);

    return count;
}
static DEVICE_ATTR_RW(led);
```

6. 添加一个 usb_driver 数据结构，该数据结构将被注册到 USB 核心：

```c
static struct usb_driver led_driver = {
    .name =        "usbled",
    .probe =       led_probe,
    .disconnect =  led_disconnect,
    .id_table =    id_table,
};
```

7. 将驱动程序注册到 USB 总线：

```c
module_usb_driver(led_driver);
```

8. 构建模块并将其加载到目标处理器上：

```
/* driver´s source code and Makefile stored in the linux_usb_drivers folder */
~/linux_usb_drivers$ . /opt/poky-atmel/2.5.1/environment-setup-cortexa5hf-neon-
poky-linux-gnueabi

/* Boot the target. Mount the SD */
root@sama5d27-som1-ek-sd:~# mount /dev/mmcblk0p1 /mnt

/* compile and send the driver to the target */
~/linux_usb_drivers$ make
~/linux_usb_drivers$ make deploy
```

```
/* Umount the SD and reboot */
root@sama5d27-som1-ek-sd:~# umount /mnt
root@sama5d27-som1-ek-sd:~# reboot
```

请参考下面的代码清单 13-1 中的 SAMA5D27-SOM1 设备的 "USB LED" 驱动源码 (`usb_led.c`)。

注意： 驱动程序的源代码和 Makefile 可以从本书的 GitHub 仓库中下载。

13.10　代码清单 13-1：usb_led.c

```c
#include <linux/slab.h>
#include <linux/module.h>
#include <linux/usb.h>

#define USBLED_VENDOR_ID   0x04D8
#define USBLED_PRODUCT_ID 0x003F

/* table of devices that work with this driver */
static const struct usb_device_id id_table[] = {
    { USB_DEVICE(USBLED_VENDOR_ID, USBLED_PRODUCT_ID) },
    { }
};
MODULE_DEVICE_TABLE(usb, id_table);

struct usb_led {
    struct usb_device *udev;
    u8 led_number;
};

static ssize_t led_show(struct device *dev, struct device_attribute *attr,
                        char *buf)
{
    struct usb_interface *intf = to_usb_interface(dev);
    struct usb_led *led = usb_get_intfdata(intf);

    return sprintf(buf, "%d\n", led->led_number);
}

static ssize_t led_store(struct device *dev, struct device_attribute *attr,
                         const char *buf, size_t count)
{
    struct usb_interface *intf = to_usb_interface(dev);
    struct usb_led *led = usb_get_intfdata(intf);
    u8 val;
    int error, retval;
    dev_info(&intf->dev, "led_store() function is called.\n");

    /* transform char array to u8 value */
    error = kstrtou8(buf, 10, &val);
    if (error)
            return error;

    led->led_number = val;
```

```
        if (val == 1 || val == 2 || val == 3)
                dev_info(&led->udev->dev, "led = %d\n", led->led_number);
        else {
                dev_info(&led->udev->dev, "unknown led %d\n", led->led_number);
                retval = -EINVAL;
                return retval;
        }

        /* Toggle led */
        retval = usb_bulk_msg(led->udev, usb_sndctrlpipe(led->udev, 1),
                            &led->led_number,
                            1,
                            NULL,
                            0);
        if (retval) {
                retval = -EFAULT;
                return retval;
        }
        return count;
}
static DEVICE_ATTR_RW(led);

static int led_probe(struct usb_interface *interface,
                     const struct usb_device_id *id)
{
    struct usb_device *udev = interface_to_usbdev(interface);
    struct usb_led *dev = NULL;
    int retval = -ENOMEM;

    dev_info(&interface->dev, "led_probe() function is called.\n");

    dev = kzalloc(sizeof(struct usb_led), GFP_KERNEL);
    if (!dev) {
            dev_err(&interface->dev, "out of memory\n");
            retval = -ENOMEM;
            goto error;
    }

    dev->udev = usb_get_dev(udev);
    usb_set_intfdata(interface, dev);

    retval = device_create_file(&interface->dev, &dev_attr_led);
    if (retval)
            goto error_create_file;

    return 0;

error_create_file:
    usb_put_dev(udev);
    usb_set_intfdata(interface, NULL);
error:
    kfree(dev);
    return retval;
}

static void led_disconnect(struct usb_interface *interface)
{
    struct usb_led *dev;

    dev = usb_get_intfdata(interface);
```

```
        device_remove_file(&interface->dev, &dev_attr_led);
        usb_set_intfdata(interface, NULL);
        usb_put_dev(dev->udev);
        kfree(dev);

        dev_info(&interface->dev, "USB LED now disconnected\n");
}

static struct usb_driver led_driver = {
    .name =        "usbled",
    .probe =       led_probe,
    .disconnect =  led_disconnect,
    .id_table =    id_table,
};

module_usb_driver(led_driver);

MODULE_LICENSE("GPL");
MODULE_AUTHOR("Alberto Liberal <aliberal@arroweurope.com>");
MODULE_DESCRIPTION("This is a synchronous led usb controlled module");
```

13.11　usb_led.ko 演示

```
/*
 * Connect the PIC32MX470 Curiosity Development Board USB Micro-B port (J12) to
 * the SAMA5D27-SOM1-EK1 J19 USB-B type C connector through a USB 2.0 Type-C male
 * to micro-B male cable. Power the SAMA5D27 board to boot the processor. Keep the
 * PIC32MX470 board powered off
 */

root@sama5d27-som1-ek-sd:~# insmod usb_led.ko /* load the module */
usb_led: loading out-of-tree module taints kernel.
usbcore: registered new interface driver usbled

/* power now the PIC32MX Curiosity board */
root@sama5d27-som1-ek-sd:~# usb 2-2: new full-speed USB device number 5 using at
91_ohci
usb 2-2: New USB device found, idVendor=04d8, idProduct=003f
usb 2-2: New USB device strings: Mfr=1, Product=2, SerialNumber=0
usb 2-2: Product: LED_USB HID Demo
usb 2-2: Manufacturer: Microchip Technology Inc.
usbled 2-2:1.0: led_probe() function is called.

/* check the new created USB device */
root@sama5d27-som1-ek-sd:~# cd /sys/bus/usb/devices/2-2:1.0
root@sama5d27-som1-ek-sd:/sys/bus/usb/devices/2-2:1.0# ls
authorized          bInterfaceProtocol  ep_01      power
bAlternateSetting   bInterfaceSubClass  ep_81      subsystem
bInterfaceClass     bNumEndpoints       led        supports_autosuspend
bInterfaceNumber    driver              modalias   uevent

/* Read the configurations of the USB device */
root@sama5d27-som1-ek-sd:/sys/bus/usb/devices/2-2:1.0# cat bNumEndpoints
02
root@sama5d27-som1-ek-sd:/sys/bus/usb/devices/2-2:1.0/ep_01# cat direction
out
root@sama5d27-som1-ek-sd:/sys/bus/usb/devices/2-2:1.0/ep_81# cat direction
in
```

```
root@sama5d27-som1-ek-sd:/sys/bus/usb/devices/2-2:1.0# cat bAlternateSetting
 0
root@sama5d27-som1-ek-sd:/sys/bus/usb/devices/2-2:1.0# cat bInterfaceClass
03
root@sama5d27-som1-ek-sd:/sys/bus/usb/devices/2-2:1.0# cat bNumEndpoints
02

/* Switch on the LED1 of the PIC32MX Curiosity board */
root@sama5d27-som1-ek-sd:/sys/bus/usb/devices/2-2:1.0# echo 1 > led
usbled 2-2:1.0: led_store() function is called.
usb 2-2: led = 1
/* Switch on the LED2 of the PIC32MX Curiosity board */
root@sama5d27-som1-ek-sd:/sys/bus/usb/devices/2-2:1.0# echo 2 > led
usbled 2-2:1.0: led_store() function is called.
usb 2-2: led = 2

/* Switch on the LED3 of the PIC32MX Curiosity board */
root@sama5d27-som1-ek-sd:/sys/bus/usb/devices/2-2:1.0# echo 3 > led
usbled 2-2:1.0: led_store() function is called.
usb 2-2: led = 3

/* read the led status */
root@sama5d27-som1-ek-sd:/sys/bus/usb/devices/2-2:1.0# cat led
3

root@sama5d27-som1-ek-sd:~# rmmod usb_led /* remove the module */
usbcore: deregistering interface driver usbled
usbled 2-2:1.0: USB LED now disconnected
```

13.12 实验 13-3："USB LED 和开关"模块

在这个新实验中,你将对驱动程序增加一个功能。除了控制连接到 USB 设备的三个 LED 灯外,Linux 主机驱动程序还将从 USB HID 设备接收按钮状态(PIC32MX470 Curiosity 开发板的 S1 开关)。驱动程序将发送一个值为 0x00 的命令给 USB 设备,然后 HID 设备将回复一个响应,其中第一个字节是 S1 按钮的状态("0x00"表示按下,"0x01"表示未按下)。与前一个驱动程序不同的是,主机和设备之间的通信是通过使用 USB 请求块(urbs)来异步完成的。

"USB LED 和开关"模块的代码描述

现在描述驱动程序的主要代码部分:

1. 包含函数头文件:

```
#include <linux/slab.h>
#include <linux/module.h>
#include <linux/usb.h>
```

2. 创建 ID 表以支持热插拔。供应商 ID 和产品 ID 必须与 PIC32MX USB HID 设备中使用的 ID 值相匹配。

```
#define USBLED_VENDOR_ID        0x04D8
#define USBLED_PRODUCT_ID       0x003F

/* table of devices that work with this driver */
static const struct usb_device_id id_table[] = {
    { USB_DEVICE(USBLED_VENDOR_ID, USBLED_PRODUCT_ID) },
    { }
};
MODULE_DEVICE_TABLE(usb, id_table);
```

3. 创建一个私有数据结构来存储驱动程序的数据。

```
struct usb_led {
    struct usb_device       *udev;
    struct usb_interface    *intf;
    struct urb              *interrupt_out_urb;
    struct urb              *interrupt_in_urb;
    struct usb_endpoint_descriptor *interrupt_out_endpoint;
    struct usb_endpoint_descriptor *interrupt_in_endpoint;
    u8                      irq_data;
    u8                      led_number;
    u8                      ibuffer;
    int                     interrupt_out_interval;
    int                     ep_in;
    int                     ep_out;
};
```

4. 下面是 probe() 函数的摘要，其中包含配置驱动程序的主要代码行。

```
static int led_probe(struct usb_interface *intf,
                     const struct usb_device_id *id)
{
    struct usb_device *udev = interface_to_usbdev(intf);

    /* Get the current altsetting of the USB interface */
    struct usb_host_interface *altsetting = intf->cur_altsetting;
    struct usb_endpoint_descriptor *endpoint;
    struct usb_led *dev = NULL;
    int ep;
    int ep_in, ep_out;
    int size;

    /*
     * Find the last interrupt out endpoint descriptor
     * to check its number and its size
     * Just for teaching purposes
     */
    usb_find_last_int_out_endpoint(altsetting, &endpoint);

    /* get the endpoint's number */
    ep = usb_endpoint_num(endpoint); /* value from 0 to 15, it is 1 */
    size = usb_endpoint_maxp(endpoint);

    /* Validate endpoint and size */
    if (size <= 0) {
        dev_info(&intf->dev, "invalid size (%d)", size);
        return -ENODEV;
    }
```

```
        dev_info(&intf->dev, "endpoint size is (%d)", size);
        dev_info(&intf->dev, "endpoint number is (%d)", ep);

        /* Get the two addresses (IN and OUT) of the Endpoint 1 */
        ep_in = altsetting->endpoint[0].desc.bEndpointAddress;
        ep_out = altsetting->endpoint[1].desc.bEndpointAddress;

        /* Allocate our private data structure */
        dev = kzalloc(sizeof(struct usb_led), GFP_KERNEL);

        /* Store values in the data structure */
        dev->ep_in = ep_in;
        dev->ep_out = ep_out;
        dev->udev = usb_get_dev(udev);
        dev->intf = intf;

        /* allocate the int_out_urb structure */
        dev->interrupt_out_urb = usb_alloc_urb(0, GFP_KERNEL);

        /* initialize the int_out_urb */
        usb_fill_int_urb(dev->interrupt_out_urb,
                        dev->udev,
                        usb_sndintpipe(dev->udev, ep_out),
                        (void *)&dev->irq_data,
                        1,
                        led_urb_out_callback, dev, 1);

        /* allocate the int_in_urb structure */
        dev->interrupt_in_urb = usb_alloc_urb(0, GFP_KERNEL);
        if (!dev->interrupt_in_urb)
                goto error_out;

        /* initialize the int_in_urb */
        usb_fill_int_urb(dev->interrupt_in_urb,
                        dev->udev,
                        usb_rcvintpipe(dev->udev, ep_in),
                        (void *)&dev->ibuffer,
                        1,
                        led_urb_in_callback, dev, 1);

        /* Attach the device data to the interface */
        usb_set_intfdata(intf, dev);

        /* create the led sysfs entry to interact with the user space */
        device_create_file(&intf->dev, &dev_attr_led);

        /* Submit the interrrupt IN URB */
        usb_submit_urb(dev->interrupt_in_urb, GFP_KERNEL);

        return 0;
    }
```

5. 编写 led_store() 函数。每当用户态程序对 USB 设备的 led sysfs 条目（/sys/bus/usb/devices/2-2:1.0/led）写入数据时，驱动程序的 led_store() 函数将被调用。通过使用 usb_get_intfdata() 函数获得与 USB 设备关联的 usb_led 数据结构。写入 led sysfs 条目的命令存储在 irq_data 变量中。最后，将使用 usb_submit_urb() 函数通过 USB 发送命令值。

下面是 led_store() 函数的摘要:

```
static ssize_t led_store(struct device *dev, struct device_attribute *attr,
                         const char *buf, size_t count)
{
    struct usb_interface *intf = to_usb_interface(dev);
    struct usb_led *led = usb_get_intfdata(intf);
    u8 val;

    /* transform char array to u8 value */
    kstrtou8(buf, 10, &val);

    led->irq_data = val;

    /* send the data out */
    retval = usb_submit_urb(led->interrupt_out_urb, GFP_KERNEL);

    return count;
}
static DEVICE_ATTR_RW(led);
```

6. 创建"输出"和"输入"URB 的完成回调函数。在"输出"完成回调函数中仅仅检查 URB 状态并返回。在"输入"完成回调函数中检查 URB 状态,然后读取 ibuffer 以获取从 PIC32MX 单板的 S1 开关接收到的状态,最后重新提交"输入"URB 中断。

```
static void led_urb_out_callback(struct urb *urb)
{
    struct usb_led *dev;

    dev = urb->context;
    /* sync/async unlink faults aren't errors */
    if (urb->status) {
        if (!(urb->status == -ENOENT ||
            urb->status == -ECONNRESET ||
            urb->status == -ESHUTDOWN))
                dev_err(&dev->udev->dev,
                        "%s - nonzero write status received: %d\n",
                        __func__, urb->status);
    }
}

static void led_urb_in_callback(struct urb *urb)
{
    int retval;
    struct usb_led *dev;

    dev = urb->context;

    if (urb->status) {
        if (!(urb->status == -ENOENT ||
            urb->status == -ECONNRESET ||
            urb->status == -ESHUTDOWN))
                dev_err(&dev->udev->dev,
                        "%s - nonzero write status received: %d\n",
                        __func__, urb->status);
    }
```

```
        if (dev->ibuffer == 0x00)
                pr_info ("switch is ON.\n");
        else if (dev->ibuffer == 0x01)
                pr_info ("switch is OFF.\n");
        else
                pr_info ("bad value received\n");

        usb_submit_urb(dev->interrupt_in_urb, GFP_KERNEL);
}
```

7. 添加一个 usb_driver 数据结构，注册到 USB 核心：

```
static struct usb_driver led_driver = {
        .name =         "usbled",
        .probe =        led_probe,
        .disconnect =   led_disconnect,
        .id_table =     id_table,
};
```

8. 把驱动程序注册到 USB 总线：

```
module_usb_driver(led_driver);
```

9. 构建模块并将其加载到目标处理器：

```
/* driver´s source code and Makefile are stored in the linux_usb_drivers folder
*/
~/linux_usb_drivers$ . /opt/poky-atmel/2.5.1/environment-setup-cortexa5hf-neon-
poky-linux-gnueabi

/* Boot the target. Mount the SD */
root@sama5d27-som1-ek-sd:~# mount /dev/mmcblk0p1 /mnt

/* compile and send the driver to the target */
~/linux_usb_drivers$ make
~/linux_usb_drivers$ make deploy

/* Umount the SD and reboot */
root@sama5d27-som1-ek-sd:~# umount /mnt
root@sama5d27-som1-ek-sd:~# reboot
```

在代码清单 13-2 中，可以看到 SAMA5D27-SOM1 设备的"USB LED 和开关"驱动程序源代码（usb_urb_int_led.c）。

注意：驱动程序和 Makefile 的源代码可以从本书的 GitHub 仓库下载。

13.13　代码清单 13-2：usb_urb_int_led.c

```
#include <linux/slab.h>
#include <linux/module.h>
#include <linux/usb.h>
```

```
#define USBLED_VENDOR_ID  0x04D8
#define USBLED_PRODUCT_ID 0x003F

static void led_urb_out_callback(struct urb *urb);
static void led_urb_in_callback(struct urb *urb);

/* table of devices that work with this driver */
static const struct usb_device_id id_table[] = {
    { USB_DEVICE(USBLED_VENDOR_ID, USBLED_PRODUCT_ID) },
    { }
};
MODULE_DEVICE_TABLE(usb, id_table);

struct usb_led {
    struct usb_device *udev;
    struct usb_interface *intf;
    struct urb *interrupt_out_urb;
    struct urb *interrupt_in_urb;
    struct usb_endpoint_descriptor *interrupt_out_endpoint;
    struct usb_endpoint_descriptor *interrupt_in_endpoint;
    u8 irq_data;
    u8 led_number;
    u8 ibuffer;
    int interrupt_out_interval;
    int ep_in;
    int ep_out;
};

static ssize_t led_show(struct device *dev, struct device_attribute *attr,
                        char *buf)
{
    struct usb_interface *intf = to_usb_interface(dev);
    struct usb_led *led = usb_get_intfdata(intf);

    return sprintf(buf, "%d\n", led->led_number);
}

static ssize_t led_store(struct device *dev, struct device_attribute *attr,
                        const char *buf, size_t count)
{
    struct usb_interface *intf = to_usb_interface(dev);
    struct usb_led *led = usb_get_intfdata(intf);
    u8 val;
    int error, retval;

    dev_info(&intf->dev, "led_store() function is called.\n");

    /* transform char array to u8 value */
    error = kstrtou8(buf, 10, &val);
    if (error)
            return error;

    led->led_number = val;
    led->irq_data = val;

    if (val == 0)
            dev_info(&led->udev->dev, "read status\n");
    else if (val == 1 || val == 2 || val == 3)
            dev_info(&led->udev->dev, "led = %d\n", led->led_number);
    else {
```

```
                dev_info(&led->udev->dev, "unknown value %d\n", val);
                retval = -EINVAL;
                return retval;
        }

        /* send the data out */
        retval = usb_submit_urb(led->interrupt_out_urb, GFP_KERNEL);
        if (retval) {
                dev_err(&led->udev->dev,
                        "Couldn't submit interrupt_out_urb %d\n", retval);
                return retval;
        }

        return count;
}
static DEVICE_ATTR_RW(led);

static void led_urb_out_callback(struct urb *urb)
{
        struct usb_led *dev;

        dev = urb->context;

        dev_info(&dev->udev->dev, "led_urb_out_callback() function is called.\n");

        /* sync/async unlink faults aren't errors */
        if (urb->status) {
                if (!(urb->status == -ENOENT ||
                    urb->status == -ECONNRESET ||
                    urb->status == -ESHUTDOWN))
                        dev_err(&dev->udev->dev,
                                "%s - nonzero write status received: %d\n",
                                __func__, urb->status);
        }
}

static void led_urb_in_callback(struct urb *urb)
{
        int retval;
        struct usb_led *dev;

        dev = urb->context;

        dev_info(&dev->udev->dev, "led_urb_in_callback() function is called.\n");

        if (urb->status) {
                if (!(urb->status == -ENOENT ||
                    urb->status == -ECONNRESET ||
                    urb->status == -ESHUTDOWN))
                        dev_err(&dev->udev->dev,
                                "%s - nonzero write status received: %d\n",
                                __func__, urb->status);
        }

        if (dev->ibuffer == 0x00)
                pr_info ("switch is ON.\n");
        else if (dev->ibuffer == 0x01)
                pr_info ("switch is OFF.\n");
        else
                pr_info ("bad value received\n");
```

```
        retval = usb_submit_urb(dev->interrupt_in_urb, GFP_KERNEL);
        if (retval)
                dev_err(&dev->udev->dev,
                        "Couldn't submit interrupt_in_urb %d\n", retval);
}

static int led_probe(struct usb_interface *intf,
                     const struct usb_device_id *id)
{
        struct usb_device *udev = interface_to_usbdev(intf);
        struct usb_host_interface *altsetting = intf->cur_altsetting;
        struct usb_endpoint_descriptor *endpoint;
        struct usb_led *dev = NULL;
        int ep;
        int ep_in, ep_out;
        int retval, size, res;

        dev_info(&intf->dev, "led_probe() function is called.\n");

        res = usb_find_last_int_out_endpoint(altsetting, &endpoint);
        if (res) {
                dev_info(&intf->dev, "no endpoint found");
                return res;
        }

        ep = usb_endpoint_num(endpoint); /* value from 0 to 15, it is 1 */
        size = usb_endpoint_maxp(endpoint);

        /* Validate endpoint and size */
        if (size <= 0) {
                dev_info(&intf->dev, "invalid size (%d)", size);
                return -ENODEV;
        }

        dev_info(&intf->dev, "endpoint size is (%d)", size);
        dev_info(&intf->dev, "endpoint number is (%d)", ep);

        ep_in = altsetting->endpoint[0].desc.bEndpointAddress;
        ep_out = altsetting->endpoint[1].desc.bEndpointAddress;

        dev_info(&intf->dev, "endpoint in address is (%d)", ep_in);

        dev_info(&intf->dev, "endpoint out address is (%d)", ep_out);

        dev = kzalloc(sizeof(struct usb_led), GFP_KERNEL);

        if (!dev)
                return -ENOMEM;

        dev->ep_in = ep_in;
        dev->ep_out = ep_out;

        dev->udev = usb_get_dev(udev);

        dev->intf = intf;

        /* allocate int_out_urb structure */
        dev->interrupt_out_urb = usb_alloc_urb(0, GFP_KERNEL);
        if (!dev->interrupt_out_urb)
                goto error_out;
```

```
        /* initialize int_out_urb */
        usb_fill_int_urb(dev->interrupt_out_urb,
                    dev->udev,
                    usb_sndintpipe(dev->udev, ep_out),
                    (void *)&dev->irq_data,
                    1,
                    led_urb_out_callback, dev, 1);

        /* allocate int_in_urb structure */
        dev->interrupt_in_urb = usb_alloc_urb(0, GFP_KERNEL);
        if (!dev->interrupt_in_urb)
                goto error_out;

        /* initialize int_in_urb */
        usb_fill_int_urb(dev->interrupt_in_urb,
                    dev->udev,
                    usb_rcvintpipe(dev->udev, ep_in),
                    (void *)&dev->ibuffer,
                    1,
                    led_urb_in_callback, dev, 1);

        usb_set_intfdata(intf, dev);

        retval = device_create_file(&intf->dev, &dev_attr_led);
        if (retval)
                goto error_create_file;

        retval = usb_submit_urb(dev->interrupt_in_urb, GFP_KERNEL);
        if (retval) {
                dev_err(&dev->udev->dev,
                    "Couldn't submit interrupt_in_urb %d\n", retval);
                device_remove_file(&intf->dev, &dev_attr_led);
                goto error_create_file;
        }

        dev_info(&dev->udev->dev,"int_in_urb submitted\n");

        return 0;

error_create_file:
    usb_free_urb(dev->interrupt_out_urb);
    usb_free_urb(dev->interrupt_in_urb);
    usb_put_dev(udev);
    usb_set_intfdata(intf, NULL);

error_out:
    kfree(dev);
    return retval;
}

static void led_disconnect(struct usb_interface *interface)
{
    struct usb_led *dev;

    dev = usb_get_intfdata(interface);

    device_remove_file(&interface->dev, &dev_attr_led);
    usb_free_urb(dev->interrupt_out_urb);
    usb_free_urb(dev->interrupt_in_urb);
    usb_set_intfdata(interface, NULL);
```

```
    usb_put_dev(dev->udev);
    kfree(dev);

    dev_info(&interface->dev, "USB LED now disconnected\n");
}

static struct usb_driver led_driver = {
    .name =        "usbled",
    .probe =       led_probe,
    .disconnect =  led_disconnect,
    .id_table =    id_table,
};

module_usb_driver(led_driver);

MODULE_LICENSE("GPL");
MODULE_AUTHOR("Alberto Liberal <aliberal@arroweurope.com>");

MODULE_DESCRIPTION("This is a led/switch usb controlled module with irq in/out
                    endpoints");
```

13.14　usb_urb_int_led.ko 演示

```
/*
 * Connect the PIC32MX470 Curiosity Development Board USB Micro-B port (J12) to
 * the SAMA5D27-SOM1-EK1 J19 USB-B type C connector through a USB 2.0 Type-C male
 * to micro-B male cable. Power the SAMA5D27 board to boot the processor. Keep the
 * PIC32MX470 board powered off
 */

root@sama5d27-som1-ek-sd:~# insmod usb_urb_int_led.ko /* load the module */
usbcore: registered new interface driver usbled

/* power now the PIC32MX Curiosity board */
root@sama5d27-som1-ek-sd:~# usb 2-2: new full-speed USB device number 6 using at
91_ohci
usb 2-2: New USB device found, idVendor=04d8, idProduct=003f
usb 2-2: New USB device strings: Mfr=1, Product=2, SerialNumber=0
usb 2-2: Product: LED_USB HID Demo
usb 2-2: Manufacturer: Microchip Technology Inc.
usbled 2-2:1.0: led_probe() function is called.
usbled 2-2:1.0: endpoint size is (64)
usbled 2-2:1.0: endpoint number is (1)
usbled 2-2:1.0: endpoint in address is (129)
usbled 2-2:1.0: endpoint out address is (1)
usb 2-2: int_in_urb submitted

/* Go to the new created USB device */
root@sama5d27-som1-ek-sd:~# cd /sys/bus/usb/devices/2-2:1.0

/* Switch on the LED1 of the PIC32MX Curiosity board */
root@sama5d27-som1-ek-sd:/sys/bus/usb/devices/2-2:1.0# echo 1 > led
usbled 2-2:1.0: led_store() function is called.
usb 2-2: led = 1
usb 2-2: led_urb_out_callback() function is called.

/* Switch on the LED2 of the PIC32MX Curiosity board */
root@sama5d27-som1-ek-sd:/sys/bus/usb/devices/2-2:1.0# echo 2 > led
usbled 2-2:1.0: led_store() function is called.
usb 2-2: led = 2
```

```
usb 2-2: led_urb_out_callback() function is called.

/* Switch on the LED3 of the PIC32MX Curiosity board */
root@sama5d27-som1-ek-sd:/sys/bus/usb/devices/2-2:1.0# echo 3 > led
usbled 2-2:1.0: led_store() function is called.
usb 2-2: led = 3
usb 2-2: led_urb_out_callback() function is called.

/* Keep pressed the S1 switch of PIC32MX Curiosity board and get SW status*/
root@sama5d27-som1-ek-sd:/sys/bus/usb/devices/2-2:1.0# echo 0 > led
usbled 2-2:1.0: led_store() function is called.
usb 2-2: read status
usb 2-2: led_urb_out_callback() function is called.
usb 2-2: led_urb_in_callback() function is called.
switch is ON.

/* Release the S1 switch of PIC32MX Curiosity board and get SW status */
root@sama5d27-som1-ek-sd:/sys/bus/usb/devices/2-2:1.0# echo 0 > led
usbled 2-2:1.0: led_store() function is called.
usb 2-2: read status
usb 2-2: led_urb_out_callback() function is called.
usb 2-2: led_urb_in_callback() function is called.
switch is OFF.

root@sama5d27-som1-ek-sd:~# rmmod usb_urb_int_led.ko /* remove the module */
usbcore: deregistering interface driver usbled
usb 2-2: led_urb_in_callback() function is called.
switch is OFF.
usb 2-2: Couldn't submit interrupt_in_urb -1
usbled 2-2:1.0: USB LED now disconnected
```

13.15 实验 13-4："连接到 USB 多显 LED 的 I2C"模块

在本书的实验 6-2 中，你实现了一个驱动程序来控制模拟设备 LTC3206 I2C Multidisplay LED 控制器 (http://www.analog.com/en/products/power-management/led-driver-ic/inductorless-charge-pump-led-drivers/ltc3206.html)。在实验 6-2 中，你通过使用 I2C Linux 驱动程序来控制 LTC3206 设备。在本实验中，你将编写一个 Linux USB 驱动程序，该驱动程序通过使用 Linux 的 I2C 工具从用户态进行控制；要执行此任务，你必须在该 USB 驱动程序中创建一个新的 I2C 适配器。

驱动模型是递归的。在图 13-12 中，你可以看到通过集成了 USB 到 I2C 转换器的 PCI 单板来控制 I2C 设备所需的所有驱动程序。下面是创建这个递归驱动模型的主要步骤：

- 首先，你必须开发一个 PCI 设备驱动程序，它将创建 USB 适配器（PCI 设备驱动程序是 USB 适配器驱动程序的父级驱动）。
- 其次，你必须开发一个 USB 设备驱动程序，它将通过 USB 核心将 USB 数据发送到 USB 适配器驱动程序；这个 USB 设备驱动程序还将创建一个 I2C 适配器驱动程序（USB 设备驱动程序是 I2C 适配器驱动程序的父级驱动）。
- 最后，你将创建一个 I2C 设备驱动程序，它将通过 I2C 核心向 I2C 适配器驱动程序发送数据，并创建一个 file_operations 数据结构来定义驱动程序的函数，这些函数在 Linux 用户态对字符设备进行读写时将被调用。

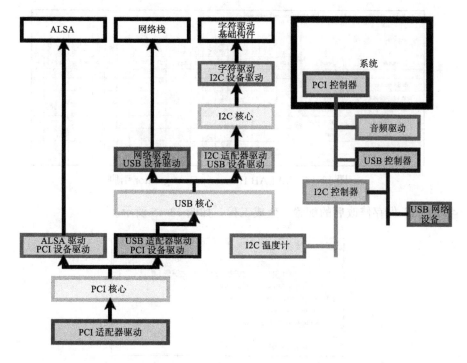

图 13-12　"连接到 USB 多显 LED 的 I2C"模块递归模型

这个递归模型将在实验 13-4 的驱动程序中得到简化，在这里你只需要执行前面提到的三个步骤中的第二个步骤。在这个驱动程序中，主机和设备之间的通信是通过输出中断 URB 来异步完成的。

在开发 Linux 驱动程序之前，你必须首先向以前的工程中添加新的 Harmony 配置，在 Harmony Framework Configraton 中选择 I2C Driver 选项，如图 13-13 所示。

图 13-13　配置 Harmony 框架

在 图 13-14 的 MPLAB Harmony Configurator 的 Pin Table 中，激活 I2C1 控 制 器 的 SCL1 和 SDA1 引脚。

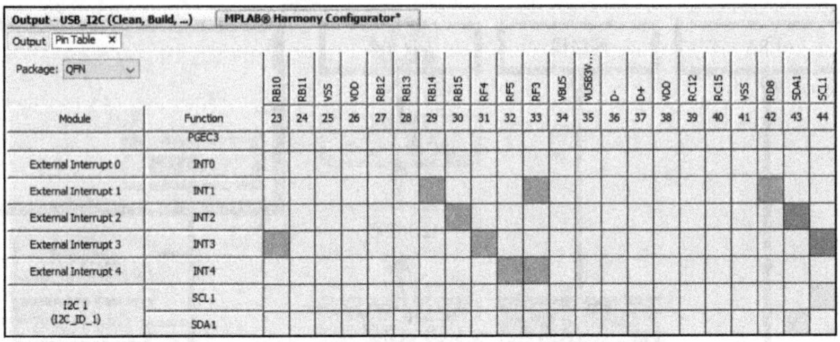

图 13-14　MPLAB Harmony Configurator 引脚

生成代码，保存修改后的配置，生成工程，如图 13-15 所示。

图 13-15　生成工程

现在，你需要更改自动生成的 app.c 代码。转到 USB_Task() 函数内的 USB_STATE_ WAITING_FOR_DATA case。在这个 case 中，它正在等待 I2C 数据，该数据已封装在一个 USB 中断输出 URB 中；一旦 PIC32MX USB 设备接收到信息，它就通过 I2C 将其转发到连 接到 PIC32MX470 Curiosity 开发板的 MikroBus 1 的 LTC3206 设备上。

```c
static void USB_Task (void)
{
    if(appData.usbDeviceIsConfigured)
    {
    switch (appData.stateUSB)
    {
        case USB_STATE_INIT:

            appData.hidDataTransmitted = true;
            appData.txTransferHandle = USB_DEVICE_HID_TRANSFER_HANDLE_INVALID;
            appData.rxTransferHandle = USB_DEVICE_HID_TRANSFER_HANDLE_INVALID;
            appData.stateUSB = USB_STATE_SCHEDULE_READ;

            break;

        case USB_STATE_SCHEDULE_READ:
```

```
                    appData.hidDataReceived = false;

                    /* receive from Host (OUT endpoint). It is a write
                     command to the LTC3206 device */
                    USB_DEVICE_HID_ReportReceive (USB_DEVICE_HID_INDEX_0,
                        &appData.rxTransferHandle, appData.receiveDataBuffer, 64);
                    appData.stateUSB = USB_STATE_WAITING_FOR_DATA;

                    break;

                case USB_STATE_WAITING_FOR_DATA:

                    if( appData.hidDataReceived )
                    {

                        DRV_I2C_Transmit (appData.drvI2CHandle_Master,
                                          0x36,
                                          &appData.receiveDataBuffer[0],
                                          3,
                                          NULL);

                        appData.stateUSB = USB_STATE_SCHEDULE_READ;
                    }
                    break;
            }
        }
        else
        {

            appData.stateUSB = USB_STATE_INIT;

        }
```

你也需要打开 I2C 驱动中的 APP_Tasks() 函数：

```
/* Application's initial state. */
 case APP_STATE_INIT:
 {
    bool appInitialized = true;

    /* Open the I2C Driver for Slave device */
    appData.drvI2CHandle_Master = DRV_I2C_Open(DRV_I2C_INDEX_0,
                                               DRV_IO_INTENT_WRITE);
    if (appData.drvI2CHandle_Master == (DRV_HANDLE)NULL)
    {
        appInitialized = false;
    }

    /* Open the device layer */
    if (appData.handleUsbDevice == USB_DEVICE_HANDLE_INVALID)
    {
        appData.handleUsbDevice = USB_DEVICE_Open(USB_DEVICE_INDEX_0,
                                                  DRV_IO_INTENT_READWRITE);
        if(appData.handleUsbDevice != USB_DEVICE_HANDLE_INVALID)
        {
            appInitialized = true;
        }
        else
        {
            appInitialized = false;
        }
    }
```

现在，你必须构建代码并用新的应用程序对 PIC32MX 进行烧写，如图 13-16 所示。你可以从本书的 GitHub 下载这个新工程。

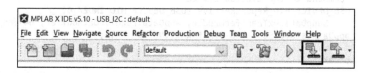

图 13-16　烧写新应用

你将使用 LTC3206 DC749A 演示板 (http://www.analog.com/en/design-center/evaluation-hardware-and-software/evaluation-boards-kits/dc749a.html) 来测试驱动程序。你将把单板连接到 Curiosity PIC32MX470 开发板的 MikroBUS 1 连接器（参见图 13-17）。将 MikroBUS 1 SDA 引脚连接到 DC749A J1 接头的引脚 7（SDA），将 MikroBUS 1 SCL 引脚连接到 DC749A J1 接头的引脚 4（SCL）。将 MikroBUS 1 3.3V 引脚、DC749A J20 DVCC 引脚和 DC749A 引脚 6（ENRGB/S）连接到 DC749A Vin J2 引脚。别忘了在两块板之间连接 GND。

注意：对于 Curiosity PIC32MX470 开发板，请验证安装在 mikroBUS 1 插座 J5 的 SCL 和 SDA 线路上的串联电阻值是否设置为零欧姆。如果没有，用零欧姆电阻器更换。如果不想更换电阻器，也可以从 J6 接头接收 SDA 和 SCL 信号。

图 13-17　MikroBUS 1 连接器

"连接到 USB 多显 LED 的 I2C" 模块的代码描述

现在将介绍驱动程序的主要代码部分：

1. 包含函数头文件：

```
#include <linux/module.h>
#include <linux/slab.h>
#include <linux/usb.h>
#include <linux/i2c.h>
```

2. 创建 ID 表以支持热插拔。供应商 ID 和产品 ID 必须与 PIC32MX USB HID 设备中使用的值相匹配。

```
#define USBLED_VENDOR_ID      0x04D8
#define USBLED_PRODUCT_ID     0x003F

/* table of devices that work with this driver */
static const struct usb_device_id id_table[] = {
    { USB_DEVICE(USBLED_VENDOR_ID, USBLED_PRODUCT_ID) },
    { }
};
MODULE_DEVICE_TABLE(usb, id_table);
```

3. 创建一个私有数据结构来存储驱动程序的数据。

```
struct i2c_ltc3206 {
    u8 obuffer[LTC3206_OUTBUF_LEN]; /* USB write buffer */
    /* I2C/SMBus data buffer */
    u8 user_data_buffer[LTC3206_I2C_DATA_LEN]; /* LEN is 3 bytes */
    int ep_out; /* out endpoint */
    struct usb_device *usb_dev; /* the usb device for this device */
    struct usb_interface *interface; /* the interface for this device */
    struct i2c_adapter adapter; /* i2c related things */
    /* wq to wait for an ongoing write */
    wait_queue_head_t usb_urb_completion_wait;
    bool ongoing_usb_ll_op; /* all is in progress */
    struct urb *interrupt_out_urb; /* interrupt out URB */
};
```

4. 参照下面 probe() 函数的摘录，其中包含配置驱动程序的主要代码行。

```
static int ltc3206_probe(struct usb_interface *interface,
                         const struct usb_device_id *id)
{
    /* Get the current altsetting of the USB interface */
    struct usb_host_interface *hostif = interface->cur_altsetting;
    struct i2c_ltc3206 *dev; /* the data structure */
    /* allocate data memory for our USB device and initialize it */
    kzalloc(sizeof(*dev), GFP_KERNEL);

    /* get interrupt ep_out address */
    dev->ep_out = hostif->endpoint[1].desc.bEndpointAddress;

    dev->usb_dev = usb_get_dev(interface_to_usbdev(interface));
    dev->interface = interface;

    /* declare dynamically a wait queue */
    init_waitqueue_head(&dev->usb_urb_completion_wait);

    /* save our data pointer in this USB interface device */
    usb_set_intfdata(interface, dev);

    /* setup I2C adapter description */
    dev->adapter.owner = THIS_MODULE;
    dev->adapter.class = I2C_CLASS_HWMON;
    dev->adapter.algo = &ltc3206_usb_algorithm;
    i2c_set_adapdata(&dev->adapter, dev);
```

```
        /* Attach the I2C adapter to the USB interface */
        dev->adapter.dev.parent = &dev->interface->dev;

        /* initialize the I2C device */
        ltc3206_init(dev);

        /* and finally attach the adapter to the I2C layer */
        i2c_add_adapter(&dev->adapter);

        return 0;
}
```

5. 编写 ltc3206_init() 函数。在这个函数中，你将分配并初始化用于主机和设备之间通信的中断输出 URB。

下面是 ltc3206_init() 函数的摘录：

```
static int ltc3206_init(struct i2c_ltc3206 *dev)
{
        /* allocate int_out_urb structure */
        interrupt_out_urb = usb_alloc_urb(0, GFP_KERNEL);

        /* initialize int_out_urb structure */
        usb_fill_int_urb(dev->interrupt_out_urb, dev->usb_dev,
                        usb_sndintpipe(dev->usb_dev, dev->ep_out),
                        (void *)&dev->obuffer, LTC3206_OUTBUF_LEN,
                        ltc3206_usb_cmpl_cbk, dev,
                        1);

        return 0;
}
```

6. 创建一个表示 I2C 传输方法的 i2c_algorithm 数据结构。你将在这个结构中初始化两个变量：

- master_xfer：向特定 i2c 适配器发出一组 i2c 事务，这些事务由 msgs 数组定义，其中 num 个消息可用于通过由 adap 指定的适配器进行传输。

- functionality：返回该算法 / 适配器对所支持的标志，这些标志来自 I2C_FUNC_* 标志。

```
static const struct i2c_algorithm ltc3206_usb_algorithm = {
        .master_xfer = ltc3206_usb_i2c_xfer,
        .functionality = ltc3206_usb_func,
};
```

7. 编写 ltc3206_usb_i2c_xfer() 函数。每次从 Linux 用户态写入 I2C 适配器时，都会调用此函数。这个函数将调用 ltc32016_i2c_write()，它将从 Linux 用户态接收到的 I2C 数据存储在 obuffer[] 字符数组中，然后 ltc32016_i2c_write() 将调用 ltc3206_ll_cmd()，后者将中断输出 URB 提交到 USB 设备并等待 URB 完成。

```
static int ltc3206_usb_i2c_xfer(struct i2c_adapter *adap,
                                struct i2c_msg *msgs, int num)
{
      /* get the private data structure */
      struct i2c_ltc3206 *dev = i2c_get_adapdata(adap);
      struct i2c_msg *pmsg;
      int ret, count;

      pr_info("number of i2c msgs is = %d\n", num);

      for (count = 0; count < num; count++) {
              pmsg = &msgs[count];
              ret = ltc3206_i2c_write(dev, pmsg);
              if (ret < 0)
                      goto abort;
      }

      /* if all the messages were transferred ok, return "num" */
      ret = num;

abort:

      return ret;
}

static int ltc3206_i2c_write(struct i2c_ltc3206 *dev,
                             struct i2c_msg *pmsg)
{
      u8 ucXferLen;
      int rv;
      u8 *pSrc, *pDst;

      /* I2C write lenght */
      ucXferLen = (u8)pmsg->len;

      pSrc = &pmsg->buf[0];
      pDst = &dev->obuffer[0];
      memcpy(pDst, pSrc, ucXferLen);

      pr_info("oubuffer[0] = %d\n", dev->obuffer[0]);
      pr_info("oubuffer[1] = %d\n", dev->obuffer[1]);
      pr_info("oubuffer[2] = %d\n", dev->obuffer[2]);

      rv = ltc3206_ll_cmd(dev);
      if (rv < 0)
              return -EFAULT;

      return 0;
}
static int ltc3206_ll_cmd(struct i2c_ltc3206 *dev)
{
      int rv;

      /*
       * tell everybody to leave the URB alone
       * we are going to write to the LTC3206
       */
      dev->ongoing_usb_ll_op = 1; /* doing USB communication */

      /* submit the interrupt out ep packet */
```

```
        if (usb_submit_urb(dev->interrupt_out_urb, GFP_KERNEL)) {
                dev_err(&dev->interface->dev,
                        "ltc3206(ll): usb_submit_urb intr out failed\n");
                dev->ongoing_usb_ll_op = 0;
                return -EIO;
        }

        /* wait for its completion, the USB URB callback will signal it */
        rv = wait_event_interruptible(dev->usb_urb_completion_wait,
                        (!dev->ongoing_usb_ll_op));
        if (rv < 0) {
                dev_err(&dev->interface->dev, "ltc3206(ll): wait
                        interrupted\n");
                goto ll_exit_clear_flag;
        }

        return 0;

ll_exit_clear_flag:
        dev->ongoing_usb_ll_op = 0;
        return rv;
}
```

8. 创建中断输出 URB 的完成回调函数。完成回调函数检查 URB 状态，如果存在错误状态，则重新提交 URB。如果传输成功，则唤醒睡眠进程并返回。

```
static void ltc3206_usb_cmpl_cbk(struct urb *urb)
{
        struct i2c_ltc3206 *dev = urb->context;
        int status = urb->status;
        int retval;

        switch (status) {
        case 0:                 /* success */
                break;
        case -ECONNRESET:       /* unlink */
        case -ENOENT:
        case -ESHUTDOWN:
                return;
        /* -EPIPE:  should clear the halt */
        default:                /* error */
                goto resubmit;
        }

        /*
         * wake up the waiting function
         * modify the flag indicating the ll status
         */
        dev->ongoing_usb_ll_op = 0; /* communication is OK */
        wake_up_interruptible(&dev->usb_urb_completion_wait);
        return;

resubmit:
        retval = usb_submit_urb(urb, GFP_ATOMIC);
        if (retval) {
        dev_err(&dev->interface->dev,
                "ltc3206(irq): can't resubmit intrerrupt urb, retval %d\n",
```

```
                            retval);
                }
        }
```

9. 添加 usb_driver 数据结构，该数据结构将被注册到 USB 核心：

```
static struct usb_driver ltc3206_driver = {
        .name = DRIVER_NAME,
        .probe = ltc3206_probe,
        .disconnect = ltc3206_disconnect,
        .id_table = ltc3206_table,
};
```

10. 将驱动程序注册到 USB 总线：

```
module_usb_driver(ltc3206_driver);
```

11. 构建模块并将其加载到目标处理器：

```
/* driver´s code and Makefile are stored in the linux_usb_drivers folder */
~/linux_usb_drivers$ . /opt/poky-atmel/2.5.1/environment-setup-cortexa5hf-neon-
poky-linux-gnueabi

/* Boot the target. Mount the SD */
root@sama5d27-som1-ek-sd:~# mount /dev/mmcblk0p1 /mnt

/* compile and send the driver to the target */
~/linux_usb_drivers$ make
~/linux_usb_drivers$ make deploy

/* Umount the SD and reboot */
root@sama5d27-som1-ek-sd:~# umount /mnt
root@sama5d27-som1-ek-sd:~# reboot
```

在随后的代码清单 13-3 中，可以看到 SAMA5D27-SOM1 设备的 "连接到 USB 多显
LED 的 I2C" 驱动程序的源代码（usb_ltc3206.c）。

注意：驱动程序和 Makefile 的源代码可以从本书的 GitHub 仓库下载。

13.16　代码清单 13-3：usb_ltc3206.c

```
#include <linux/module.h>
#include <linux/slab.h>
#include <linux/usb.h>
#include <linux/i2c.h>
#define DRIVER_NAME "usb-ltc3206"


#define USB_VENDOR_ID_LTC3206      0x04d8
#define USB_DEVICE_ID_LTC3206      0x003f

#define LTC3206_OUTBUF_LEN         3     /* USB write packet length */
#define LTC3206_I2C_DATA_LEN       3
```

```
/* Structure to hold all of our device specific stuff */
struct i2c_ltc3206 {
    u8 obuffer[LTC3206_OUTBUF_LEN];        /* USB write buffer */
    /* I2C/SMBus data buffer */
    u8 user_data_buffer[LTC3206_I2C_DATA_LEN];
    int ep_out;                            /* out endpoint */
    struct usb_device *usb_dev;            /* the usb device for this device */
    struct usb_interface *interface;       /* the interface for this device */
    struct i2c_adapter adapter;            /* i2c related things */
    /* wq to wait for an ongoing write */
    wait_queue_head_t usb_urb_completion_wait;
    bool ongoing_usb_ll_op;                /* all is in progress */
    struct urb *interrupt_out_urb;
};

/*
 * Return list of supported functionality.
 */
static u32 ltc3206_usb_func(struct i2c_adapter *a)
{
    return I2C_FUNC_I2C | I2C_FUNC_SMBUS_EMUL |
           I2C_FUNC_SMBUS_READ_BLOCK_DATA | I2C_FUNC_SMBUS_BLOCK_PROC_CALL;
}

/* usb out urb callback function */
static void ltc3206_usb_cmpl_cbk(struct urb *urb)
{
    struct i2c_ltc3206 *dev = urb->context;
    int status = urb->status;
    int retval;

    switch (status) {
    case 0:                 /* success */
            break;
    case -ECONNRESET:       /* unlink */
    case -ENOENT:
    case -ESHUTDOWN:
            return;
    /* -EPIPE:  should clear the halt */
    default:                /* error */
            goto resubmit;
    }

    /*
     * wake up the waiting function
     * modify the flag indicating the ll status
     */
    dev->ongoing_usb_ll_op = 0; /* communication is OK */
    wake_up_interruptible(&dev->usb_urb_completion_wait);
    return;

resubmit:
    retval = usb_submit_urb(urb, GFP_ATOMIC);
    if (retval) {
            dev_err(&dev->interface->dev,
                    "ltc3206(irq): can't resubmit intrerrupt urb, retval %d\n",
                    retval);
    }
}
```

```
static int ltc3206_ll_cmd(struct i2c_ltc3206 *dev)
{
    int rv;

    /*
     * tell everybody to leave the URB alone
     * we are going to write to the LTC3206 device
     */
    dev->ongoing_usb_ll_op = 1; /* doing USB communication */

    /* submit the interrupt out URB packet */
    if (usb_submit_urb(dev->interrupt_out_urb, GFP_KERNEL)) {
            dev_err(&dev->interface->dev,
                    "ltc3206(ll): usb_submit_urb intr out failed\n");
            dev->ongoing_usb_ll_op = 0;
            return -EIO;
    }

    /* wait for the transmit completion, the USB URB callback will signal it */
    rv = wait_event_interruptible(dev->usb_urb_completion_wait,
                                  (!dev->ongoing_usb_ll_op));
    if (rv < 0) {
            dev_err(&dev->interface->dev, "ltc3206(ll): wait interrupted\n");
            goto ll_exit_clear_flag;
    }

    return 0;

ll_exit_clear_flag:
    dev->ongoing_usb_ll_op = 0;
    return rv;
}

static int ltc3206_init(struct i2c_ltc3206 *dev)
{
    int ret;

    /* initialize the LTC3206 */
    dev_info(&dev->interface->dev,
            "LTC3206 at USB bus %03d address %03d -- ltc3206_init()\n",
            dev->usb_dev->bus->busnum, dev->usb_dev->devnum);

    /* allocate the int out URB */
    dev->interrupt_out_urb = usb_alloc_urb(0, GFP_KERNEL);
    if (!dev->interrupt_out_urb) {
            ret = -ENODEV;
            goto init_error;
    }

    /* Initialize the int out URB */
    usb_fill_int_urb(dev->interrupt_out_urb, dev->usb_dev,
                    usb_sndintpipe(dev->usb_dev, dev->ep_out),
                    (void *)&dev->obuffer, LTC3206_OUTBUF_LEN,
                    ltc3206_usb_cmpl_cbk, dev,
                    1);

    ret = 0;

    goto init_no_error;
```

```
init_error:
    dev_err(&dev->interface->dev, "ltc3206_init: Error = %d\n", ret);
    return ret;

init_no_error:
    dev_info(&dev->interface->dev, "ltc3206_init: Success\n");
    return ret;
}

static int ltc3206_i2c_write(struct i2c_ltc3206 *dev,
                             struct i2c_msg *pmsg)
{
    u8 ucXferLen;
    int rv;
    u8 *pSrc, *pDst;
    if (pmsg->len > LTC3206_I2C_DATA_LEN)
    {
            pr_info ("problem with the lenght\n");
            return -EINVAL;
    }

    /* I2C write lenght */
    ucXferLen = (u8)pmsg->len;

    pSrc = &pmsg->buf[0];
    pDst = &dev->obuffer[0];
    memcpy(pDst, pSrc, ucXferLen);

    pr_info("oubuffer[0] = %d\n", dev->obuffer[0]);
    pr_info("oubuffer[1] = %d\n", dev->obuffer[1]);
    pr_info("oubuffer[2] = %d\n", dev->obuffer[2]);

    rv = ltc3206_ll_cmd(dev);
    if (rv < 0)
            return -EFAULT;

    return 0;
}

/* device layer, called from the I2C user app */
static int ltc3206_usb_i2c_xfer(struct i2c_adapter *adap,
                                struct i2c_msg *msgs, int num)
{
    struct i2c_ltc3206 *dev = i2c_get_adapdata(adap);
    struct i2c_msg *pmsg;
    int ret, count;

    pr_info("number of i2c msgs is = %d\n", num);

    for (count = 0; count < num; count++) {
            pmsg = &msgs[count];
            ret = ltc3206_i2c_write(dev, pmsg);
            if (ret < 0)
                    goto abort;
    }

    /* if all the messages were transferred ok, return "num" */
    ret = num;
abort:
    return ret;
}
```

```
static const struct i2c_algorithm ltc3206_usb_algorithm = {
    .master_xfer = ltc3206_usb_i2c_xfer,
    .functionality = ltc3206_usb_func,
};

static const struct usb_device_id ltc3206_table[] = {
    { USB_DEVICE(USB_VENDOR_ID_LTC3206, USB_DEVICE_ID_LTC3206) },
    { }
};
MODULE_DEVICE_TABLE(usb, ltc3206_table);

static void ltc3206_free(struct i2c_ltc3206 *dev)
{
    usb_put_dev(dev->usb_dev);
    usb_set_intfdata(dev->interface, NULL);
    kfree(dev);
}

static int ltc3206_probe(struct usb_interface *interface,
                         const struct usb_device_id *id)
{
    struct usb_host_interface *hostif = interface->cur_altsetting;
    struct i2c_ltc3206 *dev;
    int ret;

    dev_info(&interface->dev, "ltc3206_probe() function is called.\n");

    /* allocate memory for our device and initialize it */
    dev = kzalloc(sizeof(*dev), GFP_KERNEL);
    if (dev == NULL) {
            pr_info("i2c-ltc3206(probe): no memory for device state\n");
            ret = -ENOMEM;
            goto error;
    }

    /* get ep_out address */
    dev->ep_out = hostif->endpoint[1].desc.bEndpointAddress;

    dev->usb_dev = usb_get_dev(interface_to_usbdev(interface));
    dev->interface = interface;

    init_waitqueue_head(&dev->usb_urb_completion_wait);

    /* save our data pointer in this interface device */
    usb_set_intfdata(interface, dev);

    /* setup I2C adapter description */
    dev->adapter.owner = THIS_MODULE;
    dev->adapter.class = I2C_CLASS_HWMON;
    dev->adapter.algo = &ltc3206_usb_algorithm;
    i2c_set_adapdata(&dev->adapter, dev);

    snprintf(dev->adapter.name, sizeof(dev->adapter.name),
            DRIVER_NAME " at bus %03d device %03d",
            dev->usb_dev->bus->busnum, dev->usb_dev->devnum);

    dev->adapter.dev.parent = &dev->interface->dev;

    /* initialize the ltc3206 device */
    ret = ltc3206_init(dev);
```

```
    if (ret < 0) {
            dev_err(&interface->dev, "failed to initialize adapter\n");
            goto error_init;
    }

    /* and finally attach to I2C layer */
    ret = i2c_add_adapter(&dev->adapter);
    if (ret < 0) {
            dev_info(&interface->dev, "failed to add I2C adapter\n");
            goto error_i2c;
    }

    dev_info(&dev->interface->dev,
            "ltc3206_probe() -> chip connected -> Success\n");
    return 0;

error_init:
    usb_free_urb(dev->interrupt_out_urb);

error_i2c:
    usb_set_intfdata(interface, NULL);
    ltc3206_free(dev);
error:
    return ret;
}

static void ltc3206_disconnect(struct usb_interface *interface)
{
    struct i2c_ltc3206 *dev = usb_get_intfdata(interface);

    i2c_del_adapter(&dev->adapter);

    usb_kill_urb(dev->interrupt_out_urb);
    usb_free_urb(dev->interrupt_out_urb);
    usb_set_intfdata(interface, NULL);
    ltc3206_free(dev);

    pr_info("i2c-ltc3206(disconnect) -> chip disconnected");
}

static struct usb_driver ltc3206_driver = {
    .name =         DRIVER_NAME,
    .probe =        ltc3206_probe,
    .disconnect =   ltc3206_disconnect,
    .id_table =     ltc3206_table,
};

module_usb_driver(ltc3206_driver);

MODULE_AUTHOR("Alberto Liberal <aliberal@arroweurope.com>");
MODULE_DESCRIPTION("This is a usb controlled i2c ltc3206 device");
MODULE_LICENSE("GPL");
```

13.17   usb_ltc3206.ko 演示

```
/*
 * Connect the PIC32MX470 Curiosity Development Board USB Micro-B port (J12) to
 * the SAMA5D27-SOM1-EK1 J19 USB-B type C connector through a USB 2.0 Type-C male
```

```
 * to micro-B male cable. Power the SAMA5D27 board to boot the processor. Keep the
 * PIC32MX470 board powered off
 */

/* check the i2c adapters of the SAMA5D2 */
root@sama5d27-som1-ek-sd:~# i2cdetect -l
i2c-3   i2c           AT91                                      I2C adapter
i2c-1   i2c           AT91                                      I2C adapter
i2c-2   i2c           AT91                                      I2C adapter

root@sama5d27-som1-ek-sd:~# insmod usb_ltc3206.ko /* load the module */
usbcore: registered new interface driver usb-ltc3206

/* power now the PIC32MX Curiosity board */
root@sama5d27-som1-ek-sd:~# usb 2-2: new full-speed USB device number 2 using at
91_ohci
usb 2-2: New USB device found, idVendor=04d8, idProduct=003f
usb 2-2: New USB device strings: Mfr=1, Product=2, SerialNumber=0
usb 2-2: Product: USB to I2C demo
usb 2-2: Manufacturer: Microchip Technology Inc.
usb-ltc3206 2-2:1.0: ltc3206_probe() function is called.
usb-ltc3206 2-2:1.0: LTC3206 at USB bus 002 address 002 -- ltc3206_init()
usb-ltc3206 2-2:1.0: ltc3206_init: Success
usb-ltc3206 2-2:1.0: ltc3206_probe() -> chip connected -> Success


/* check again the i2c adapters of the SAMA5D2, find the new one */
root@sama5d27-som1-ek-sd:~# i2cdetect -l
i2c-3   i2c           AT91                                      I2C adapter
i2c-1   i2c           AT91                                      I2C adapter
i2c-4   i2c           usb-ltc3206 at bus 002 device 002         I2C adapter
i2c-2   i2c           AT91                                      I2C adapter

root@sama5d27-som1-ek-sd:/sys/bus/usb/devices/2-2:1.0# ls
authorized          bInterfaceProtocol   ep_01      power
bAlternateSetting   bInterfaceSubClass   ep_81      subsystem
bInterfaceClass     bNumEndpoints        i2c-4      supports_autosuspend
bInterfaceNumber    driver               modalias   uevent

/*
 * verify the communication between the host and device
 * these commands toggle the three leds of the PIC32MX board and
 * set maximum brightness of the LTC3206 LED BLUE
 */
root@sama5d27-som1-ek-sd:~# i2cset -y 4 0x1b 0x00 0xf0 0x00 i
number of i2c msgs is = 1
oubuffer[0] = 0
oubuffer[1] = 240
oubuffer[2] = 0

/* set maximum brightness of the LTC3206 LED RED */
root@sama5d27-som1-ek-sd:~# i2cset -y 4 0x1b 0xf0 0x00 0x00 i

/* decrease brightness of the LTC3206 LED RED */
root@sama5d27-som1-ek-sd:~# i2cset -y 4 0x1b 0x10 0x00 0x00 i

/* set maximum brightness of the LTC3206 LED GREEN */
root@sama5d27-som1-ek-sd:~# i2cset -y 4 0x1b 0x00 0x0f 0x00 i

/* set maximum brightness of the LTC3206 LED GREEN and SUB display */
root@sama5d27-som1-ek-sd:~# i2cset -y 4 0x1b 0x00 0x0f 0x0f i
```

```
/* set maximum brightness of the LTC3206 MAIN display */
root@sama5d27-som1-ek-sd:~# i2cset -y 4 0x1b 0x00 0x00 0xf0 i

root@sama5d27-som1-ek-sd:~# rmmod usb_ltc3206.ko /* remove the module */
usbcore: deregistering interface driver usb-ltc3206

/* Power off the PIC32MX Curiosity board */
root@sama5d27-som1-ek-sd:~# i2c-ltc3206(disconnect) -> chip disconnected
usb 2-2: USB disconnect, device number 2
```

将内核模块移植到 Microchip
SAMA5D27-SOM1 上

A.1 为 Microchip SAMA5D27-SOM1 模块化系统构建嵌入式 Linux 系统

SAMA5D2-SOM1 是一款基于 MPU SAMA5D27 的小型单面系统模组（SOM），其中 MPU SAMA5D27 基于高性能 32 位 ArmCortex-A5 处理器，最高运行频率为 500 MHz。SAMA5D27-SOM1 基于一组经过验证的通用芯片组件，通过简化硬件设计和软件开发来缩短上市时间。SOM 还简化了主应用板的设计规则，降低了 PCB 的整体复杂性和成本。你可以在以下链接查看与此设备相关的所有信息：https://www.microchip.com/wwwproducts/en/ATSAMA5D27-SOM1

SAMA5D27-SOM1-EK1 评估工具将用于实验室的开发。该板的用户指南和设计文件可以在如下链接找到：https://www.microchip.com/developmenttools/ProductDetails/atsama5d27-som1-ek1

A.1.1 简介

要在 Linux 主机上获得 Yocto 工程预期的行为，必须安装下面描述的包和实用程序。一个重要的考虑因素是主机所需的硬盘空间。例如，在运行 Ubuntu 的机器上构建时，X11 后端所需的最小硬盘空间约为 50 GB。建议至少提供 120 GB，这足以将所有后端编译在一起。

A.1.2 主机软件包

Yocto 工程需要为构建安装一些包，这些包记录在 Yocto 工程下。请确保你的主机运行的是 64 位 Ubuntu 16.04，并安装以下软件包：

```
$ sudo apt-get install gawk wget git-core diffstat unzip texinfo gcc-multilib \
```

```
build-essential chrpath socat cpio python python3 python3-pip python3-pexpect \
xz-utils debianutils iputils-ping libsdl1.2-dev xterm

$ sudo apt-get install autoconf libtool libglib2.0-dev libarchive-dev python-git \
sed cvs subversion coreutils texi2html docbook-utils python-pysqlite2 \
help2man make gcc g++ desktop-file-utils libgl1-mesa-dev libglu1-mesa-dev \
mercurial automake groff curl lzop asciidoc u-boot-tools dos2unix mtd-utils pv \
libncurses5 libncurses5-dev libncursesw5-dev libelf-dev zlib1g-dev
```

A.1.3　Yocto 工程设置和镜像构建

Yocto 工程是一个强大的构建环境。它建立在几个组件之上，包括著名的嵌入式 Linux 的 OpenEmbedded 构建框架。Poky 是构建整个嵌入式 Linux 发行版的参考系统。增加了对基于 SAMA5 ARM Cortex-A5 的 MPU 的支持，可以提供具有丰富应用程序的根文件系统。

对 SAMA5 系列处理器的支持包含在一个特定的 Yocto 层中：meta-atmel。此层的源代码位于 Linux4SAM GitHub 账户上（https://github.com/linux4sam/meta-atmel）。

你可以看到如下的逐步构建的过程：

创建一个目录：

```
~$ mkdir sama5d2_sumo
~$ cd sama5d2_sumo/
```

克隆 poky git 库的相应分支：

```
~/sama5d2_sumo$ git clone git://git.yoctoproject.org/poky -b sumo
```

克隆 meta-openembedded git 库的相应分支：

```
~/sama5d2_sumo$ git clone git://git.openembedded.org/meta-openembedded -b sumo
```

克隆 meta-qt5 git 库的相应分支：

```
~/sama5d2_sumo$ git clone git://code.qt.io/yocto/meta-qt5.git
~/sama5d2_sumo$ cd meta-qt5/
~/sama5d2_sumo/meta-qt5$ git checkout v5.9.6
~/sama5d2_sumo$ cd ..
~/sama5d2_sumo$
```

克隆 meta-atmel 层的 git 库，并准备好相应分支：

```
~/sama5d2_sumo$ git clone git://github.com/linux4sam/meta-atmel.git -b sumo
```

进入 poky 目录去配置构建系统，并启动构建过程：

```
~/sama5d2_sumo$ cd poky/
~/sama5d2_sumo/poky$
```

初始化 build 目录：

```
~/sama5d2_sumo/poky$ source oe-init-build-env
```

添加 meta-atmel 层到 bblayer 配置文件中：

```
~/sama5d2_sumo/poky/build$ gedit conf/bblayers.conf

# POKY_BBLAYERS_CONF_VERSION is increased each time build/conf/bblayers.conf
# changes incompatibly
POKY_BBLAYERS_CONF_VERSION = "2"

BBPATH = "${TOPDIR}"
BBFILES ?= ""

BSPDIR := "${@os.path.abspath(os.path.dirname(d.getVar('FILE', True)) +
'/../../..')}"

BBLAYERS ?= " \
  ${BSPDIR}/poky/meta \
  ${BSPDIR}/poky/meta-poky \
  ${BSPDIR}/poky/meta-yocto-bsp \
  ${BSPDIR}/meta-atmel \
  ${BSPDIR}/meta-openembedded/meta-oe \
  ${BSPDIR}/meta-openembedded/meta-networking \
  ${BSPDIR}/meta-openembedded/meta-python \
  ${BSPDIR}/meta-openembedded/meta-ruby \
  ${BSPDIR}/meta-openembedded/meta-multimedia \
  ${BSPDIR}/meta-qt5 \
  "

BBLAYERS_NON_REMOVABLE ?= " \
  ${BSPDIR}/poky/meta \
  ${BSPDIR}/poky/meta-poky \
  "
```

编辑 local.conf 文件，指定机器、源存档位置、包类型（rpm、deb 或 ipk）。将机器名设置为"sama5d27-som1-ek-sd"：

```
~/sama5d2_sumo/poky/build$ gedit conf/local.conf

[...]
MACHINE ??= "sama5d27-som1-ek-sd"
[...]
DL_DIR ?= "your_download_directory_path"
[...]
PACKAGE_CLASSES ?= "package_ipk"
[...]
USER_CLASSES ?= "buildstats image-mklibs"
```

要获得更好的性能，请使用"poky-atmel"发布版，同时添加以下行：

```
DISTRO = "poky-atmel"
```

构建 Atmel 演示镜像。我们发现，对于 QT 演示镜像来说，需要额外修改 local.conf。你可以在文件的末尾添加这两行：

```
~/sama5d2_sumo/poky/build$ gedit conf/local.conf

[...]
LICENSE_FLAGS_WHITELIST += "commercial"
SYSVINIT_ENABLED_GETTYS = ""

~/sama5d2_sumo/poky/build$ bitbake atmel-qt5-demo-image
```

在官方的 v4.14 linux 内核标签上添加了一些增强功能，其中大部分的 Microchip SoC 特性已经得到了支持。还要注意，Microchip 在这个长期支持（LTS）内核修订版的基础上重新集成了稳定版内核。这意味着每一个 v4.14.x 版本都被合并到 Microchip 分支中。你将使用 linux4sam_6.0 标签，并集成 v4.14.73 之前的稳定内核更新。更多信息，请访问 https://www.at91.com/linux4sam/bin/view/Linux4SAM/LinuxKernel 你将创建一个从 linux4sam_6.0 标签编译出来的 SD 演示镜像。访问 https://www.at91.com/linux4sam/bin/view/Linux4SAM/DemoArchive6_0 并下载 linux4sam-poky-sama5d27_som1_ek_video-6.0.img.bz2 yocto 演示镜像。

要将压缩镜像写入 SD 卡，你还必须下载并安装 Etcher 工具。它是一个开源软件，非常有用，因为它允许以压缩的镜像作为输入。更多信息和额外帮助可在 Etcher 网站上获得：https://etcher.io/。请按照 https://www.at91.com/linux4sam/bin/view/Linux4SAM/Sama5d27Som1EKMainPage 里的演示章节中创建 SD 卡的步骤进行操作。

A.1.4　连接并设置硬件

使用连接到 J10 JLink 连接器的 micro USB 电缆将 SAMA5D27-SOM1-EK1 单板连接到主机，然后打开串口控制台。通过这个控制台，你可以访问运行嵌入式 Linux 发行版的 SAMA5D27-SOM1-EK1（参见图 A-1）。

通过单击终端的图标，启动主机 Linux PC 上的终端。在命令提示符下键入 dmesg。

```
~$ dmesg
usb 3-1: New USB device found, idVendor=1366, idProduct=0106
usb 3-1: New USB device strings: Mfr=1, Product=2, SerialNumber=3
usb 3-1: Product: J-Link
usb 3-1: Manufacturer: SEGGER
usb 3-1: SerialNumber: 000483029459
cdc_acm 3-1:1.0: ttyACM0: USB ACM device
usbcore: registered new interface driver cdc_acm
cdc_acm: USB Abstract Control Model driver for USB modems and ISDN
adapters
```

在日志消息中，你可以看到新的 USB 设备已找到并安装为 ttyACM0，如图 A-2 所示。

在主机中启动并配置 minicom 以查看系统的过程。设置以下配置："115.2 k 波特率，8 个数据位，1 个停止位，无奇偶校验"。

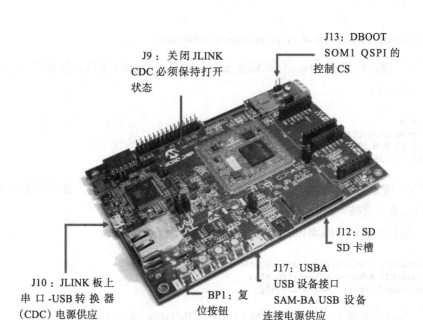

图 A-1　SAMA5D27-SOM1-EK1 单板

```
 A -    Serial Device      :/dev/ttyACM0
 B - Lockfile Location     :/var/lock
 C -    Callin Program     :
 D -    Callout Program    :
 E -    Bps/Par/Bits       : 115200 8N1
 F - Hardware Flow Control : No
 G - Software Flow Control : No

    Change which setting?

            | Screen and keyboard |
            | Save setup as dfl   |
            | Save setup as..     |
            | Exit                |
            | Exit from Minicom   |
```

图 A-2　配置 minicom

　　将 SD 卡插入 SAMA5D27-SOM1-EK1 上的 J12 SD 插槽，然后复位主板（PB1/NRST）。你应该可以在控制台上看到 Linux 引导消息。

　　在 Linux 主机和 SAMA5D27-SOM1-EK 目标单版之间建立网络连接，以便在 Linux PC 主机上构建的驱动程序可以轻松地传输到目标板上进行安装。将以太网电缆连接到 PC 主机和 SAMA5D27-SOM1-EK 板之间。将 Linux PC 主机的 IP 地址设置为 10.0.0.1。在 SAMA5D27-SOM1-EK 板（目标板）上，通过编辑 /etc/network/interfaces 文件配置 IP 地址为 10.0.0.10 的 eth0 接口。

　　通过 vi 编辑器打开这个文件：

```
root@sama5d27-som1-ek-sd:~# vi /etc/network/interfaces
```

按下"i"键开始编辑文件。你可能会发现已经有一个 eth0 条目。如果没有，请使用以下代码行配置 eth0：

```
auto eth0
iface eth0 inet static
address 10.0.0.20
netmask 255.255.255.0
```

按 <ESC> 键退出编辑模式。通过键入":wq"保存并退出文件。如果要退出文件而不保存所做的更改，请按 <ESC> 键，然后按:":q!"。

然后，运行以下命令以确保 eth0 以太网接口已正确配置：

```
root@sama5d27-som1-ek-sd:~# ifdown eth0
root@sama5d27-som1-ek-sd:~# ifup eth0
root@sama5d27-som1-ek-sd:~# ifconfig
```

现在，测试你是否可以从 SAMA5D27-SOM1-EK 板与 Linux 主机进行通信。按 <ctrl-C> 退出 ping 命令。

```
root@sama5d27-som1-ek-sd:~# ping 10.0.0.1
```

现在，Linux 主机和 SAMA5D27-SOM1-EK 目标之间现在已经建立了网络连接。

A.1.5 Yocto 之外的工作

在本节中，我们将介绍为 ATSAMA5D27-SOM1 设备构建 Yocto SDK 的说明：

```
~/sama5d2_sumo/poky/build$ bitbake -c populate_sdk atmel-qt5-demo-image
~/sama5d2_sumo/poky/build$ cd tmp/deploy/sdk/
~/sama5d2_sumo/poky/build/tmp/deploy/sdk$ ls
~/sama5d2_sumo/poky/build/tmp/deploy/sdk$ ./poky-atmel-glibc-x86_64-atmel-qt5-demo-
image-cortexa5hf-neon-toolchain-2.5.1.sh

Enter target directory for SDK (default: /opt/poky-atmel/2.5.1):
You are about to install the SDK to "/opt/poky-atmel/2.5.1". Proceed[Y/n]?
Extracting SDK................................................................
...............done
Setting it up...done
SDK has been successfully set up and is ready to be used.
```

每次你希望在新的 shell 会话中使用 SDK 时，都需要执行环境设置脚本：

```
~$ . /opt/poky-atmel/2.5.1/environment-setup-cortexa5hf-neon-poky-linux-gnueabi
```

A.1.6 构建 Linux 内核

在本节中，我们将描述为 ATSAMA5D27-SOM1 设备构建 Linux 内核的说明。

从 Microchip 的 git 库中下载内核源码：

```
~$ git clone git://github.com/linux4sam/linux-at91.git
~$ cd linux-at91/
~/linux-at91$ git branch -r
~/linux-at91$ git checkout origin/linux-4.14-at91 -b linux-4.14-at91
```

编译内核镜像、模块，以及所有的设备树文件：

```
~/linux-at91$ make mrproper
~/linux-at91$ make ARCH=arm sama5_defconfig
~/linux-at91$ make ARCH=arm menuconfig
```

配置如下内核设置，这是驱动程序开发过程中所需要的：

```
Device drivers >
   [*] SPI support  --->
          <*>    User mode SPI device driver support

Device drivers >
   [*] LED Support  --->
           <*>    LED Class Support
           -*-    LED Trigger support  --->
                         <*>    LED Timer Trigger
                         <*>    LED Heartbeat Trigger

Device drivers >
   <*> Industrial I/O support  --->
           -*-    Enable buffer support within IIO
           -*-    Industrial I/O buffering based on kfifo
           <*>    Enable IIO configuration via configfs
           -*-    Enable triggered sampling support
           <*>    Enable software IIO device support
           <*>    Enable software triggers support
                     Triggers - standalone  --->
                                <*> High resolution timer trigger
                                <*> SYSFS trigger

Device drivers >
   <*> Userspace I/O drivers  --->
           <*>    Userspace I/O platform driver with generic IRQ handling
           <*>    Userspace platform driver with generic irq and dynamic memory

Device drivers >
   Input device support  --->
           -*- Generic input layer (needed for keyboard, mouse, ...)
           <*>    Polled input device skeleton
           <*>    Event interface
```

保持配置并退出 menuconfig。

针对工具链脚本执行 source 命令，并在单个步骤中编译内核、设备树文件和模块：

```
~/linux-at91$ source /opt/poky-atmel/2.5.1/environment-setup-cortexa5hf-neon-
poky-linux-gnueabi
~/linux-at91$ make -j4
```

一旦 Linux 内核、dtb 文件和模块编译完成，就必须安装它们。对于内核映像，可以通过将 zImage 文件复制到要读取它的位置来安装。SD 卡上有两个分区。较小的一个格式化为一个 FAT 文件系统，包含 boot.bin、u-boot.bin、uboot.env，以及 sama5d27_som1_ek.itb 映像。较大的分区格式化为 ETX4，包含一个根文件系统。SD 卡作为一个整体在设备中表示为 /dev/mmcblk0，其分区分别表示为 /dev/mmcblk0p1 和 /dev/mmcblk0p2。第二个分区作为根目录安装在目标单板上。启动分区未装入。我们必须先安装它，然后才能访问它。

从 Linux4SAM6.0 发布的 U-boot 2018.07 开始，我们可以使用附加设备树修订（DTBO）来修正设备树 Blob（DTB）的功能。设备树修订是一个文件，可以在运行时（在我们的例子中由引导加载程序）动态修改设备树，向树中添加节点并更改现有树中的属性。

你可以轻松地从 Linux4SAM GitHub DT Overlays 库下载 DT 修订的源代码。克隆 Linux4sam GitHub DT Overlay 仓库：

```
~$ git clone git://github.com/linux4sam/dt-overlay-at91.git
   Cloning into 'dt-overlay-at91'...
   remote: Enumerating objects: 760, done.
   remote: Counting objects: 100% (760/760), done.
   remote: Compressing objects: 100% (428/428), done.
   remote: Total 760 (delta 340), reused 735 (delta 315), pack-reused 0
   Receiving objects: 100% (760/760), 369.55 KiB | 1.23 MiB/s, done.
   Resolving deltas: 100% (340/340), done.

~$ cd dt-overlay-at91/
```

源代码取自主分支，而主分支指向我们使用的最新分支。

现在，构建 DT-Overlay 和 FIT 映像。FIT 映像是一个空间占位镜像，它包含 zImage 和基本设备树，以及可以在启动时选择的设备树修订。要为单板构建设备树修订和 FIT 映像，请确保完成以下步骤：

- 正确设置环境变量 ARCH 和 CROSS_COMPILE。
- （可选）环境变量 KERNEL_DIR 指向 Linux 内核，内核已经为该单板构建好了。这是必要的，因为 DT 修订库使用来自内核源代码树的设备树编译器（dtc）。默认情况下，KERNEL_DIR 设置为目录树中父目录下的 linux 目录：../linux。
- （可选）环境变量 KERNEL_BUILD_DIR，它指向编译内核所产生的 Linux 内核二进制文件和设备树 blob 所在的位置。默认情况下，KERNEL_BUILD_DIR 设置为与 KERNEL_DIR 相同的目录。如果你有在 Linux 源代码树中编译内核的习惯，那么就不应该更改它。
- 确保 mkimage 已安装到开发机上。
- Linux 内核中的设备树编译器位于 PATH 环境变量中。

```
~/dt-overlay-at91$ source /opt/poky-atmel/2.5.1/environment-setup-cortexa5hf-neon-
poky-linux-gnueabi

~/dt-overlay-at91$ gedit Makefile
#KERNEL_DIR?=../linux
KERNEL_DIR?=/home/alberto/linux-at91
```

```
~/dt-overlay-at91$ make sama5d27_som1_ek_dtbos
~/dt-overlay-at91$ make sama5d27_som1_ek.itb
```

现在，把 /dev/mmcblk0p1 挂载到在目标板的 /mnt。/mnt 是一个空目录，经常用于加载外部文件系统。

```
root@sama5d27-som1-ek-sd:~# ls -lF /mnt
total 0
root@sama5d27-som1-ek-sd:~# mount /dev/mmcblk0p1 /mnt
root@sama5d27-som1-ek-sd:~# ls -lF /mnt/
total 4278
-rwxr-xr-x 1 root root   19141 Oct 12  2018 BOOT.BIN
-rwxr-xr-x 1 root root 3901236 Oct 12  2018 sama5d27_som1_ek.itb
-rwxr-xr-x 1 root root  442415 Oct 12  2018 u-boot.bin
-rwxr-xr-x 1 root root   16384 Oct 12  2018 uboot.env
```

将 FIT 从主机复制到目标板的 /mnt 目录。我们使用 scp（安全复制）程序。我们以 root 用户身份复制文件，因为我们以 root 用户身份登录到目标系统。在主机终端上输入命令。当一个安全复制程序第一次运行时，它会注意到它正在与一个未知的机器通信。它会报告该事件，请接受该事件，主机 PC 随后会将目标板添加到已知计算机的列表中。

```
~/dt-overlay-at91$ scp sama5d27_som1_ek.itb root@10.0.0.10:/mnt
root@sama5d27-som1-ek-sd:~# umount /mnt
root@sama5d27-som1-ek-sd:~# reboot
```

对于基于 SAMA5Dx 的单板，Microchip 实现了通用的 dtsi 文件，这些文件定义了单板、SoM 和 SoC 上的外围设备。SAMA5Dx-EK 或 Xplained 单板的每个变体都有其自身的 dts 文件。例如，定义一个 plain 单板的 at91-sama5d27_som1_ek.dts 包含了用于启用该板通用外围设备的 at91-sama5d27_som1_ek_common.dtsi，其中又包括一个定义 SoM 上外围设备的 at91-sama5d27_som1.dtsi 文件。该文件也包含 sama5d2.dtsi 文件，里面定义了 SoC 上存在的所有外设，但将其状态设置为"禁用"（除了三个加密设备之外）。顶级的 dts 文件提供了最终画龙点睛的一笔，从而启用了其他设备，并通过它创建不同风格的单板。Linux 内核中基于 ARM 核的设备树源文件（.dts 和 .dtsi）与 Linux 内核源文件一起存储在 linux-at91/arch/arm/boot/dts 目录中。你也可以在 Linux4SAM 的 github 上找到它们：https:// github.com/linux4sam/linux-at91/tree/master/arch/arm/boot/dts。

at91-sama5d27_som1_ek.dts 是 SAMA5D27-SOM1-EK 单板的设备树文件。每次在此 DT 源文件中添加新节点或进行某些修改时，都必须执行以下步骤以使新 dtb 文件在目标设备上可用：

```
~/linux-at91$ make dtbs
~/dt-overlay-at91$ make sama5d27_som1_ek.itb
root@sama5d27-som1-ek-sd:~# mount /dev/mmcblk0p1 /mnt
~/dt-overlay-at91$ scp sama5d27_som1_ek.itb root@10.0.0.10:/mnt
root@sama5d27-som1-ek-sd:~# umount /mnt
root@sama5d27-som1-ek-sd:~# reboot
```

A.2 Microchip SAMA5D27-SOM1 模块化系统实验的硬件描述

在以下各节中，我们将描述用于实验室开发的 SAMA5D27-SOM1-EK 的硬件设置。

A.2.1 实验 5-2、5-3 和 5-4 的硬件描述

SAMA5D27-SOM1-EK 单板集成了 RGB LED。请翻到原理图的第 8 页进行查看。三色 LED（D5）在同一外壳中包含三个 RGB LED。每个 LED 都由一个编程为 GPIO 输出的处理器引脚单独控制。这些引脚是 PA10、PA31、PB1。目前，这些引脚由 "leds" 驱动程序使用，因此你必须在设备树中将其禁用，如图 A-3 所示。

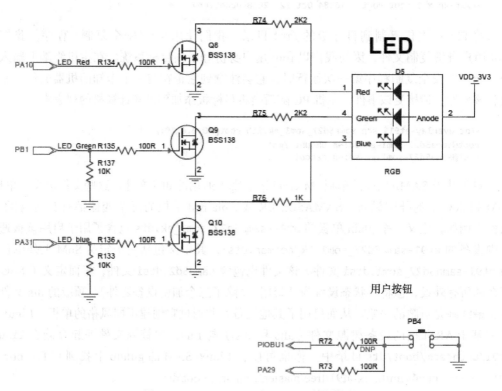

图 A-3　SAMA5D27-SOM1-EK 单板硬件

A.2.2 实验 6-1 的硬件描述

在该实验中，驱动程序将控制与 I2C 总线连接的多个 PCF8574 I/O 扩展器设备。你可以使用基于该设备的多功能板来开发本实验，例如下面这个单板：https://www.waveshare.com/pcf8574-io-expansion-board.htm。

SAMA5D27-SOM1-EK 板具有广泛的外围设备，以及用户界面和扩展选项，包括两个

mikroBUS click 接口的接头，如图 A-4 所示。mikroBUS 标准定义了主板插槽和附加板（也称为"click 板"），用于微处理器与带有专有引脚配置和丝网印刷标记的集成模块的接口。引脚排列包括三组通信引脚（SPI、UART 和 TWI），四个附加引脚（PWM、中断、模拟输入和复位）和两个电源组（左侧为 + 3.3V 和 GND，右侧为 1x8 接头的 5V 和 GND）。请转到 SAMA5D27-SOM1-EK 单板示意图的第 9 页，查看两个连接器。

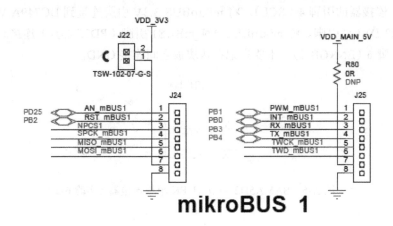

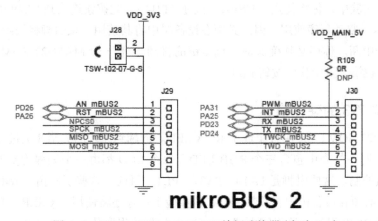

图 A-4 SAMA5D27-SOM1-EK 单板连接器（实验 6-1）

你可以使用两块 PCF8574 板，一块连接到 I2C TWCK_mBUS1 和 TWD_mBUS1 信号，另一块连接到 I2C TWCK_mBUS2 和 TWD_mBUS2 信号。不要忘记在每个 PCF8574 板与其各自的 mikroBUS 连接器之间连接 3V3 和 GND 信号。

A.2.3 实验 6-2 的硬件描述

要测试该驱动程序，你将使用 DC749A- 演示板（http://www.analog.com/en/design-center/evaluation-hardware-and-software/evaluation-boards-kits/dc749a.html）。

在该实验中，你将在 SAMA5D27-SOM1-EK mikroBUS 1 连接器（参见图 A-5）和 DC749A- 演示板之间连接 I2C 引脚。请翻到 SAMA5D27-SOM1-EK 单板示意图的第 9 页，找到 mikroBUS 1 连接器，并寻找 TWCK_mBUS1 和 TWD_mBUS1 引脚。将 mikroBUS TWD 引脚连接到 DC749A J1 连接器的引脚 7（SDA），将 mikroBUS TWCK 引脚连接到 DC749A J1 连接器的引脚 4（SCL）。将 mikroBUS 3.3V 引脚连接到 DC749A Vin J2 引脚和 DC749A J20 DVCC 引脚。将 mikroBUS AN_mBUS1 引脚（PD25 焊点）连接到 DC749A J1 连接器的引脚 6（ENRGB/S）。不要忘记在两块板之间连接 GND。

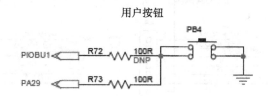

图 A-5　SAMA5D27-SOM1-EK 单板连接器（实验 6-2）

A.2.4　实验 7-1 和 7-2 的硬件描述

在这两个实验中，你将使用"USER"按钮（PB4）。此按钮连接到 PA29 引脚。该引脚由"gpio_keys"驱动程序使用，因此必须在设备树中将其禁用。该引脚将被编程作为输入，并将产生一个中断。你还必须确保消除机械键的抖动。打开 SAMA5D27-SOM1-EK 的单板原理图，然后在第 8 页中找到按钮 PB4。

A.2.5　实验 7-3 的硬件描述

SAMA5D27-SOM1-EK 单板集成了 RGB LED。请翻到原理图的第 8 页进行查看。三色 LED（D5）在同一外壳中包含三个 RGB LED。每个 LED 都由一个编程为 GPIO 输出的处理器引脚单独控制。这些引脚是 PA10、PA31、PB1。目前，这些引脚由"leds"驱动程序使用，因此你必须在设备树中将其禁用。在该实验中，你还将使用"USER"按钮（PB4）。此按钮连接到 PA29 引脚。该引脚由"gpio_keys"驱动程序使用，因此也必须在设备树中将其禁用。该引脚将被编程作为输入，并将产生一个中断。你还必须确保消除机械键的抖动。请打开原理图，然后在第 8 页中找到 PB4 按钮。

使用 MikroElektronika Button R click 板的按钮将产生第二个中断。你可以在 https://www.mikroe.com/button-r-click 上看到该单板。你可以从该链接或本书的 GitHub 仓库下载原理图。将此单板连接到 SAMA5D27-SOM1-EK mikroBUS 1 连接器。mikroBUS 1 的 INT_mBUS1 引脚（焊点 PB0）将被编程作为输入，并产生第二个中断。

A.2.6　实验 10-1、10-2 和 12-1 的硬件描述

在这些实验室中，你将控制连接到处理器的 I2C 和 SPI 总线的加速度计单板。你将使用 ADXL345 Accel click mikroBUS 单板来开发驱动程序；你可以在这里下载开发板的原理图：http://www.mikroe.com/click/accel/。

将开发板连接到 SAMA5D27-SOM1-EK mikroBUS 2 连接器。在实验 10-2 和 12-1 中，mikroBUS 2 连接器的 INT_mBUS2 引脚（PA25 焊点）将被编程作为输入，并会产生中断。

A.2.7　实验 11-1 的硬件描述

在该实验中，你将分别控制 Analog Devices LTC2607 的内部 DAC 或同时控制 DACA + DACB。你将使用 DC934A 评估板。可以在这里下载其原理图：https://www.analog.com/en/design-center/evaluation-hardware-and-software/evaluation-boards-kits/dc934a.html。

你将把 SAMA5D27-SOM1-EK mikroBUS 2 连接器的 TWCK_mBUS2 和 TWD_mBUS2 引脚连接到 LTC2607 DC934A 评估板的 SDA 和 SCL 引脚。通过将 mikroBUS 3.3V 引脚连接到 V+（DC934A 连接器 J1 的引脚 1），可以为 LTC2607 器件供电。你还将在 DC934A （即连接器 J1 的引脚 3）板和 SAMA5D27-SOM1-EK 板的 mikroBUS 2 GND 引脚之间连接 GND。

A.2.8　实验 11-2 和 11-3 的硬件描述

在这两个实验中，你将重用实验 11-1 的硬件设置，并将 SAMA5D27-SOM1-EK mikroBUS 2 的 SPI 引脚连接到 DC934A 板中的 LTC2422 双 ADC SPI 器件的 SPI 引脚。

打开 SAMA5D27-SOM1-EK 单板的原理图，然后找到 mikroBUS 2 连接器的 SPI 引脚。你将使用 CS、SCK 和 MISO（主输入，从输出）信号。不需要 MOSI（主输出，从输入）信号，因为仅从 LTC2422 器件接收数据。将以下 mikroBUS 2 引脚连接到 LTC2422 SPI 引脚，这些引脚可从 DC934A 板的 J1 连接器获得：

- 将 SAMA5D27-SOM1 NPCS0（CS）引脚连接到 LTC2422 CS 引脚。
- 将 SAMA5D27-SOM1 SPCK_mBUS2（SCK）引脚连接到 LTC2422 SCK 引脚。
- 将 SAMA5D27-SOM1 MISO_mBUS2（MISO）引脚连接到 LTC2422 MISO 引脚。

在实验 11-3 中，你还将使用"USER"按钮（PB4）。此按钮连接到 PA29 引脚。该引脚由"gpio_keys"驱动程序使用，因此必须在设备树中将其禁用。该引脚将被编程作为输入，并将产生一个中断。

SAMA5D27-SOM1 的内核模块、应用程序和设备树设置包含在 linux_4.14_sama5d27-SOM_drivers.zip 文件中，该文件可从 GitHub 下载，网址为 https://github.com/ALIBERA/linux_book_2nd_edition。

参 考 文 献

1. NXP, "i.MX 7Dual Applications Processor Reference Manual". Document Number: IMX7DRM Rev. 0.1, 08/2016.

2. Microchip, "SAMA5D2 Series Datasheet". Datasheet number: DS60001476B.

3. Broadcom, "BCM2835 ARM Peripherals guide".

4. NXP, "i.MX Yocto Project User's Guide". Document Number: IMXLXYOCTOUG. Rev. L4.9.11_1.0.0-ga+mx8-alpha, 09/2017.

5. Marcin Bis, "Exploring Linux Kernel Source Code with Eclipse and QTCreator". ELCE 2016, Berlin, 10/2016.
https://bis-linux.com/en/elc_europe2016

6. Raspberry Pi Linux documentation.
https://www.raspberrypi.org/documentation/linux/

7. Linux & Open Source related information for AT91 Smart ARM Microcontrollers.
http://www.at91.com/linux4sam/bin/view/Linux4SAM

8. The Linux kernel DMAEngine documentation.
https://www.kernel.org/doc/html/latest/driver-api/dmaengine/index.html

9. The Linux kernel Input documentation.
https://www.kernel.org/doc/html/latest/input/index.html

10. The Linux kernel PINCTRL (PIN CONTROL) subsystem documentation.
https://www.kernel.org/doc/html/v4.15/driver-api/pinctl.html

11. The Linux kernel General Purpose Input/Output (GPIO) documentation.
https://www.kernel.org/doc/html/v4.17/driver-api/gpio/index.html

12. Hans-Jürgen Koch, "The Userspace I/O HOWTO".
http://www.hep.by/gnu/kernel/uio-howto/

13. Daniel Baluta, "Industrial I/O driver developer's guide".
https://dbaluta.github.io/

14. Rubini, Corbet, and Kroah-Hartman, "Linux Device Drivers", third edition, O'Reilly, 02/2005.
https://lwn.net/Kernel/LDD3/

15. bootlin, "Linux Kernel and Driver Development Training".
https://bootlin.com/doc/training/linux-kernel/

16. Corbet, LWN.net, Kroah-Hartman, The Linux Foundation, "Linux Kernel Development report", seventh edition, 08/2016.
https://www.linuxfoundation.org/events/2016/08/linux-kernel-development-2016/

17. Silicon Labs, "Human Interface Device Tutorial". Application note number: AN249
https://www.silabs.com/documents/public/application-notes/AN249.pdf

18. Exar, "USB Basics for the EXAR Family of USB Uarts". Application note number: AN213
https://www.exar.com/appnote/an213.pdf

19. The Linux kernel USB API documentation.
https://www.kernel.org/doc/html/v4.14/driver-api/usb/index.html

20. The Linux kernel device tree documentation.
https://www.kernel.org/doc/Documentation/devicetree/usage-model.txt

21. The Linux kernel IRQ domain documentation.
https://www.kernel.org/doc/Documentation/IRQ-domain.txt

22. The Linux kernel generic IRQ documentation.
https://www.kernel.org/doc/html/latest/core-api/genericirq.html

术 语 表

英文全称	英文缩略语	中文说明
binding		绑定
Bootloader		引导加载器
Broadcom BCM2837 processor		Broadcom BCM2837 处理器
C compiler		C 编译器
C runtime library		C 运行时库
character device		字符设备
character device driver		字符设备驱动
class, Linux		Linux 类
deferred work		延迟工作
device node		设备节点
Device Tree	DT	设备树
Direct Memory Access	DMA	直接内存访问
DMA engine Linux API		Linux DMA 引擎 API
DMA from user space		用户态 DMA
DMA mapping, coherent		一致性 DMA 映射
DMA mapping, scather/gather		分散 / 聚集 DMA 映射
DMA mapping, streaming		流式 DMA 映射
documentation, for processors		处理器文档
Eclipse		Eclipse 集成开发环境
environment variable		环境变量
ethernet, setting up		设置以太网卡
fsl, pins, device tree		fsl, pins 设备树
glibc		glibc 运行时库
GPIO controller driver		GPIO 控制器驱动程序
GPIO interface, descriptor based		基于描述符的 GPIO 接口
GPIO inteface, integer based		基于整数的 GPIO 接口
GPIO irqchip, categories		GPIO 中断芯片的分类
GPIO linux number		Linux GPIO 编号
hardware irq's	hwirq	硬件中断
Inter — Integrated Circuit	I2C	双向二线制同步串行总线

（续）

英文全称	英文缩略语	中文说明
I2C device driver		I2C 设备驱动
I2C subsystem, Linux		Linu I2C 子系统
i2cdetect, application		i2cdetect 应用程序
i2c-utils, application		i2c-utils 应用程序
IIO buffer		IIO 缓冲区
IIO device, channel		IIO 设备通道
IIO device, sysfs interface		IIO 设备的 sysfs 接口
IIO driver		IIO 驱动
IIO event		IIO 事件
IIO triggered buffer		IIO 触发式缓冲区
IIO utils		IIO 工具
init process		init 进程
Industrial I/O framework	IIO	工业 IIO 框架
init programs		init 程序
Input subsystem framework		输入子系统框架
interrupt context, kernel		内核中断上下文
interrupt controller		中断控制器
interrupt handler		中断处理程序
interrupt links, device tree		设备树中的中断连接
interrupts, device tree		设备树中的 interrupts 属性
interrupt-cells, device tree		设备树中的 interrupt-cells 属性
interrupt-controller, device tree		设备树中的 interrupt-controller 属性
interrupt-parent, device tree		设备树中 interrupt-parent 属性
IRQ domain		IRQ 域
IRQ number		IRQ 号
jiffie		时间节拍
kernel memory, allocator		内核中的内存分配器
kernel module		内核模块
kernel object	kobject	内核对象，是设备驱动模型的基石
kernel physical memory		内核物理内存
kernel threads		内核线程
kmalloc allocator		kmalloc 分配器
Linux, address type		Linux 地址类型
Linux, boot process		Linux 启动过程
Linux, device and driver model		Linux 设备与驱动模型
Linux embedded		嵌入式 Linux
Linux kernel		Linux 内核

（续）

英文全称	英文缩略语	中文说明
Linux kernel module		Linux 内核模块
Linux LED class		Linux LED 类
locking, kernel		内核的锁机制
menuconfig		通过菜单选项来配置 Linux 内核
Microchip SAMA5D2 processor		Microchip SAMA5D2 处理器
mikroBUS ™ standard		mikroBUS ™ 标准
miscellaneous device		杂项设备
Memory-Mapped I/O	MMIO	内存映射 I/O
Memory Management Unit	MMU	内存管理单元
MMU translation table		MMU 转换表
multiplexing, pin		引脚多路复用
mutex, kernel lock		内核锁机制中的互斥锁
net name, schematic		网络标号
Network File System(NFS) server		网络文件系统服务器
NXP i.MX7D processor		NXP i.MX7D 处理器
pad		焊点
PAGE allocator, kernel memory		内核内存管理中的页面分配器
PAGE allocator API, kernel memory		内核内存管理中的页面分配器 API
Page Global Directory	PGD	页全局目录
Page Middle Directory	PMD	页中间目录
Page Table	PTE	页表
Page Upper Directory	PUD	页上级目录
pin configuration node, device tree		设备树中的引脚配置节点
pin control subsystem, about		引脚控制子系统
pin controller, about		引脚控制器
pin, definition		引脚定义
pinctrl-0, device tree		设备树中的 pinctrl-0
platform bus, about		平台总线
platform device driver		平台设备驱动
platform device		平台设备
process context, kernel		内核的进程上下文
race, condition		竞争条件
Raspbian		树莓派
Register map	Regmap	寄存器映射
Regmap, implementation		寄存器映射的实现
repo, utility	repo	repo 工具
root file system		根文件系统

（续）

英文全称	英文缩略语	中文说明
SLAB allocator, kernel memory		内核内存管理中的 SLAB 分配器
SLAB allocator API, kernel memory		内核内存管理中的 SLAB 分配器 API
sleeping, kernel		内核中的睡眠
System Management Bus	SMBus	系统管理总线
softirqs, deferred work		延迟工作机制中的软中断
Serial Peripheral Interface	SPI	串行外设接口
SPI device driver		SPI 设备驱动
SPI, Linux		Linux 中的 SPI 系统
SPI, Linux subsystem		Linux 中的 SPI 子系统
spidev driver		spi dev 驱动
spinlock, kernel lock		内核锁机制中的自旋锁
sysfs file system		sysfs 文件系统
system call, interface		系统调用接口
system shared libraries		系统共享库
tasklet, deferred work		延迟工作机制中的 tasklet
threaded interrupt, deferred work		延迟工作机制中的线程化中断
timer, deferred work		延迟工作机制中的定时器
toolchain		工具链
Translation Lookaside Buffer	TLB	快表
Translation Table Base Control Register	TTBCR	页表基址控制寄存器
Translation Table Base Register	TTBR0/TTBR1	页表基址寄存器
Trivial File Transfer Protocol	TFTP	简单文件传输协议
UIO driver		UIO 驱动
UIO framework		UIO 框架
UIO platform device driver		UIO 平台设备驱动
Unified Device Properties, API		统一设备属性 API
USB, about		USB
USB descriptor		USB 描述符
USB device driver		USB 设备驱动
USB Request Block	URB	USB 请求块
USB subsystem, Linux		Linux 中的 USB 子系统
user space, driver		用户态驱动
U-Boot	U-Boot	U-Boot 引导加载程序
virtual file		虚拟文件
virtual interrupt ID		虚拟中断 ID
virtual memory layout, user space process		用户态进程的虚拟内存布局
virtual to physical, memory mapping		虚拟地址到物理地址的映射

（续）

英文全称	英文缩略语	中文说明
wait queue, kernel sleeping		用于在内核中实现随眠的等待队列
workqueues, deferred work		延迟工作的工作队列
Yocto		Yocto 开源社区
Yocto Project SDK		Yocto 工程 SDK

推荐阅读

RT-Thread内核实现与应用开发实战指南：基于STM32

作者：刘火良 杨森 编著 书号：978-7-111-61366-4 定价：99.00元

　　深入剖析RT-Thread内核实现，详解各个组件如何使用。由浅入深，配套野火STM32全系列开发板，提供完整源代码，极具可操作性。超越了个别工具或平台。任何从事大数据系统工作的人都需要阅读。

推荐阅读

集成电路测试指南

作者：加速科技应用工程团队 ISBN：978-7-111-68392-6 定价：99.00元

将集成电路测试原理与工程实践紧密结合，测试方法和测试设备紧密结合。

内容涵盖数字、模拟、混合信号芯片等主要类型的集成电路测试。

Verilog HDL与FPGA数字系统设计（第2版）

作者：罗杰 ISBN：978-7-111-57575-7 定价：99.00元

本书根据EDA课程教学要求，以提高数字系统设计能力为目标，将数字逻辑设计和Verilog HDL有机地结合在一起，重点介绍在数字设计过程中如何使用Verilog HDL。

FPGA Verilog开发实战指南：基于Intel Cyclone IV（基础篇）

作者：刘火良 杨森 张硕 ISBN：978-7-111-67416-0 定价：199.00元

以Verilog HDL语言为基础，详细讲解FPGA逻辑开发实战。理论与实战相结合，并辅以特色波形图，真正实现以硬件思维进行FPGA逻辑开发。结合野火征途系列FPGA开发板，并提供完整源代码，极具可操作性。

FPGA Verilog开发实战指南：基于Intel Cyclone IV（进阶篇）

作者：刘火良 杨森 张硕 ISBN：978-7-111-67410-8 定价：169.00元

以Verilog HDL语言为基础，循序渐进详解FPGA逻辑开发实战。理论与实战案例结合，学习如何以硬件思维进行FPGA逻辑开发，并结合野火征途系列FPGA开发板和完整代码，极具可操作性